Die Bestimmung der Wasserstoffionenkonzentration von Flüssigkeiten

Ein Lehrbuch der Theorie und Praxis
der Wasserstoffzahlmessungen in elementarer Darstellung
für Chemiker, Biologen und Mediziner

von

Dr. med. Ernst Mislowitzer

Privatdozent für physiologische und pathologische Chemie
an der Universität Berlin

Mit 184 Abbildungen

Berlin
Verlag von Julius Springer
1928

ISBN-13: 978-3-642-90114-0   e-ISBN-13: 978-3-642-91971-8

DOI: 10.1007/978-3-642-91971-8

In memoriam
Dr. Emil Mislowitzer

geb. 23. I. 1868

gef. 16. IX. 1914

Geleitwort.

Da die erste Auflage der Wasserstoffionenkonzentrationen von
MICHAELIS, ein Meisterwerk didaktischer Kunst, seit Jahren vergriffen
ist, fehlte in der deutschen Literatur eine erschöpfende Darstellung der
methodischen Vorschriften zur Bestimmung dieser wichtigen Größe.
Ich veranlaßte daher meinen langjährigen Assistenten und Mitarbeiter
E. MISLOWITZER, diese Lücke auszufüllen; so entstand das vorliegende
Werk. Es ist aus einer ausgedehnten Unterrichtserfahrung entstanden;
es ist in allen Teilen erlebt, nicht nur zusammengeschrieben. Die zum
Verständnis des behandelten Stoffes erforderlichen physikalischen und
physikalisch-chemischen Grundbegriffe werden sehr eingehend behandelt,
und es wird gezeigt, wie die Lehre von den Wasserstoffionen nur ein Teil
des großen Gebietes der physikalischen Chemie ist, und die Beschäftigung
mit ihnen ohne gründliche Kenntnisse auf diesem Gebiet undenkbar ist.
Selbstverständlich mußte die Darstellung möglichst elementar gehalten
sein.

Sich über die mangelhafte Ausbildung unserer Mediziner in Physik
und Chemie zu beklagen, ist müßig. Wichtiger ist es, Wege zu finden,
diesem Übel abzuhelfen. Auch diesem Zwecke wird das vorliegende Werk
in ausgezeichneter Weise dienen.

P. RONA.

Vorwort.

Dieses Buch hat die Aufgabe, den Leser in die theoretischen Grundlagen der Wasserstoffzahlmessungen einzuführen und ihn mit der praktischen Anstellung der Bestimmungen vertraut zu machen.

Bei der etwas willkürlichen Abgrenzung der zu behandelnden Gebiete leiteten mich vorzugsweise Gesichtspunkte, die aus der Unterrichtstätigkeit gewonnen waren. Auch die Breite der Darstellung und der elementare Charakter wurden im Hinblick auf die Erfahrungen gewählt, die von mir im Laufe einer Reihe von Jahren aus dem Unterricht an mehreren Hunderten von Ärzten, Biologen und Chemikern gesammelt werden konnten.

Trotz aller Bemühungen wird das Buch nicht ohne Mängel sein. Ich möchte etwaige Unstimmigkeiten mit dem Hinweis darauf entschuldigen, daß das Buch neben der Laboratoriumstätigkeit entstanden ist, wenn auch der gewöhnliche Pflichtenkreis durch das gütige Entgegenkommen meines Lehrers und Chefs, des Herrn Professor Rona, eine Einschränkung erfahren konnte. Hierfür und zugleich für die Anregung zu diesem Buch sage ich Herrn Professor Rona auch an dieser Stelle meinen tiefempfundenen Dank.

Bei der Angabe der Meßvorschriften schwebten mir die Bedürfnisse der Biologen, Mediziner, und Chemiker vor, die das Buch bei ihrer praktischen Tätigkeit im Laboratorium benutzen sollen. Doch war es mir nur möglich, davon das Wesentlichste zu bringen, da sonst der Umfang des Buches über das erträgliche Maß angewachsen wäre. Ein Ersatz für das hier Fehlende mag in dem ausführlich gehaltenen und nach Stoffen oder Wissensgebieten gegliederten Literaturverzeichnis gesehen werden, in dem die größte Anzahl der Arbeiten der letzten 8—10 Jahre berücksichtigt ist. Wenn auch nach Möglichkeit alle Arbeiten aufgenommen wurden, die mir im Original oder im Referat zu Gesicht kamen, so kann dieses Verzeichnis doch nicht den Anspruch auf Vollständigkeit erheben.

Herr Privatdozent Dr. H. H. Weber las die zweiten Korrekturen, wofür ich ihm vielen Dank weiß. Besondere Unterstützung fand ich bei der letzten Revision und bei dem Anlegen des Namen- und Sachverzeichnisses durch Herrn Med.-Prakt. und cand. phil. Jost Michelsen, dem ich für die viele Mühe auch hier aufs herzlichste danke.

Berlin, im November 1927.

Ernst Mislowitzer.

Inhaltsverzeichnis.

Seite

A. Allgemeine Vorbemerkungen zur Frage der Wasserstoffionen und ihrer Konzentration in Lösungen 1

Übersicht 1

Atom und Ion 2. — Bau des Wasserstoffatoms 3. — Einfluß der Lösungsmittel auf die Ionisierung 4. — Ionisation des Wassers 5. — Neutrale Reaktion 7. — Saure Reaktion 8. — Alkalische Reaktion 8. — Die Wasserstoffzahl gibt die wirkliche oder aktuelle Reaktion an, die endgültige Konzentration an den wirksamen H- und OH-Ionen 9. — Ionisation von starken Säuren und Basen 11. — p_H, der Wasserstoffexponent 13. — Umrechnungen von Normalitäten in Wasserstoffzahlen und p_H's 16. — Umrechnung von p_H in [H·] 18. — Die Dissoziation von schwachen Säuren und Basen 19. — Berechnung der [H·] in reinen Lösungen von schwachen Säuren und schwachen Basen 20. — Gemische von schwachen Säuren mit ihren Alkalisalzen 22. — Weitgehende Unabhängigkeit des p_H eines Regulatorgemisches von der Verdünnung 25. — p_H-Grenzen eines Regulatorgemisches 26. — Die Pufferung 26. — Puffergemische 28. — Die Abhängigkeit der Dissoziation von schwachen Säuren und Basen von dem p_H der Lösungen 32. — Der Dissoziationsgrad 33. — Amphotere Elektrolyte oder Ampholyte 35. — Der isoelektrische Punkt 35. — Dissoziation mehrbasiger Säuren 36. — Reaktion der Alkalisalze der Kohlensäure und der Phosphorsäure 40. — Abhängigkeit der p_H-Zahlen von dem Verlaufe der Titration bei starken und bei schwachen Säuren 41. — Titration von starken und schwachen Basen 44. — Die Umschlagsgebiete der Indikatoren 45. — Vorbemerkungen für die kolorimetrische Schätzung der Wasserstoffzahlen 48. —

B. Die elektrometrische Bestimmung der Wasserstoffzahlen 50

I. Die rechnerischen Beziehungen zwischen elektrischen Größen und der Konzentration von Ionen, insbesondere von H-Ionen 50

Die Gleichung von NERNST 51. — Die Gasgesetze 51. — Der „natürliche" Logarithmus 54. — Die Differentialrechnung 55. — Die Integralrechnung 60. — Die Berechnung von Arbeitsgrößen 62. — Die maximale Arbeit 63. — Osmotische Arbeit und elektrische Arbeit 63. — Die elektrolytische Lösungstension 65. — Über Einzelpotentiale 68. — Berechnung der Konstante C 69. — Das Normalpotential 70. — Das Diffusionspotential 71. — Die Konzentrationsketten 73. — Die Wasserstoffelektrode 74. — Abhängigkeit des Potentials der Wasserstoffelektrode vom Partialdruck des Wasserstoffgases 75. — Der Oxydations-Reduktionsvorgang an der Wasserstoffelektrode 78. — Chemischer Umsatz und elektromotorische Be-

Seite

tätigung 78. — Allgemeines zu den Oxydations-Reduktionssystemen 80. — Über den Begriff des Wasserstoffdruckes bei Oxydations-Reduktionssystemen 81. — Die Chinhydronelektrode 83. —

II. Die wichtigsten elektrischen Maßeinheiten und ihre gesetzmäßigen Zusammenhänge bei dem elektrischen Strom   85

Coulomb, Volt, Farad und Ampere im Zentimeter-Gramm-Sekunden-System 86. — Die drei Wirkungen des elektrischen Stromes 90. — Das OHMsche Gesetz 91. — Das Ohm, die Widerstandseinheit 92. — Festsetzung von Ampere, Ohm und Volt in der Meßpraxis; empirische Normalien 93. — Das Spannungsnormal und die Normalelemente (Westonelement) 95. — Herstellung eines Kadmiumnormalelementes 96. — Einige Rechenbeispiele zum OHMschen Gesetz 100. — Der innere Widerstand eines Elementes 101. — Die Parallelschaltung von Elementen 101. — Die Schaltung von Elementen „in Serie" 102. — Das OHMsche Gesetz und die Teile einer Leitung 103. — Der „unterteilte" Spannungsabfall 104. — Parallelschaltung von Widerständen 105. — Meßinstrumente für verschiedene Meßbereiche 107. — Die Abzweigung von Spannungen 110. — Die Kurbelwiderstände 112. — Spezifische Widerstände von verschiedenen Drahtsorten 113. —

III. Die Beschreibung der gebräuchlichen elektrischen Meßinstrumente und die Anwendung der Stromgesetze in der Meßpraxis 114

Allgemeine Vorbemerkungen über Meßinstrumente 115. — Die elektrostatischen Meßinstrumente 117. — Die elektromagnetischen Meßinstrumente 127. — Dämpfung der Schwingungen 131. — Ballistische Galvanometer 132. — Das Voltameter 133. — Die Kompensationsschaltung 136. — Die Meßdrahtanordnung 136. — Die Rheostatenkästen 141. — Kalibrierung eines Meßdrahtes 143. — Kompensationsschaltung mit *einem* Rheostatenkasten 145. — Kompensationsschaltung mit *zwei* Rheostatenkästen 146. — Kompensationsschaltung mit Kurbelrheostaten 148. — Die Potentiometer 150. — Röhrenvoltmeter 156. —

IV. Die Elektrodensysteme für die elektrische Messung von Ionen-, insbesondere H-Ionenkonzentrationen 158

a) Über die Bezugselektroden und besonders die Kalomelelektroden 158

Theoretische Vorbemerkungen 158. — Die Beziehungen der Kalomelelektroden zu der Normalwasserstoffelektrode 161. — Prinzip der Kalomelelektroden 164. — Benennung der Kalomelelektroden 165. — Die Einzelpotentiale der Kalomelelektroden 165. — Die Temperaturkoeffizienten (auch für Wasserstoffelektroden) 167. — Temperaturkoeffizienten der Ketten 171. — Die Herstellung der Kalomelelektroden 173. — De elektrolytische Verbindung 174. — Elektrodengefäße 176. — Präparation der zur Füllung nötigen Substanzen 177. — Amalgamierung des Platindrahtes 181. —

b) Die Elektroden für die Untersuchungslösungen 183

α) Wasserstoffelektroden 183

Allgemeines über Form und Herstellung der Metallelektroden 183. — Die Einstellgeschwindigkeit 185. — Das Auf-

brennen von Elektroden 186. — Kontrolle der Wasserstoff-
elektroden 186. — Reinigung der Metallelektrode 187. — Der
Unterschied zwischen einer platinierten und einer blanken
Elektrode 187. — Die Platinierung 187. — Störungen bei der
Platinierung 189. — Die Behandlung nach der Platinierung 190.
— Die Platinierungsflüssigkeit 190. — Helle Platinnieder-
schläge 190. — Das Wasserstoffgas 191. — Die Elektroden-
gefäße 194. — Die Glockenelektroden von L. MICHAELIS, von
HILDEBRAND, von WILSON und KERN und die Diffusionselek-
trode von SCHMID 195. — Die Birnenelektrode von L. MICHA-
ELIS 198. — Messung von CO_2-haltigen Flüssigkeiten mit der
Durchströmungsmethode 200. — Messung von CO_2-haltigen
Flüssigkeiten mit stehender Wasserstoffblase 201. — Die
U-Elektrode von L. MICHAELIS 201. — Die Elektroden von
BAILEY und von SCHMITT 203. — Die Hasselbalchelektroden
204. — Die CLARKsche Schüttelelektrode 205. — Die Blut-
elektroden von MC CLENDON und von ETIENNE 207. — Die
Elektrode von ETIENNE, VERAIN und BOURGEAUD 208. — Die
Subkutanelektrode nach SCHADE 212. — Die Elektrode von
RADSIMOWSKA 212. —

β) Chinhydronelektroden 214

 Herstellung von Chinhydron 214. — Besonderheiten der
Chinhydronmessung 216. — Apparatur für Chinhydronmessungen 219. — Kalomelchinhydronkette 219. — Die Chinhydronbezugselektroden 219. — Doppelchinhydronkette 220. — Elektrodengefäße 223. — Becherglaselektrode von MISLOWITZER 224.
— Die Elektrode von BILMANN 227. — Die Elektrode von
ETTISCH 227. —

γ) Die sog. Nichtgaselektroden 229

 Die Manganelektrode 230. — Die Antimonelektrode 231. —
Bimetall-Elektrodensystem 232. — Die Glaselektrode 232. —

V. Praktische Angaben für die Ausführung elektrometrischer
 Wasserstoffzahlbestimmungen 234

a) Die Apparaturen zur Potentialmessung 234

 Die Meßdrahtapparatur 235. — Der Akkumulator 235. —
Aufstellung der Meßdrahtapparatur 238. — Eichung des Akkumulators 240. — Messung der Elektrodenkette 242. — Aufbau der
Rheostatenapparatur 242. — Anlegung der gewünschten Hilfsspannung und Messung der Kette 244. — Das Potentiometer 246. —

b) Die Elektroden bei der Messung 250

 Die drei in Betracht kommenden Ketten 250. — Welche Lö-
sungen lassen sich mit Wasserstoffelektroden messen? 251. —
Beispiele zur Kalomel-Wasserstoffmessung 253. — Einmalige
Eichung der Kalomelelektrode 253. — Tägliche Eichung der
Kette: Kalomelelektrode-Standardazetat 255. — Die Temperatur-
konstanz 257. — Korrekturen für den Wasserstoffpartialdruck 258.
— Ungepufferte Lösungen 260. — Die Chinhydronmessung 262. —

Seite

VI. Kurze Übersicht über die elektrometrischen Titrationsanalysen 266
Die elektrometrische Titration von Säuren und Laugen 266. —
Die potentiometrischen Fällungsanalysen 275. — Die potentiometrischen Oxydationsreduktionsanalysen 280. —

C. Die kolorimetrische Bestimmung der Wasserstoffzahlen 285
I. Allgemeines 285
Die Indikatoren und die Theorie der Indikatoren 286. — Auswahl
der zur Wasserstoffzahlmessung geeigneten Indikatoren. Eiweiß- und
Salzfehler 295. — Die drei geeigneten Indikatorreihen 296. — Die
Puffergemische 298. —

II. Die spezielle Technik der kolorimetrischen Wasserstoffzahlbestimmung 310
Die Vorproben 310. — Die Methode mit Puffer 312. — Die Methoden ohne Puffer 316. —

Anhang 338

Literaturverzeichnis 339

Namenverzeichnis 371

Sachverzeichnis 373

A. Allgemeine Vorbemerkungen zur Frage der Wasserstoffionen und ihrer Konzentration in Lösungen.

Übersicht.

Ein Wasserstoffion ist ein elektrisch geladenes Wasserstoffatom. Auf die Atombeladung, auf die Ionisierung hat das Lösungsmittel einen Einfluß. Die Dielektrizitätskonstante ist ein Maß der ionisierenden Kraft des Lösungsmittels. Sie läßt sich zahlenmäßig ausdrücken. Das reine Wasser ist selbst zu einem geringen Teil ionisiert, es enthält Wasserstoff- und Hydroxylionen. Die Menge der Wasserstoffionen in einem Liter reinen Wassers beträgt ca. 10^{-7} Grammäquivalente. Die neutrale, die saure und die alkalische Reaktion lassen sich durch die Menge der Wasserstoffionen ausdrücken; diese Menge gibt die wahre Azidität einer Lösung an. Die Wasserstoffzahlen von starken Säuren und starken Basen entsprechen angenähert den Säure- bzw. Basenäquivalenten. p_H, der Wasserstoffexponent, ist der negative Logarithmus der Wasserstoffzahl.

Die geometrischen Änderungen der Wasserstoffzahlen werden zu arithmetischen Änderungen nach Umrechnung in die p_H's. Einer Zehnerpotenz der Wasserstoffzahl entspricht eine Einheit des p_H. Ein Zuwachs oder eine Abnahme der Wasserstoffzahl um 2,3% ist in der Praxis gerade noch elektrisch meßbar; diese Änderung entspricht einer p_H-Änderung von 0.01.

Die Dissoziation von schwachen Säuren und Basen ist unvollständig. Die Dissoziationskonstante ist ein Maßstab für den Umfang der Dissoziation einer schwachen Säure und Base. Die Wasserstoffzahl in reinen Lösungen von schwachen Säuren und Basen läßt sich nach folgender Formel berechnen:

$$[H^{\cdot}] = \sqrt{k\,[SH]} \qquad bzw. \qquad [H^{\cdot}] = \frac{k_w}{\sqrt{k \cdot [B]}}\,.$$

Die $[H^{\cdot}]$ in Gemischen von schwachen Säuren und ihren Alkalisalzen läßt sich ebenfalls berechnen:

$$[H^{\cdot}] = k \cdot \frac{[Säure]}{\alpha \cdot [Salz]}\,.$$

Solche Gemische heißen Regulatoren, da sie die Wasserstoffzahlen von Lösungen zu regulieren gestatten, und sie heißen Puffer, da sie auftretende H-Ionen oder OH-Ionen abfangen, Säure oder Laugenstöße abpuffern.

Die Wasserstoffzahlen der Regulatorgemische sind von der Verdünnung weitgehend unabhängig. Die puffernde Kraft solcher Gemische ist aber von der Verdünnung stark abhängig.

Im Verlaufe der Titration von Säuren mit Laugen treten bei einer Kontrolle der p_H-Änderungen große Unterschiede hervor, je nachdem, ob eine schwache oder eine starke Säure titriert wird. Bei starken Säuren kommt es im Moment der Neutralisation zu einem großen p_H-Sprung. Die Wasserstoffzahl einer Lösung hat nichts mit der Titrationsazidität zu tun. Es gibt Lösungen mit gleicher Wasserstoffzahl, *aber völlig verschiedener Titrationsazidität und umgekehrt. Eine Verbindung von Titration und elektrometrischer H-Ionenmessung ist die „elektrometrische Titration". Schwache Säuren und schwache Basen hängen im Umfange ihrer Dissoziation sehr stark von der Wasserstoffzahl der Lösung ab. Der Umfang der Dissoziation wird durch den Dissoziationsgrad α ausgedrückt. Amphotere Elektrolyte sind chemische Körper, die sowohl H-Ionen als auch OH-Ionen abdissoziieren. Diese Körper haben ein Minimum an Ionisation im isoelektrischen Punkt. Bei mehrbasischen Säuren geschieht die Dissoziation stufenweise. Das saure Alkalisalz der Kohlensäure ($NaHCO_3$) und das einfach saure Salz der Phosphorsäure (Na_2HPO_4) reagieren alkalisch. Die Farbindikatoren, die den Endpunkt von Titrationsanalysen anzeigen, haben ihren Farbwechsel innerhalb ganz bestimmter und für die einzelnen Indikatoren verschiedener p_H-Zonen. Darauf beruht die Anwendung der Indikatoren zur Wasserstoffzahlbestimmung.*

1. Atom und Ion. Wasserstoffionen sind elektrisch geladene Wasserstoffatome. Die kleinste Einheit des chemischen Elements Wasserstoff, das Wasserstoffatom, trägt als Ion eine gewisse Elektrizitätsmenge, also eine elektrische Ladung.

Das Hinzukommen einer elektrischen Ladung verändert ein Element in seinem Verhalten von Grund auf. Ein beladenes Element reagiert ganz anders als ein elektrisch neutrales.

Besonders deutlich tritt dieser Unterschied an dem Beispiel des elektrisch neutralen Natriumatoms und des ladungsführenden Natriumions hervor.

Während sich das elementare Natrium, das Natriumatom, ungeheuer stürmisch mit Wasser umsetzt, wobei die bekannten Feuererscheinungen auftreten, läßt das Natriumion nichts Ähnliches von einer Reaktion mit dem Wasser erkennen. Es scheint dem Wasser gegenüber sehr indifferent zu sein.

Das Verhalten des Natriums wurde bekanntlich von den Gegnern der Ionenlehre benutzt, um die von ARRHENIUS angenommene Zerteilung des Natriumchlorids in Natriumionen und Chlorionen, die sog. *elektrolytische Dissoziation*, als unmöglich hinzustellen. Erst die Erkenntnis der völlig verschiedenen Reaktionsweise von Ion und Atom beseitigte diese offensichtliche Schwierigkeit.

Wir verstehen nun, daß auch das Wasserstoffion etwas sehr Verschiedenes von dem Wasserstoffatom ist.

Beide Arten der Elektrizität, die positive und die negative, sind bei der Atombeladung beteiligt.

Die Metalle und der Wasserstoff werden durch positive Elektrizität zu Ionen, die übrigen Elemente gewöhnlich durch negative. So spricht man auch bei der einen Art von positiven Ionen, bei der anderen von negativen.

In der letzten Zeit konnte der Vorgang der Atombeladung, die Art und Weise der Ionenbildung unserem Verständnis nähergebracht werden.

Positive Ionen entstehen dadurch, daß von den elektrisch neutralen Atomen ein oder mehrere negative Elektronen, Atome der Elektrizität, entfernt werden.

Aus dem Wasserstoffatom wird ein Elektron entfernt:

$$\text{H} - \text{\textcircled{H}} = \text{H}^{\cdot}\,.$$

Die ursprüngliche Anwesenheit des Elektrons \text{\textcircled{H}} mit der negativen Ladung im Wasserstoffatom läßt sich auch andeuten:

$$\text{H}^{\dot{-}} - \text{\textcircled{H}} = \text{H}^{\cdot}\,.$$

In Worten also: *H-Atom minus Elektron = H-Ion.*

Strich — und Punkt oder ′ und + deuten nicht nur negative oder positive Elektrizität an, also die Ladungs*richtung,* sondern auch die Ladungs*größe.* Ebenso wie das Symbol H in der Gleichung nicht nur Wasserstoff, sondern *1 Atom* Wasserstoff bedeutet, heißt 1 Punkt oder 1 Pluszeichen *eine* positive Ladungseinheit und 1 Strich *eine* negative Ladungseinheit. Dementsprechend erhält ein Kalziumion, das zwei positive Ladungen trägt, zwei Punkte: Ca$^{\cdot\cdot}$.

Die Anzahl der freien Ladungen bestimmt die Wertigkeit, die Valenz des *Ions.* So ist also das Wasserstoffion einwertig, das Kalziumion zweiwertig, das Aluminiumion (Al$^{\cdot\cdot\cdot}$) dreiwertig usw.

Die Valenz eines *Atoms* hängt nach den neueren Anschauungen über den Atombau direkt mit der Anzahl der aus der Atomhülle abspaltbaren oder dort anlagerungsfähigen Elektronen zusammen.

Das Wasserstoffatom kann aus der Hülle *ein* Elektron abgeben; ist das geschehen, so bleibt das *ein*wertige Wasserstoff*ion* zurück.

2. **Bau des Wasserstoffatoms.** Der Bau des Wasserstoffatoms wird als recht einfach angenommen. Im Atominnern ist ein positiver Kern, wohl auch positives Elektron genannt, um den in relativ großer Entfernung ein negatives Elektron schwingt.

Konnte sich dieses Elektron aus seiner Bahn entfernen oder wurde es aus seiner Bahn gerissen, so bleibt der positive Kern allein zurück, und aus dem H-Atom ist das H-Ion geworden.

Aus verschiedenen Gründen nimmt das H-Ion unter allen anderen Ionen eine Sonderstellung ein, die ihm eine besondere Bedeutung für die ganze stoffliche Welt verleiht. Bisweilen wird es sogar als „positiver Urstoff" bezeichnet, da es einer der wesentlichsten Bausteine aller Elemente zu sein scheint.

Diese zunächst mehr theoretisch interessierende Bedeutung der H-Ionen wird weit von dem Einfluß übertroffen, den diese Ionenart vor allem auf die Dynamik der Lebensprozesse, dann aber auch auf einfache und übersichtliche Vorgänge der unbelebten Welt erkennen läßt.

Eine große praktische Bedeutung haben die Wasserstoffionen ausschließlich in *Lösungen*. So kann für unsere Zwecke das Vorkommen dieser Ionen in Gasen und in festen Körpern unberücksichtigt bleiben.

Zum Auftreten von Wasserstoffionen in Lösungen müssen zunächst zwei Bedingungen erfüllt sein.

Die eine ist das Vorhandensein von *gelösten Körpern*, die im Molekül *ionisierfähige Wasserstoffatome* haben. Die andere erstreckt sich auf das *Lösungsmittel*, das die Ionisierung des gelösten Stoffes hervorrufen muß oder sie zum mindesten nicht verhindern darf. Kann schon das Lösungsmittel eigene Wasserstoffatome ionisieren, wie z. B. das Wasser, so fällt für dieses Lösungsmittel natürlich die erste Bedingung fort.

3. Einfluß der Lösungsmittel auf die Ionisierung. Der große Einfluß der Lösungsmittel auf die Ionisierung gelöster Körper ist schon lange bekannt. Es wurde gefunden, daß die „*ionisierende Kraft*" der Lösungsmittel äußerst verschieden ist und daß ein direkter Parallelismus zwischen der ionisierenden Kraft der Lösungsmittel und ihrem „*dielektrischen*" Verhalten besteht.

Das dielektrische Verhalten wird durch die sog. *Dielektrizitätskonstante* angegeben, eine Zahl, die in elektrischer Hinsicht für die Charakterisierung der schlecht leitenden Stoffe, der sog. Isolatoren oder Dielektrika von Bedeutung ist. Dieser Begriff läßt sich am einfachsten an einem luftgefüllten Kondensator erklären:

Ist die Kapazität eines Kondensators[1]) in Luft, deren Dielektrizitätskonstante gewöhnlich $= 1$ gesetzt wird, $= C$ und ist sie $= C_1$ in einem anderen Medium, so ist die Dielektrizitätskonstante dieses zweiten Mediums

$$D = \frac{C_1}{C}.$$

Das dielektrische Vermögen wirkt den elektrischen Kräften der Ionen, die den Zusammenschluß der Ionen zum ungeladenen Molekül herbeizuführen bestrebt sind, entgegen. Es hält also den Ionisationszustand aufrecht. Je größer die Dielektrizitätskonstante eines Lösungsmittels, um so größer der Ionisationszustand, je kleiner die Konstante, um so geringer die Spaltung in Ionen. So hängt auch das Dissoziationsvermögen von H-Ionen-liefernden Substanzen sehr stark vom Charakter des Lösungsmittels ab. Eine Vorstellung von den Verschiedenheiten der ionisierenden Kraft der einzelnen Lösungsmittel kann aus der kurzen Reihe dieser Dielektrizitätskonstanten gewonnen werden.

Wasser	81,7
Methylalkohol	32,4 bis 35,4
Azeton	20,7
Chloroform	4,95
Benzol	2,26

---

[1]) Über „Kapazität" und „Kondensator" siehe auch Seite 86ff.

Besonders bemerkenswert ist die Größe der Konstante für Wasser. Daraus ist zu erkennen, daß das Wasser sehr geeignet ist, Substanzen in ihre Ionen, also auch in ihre Wasserstoffionen zu zerlegen.

Diese Zerlegung geschieht schon, wie wir oben andeuteten, mit dem Wasser selbst. Es liefert selbst schon aus seinen Wasserstoffatomen zu einem geringen Teil Wasserstoffionen. Auch im reinsten Wasser sind also immer Wasserstoffionen vorhanden. Da die Lösungen, mit denen wir zu tun haben, fast ausschließlich wässerige Lösungen sind, so bilden die Gesetze der Wasserdissoziation ein Fundament der ganzen Lehre von der Wasserstoffionenkonzentration. Wir beginnen daher mit der Frage der Ionisation des Wassers.

4. Ionisation des Wassers. Die Ionisation des Wassers kann nach folgendem Schema stattfinden:

$$H_2O \rightarrow 2\,H^{\cdot} + O''.$$

Die nachweisbare Dissoziation geschieht aber auf andere Weise: Aus H_2O entsteht nur *ein* H-Ion; das zweite H-Atom tritt mit dem Sauerstoffatom zu dem „Hydroxylradikal" zusammen, das eine negative Ladung annimmt.

Also:

$$H_2O \rightarrow H^{\cdot} + OH'$$

oder

$$H \cdot OH \rightarrow H^{\cdot} + OH'.$$

Der Vorgang vollzieht sich nur zu einem kleinen Teil in der Richtung des Pfeiles, also im Sinne einer *Dissoziation*. Er verläuft viel wesentlicher in entgegengesetzter Richtung, im Sinne einer *Entionisierung*.

Um diesen entgegengerichteten Verlauf auch zu kennzeichnen, schreibt man die unvollständigen Dissoziationen mit einem Doppelpfeil:

$$H_2O \rightleftarrows H^{\cdot} + OH'.$$

Der Vorgang der Ionisierung der Wassermoleküle läuft mit einer bestimmten Geschwindigkeit ab. Auch der Vorgang der Entionisierung vollzieht sich in einem bestimmten Tempo.

Die Geschwindigkeit v_1 des *Zerfalls in Ionen* wird entsprechend den Vorstellungen des Massenwirkungsgesetzes proportional der aktiven Masse der reagierenden Wassermoleküle sein, also:

$$v_1 = k_1[H_2O].$$

Die eckige [ ] Klammer bedeutet stets *Konzentration*.

Die Geschwindigkeit v_2 der *Wasserbildung* wird dem Produkt der aktiven Massen der reagierenden Ionen proportional sein. Also:

$$v_2 = k_2[H^{\cdot}] \cdot [OH'].$$

Schließlich werden der Umsatz durch Ionisierung und Entionisierung so weit vorgeschritten und die Konzentrationen aller reagierenden Massen so weit verändert sein, daß in gleichen Zeiten gleiche Mengen Wasser zerfallen und entstehen, daß also ein Gleichgewicht eingetreten ist. Dann ist

$$v_1 = v_2 .$$

Also:

$$k_1[H_2O] = k_2 [H^\cdot] \cdot [OH'];$$

$$\frac{k_1}{k_2} = \frac{[H^\cdot] \cdot [OH']}{[H_2O]} ;$$

$$K = \frac{[H^\cdot] \cdot [OH']}{[H_2O]} .$$

Der Zerfall des Wassers in seine Ionen ist nur äußerst gering. Daher läßt sich die Wasserkonzentration[1]) als konstant ansehen. Die endgültige Gleichung lautet dann:

$$[H^\cdot] \cdot [OH'] = k_w . \tag{1}$$

Als wichtigstes Ergebnis dieser Berechnung wollen wir folgenden Satz festhalten:

Das Produkt der Wasserstoffionen- und der Hydroxylionenkonzentration im Wasser ist stets konstant.

Aus k_w und $[H^\cdot]$ läßt sich $[OH']$ berechnen:

$$[OH'] = \frac{k_w}{[H^\cdot]} . \tag{1a}$$

Aus k_w und $[OH']$ läßt sich $[H^\cdot]$ berechnen:

$$[H^\cdot] = \frac{k_w}{[OH']} . \tag{1b}$$

Der Wert von k_w ist auf verschiedene Weise gemessen worden. Er beträgt für $22°$ ca. 10^{-14}. Also:

$$[H^\cdot] \cdot [OH'] = 10^{-14} \ (22°) .$$

Wir sahen, daß die eckigen Klammern „Konzentration" bedeuten. Wie allgemein in der Chemie, werden auch die $[H^\cdot]$ und $[OH']$ in Normalitäten und Grammäquivalenten ausgedrückt.

$$[H^\cdot] \cdot [OH'] = 10^{-14} \tag{2}$$

heißt also: Das Produkt der *Grammäquivalente H-Ionen* und der *Grammäquivalente OH-Ionen* beträgt in einem Liter reinen Wassers 10^{-14}.

Aus *einem* Molekül Wasser entsteht, wie aus der Gleichung hervorgeht, *ein* H-Ion und *ein* OH-Ion. Daher muß in reinem Wasser die

---

[1]) Eine Größe, die wahrscheinlich dem Dampfdruck proportional gesetzt werden muß. S. darüber L. MICHAELIS: Die Wasserstoffionenkonzentration 2. Aufl., Teil 1. Berlin: Julius Springer 1922.

Anzahl der H-Ionen gleich der Anzahl der OH-Ionen sein, und es müssen auch ihre Grammäquivalente gleich groß sein.

Es ist somit

$$[\mathrm{H}^{\cdot}] = [\mathrm{OH}'].$$

Also:

$$[\mathrm{H}^{\cdot}]^2 = 10^{-14}\,{}^{1)},$$

$$[\mathrm{H}^{\cdot}] = \sqrt{10^{-14}} = 10^{-7},$$

$$[\mathrm{OH}'] = \frac{10^{-14}}{10^{-7}} = 10^{-7}.$$

Als äußerst wesentliches Ergebnis finden wir also: In einem Liter reinen Wassers *sind 10^{-7} Grammäquivalente H-Ionen und 10^{-7} Grammäquivalente OH-Ionen vorhanden.* Ein Grammäquivalent H-Ion wiegt ca. 1 g[2]), [ein Grammäquivalent OH-Ion wiegt ca. 17 g[2])], somit beträgt das Gewicht *der gesamten H-Ionenmenge* eines Liters reinen Wassers *ein zehnmillionstel Gramm.*

Aus der Gleichung $[\mathrm{H}^{\cdot}] \cdot [\mathrm{OH}'] = 10^{-14}$ ist zu ersehen, daß keiner der beiden Faktoren der linken Seite jemals Null werden kann. Wenn sich das Verhältnis zwischen der $[\mathrm{H}^{\cdot}]$ und der $[\mathrm{OH}']$ auch noch so sehr verschiebt:

ganz können weder die H-Ionen noch die OH-Ionen aus einer wässerigen Lösung verschwinden.

In *reinem* Wasser bleibt das Verhältnis stets 1 : 1. Weder die H-Ionenäquivalente noch die OH-Ionenäquivalente können in reinem Wasser *gesondert* größer oder kleiner werden. Eine Vermehrung der H-Ionen oder der OH-Ionen kann *nur* durch Zufuhr von *Säuren* oder *Basen* geschehen.

Sind also weder freie Säuren noch freie Basen in Wasser gelöst, so ist die $[\mathrm{H}^{\cdot}]$ gleich der $[\mathrm{OH}']$.

Dieser Zustand der Äquivalenz der $[\mathrm{H}^{\cdot}]$ und $[\mathrm{OH}']$ wird als „Neutralität" bezeichnet.

5. Neutrale Reaktion. Da das Produkt der $[\mathrm{H}^{\cdot}]$ und $[\mathrm{OH}']$ in einer wässerigen Lösung nach Gleichung (2) stets gleich 10^{-14} (22° C) sein muß, ist die *neutrale* Reaktion für 22° auch durch die Angabe definiert:

$$[\mathrm{H}^{\cdot}] = 10^{-7}.$$

Nunmehr läßt sich auch die *saure* und die *alkalische* Reaktion *durch die Größe der* $[\mathrm{H}^{\cdot}]$ angeben.

---

[1]) Wir erinnern uns an folgende Schreibweise:

$$\tfrac{1}{10} = 10^{-1}; \qquad \tfrac{1}{100} = 10^{-2}; \qquad \tfrac{1}{1000} = 10^{-3} \text{ usw.}$$

Ferner erinnern wir uns an das Rechnen mit Potenzen:

$$10^a \cdot 10^b = 10^{a+b}; \quad \frac{10^a}{10^b} = 10^{a-b}; \quad 10^a \cdot 10^a = (10^a)^2 = 10^{2a}; \quad \sqrt{10^{2a}} = 10^a.$$

[2]) Atomgewicht von H = 1,008
„   „   O = 16,00 .

6. Saure Reaktion. Eine Lösung ist sauer, wenn ihre $[H^\cdot]$ größer als 10^{-7} ist. Ihre $[OH']$ ist dann entsprechend kleiner, da $[OH'] = \dfrac{10^{-14}}{[H^\cdot]}$ [Gleichung (1a)].

7. Alkalische Reaktion. Eine Lösung ist alkalisch, wenn ihre $[H^\cdot]$ kleiner als 10^{-7} ist. Ihre $[OH']$ ist dann entsprechend größer.

Die Reaktion einer jeden Lösung läßt sich also durch die Zähl ihrer H-Ionengrammäquivalente bzw. OH-Ionengrammäquivalente angeben.

Es hat sich nun allgemein eingebürgert, nicht nur die saure, sondern auch die alkalische Reaktion durch die Größe der Wasserstoffionen-konzentration zu bezeichnen, also auch die $[OH']$ stets durch die $[H^\cdot]$

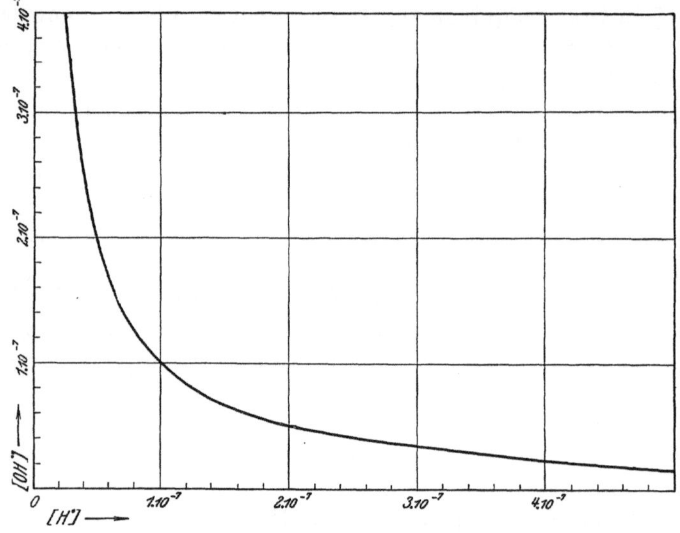

Abb. 1   Kurvenbild der Gleichung $[H^\cdot] \cdot [OH'] = 10^{-14}$.

auszudrücken. Wir sagen daher ausschließlich aus praktischen Gründen stets wie oben, „eine Lösung ist alkalisch, wenn ihre $[H^\cdot]$ kleiner als 10^{-7} ist," und sagen nicht: „wenn ihre $[OH']$ größer als 10^{-7} ist", obwohl das selbstverständlich dasselbe bedeutet. Die $[OH']$ ist so leicht aus der $[H^\cdot]$ zu finden, daß aus der Bezeichnung einer Reaktion nur durch die $[H^\cdot]$ keine Schwierigkeit entsteht.

Die Beziehung zwischen $[H^\cdot]$ und $[OH']$ läßt sich auch kurvenmäßig darstellen. Man erhält dann eine gleichseitige Hyperbel, deren Achsen zugleich die Asymptoten sind (Abb. 1) [1].

Wir sehen schon hieraus, daß die mehr qualitativen Ausdrücke „sauer" und „alkalisch" durch die Angabe der Wasserstoffionenkonzen-

---

[1] MICHAELIS, L.: l. c. S. 19.

tration zu quantitativen werden können. Das wird uns noch besonders deutlich, wenn wir jetzt die Unterschiede innerhalb der sauren und innerhalb der alkalischen Reaktion betrachten.

Denn auch die Bezeichnungen „schwach sauer“ und „stark sauer“, „schwach alkalisch“ und „stark alkalisch“ können ihren zahlenmäßigen Ausdruck finden. Ist die [H˙] nur etwas größer als 10^{-7}, also z. B. gleich 10^{-6} [1]), 10^{-5} [1]) oder 10^{-4}, so herrscht „schwach saure“ Reaktion. Ist die [H˙] viel größer, also 10^{-3}, 10^{-2}, 10^{-1}, 10^{0}, so ist die Reaktion „stark sauer“.

Entsprechend liegt „schwach alkalische“ Reaktion bei einer [H˙] von 10^{-8} [1]), 10^{-9} [1]) und 10^{-10} vor und „stark alkalische“ Reaktion bei einer [H˙] von 10^{-11}, 10^{-12}, 10^{-13} und 10^{-14}. Der Vorteil dieser Bezeichnungsweise ist aus folgendem besonders ersichtlich:

Es lassen sich nicht nur die Ausdrücke für neutral, schwach und stark sauer, schwach und stark alkalisch durch die Angabe von Zahlen ersetzen, sondern es ist auch möglich, *jeden beliebigen Säuregrad, jede beliebige Alkalität* einer Lösung eindeutig durch eine ganz bestimmte Zahl zu definieren. Diese Zahl bedeutet dann die *H-Ionenzahl*, die *Wasserstoffzahl* der Lösung.

Die früher allein üblichen prozentualen oder normalen Säure- und Laugenangaben geben uns, wie wir weiter unten hören werden, nur unter ganz bestimmten und selten erfüllten Bedingungen direkt die Wasserstoffzahl, also die *wahre Azidität* oder *Alkalität* einer Lösung an. Seitdem man gesehen hat, daß es dort, wo ein chemischer oder biologischer Vorgang in Beziehung zum Säure- oder Alkalitätsgrad steht, meistens nicht auf die Säure- oder Laugen*menge* ankommt, die durch Titration erfaßt wird, sondern vielmehr auf die [H˙] oder die [OH′], hat man mit Recht die [H˙] und [OH′] als „wahre“ Azidität und „wahre“ Alkalität bezeichnet. So muß bei der Beschreibung oder der Leitung eines solchen Vorganges stets die Berücksichtigung der [H˙] verlangt werden.

8. Die Wasserstoffzahl gibt die wirkliche oder aktuelle Reaktion an, die endgültige Konzentration an den wirksamen H- und OH-Ionen. Die Wasserstoffzahl des reinen Wassers wird durch Substanzen vergrößert, die H-Ionen abdissoziieren. Solche Substanzen führen den Namen Säuren. Starke Säuren liefern viel H-Ionen, schwache Säuren wenig. Die Stärke einer Säure läßt sich demnach durch die Zahl der H-Ionen erkennen, die aus der Säure in wässeriger Lösung entstehen.

---

[1]) Wir erwähnen nochmals, daß die *negativen* Potenzen gleich dem *reziproken* Wert der *positiven* sind, also:

$$10^{-6} = \frac{1}{10^{6}}, \qquad 10^{-8} = \frac{1}{10^{8}}, \qquad 10^{\mp 0} = 1 \quad \text{usw.}$$

Die Dissoziationsfähigkeit der Säure für Wasserstoffionen entscheidet darüber, ob die Säure als starke oder als schwache Säure wirkt. Wir werden später als Zahlenwerte für diese Fähigkeit die sog. *Dissoziationskonstanten* der Säuren kennenlernen.

Umgekehrt wird die Wasserstoffzahl des reinen Wassers durch Substanzen *vermindert*, die OH-Ionen abdissoziieren. Diese Substanzen heißen Basen[1]). Auch bei den Basen entscheidet der Umfang der OH-Ionenlieferung über ihre Stärke[2]). Ebenso wird auch bei den Basen die Dissoziationsfähigkeit für OH-Ionen durch eine Dissoziationskonstante bezeichnet.

Wir sahen oben, daß die der neutralen Reaktion benachbarten Gebiete der [H·], nämlich 10^{-6}, 10^{-5} und 10^{-4} einerseits und 10^{-8}, 10^{-9} und 10^{-10} andererseits mit „schwach sauer“ und „schwach alkalisch“ benannt wurden. So werden wir annehmen dürfen, daß das Gebiet der Wasserstoffzahlen von schwachen Säuren und schwachen Basen schon innerhalb dieser ungefähren Grenzen liegt.

Die anschließenden Gebiete, nämlich 10^{-3} bis 10^0 und 10^{-11} bis 10^{-14} werden mit Ausnahme einer schmalen Grenzzone ausschließlich von starken Säuren oder Laugen hergestellt.

Folgende Tabelle soll eine Übersicht ermöglichen:

	[H·]	[OH′]	
Starke Säure . . .	10^0	10^{-14}	
	10^{-1}	10^{-13}	
	10^{-2}	10^{-12}	
Schwache Säure . .	10^{-3}	10^{-11}	$[H·] \cdot [OH′] = 10^{-14}$
	10^{-4}	10^{-10}	$10^0 \cdot 10^{-14} = 10^{-14}$
	10^{-5}	10^{-9}	$10^{-1} \cdot 10^{-13} = 10^{-14}$
	10^{-6}	10^{-8}	$10^{-2} \cdot 10^{-12} = 10^{-14}$
Neutrale Reaktion .	10^{-7}	10^{-7}	usw.
Schwache Basen . .	10^{-8}	10^{-6}	
	10^{-9}	10^{-5}	
	10^{-10}	10^{-4}	
	10^{-11}	10^{-3}	
Starke Basen . . .	10^{-12}	10^{-2}	
	10^{-13}	10^{-1}	
	10^{-14}	10°	

---

[1]) Es besteht noch die Möglichkeit, *Basen* als Substanzen zu bezeichnen, die H-Ionen addieren, z. B. $NaOH + H· \rightleftarrows Na(H_2O)$ (*L. Michaelis*). Dementsprechend können dann auch diejenigen Substanzen als *Säuren* bezeichnet werden, die OH-Ionen addieren. Neuerdings hat *Brönstedt* das für Säuren und Basen gemeinsame Schema angegeben: $S \rightleftarrows B + H·$. Hiernach wäre auch das Anion einer schwachen Säure als Base zu bezeichnen, da es H-Ionen addiert, z. B.

$$CH_3COOH \rightleftarrows CH_3COO′ + H·$$
Säure   Base

[2]) Hieran soll der Einfachheit halber festgehalten werden.

Die starken Säuren und Laugen sind sehr weitgehend, praktisch vollständig dissoziiert. Daher besteht bei ihnen eine einfache Beziehung zwischen Gesamtsäure- und Gesamtlaugenmenge (ausgedrückt in Prozenten oder in Normalitäten) und der Wasserstoffzahl für den Fall, daß sie in reinen Lösungen vorliegen. Wir wollen daher jetzt zur Festigung des Begriffes der Wasserstoffzahl *reine Lösungen* von *starken* Säuren und Laugen zu ihren Wasserstoffzahlen in Parallele setzen.

9. Ionisation von starken Säuren und Basen. Nehmen wir die Salzsäure als Beispiel: Das Molekül der Salzsäure besteht aus Chlor und Wasserstoff. Eine gewisse Vorstellung von der Entstehungsweise und auch der Zusammensetzung der HCl kann beistehende Abbildung geben (Abb. 2)[1].

Ein elektrisch neutrales H_2-Molekül, also zwei Atome H (in der Abbildung mit A und B bezeichnet), stehen mit ihren zwei Elektronen in Verbindung. Aus diesen H_2-Molekülen entsteht durch Ersatz eines H-Atoms (z. B. von B) durch Cl die neue Verbindung HCl. Die Ionisierung der Salzsäure ist nun so zu deuten, daß sich das H-Atom von $B + e$ trennt und durch den Verlust seines Elektrons zu H-Ion

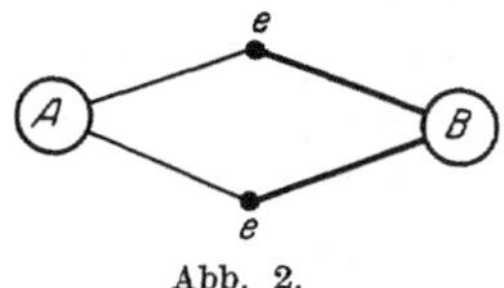

Abb. 2.

wird. Um das Elektron des Wasserstoffes ist jetzt das Chlor*atom* reicher; es trägt also eine negative Ladung, es ist ein *Chlorion*, *(B + 2e)*.

Die verschiedene Affinität einerseits des Wasserstoffes und andererseits des Chlors zu den Elektronen wird der Ionisierung zugrunde liegen. Wasserstoff verhält sich dabei ähnlich wie die Metalle, die sämtlich eine schwache Affinität zu Elektronen besitzen, während Chlor wie alle Metalloide leicht Elektronen bindet.

Der Vorgang ist also: $HCl \rightleftarrows H^+ + Cl'$.

Das Gleichgewicht der Ionisierung und Entionisierung ist in verdünnten HCl-Lösungen ganz nach rechts verschoben, d. h. die Salzsäure ist praktisch vollständig dissoziiert, vollständig in ihre Ionen zerfallen. Eine molare HCl enthält das Molekulargewicht der Salzsäure, also 36,5 g HCl im Liter. Nach vollzogener Ionisierung sind aus diesen 36,5 g HCl 1 g Wasserstoffionen und 35,5 g Chlorionen geworden. Eine $^m/_1$-HCl würde daher bei völliger Dissoziation gerade 1 g Wasserstoffionen liefern, eine $^m/_{10}$-HCl also 0,1 g, eine $^m/_{100}$ 0,01 g und eine $^m/_{1000}$ 0,001 g usw.

Wenn wir nun diese Wasserstoffionenmengen in Äquivalenten ausdrücken, so erhalten wir:

---

[1] Bein, W.: Das chemische Element, S. 66, Abb. 12. Vereinig. wissensch. Verleger 1920.

$$\begin{aligned}
&{}^{m}/_{10000}\text{-HCl} = 0{,}0001\ \text{g-Äquivalent H-Ion;} \quad [\overset{\cdot}{H}] = 10^{-4}, \\
&{}^{m}/_{1000}\ \text{-HCl} = 0{,}001\ \text{g -Äquivalent H-Ion;} \quad [\overset{\cdot}{H}] = 10^{-3}, \\
&{}^{m}/_{100}\ \text{-HCl} = 0{,}01\ \text{g -Äquivalent H-Ion;} \quad [\overset{\cdot}{H}] = 10^{-2},
\end{aligned}$$

$$\begin{aligned}
0{,}36\% &= {}^{m}/_{10}\ \text{-HCl} = 0{,}1\ \text{g}^1)\ \text{-Äquivalent H-Ion;} \quad [\overset{\cdot}{H}] = 10^{-1}, \\
3{,}6\% &= {}^{m}/_{1}\ \text{-HCl} = 1\ \text{g}^1)\ \text{-Äquivalent H-Ion;} \quad [\overset{\cdot}{H}] = 10^{0}.
\end{aligned}$$

Betrachten wir nun die *Dissoziation einer starken Base*, z. B. von Natronlauge, NaOH. Das Molekulargewicht ist wie bei HCl gleich dem Äquivalentgewicht, es ist gleich $Na + O + H = 40$. Eine molare, also auch normale NaOH ist demnach ca. 4proz. Bei der Annahme vollständiger Dissoziation im Sinne der Gleichung:

$$NaOH \rightarrow Na^+ + OH'$$

enthält

die normale Lösung 1 g,   -Äquivalent OH-Ion; $[OH'] = 10^0$,

die ${}^{n}/_{10}$-Lösung   0,1 g   -Äquivalent OH-Ion; $[OH'] = 10^{-1}$,

die ${}^{n}/_{100}$-Lösung   0,01 g   -Äquivalent OH-Ion; $[OH'] = 10^{-2}$,

die ${}^{n}/_{1000}$-Lösung   0,001 g -Äquivalent OH-Ion; $[OH'] = 10^{-3}$,

die ${}^{n}/_{10000}$-Lösung   0,0001 g-Äquivalent OH-Ion; $[OH'] = 10^{-4}$.

In $[\overset{\cdot}{H}]$ ausgedrückt:

$$\begin{aligned}
&{}^{n}/_{10000}\text{-NaOH} = 10^{-10}\ \text{g H-Ion}, \\
&{}^{n}/_{1000}\ \text{-NaOH} = 10^{-11}\ \text{g H-Ion},
\end{aligned}$$

$$\begin{aligned}
0{,}04\% &\ {}^{n}/_{100}\ \text{-NaOH} = 10^{-12}\ \text{g H-Ion}, \\
0{,}4\% &\ {}^{n}/_{10}{}^1)\text{-NaOH} = 10^{-13}\ \text{g H-Ion}, \\
4\% &\ {}^{n}/_{1}{}^1)\ \text{-NaOH} = 10^{-14}\ \text{g H-Ion}.
\end{aligned}$$

---

¹) Leitfähigkeitsmessungen, Bestimmungen der osmotischen Drucke und der elektrischen Potentiale ergaben Werte, die einer geringeren H-Ionenmenge entsprachen. So nahm man ursprünglich an, daß die starken Elektrolyte in hohen Konzentrationen nicht vollständig dissoziiert sind. Nach neuerer Anschauung (*Bjerrum* und *Lewis*) ist die Dissoziation der starken Elektrolyte bei allen Konzentrationen vollständig und die unvollständige Dissoziation nur durch die gegenseitigen Wirkungen der elektrisch geladenen Teilchen auf das Lösungsmittel und aufeinander vorgetäuscht. Die Konzentration der H-Ionen ist also nicht gleich der Konzentration an „aktiven" H-Ionen, die unserer Messung zugänglich sind, sondern bei starken Elektrolyten in hohen Konzentrationen größer. Um von der Gesamtkonzentration zu der Konzentration an aktiven H-Ionen zu kommen, muß man C_{H} (die wirkliche Konzentration) mit dem Aktivitätsfaktor $f(a)$ multiplizieren. Wir werden immer weiter von „Wasserstoffzahl" und „Wasserstoffionenkonzentration" reden, meinen aber damit die Konzentration an den „aktuellen" H-Ionen. Der Aktivitätskoeffizient ist nach Noyes und Mac Innes bei ${}^{n}/_{100}$-HCl $= 0{,}932$, bei ${}^{n}/_{10}$-HCl $= 0{,}823$, bei ${}^{n}/_{2} = 0{,}773$, doch stehen diese Daten noch keineswegs endgültig fest. Wie wir noch später sehen werden, hat die Unkenntnis über die genaue Größe des Aktivitätskoeffizienten zur Folge, daß wir diejenige Säurekonzentration, bei der die aktive Masse der Wasserstoffionen $= 1$ normal ist, nicht völlig sicher herstellen können. Wir arbeiten zur Zeit mit einer Lösung, deren H-Ionenaktivität nicht $= 1$ normal, sondern nur einen ähnlichen Wert aufweist.

Aus diesen Umrechnungen gewinnen wir eine Vorstellung darüber, welche Säure- und Alkalitätsgrade vorliegen, wenn von $[H^·] = 10^0$ bis 10^{-4} und von 10^{-10} bis 10^{-14} die Rede ist. Das dazwischenliegende Gebiet läßt sich nicht mehr durch *starke* Säuren oder *starke* Basen kennzeichnen. Es entspricht, wie wir sahen, den *schwachen* Säuren oder *schwachen* Basen, die nicht zum größten Teil oder gar vollständig in ihre Ionen zerfallen, sondern nur zu einem mehr oder weniger geringen Prozentsatz. Während zu den starken Säuren vor allem Salzsäure, Schwefelsäure und Salpetersäure zählen, gehören zu den schwachen Säuren die meisten organischen Säuren, wie Weinsäure, Milchsäure, Essigsäure usw. Die wichtigsten starken Basen sind die der Alkalien und Erdalkalien, vor allem Natronlauge, Kalilauge und Barytlauge. Als Beispiel einer schwachen Base sei Ammoniak genannt. Jede dieser schwachen Säuren und Basen hat eine ganz charakteristische Dissoziation, deren Größe sich durch Bestimmung der H-Ionenzahlen ihrer Lösungen, aber auch auf andere Weise messen läßt. Die Kenntnis des Umfanges der Dissoziation von schwachen Säuren und Basen ist für den Biologen ganz besonders wichtig, da in der belebten Welt fast nur schwache Säuren und Basen vorkommen. Wenn die Dissoziation der $^n/_{10}$ HCl ungefähr 100 proz. ist, so ist die der $^n/_{10}$ Essigsäure nur ca. 1 proz., d. h. nur 1% der vorhandenen Essigsäuremenge ist in ihre Ionen zerfallen. Gewöhnlich drückt man aber die Dissoziation von schwachen Säuren und Basen nicht durch Angabe von Prozentzahlen aus, sondern durch Angabe ihrer Dissoziationskonstanten. Die Dissoziationskonstante, über die wir weiter unten noch Näheres hören werden, ist vor allem bedeutsam für die Dissoziation von *schwachen* Säuren oder *schwachen* Basen. Bei starken Säuren oder starken Basen würde eine in der üblichen Art berechnete Dissoziationskonstante mit steigender Konzentration ansteigen, es läßt sich also experimentell keine Dissoziations*konstante* auffinden[1]).

Zunächst aber wollen wir noch eine andere Form der Bezeichnung von Wasserstoffionenkonzentrationen kennenlernen, die eine erhebliche Vereinfachung bedeutet. Die praktischen Vorteile der neuen Bezeichnungsart, die von SÖRENSEN stammt, waren so augenscheinlich, daß sich diese Ausdrucksweise in kurzer Zeit allgemein einführen konnte. Heute hat die Angabe des „p_H", des Wasserstoffexponenten, von dem jetzt die Rede sein soll, die Angabe der $[H^·]$ fast vollständig verdrängt.

10. p_H, der Wasserstoffexponent. Die weitaus größte Anzahl der Wasserstoffionenkonzentrationen, die aus irgendeinem Grunde ein

---

Unsere Messungen werden wegen der Unsicherheit dieses Bezugssystems daher sämtlich mit einem kleinen Fehler behaftet sein, der für alle Messungen derselbe ist.

[1]) Siehe Anm. 1 auf S. 12.

Interesse verdienen, liegen zwischen 10^0 und 10^{-14}. Die Frage der H-Ionenzahl wird außerhalb dieser Grenzen kaum eine Rolle spielen. Bei allen biologischen Fragen sind die Grenzen sicher noch enger zu ziehen. Zum mindesten werden sie kein einziges Mal überschritten. So hat man ständig mit den Potenzen von 10, und zwar mit den negativen, zu tun, wenn man eine [H·] angeben will. Eine Vereinfachung der Ausdrucksweise würde schon dann gegeben sein, wenn diese stets zu wiederholende Zahl 10 zum Verschwinden käme.

Das läßt sich dadurch erreichen, daß man die Zahlen der Wasserstoffionenkonzentration logarithmiert. Da der Logarithmus einer Potenz von 10 gleich dem Exponenten ist, bleibt von der als Potenz von 10 angegebenen [H·] nach dem Logarithmieren nur noch der Exponent übrig. Allerdings darf man nicht übersehen, daß man dann nicht mehr die ursprünglichen Zahlen der Wasserstoffionenkonzentrationen vor sich hat, sondern ihre *Logarithmen*. Diese Logarithmierung ist eher ein Vorteil als ein Nachteil. Das geht schon aus folgendem hervor. In der Reihe der [H·] unterscheidet sich jedes folgende Glied dadurch von dem vorhergehenden, daß es nur den zehnten Teil der H-Ionenmenge bedeutet. Wenn man nun diese H-Ionenmengen in irgendeine Beziehung zu einem chemischen Vorgang setzen und diese Beziehung graphisch darstellen will, kommt man in große Schwierigkeiten Wird die [H·] von 10^0 z. B. durch 5 cm Achsenlänge eines Koordinatensystems dargestellt, so muß die [H·] von 10^{-1} durch 0,5 cm und die von 10^{-2} durch 0,05 cm angegeben werden. Das ist aber zeichnerisch unausführbar. Um eine geometrische Reihe, und um eine solche mit dem Faktor 10 handelt es sich ja hier, übersichtlich zu gestalten und kurvenmäßig auszudrücken, wird nun gewöhnlich eine Logarithmierung vorgenommen. Dadurch ist die *geometrische* Reihe in eine *arithmetische* verwandelt, in der jedes Glied aus dem vorhergehenden durch Addition oder Subtraktion einer bestimmten Zahl entsteht. Auf einer Achse eines Koordinatensystems sind daher die einzelnen Glieder einer arithmetischen Reihe sämtlich gleich weit voneinander entfernt.

Aus 1						
10^1		log 1[1])	log 10^1	log 10^2	log 10^3	log 10^4
10^2	wird also	0	1	2	3	4
10^3						
10^4 usw.						

Nach dem Logarithmieren läßt sich die ganze geometrische Reihe mit dem Faktor 10 bequem auf der Ordinate oder der Abszisse abtragen,

---

[1]) $1 = 10^°$.

und daher läßt sich in graphischer Darstellung die Beziehung zu anderen Größen in weiten Grenzen gut verfolgen.

So wird man also durch das Logarithmieren der [H·] zwischen 10^0 und 10^{-14} eine arithmetische Reihe gewinnen, die sich übersichtlich anordnen läßt. Weitere Vorteile aus der Anwendung des Logarithmus der [H·] werden dem Leser dann zum Bewußtsein kommen, wenn er die *Umrechnungen* von elektromotorischer Kraft zur H-Ionenzahl kennengelernt hat.

SÖRENSEN hat nun gleichzeitig mit der Logarithmierung eine andere kleine Vereinfachung vorgeschlagen. Die Logarithmen der [H·] wären 0, —1, —2, —3 usw. bis —14, da die in Frage kommenden H-Ionenzahlen, wie wir schon oben hörten, alle zwischen 10^0 und 10^{-14} liegen. Diese Logarithmen sind sämtlich negativ. In ganz vereinzelten Fällen mag der Wert von 10^0 um eine Kleinigkeit überschritten werden, aber gewöhnlich mißt man keine [H·] in Säuren, deren Konzentration über eine 1,3- bis 2fache Normalität hinausgeht ([H·] = ca. 10^0). Es erschien somit möglich, zur weiteren Vereinfachung auch noch das negative Vorzeichen der Logarithmen zum Verschwinden zu bringen. Das geschieht nach dem Vorschlag von SÖRENSEN dadurch, daß von der Zahl für die [H·] ein für allemal nicht der *positive*, sondern der *negative* Logarithmus genommen wird. Es ist:

$$+ (\log 10^{-1}) = -1,$$
$$\text{aber} \quad - (\log 10^{-1}) = +1.$$

Nimmt man also von der Reihe der H-Ionenzahlen stets die *negativen* Logarithmen, so erhält man die *positive* Zahlenreihe von 0 bis 14.

Der negative Logarithmus der Wasserstoffionenkonzentration wurde von SÖRENSEN *Wasserstoffexponent* genannt. Sein Symbol ist p_H.

$$\text{Ist die [H·]} = 10^{-1}, \quad \text{so ist der } p_H = - (\log 10^{-1}) = 1,$$
$$10^{-3}, \quad \text{so ist der } p_H = - (\log 10^{-3}) = 3,$$
$$10^{-5}, \quad \text{so ist der } p_H = - (\log 10^{-5}) = 5,$$
$$10^{-7}, \quad \text{so ist der } p_H = - (\log 10^{-7}) = 7,$$
$$10^{-9}, \quad \text{so ist der } p_H = - (\log 10^{-9}) = 9,$$
$$10^{-11}, \quad \text{so ist der } p_H = - (\log 10^{-11}) = 11,$$
$$10^{-14}, \quad \text{so ist der } p_H = - (\log 10^{-14}) = 14.$$

Allgemein: $p_H = - log [H·]$.

Wir sehen jetzt, daß der p_H der neutralen Reaktion = 7 ist. Schwach saure Reaktion wird durch die p_H's 6,9 bis ca. 4 ausgedrückt, schwach alkalische Reaktion durch die p_H's 7,1 bis 10. Stärker sauer ist p_H 3, noch stärker p_H 2 und p_H 1. Entsprechend nimmt die Alkalität zu, wenn der p_H von 10 bis 14 ansteigt.

Mit *zunehmender* Wasserstoffionenkonzentration nimmt also *der* p_H ab, mit *abnehmender* Wasserstoffionenkonzentration nimmt der p_H *zu.*

Die Abb. 3 zeigt jetzt eine p_H-Skala. Wir sehen an den beiden Enden der Skala das Gebiet der starken Säure und der starken Lauge und in der Mitte der Skala die neutrale Reaktion.

Der Säuregrad jeder beliebigen Flüssigkeit innerhalb der Grenzen einer $[H^{\cdot}]$ zwischen 10^0 und 10^{-14} läßt sich durch einen bestimmten Punkt dieser p_H-Skala darstellen.

11. Umrechnungen von Normalitäten in Wasserstoffzahlen und p_H's. Unsere früheren Ausführungen über H-Ionenzahlen und Normalitäten bedürfen noch der Ergänzung.

Wir haben oben nur von $^n/_{10}$-, $^n/_{100}$-, $^n/_{1000}$-usw. HCl gesprochen und diese Säure-Normalitäten auf H-Ionenzahlen umgerechnet. Zwischen $^n/_{10}$ und $^n/_{100}$ oder $^n/_{100}$ und $^n/_{1000}$ liegen aber noch unzählige andere Normalitäten, die wir ebenfalls auf H-Ionenzahlen und nunmehr auch auf p_H's umrechnen wollen. Eine $^n/_{100}$-HCl hatte eine $[H^{\cdot}]$ von 10^{-2} und einen p_H

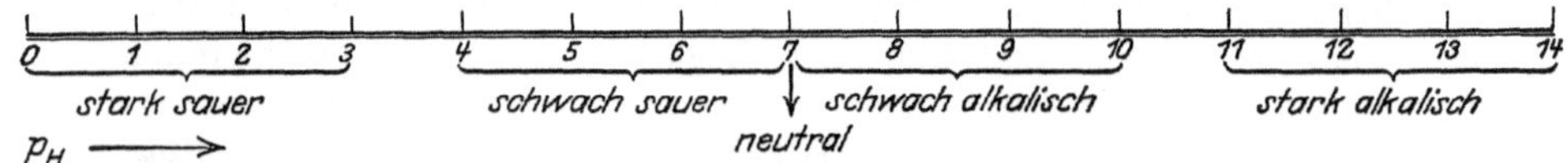

Abb. 3. p_H-Skala.

von 2. Eine $^n/_{1000}$ HCl hatte eine $[H^{\cdot}]$ von 10^{-3} und einen p_H von 3. Alle HCl-Lösungen zwischen $^n/_{100}$ und $^n/_{1000}$ werden also eine $[H^{\cdot}]$ zwischen 10^{-2} und 10^{-3} und einen p_H zwischen 2 und 3 haben.

$$\text{Eine } ^n/_{200}\text{-HCl} = 0,005\,n = 5 \cdot 0,001 = 5 \cdot 10^{-3},$$
$$[H^{\cdot}] = 5 \cdot 10^{-3}.$$
$$^n/_{400}\text{-HCl} = 0,0025\,n = 2,5 \cdot 10^{-3},$$
$$[H^{\cdot}] = 2,5 \cdot 10^{-3}.$$
$$^n/_{500}\text{-HCl} = 0,002\,n = 2 \cdot 10^{-3},$$
$$[H^{\cdot}] = 2 \cdot 10^{-3}.$$

Um von diesen Werten für $[H^{\cdot}]$ zu denen für p_H zu kommen, muß man wieder den negativen Logarithmus dieser Zahlen suchen.

$$\text{Also: } p_H\, ^n/_{200}\text{-HCl} = -\log(5 \cdot 10^{-3}),$$
$$p_H\, ^n/_{400}\text{-HCl} = -\log(2,5 \cdot 10^{-3}),$$
$$p_H\, ^n/_{500}\text{-HCl} = -\log(2 \cdot 10^{-3}).$$

Es wird nun nach den gewöhnlichen Gesetzen des Logarithmierens verfahren:

$$1. \quad -\log(5 \cdot 10^{-3}) = -\log 5 + 3,$$
$$-\log 5 = -0,699 \text{ (s. Logarithmentafel im Anhang)}.$$
$$\text{also } -\log(5 \cdot 10^{-3}) = 3 - 0,699 = 2,301,$$
$$[H^{\cdot}] = 5 \cdot 10^{-3}; \quad p_H = 2,30.$$

$$2. \qquad -\log (2 \cdot 10^{-3}) = -\log 2 + 3,$$
$$-\log 2 \qquad = -0{,}301,$$
$$\text{also} \quad -\log (2 \cdot 10^{-3}) = 2{,}699,$$
$$[H^\cdot] = 2 \cdot 10^{-3}; \quad p_H = 2{,}70.$$

So lassen sich also *alle beliebigen* Wasserstoffionenkonzentrationen als ein Produkt ausdrücken, dessen *einer* Faktor eine *negative Potenz von 10* ist:

$$\text{z. B. } 6{,}2 \cdot 10^{-5}; \quad 4{,}8 \cdot 10^{-4}; \quad 3 \cdot 10^{-9} \text{ usw.}$$

Zur Umrechnung dieser Wasserstoffzahlen in p_H's bedient man sich einfach des Schemas:

$$[H^\cdot] = a \cdot 10^{-b}; \quad \text{also} \quad p_H = -\log a + b.$$

b ist stets eine ganze Zahl, von der der Logarithmus der vorstehenden Zahl *abgezogen* wird.

Gewöhnlich wird der p_H mit 2 Dezimalen hinter dem Komma angegeben. Da die Angabe einer dritten Stelle selten möglich und nötig ist, wird man zum Logarithmieren von a nur die 3stelligen Logarithmen benutzen und auf die 5stelligen verzichten. Mit den 3stelligen läßt sich das Subtrahieren von b gewöhnlich im Kopfe ausführen. Eine Tafel mit 3stelligen Logarithmen ist im Anhang zu finden.

Man muß sich die Beziehungen zwischen der H-Ionenzahl und dem p_H immer wieder klarmachen, um keine Fehler zu begehen. Zur Übung und Festigung der Vorstellungen von diesen Beziehungen soll folgende Tabelle dienen. Sie zeigt den Einfluß einer Änderung der Wasserstoffzahl auf die zugehörige Änderung des p_H. Die Tabelle läßt die logarithmische Zusammendrängung einer Verdoppelung und Vervielfachung von H-Ionenzahlen bei der Anwendung der Bezeichnung p_H erkennen. Ihr sorgsames Studium wird dem Anfänger dringend angeraten.

In der linken Rubrik steht ein Multiplikationsfaktor der Wasserstoffionenkonzentration, also diejenige Zahl, mit der die ursprüngliche Wasserstoffzahl multipliziert werden soll. Die mittlere Rubrik zeigt den *Zuwachs* in Prozenten der ursprünglichen Wasserstoffionenmenge, der durch die Multiplikation hervorgerufen wurde. Die letzte Rubrik zeigt nun die durch die Multiplikation bedingte Änderung des p_H.

Multiplikationsfaktor der [H$^\cdot$]	Zuwachs der [H$^\cdot$] durch die Multiplikation (in % der urspr. [H$^\cdot$])	Korrespondierende Änderung in p_H
10	900	1,0
5	400	0,70
2	100	0,30
1,5	50	0,17
1,1	10	0,04
1,05	5	0,02
1,023	2,3	0,01

Beispiel: $[\overset{.}{H}] = 10^{-7}$.

Änderung der $\overset{.}{H}$ von $1,0 \cdot 10^{-7}$ auf	Zuwachs von g-Äquivalent H-Ion	Korrespondierende p_H-Änderung von 7,00 auf
$10 \quad \cdot 10^{-7}$	$9 \quad \cdot 10^{-7}$	6,00
$5,0 \quad \cdot 10^{-7}$	$4 \quad \cdot 10^{-7}$	6,30
$2,0 \quad \cdot 10^{-7}$	$1 \quad \cdot 10^{-7}$	6,70
$1,5 \quad \cdot 10^{-7}$	$0,5 \cdot 10^{-7}$	6,83
$1,1 \quad \cdot 10^{-7}$	$0,1 \cdot 10^{-7}$	6,96
$1,05 \quad \cdot 10^{-7}$	$0,05 \cdot 10^{-7}$	6,98
$1,023 \cdot 10^{-7}$	$0,023 \cdot 10^{-7}$	6,99

Die Änderung des p_H von 7,00 auf 6,99, also um *eine* Stelle der zweiten Dezimale, entspricht einer Änderung der $[\overset{.}{H}]$ um 2,3%.

Wie wir später sehen werden, kommt eine Potentialdifferenz von ca. 58 Millivolt auf eine p_H-Differenz von 1,0. Der Differenz von 0,01 p_H entsprechen daher 0,58 Millivolt. Es ist zwar möglich, die Genauigkeit einer elektrometrischen Messung noch erheblich über 0,58 Millivolt zu steigern. In einer elektrischen H-Ionenkette sind jedoch so viele Nebenumstände zu berücksichtigen, daß eine darüber hinausgehende Genauigkeit häufig nur eine scheinbare ist. Daher wollen wir zunächst den Zuwachs oder die Abnahme einer H-Ionenzahl um 2,3% als *gerade noch meßbar* ansehen.

12. Umrechnung von p_H in $[\overset{.}{H}]$. Die bisher ausgeführten Rechnungen sind noch um eine Kleinigkeit zu erweitern. Bisher wurde aus der H-Ionenzahl der p_H berechnet; jetzt wollen wir umgekehrt aus einem gegebenen p_H die zugehörige H-Ionenzahl ausrechnen. Wir brauchen hierzu nur den vorher beschriebenen rechnerischen Weg rückwärts zu gehen.

1. Beispiel: Der p_H ist 6,30. Wie groß ist die $[\overset{.}{H}]$? Wir erinnern uns daran, daß 6,30 ein *negativer* Logarithmus ist. Der *positive* ist dann $-6,30$. Diese Zahl ist aus $+0,70$ und $-7,00$ entstanden. Zu diesen zwei Zahlen, die beide Logarithmen sind, müssen jetzt die Numeri gesucht werden.

Der Numerus von 0,70 ist 5,0, der Numerus von 7,0 ist 10^7. Die Differenz zweier Logarithmen ist gleich dem Quotient der Numeri:

$$\text{num. } (0,70 - 7,00) = \frac{5}{10^7} = 5 \cdot 10^{-7},$$

also p_H 6,30:

$$\log [\overset{.}{H}] = -6,30 = 0,70 - 7,00.$$

$$[\overset{.}{H}] = \frac{\text{num. } 0,7}{\text{num. } 7,00} = \frac{5}{10^7} = 5 \cdot 10^{-7}.$$

2. Beispiel: $p_H = 4,70$. Wie groß ist die $[\overset{.}{H}]$?

$$-4,70 = 0,30 - 5,00; \quad [\overset{.}{H}] = \frac{\text{num. } 0,30}{\text{num. } 5,00},$$

$$\text{num. } 0,30 = 2,00, \qquad \text{num. } 5,00 = 10^5,$$

$$[\overset{.}{H}] = \frac{2}{10^5} = 2 \cdot 10^{-5},$$

$$p_H = 4,70: \qquad [\overset{.}{H}] = 2 \cdot 10^{-5}.$$

Es wird also zunächst der zur Umrechnung gegebene p_H von der nächst höheren ganzen Zahl subtrahiert[1]). Zu der dabei erhaltenen Differenz und zu der ganzen Zahl werden dann die Numeri gesucht. Der Numerus der Differenz kommt in den Zähler, der Numerus der ganzen Zahl in den Nenner. Dieser Quotient oder das aus ihm durch Umformung entstandene Produkt ist gleich der gesuchten H-Ionenzahl.

Nachdem wir jetzt den Begriff des p_H und seine rechnerischen Beziehungen kennengelernt haben, kehren wir wieder zur Frage der Dissoziation von Säuren und Basen zurück. Die *starken* Säuren und Basen gaben uns wegen ihrer hochgradigen Dissoziation die Möglichkeit, Säuremengen und Normalitäten den entsprechenden p_H's direkt gegenüberzustellen. Eine $^1/_{1000}$ n-HCl liefert auch $^1/_{1000}$ g-Äquivalent H-Ion, ihr p_H ist also 3,0. Eine $^1/_{1000}$ n-NaOH liefert $^1/_{1000}$ g-Äquivalent OH-Ion, ihr p_H ist also 11,0. Bei den *schwachen* Säuren und Basen liegen die Verhältnisse nicht so einfach. Es ist nicht möglich, aus der Normalität einer schwachen Säure ohne weiteres den wirklichen oder angenäherten p_H zu nennen, der in dieser Säurelösung vorliegt. Ihre „Schwäche" kommt ja daher, daß sie nur zu einem *Teil* ionisiert ist, daß nur ein *Teil* ihrer Normalität in H-Ionen und Säure-Ionen zerfallen ist. Wollen wir also etwas über den p_H ihrer Lösung aussagen, so müssen wir den *Grad* ihrer Ionisation kennen. Wir hörten schon oben, daß sich der Umfang der Dissoziation einer schwachen Säure oder Base durch ihre Dissoziationskonstante berechnen läßt. Mit dieser wollen wir uns jetzt beschäftigen.

13. Die Dissoziation von schwachen Säuren und Basen. Die Dissoziationsgleichung der HCl war wegen des vollständigen Verlaufs der Dissoziation nur mit *einem* Richtungsanzeiger geschrieben worden. Der Vorgang verlief eben nur von links nach rechts. $HCl \rightarrow H^+ + Cl'$.

Bei einer schwachen Säure mit dem allgemeinen Symbol SH verläuft der Vorgang nur unvollständig von links nach rechts, da der entgegengesetzte Vorgang der Entionisierung eine *wesentliche Rolle* spielt. Wir brauchen hier also wieder, wie bei der Dissoziation des Wassers, den *Doppelpfeil*, das Zeichen der reversiblen Reaktion. $SH \rightleftarrows SA' + H^+$.

SH ist die undissoziierte Säure, SA' das Säureanion. Die Geschwindigkeit der Dissoziation v_1 ist, nach den Vorstellungen, die dem Massenwirkungsgesetz zugrunde liegen, der Konzentration von SH proportional, die Geschwindigkeit der Entionisierung ist dem Produkte der Konzentrationen der beiden Ionenarten proportional. Also:

$$v_1 = k_1 \cdot [SH] \,,$$
$$v_2 = k_2 \, [SA'] \cdot [H^+].$$

---

[1]) Ist der p_H eine ganze Zahl, so erübrigt sich, wie wir schon wissen, jede Umrechnung, da der Wert für die $[H^{\cdot}]$ sogleich als 10^{-p_H} hinzuschreiben ist: $p_H = 5,0$, also $[H^{\cdot}] = 10^{-5}$.

Nach Einstellung des Gleichgewichtes ist $v_1 = v_2$, also

$$[SH]\,k_1 = [SA']\cdot[H^+]\,k_2,$$

$$\frac{k_1}{k_2} = \frac{[SA']\cdot[H^+]}{[SH]}$$

oder

$$\frac{[SA']\cdot[H^+]}{[SH]} = K. \tag{3}$$

Diese Konstante K ist die sog. *Dissoziationskonstante*, von der wir schon wiederholt gesprochen haben. Ihr Wert ist für jede schwache Säure und Base charakteristisch[1]). Die Dissoziationskonstante beträgt z. B. für:

Weinsäure	$1\quad\cdot 10^{-3}$
Milchsäure.	$1,35\cdot 10^{-4}$
Essigsäure	$1,86\cdot 10^{-5}$ $(25°)$
Schwefelwasserstoff	$5,7\quad\cdot 10^{-8}$
Glukose	$3,6\quad\cdot 10^{-13}$
Ammoniak	$1,87\cdot 10^{-5}$ $(25°)$

Daß es für Glukose ebenfalls eine Dissoziationskonstante gibt, ist besonders bemerkenswert. Auch dieser Körper ist also in der Lage, gleichsam wie eine Säure H-Ionen abzudissoziieren, wenn auch in ungeheuer kleinem Umfange.

Die Kenntnis der Dissoziationskonstanten K von schwachen Säuren erlaubt uns nun, auch bei *schwachen* Säuren aus einer gegebenen Normalität den p_H zu berechnen.

14. Berechnung der [H˙] in reinen Lösungen von schwachen Säuren und schwachen Basen. In einer reinen Säurelösung vereinfacht sich die obige Gleichung für K dadurch, daß $[SA'] = [H^+]$ gesetzt werden kann. Aus einem Molekül der einwertigen Säure kann nur *ein* SA' und *ein* H^+ entstehen, die Konzentrationen von SA' und H^+ sind also stets gleich.

Es ist dann:

$$\frac{[H^+]^2}{[SH]} = K \qquad \text{und} \qquad [H˙] = \sqrt{k\,[SH]}.$$

Bei den schwachen Säuren ist die Dissoziation so gering[2]), daß man den undissoziierten Anteil SH ohne großen Fehler gleich der Gesamtsäurekonzentration A setzen kann.

Dann ist:

$$[H˙] = \sqrt{k\,[A]}. \tag{4}$$

---

[1]) Starke Säuren und starke Basen haben keine Dissoziationskonstanten (siehe S. 13).

[2]) Wir hörten schon vorher, daß eine $^n/_{10}$ Essigsäure z. B. nur zu ca. 1% dissoziiert ist. Setzt man bei der $^n/_{10}$ Essigsäure also [A] = [SH], so beträgt der Fehler nur ca. 1%.

Diese Gleichung erlaubt also, die [H·] und somit auch den P_H aus jeder beliebigen Normalität einer schwachen Säure zu berechnen, wenn k bekannt ist.

Die Gleichung für die [OH′] einer schwachen Base lautet analog

$$[OH'] = \sqrt{k[B]};$$

da

$$[H^·] = \frac{k_w}{[OH']},$$

ist die [H·] einer schwachen Base

$$[H^·] = \frac{k_w}{\sqrt{k[B]}}.$$

Wir wollen nun gleich nach diesen Formeln einige Berechnungen vornehmen.

1. Wie groß ist der p_H einer $^n/_{10}$-Weinsäurelösung[1]?

Dissoziationskonstante 10^{-3}.

$$[H^·] = \sqrt{10^{-3} \cdot 0{,}1}.$$

(Gesamtkonzentration [A] an Weinsäure = 0,1 n).

$$p_H = -\log\left(\sqrt{10^{-3} \cdot 10^{-1}}\right) = -\log\sqrt{10^{-4}} = -\log 10^{-2},$$

$$p_H = 2{,}00.$$

2. Wie groß ist der p_H einer $^n/_{100}$-Essigsäurelösung?

Dissoziationskonstante $1{,}86 \cdot 10^{-5}$ (25° C).

$$[H^·] = \sqrt{1{,}86 \cdot 10^{-5} \cdot 0{,}01}.$$

(Gesamtkonzentration [A] an Essigsäure = 0,01 n).

$$= \sqrt{1{,}86 \cdot 10^{-7}},$$
$$p_H = -\tfrac{1}{2}(\log 1{,}86 - 7); \qquad \log 1{,}86 = 0{,}269,$$
$$p_H = -\tfrac{1}{2}(6{,}731),$$
$$p_H = 3{,}365.$$

Bei der Berechnung des p_H von äußerst schwachen Säuren (z. B. Glukose) ist die H-Ionenzahl des reinen Wassers zu berücksichtigen. Die Gleichung für die [H·] von denjenigen Säuren, deren Dissoziationskonstante der des Wassers ähnlich ist, lautet:

$$[H^·] = \sqrt{k[A] + kw}.$$

Die Dissoziationskonstante des Wassers kw spielt also für die endgültige [H·] eine um so größere Rolle, je kleiner das k einer Säure ist.

---

[1] Bei der Weinsäure ist die Dissoziation schon so erheblich, daß [A] besser = [SH] + [H·] gesetzt wird. Der Einfachheit halber soll aber hier nur ein Wert in grober Annäherung ausgerechnet werden.

Im großen und ganzen ist zwar die Berechnung des p_H von schwachen Säuren etwas umständlicher als die von starken Säuren, aber sie ist doch, wie aus den Beispielen zu ersehen ist, leicht durchführbar. Jetzt kommt etwas Neues hinzu, das den Unterschied bei der Berechnung der [H˙] von starken und schwachen Säuren noch deutlicher hervortreten läßt. Liegen *nicht mehr reine Lösungen* von *starken* Säuren vor, sondern Lösungen, die auch Salze dieser Säuren enthalten, so ist die meßbare H-Ionenzahl bei geringer Salzkonzentration nur ganz unwesentlich dadurch beeinflußt. Die elektrometrisch bestimmbare H-Ionenzahl erscheint durch elektrostatische Beeinflussung der H-Ionen von seiten der anderen Ionen ein wenig verringert. Aber diese Verringerung der *Aktivität*, die wir in Wirklichkeit messen und als H-Ionenzahl bezeichnen, wird nur bei sehr hohen Salzkonzentrationen bedeutsam. (Siehe hierzu die Anmerkung auf S. 12.)

15. Gemische von schwachen Säuren mit ihren Alkalisalzen. Ganz anders verhalten sich aber in dieser Hinsicht die schwachen Säuren und Basen. Der p_H von schwachen Säuren wird durch die Gegenwart von ihren Alkalisalzen ganz wesentlich beeinflußt. Die Gleichung

$$[\mathrm{H}\dot{}] = \sqrt{k[\mathrm{A}]}$$

läßt sich also nicht auf eine Säurelösung anwenden, wenn in der Lösung noch Alkalisalze derselben Säure vorhanden sind. Zusätze von Alkalisalzen verändern die H-Ionenzahlen der Lösungen von schwachen Säuren so erheblich, daß der resultierende p_H ein von dem ursprünglichen um mehrere Einheiten verschiedener sein kann. Erfreulicherweise gibt es aber auch hier Gesetzmäßigkeiten, die eine Berechnung der [H˙] aus den angegebenen Säure- und Salzäquivalenten gestatten. Darüber hinaus haben sich, wie wir gleich sehen werden, aus der Erforschung des Verhaltens dieser Gemische von schwachen Säuren und ihren Alkalisalzen überaus praktische Vorteile ergeben.

Die Ausgangsformel für die reine Säurelösung lautete [Gleichung (3)]:

$$\frac{[\mathrm{S}\dot{}] \cdot [\mathrm{H}\dot{}]}{[\mathrm{SH}]} = K,$$

also

$$[\mathrm{H}\dot{}] = \frac{K \cdot [\mathrm{SH}]}{[\mathrm{S}\dot{}]}$$

[Gleichung (3a)].

Bei einer schwachen Säure ist die Konzentration des undissoziierten Anteils der Säure, SH, so groß, daß man sie ohne erhebliche Fehler gleich der Gesamtkonzentration der Säure setzen kann. Davon wurde schon in der Formel $[\mathrm{H}\dot{}] = \sqrt{k\,[\mathrm{SH}]}$ Gebrauch gemacht und [SH] durch [A] = Gesamtsäurekonzentration ersetzt [s. Anmerkung 1 auf S. 21 und Gleichung (4)]:

$$[\mathrm{H}\dot{}] = \sqrt{k[\mathrm{A}]}.$$

Von den Salzen weiß man nun, daß sie in wässerigen Lösungen
so gut wie vollständig in ihre Ionen zerfallen sind. Das Natriumsalz
der Säure SH, das wir SNa schreiben wollen, ist also in der Lösung
fast nur als Natriumion und Säureanion vorhanden. Der undissoziierte
Anteil des Salzes ist so klein, daß man ihn vorläufig gleich Null setzen
kann. Diese weitgehende *Dissoziation* findet bei den *Salzen von
schwachen Säuren ebenso statt wie bei denen der starken.*

Hieraus ist zu erkennen, daß in einem Gemisch von einer schwachen
Säure mit ihrem Alkalisalz praktisch derjenige Anteil, welcher als
Säureanion vorliegt, von der *Dissoziation der Salze* stammt, während
der gesamte undissoziierte Anteil gleich der Konzentration der eigentlichen Säure ist. Wir können dann also für [H·] nach Gleichung (3 a)
zunächst schreiben:

$$[\text{H}^\cdot] = k \cdot \frac{[\text{Säure}]}{[\text{Salz}]} \, .$$

Diese Formel gibt die aktuelle [H·] nicht sehr genau wieder, weil
in Wirklichkeit die *aktive Masse* des Salzes in die Gleichung hereingehört
und nicht die *Konzentration.* Um einen genaueren Wert für die meßbare
[H·] zu haben, muß die Salzkonzentration noch mit dem jeweiligen
Aktivitätsfaktor multipliziert werden, mit $f(a)$, der hier als α bezeichnet
wird. Die Gleichung lautet dann:

$$[\text{H}^\cdot] = k \cdot \frac{[\text{Säure}]}{\alpha \cdot [\text{Salz}]} \, . \tag{5}$$

α läßt sich mit Hilfe von Leitfähigkeitsmessungen nur angenähert
berechnen, da der Leitfähigkeitsfaktor mit dem Aktivitätsfaktor nicht
völlig übereinstimmt. Bei unendlicher Verdünnung kann α als 1 angenommen werden. Bei geringeren Verdünnungen wird α stets kleiner
als 1 sein. Das Verhältnis der molaren Leitfähigkeit bei der vorliegenden Konzentration zu der molaren Leitfähigkeit bei unendlicher
Verdünnung ist gleich α zu setzen.

Für Natriumazetat z. B. beträgt der Näherungswert für α bei
0,1 n-Lösung 0,79, bei 0,01 n 0,87.

In den üblichen Konzentrationen ist der Leitfähigkeitsfaktor der
Alkalisalze von den in Frage kommenden schwachen Säuren ungefähr
0,9 bis 0,8.

Die oben angedeuteten *praktischen* Vorteile dieser Mischungen liegen
auf der Hand. Zunächst läßt sich die [H·] in wässerigen Lösungen von
schwachen Säuren durch Zufügen von ihren Alkalisalzen weitgehend
beeinflussen und regulieren. Aus der für die [H·] gültigen Formel läßt
sich der für jedes Säure-Salzverhältnis in Frage kommende p_{H} berechnen, und es ist dadurch möglich, jeden beliebigen p_{H} durch eine
bestimmte Säure-Salzmischung herzustellen. Die p_{H}-Grenzen, in denen
das gelingt, hängen von der Dissoziationskonstante der angewandten

Säure ab. Für *eine Säureart* liegen die Grenzen gewöhnlich innerhalb eines Gebietes von 3 Einheiten des p_H. Das Analoge gilt für schwache Basen, zu denen dann als Faktor, der die Größe der [H·] beeinflußt und reguliert, ebenfalls ein bestimmtes Salz hinzutritt. Beim Ammoniak z. B., also bei NH_4OH, ist es NH_4Cl. Jeder Punkt der ganzen p_H-Skala läßt sich durch entsprechende Auswahl solcher Gemische herstellen. Stark saure [H·] wird man mit Hilfe von Säuren mit größerem K herstellen, mäßiger und gering saure [H·] mit Säuren von kleinerem K. Schwach basische Gebiete lassen sich mit Mischungen von schwachen Basen mit entsprechenden Salzen herstellen, stärker alkalische Gebiete mit Gemischen von stärkeren Basen und Salzen. Diese Gemische, deren praktische Bedeutung sehr groß ist, wurden von L. MICHAELIS Regulatoren genannt. Wir wollen nun noch an einem Beispiel zeigen, wie man mit Hilfe der Gleichung für die Säure-Salzgemische das Gebiet der herstellbaren H-Ionenkonzentrationen errechnen kann. Da es nur eine Überschlagsrechnung sein soll, benutzen wir die einfache Formel:

$$[H·] = k \cdot \frac{[\text{Säure}]}{[\text{Salz}]} \, .$$

Im Zähler steht die Säure-, im Nenner die Salzkonzentration. Je größer also die Säuremenge im Verhältnis zur Salzmenge wird, um so mehr steigt die [H·] an, und umgekehrt. Nehmen wir als Zahlenbeispiel ein Gemisch von Essigsäure und Natriumazetat, zunächst beide in $^1/_{10}$ n-Konzentration.

$$[H·] = k \cdot \frac{0,1}{0,1}; \quad [H·] = k = 1,86 \cdot 10^{-5} \, (25°).$$

$$p_H = 4,73 \, .$$

In den Nenner gehört eigentlich noch die Zahl $\alpha = 0,79$ [s. Gleichung (5)]. Die genauere [H·] wäre dann also:

$$1,86 \cdot 10^{-5} \cdot \frac{0,1}{0,079} = 1,86 \cdot 10^{-5} \cdot 1,266 \text{ und der } P_H = \textit{4,627} \text{ (bei 25°).}$$

Das Gemisch von $^n/_{10}$-Essigsäure und $^n/_{10}$-Natriumazetat zu gleichen Teilen hat einen p_H von 4,62. Ein solches Gemisch läßt sich sehr leicht herstellen. Da es einen gut definierten P_H gibt, wird es nach dem Vorschlag von L. MICHAELIS zum Einstellen von Elektroden usw. gebraucht. MICHAELIS nannte es daher *Standardazetat*[1]).

Die Dissoziation der Säure hat einen Temperaturkoeffizienten; der Wert 4,62 des Standardazetats gilt daher nur für eine bestimmte Temperatur. Näheres darüber s. S. 255—257 u. 173.

Lösungen von Salzen, die aus schwachen Säuren und starken Basen bestehen, reagieren alkalisch. Lösungen von Salzen aus starken Säuren und schwachen Basen reagieren sauer. Es ist bekannt, daß diese Azi-

---

[1]) n · NaOH 50,0;   n · Essigsäure 100,0;   dest. Wasser 350,0.

ditätsverschiebung die Folge einer hydrolytischen Spaltung ist. Der p_H einer solchen reinen Salzlösung läßt sich nach Kenntnis des Hydrolysegrades berechnen[1]); so läßt sich auch der p_H einer reinen Natriumazetatlösung berechnen (s. S. 41).

16. Weitgehende Unabhängigkeit des p_H eines Regulatorgemisches von der Verdünnung. Der Wert für ein Gemisch von $^n/_{100}$-Essigsäure und $^n/_{100}$-Natriumazetat unterscheidet sich nur sehr wenig von dem Wert des $^n/_{10}$-Gemisches. Die Berechnung ergibt nach Gleichung (5) unter Benutzung eines Wertes für α von 0,87:

$$[\text{H}^\cdot] = 1{,}86 \cdot 10^{-5} \cdot \frac{0{,}01}{0{,}0087} \; ;$$
$$p_H = 4{,}67 \; .$$

Setzen wir in einer $^n/_{1000}$-Lösung $\alpha = 1$, so wäre der p_H eines $^n/_{1000}$-Gemisches 4,73.

Also:
$$^n/_{10} = 4{,}627 \; ,$$
$$^n/_{100} = 4{,}67 \; ,$$
$$^n/_{1000} = 4{,}73 \; .$$

Diese Zahlenreihe ist deshalb so wichtig, weil aus ihr die *weitgehende Unabhängigkeit des* p_H eines Regulatorgemisches von der *Verdünnung* hervorgeht. Trotz hundertfacher Verdünnung hat sich der p_H nur um die Zahl 0,1 verändert. Eine HCl-Lösung ändert, wie wir weiter oben gesehen haben, ihren p_H-Wert bei derselben Verdünnung um 2 ganze Einheiten. Also von p_H ca. 1,0 auf 3,0. Eine reine Essigsäure ändert ihre $[\text{H}^\cdot]$ von

$$\sqrt{1{,}86 \cdot 10^{-5} \cdot 0{,}1} \quad \text{bis auf} \quad \sqrt{1{,}86 \cdot 10^{-5} \cdot 0{,}001} \; ,$$

also den p_H von 2,86 bis 3,86.

Stellen wir diese Zahlen noch einmal zusammen, so erhalten wir:

	p_H Änderung bei Verdünnung 1:100	Änderung in p_H Einheiten
HCl	von ca. 1,00—3,00	2,0
Essigsäure	von 2,86—3,86	1,0
Regulatorgemisch .	von 4,63—4,73	0,1

---

[1]) Der Hydrolysegrad wird aus der Gesamtkonzentration an Salz und aus der Dissoziationskonstante des schwächeren Salzanteils berechnet. Die Formeln sollen hier nicht wiedergegeben werden. Der Grad der Hydrolyse ist um so größer, je verschiedener die Stärke der beiden Salzanteile (ausgedrückt durch die Dissoziationskonstanten) ist. Bei Natriumazetat ist die $[\text{OH}']$ proportional der Wurzel aus der Salzkonzentration, bei Chlorammon ist die $[\text{H}^\cdot]$ proportional der Wurzel aus der Salzkonzentration, z. B.

$$[\text{OH}'] = \sqrt{\frac{kw}{k}}\,[\text{Azetat}] = K\sqrt{[\text{Azetat}]} \; ,$$

(k = Dissoziationskonstante der Essigsäure).

Diese Konstanz der [H'] trotz der großen Verdünnung gilt natürlich nicht nur für das Azetatgemisch, sondern in gleicher Weise für jedes andere Regulatorgemisch. Wir lernen hier eine sehr wichtige Eigenschaft der Säure-Salzgemische kennen. Bevor wir uns mit einer zweiten, wohl noch bedeutsameren Eigenschaft beschäftigen, wollen wir doch noch die oben gestellte Frage nach den Grenzen beantworten, in denen ein Gemisch, z. B. das Azetatgemisch, eine Reihe der H-Ionenzahlen herstellen kann.

17. p_H-Grenzen eines Regulatorgemisches. In dem Azetatgemisch, das den obigen Berechnungen zugrunde liegt, ist das Säure-Salzverhältnis stets $= 1 : 1$. Lassen wir das Verhältnis durch Veränderung der Menge der Säuremole und Salzmole zunächst $10 : 1$ und dann $100 : 1$ und ferner $1 : 10$ und $1 : 100$ werden, so ergibt sich unter Benutzung von $n/10$- und $n/100$-Natriumazetat folgendes:

$$[H'] = 1,86 \cdot 10^{-5} \quad
\begin{array}{c|c|c|c|c}
100:1 & 10:1 & 1:1 & 1:10 & 1:100 \\
\dfrac{1,0}{0,0087} & \dfrac{0,1}{0,0087} & \dfrac{0,01}{0,0087} & \dfrac{0,01}{0,079} & \dfrac{0,001}{0,079}
\end{array}$$

In diesem Falle wären die Grenzen der [H']:

$$1,86 \cdot 10^{-5} \cdot \frac{1,0}{0,0087} \quad \text{und} \quad 1,86 \cdot 10^{-5} \cdot \frac{0,001}{0,079}$$

$$\text{also} \quad p_H = 2,70 \quad \text{und} \quad p_H = 6,63 \,.$$

Für die Praxis sind aber die Grenzen nicht gut auf 4 ganze Einheiten der p_H's zu stecken, sondern auf ca. 3. Diese liegen ungefähr zwischen p_H 3,2 und 6,2 und sind durch die Säure-Salzverhältnisse $30 : 1$ bis $1 : 30$ zu erreichen. Die Gleichung $[H'] = k \cdot \dfrac{[\text{Säure}]}{[\text{Salz}]}$ gilt nicht mehr gut in den extremen Verhältnissen, wohl aber innerhalb der eben bezeichneten Grenzen.

Aus den weiteren Rechnungen werden wir nunmehr die zweite und wichtigste Eigenschaft dieser Regulatorgemische kennenlernen.

18. Die Pufferung. Bisher war der einfache Fall besprochen worden, bei dem das Azetatgemisch in reiner Lösung vorlag. Außer dem Natriumazetat und der Essigsäure waren keine H- oder OH-Ionen liefernden Substanzen in Lösung. Von den Ionen des Lösungsmittels, also des Wassers, ist natürlich abzusehen. Was geschieht aber, wenn wir das Azetatgemisch nicht zu Wasser geben, sondern zu einer starken Säurelösung oder, was wohl auf dasselbe herauskommt, was geschieht, wenn man eine stärkere Säure zu dem Azetatgemisch hinzufügt?

Die Azetationen des völlig dissoziierten Na-Azetats werden mit den H-Ionen der stärkeren Säure zu Essigsäure zusammentreten, und es werden nur soviel H-Ionen übrigbleiben, als der Dissoziationskonstante der Essigsäure entsprechen. Das ist allerdings nur möglich, wenn genügend Natriumazetat vorhanden ist, also mindestens die der stärkeren

Säure äquivalente Menge. Die Gleichung dieses Vorganges ist die umgekehrte Dissoziationsgleichung. Also: Azetat' $+ H^+ \to$ Essigsäure. Das CH_3COONa läßt H-Ionen verschwinden, es stumpft somit den Säuregrad der Lösung ab und wird dabei selbst zu Essigsäure.

Das ursprüngliche Verhältnis $\frac{[\text{Säure}]}{[\text{Salz}]}$, das ja die [H'] des Azetatgemisches bestimmt, wird geändert.

Nehmen wir an, wir hätten zu einem Gemisch von 0,1 Mol. Essigsäure und 0,1 Mol. Natriumazetat eine Menge von 0,01 Mol. HCl hinzugegeben. Die H-Ionen von 0,01 Mol. HCl werden von 0,01 Mol. Azetat gebunden. Diese Molenmenge verschwindet also als Azetat und wird zu Essigsäure. Das Verhältnis ist jetzt nicht mehr [unter Vernachlässigung von α]

$$\frac{0,1 \text{ Säure}}{0,1 \text{ [Salz]}}, \quad \text{sondern} \quad \frac{0,1 + 0,01}{0,1 - 0,01} = \frac{0,11}{0,09}.$$

Die [H'] ist nicht mehr $1,86 \cdot 10^{-5}$, sondern $1,86 \cdot 10^{-5} \cdot 1,22$.

Geben wir nun zu dem ersten Gemisch eine größere HCl-Menge, z. B. 0,05 Mol., dann erhalten wir:

$$[\text{H'}] = 1,86 \cdot 10^{-5} \cdot \frac{0,15}{0,05} = 1,86 \cdot 10^{-5} \cdot 3 \,^1).$$

In einem dritten Fall geben wir 0,08 Mol. HCl zu dem Gemisch. Es ist dann:

$$[\text{H'}] = 1,86 \cdot 10^{-5} \cdot \frac{0,18}{0,02} = 1,86 \cdot 10^{-5} \cdot 9 \,^1).$$

In einem vierten Fall werden gerade zu dem Azetatgemisch 0,1 Mol. HCl hinzugefügt. Dann ist die

$$[\text{H'}] = \sqrt{1,86 \cdot 10^{-5} \cdot 0,2}.$$

Von einer noch größeren Menge von HCl, z. B. von 0,11 Molen, würden 0,01 Mol. HCl ungebunden übrigbleiben.

Stellen wir die in diesen Beispielen erhaltenen Wasserstoffzahlen und p_H's zusammen:

Ursprüngliches Azetatgemisch:	$1,86 \cdot 10^{-5}$,	$p_H = 4,73$,
1. Urspr. Azetatgem. $+$ 0,01 Mol. HCl:	$1,86 \cdot 10^{-5} \cdot 1,22$,	$p_H = 4,65$.
2. „ „ $+$ 0,05 Mol. HCl:	$1,86 \cdot 10^{-5} \cdot 3$,	$p_H = 4,24$,
3. „ „ $+$ 0,08 Mol. HCl:	$1,86 \cdot 10^{-5} \cdot 9$,	$p_H = 3,78$,

Bisher Berechnung nach Gleichung (5),

4. „ „ $+$ 0,1 Mol. HCl: $\sqrt{1,86 \cdot 10^{-5} \cdot 0,2}$, $p_H = 2,71$,

Berechnung nach Gleichung (4), da alles Na-Azetat in Essigsäure verwandelt ist.

$^1)$ Ebenfalls wieder unter Vernachlässigung von α.

Wir erkennen hieraus folgendes:

Durch Zufügen von *einem* hundertstel Mol. HCl hat sich der p_H des Azetatgemisches nur von 4,73 auf 4,65 geändert. Hätten wir das hundertstel Mol. HCl nicht zu dem Azetatgemisch, sondern zu reinem Wasser gegeben, so wäre ein p_H von 2,02 entstanden. Mit 5 hundertstel Molen HCl entstand im Azetatgemisch ein p_H von 4,24. In reinem Wasser wäre ein p_H von 1,3 entstanden. Mit 8 hundertstel Molen HCl ging der p_H im Azetatgemisch auf 3,78, in reinem Wasser würde er 1,12 betragen.

Dieselbe Salzsäuremenge verursacht in unseren Beispielen

im Azetatgemisch einen p_H von	im Wasser einen p_H von
4,65	2,02
4,24	1,30
3,78	1,12

Das Azetatgemisch hat also die Säurewirkung der HCl ganz erheblich verringert. Es hat den H-Ionenstoß gewissermaßen „abgepuffert". Daher nennt man ein solches Gemisch ein *Puffergemisch*.

19. Puffergemische. Wir können aus unserem Beispiel aber noch mehr lernen.

$1 \cdot 0,01$ Mol. HCl änderten den p_H um 0,08,

$5 \cdot 0,01$,, ,, ,, ,, ,, um 0,49, also $1 \cdot 0,01$ um 0,098,

$8 \cdot 0,01$,, ,, ,, ,, ,, ,, 0,95, also $1 \cdot 0,01$,, 0,12,

$10 \cdot 0,01$,, ,, ,, ,, ,, ,, 2,02, also $1 \cdot 0,01$,, 0,20.

Die Änderung des p_H pro Einheit HCl nimmt mit dem Ansteigen der Salzsäuremengen zu. Sie ist am geringsten, wenn noch viele Mole des Puffergemisches im Überschuß vorhanden sind. Sie wird immer größer, wenn der Überschuß an Puffermolen geringer wird. Ist die zugefügte HCl-Molenmenge größer als die ursprünglich vorhandene Azetatmolenmenge, dann bleibt der überschüssige Molenanteil von HCl ungebunden, und die H-Ionenmenge dieses Überschusses bestimmt die H-Ionenzahl der Lösung. Das Puffergemisch hat demnach auf diese Menge keinen Einfluß mehr. Ist der Überschuß an HCl auch nur 0,01 Mol. wie in dem 5. Beispiel, dann sind diese 0,01 Mole allein maßgebend für den p_H. Der p_H würde also, falls ein Liter Flüssigkeit vorliegt, durch 0,01 Mol. HCl von 2,71 auf 2,02 schnellen[1]). Die Pufferwirkung hat in diesem Falle versagt, der Puffer ist durchbrochen.

Jeder Puffer kann also nur eine gewisse Säuremenge im Höchstfalle aufnehmen, er hat somit eine ganz bestimmte *Kapazität*. Aus den Rech-

---

[1]) Zu berücksichtigen wäre nur die geringe Veränderung der Aktivität durch die Gegenwart der Puffersalze. Der gemessene p_H wird daher etwas größer sein.

nungen geht hervor, daß diese Kapazität um so größer ist, je mehr Mole der puffernden Substanz vorhanden sind, und daß sie um so geringer ist, je weniger Mole da sind.

Sahen wir vorher, daß die Verdünnung eines Puffers keinen oder fast keinen Einfluß auf den p_H hat, und daß bei der Verdünnung der Mole von 100 : 1 die ganze p_H-Änderung nur 0,1 betragen hat, so lernen wir jetzt doch einen wesentlichen Einfluß dieser Verdünnung kennen. Der p_H bleibt zwar fast ungeändert, aber die Molenzahl und somit die *Pufferungskapazität* wird dabei wesentlich herabgesetzt[1]). Aus unseren Tabellen ist allgemein für die Pufferungspraxis schon zweierlei zu erkennen.

1. Die Molenzahl soll ungefähr so groß sein, daß nur die Hälfte bis höchstens $^2/_3$ der Salzmenge durch die auftretenden Säuren gebunden werden.

2. Wählt man ein Säure-Salzgemisch nicht nur zur Erzielung eines bestimmten p_H[2]), sondern auch zu Pufferzwecken, also zum Konstanthalten des p_H, so dehne man die p_H-Reihe mit einem Gemisch[3]) nicht wesentlich über 2 p_H-Einheiten aus, da in diesen Grenzen die Pufferwirkung am besten ist.

Die obigen Beispiele zeigten alle nur eine Pufferwirkung gegenüber H-Ionen. Es muß noch hinzugefügt werden, daß diese Säure-Salzgemische in genau derselben Weise auch die OH-Ionen abpuffern (s. auch Anm. 1 auf S. 10). Gibt man zu einem Azetatgemisch NaOH, so werden die OH-Ionen durch die H-Ionen der immer mehr und mehr nachdissoziierenden Essigsäure solange zu Wasser gebunden, als überhaupt noch Essigsäure vorhanden ist. Die Essigsäure wird dabei zu Natriumazetat. Die Molenzahl der Essigsäure nimmt also ab, die des Natriumazetats nimmt zu. Der Vorgang ist dem nach Säurezufuhr so ähnlich, daß er hier jetzt nicht mehr behandelt zu werden braucht.

---

[1]) Je größer die p_H-Änderung eines Systems bei dem Zufügen von Säure oder Lauge ist, um so größer ist die „Nachgiebigkeit" des Systems. Der Differentialquotient (siehe S. 55) $\dfrac{d\,p_H}{d\,B}$ bzw. $\dfrac{d\,p_H}{d\,S}$ ist ein Maß für die Größe der Nachgiebigkeit (L. MICHAELIS). Nimmt man die reziproken Werte, so hat man die rechnerischen Ausdrücke für die „Pufferung" eines Systems. Sie ist also $= \dfrac{d\,B}{d\,p_H}$ oder $= \dfrac{d\,S}{d\,p_H}$. Wird B auf der Abszisse und p_H auf der Ordinate abgetragen, so ist $\dfrac{d\,B}{d\,p_H}$ die Kotangente des Neigungswinkels der Titrationskurve. Bei konstanter Gesamtkonzentration erreicht die Pufferung ein Maximum bei $[H^\cdot] = k$, also bei äquivalenten Mengen von Säure und Salz.

[2]) Z. B. bei den Vergleichsreihen für die kolorimetrische Wasserstoffzahlbestimmungen (s. weiter unten).

[3]) Z. B. nur mit einem Azetatgemisch, nur mit einem Laktatgemisch, Tartratgemisch usw.

H-Ionen und OH-Ionen werden also von diesen Gemischen unter gleichen Bedingungen abgepuffert.

20. Die Säuretitration mit Lauge unter p_H-Kontrolle und der Sprung der [H˙]. An dem Beispiel des Azetatgemisches können wir aber noch mehr lernen.

Nehmen wir das Standardazetatgemisch und fügen langsam aus einer Titrationsbürette HCl hinzu. Was jetzt geschieht, ist uns schon geläufig. Es ändert sich die H-Ionenzahl ganz allmählich bis zu dem Moment, bei dem gerade alles Natriumazetat in Essigsäure verwandelt worden ist. Hier ändert sich, wie wir sahen, die H-Ionenzahl plötzlich stark, um nach weiterer Säurezugabe wie in einer reinen Lösung einer starken Säure nur noch langsam zuzunehmen. Die H-Ionenzahl macht also einen Sprung, der in unserem Beispiel zwischen p_H 2,73 und 2,02 liegt. Dieser Sprung zeigt uns an, daß alles Na-Azetat verschwunden ist: er ist ein Indikator für das Ende der Natriumazetattitration.

Haben wir nun eine unbekannte Menge Na-Azetat vor uns, so kann zur Analyse dieser Menge so lange HCl hinzugegeben werden, bis der Sprung auftritt. Der dann abzulesende Bürettenstand gibt uns die unbekannten Na-Azetatäquivalente an. Ebenso kann man umgekehrt unter ständiger Kontrolle des p_H die Essigsäure aus dem Azetatgemisch mit NaOH titrieren. Der Sprung tritt bei dieser Titration gerade dann auf, wenn alle Essigsäure in Na-Azetat verwandelt ist. Solche Titrationen werden sehr häufig unter elektrometrischer Verfolgung der p_H's gemacht. Es werden nicht nur schwache Säuren oder schwache Basen oder Säure-Salzgemische unter Kontrolle der [H˙] titriert, sondern in gleicher Weise jede beliebige Säure und Base. Mit Hilfe der p_H-Kontrolle wird also eine Titrationsanalyse von Säuren und Basen, eine wirkliche Alkalimetrie und Azidimetrie durchgeführt, wie sie früher ausschließlich mit Farbindikatoren ausgeführt werden konnte. Bei elektrischer Kontrolle der H-Ionenzahlen und des H-Ionensprunges spricht man von „elektrometrischer Titration" oder von „elektrometrischer Azidimetrie oder Alkalimetrie". Diese elektrometrische Titration ist bei schwachen Säuren, schwachen Basen und Puffergemischen der Titration mit Farbindikatoren wesentlich überlegen. Aber noch andere Gründe sprechen für ihre Anwendung.

Die Frage, die durch eine Titration beantwortet werden kann, lautet: Wieviel Äquivalente Säure oder Äquivalente Lauge sind vorhanden? Die Angabe einer *bestimmten Äquivalentmenge* ist demnach die Antwort.

Diese Antwort kann ausschließlich nach einer Titration gegeben werden und nicht nach einer H-Ionenmessung. Über die Natur der vorliegenden Säure oder Lauge kann aber die festgestellte Titrationsalkalität oder -azidität nur sehr wenig aussagen, es sei denn, daß die Bestimmung wie bei der elektrometrischen Titration in Verbindung mit einer Messung der H-Ionenzahlen ausgeführt wird.

21. Wasserstoffzahl und Titrationsazidität. Hat ein chemischer Vorgang irgend etwas mit dem wirklichen Säuregrad, also mit der Wasserstoffzahl zu tun und besteht daher die Aufgabe, diesen Säuregrad festzustellen, dann kann eine gewöhnliche Titration mit Farbindikatoren nichts nützen, da einerseits die allerverschiedensten Lösungen dieselbe Titrationsazidität haben können, andererseits völlig verschiedene Titrationswerte von Lösungen des gleichen Säuregrades, der gleichen Wasserstoffzahl herstammen können. Folgende Beispiele werden das belegen.

I. *Lösungen mit derselben Titrationsazidität, aber verschiedenen p_H's.*

1. Azetatgemisch, 1 Liter von einer Mischung von 0,2 n-Essigsäure und 0,2 n-Natriumazetat zu gleichen Teilen.

2. Natronlauge, 1 Liter 0,1 n-Natronlauge.

3. Natriumazetat, 1 Liter 0,1 n-Natriumazetatlösung.

Die p_H's dieser Lösungen sind:

1. 4,6,   2. 13,0,   3. 9,0.

Die Titrationsazidität beträgt für 1., 2. und 3. unter Benutzung von Methylorange als Indikator fast genau, unter Anwendung von Tropäolin 00 ganz genau 1 Liter 0,1 n-HCl.

II. *Lösungen mit fast demselben Säuregrad*, aber *verschiedenen Titrationswerten* sind:

1. Azetatgemisch, 1 Liter 1,0 n-Essigsäure +1 Liter 1,0 n-Na-Azetat.

2. Standardazetat, 1 Liter 0,1 n-Essigsäure + 1 Liter 0,1 n-Na-Azetat.

3. Azetatgemisch, 1 Liter 0,01 n-Essigsäure + 1 Liter 0,01 n-Na-Azetat.

Die p_H's dieser Lösungen sind:

1. ca. 4,56,   2. 4,63,   3. ca. 4,68.

Die Titrationswerte dieser Lösungen lauten:

1. 1000 ccm $^n/_1$-HCl,   2. 100 ccm $^n/_1$-HCl,   3. 10 ccm $^n/_1$-HCl.

Während wir auf Grund der fast übereinstimmenden Titrationswerte unter I. drei ähnliche Lösungen vermuten müssen, denken wir uns die Säuregrade der Lösungen von II. wegen der großen Unterschiede der Titrationswerte völlig voneinander verschieden.

Wir lernen hieraus also, daß die Werte der Titrationsazidität gar nichts über die wirkliche Azidität, über den wirklichen Säuregrad, über die Wasserstoffzahl aussagen können. Die eigentliche Azidität einer Lösung läßt sich nur mit Hilfe einer p_H-Messung feststellen.

22. Die elektrometrische Titration. Eine Verbindung der beiden Meßmethoden ist nun die *elektrometrische Titration*, die uns erstens über die Wasserstoffzahl der Lösung und ihre Besonderheiten und zweitens über die Titrationsazidität unterrichtet. Aus diesem Grunde ist sie der Titration mit Farbindikatoren vorzuziehen. Daß bei gefärbten Lösungen kaum eine andere Titrationsart in Frage kommt, ist selbstverständlich. Doch auch bei ungefärbten Lösungen ist der Titrationsendpunkt durch den p_H-Sprung viel objektiver gekennzeichnet als durch einen Farbumschlag, der bei manchen Gemischen, wie wir noch später sehen werden, nur schwer mit dem p_H-Sprung in Übereinstimmung zu bringen ist.

Diese ganzen Überlegungen schlossen sich unmittelbar an die Frage der Puffer oder Regulatoren und mittelbar an die der Dissoziation von schwachen Säuren und Basen an.

Wir lernten also die [H·] in reinen Lösungen von schwachen Säuren berechnen:

$$[\mathrm{H}\cdot] = \sqrt{k\,[A]}\,. \qquad\qquad \text{[Gleichung (4)]}$$

Wir lernten ferner die [H·] in reinen Lösungen der Säure-Salzgemische berechnen:

$$[\mathrm{H}\cdot] = k\,\frac{[\text{Säure}]}{\alpha\,[\text{Salz}]}\,. \qquad\qquad \text{[Gleichung (5)]}$$

Drittens haben wir einige Eigentümlichkeiten der Puffergemische, vor allem den Einfluß von stärkeren Säuren und Basen auf diese Puffergemische kennengelernt. Jetzt wollen wir noch einen weiteren Fall besprechen, nämlich den Einfluß von stärkeren Säuren auf schwächere, mit anderen Worten: die Abhängigkeit der Dissoziation von schwachen Säuren von der H-Ionenzahl ihrer Lösungen.

23. Die Abhängigkeit der Dissoziation von schwachen Säuren und Basen von dem p_H der Lösungen. Die Dissoziationsgleichung für schwache Säuren hatten wir auf S. 19 abgeleitet. Sie lautet:

$$\frac{[SA']\cdot[\mathrm{H}^+]}{[SH]} = K\,. \qquad\qquad \text{[Gleichung (3)]}$$

Die Beeinflussung der Dissoziation läßt sich direkt von der Gleichung ablesen. Wird in nennenswertem Umfange die [H·] vergrößert, also durch Zufügen einer stärkeren Säure, so muß, damit K unverändert bleiben kann, entweder $[SA']$ kleiner oder $[SH]$ größer werden. Beides mit demselben Erfolg, da ja die Abnahme von $[SA']$ zugleich eine Zunahme von $[SH]$ bedingt und umgekehrt. Durch *Vergrößerung der [H·]* wird der *dissoziierte Anteil* der Säure *geringer*, der undissoziierte größer. Die Vermehrung der H-Ionen bewirkt demnach eine *Zurückdrängung der Dissoziation* der schwachen Säure. Das Verhältnis zwischen Säureanionen und der Gesamtsäuremenge, der sog. *Dissoziationsgrad*, steht somit in Abhängigkeit von dem p_H. Sind auch noch Säureanionen von einem Alkalisalz dieser Säure in der Lösung wie bei den Puffergemischen, so werden diese ebenfalls die Dissoziation der Säure zurückdrängen.

24. Der Dissoziationsgrad. In einer Lösung sei die Gesamtsäuremenge, die sich aus dem dissoziierten und dem undissoziierten Anteil zusammensetzt, $= A$, der dissoziierte Anteil aus Säure und Salz $= S'$ und der undissoziierte Anteil $= SH$.

Dann ist:

$$\cdot\,[A] = [SH] + [S'],$$

$$[A] - [S'] = [SH],$$

$$\alpha = \frac{[S']}{[A]}.$$

Aus der Gleichung für die Dissoziationskonstante [Gleichung (3)] ist die $[H\cdot]$ zu errechnen.

$$[H\cdot] = k \cdot \frac{[SH]}{[S']}.$$

Durch Ersatz von SH durch $[A] - [S']$ wird

$$[H\cdot] = k\,\frac{[A] - [S']}{[S']}$$

oder

$$[H\cdot] = k\,\frac{[A]}{[S']} - 1 = k \cdot \frac{1}{\alpha} - 1,$$

$$[H\cdot] = k\,\frac{1 - \alpha}{\alpha}.$$

Hierdurch ist eine einfache Beziehung zwischen den Wasserstoffzahlen und zwischen dem Dissoziationsgrad α einer Säure mit der Dissoziationskonstante k gewonnen.

Diese Beziehungen finden wir bei einer besonderen Methode der p_H-Messungen mit Farbstoff-Indikatoren wieder. An Stelle von α steht dann der Farbgrad F, der das Verhältnis zweier Indikatorenmengen bedeutet.

Die Formel:

$$[H\cdot] = k\,\frac{1 - F}{F}$$

erlaubt dann die Berechnung der Wasserstoffzahl aus dem kolorimetrisch bestimmten F.

Näheres darüber im Abschnitt C.

Nach α ausgerechnet lautet die Gleichung:

$$\alpha = \frac{k}{k + [H\cdot]}.$$

Was sagt diese Gleichung aus? Setzen wir für k z. B. 10^{-5}, dann ist also:

$$\alpha = \frac{10^{-5}}{10^{-5} + [H\cdot]}.$$

Ist $[H^·] = 10^{-8}$, so ist $\alpha = 0{,}999$,   rund 1,0,
$\qquad\quad 10^{-7}$, ,, ,, $\alpha = 0{,}99$,   ,, 1,0,
$\qquad\quad 10^{-6}$, ,, ,, $\alpha = 0{,}91$,   ,, 0,9,
$\qquad\quad 10^{-5}$, ,, ,, $\alpha = 0{,}5$,   ,, 0,5,
$\qquad\quad 10^{-4}$, ,, ,, $\alpha = 0{,}09$,   ,, 0,1,
$\qquad\quad 10^{-3}$, ,, ,, $\alpha = 0{,}0099$,   ,, 0,01,
$\qquad\quad 10^{-2}$, ,, ,, $\alpha = 0{,}0009$,   ,, 0,001.

Von $[H^·] = 10^{-8}$ bis 10^{-6} wird α nur um 10% kleiner,
,, $[H^·] = 10^{-2}$,, 10^{-4} ,, α ,, ,, 10% größer.

Die Hauptänderung von α liegt zwischen 10^{-4} und 10^{-6}, also innerhalb zweier p_H-Einheiten.

Die Säure mit der Dissoziationskonstante 10^{-5} ist bei einer $[H^·]$ von 10^{-4} nur noch sehr wenig, bei 10^{-3} praktisch gar nicht mehr dissoziiert. Andererseits ist sie bei 10^{-6} schon zu 90% dissoziiert und von 10^{-7} an praktisch zu 100%. Die hauptsächlichen Veränderungen des Dissoziationsgrades einer schwachen Säure liegen demnach innerhalb zweier p_H-Einheiten. An dieses Gebiet, dessen mittlerer p_H vom negativen Logarithmus der Dissoziationskonstante gebildet wird, schließt sich nach der sauren Seite die Zone der völlig zurückgedrängten und nach der alkalischen Seite die Zone der vollständigen Dissoziation an.

Alle diese Vorgänge und Abhängigkeiten, die hier für die Dissoziation einer schwachen Säure entwickelt worden sind, gelten wieder in demselben Umfange für die Dissoziation einer schwachen Base.

So wird z. B. Ammoniak mit der Dissoziationskonstante von ca. $2 \cdot 10^{-5}$ nur bei einer $[OH']$ zwischen 10^{-4} und 10^{-6} dissoziiert sein. Von 10^{-4} an wird die Dissoziation sehr schnell Null sein, während von 10^{-6} an der Dissoziationsgrad $= 1$ ist, die Dissoziation also vollständig verläuft.

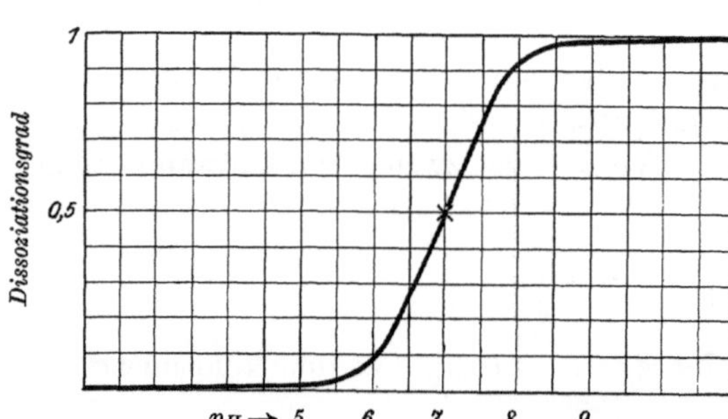

Abb. 4. Dissoziationskurve einer Säure mit der Dissoziationskonstante $1 \cdot 10^{-7}$. Abszisse: p_H. Ordinate: α.

Eine Kurve, die den Dissoziationsgrad in Abhängigkeit vom p_H zeigt, ist besonders charakteristisch. In Abb. 4[1]) ist die Dissoziationskurve für eine Säure mit der Dissoziationskonstante $1 \cdot 10^{-7}$ abgebildet.

---

[1]) MICHAELIS, L.: l. c. S. 44, Abb. 3.

Da wir aber weiter oben erkannten, daß das Besondere einer Säure die Fähigkeit ist, H-Ionen abzudissoziieren und das Besondere einer Base, OH-Ionen abzudissoziieren, so können wir einen Körper ohne H-Ionendissoziation und einen anderen ohne OH-Ionendissoziation auch nicht als Säure oder Base bezeichnen. Die schwache Säure mit dem $K = 10^{-5}$ ist schon von 10^{-3} an keine Säure mehr, da sie ja nicht mehr H-Ionen liefert, und die schwache Base mit dem $K = 2 \cdot 10^{-5}$ ist von der $[OH'] = 10^{-3}$ an keine Base mehr, da sie ja dann keine OH-Ionen mehr abgibt. Wir sehen also, daß die große Abhängigkeit der Dissoziation von schwachen Säuren und Basen von der $[H']$ dazu führt, daß diese Substanzen je nach der $[H']$ den Charakter von Säuren oder Basen haben und ihn auch völlig verlieren können.

25. Amphotere Elektrolyte oder Ampholyte. Diese Frage hat eine besonders große Bedeutung für diejenigen Körper, die auf Grund ihrer chemischen Konstitution sowohl H-Ionen als auch OH-Ionen abdissoziieren können. Das Glykokoll gehört z. B. zu dieser Körperklasse, die man wegen ihres „beiderseitigen" Verhaltens „Ampholyte" nennt.

$$\begin{array}{l} CH_2-NH_2 \\ | \qquad\qquad (HOH). \\ COOH \end{array}$$

Die basische Aminogruppe und die saure Karboxylgruppe haben je eine Dissoziationskonstante. Werden mehr H-Ionen aus der Karboxylgruppe als OH-Ionen aus der Aminogruppe abgegeben, so ist der Körper eine Säure. Im umgekehrten Falle ist er als Base zu bezeichnen. Die Dissoziation aus einer Karboxylgruppe und einer Aminogruppe bleibt *stets* mäßig, diese Körper wirken immer nur als *schwache* Säuren oder als *schwache* Basen.

Wir können nun das soeben Erlernte gleich auf einen derartigen Körper anwenden. Vermehren wir nach und nach die $[H']$, so wird die Dissoziation der Karboxylgruppe immer kleiner und schließlich gleich Null werden, während die Dissoziation der Aminogruppen allmählich maximal wird und dann so bleibt. Vermindern wir hingegen die $[H']$ und vermehren dadurch die $[OH']$ der Lösung, so wird die OH-Ionendissoziation des Ampholyten immer geringer, während die Dissoziation der Karboxylgruppe auf ihren Höchstwert kommt und dort bleibt. Im ersten Falle wirkt dieser Körper als schwache Base, im zweiten Falle wirkt er als schwache Säure. Diese so bedeutende Veränderung der Reaktionsweise dieser Körper ist *ausschließlich durch Verschiebung der Wasserstoffzahlen des Mediums* erreicht worden.

26. Der isoelektrische Punkt. Bei dem Verändern der H-Ionenzahlen wird man auch zu einem Wert kommen, bei dem die OH- und die H-Ionendissoziation des Ampholyten gerade gleich groß sind. An diesem Punkt der p_H-Skala wird weder der saure noch der basische

Charakter des Ampholyten überwiegen, der Körper wird also *wie ein Neutralkörper* wirken. Dieser Punkt, der noch aus vielen Gründen eine große Bedeutung hat, heißt der *„isoelektrische Punkt“*. Der isoelektrische Punkt ist etwas Wesentliches und Charakteristisches für jeden Ampholyten. Er läßt sich aus den Dissoziationskonstanten der sauren (*a*) und basischen (*b*) Anteile nach folgender Formel berechnen:

$$I = \sqrt{\frac{ka}{kb} \cdot kw}\,.$$

Für Glykokoll ist $ka = 1{,}8 \cdot 10^{-10}$, $kb = 2{,}7 \cdot 10^{-12}$, und der isoelektrische Punkt $= 8{,}2 \cdot 10^{-7}$. Auf der sauren Seite des isoelektrischen Punktes wirkt ein Ampholyt wegen der Zurückdrängung der sauren Dissoziation als Base, auf der basischen Seite wirkt er als Säure. So bildet Glykokoll mit einer starken Säure, z. B. mit HCl, wie eine Base ein Salz, das Glykokollchlorid, und mit einer starken Lauge wie eine Säure das Glykokollnatrium.

Das *Glykokoll* vermag wie eine schwache Base oder eine schwache Säure in äquivalenten Mengen Säuren und Laugen zu binden, es wirkt also *nach beiden Richtungen als Puffer*. Von der Pufferwirkung des Glykokolls wird in der Praxis häufig Gebrauch gemacht.

Die *Pufferwirkung der Eiweißkörper* beruht wie beim Glykokoll auf ihrer amphoteren Natur. Auf der sauren Seite vom isoelektrischen Punkt bilden sie mit Säuren, auf der alkalischen Seite mit Laugen Salze.

Im *Blut* sind die *Eiweißkörper*[1]) sämtlich auf der basischen Seite der isoelektrischen Punkte, also *alle als Säure* vorhanden; allerdings liegt der isoelektrische Punkt des Hämoglobins[2]) nicht sehr weit von der Reaktion des Blutes entfernt.

Die *wesentliche Pufferung der Reaktion des Blutes* geschieht jedoch durch das *Karbonatsystem;* Karbonate und Phosphate sind so bedeutsame Regulatoren des lebenden Organismus, daß sie noch eine besondere Besprechung erforderlich machen.

Die Kohlensäure und die Phosphorsäure sind *mehrbasische* Säuren, d. h., sie können mehr als ein Wasserstoffion aus ihrem Molekül abdissoziieren.

27. Dissoziation mehrbasischer Säuren. Die einzelnen Wasserstoffionen werden bei mehrbasischen Säuren gesondert abdissoziiert. Die Säure zerfällt also nicht bei der Dissoziation sogleich in Säurerest und H-Ionen, sondern sie gibt zunächst *ein* H-Ion ab, wobei sie zu

---

[1]) Der isoelektrische Punkt des genuinen Serumalbumins beträgt z. B. ca. $2 \cdot 10^{-5}$.

[2]) Der isoelektrische Punkt des Oxyhämoglobins beträgt ca. $1{,}8 \cdot 10^{-7}$, während die Wasserstoffzahl des Blutes gewöhnlich zwischen $3 \cdot 10^{-8}$ und $6 \cdot 10^{-8}$ liegt (p_H also zwischen 7,5 und 7,2).

einem Anion wird, das noch ein oder zwei dissoziationsfähige H-Atome enthält.

Nach der Dissoziation der *ersten* H-Ionen folgt die Dissoziation der *zweiten* und schließlich (bei dreibasischen Säuren) die Dissoziation der dritten. Jede dieser Dissoziationen ist für sich allein zu betrachten und hat auch ihre besondere Dissoziationskonstante. Gewöhnlich ist die Dissoziationskonstante für das erste H-Ion viel stärker als die für das zweite, und die für das zweite viel stärker als für das dritte. Für die Wasserstoffzahl der reinen Lösungen von mehrbasischen Säuren kommt daher vornehmlich die *Größe der ersten Dissoziationskonstante* in Betracht.

Die Kohlensäure dissoziiert also nicht nach folgendem Schema:

$$H_2CO_3 \rightleftharpoons 2\,H^{\cdot} + CO_3'',$$

sondern folgendermaßen:

$$1.\quad H_2CO_3 \rightleftharpoons H^{\cdot} + HCO_3' \quad (1.\ \text{Dissoziationsstufe}),$$
$$\text{und}\quad 2.\quad HCO_3' \rightleftharpoons H^{\cdot} + CO_3'' \quad (2.\ \text{Dissoziationsstufe}).$$

Die erste Dissoziationskonstante ist sehr erheblich. Sie ist von THIEL und STROHECKER zu $7{,}4 \cdot 10^{-4}$ bestimmt worden[1] [2]).

Die zweite Dissoziationskonstante ist viel kleiner; sie ist nur $= 6 \cdot 10^{-11}$.

Da die Kohlensäure in einer wässerigen Lösung in großem Umfange in H_2O und CO_2 zerfällt und somit als H-Ionen liefernde Säure verschwindet, wird bei unseren Messungen eine viel geringere Dissoziation und somit auch eine viel schwächere Säure vorgetäuscht.

Das Gleichgewicht der Reaktion

$$CO_2 + H_2O \rightleftharpoons H_2CO_3$$

ist stark nach links verschoben.

Es ist

$$\frac{[H_2CO_3]}{[CO_2] \cdot [H_2O]} = K_1$$

und, da H_2O als konstant anzusehen ist,

$$\frac{[H_2CO_3]}{[CO_2]} = K_2 .$$

Der Wert für K_2 ist äußerst klein.

---

[1]) Ber. d. dtsch. chem. Ges. Bd. 47, S. 945. 1914.

[2]) Neuerdings haben BUYTENDIJK und BRINKMANN (Groningen, Holland) unter Benutzung der Becherglaselektrode von E. MISLOWITZER und einer automatischen H-Ionen-Registrierungsmethode die 1. Dissoziationskonstante festgestellt (vorgetragen auf dem XII. Intern. Physiologenkongreß, Stockholm, August 1926).

Wird in die Gleichgewichtsgleichung der 1. Dissoziation der Kohlensäure

$$\frac{[H^{\cdot}] \cdot [HCO_3']}{[H_2CO_3]} = K_3,$$

für $[H_2CO_3]$ der Wert $K_2 \cdot CO_2$ eingesetzt, so erhält man die Gleichgewichtskonstante der Reaktion, die wir wahrnehmen können. Diese Konstante ist die *scheinbare* Konstante der
Kohlensäure: also

$$\frac{[H^{\cdot}] \cdot [HCO_3']}{[CO_2]} = K_2 \cdot K_3 = K.$$

Der Wert von K, also der Wert der *scheinbaren* Dissoziationskonstante der Kohlensäure, ist gleich $4{,}4 \cdot 10^{-7}$ ($18°$ C). Der wirkliche Wert der 1. Dissoziationskonstante der Kohlensäure muß aber in der Größenordnung von $5-7{,}5 \cdot 10^{-4}$ liegen (s. oben den Wert von THIEL und STROHECKER).

Die Kohlensäure bildet zwei Arten von Salzen, das Bikarbonat und das Karbonat.

Das Bikarbonat ist um ein Säureäquivalent von dem Karbonat verschieden, um ein Säureäquivalent reicher. So läßt sich das *Bikarbonat* als die *Säure des Karbonats* auffassen, oder umgekehrt das Karbonat als das Alkalisalz des Bikarbonats. Eine Mischung von Na-Bikarbonat und Na-Karbonat repräsentiert also ein Puffergemisch, wie ein Gemisch einer schwachen Säure mit ihrem Alkalisalz. Ebenso wird auch ein Puffergemisch durch die Mischung von Kohlensäure und Bikarbonat dargestellt. Beide Gemische unterscheiden sich von den übrigen Puffersystemen hauptsächlich dadurch, daß die ihnen zugrunde liegende Säure, die Kohlensäure, flüchtig ist. Die gelöste CO_2 des Gemisches $\frac{CO_2}{NaHCO_3}$ steht mit dem Partialdruck der CO_2 über der Lösung im Gleichgewicht. Kommt dieser Puffer mit einem nicht allzu geringen Gehalt an CO_2 an die Luft, so wird so lange CO_2 abdunsten, bis die Lösung fast nur noch aus reinem Bikarbonat besteht. Die Wasserstoffzahl des Gemisches hat sich also wesentlich verschoben, der Puffer ist alkalischer geworden. Das Bikarbonat-Sodagemisch ist schon konstanter, vor allem dann, wenn der Sodaüberschuß ein großer ist.

Das Blut wird vorwiegend durch ein $\frac{CO_2}{NaHCO_3}$-Gemisch gepuffert. Dieses Gemisch wird an der Luft sehr schnell zu Bikarbonat werden: seine Wasserstoffzahl und somit auch die des Blutes wird sich erheblich ändern.

Bei einer später zu besprechenden elektrischen Bestimmungsmethode für die $[H^{\cdot}]$ muß Wasserstoffgas durch die Untersuchungslösung geschickt werden. Würde dieses Gas auch durch Blut oder einen Kohlensäure-Bikarbonatpuffer durchgeleitet werden, so würde man alle gelöste

CO_2 austreiben, das Gleichgewicht zwischen CO_2 und Bikarbonat immer wieder stören und schließlich sogar auch alles Bikarbonat in Karbonat verwandeln. Bei dieser Behandlungsart ändert das Blut seinen p_H von 7,5 bis ca. 10,0. Hieraus geht hervor, daß durch Blut oder überhaupt durch Bikarbonatlösungen *kein Gas vor der Messung durchgeleitet* werden darf. Einzelheiten hierüber werden wir noch später kennenlernen. Es soll aber schon jetzt darauf hingewiesen werden.

Die andere mehrbasische Säure, die für den Organismus als Puffersubstanz von Bedeutung ist, ist die *Phosphorsäure*. Bei der kolorimetrischen H-Ionenmessung finden Phosphatpuffer als Standardlösungen mit bekanntem p_H weitgehend Anwendung; daher sollen die Dissoziationsverhältnisse dieser Säure hier ebenfalls besprochen werden.

Die dreibasische Säure H_3PO_4 dissoziiert in folgenden Stufen:

$$1. \quad H_3PO_4 \rightleftarrows H_2PO_4' + H\overset{\cdot}{},$$
$$2. \quad H_2PO_4' \rightleftarrows H\,PO_4'' + H\overset{\cdot}{},$$
$$3. \quad HPO_4'' \rightleftarrows PO_4''' + H\overset{\cdot}{}.$$

Für jede Dissoziationsstufe gibt es eine Dissoziationskonstante:

$$1. \quad K_1 = \frac{[H\overset{\cdot}{}] \cdot [H_2PO_4']}{[H_3PO_4]},$$

$$2. \quad K_2 = \frac{[H\overset{\cdot}{}] \cdot [HPO_4'']}{[H_2PO_4']},$$

$$3. \quad K_3 = \frac{[H\overset{\cdot}{}] \cdot [PO_4''']}{[HPO_4'']}.$$

Auf Grund der 1. Dissoziation wirkt die Phosphorsäure als starke Säure. Die 1. Dissoziationskonstante ist neuerdings von MEYERHOF und SURANYI bestimmt worden[1]. Ihre ungefähre Größe wird mit 10^{-2} angegeben.

Die 2. Dissoziationskonstante ist ca. 1,0 bis $2,0 \cdot 10^{-7}$ [2].

Die 3. Dissoziationskonstante ist ca. 10^{-12} [3].

Die Phosphorsäure bildet drei Salze, das primäre, das sekundäre und das tertiäre.

Das primäre NaH_2PO_4 unterscheidet sich vom sekundären Na_2HPO_4 durch ein Äquivalent Phosphorsäure. Ebenso unterscheidet sich das sekundäre vom tertiären, Na_3PO_4, durch ein Äquivalent Säure. Daher läßt sich wieder das primäre als Säure des sekundären und das sekundäre als Säure des tertiären ansehen. Eine Mischung von NaH_2PO_4 und Na_2HPO_4 verhält sich also wieder wie ein Gemisch aus einer

---

[1] MEYERHOF und SURANYI fanden für p_{k_1} im Mittel 1,99 und für p_{k_2} 6,81. (Biochem. Zeitschrift Bd. 178, S. 427, 1926).

[2] Nach L. MICHAELIS: Die Wasserstoffionenkonzentration, 2. Aufl. S. 52, ist sie $8,8 \cdot 10^{-8}$.

[3] Nach L. MICHAELIS: l. c. S. 52, ist sie $3,6 \cdot 10^{-13}$.

schwachen Säure und ihrem Alkalisalz. Es ist daher die Wasserstoffzahl nach der Formel für Puffer zu berechnen:

$$[\overset{\cdot}{H}] = k \cdot \frac{[NaH_2PO_4]}{[Na_2HPO_4]},$$

$$= 1{,}54 \cdot 10^{-7} \cdot \frac{[NaH_2PO_4]}{[Na_2HPO_4]}.$$

Ein Gemisch der gleichen Äquivalentmenge des primären und des sekundären Salzes in $^m/_{15}$-Konzentration hat also eine $[\overset{\cdot}{H}]$ von ca. $1{,}54 \cdot 10^{-7}$ und einen ungefähren p_H von 6,8.

Das Gebiet der besten Pufferwirkung dieses Gemisches liegt demnach zwischen p_H 5,8 und 7,8. Das reine primäre Salz hat einen p_H von ca. 4,5, das reine sekundäre von ca. 9,5. Bemerkenswert ist noch, daß dieser Puffer seine $[\overset{\cdot}{H}]$ bei der Verdünnung stärker ändert; MICHAELIS und KRÜGER[1]) fanden bei einer Verdünnung von $^m/_{15}$ auf $^m/_{50}$ eine Änderung der p_H von 6,81 auf 7,09. Diese Änderung ist durch größere Abhängigkeit der Dissoziation des sekundären Salzes von der Verdünnung zu erklären bzw. durch größere Abhängigkeit des Aktivitätsfaktors des sekundären Salzes von der Verdünnung (s. S. 12).

Die Mischung des primären und des sekundären Salzes ist ein in der Praxis sehr häufig angewandter Puffer. Einzelheiten werden wir darüber noch hören.

28. Reaktion der Alkalisalze der Kohlensäure und der Phosphorsäure. Hier wollen wir noch einmal feststellen, daß das primäre Salz der Phosphorsäure einen p_H von ca. 4,5 hat, das sekundäre Salz der Phosphorsäure einen p_H von ca. 9,5 und das tertiäre Salz der Phosphorsäure einen p_H von ca. 12.

Ferner erinnern wir uns daran, daß das Bikarbonat einen p_H von ca. 9,0, das Karbonat einen p_H von ca. 11 bis 12 und das Na-Azetat einen p_H von ca. 9,0 hat.

Natriumazetat, Natriumkarbonat und tertiäres Phosphat sind die Salze, die nach *völliger Absättigung* der Essigsäure, der Kohlensäure und der Phosphorsäure mit Natronlauge entstehen. Eine *Titration* dieser drei Säuren mit Lauge muß bis zur Bildung dieser drei Salze durchgeführt werden, da nur dann der Laugenverbrauch der vorhandenen Säuremenge entspricht. Die Vorstellung, eine Säure durch Lauge zu *neutralisieren*, muß also dahin ergänzt werden, daß „*das entstandene neutrale Salz*" keineswegs die *neutrale Reaktion*, also einen p_H von 7,0 aufweist. Alle drei „*Neutralsalze*" sind *stark alkalisch*, und zwar Natriumkarbonat und tertiäres Natriumphosphat fast ebenso wie starke Laugen.

---

[1]) Biochem. Zeitschr. Bd. 119, S. 307. 1921.

Die Salze mehrbasischer Säuren, die noch durch Metall ersetzbare Wasserstoffatome haben, heißen „saure Salze". So ist das Bikarbonat ($NaHCO_3$) ein saures Salz und ferner auch das sekundäre (Na_2HPO_4) und primäre (NaH_2PO_4) Phosphat. Wir sahen, daß das Bikarbonat einen p_H von ca. 9,0 und das sekundäre Phosphat einen p_H von 9,0 bis 10,0 hat. Also selbst diese beiden „sauren Salze" sind noch deutlich alkalisch. Nur das primäre Phosphat, dessen p_H bei ca. 4,5 liegt, ist wirklich ein saures Salz, da seine Reaktion sauer ist. Es wird noch besonders darauf hingewiesen, daß die p_H's von Lösungen solcher Salze wie Natriumazetat, Natriumkarbonat, Mono- und Dinatriumphosphat, Chlorammon usw., stark von der Konzentration an diesen Salzen abhängen.

So sind die nach der Hydrolysenformel berechneten p_H's z. B. für Natriumazetat folgende[1]):

$$\begin{array}{cccc} {}^n/_1 & {}^n/_{10} & {}^n/_{100} & {}^n/_{1000} \\ p_H = 9,5 & 9,0 & 8,5 & 7,5 \end{array}$$

und für Chlorammon

$$p_H = 4,5 \qquad 5,0 \qquad 5,5 \qquad 6,5.$$

Aus diesen kurzen Angaben ist zu ersehen, daß die Sicherheit einer Titration durch die Kenntnis der Wasserstoffzahlen der entstehenden Zwischen- und Endstufen wesentlich vergrößert wird.

Mit großer Genauigkeit läßt sich jetzt Phosphorsäure zu primärem Phosphat, primäres Phosphat zu sekundärem und sekundäres zu tertiärem titrieren. Eine Verfolgung der Wasserstoffzahlen ist hierbei ein untrüglicher Wegweiser.

Kann man nicht elektrometrisch titrieren, so ist zum mindesten eine sorgfältige Auswahl der Indikatoren unerläßlich. Man wußte schon lange, daß man bei der Titration von schwachen Säuren und Laugen andere Indikatoren anwenden muß als bei der Titration von starken Säuren und Laugen.

Wir gewinnen aber erst dann ein volles Verständnis für diese Unterschiede, wenn wir die *Veränderung der p_H's* bei der schrittweisen Titration von starken und von schwachen Säuren verfolgen. Diese Titrationen werden folgendermaßen verlaufen.

29. Abhängigkeit der p_H-Zahlen von dem Verlaufe der Titration bei starken und bei schwachen Säuren. Als *starke* Säure wollen wir Salzsäure, als *schwache* Essigsäure wählen. Beide sollen als normale Lösungen vorliegen. Die Titrationsflüssigkeit soll Natronlauge sein.

Wir wollen ein ganzes Mol HCl und ein ganzes Mol CH_3COOH mit NaOH titrieren. Die Natronlauge nehmen wir recht konzentriert, z. B.

---

[1]) Nach L. MICHAELIS: l. c. S. 77.

5 fach normal, um bei der Berechnung von der Frage der Verdünnung absehen zu können.

p_H der Ausgangslösungen: 1. HCl | 2. CH_3COOH
$$p_H = \text{ca. } 0,1 \qquad p_H = \text{ca. } 2,4 \, .$$

A. Titration der Salzsäure.

	Zugefügte NaOH in Mol.	Überschüssige HCl in Mol.	p_H der Lösung[1]
	0,00	1,0	0,1
	0,25	0,75	0,25
	0,25	0,50	0,40
	0,25	0,25	0,70
Sa. 0,9	0,15	0,10	1,17
	0,05	0,05	1,35
„ 0,99	0,04	0,01	2,02
„ 0,999	0,009	0,001	3,00
„ 1,000	0,001	0,000; Äquivalenz	4,00; 5,00; 6,00; 7,00
	0,0001	0,0001 Übersch. NaOH	8,00; 9,00; 10,00
	0,001	0,0011 Übersch. NaOH	11,0
	0,01	0,0111 „ „	12,0

Der Ausgangs-p_H ist also ca. 0,1.

Nach der Absättigung von 0,9 Molen, also 90% der HCl-Menge, i. d. $p_H = 1,1$.

Nach der Absättigung von 0,99 Molen, also 99% der HCl-Menge, i. d. $p_H = 2,0$.

Nach der Absättigung von 0,999 Molen, also 99,9% der HCl-Menge, i. d. $p_H = 3,0$.

Nach der Absättigung von 0,9999 Molen, also 99,99% der HCl-Menge, i. d. $p_H = 4,0$.

Bis zum Äquivalenzpunkt fehlen nur noch 0,1 Millimole NaOH. Wird jetzt nur ein Tropfen der Titrationsflüssigkeit = ca. 0,2 Millimole zugegeben, so springt der p_H von 4,0 auf 10,0 oder von 3,0 auf 9,0, je nachdem, von welchem Punkt der p_H-Reihe aus der letzte Tropfen die Äquivalenz herstellt und zu welchem Bruchteil er daher die Äquivalenz überschreitet. Ist der zufällige Überschuß der NaOH $= 0,1$ Millimol, so hat die Lösung eine $[OH']$ von 10^{-4}, also eine $[H\cdot]$ von 10^{-10}. Der durch diesen Überschuß hervorgerufene Titrationsfehler ist äußerst klein. Es wird statt *eines* Moles nunmehr 1,0001 Mol abgelesen, der Fehler ist also 0,01%. Andererseits ist die plötzliche Änderung der Wasserstoffzahl im Augenblicke der Neutralisation ungeheuer groß, der p_H durchläuft in einem Moment 6—7 Einheiten, es gibt einen großen „p_H-Sprung".

---

[1]) Siehe S. 12: Berechnung der $[H\cdot]$ in reinen Lösungen von starken Säuren.

B. Titration der Essigsäure.

Zugefügte NaOH in Mol.	Übersch. CH_3COOH in Mol.	$[H^·]^{[1]}$	p_H der Lösung

	0,00	1,0	$= \sqrt{1,86 \cdot 10^{-5}}$	2,4
	0,25	0,75	$= \dfrac{0,75}{0,7 \cdot 0,25} \cdot 1,86 \cdot 10^{-5}$	4,1
Sa. 0,5	0,25	0,50	$= \dfrac{0,5}{0,7 \cdot 0,5} \cdot 1,86 \cdot 10^{-5}$	4,59
	0,25	0,25	$= \dfrac{0,25}{0,7 \cdot 0,75} \cdot 1,86 \cdot 10^{-5}$	5,03
„ 0,9	0,15	0,10	$= \dfrac{0,1}{0,7 \cdot 0,9} \cdot 1,86 \cdot 10^{-5}$	5,25
	0,05	0,05	$= \dfrac{0,05}{0,7 \cdot 0,95} \cdot 1,86 \cdot 10^{-5}$	5,82
„ 0,99	0,04	0,01	$= \dfrac{0,01}{0,7 \cdot 0,99} \cdot 1,86 \cdot 10^{-5}$	6,59
„ 0,999	0,009	0,001	$= \dfrac{0,001}{0,7 \cdot 0,999} \cdot 1,86 \cdot 10^{-5}$	7,59
„ 1,000	0,001	0,000	Äquivalenz	9,5
	0,001	0,001 Übersch. NaOH	$\begin{cases} [OH'] = 10^{-3}; \\ [H^·] = 10^{-11} \end{cases}$	11,0
	0,01	0,011 „ „	$\begin{cases} [OH'] = 10^{-2}; \\ [H^·] = 10^{-12} \end{cases}$	12,0

Bei der Titration einer schwachen Säure, also hier der Essigsäure, sind die Beziehungen zwischen der zugefügten Laugenmenge und den p_H-Änderungen völlig andere. Zunächst kommt es zu einem mäßig schnellen Anstieg (von $p_H = 2,4$ bis $4,2$). Aus der reinen Essigsäure ist ein Azetatpuffer entstanden. Das weitere Hinzufügen von Lauge verändert den p_H dieses Azetatpuffers nur sehr langsam. Die neutrale Reaktion (p_H 7,0) wird im langsamen Anstieg überschritten, bis nach Absättigung von 99,9 % der Säure ein p_H von 7,6 erreicht wird. Nach Zufügen der noch fehlenden Laugenmenge springt der p_H auf 9,5 (1,9-p_H-Einheiten).

Von hier an verläuft die HCl- und CH_3COOH-Titration identisch, da die zugefügte Laugenmenge den p_H nunmehr wie in reinem Wasser ändert.

Der Unterschied zwischen dem p_H-Verlauf bei diesen beiden typischen Titrationen ist sehr bemerkenswert.

---

[1]) Siehe die Seiten 22—25: Berechnung des $[H^·]$ in reinen Lösungen von schwachen Säuren, in Gemischen von schwachen Säuren mit ihren Alkalisalzen und in reinen Lösungen dieser Alkalisalze (Hydrolysenformel).

Die *starke* Säure ist bei p_H 3,0 schon zum größten Teil abgesättigt. Im Moment der Äquivalenz durcheilt der p_H das gesamte schwach saure und schwach alkalische Gebiet.

Die *schwache* Säure ist bei p_H 3,0 erst zu wenigen Prozenten abgesättigt. Der p_H verschiebt sich ganz allmählich über das Gebiet der schwach sauren Reaktion, dann über den Neutralpunkt hinaus, um schließlich auf der alkalischen Seite mit einem kleinen Sprung zu enden.

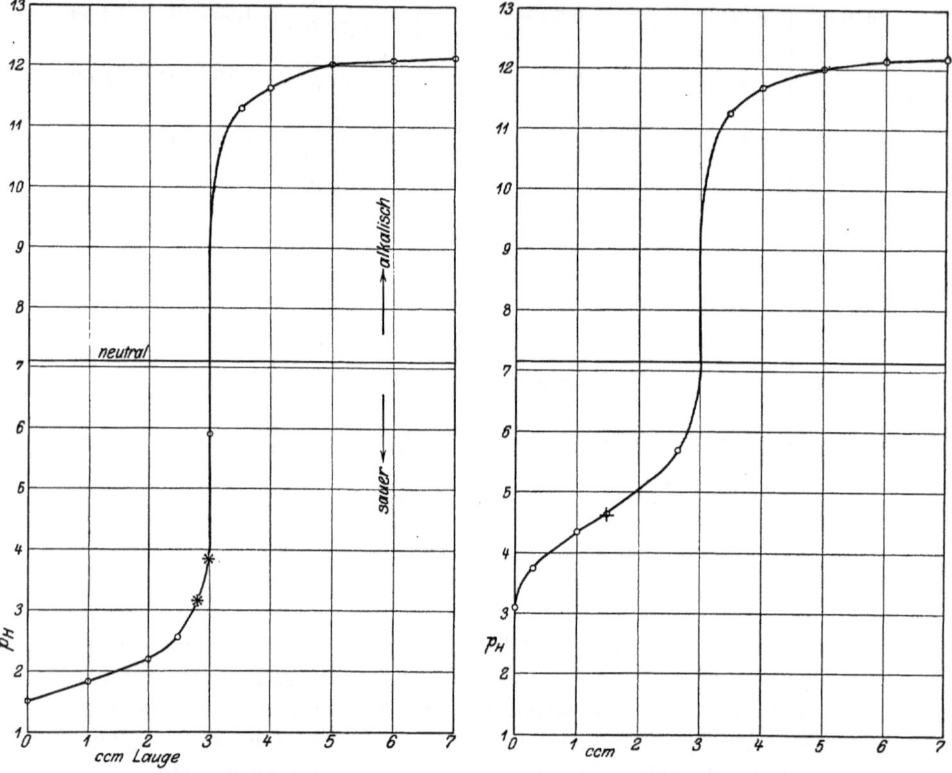

Abb. 5. 3 ccm 0,1 n HCl werden mit steigenden Mengen 0,1 n NaOH versetzt. Abszisse ccm Lauge. Ordinate: p_H.

Abb. 6. 3 ccm 0,1 n-Essigsäure werden mit 0,1 n NaOH titriert. Bezeichnung wie in Abb. 5.

Die beiden Abb. 5[1]) und 6[1]) zeigen die charakteristischen Titrationskurven.

30. Titration von starken und schwachen Basen. Wird nicht eine starke Säure, sondern eine starke Lauge titriert, so ist der p_H-Sprung genau so groß, und zwar verläuft er von ca. p_H 11,0—4,0. Ebenso zeigt auch die Titration einer schwachen Base mit einer starken Säure alle

---

[1]) MICHAELIS, L.: Praktikum der Physikalischen Chemie usw. 3. Aufl. Abb. 37 und 38.

Merkmale der Titration einer schwachen Säure mit einer starken Base. Der p_H verschiebt sich bei der Titration einer schwachen Base ganz allmählich durch das basische Gebiet, über den Neutralpunkt hinaus schließlich in das saure Gebiet. Beim Endpunkt der Titration, der ungefähr bei p_H 4,0 bis 5,0 liegt, kommt es ebenfalls zu einem kleinen Sprung.

Ein Beispiel für eine derartige Titration ist die Titration von Ammoniak mit Salzsäure.

Auch die Titration der Phosphorsäure, von der wir schon oben gesprochen haben, ist hier durch einen Kurvenzug wiedergegeben. Auf der p_H-Kurve lassen sich deutlich die drei Salzbildungen erkennen. Jeder Salzbildung entspricht ein kleiner Sprung. Die neutrale Reaktion, also p_H 7,0, stellt, wie aus der Kurve hervorgeht, auch bei dieser Titration keine Besonderheit dar (Abb. 7)[1].

Die Frage der Indikatoren, die für schwache Säuren oder schwache Basen zu verwenden sind, haben wir schon kurz gestreift. Wir hörten oben, daß es den Che-

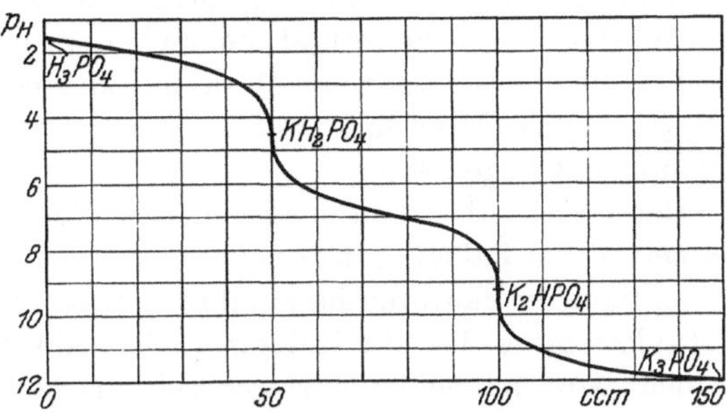

Abb. 7. Titrationskurve der Phosphorsäure. 50 ccm $^m/_{10}$ H_3PO_4 werden mit $^n/_{10}$ KOH titriert.

mikern schon lange geläufig ist, für *schwache* Säuren und *schwache* Basen besondere Indikatoren auszuwählen. Wenn wir jetzt noch die sog. Umschlagsgebiete der Indikatoren betrachten und sie mit den Erfahrungen verbinden, die wir oben an den Titrationskurven gesammelt haben, wird uns die Bedeutung dieser Indikatorenauswahl völlig klar werden.

31. Die Umschlagsgebiete der Indikatoren. Ein zweifarbiger Indikator, z. B. Methylrot, schlägt bei dem Neutralisieren einer *starken* Säure unmittelbar von Rot in Gelb um. Bei dem Neutralisieren einer *schwachen* Säure wird er nicht gleich von Rot in Gelb umschlagen, sondern (bei vorsichtigem Zufügen der Lauge) zunächst rotgelb, dann gelbrot und dann erst gelb werden. Wir wissen von vorher, daß sich die Wasserstoffzahl einer starken Säure bei dem Neutralisieren über viele Zehnerpotenzen plötzlich ändert, während die Wasserstoffzahl einer schwachen Säure bei dem Hinzufügen von Lauge nur ganz allmählich abnimmt. Der Unterschied im Verhalten des Indikators in einer starken und einer schwachen Säure hängt mit dieser verschieden schnellen Änderung der

---

[1] CLARK: The Determination of Hydrogen Ions, 2. Edition. S. 41.

[H˙] zusammen. Wir lernen jetzt, daß die Farbe eines Indikators fast ausschließlich von der Wasserstoffzahl einer Lösung abhängt, daß also das Methylrot bei einem ganz bestimmten p_H rot, bei etwas größerem p_H rotgelb, bei noch größerem p_H gelbrot und bei weiterer Steigerung des p_H gelb ist. Das *Umschlagsgebiet von Methylrot* ist nun diejenige p_H-Zone, in der der Farbstoff nicht mehr ganz rot, aber auch noch nicht ganz gelb ist. Bei p_H 4,0 ist Methylrot gerade noch rot, bei p_H 6,5 ist es bereits ganz gelb. Das Umschlagsgebiet von Methylrot liegt also zwischen p_H 4,2 und 6,2. Gibt man Methylrot zu einer Lösung mit einem p_H von 4,0 oder darunter, so wird die Lösung ganz rot werden. War der p_H der Lösung 6,5 oder darüber, so wird die Lösung ganz gelb werden. Lag aber der p_H der Lösung zwischen 4,2 und 6,2, so wird Methylrot der Lösung eine Mischfarbe von gelb und rot verleihen, und zwar mehr Rot an der sauren Seite und mehr Gelb an der alkalischen Seite dieser Zone. Tritt nach Zusatz von Methylrot zu einer Lösung mit unbekannter [H˙] eine solche Mischfarbe auf, so wissen wir, daß der p_H nur zwischen 4,2 und 6,2 liegen kann.

Der Begriff des Umschlagsgebietes, den wir soeben bei Methylrot kennengelernt haben, gilt in der Indikatorenlehre ganz allgemein. Auch die anderen Indikatoren haben ihre charakteristischen Umschlagszonen. Methylorange z. B., ein Indikator, der sehr häufig zu Titrationen gebraucht wird, hat seinen Farbwechsel zwischen p_H 3,1 und 4,4, Tropäolin 00 zwischen 1,4 und 2,6, Neutralrot zwischen p_H 6,5 und 8,00. Der einfarbige Indikator Phenolphthalein ist in allen Lösungen mit einem p_H unter 8,0 farblos, über 10,0 maximal rot gefärbt. Das zwischen 8,2 und 9,8 liegende Gebiet ist also das Umschlagsgebiet für Phenolphthalein.

Wir sehen hieraus, daß von allen Indikatoren, die bisher genannt wurden, nur Neutralrot die Mitte seiner Umschlagszone bei p_H 7,0 hat, also durch seinen Farbwechsel wirklich neutrale Reaktion anzeigt. Bei dem „alkalischen" Farbumschlag von Methylorange ist die Lösung noch stark sauer, bei dem „sauren" Farbumschlag von Phenolphthalein ist die Lösung noch deutlich alkalisch. Es erhebt sich jetzt die Frage, ob bei der Anwendung dieser Indikatoren für Titrationsanalysen dadurch Fehler entstehen, daß die Farbwechsel so weit abseits von der neutralen Reaktion liegen. Diese Frage können wir mit Hilfe der Erfahrungen schon beantworten, die wir bei der Titration von starken und schwachen Säuren unter Kontrolle der p_H-Änderungen gewonnen haben.

Bei starken Säuren springt der p_H im Äquivalenzpunkt von p_H 3 oder 4 bis auf p_H 10 und darüber. Unmittelbar *vor* dem Äquivalenzpunkt ist der p_H etwas unter 3,0, es werden also Methylorange, Methylrot, Neutralrot und Phenolphthalein bei diesem p_H sämtlich „saure"

Reaktion anzeigen. Die Titration kann daher noch nicht als beendet betrachtet werden. Der nächste Tropfen der Titrationslauge bringt den p_H auf 10,0. Jetzt werden alle vier Indikatoren ihren Farbwechsel erfahren haben und daher den Endpunkt der Titration gleichmäßig anzeigen.

Es ist somit ganz einerlei, ob zur Titration einer *starken* Säure Methylorange oder Phenolphthalein, Neutralrot oder Methylrot verwandt werden. Ein Unterschied im Titrationsergebnis wird dadurch nicht entstehen. Die Umschlagszonen aller vier Indikatoren werden im Moment der Äquivalenz gleichmäßig und vollständig durcheilt. Mischfarben sind bei dieser jähen p_H-Änderung nicht zu erkennen, alle Indikatoren schlagen von einer extremen Farbe in die andere um bzw. von der Farblosigkeit zur maximalen Farbtiefe.

Ganz anders liegen aber die p_H-Änderungen bei der Titration *schwacher* Säuren.

Bei der Titration der Essigsäure war ein p_H von 4,6 schon nach der Absättigung der halben Essigsäuremenge erreicht[1]). Bei p_H 4,6 ist *Methylorange* bereits gelb; mit diesem Indikator würde also die Titration nur die Hälfte der vorhandenen Essigsäure erkennen lassen.

Mit *Methylrot* als Indikator würde der Fehler 5% betragen, da bei p_H 5,8 erst 95% der Essigsäure gebunden sind[2]). Der eigentliche Äquivalenzpunkt liegt bei p_H 9,5, also gerade in der Umschlagszone des Phenolphthaleins.

Der richtige Indikator für die Titration der Essigsäure ist also Phenolphthalein, da nur dieser Indikator den wirklichen Endpunkt der Titration anzeigt.

Bei der Titration von schwachen Säuren mit starken Laugen muß entweder Phenolphthalein oder ein anderer Indikator gewählt werden, dessen Umschlagszone bei p_H 9,5—10,5 liegt.

Wir sahen oben bereits, daß sich starke Laugen wie starke Säuren verhalten, also ebenfalls im Endpunkt der Titration einen großen p_H-Sprung aufweisen. Daher können auch starke Laugen unter Benutzung vieler Indikatoren fehlerfrei titriert werden. Die Umschlagsgebiete der Indikatoren brauchen nur zwischen p_H 10,0 und 3,0 zu liegen.

Bei der Titration von schwachen Basen mit starken Säuren ist die Auswahl der Indikatoren aber wieder genau so sorgfältig zu halten wie bei der Titration von schwachen Säuren mit starken Basen. Der Endpunkt der Titration einer schwachen Base liegt ungefähr bei p_H 4,0 bis 5,0. Phenolphthalein und Neutralrot würden daher fehlerhaft sein, Methylrot

---

[1]) Siehe die Tabelle auf S. 43.

[2]) Die Lösung ist zwar erst von p_H 6,2 an völlig gelb, doch ist es sehr schwer, die letzten Spuren von Rot in einer vorwiegend gelben Lösung zu erkennen. Daher ist mit p_H 5,8 gerechnet.

würde bei der Titration bis zum alleinigen Rot schon einen guten Wert geben. Am besten ist die Titration jedoch mit Methylorange auszuführen, da dessen Umschlag gerade für den Äquivalenzpunkt einer Anzahl von Salzen schwacher Basen geeignet ist. Verlangen einzelne Basen andere Indikatoren, so muß von Fall zu Fall über die Wahl des Indikators entschieden werden.

In der Abb. 8 sind die Umschlagsgebiete dieser vier Indikatoren noch einmal als Zonen zu erkennen. Es ist unter Benutzung der Kenntnisse von den Umschlagsgebieten der Indikatoren jetzt nicht mehr schwer, auch andere Aufgaben durch Titration auszuführen. Soll z. B. ein *Gemisch von primärem und sekundärem Phosphat analysiert* werden, so wird man sich daran erinnern, daß das sekundäre Phosphat einen p_H von ca. 9 und das primäre einen p_H von ca. 4 hat. Titriert man das unbekannte Gemisch zunächst mit Lauge bis zur deutlichen Rötung von Phenolphthalein und dann mit Säure zurück bis zum Beginn des Methylorangeumschlags, so hat man die beiden Zahlen, die zur Berechnung

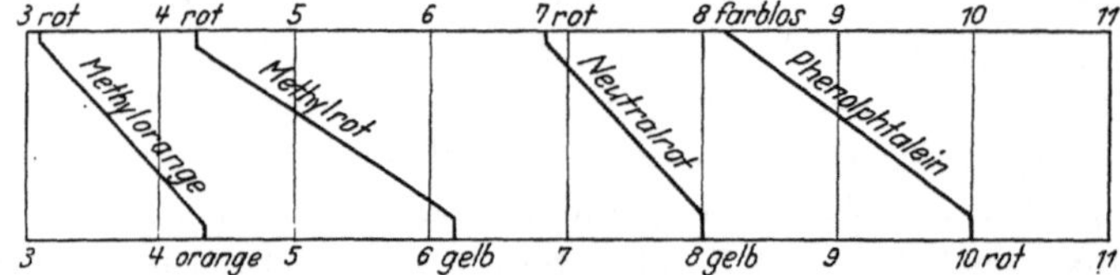

Abb. 8. Umschlagszonen einiger Indikatoren. Die Zahlen bedeuten die p_H's.

nötig sind. Das erste Titrationsergebnis gibt die ursprünglich vorhandenen Äquivalente des primären Phosphats an, das zweite die Summe der sekundären Äquivalente, die ursprünglich vorhanden waren und außerdem durch die Titration aus den primären entstanden sind. Somit sind also die Gesamtphosphatmengen bekannt.

32. Vorbemerkungen für die kolorimetrische Schätzung der Wasserstoffzahlen. Bei der Besprechung des Indikators Methylrot sahen wir bereits, daß der p_H einer unbekannten Lösung aus dem Auftreten der Färbung mit Methylrot geschätzt werden kann. Hatte die Lösung einen p_H von über 6,5 oder unter 4,0, so ließ sich mit Hilfe von Methylrot nichts Näheres mehr über den wirklichen p_H aussagen.

Wird eine Lösung mit Methyrot gelb, mit Phenolphthalein aber nicht rot, so liegt ihr p_H zwischen 6,5 und 8,0. Unter Benutzung von Neutralrot läßt sich der p_H noch wesentlich genauer schätzen. Wird eine Lösung mit Methylorange gelbrot, so ist ihr p_H im Umschlagsgebiet mit Methylorange, und zwar nach der alkalischen Seite zu.

An diesen Beispielen soll gezeigt werden, daß die Kenntnis der Umschlagsgebiete mehrerer Indikatoren eine angenäherte Schätzung der Wasserstoffzahlen von Lösungen erlaubt. Die Genauigkeit dieser

Schätzung läßt sich dadurch wesentlich steigern, daß man erstens eine noch größere Zahl von Indikatoren anwendet und zweitens Pufferlösungen herstellt, deren durch Indikatoren erzielte Farbtöne mit der Färbung der Untersuchungslösung verglichen wird. Der p_H des farbgleichen Puffergemisches gibt dann den p_H der Untersuchungsflüssigkeit an.

Diese und ähnliche Methoden führen zu den kolorimetrischen Bestimmungen der Wasserstoffzahl, die in dem Abschnitt C eingehend beschrieben werden.

B. Die elektrometrische Bestimmung der Wasserstoff-
zahlen.

I. Die rechnerischen Beziehungen zwischen elektrischen Größen und der Konzentration von Ionen, insbesondere von H-Ionen.

Die Fundamentalgleichung von Nernst lautet:

$$E = \frac{RT}{nF} \cdot \ln \frac{P}{p}.$$

In der linken Seite ist eine elektrische Arbeitsgröße enthalten, in der rechten eine osmotische. In der rechten ist der Ausdruck für eine „maximale" Arbeit enthalten. Es werden alle Einzelgrößen dieses Ausdrucks entwickelt. R, die Universalkonstante, T, die absolute Temperatur, F, die Elektrizitätsmengeneinheit, der natürliche Logarithmus, P und p.

Aus den Gasgesetzen folgt:

$$p \cdot v = \frac{p_0 \cdot v_0}{273} \cdot T.$$

Der Ausdruck

$$\frac{p_0 \cdot v_0}{273}$$

ist unter molaren Verhältnissen die Universalkonstante R, also $p \cdot v = RT$.

R läßt sich in Joule, Literatmosphären und Kalorien ausdrücken. F ist das elektrochemische Äquivalent $= 96\,540$ Coulomb. Der natürliche Logarithmus ist der Logarithmus zur Grundzahl e. Er kommt in die obige Gleichung durch einen Integrationsvorgang herein. Die Integration ist die Umkehrung der Differentiation. Die Aufgabe der Integration ist, aus den gegebenen Beziehungen zweier Differentiale die ursprüngliche Funktion der endlichen Größen herzuleiten, während bei der Differentialrechnung aus der Beziehung zweier voneinander abhängigen Größen die Beziehung ihrer unendlich kleinen Bildungseinheiten, ihrer Differentiale gefunden wird. Die Differentiation und die Integration werden zur Berechnung der Arbeitsgröße gebraucht. Unter Anwendung der Vorstellung von der „elektrolytischen Lösungstension" setzt Nernst bei dem Transport eines Ionenäquivalents die maximale osmotische Arbeit gleich der elektrischen.

Unter E versteht man ein Einzelpotential, dessen Sitz in die elektrische Doppelschicht an der Grenze Metall—Lösung verlegt wird. Eine direkte Messung eines Einzelpotentials ist nicht möglich, wohl aber gelingt die Messung unter Benutzung eines zweiten Einzelpotentials. Ist das Potential dieser zweiten Elektrode gleich 0, so nennt man diese Elektrode eine Nullelektrode. Die Konstante P der obigen Gleichung läßt sich berechnen. Das sog. „Normalpotential" ist für jede Ionenart charakteristisch. Es ist das Elektrodenpotential bei der Ionenkonzentration $= 1$. Ein bei chemischen Ketten ferner zu berücksichtigendes Potential ist das Diffusionspotential, das in Beziehung steht zu den Differenzen der Wanderungsgeschwindigkeiten der einzelnen Ionenarten.

Unter „Konzentrationskette" versteht man ein Element, dessen Spannung ausschließlich von Konzentrationsverschiedenheiten derselben Ionenart abhängt. Bei Wasserstoffelektroden muß außer der Ionenkonzentration auch der Partialdruck des Wasserstoffgases berücksichtigt werden. Er steht in fester Beziehung zum Potential der Elektrode. Den Vorgang an der Wasserstoffelektrode kann man auch als Oxydations-Reduktionsvorgang auffassen, da das Wasserstoffion die Oxydationsstufe des Wasserstoffatoms ist. Dieser Oxydations-Reduktionsvorgang stellt nur einen Spezialfall aus der allgemeinen Form der elektromotorisch wirksamen Reaktionen dar. Ein Oxydations-Reduktionssystem, das zur H-Ionenmessung Verwendung finden kann, liegt bei dem Chinhydron vor. Bei einer Reduktion von Wasserstoffionen zu Wasserstoff, wie sie in den Oxydations-Reduktionssystemen stattfindet, läßt sich der Begriff des „Wasserstoffdrucks" aufstellen. Berechnungen zeigen, daß man in den Systemen nur unter bestimmten Voraussetzungen von einem Wasserstoffdruck reden kann.

1. Die Gleichung von NERNST. Die Fundamentalgleichung für die Berechnung von Ionenkonzentrationen aus elektrischen Größen stammt von NERNST. Die Gleichung lautet:

$$E = \frac{RT}{n \cdot F} \ln \frac{P}{p} \, .$$

Diese Gleichung ist für eine Umrechnung zwischen einer gemessenen elektrischen Spannungsgröße und der gesuchten Ionenmenge nicht zu entbehren; sie soll daher in ihrer Entstehungsweise und allen Einzelheiten erklärt werden.

In der rechten Seite der Gleichung ist der Ausdruck für die *„maximale Arbeit"* enthalten, die ein Gas unter bestimmten Bedingungen leisten kann.

Wir werden zunächst zum besseren Verständnis dieser Formel die *Gasgesetze* wiederholen. Im Anschluß daran werden wir mit Hilfe von Überlegungen aus der Differential- und Integralrechnung den Wert für die *maximale Arbeit* ermitteln, die ein ideales Gas bei einem reversibel geleiteten Vorgang leisten kann.

Dann soll die Übertragung der gewonnenen Ergebnisse auf echte Lösungen und schließlich auf das eigentliche hier interessierende System folgen, auf die Verhältnisse an der Grenze von Metall und Lösung.

Das Metall bildet die sog. *Metall-Elektrode*, deren *Spannungsdifferenz zu der Lösung* durch das *E* auf der linken Seite der NERNSTschen Gleichung wiedergegeben wird.

2. Die Gasgesetze. Um zu den Werten für *R*, *T* und *p* zu kommen, erinnern wir uns der sog. Gasgesetze.

a) Das BOYLE-MARIOTTESche Gesetz lautet:
Unter isothermen Bedingungen ist das Produkt aus Druck und Volumen eines idealen Gases stets konstant.

$$p \cdot v = k \, . \tag{1}$$

In graphischer Darstellung gibt diese Gleichung eine gleichseitige Hyperbel, deren Asymptoten zugleich die Koordinatenachsen bilden.

Die Form dieser Kurve ist uns schon aus der Kurve für die Gleichung der Dissoziation des Wassers[1]) bekannt, bei der das Produkt der Ionenäquivalente konstant ist, $[H^\cdot] \cdot [OH'] = k_w$.

Aus einer derartigen Kurve läßt sich für jeden (nicht zu hohen) Druck von p der zugehörige Wert von v ablesen.

Für jede Temperatur gilt immer nur *eine* Kurve; doch ist die Form der Kurven für alle Temperaturen dieselbe, solange nur der gasförmige Aggregatzustand bestehen bleibt.

Nimmt ein Gas bei $t°$ ein Volumen von 10 l ein und übt dabei einen Druck von 2 Atmosphären aus, so würde bei einem Volumen von 5 l der Druck 4 Atmosphären betragen.

$$p \cdot v = k$$
$$10 \cdot 2 = 20$$
$$5 \cdot 4 = 20$$
usw.

b) Das Gesetz von GAY-LUSSAC behandelt *die Abhängigkeit des Druckes von der Temperatur bei gleichbleibendem Volumen und des Volumens von der Temperatur bei gleichbleibendem Druck.* Übt ein Gas mit einem Volumen v_0 bei $t_0°$ einen Druck von p_0 aus, so übt es bei v_0 und $t°$ einen Druck von P_t aus, und zwar ist

$$\left. \begin{aligned} P_t &= p_0 + p_0 \frac{t}{273}, \\ P_t &= p_0\left(1 + \frac{t}{273}\right). \end{aligned} \right\} \tag{2}$$

Hält man den Druck auf p_0 und läßt bei der Temperatursteigerung von $t_0°$ auf $t°$ nur das Volumen ansteigen, so lautet die Gleichung:

$$V_t = v_0\left(1 + \frac{t}{273}\right). \tag{3}$$

Der Druck und das Volumen eines Gases wachsen also in gleicher Weise um $\frac{1}{273}$ ihrer Beträge bei 0°, wenn sich die Temperatur um einen Grad erhöht (von 0° auf 1°).

c) Hält man bei der Temperaturänderung weder Druck noch Volumen konstant, so reichen die Gleichungen (2) und (3) nicht aus. Sie müssen mit (1) kombiniert werden.

Nehmen wir an, daß bei $t°$ einem Druck p ein Volumen v entspricht. Nach (1) ist dann

$$p \cdot v = k\,.$$

Nach (2) sind bei der Temperatur $t°$ der Druck P_t und das Volumen v_0, also ist

$$P_t \cdot v_0 = k\,,$$

---

[1]) Siehe Seite 8, Abb. 1.

und daher

$$P_t \cdot v_0 = p \cdot v$$

und schließlich

$$P_t = \frac{p \cdot v}{v_0}.$$

Setzt man diesen Wert in Gleichung (2) ein, so erhält man

$$p \cdot v = p_0 \cdot v_0 \left(1 + \frac{t}{273}\right). \tag{4}$$

Die Gleichung (4) gibt also die Beziehungen zwischen Druck und Volumen eines Gases bei $0°$ und Druck und Volumen bei $t°$ an.

Bisher wurde mit $0°$ C. gerechnet, der Temperatur des schmelzenden Eises. Zählt man aber die Temperaturen von dem sog. absoluten Nullpunkt an, der bei $-273°$ liegt, so muß man zu den mit t bezeichneten Graden stets die Zahl 273 hinzuzählen.

Die Gleichung (4) lautet umgeformt

$$p \cdot v = p_0 \cdot v_0 \left(\frac{273 + t}{273}\right). \tag{4a}$$

$273 + t$ sind dann die Temperaturen vom absoluten Nullpunkt an gerechnet; sie werden mit T bezeichnet.

Gleichung (4) lautet dann also

$$p \cdot v = \frac{p_0 \cdot v_0}{273} \cdot T. \tag{4b}$$

d) *Die Konstanten r und R.* Der Ausdruck $\frac{p_0 \cdot v_0}{273}$ wird mit r bezeichnet. r ist eine Konstante, die sich mit der Menge und der Art des Gases ändert. Wendet man aber die Gleichung (4b) auf *ein* Mol der Gase an, so wird r zur Universalkonstante, zu R, die für alle Gase gilt.

Unter *1 Mol* der Gase verstehen wir das Molekulargewicht in Grammen, also 32 g O_2 (Molekulargewicht 32); 2 g H_2 (Molekulargewicht 2) usw. Nach dem AVOGADROschen Gesetz ist das Volumen von 1 Mol aller Gase bei gleicher Temperatur und gleichem Druck stets das gleiche; es beträgt bei 760 mm Quecksilberdruck und $273°$ absoluter Temperatur 22,4 l.

Haben wir z. B. für *1 Mol* O_2 bei $0°$ und 760 mm Hg $p \cdot v_1 = r_1 T$ und für *1 Mol* H_2 $p \cdot v_2 = r_2 T$, so ist in diesen Gleichungen nach dem AVOGADROschen Gesetz $v_1 = v_2$. Daher müssen auch die Werte r_1 und r_2 übereinstimmen.

Die Gleichung für die Mole lautet demnach:

$$p \cdot v = R \cdot T. \tag{5}$$

e) *Berechnung von R.* v_1, das Volumen eines Moles, ist bei $0°$ und 760 mm Druck 22412 cm³. $0°$ sind genau 273,09 Grad absolut. Temperatur. Einer Quecksilbersäule von 76 cm Höhe entspricht ein Druck von 1033,3 g pro cm^2 (76 · 13,596). Da unter 45° Breite die Erdbeschleunigung 980,6 beträgt, so ist $p = 1033,3 \cdot 980,6$ Dynen.

$$76 \cdot 13{,}596 \cdot 980{,}6 = 1\,013\,250 \text{ abs. Einheiten.}$$

Daher ist

$$R = \frac{p \cdot v}{T} = \frac{1\,013\,250 \cdot 22412}{273{,}09} = 83155 \cdot 10^3 \text{ Erg}.$$

10^7 Erg sind 1 Joule, also

$$R = 8{,}3155 \text{ Joule}.$$

R läßt sich auch in *Literatmosphären* und in *Kalorien* ausdrücken.

In Literatmosphären (Produkt aus p in Atmosphären und v in Litern) hat R den Wert 0,0821.

In mittleren Grammkalorien bedeutet R 1,987 cal, also

$$p \cdot v = 1{,}987\, T \text{ cal}.$$

Es sei noch ausdrücklich betont, daß der Wert für R nur von den gewählten Maßeinheiten (Joule, Literatmosphären, Kalorien usw.) abhängt, aber nicht von der chemischen Natur der einzelnen Gase.

In der vorangestellten Gleichung

$$E = \frac{R\,T}{n \cdot F} \ln \frac{P}{p}$$

ist uns nunmehr $R \cdot T$ der Herkunft und der Zahlenwerte nach wieder geläufig. Von den anderen Größen bedeutet F[1]) die Elektrizitätsmengeneinheit, das sog. elektrochemische Äquivalent, welche 1 Mol eines einwertigen Ions trägt. Das sind 96540 Coulombs (s. hierzu S. 86 ff.: Definition elektrischer Größen). n ist eine ganze Zahl, die die Wertigkeit der in Frage kommenden Ionen angibt, also bei einwertigen Ionen $= 1$ ist, bei zweiwertigen $= 2$ usw. Das Produkt $n \cdot F$ ist also diejenige Zahl der Coulombs, die von einem Mole der jeweiligen Ionen mitgeführt werden.

Bleibt noch der Ausdruck $\ln \frac{P}{p}$.

3. Der „natürliche" Logarithmus. Unter „ln" versteht man den „natürlichen" Logarithmus. Während der BRIGGsche Logarithmus mit dem Symbol „log" die Grundzahl 10 hat, ist die Grundzahl des natürlichen Logarithmus die Zahl e.

Also:

$$\ln a = b\,,$$

$$e^b = a\,.$$

Die Zahl e ist die Basis der *natürlichen* Logarithmen, die deshalb so heißen, weil ihre Einführung viele Rechnungen aus der Natur sehr

---

[1]) Sprich „F", und nicht „Farad". „Farad" ist die Einheit der Kapazität. Siehe S. 88.

vereinfacht. Sie stellt den Wert der Potenz $\left(1 + \dfrac{1}{n}\right)^n$ dar für den Fall, daß $n = \infty$ wird. Ihr Wert ist 2,7182818... Die Beziehung zwischen den natürlichen Logarithmen und den Briggschen Logarithmen ist sehr wichtig und wird für die Umrechnungen stets gebraucht. Diese Beziehung wird durch folgende Gleichung wiedergegeben:

$$\ln x = \frac{\log x}{\log e}.$$

Um also den natürlichen Logarithmus von x zu erhalten, muß man den Briggschen Logarithmus durch den $\log e$ dividieren oder mit dem reziproken Wert multiplizieren. $\log e$ bezeichnet man als den Modulus (M) der Briggschen Logarithmen; sein Wert ist 0,43429.

Der reziproke Wert, also $\dfrac{1}{\log e}$ ist $= 2{,}302585\ldots$

Um die Zusammensetzung der Gleichung

$$E = \frac{R\,T}{n \cdot F} \ln \frac{P}{p}$$

gut verstehen zu können, wollen wir uns jetzt ganz eingehend mit der Herkunft des Ausdruckes $\ln \dfrac{P}{p}$ befassen. Der soeben kurz gekennzeichnete natürliche Logarithmus wird durch einen Integrationsvorgang in die Nernstsche Gleichung hineingebracht. Die Integration geschieht bei der Berechnung der schon wiederholt erwähnten maximalen Arbeitsgröße. Der Integration geht eine Differentiation voran. Diese beiden Rechenoperationen spielen bei der zahlenmäßigen Verfolgung von Naturvorgängen eine bedeutsame Rolle. Ihre ausführliche Erörterung würde den Rahmen dieses Buches überschreiten. Immerhin sollen doch über sie einige Angaben gemacht werden, die dem Anfänger eine Andeutung davon geben können, worum es sich bei der Differential- und Integralrechnung eigentlich handelt.

4. Die Differentialrechnung. Die *Differentialrechnung* lehrt uns, mit *unendlich kleinen* Größen zu rechnen und sie wie *endliche* Größen zu behandeln.

Ihre Methoden sind mathematische Hilfsmittel geworden, die für die gesamte Naturbetrachtung nicht mehr zu entbehren sind. Läuft z. B. ein Vorgang nicht mit einer konstanten Geschwindigkeit, sondern mit einer Geschwindigkeit ab, die sich andauernd und stetig ändert, so kann man nur dadurch zu einer mathematischen Erfassung der Geschwindigkeit des ganzen Vorganges kommen, daß man ihn in unendlich kleine Einzelvorgänge auflöst und dann für jeden Einzelvorgang die Geschwindigkeit als konstant ansieht.

Nehmen wir als praktisches Beispiel zunächst den freien Fall. Der Weg s, den ein freifallender Körper in t Sekunden zurücklegt, ist $\frac{1}{2} g t^2$, also

$$s = \tfrac{1}{2} g t^2\,.$$

Setzt man für t die Werte 1, 2, 3 usw. ein, so erhält man für jeden Wert von t einen zugehörigen Wert s. s ist also eine *Funktion* von t, und zwar ist t die *unabhängige* Variable und s die *abhängige*. Allgemein würde man schreiben

$$s = f(t) .$$

Tragen wir die Werte für t und s auf einem Koordinatensystem ab und verbinden die erhaltenen Punkte miteinander, so entsteht die bekannte Parabel. Wie läßt sich nun die *Geschwindigkeit* eines frei fallenden Körpers, die sich andauernd ändert, berechnen?

Geschwindigkeit ist $\frac{\text{Weg}}{\text{Zeit}}$. Bei einer gleichmäßig *beschleunigten* Bewegung gibt es aber keinen Weg, der auf die Zeiteinheit, z. B. die Sekunde, bezogen werden kann, da ja in jeder Sekunde der Weg ein anderer ist. Hier gibt die *Differential*rechnung eine Möglichkeit, zu einer exakten Berechnung der Geschwindigkeit zu kommen.

In der Abb. 9 entspricht einem t_0 der Weg s, und zwar ist

$$s = \tfrac{1}{2} g t_0^2 .$$

Lassen wir nun t_0 um eine Kleinigkeit, um $\varDelta t$, größer werden, so wird s zu

$$s + \varDelta s$$

und

$$s + \varDelta s = \tfrac{1}{2} g (t_0 + \varDelta t)^2 .$$

Der Zuwachs an s, $\varDelta s$ ist dann

$$= \tfrac{1}{2} g (t_0 + \varDelta t)^2 - \tfrac{1}{2} g t_0^2 .$$

Allgemein ist

$$\varDelta s = f(t_0 + h) - f(t_0)$$

und

$$\frac{\varDelta s}{\varDelta t_0} = \frac{f(t_0 + h) - f(t_0)}{h} ,$$

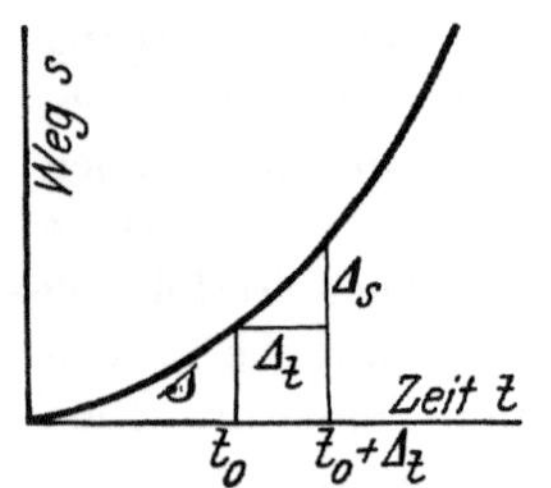

Abb. 9. Zur Differentialrechnung. s als Funktion der Zeit.

wo h den Zusatzwert darstellt, also $= \varDelta t_0$ ist.

Für $\frac{\varDelta s}{\varDelta t_0}$ können wir aus der Abb. 10 eine geometrische Anschauung gewinnen. In der Abbildung ist der Zuwachs der Zeit, also $\varDelta t$, als $\varDelta x$

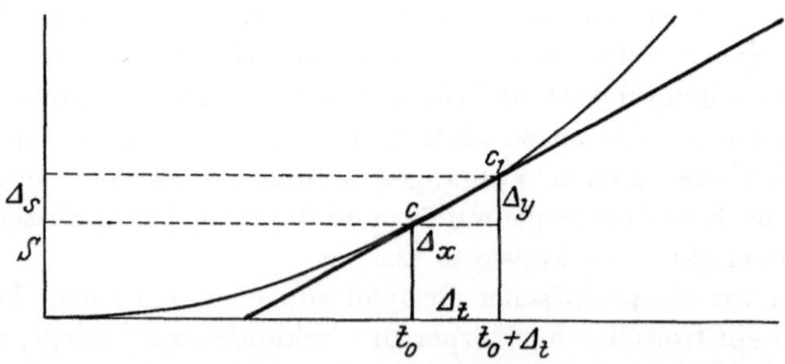

Abb. 10. Zur Differentialrechnung. Der Differenzenquotient $\frac{\varDelta y}{\varDelta x}$.

bezeichnet und der entsprechende Zuwachs von s, also $\varDelta s$, als $\varDelta y$. $\frac{\varDelta s}{\varDelta t}$ bzw. $\frac{\varDelta y}{\varDelta x}$ ist der Tangens des Winkels, den die Gerade CC_1 mit der positiven Richtung der x-Achse bildet. Lassen wir C_1 immer näher an C heranrücken und schließlich mit C zusammenfallen, so haben $\varDelta s$ und $\varDelta t$ keinen endlichen Wert mehr, wohl aber $\frac{\varDelta s}{\varDelta t}$. Die unendlich kleinen Werte von $\varDelta s$ und $\varDelta t$ schreibt man als ds und dt. Der endliche Wert für $\frac{ds}{dt}$ ist also der Tangens des Winkels, den die Tangente im Kurvenpunkt C mit der positiven Richtung der x-Achse bildet.

Diesen Ausdruck $\frac{ds}{dt}$ nennt man den „Differentialquotienten" oder die „Ableitung" der Funktion. Wird die Funktion wie oben $s = f(t_0)$ geschrieben, so ist

$$\frac{ds}{dt_0} = f'(t_0)\,.$$

Der allgemeine Ausdruck, nach dem jede einzelne Funktion zwischen x und y berechnet wird, ist:

$$\frac{dy}{dx} = \lim_{(h=0)} \frac{f(x+h) - f(x)}{h}\,.$$

[lim $(h = 0)$ heißt: Die Gleichung gilt für den Grenzwert, bei dem h dem Werte 0 unendlich nahe gekommen ist.]

Bei dem freien Fall war $s = \frac{1}{2} g t_0^2$.

Also:

$$\frac{ds}{dt} = \lim_{(h=0)} \frac{\frac{1}{2} g (t_0 + h)^2 - \frac{1}{2} g t_0^2}{h}\,.$$

Zur Berechnung wird zunächst mit h wie mit einer endlichen Größe gerechnet, also:

$$\frac{\frac{1}{2} g (t_0^2 + 2 h t_0 + h^2) - \frac{1}{2} g t_0^2}{h} = \frac{\frac{1}{2} g t_0^2 + g h t_0 + \frac{1}{2} g h^2 - \frac{1}{2} g t_0^2}{h} = \frac{g h t_0 + \frac{1}{2} g h^2}{h}$$

$$= g t_0 + \frac{1}{2} g h\,.$$

Wird jetzt der Grenzwert gesucht, ist also h dem Werte 0 unendlich nahe gekommen, so verschwindet das Glied $\frac{1}{2} g h$ und wir erhalten als Ergebnis:

$$\frac{ds}{dt_0} = g t_0\,.$$

Die Geschwindigkeit im freien Fall ist $g t_0$.

Wir wollen diese einführende Betrachtung in ein wenig veränderter Form noch einmal wiederholen, um sie dem Anfänger besonders deutlich zu machen[1]).

Lassen wir in

$$s = \frac{1}{2} g t_0^2$$

---

[1]) Nach dem Vorschlag von Herrn KARL KAUFMANN.

t um einen unendlich kleinen Betrag, nämlich dt (sprich: „Differential t")
wachsen, so ändert sich auch s'', etwa um ds.

Es wird also

$$s + ds = \tfrac{1}{2} g [t_0 + dt]^2$$

oder

$$s + ds = \tfrac{1}{2} g [t_0^2 + 2 t_0\, dt + dt^2].$$

Wäre $dt = \tfrac{1}{1\,000\,000}$, so wäre $dt^2 = \tfrac{1}{1\,000\,000\,000\,000}$.

Nun soll aber dt nicht $\tfrac{1}{1\,000\,000}$, sondern noch viel kleiner, nämlich
„unendlich klein" sein. Daher kann man mit Recht dt^2 vernachlässigen.

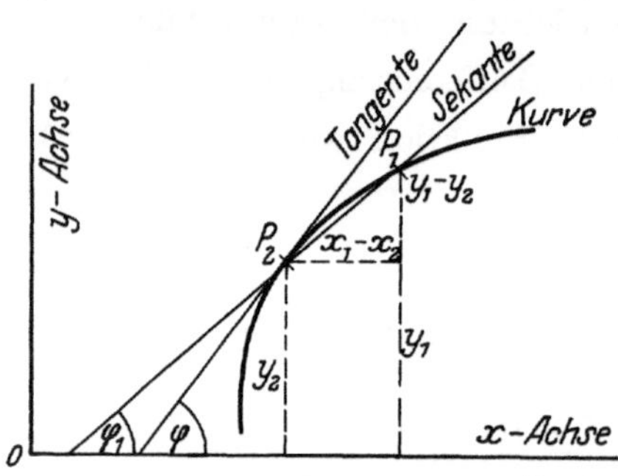

Abb. 11. Zur Differentialrechnung. Der Übergang der Sekante in die Tangente und der Übergang des Differenzenquotienten in den Differentialquotienten.

Wir haben dann

$$s + ds = \tfrac{1}{2} g [t_0^2 + 2 t_0\, dt]$$

oder auch

$$s + ds = \tfrac{1}{2} g\, t_0^2 + g\, t_0\, dt.$$

Subtrahieren wir hiervon die obige Gleichung

$$s = \tfrac{1}{2} g\, t_0^2,$$

so ergibt sich

$$ds = g\, t_0\, dt$$

oder auch

$$\frac{ds}{dt} = g\, t_0.$$

Für die Festigung der geometrischen Anschauung des Differentialquotienten nehmen wir an, daß auf der Kurve

$$y = f(x)$$

die beiden Punkte P_1 und P_2 liegen (siehe Abb. 11).

Ihre Koordinaten seien x_1 und y_1 bzw. x_2 und y_2. Wir ziehen durch
P_1 und P_2 eine Gerade, die Sekante. Diese Linie denken wir uns nun
als Stab, und wir drehen ihn so um P_1, daß der Schnittpunkt P_2 immer
näher an P_1 heranrückt. Wir drehen den Stab solange, bis die Punkte
P_1 und P_2 so nahe beieinander liegen, daß kein dritter Punkt zwischen
ihnen Platz hat. In diesem Augenblick fällt das *Kurven*stück $P_1 P_2$
mit dem betreffenden Sekantenstück vollkommen zusammen. Die
Sekante ist zur *Tangente* geworden. Bei der Sekante stellt der Quotient
$\frac{y_1 - y_2}{x_1 - x_2}$, wie aus der analytischen Geometrie bekannt ist, die Rich-
tungskonstante der Sekante dar; bei dem Übergang der Sekante zur
Tangente also den Tangens des Winkels, den sie mit der positiven
Richtung der x-Achse bildet. Hierbei werden die Differenzen $y_1 - y_2$
und $x_1 - x_2$ unendlich klein, d. h. sie werden zu den Differentialen dy
bzw. dx. So wird aus dem *Differenzenquotient*

$$\frac{y_1 - y_2}{x_1 - x_2}$$

der Differentialquotient

$$\frac{dy}{dx}.$$

Der Differentialquotient ist also gleich dem Tangens des Winkels, den die Tangente in dem betrachteten Kurvenstück mit der positiven Richtung der X-Achse bildet.

Nach dem allgemeinen Schema auf Seite 56 u. 57 werden die am häufigsten vorkommenden Funktionen differentiiert. Es gibt Differentialquotienten von Summen und Differenzen, von Quotienten und Produkten, von Potenzen, von trigonometrischen Funktionen usw. Die Differentiierung von zwei besonderen Funktionen, von $y = e^x$ und $y = \log x$, führt zu dem Wert, den wir für die Gleichung der maximalen Arbeit brauchen.

Ist

$$y = \log x,$$

so ist

$$y + dy = \log(x + dx).$$

Durch Subtraktion erhält man

$$dy = \log(x + dx) - \log x,$$

also

$$dy = \log \frac{x + dx}{x} = \log\left(1 + \frac{dx}{x}\right)^{[1]}.$$

Wird die Gleichung durch dx dividiert, so ergibt sich

$$\frac{dy}{dx} = \frac{1}{dx} \log\left(1 + \frac{dx}{x}\right).$$

Bezeichnen wir $\frac{x}{dx}$ mit n, so ist $\frac{1}{dx} = \frac{n}{x}$ und es wird

$$\frac{dy}{dx} = \frac{n}{x} \log\left(1 + \frac{1}{n}\right)$$

und

$$\frac{dy}{dx} = \frac{1}{x} \log\left[\left(1 + \frac{1}{n}\right)^n\right]^{[2]},$$

$$\left(1 + \frac{1}{n}\right)^n$$

ist, wie wir schon auf Seite 55 hörten, für $n = \overline{\infty}$ der Wert e. n war $= \frac{x}{dx}$; wird dx unendlich klein, so wird $n = \infty$.

Es ist für diesen Fall also

$$\frac{dy}{dx} = \frac{1}{x} \log e.$$

Über die Basis des Logarithmus war bisher nichts festgesetzt.

---

[1]) $\log a - \log b = \log \frac{a}{b}$.

[2]) $n \cdot \log a = \log(a^n)$.

Wir können nun die Basis eines Logarithmus beliebig wählen, in unserem Falle auch für die Basis die Zahl e selbst nehmen.

Dann ist:

$$\frac{dy}{dx} = \frac{1}{x}\overset{e}{\log} e\,,$$

und da allgemein $\overset{a}{\log} a = 1$ ist, so ist schließlich

$$\frac{dy}{dx} = \frac{1}{x}\,.$$

Ist also

$$y = \overset{e}{\log} x\,,$$

so ist

$$\frac{dy}{dx} = \frac{1}{x}\,.$$

Wir sahen schon, daß wir die Logarithmen zur Grundzahl e als die *natürlichen* Logarithmen mit dem Symbol „ln“ bezeichnen; ist daher

$$y = \ln x\,,$$

so ist

$$\frac{dy}{dx} = \frac{1}{x}\,.$$

Eine andere Schreibweise ist folgende:

$$dy = \frac{dx}{x}\,.$$

Hier hat man keinen Differential*quotienten* mehr vor sich, sondern eine sog. *Differentialgleichung* in der dy und dx die Differentiale sind. Wenn also $y = \ln x$ ist, so ist das Differential von $y = dy$ und

$$dy = \frac{dx}{x}\,.$$

Ist $p = \ln v$, so ist demnach

$$dp = \frac{dv}{v}\,.$$

Das unendlich kleine dp steht zu dem unendlich kleinen dv in der Beziehung

$$dp = \frac{dv}{v}\,,$$

wenn die Funktion zwischen p und v

$$p = \ln v$$

ist.

5. Die Integralrechnung. Die *Integration* ist die *Umkehrung* der *Differentiation*.

Die Aufgabe der *Integration* ist, aus den gegebenen Beziehungen zweier Differentiale die *Funktion* der *endlichen* Größen herzuleiten.

Man bedient sich bei der Integration aller der rechnerischen Beziehungen, die bei Differentialen gewonnen wurden. Wir müssen nur noch ergänzen, daß der Differentialquotient bzw. das Differential einer Konstanten stets $= 0$ ist, also:

$$p = \ln v\,, \qquad\qquad d\,p = \frac{d\,v}{v}\,;$$

$$p = \ln v + a\,, \qquad d\,p = \frac{d\,v}{v} + 0\,;$$

$$p = \ln v + 10\mathrm{a}\,, \qquad d\,p = \frac{d\,v}{v} + 0\,.$$

Wenn man nun rückwärts geht und aus der Differentialbeziehung

$$d\,p = \frac{d\,v}{v}$$

die ursprüngliche Funktion zwischen p und v sucht, also eine Integration vornimmt, so bleibt die gewonnene Funktion gegenüber den etwa vorhanden gewesenen Konstanten a, $10a$ usw. unbestimmt.

Ist also die Differentialbeziehung

$$d\,p = \frac{d\,v}{v}\,,$$

so ist das vollständige Integral nicht

$$p = \ln v\,,$$

sondern

$$p = \ln v + C\,,$$

wo die Konstante $C = 0$ ist, wenn die Funktion $p = \ln v$ gelautet hat, aber $= a$ ist, wenn die Funktion $p = \ln v + a$ gelautet hat usw. Diese sog. *Integrationskonstante* ist nach einer Integration zunächst unbekannt. Sie muß erst durch eine besondere Rechnung jedesmal festgestellt werden. Häufig wird sie auch durch einen Subtraktionsvorgang bestimmt. Das Integralzeichen ist das große $\int$.

Also

$$\int \frac{d\,v}{v} = \ln v + C\,.$$

Wir wiederholen also, daß die Integralrechnung die Umkehrung der Differentialrechnung ist. Während bei der Differentialrechnung aus der *Beziehung zweier voneinander abhängigen Größen* die Beziehung ihrer *unendlich kleinen Bildungseinheiten*, ihrer Differentiale, gesucht wird, soll bei der Integralrechnung *aus der Beziehung der Differentiale* zweier Größen die Beziehung der Größen selbst, also der *Summe*[1]) dieser Differentiale, gefunden werden. Man bedient sich dieser beiden Rechenoperationen gemeinsam, wenn man eine Beziehung zwischen zwei voneinander abhängigen, sich stetig ändernden Größen eines Naturvorganges auffinden will. Zu diesem Zwecke wird zunächst eine Gleichung

---

[1]) Das Zeichen $\int$, ein langgezogenes f, wurde von Leibniz im Hinblick auf diese Summation eingeführt.

für einen unendlich kleinen Teil des Prozesses gesucht, da für diesen kleinen Teil die Schwierigkeit der stetigen Änderung fortfällt. Von dieser *Gleichung der Differentiale* kommt man zu der Gleichung zwischen den *endlichen* Größen, indem man dann die Integration vornimmt.

6. Die Berechnung von Arbeitsgrößen. Bei der Berechnung des Wertes für die maximale Arbeit muß man den eben geschilderten Weg gehen.

Entwickelt sich ein Gas unter dem konstanten Druck p zu einem Volumen v, so ist die äußere Arbeit, die dabei geliefert wird, das Produkt $p \cdot v$.

Dehnt sich ein Mol eines Gases bei *konstantem Druck* p von v_1 auf v_2 aus, so ist ganz analog die hierbei entwickelte Energie $p(v_2 - v_1)$.

Bei *isothermer* Ausdehnung bleibt aber der Druck *nicht* konstant, sondern ändert sich mit der Volumenänderung stetig. Die Beziehung zwischen Volumen und Druck ist, wie wir sahen, unter isothermen Bedingungen durch die erste Gasgleichung gegeben:

$$p \cdot v = k .$$

Will man daher für die Arbeit bei einem isotherm geleiteten Ausdehnungsvorgang einen Wert haben, so muß man die Vorstellungen und Methoden der Differentialrechnung zu Hilfe nehmen.

Es wird die Annahme gemacht, daß sich das Volumen eines Gases nur um die unendlich kleine Größe dv vermehrt hat.

Da für diesen Fall der Druck p als konstant angesehen werden kann, kann p in die Arbeitsgleichung übergehen. Es ist dann das Differential der Arbeit

$$dA = p \cdot dv .$$

Durch diese unendlich kleine Volumenvergrößerung wird also die *unendlich kleine Arbeit dA* gewonnen.

Durch Integration dieser Differentialgleichung erhält man die *endliche* Arbeit A.

$$A = \int dA = \int p \cdot dv .$$

Aus der Gasgleichung

$$p \cdot v = R \cdot T$$

wissen wir, daß

$$p = \frac{RT}{v}$$

ist. Also wird

$$A = \int \frac{RT}{v} \cdot dv = RT \int \frac{dv}{v} \,{}^1) .$$

---

[1]) Lautet eine Funktion

$$y = a \cdot x,$$

so ist die Differentialgleichung

$$dy = a \cdot dx.$$

Es ist nun $\int a \cdot dx = a \int dx$. Ein konstanter Faktor wird durch die Differentiation nicht geändert, er kann demnach auch bei der Integration unverändert vor das Integralzeichen gesetzt werden.

Das Integral $\dfrac{dv}{v}$ ist uns schon bekannt; es ist gleich dem natürlichen Logarithmus von v.

Also ist:

$$A = RT \ln v + C \, .$$

7. Die maximale Arbeit. Diese Gleichung gibt die allgemeine Beziehung zwischen der maximalen Arbeit A und dem Gasvolumen v an.

Um zu einem *bestimmten* Wert für A zu gelangen, muß für die Integrationskonstante C ein bestimmter Wert gesucht werden, oder aber es muß C eliminiert werden. Diese Eliminierung der unbekannten Konstante C geschieht z. B. auf folgender Weise:

Betrachten wir die Arbeit A_1, die bei isothermer Ausdehnung auf das Volumen v_1 von einem Grammol eines Gases geleistet wird und dann die Arbeit A_2, die bei isothermer Ausdehnung auf das größere Volumen v_2 geleistet wird, so ist

$$A_1 = RT \ln v_1 + C \, ,$$
$$A_2 = RT \ln v_2 + C \, .$$

Durch Subtraktion ergibt sich

$$A_2 - A_1 = RT (\ln v_2 - \ln v_1) \, ,$$
$$A_2 - A_1 = RT \ln \frac{v_2}{v_1} \, .$$

Diese Differenz zweier Arbeitsgrößen stellt die *maximale Arbeit dar, die bei isothermer Ausdehnung eines Gasmoles von v_1 auf v_2 unter bestimmten Bedingungen gewonnen wird.*

Es ist also dann der endgültige Wert:

$$A = RT \ln \frac{v_2}{v_1} \, .$$

Andere Arbeitsgrößen als die für die *maximale* Arbeit zu berechnen, erscheint unzweckmäßig, da die anderen Werte nicht die Allgemeingültigkeit besitzen.

8. Osmotische Arbeit und elektrische Arbeit. Die Gleichung ist zwar für Gase abgeleitet worden, sie ist aber keineswegs nur auf Systeme im Gaszustand anwendbar. So besteht zwischen den molekularen Lösungen und den Gasen eine weitgehende Analogie. An die Stelle des Gasdruckes tritt bei den gelösten Stoffen der *osmotische Druck*, der seinerseits von der *Konzentration* und der Temperatur abhängt. Auch die Arbeit, die *ein Stoff bei seiner Auflösung* leistet, ist genau so groß wie die eines Gases bei seiner Entwicklung. Umgekehrt ist genau dieselbe Arbeit nötig, um eine Lösung zu konzentrieren, den osmotischen Druck also zu steigern, wie um ein Gas zu komprimieren. Wird der osmotische Druck *konstant* gehalten

und das Volumen vermehrt, z. B. dadurch, daß eine bisher ungelöste
Stoffmenge in Lösung gebracht wird, so ist die geleistete Arbeit

$$A = p \cdot v \,.$$

Wird andererseits der osmotische Druck einer Lösung isotherm
von p_1 auf den größeren Druck p_2 gebracht (durch Volumenverringerung),
so ist die unter molaren Bedingungen aufzubringende Arbeit

$$A = RT \ln \frac{p_2}{p_1} \qquad \text{bzw.} \qquad A = -RT \ln \frac{v_2}{v_1} \,^{1)}$$

oder auch, da die osmotischen Drucke den Konzentrationen proportional
sind,

$$A = RT \ln \frac{c_2}{c_1} \,.$$

Diese Gleichungen stellen also auch die *maximale osmotische Arbeit*
dar, die unter bestimmten Bedingungen geleistet wird.

Es ist nun NERNST gelungen, diese osmotische Arbeit in Beziehung
zu elektrischen Arbeitsgrößen zu setzen. Dabei gelten folgende Vorstellungen. Eine Flüssigkeit hat die Tendenz zu verdampfen. Das
geschieht so lange, bis der Dampfdruck des entstehenden Dampfes
gleich der Dampfspannung der Flüssigkeit ist. Ebenso hat eine feste
Substanz, z. B. Zucker, die Tendenz, in Lösung zu gehen, wenn sie
mit einer Flüssigkeit in Berührung kommt. In diesem Falle tritt *dann*
ein Gleichgewicht ein, wenn der osmotische Druck gleich dem angenommenen Lösungsdruck des Stoffes ist. Ein ähnlicher Lösungsdruck
besteht nach NERNST bei Metallen, die in eine Flüssigkeit, z. B.
Wasser, eintauchen. Während aber eine Flüssigkeit in den Gasraum
und ein Nicht-Elektrolyt in eine Flüssigkeit *Moleküle* senden, werden
von einem Metall elektrisch geladene Atome, also *Ionen* in Lösung
geschickt. Diese Ionen tragen als sog. Kationen eine *positive* Ladung;
sie entfernen bei ihrer Loslösung diese positive Ladung von dem
Metall und teilen sie der Flüssigkeit mit. Das Metall ist daher *der
Lösung gegenüber negativ* aufgeladen.

$^{1)}$ Zum Verständnis des negativen Vorzeichens sei an folgendes erinnert:

$$p_2 \cdot v_2 = k \,,$$
$$p_1 \cdot v_1 = k \,,$$

also

$$p_2 \cdot v_2 = p_1 \cdot v_1 \,,$$

folglich

$$\frac{p_2}{p_1} = \frac{v_1}{v_2} \,.$$

$$\ln p_2 - \ln p_1 = \ln v_1 - \ln v_2$$
$$= -(\ln v_2 - \ln v_1) \,,$$

$$\ln \frac{p_2}{p_1} = -\ln \frac{v_2}{v_1} \,.$$

9. Die elektrolytische Lösungstension. Bei dem Vorgang der Ionenentsendung kommt es nun ebenfalls zu einem Gleichgewicht, das aber vorwiegend von den elektrostatischen Kräften bedingt wird. Da diese ungeheuer groß sind und die Entfernung der positiven Kationen von dem negativen Metall zu hindern suchen, tritt dieser Gleichgewichtszustand schon sehr früh ein. Die in Lösung gegangenen Ionenmengen lassen sich daher analytisch häufig gar nicht nachweisen. Aber auch in diesem Falle verursachen sie wegen ihrer großen Ladung eine meßbare Potentialdifferenz zwischen Metall und Lösung. Die Kraft, mit der ein Metall seine Ionen in Lösung sendet, nennt man nach NERNST „elektrolytische Lösungstension". Sie ist eine Konstante, die nur von der Natur des Metalles abhängt und gewöhnlich mit P bezeichnet wird. Die Menge der in Lösung gehenden oder zur Lösung drängenden Ionen eines Metalles hängt zunächst also von P ab. Sie hängt aber außerdem auch von der Zahl oder dem osmotischen Druck p von den *bereits in Lösung befindlichen Ionen* desselben Metalles ab.

Taucht man ein Metall nicht in Wasser, sondern in eine Lösung eines Salzes desselben Metalles[1]), so wird die Ionenentsendung und die endgültige Einstellung des Gleichgewichts von der Konzentration bzw. Aktivität der schon in der Lösung vorhandenen Ionen abhängen. Bei dieser Beeinflussung der Einstellung des Gleichgewichts lassen sich drei Fälle unterscheiden:

Die Kationenkonzentration der Lösung ist ursprünglich so klein, daß der Lösungsdruck des Metalles überwiegt und von dem Metall Ionen in Lösung gesandt werden. Das Metall nimmt daher eine *negative* Ladung an (Fall I). Das Gleichgewicht hat sich in der Richtung

$$\text{Metallionen} \to \text{Lösungsionen}$$

sehr weit nach rechts eingestellt, d. h. es sind Metallionen zu Lösungsionen geworden.

Oder die Kationenkonzentration der Lösung ist gerade so groß, daß sie den Lösungsdruck des Metalls ausgleicht und infolgedessen von dem Metall keine Ionen in Lösung gebracht werden können. Das Metall nimmt dann gegenüber der Lösung *keine* Ladung an (Fall II).

Ist die Kationenkonzentration der ursprünglichen Salzlösung noch größer als in Fall II, so werden sich umgekehrt Kationen auf dem Metall niederschlagen[2]) und dadurch *dem Metall* eine *positive* Ladung mitteilen (Fall III). Das Gleichgewicht ist ganz nach links verschoben, also

$$\text{Metallion} \gets \text{Lösungsion}[3]).$$

Hieraus können wir schon ersehen, daß die *Potentialdifferenz zwischen Metall und Lösung* für uns ein *Maßstab* dafür sein kann, *wieviel von*

---

[1]) Z. B. einen Silberstab in eine Lösung von Silbernitrat.

[2]) Oder es wird die „Tendenz" dazu bestehen.

[3]) Ionen der Lösung oder Ladungen der Lösungsionen sind jetzt am Metall.

den bestimmten Ionen des Elektrodenmetalls schon in Lösung sind. Die
rechnerische Beziehung zwischen dieser Potentialdifferenz und der Konzentration[1]) an gleichsinnigen Ionen in der Flüssigkeit ist seit der Aufstellung der NERNSTschen Gleichung eine so feste, daß es leicht gelingt,
aus den gemessenen Potentialdifferenzen die in der Lösung vorhandenen Ionenmengen anzugeben.

Lassen wir ein elektrochemisches Grammäquivalent, das die Ladung
$1\,F$ trägt, bei einer Potentialdifferenz von E zwischen dem Metall
und der Lösung von dem Metall aus in Lösung gehen, so ist hierzu die
Arbeit $A = E \cdot F$ nötig. (Siehe hierzu die Bemerkung auf S. 86ff. über
elektrische Größen.) Da F für ein Ionen-Äquivalent nach der Definition $= 1$ ist, können wir auch die Arbeit $A = E$ setzen.

Der osmotische Druck der bereits in Lösung befindlichen Metallionen, der, wie wir oben sahen, das Potential E wesentlich beeinflußt,
soll hierbei p betragen. Erhöhen wir nun den osmotischen Druck von
p auf $p + dp$, so wird eine größere Arbeit nötig sein, um ein Grammäquivalent in Lösung zu bringen, da ja E zu $E + dE$ geworden ist.
Die Arbeit wird $A + dA$ sein oder $(E + dE) \cdot F$. Die Zusatzarbeit dA
läßt sich nun mit Hilfe der Gesetze über die maximale Arbeit berechnen.
Sie muß gleich der Arbeit sein, die gewonnen wird, wenn wir ein Grammäquivalent mit dem osmotischen Druck $p + dp$ in einer Lösung mit
dem Volumen v isotherm auf den osmotischen Druck p bringen. Diese
Herabsetzung des osmotischen Druckes geschieht durch Vergrößerung
des Volumens von v auf $v + dv$.

Die Zusatzarbeit dA ist dann gleich dem Differential $p \cdot dv$, das
wir schon kennen, nämlich

$$p \cdot dv = R\,T \frac{d\,v}{v},$$

und da

$$p \cdot dv = -\,v\,dp \quad {}^2)$$

ist, ist auch

$$p \cdot dv = -\,R\,T \frac{d\,p}{p}.$$

Durch Integration dieses Differentials erhält man also

$$A = E \cdot F = -\,R \cdot T \ln p + C$$

und

$$E = -\,\frac{R\,T}{F} \ln p + C.$$

Man kann für die Konstante C einen anderen Ausdruck wählen,
z. B. den Logarithmus einer anderen Konstanten P, multipliziert mit

---

[1]) Wir erinnern uns daran, daß wir die „Aktivitäten" messen.

[2]) $p \cdot v = k$. Durch Logarithmieren folgt hieraus: $\ln p + \ln v = \ln k$ und
weiterhin durch Differentiation

$$\frac{d\,p}{p} + \frac{d\,v}{v} = 0 \qquad \text{oder} \qquad \frac{d\,v}{v} = -\,\frac{d\,p}{p}.$$

der Konstanten $\dfrac{RT}{F}$, also

$$C = \dfrac{RT}{F} \cdot \ln P \ ^1).$$

Dann ist

$$E = -\dfrac{RT}{F}\ln p + \dfrac{RT}{F}\ln P = \dfrac{RT}{F}(\ln P - \ln p) = \dfrac{RT}{F}\ln\dfrac{P}{p}$$

bzw. unter Berücksichtigung der Richtung Metall—Lösung

$$E = -RT\ln\dfrac{P}{p},$$

da das Metall gegenüber der Lösung *negativ* ist.

Ist das Ion mehrwertig, so kommt die Größe n hinzu, die die Wertigkeit ausdrückt, also

$$E = \dfrac{RT}{nF}\ln\dfrac{P}{p}.$$

Zwischen der Elektrode und der Lösung herrscht, wie wir sahen, keine Potentialdifferenz (s. oben Fall II), wenn der osmotische Druck p gerade gleich der Lösungstension ist, also weder Ionen in Lösung geschickt noch auf dem Metall niedergeschlagen werden. Für diesen Fall ist also $E = 0$. Die Gleichung zeigt uns, daß $E = 0$ wird, wenn $\dfrac{P}{p} = 1$ ist, P also gleich p ist. Somit sehen wir, daß die Konstante P den Wert der elektrolytischen Lösungstension des jeweiligen Elektrodenmetalles darstellt. Da die Gleichung zum Messen von Ionenkonzentrationen und nicht von osmotischen Drücken benutzt wird, schreibt man sie auch

$$E = \dfrac{RT}{nF}\ln\dfrac{C}{c},$$

in der dann C die elektrolytische Lösungstension bedeutet.

Somit haben wir auch die Herkunft und Bedeutung des Ausdruckes

$$\ln\dfrac{P}{p} \qquad \text{bzw.} \qquad \ln\dfrac{C}{c}$$

erklärt. Die vorangestellte Gleichung für E ist uns nunmehr in allen Einzelheiten verständlich.

Will man E *in Volt* ausdrücken, so muß man für $\dfrac{R}{F}$ den von Nernst angegebenen Wert einführen und dann zur Umrechnung von den Briggsschen Logarithmen durch 0,4343 dividieren.

Dann ist

$$E = 0{,}000\,198\,3 \cdot T \log\dfrac{C}{c}\,\text{Volt}\,^2)$$

oder

$$E = 1{,}983 \cdot 10^{-4} \cdot T \log\dfrac{C}{c}\,\text{Volt}.$$

---

[1]) Diesen Ausdruck wählt man natürlich nur aus rechnerischen Gründen.

[2]) $\dfrac{8{,}3155}{96\,540 \cdot 0{,}4343} = 0{,}0001983$;

$1{,}983 \cdot 10^{-4} \cdot T = \dfrac{\vartheta}{1000}$ und $1{,}983 \cdot 10^{-1} \cdot T = \vartheta$ (siehe die Werte für ϑ im Anhang).

E steigt also an, wenn *c abnimmt* und umgekehrt. Da aber E in logarithmischer Abhängigkeit von c steht, bedeuten *große* Veränderungen von c nur *kleine* Veränderungen von E. Bei Zimmertemperatur ($T = 293°$) ändert sich die Potentialdifferenz Metall/Lösung nur um 0,058 Volt, wenn die Konzentration c der einwertigen Metallionen sich um eine ganze Zehnerpotenz verschiebt[1]). Bei n-wertigen Ionen ist die Änderung nur $\frac{0,058}{n}$ Volt. In einer Kette, deren Potentialdifferenz von den Wasserstoffionen bestimmt wird, entspricht 1 p_H Einheit ca. 58 Millivolt.

10. Über Einzelpotentiale. Die Potentialdifferenz E ist ein sog. Einzelpotential, dessen Sitz in die *elektrische Doppelschicht* an der Grenze Metall—Lösung verlegt wird. *Eine direkte Messung eines Einzelpotentiales* ist *nicht möglich;* es gibt keine Apparaturen, die die Potentialdifferenz einer elektrischen Doppelschicht zu messen gestatten.

Hingegen ist es sehr leicht möglich, *aus zwei Einzelpotentialen ein Element zusammenzustellen* und die *Spannungsdifferenz dieses Elementes zu messen*.

Als Messungsergebnis erhält man die *Differenz zweier Einzelpotentiale*, also z. B. $E_1 - E_2$. Diese relativen Werte werden dadurch zu absoluten Werten, daß E_2 experimentell $= 0$ gemacht wird. Das geschieht derart, daß für E_2 ein Halbelement ausgewählt wird, dessen Einzelpotential $= 0$ ist. Ein solches Halbelement wird mit Hilfe der *Quecksilbertropfelektrode* hergestellt, die also als sog. *Nullelektrode* wirkt. Die Elektrode ist so angeordnet, daß Quecksilber durch eine feine Spitze aus einem Vorratsgefäß in eine Lösung tropft. Nach HELMHOLTZ kann unter diesen Bedingungen zwischen dem metallischen Quecksilber in dem Vorratsgefäß und dem Elektrolyten in der Lösung keine Potentialdifferenz bestehen. Zeigt nun das Quecksilber dieser Nullelektrode gegenüber der beliebigen zu messenden Metallelektrode einen bestimmten Wert, so ist dieser Wert der *absolute* Wert des zu untersuchenden Einzelpotentiales. Ist dieser Wert $= E_1$ Volt, so lassen sich nun auch ohne die erneute Benutzung einer Nullelektrode[2]) allein durch ihn absolute Zahlen für andere Einzelpotentiale messen und errechnen.

Soll z. B. ohne Anwendung einer Nullelektrode das absolute Potential von E_x bestimmt werden, so wird die Potentialdifferenz $E_x - E_1$ gemessen und zu der gefundenen Zahl der absolute Wert von E_1 hinzuaddiert. Es hat aber keine große Bedeutung, die *absoluten* Werte der Einzelpotentiale

---

[1]) $1{,}983 \cdot 10^{-4} \cdot 293 \cdot \log \frac{1}{10}$ Volt $= 0{,}058$ Volt;

$$E_1 = 1{,}983 \cdot 10^{-4} \cdot 293 \cdot \log \frac{C}{0{,}1},$$

$$E_2 = 1{,}983 \cdot 10^{-4} \cdot 293 \cdot \log \frac{C}{0{,}01},$$

$$E_1 - E_2 = 1{,}983 \cdot 10^{-4} \cdot 293 \left[\log \frac{0{,}01}{0{,}1}\right].$$

[2]) Die Bedienung einer Nullelektrode ist etwas schwierig.

zu kennen. Daher werden in der Praxis auch immer nur *relative* Potentiale gemessen. E_1 ist dann ein festes Bezugspotential, dessen Differenzen zu E_{x_1}, E_{x_2}, E_{x_3} festgestellt werden. Setzt man E_1 ein für allemal willkürlich gleich Null, so läßt sich die Potentialdifferenz $E_{x_1} - E_1$ als *das Potential* von E_{x_1}, die Differenz von $E_{x_2} - E_1$ als *das Potential* von E_{x_2} betrachten usw. Die gemessenen Potentiale sind zwar keine absoluten Potentiale, aber wegen der Messung gegen dieselbe Bezugselektrode untereinander vergleichbar und für die meisten Berechnungen als Unterlagen zu verwenden. Mit Hilfe von derartigen Messungen lassen sich z. B. auch einige Vergleichswerte für die Konstanten C, die sog. elektrolytischen Lösungstensionen, finden.

11. Berechnungen der Konstante C. In der Gleichung

$$E = 1{,}983 \cdot 10^{-4}\, T \log \frac{C}{c}$$

ist zunächst E, C und c unbekannt. c läßt sich dadurch auf einen bestimmten Wert bringen, daß das Elektrodenmetall in eine Lösung mit einer *bekannten* Ionenkonzentration, z. B. von der Normalität 1, eingetaucht wird.

E wird durch die elektrische Messung festgestellt.

Berechnet man dann aus diesen Werten C, so findet man, daß die elektrolytischen Lösungstensionen für die Metalle untereinander ungeheuer verschieden sind.

Beträgt sie z. B. bei *Zink* gegenüber einer normalen Zinklösung 10^{19} Atmosphären, so ist unter denselben Bedingungen der Wert für *Quecksilber* 10^{-18} Atmosphären.

Eine Vorstellung von der Verschiedenheit der elektrolytischen Lösungstensionen erhält man auch ohne Ausrechnung von C schon dadurch, daß man die Metalle in normale Lösungen ihrer Ionen eintaucht, sie dann sämtlich gegen ein und dieselbe Bezugselektrode mißt, z. B. gegen die $^n/_1$-Wasserstoffelektrode, und die Potentiale miteinander vergleicht. Es lassen sich dann z. B. folgende Zahlen gewinnen:

$$
\begin{array}{lll}
\text{Zn} & -0{,}770 \text{ Volt,} & \\
\text{Pb} & -0{,}151 & \text{,,} \\
\text{Hg} & +0{,}753 & \text{,,} \qquad \text{H}_2 \pm 0{,}0 \text{ Volt} \\
\text{Ag} & +0{,}771 & \text{,,} \\
\text{Pt} & +0{,}863 & \text{,,}
\end{array}
$$

Das Elektrodenmetall der Bezugselektrode besteht aus einem Platinstab, der mit gasförmigem Wasserstoff beschickt wird. In der Wasserstoffgasatmosphäre belädt sich das Platin mit gasförmigem Wasserstoff und wird dadurch zur *Wasserstoffelektrode*, d. h. es verhält sich in einer Lösung wie ein *metallischer Wasserstoffstab*. Wird nun ein so vorbehandeltes Platin in eine *normale* Wasserstoffionenlösung eingestellt, also in eine Lösung, die in einem Liter 1 Grammäquivalent H-Ionen enthält, so hat man eine „*normale Wasserstoffelektrode*" vor sich[1]).

Dieser Wert ist bei den obigen Messungen willkürlich gleich Null gesetzt worden. Also kommt zwischen Pb und Hg in der obigen Reihe noch: $H_2 \pm 0$.

Von Zink über Wasserstoff zum Platin werden die Metallelektroden, wie wir sehen, immer *positiver*, immer *edler*. Demgemäß ist die elektrolytische Lösungstension beim Zink am größten, beim Platin am geringsten.

Für die Größe und Eigenart von C haben wir nun genügend Anhaltspunkte. Es soll aber nicht verschwiegen werden, daß den Zahlen für C kaum eine greifbare physikalische Bedeutung zukommt. Von verschiedenen Seiten ist schon auf die geringe Anschaulichkeit der ungeheuer großen oder ungeheuer kleinen Zahlen hingewiesen worden, die man bei der Berechnung der Werte von C erhält. Wir kommen weiter unten noch einmal auf diese Frage zurück.

12. Das Normalpotential. Die Gleichung

$$E = 1{,}985 \cdot 10^{-4} \cdot T \log \frac{C}{c}$$

entstand aus der folgenden:

$$E = 1{,}985 \cdot 10^{-4} \cdot T \log C - 1{,}985 \cdot 10^{-4} \cdot T \log c$$

oder auch:

$$(-)E = -1{,}985 \cdot 10^{-4} \cdot T \log C + 1{,}985 \cdot 10^{-4} \cdot T \log c \, .$$

(Das Metall ist gegenüber der Lösung negativ; man bezeichnet meistens, wie wir schon auf Seite 67 hörten, die Potentialdifferenz in der Richtung: Metall bis Lösung; so ist das negative Vorzeichen von E zu verstehen.) Ist die Ionenkonzentration c der Lösung gleich 1, so wird der zweite Ausdruck

$$1{,}985 \cdot 10^{-4} \cdot T \log c = 0 \, .$$

Dann ist

$$(-)E = -1{,}985 \cdot 10^{-4} \cdot T \log C \, ,$$
$$(+)E = +1{,}985 \cdot 10^{-4} \cdot T \log C \, ,$$

also bei bestimmter Temperatur eine *Konstante*, die mit E bezeichnet wird. E ist also das Potential zwischen Metall und einer ganz be-

---

[1]) Wie wir später hören werden, ist eine molare, also doppelt normale Schwefelsäure hierzu geeignet. Eine normale Salzsäurelösung, die bei der Annahme vollständiger Dissoziation 1 Grammäquivalent H-Ionen enthält, ist nicht als normale Wasserstoffelektrode zu gebrauchen, da die Konzentration der „aktiven" H-Ionen geringer als einfach normal ist. Es kommt also, worauf schon im ersten Abschnitt hingewiesen ist, nicht auf die Konzentration der H-Ionen, sondern auf die Konzentration der „aktiven" H-Ionen an. In diesem Sinne ist hier immer „*Konzentration*" zu verstehen. Es sei aber nochmals darauf hingewiesen, daß es bisher noch nicht möglich ist, eine Lösung herzustellen, deren H-Ionenaktivität genauestens $= 1$ normal ist.

stimmten Flüssigkeit, und zwar einer Lösung, in der die Metallionenkonzentration gerade gleich 1 ist. Dieses Potential nennt man das *Normalpotential*.

In der „normalen Wasserstoffelektrode" haben wir bereits eine sog. „*Bezugselektrode*" kennengelernt. Wir sahen, daß sie als Halbelement zu *relativen* Potentialmessungen Verwendung finden kann, und wir lernen jetzt noch hinzu, daß ihr Einzelpotential, also ihr *absoluter Potentialwert*, gegenüber der Nullelektrode 0,276 Volt beträgt. Will man also die absoluten Potentialwerte errechnen, nachdem man die Potentialdifferenzen von solchen Elementen gemessen hat, in denen das eine Halbelement von der Normalwasserstoffelektrode gebildet wird, so muß man zu der gemessenen Zahl stets

$$0,276 \text{ Volt}$$

hinzuaddieren.

Die Benutzung der Normalwasserstoffelektrode zu Potentialmessungen hat, wie wir später sehen werden, *rechnerische* Vorteile. Andererseits ist sie kaum als ständige Bezugselektrode im Gebrauch, weil sie außer zu anderen Schwierigkeiten auch leicht Veranlassung zu einer besonderen Art von Potentialbildung geben kann.

Es kommt nämlich noch zu der bisher besprochenen Potentialdifferenz an der Berührungsstelle Metall—Lösung nicht selten eine *zweite Potentialdifferenz* hinzu. Diese zweite Potentialdifferenz tritt immer dann auf, wenn *zwei verschieden konzentrierte* Lösungen *derselben* Ionenart oder zwei Lösungen aus *verschiedenen* Ionen direkt aneinander grenzen. Diese Potentialdifferenz nennt man ein *Diffusionspotential*.

13. Das Diffusionspotential. Maßgebend für die Größe eines Diffusionspotentiales sind die *Differenzen der Wanderungsgeschwindigkeiten* der einzelnen Ionenarten. Wenn auch die Beträge dieser Potentialdifferenzen erheblich hinter den Potentialen an der Grenze Metall—Lösung, also hinter den Elektrodenpotentialen zurückstehen, so muß man ihnen doch Beachtung schenken. Die Beträge für diese Diffusionspotentiale lassen sich bei besonderen Aufgaben leicht in Rechnung stellen. In der gewöhnlichen Meßpraxis aber werden durch geeignete Kunstgriffe ihre Werte meistens so niedrig gehalten, daß sie ohne weiteres zu vernachlässigen sind. Man spricht dann von der „*Vernichtung*" der Diffusionspotentiale. Einzelheiten über diese Vernichtung werden wir gleich kennenlernen.

Wegen des Diffusionspotentiales, wie wir hörten, aber auch aus anderen Gründen arbeitet man in der Meßpraxis nicht mit der Normalwasserstoffelektrode oder überhaupt mit Wasserstoffbezugselektroden, sondern mit anderen Halbelementen. Die für die Praxis geeigneten Bezugselektroden müssen vor allem die Bedingungen der guten Reproduzierbarkeit und der großen Konstanz erfüllen. Es soll hier schon vorweggenommen werden, daß diesen Anforderungen besonders die sog. „*Kalomelelektroden*" genügen.

Die *Berechnung des Diffusionspotentials* kann unter bestimmten Bedingungen nach der Gleichung für die Potentialdifferenz an der Berührungsstelle zweier Lösungen von derselben Elektrolytart geschehen. Der Elektrolyt besteht z. B. aus einwertigen Ionen, die die Konzentration η_1 und η_2 besitzen. Es ist dann

$$P_1 - P_2 = \frac{u - v}{u + v} RT \ln \frac{\eta_2}{\eta_1},$$

Wanderungsgeschwindigkeit für das Kation u ,

„ „ „ Anion v .

Das eine Ion strebt dem anderen vorauszueilen, es kann sich aber wegen der elektrostatischen Anziehung nicht wesentlich entfernen. Diese elektrische Anziehung ist als Grund für das Auftreten der Potentialdifferenz anzusehen.

Wenn z. B. HCl gegen Wasser geschaltet ist, so werden die Wasserstoffionen und die Chlorionen von Orten höheren Druckes zu denen niederen Druckes wandern.

Die schneller wandernden Wasserstoffionen werden voranzueilen suchen, sich aber wegen der elektrostatischen Anziehung von den Chlorionen nicht wesentlich entfernen können. Die *verdünnte* Lösung erhält in diesem Falle gegenüber der konzentrierten eine positive Ladung, die von den positiven Wasserstoffionen herrührt. Eilen *negative* Ionen schneller, so erhält die verdünnte Lösung die *negative* Ladung.

Der verdünnten Lösung wird also der Ladungssinn des schneller wandernden Ions mitgeteilt.

Die Größen dieser Potentialdifferenzen sind, wie schon erwähnt, gering, sie betragen hundertstel bis tausendstel Volt. Bei genaueren Messungen müssen diese Potentialdifferenzen stets berücksichtigt oder durch besondere Maßnahmen sorgfältig vernichtet werden.

Die allgemeinen Prinzipien bei der *Vernichtung von Diffusionspotentialen* sind folgende:

Entweder man setzt zu den aneinandergrenzenden Lösungen einen indifferenten Elektrolyten in genügender Menge hinzu. Dieser übernimmt dann fast allein die Stromleitung, und die übrigen Ionen wandern nur zum kleinen Teil[1]).

Oder man schaltet zwischen die Lösungen eine *gesättigte*[2]) *Kaliumchloridlösung*, deren Ionen (K˙ und Cl′) fast dieselbe Ionenbeweglichkeit besitzen.

---

[1]) Gewöhnlich bei der Messung von starken Säuren oder Laugen in Anwendung. Bei der Frage der Genauigkeit derartiger Messungen ist daran zu denken, daß der Salzzusatz die Aktivität der zu messenden Ionen beeinflußt.

[2]) Eine gesättigte KCl-Lösung ist etwas über 4fach normal.

In der Meßpraxis wird sehr viel von dieser zweiten Anordnung Gebrauch gemacht.

BJERRUM[1]) hat eine sehr gute Methode angegeben, mit deren Hilfe es möglich ist, etwaige Fehler, die von Diffusionspotentialen herrühren, zu erkennen und zu eliminieren. Er mißt die E.M.K. der Kette einmal unter Zwischenschaltung einer 1,75 mol KCl-Lösung, ein zweites Mal mit 3,5 mol KCl-Lösung. Der Unterschied der Potentiale bei diesen beiden Messungen wird zu dem Werte hinzugefügt, der bei der zweiten Messung erhalten wurde. Der wirkliche Wert wird also durch Extrapolation gefunden.

14. Die Konzentrationsketten. Die Messung der Potentialdifferenz zweier Halbelemente aus verschiedenem Metall hat die Kenntnis oder die willkürliche Festlegung des einen Einzelpotentials zur Voraussetzung. Die Potentialdifferenz des Elements ist, wie wir sahen, die Differenz der beiden Einzelpotentiale, also

$$E = E_1 - E_2 = \frac{R\,T}{n \cdot F} \ln \frac{C_1}{c_1} - \frac{R\,T}{n \cdot F} \ln \frac{C_2}{c_2}\,.$$

Bilden wir nun zwei Halbelemente aus *derselben* Metallart, so ist die Elektrodenkonstante in den beiden Halbelementen dieselbe, es ist also $C_1 = C_2$. Die Potentialdifferenz dieser Halbelemente ist dann *nur noch* auf die *Verschiedenheiten der Ionenkonzentrationen* in den Elektrodenflüssigkeiten und nicht mehr auf die der elektrolytischen Lösungstension zurückzuführen. Daher heißen diese Ketten „*Konzentrationsketten*".

Taucht z. B. ein Silberstab in eine $^n/_1$-Silbernitratlösung und ein zweiter in eine $^n/_{10}$-Silbernitratlösung, so läßt sich aus diesen beiden Halbelementen eine Konzentrationskette herstellen.

Innerhalb einer solchen Kette fließt der Strom von der verdünnten zur konzentrierten Lösung; außerhalb also umgekehrt.

Die Spannung der Kette, also die Potentialdifferenz des Elementes, läßt sich aus den Einzelpotentialen zusammenstellen.

Das Einzelpotential der $^n/_1$-AgNO$_3$-Lösung ist:

$$E_1 = 0{,}0001983\ T \log \frac{C}{c_1}\,,$$

das Einzelpotential der $^n/_{10}$-AgNO$_3$-Lösung ist:

$$E_2 = 0{,}0001983\ T \log \frac{C}{c_2}\,.$$

Das Diffusionspotential ist

$$\frac{u - v}{u + v} \cdot 0{,}0001983 \cdot \log \frac{c_2}{c_1}\,.$$

Dann ist

$$E = 0{,}0001983 \cdot T\left(\log \frac{C}{c_1} - \log \frac{C}{c_2}\right) - \frac{u - v}{u + v} \cdot 0{,}0001983 \log \frac{c_2}{c_1}$$

---

[1]) BJERRUM, N.: Zeitschr. f. physikal. Chem. Bd. 53. 1905.

oder
$$E = 0{,}001983 \cdot T \log \frac{c_2}{c_1} - \frac{u - v}{u + v} \cdot 0{,}0001983 \log \frac{c_2}{c_1}$$

oder

$$E = 0{,}0001983 \cdot T \log \frac{c_2}{c_1}\left(1 - \frac{u - v}{u + v}\right) = 0{,}0001983 \cdot T \log \frac{c_2}{c_1} \cdot \frac{2v}{u + v}.$$

Läßt sich das Diffusionspotential vernachlässigen — in der Praxis ist das zumeist möglich —, so erhält man schließlich

$$E = 0{,}0001983 \cdot T \log \frac{c_2}{c_1}.$$

Die elektromotorische Kraft dieser Kette ist also nur von dem Verhältnis der Ionenkonzentrationen und von der Temperatur abhängig, nicht aber von der Natur der Ionen. Die Elektrodenkonstante fehlt in dieser Gleichung. Dieselbe Gleichung gilt demnach auch für eine Konzentrationskette, in der nicht Silberionen, sondern Wasserstoffionen in verschiedenen Konzentrationen vorhanden sind. Als Elektrodenmetall dient dann, wie wir schon wissen, hauptsächlich Platin, das mit gasförmigem Wasserstoff beladen ist. Dieses mit Wasserstoffgas beladene Platin vertritt den metallischen Wasserstoff und bildet also den metallischen Anteil der Wasserstoffelektrode. Die Gleichung:

$$E = 0{,}0001983 \cdot T \log \frac{c_2}{c_1}$$

ist dann die eigentliche Ausgangsformel für die *Messungen der Wasserstoffionenkonzentrationen*.

Wenn von den beiden Wasserstoffionenkonzentrationen, c_2 und c_1, die eine, z. B. c_2, bekannt ist, so läßt sich die andere nach Messung von E durch Rechnung finden.

Wählt man die Wasserstoffionenkonzentration für c_2 gerade gleich 1, so wird die Gleichung besonders einfach.

15. Die Wasserstoffelektrode. Das eine Halbelement muß zu diesem Zweck eine *normale Wasserstoffelektrode* sein, die wir schon früher kennengelernt haben. Aus folgendem zeigt sich dann die ebenfalls schon früher angedeutete rechnerische Erleichterung bei der Benutzung der Normalwasserstoffelektrode.

Die Gleichung lautet für den Fall, daß $c_2 = 1$ ist:

$$E = 0{,}0001983 \; T \log \frac{1}{c_1},$$

$$[E = 0{,}0001983 \; T \log 1 - 0{,}0001983 \; T \log c_1]$$

$$E = -0{,}0001983 \; T \log c_1$$

$$-\log c_1 = \frac{E}{0{,}0001983 \cdot T}.$$

Unter c_1 verstehen wir die Konzentration der H-Ionen in der unbekannten Lösung, also die [H'], die Wasserstoffzahl.

Daher

$$-\log [\text{H}^\cdot] = \frac{E}{0,0001983 \cdot T},$$

$-\log [\text{H}^\cdot]$ ist der p_H, also

$$p_\text{H} = \frac{E}{0,0001983 \cdot T}.$$

Die in einer derartigen Wasserstoffkette gemessene Spannungsdifferenz E wird also nur durch eine von der Temperatur abhängige Konstante dividiert. Das Ergebnis ist dann bereits der gesuchte p_H der unbekannten Lösung. E ist, um es nochmals zu sagen, die Potentialdifferenz eines Elementes, der sog. Wasserstoffkonzentrationskette, in der das eine Halbelement die Normalwasserstoffelektrode, das andere Halbelement eine Wasserstoffelektrode mit der Untersuchungslösung ist.

16. Abhängigkeit des Potentials der Wasserstoffelektrode vom Partialdruck des Wasserstoffgases. Gehen wir noch einmal zu der Potentialgleichung für Konzentrationsketten zurück. Sie lautet:

$$E = \frac{RT}{F} \ln \frac{c_2}{c_1}.$$

Wir erinnern uns, daß diese Gleichung durch Zusammenziehung zweier Einzelpotentiale entstanden ist, von denen das eine lautete:

$$E = \frac{RT}{F} \ln \frac{C}{c_1}.$$

Die Konstante C, die elektrolytische Lösungstension, steht zu dem Lösungsdruck der Ionen innerhalb des Elektrodenmetalles in funktioneller Beziehung.

Bei den Metallelektroden ist C eine wirkliche Konstante, die nur von der Temperatur abhängt.

Bei der Wasserstoffelektrode hingegen ist der Wert C eine Funktion des *Wasserstoffdruckes*.

Das Platinmetall (auch Gold und Palladium) wird, wie wir sahen, erst durch Aufnahme von Wasserstoffgas zur Wasserstoffelektrode. Die Menge des *absorbierten* Wasserstoffes ist dem *Druck* des der Platinelektrode angebotenen Wasserstoffgases proportional. Sie wird beim Ansteigen des Druckes wachsen und umgekehrt beim Fallen des Druckes absinken. Da nun andererseits die *Wasserstoffionen*konzentration in der Platinelektrode der *Wasserstoff*menge proportional ist, die von dem Platin absorbiert ist, so steht auch die *Ionenkonzentration* in dem Elektrodenmetall zu dem *Partialdruck* des Wasserstoffgases in fester Beziehung. Die Konzentration der Wasserstoffionen in der Elektrode hängt von dem Wasserstoffdruck P in folgender Weise ab:

Der Vorgang der Ionisierung von H_2 wird durch die Gleichung ausgedrückt:

$$\text{H}_2 \rightleftarrows \text{H}^\cdot + \text{H}^\cdot.$$

H_2 ist der gelöste, nicht dissoziierte Wasserstoffanteil innerhalb der Platinelektrode. Die H-Ionen sind ebenfalls *in* dem Elektrodenmetall. Ist Gleichgewicht eingetreten, so ist nach dem Massenwirkungsgesetz die Konzentration der nicht ionisierten Anteile dividiert durch das Produkt aus den Konzentrationen der ionisierten Anteile konstant.

Also:

$$\frac{[H_2]}{[H^{\cdot}] \cdot [H^{\cdot}]} = k_1 \,,$$

$$\frac{[H_2]}{[H^{\cdot}]^2} = k_1 \,.$$

Die gelöste H_2-Menge ist nun dem Partialdruck proportional; es ist also auch

$$\frac{P}{[H^{\cdot}]^2} = k_2$$

oder

$$[H^{\cdot}] = k_3 \sqrt{P} \,.$$

C_1 stellt den Ionendruck im Metall dar, also

$$[H^{\cdot}] = C_1 \,,$$

$$\frac{C_1}{k_3} = \sqrt{P} \,,$$

$$C = \sqrt{P} \,. \; {}^{1})$$

Das Elektrodenpotential an der Wasserstoffelektrode ist nach der ursprünglichen Gleichung:

$$E = \frac{RT}{F} \ln \frac{C}{c_1} \,.$$

c_1, die H-Ionenzahl im Elektrolyten, kann beliebig gewählt werden. Wird $c_1 = 1$ gesetzt, also eine Normalwasserstoffelektrode genommen, so ist, wie wir schon wissen,

$$E = RT(\ln C - \ln c_1)$$

$$= RT \ln C \,.$$

C, die Elektrodenkonstante, steht, wie wir eben sahen, bei der Wasserstoffelektrode in Abhängigkeit von P, dem Partialdruck des Wasserstoffgases, und zwar ist $C = \sqrt{P}$.

Man erhält also für das Elektrodenpotential

$$E = RT \ln \sqrt{P} \,.$$

---

[1]) Für die Abhängigkeit der Lösungstension P vom Gasdruck T entwickelt Bose (Zeitschr. f. physikal. Chem. Bd. 34, S. 734. 1900) die Formel:

$$P = k \cdot \sqrt[v]{p}$$

oder in Worten: die Lösungstension eines v-atomigen Gases ist proportional der v-ten Wurzel aus dem Gasdruck. (Zitiert nach Schmid, Die Diffusionselektrode, s. Seite 184 u. 197.)

Für jede andere [H'] lautet die Gleichung:

$$E = RT \ln \sqrt{P} - RT \ln [\text{H}'],$$

also

$$E = RT \ln \frac{\sqrt{P}}{[\text{H}']} \, {}^{1)}.$$

Diese Gleichung zeigt uns *die Abhängigkeit des Elektrodenpotentials* einer Wasserstoffelektrode *vom Partialdruck des Wasserstoffgases*, das zum Beladen des Platins dient.

Wie wirken sich nun Änderungen des Wasserstoffpartialdruckes gegenüber den Werten von E aus?

Die uns schon bekannte Umrechnung ergibt

$$E = 0,000198 \cdot T \log \sqrt{P},$$

und für $18° = 291°$ absolut ist

$$E = 0,0577 \log \sqrt{P}.$$

Steigt der Druck auf das Zehnfache, so ändert sich also E um folgende Größe:

$$E = 0,0577 \log \sqrt{10} = 0,0577 \cdot 0,5 \ (\text{Volt}).$$

Beträgt der Partialdruck z. B. 2 Atm., so ist

$$E = 0,0577 \log \sqrt{2}.$$

Steigt er auf 20 Atm., so ist

$$E = 0,0577 \log \sqrt{2 \cdot 10}.$$

Dem Ansteigen des Partialdruckes von 2 auf 20 Atm. entspricht also ein Spannungszuwachs

$$E_z = 0,0577 \log \sqrt{10}$$
$$= \frac{0,0577}{2} \ \text{Volt}.$$

Bei der *Druckerhöhung auf das Zehnfache* nimmt das Potential *um 28,8 Millivolt (bei 18°)* zu.

Für die Herstellung einer *Wasserstoffelektrode* muß daher ein *Wasserstoffgas von bestimmtem Druck* genommen werden.

Am einfachsten ist es natürlich, mit dem Druck der Atmosphäre zu arbeiten, bezogen auf Meeresniveau. Die Schwankungen der Atmosphäre sind nicht allzu groß und überschreiten wohl kaum 30 bis 40 mm

---

[1]) Will man die Richtung vom negativen Metall zur positiven Lösung berücksichtigen, so schreibt man

$$E = -RT \ln \frac{\sqrt{P}}{[\text{H}']}.$$

Siehe Seite 70 u. 67.

Hg, das ist ungefähr $^1/_{20}$ Atm. Hieraus ist schon zu erkennen, daß die hierdurch bedingten Differenzen der Elektrodenpotentiale nur sehr gering sind.

17. Der Oxydations-Reduktionsvorgang an der Wasserstoffelektrode. Das Potential einer Wasserstoffelektrode

$$E = -\frac{RT}{F}\ln\frac{C}{c}$$

läßt sich auch, wie wir gleich sehen werden, durch einen Oxydations-Reduktionsvorgang ausdrücken.

Der in der Elektrode gelöste Wasserstoff H_2 erhält 2 positive Ladungen, um zu 2 H˙ zu werden. Das ist ein Vorgang, den man gewöhnlich als *Oxydation* bezeichnet. Der ursprüngliche Sprachgebrauch einer Oxydation, nämlich Zufuhr von O_2 oder Wegnahme von H_2, ist seit langem dahin erweitert, in einer Oxydation Zufuhr von *positiver* Ladung oder Wegnahme von *negativer* Ladung zu sehen. In gleicher Weise versteht man unter Reduktion nicht mehr Zufuhr von H_2 oder Wegnahme von O_2, sondern Zufuhr von negativen Ladungen oder Wegnahme von positiven Ladungen. *Hiernach wird also ganz allgemein ein Metall, das ionisiert wird, oxydiert.* Da wir einem Metall, das in Wasser taucht, die Eigenschaft zuschreiben, Ionen in Lösung zu schicken, also Metallatome mit einer positiven Ladung zu versehen, können wir den Elektrodenvorgang *auch als einen Oxydationsvorgang* auffassen. Es gibt nun aber keine Oxydation ohne gleichzeitige äquivalente Reduktion. Durch die Aufnahme von positiven Ladungen sind äquivalente negative entstanden. Waren die positiven Ladungen schon vorhanden, so haben sie den ursprünglichen Ort verlassen, der nunmehr eine Reduktionsstufe darstellt. Der Elektrodenvorgang an der Metallelektrode ist daher in weiterem Sinne ein *Oxydations-Reduktionsvorgang* und stellt nur einen Spezialfall aus den elektromotorisch wirksamen Oxydations-Reduktionssystemen dar.

18. Chemischer Umsatz und elektromotorische Betätigung. Jeder chemische Vorgang, bei dem Ladungen ausgetauscht werden, läßt sich durch folgende Gleichung darstellen:

$$nA + mB + \cdots r \cdot (+F) \leftrightarrows pD + qE + \cdots$$

Die Stoffe der linken Seite erhalten $r \cdot (F)$ positive Elektrizitätsmengen, $r \cdot 96540$ Coulomb, und werden in die der rechten Seite überführt. Bei dem umgekehrten Vorgang wird die positive Elektrizitätsmenge abgegeben. A, B, D und E sind die Stoffe in Molen vor und nach der Ladungsaufnahme bzw. Abgabe. n, m, p und q sind die Molarkoeffizienten.

Die linke Seite ist die niedrigere Oxydations- bzw. höhere Reduktionsstufe. Die rechte Seite die höhere Oxydations- bzw. niedrigere Reduktionsstufe. Die Differenz ist das r-fache Produkt der Elektrizitätsmengeneinheit.

Der allgemeine Ausdruck für die maximale Arbeit, die ein chemischer Vorgang leisten kann, wenn der Prozeß isotherm und reversibel geleitet wird, lautet:

$$A = RT \ln \frac{C_1^{n_1} \cdot C_2^{n_2} \cdots}{C_1'^{n_1'} \cdot C_2'^{n_2'} \cdots} - RT \ln \frac{c_1^{n_1} \cdot c_2^{n_2}}{c_1'^{n_1'} \cdot c_2'^{n_2'}}.$$

Der Bruch

$$\frac{c_1^{n_1} \cdot c_2^{n_2}}{c_1'^{n_1'} \cdot c_2'^{n_2'}}$$

ist eine Konstante K, die nur von der Temperatur, aber nicht von den reagierenden Massen abhängt, da die Konzentrationen c_1, c_2, c_1' und c_2' die Konzentrationen im Gleichgewichtszustand sind.

Daher ist

$$A = RT \ln \frac{C_1^{n_1} \cdot C_1^{n_2}}{C_1'^{n_1'} \cdot C_2'^{n_2'}} - RT \ln K.$$

Kommt es zu einem Elektronenaustausch, wird also dieser chemische Vorgang zu einem stromliefernden Prozeß, so läßt sich die Arbeit als $E \cdot F$ ausdrücken. Wenn $F = 1$ ist, erhalten wir, wie schon auf Seite 66 angegeben, wieder $A = E$, d. h. die Arbeit ist gleich der elektromotorischen Kraft E, die bei elektromotorischer Betätigung dieses chemischen Systems auftritt.

$$E = RT \ln \frac{C_1^{n_1} \cdot C_2^{n_2}}{C_1'^{n_1'} \cdot C_2'^{n_2'}} - RT \ln K.$$

Werden die Konzentrationen C_1 und C_2 und C_1' und $C_2' = 1$ gewählt, so wird einfach

$$E = -RT \ln K.$$

Dieses Potential ist wieder das sog. Normalpotential π_0 bzw. „elektrolytische Potential" des elektromotorischen Vorgangs, das wir schon auf Seite 70 kennengelernt haben.

Wollen wir die obenstehende Gleichung ebenfalls in dieser Arbeitsgleichung schreiben

$$nA + mB \cdots + r(+ F) \rightleftarrows pD + qE \ldots,$$

so erhalten wir für E

$$E = \pi_0 + RT \ln \frac{C_D^p \cdot C_E^q}{C_A^n \cdot C_B^m}.$$

Diese Gleichung erhält ein einfacheres Aussehen, wenn ein spezieller Fall behandelt wird; z. B. der Übergang von Ferriionen zu Ferroionen. Dann ist

$$E = \pi_0 + \frac{RT}{F} \ln \frac{\mathrm{Fe}^{\cdots}}{\mathrm{Fe}^{\cdot\cdot}}.$$

Im Zähler steht die höhere Oxydationsstufe, im Nenner die niedrigere.

Wenn wir nach diesem Schema die Gleichung für die Wasserstoff-elektrode schreiben[1]), so erhalten wir

$$E = \pi_0 + \frac{R \cdot T}{2F} \ln \frac{[H^{\cdot}]^2}{[H_2]} \, .$$

Wir kommen also auf diesem Wege zu einem neuen elektrochemischen Ausdruck für die Wasserstoffelektrode. Die Wasserstoffelektrode läßt sich gewissermaßen auch als Oxydations-Reduktionselektrode auffassen.

Die übrigen Metallelektroden sind ebenfalls als Oxydations-Reduktionselektroden aufzufassen, deren allgemeine Formel folgende ist:

$$E = \pi_0 + R T \ln \frac{[\text{Oxyd.}]}{[\text{Redukt.}]} \, .$$

19. Allgemeines zu den Oxydations-Reduktionssystemen. Die eigentlichen Oxydations-Reduktionselektroden haben aus verschiedenen Gründen größere Bedeutung. Für unsere Aufgabe spielen sie schon allein deshalb eine größere Rolle, weil eine neuere Methode zur Messung von H-Ionen sich einer Oxydations-Reduktionselektrode bedient. Es handelt sich um die *Chinhydronmethode.*

Bringen wir den Vorgang der Reduktion und Oxydation unter Beteiligung von Wasserstoffionen in ein Schema, so heißt dieses:

$$[H^{\cdot}] + \text{Reduktionsmittel} \leftrightarrows [H] + \text{Oxydationsmittel.}$$

Das Reduktionsmittel reduziert H-Ionen zu Wasserstoff. Dieser Wasserstoff wird gasförmig entweichen, wenn der Druck der Wasserstoffentwicklung ein genügend großer ist[2]). Ganz allgemein erkennen wir, daß die Größe dieser H_2-Entwicklung in direkter Beziehung zu der reduzierenden Wirkung des Reduktionsmittels steht. (Das gleiche gilt für die Sauerstoffentwicklung bei Oxydationen.)

Der entstehende Wasserstoff kann nun indifferente Elektroden (Platin, Gold und Palladium) beladen. Diese Elektroden werden daher in Reduktionsmitteln als Wasserstoffelektroden wirken.

Wenn aber der Druck der Wasserstoffentwicklung mit der reduzierenden Kraft proportional verläuft, so muß auch die Größe des Potentials der Elektrode von der Art der Reduktionsmittel abhängen, da wir ja von vorher wissen, daß

$$E = R T \ln \frac{\sqrt{P}}{[H^{\cdot}]}$$

---

[1]) $H_2 \rightleftarrows H^{\cdot} + H^{\cdot}$.

[2]) Der Wasserstoff wird als Gas entweichen, wenn er den atmosphärischen Druck überwindet.

ist. Verändert sich P, der Wasserstoffdruck, so ändert sich bei konstanter [H'] auch E. Ist P gerade gleich *einer* Atmosphäre, so haben wir die gewöhnliche Wasserstoffelektrode vor uns. Bei vielen Reduktionsmitteln ist P größer als 1 Atmosphäre; dann entsteht eine sichtbare Gasentwicklung. Bei sehr vielen ist P aber auch kleiner als 1 Atmosphäre. Bei organischen Reduktionsmitteln ist P häufig so klein, daß man schon nicht mehr von einem Wasserstoff*druck* reden kann; es soll aber trotzdem der alte Begriff hier beibehalten werden, obwohl er zu Schwierigkeiten der Anschaulichkeit führt.

Gelingt es durch geeignete Wahl der Reduktionsmittel, P konstant zu halten, so bleiben nur E und [H'] variabel.

Aus

$$E = RT \ln \frac{\sqrt{P}}{[\text{H}^\cdot]}$$

läßt sich dann [H'] sehr leicht berechnen, wenn man E gemessen hat.

Unter diesen Bedingungen ist also ein *Oxydations-Reduktionssystem* als Elektrode zur *Messung der Wasserstoffzahl* zu verwenden.

20. Über den Begriff des Wasserstoffdruckes bei Oxydations-Reduktionssystemen. Die thermodynamischen Berechnungen führen zwar, worauf NERNST hinweist, zu unzweifelhaft richtigen Ergebnissen, doch liegen die erhaltenen Daten häufig abseits jeder physikalischen Anschaulichkeit.

Auf diese Schwierigkeiten geht neuerdings ausführlich CLARK in seiner Monographie ein. Er gibt am Beispiel des Ferro-Ferrigemisches folgende Überlegung und Berechnung wieder.

Ein äquimolares Ferro-Ferrigemisch wird auf $^1/_{10}$ normale H-Ionenkonzentration gebracht und gegen eine normale Wasserstoffelektrode gemessen.

Schaltungsschema also:

Pt	Ferro-Ferri $[\text{H}^\cdot] = 10^{-1}$	Zwischenlösung	H_2 $[\text{H}^\cdot] = 1\,\text{m}$	Pt

Die großen Striche zeigen die Einzelpotentiale an den Metallen an, die kleineren Striche die zu vernachlässigenden Diffusionspotentiale.

Die Messung ergibt, daß die Platinelektrode in der Ferro-Ferrilösung um 0,75 Volt positiver ist als die normale Wasserstoffelektrode. Es soll jetzt die Platinelektrode in dem Eisengemisch mit der H-Ionenzahl von 10^{-1} als Wasserstoffelektrode betrachtet werden, als wenn also ihr Potential von dem Wasserstoffdruck abhängt, der von der Ferrostufe herrührt. In der Ferro-Ferrilösung herrscht nach den vorstehenden Erörterungen ein Wasserstoffdruck, der sich wesentlich von

dem atmosphärischen Druck unterscheidet. Er läßt sich auf folgende
Weise berechnen:

$$+E = -RT \ln \frac{\sqrt{P}}{[\text{H}^\cdot]},$$

$$+0{,}75 = -0{,}059 \cdot \log \frac{\sqrt{P}}{0{,}1}, \quad (25^0\ \text{C})$$

$$0{,}75 = -0{,}03 \log \frac{P}{0{,}01}$$

$$\log \frac{P}{0{,}01} = -\frac{0{,}75}{0{,}03},$$

$$\log P = \log 0{,}01 - \frac{0{,}25}{0{,}01},$$

$$\log P = -27,$$

$$P = 10^{-27}.$$

Der Wasserstoffdruck beträgt also 10^{-27} *Atmosphären.*

Bei *einer* Atmosphäre sind in ca. 22 Litern $6 \cdot 10^{23}$ Moleküle (LOSCHSCHMIDTsche Zahl).

Bei einem Druck von $6 \cdot 10^{-23}$ Atmosphären kommt ein Molekül auf 22 Liter, und bei einem Druck von 10^{-27} Atmosphären kommt auf 37 000 Liter 1 Molekül.

Daher ist es nicht möglich, die Eisenelektrode als *Wasserstoff*elektrode aufzufassen. Ein Wasserstoff*druck* ist überhaupt nicht vorhanden.

CLARK gibt dann noch andere Beispiele an, deren Berechnung ebenfalls zu physikalischen Unmöglichkeiten führt.

Die den Berechnungen zugrunde liegenden thermodynamischen Gleichungen ermöglichen uns keinen Einblick in das wirkliche physikalische Geschehen; sie sind daher in diesem Sinne unbefriedigend. In seiner Monographie versucht CLARK die vorstehenden Schwierigkeiten zu beseitigen und eine einheitliche Darstellung der Oxydations-Reduktionspotentiale zu geben.

Unter Benutzung der Vorstellungen von einem *Elektronen*druck in der Metallelektrode und in der Lösung und ferner von einer Beeinflussung einer indifferenten Metallelektrode in Oxydations-Reduktionssystemen durch den Elektronenaustausch entwickelt CLARK verschiedene Gleichungen, die den Begriff des Ionendruckes überflüssig machen sollen. Es ist nach seiner Ansicht nun gleichgültig, ob man eine Elektrode als Oxydations-Reduktionselektrode oder als Wasserstoffelektrode auffaßt, wenn man die elektromotorische Betätigung von der *Elektronen*konzentration abhängig macht. CLARK schlägt vor, als wirkliche Wasserstoffelektroden nur diejenigen gelten zu lassen, an denen ein bestimmter, wohldefinierter und auch physikalisch bedeutsamer Wasserstoffdruck herrscht.

21. Die Chinhydronelektrode. Ein besonderes Reduktions-Oxydationssystem hat erst in letzter Zeit sehr große praktische Bedeutung gewonnen, obwohl die theoretischen Grundlagen hierfür schon im Jahre 1904 von HABER und RUSS[1]) geliefert wurden. Es ist das System Chinon-Hydrochinon, wie es sich durch Lösen von *Chinhydron* in Wasser bildet. Chinon und Hydrochinon sind in dem Chinhydron in molekularen Mengen miteinander verbunden. Wird das Chinhydron in Lösung gebracht, so zerfällt es in seine Bestandteile, in das Chinon und das Hydrochinon, also in die Oxydationsstufe und in die Reduktionsstufe. Zwischen diesen stellt sich dann ein Gleichgewicht ein. Es ist also:

$$C_6H_4O_2 + H_2 \rightleftarrows C_6H_4O_2H_2$$
$$\text{Chinon.} \qquad \text{Hydrochinon.}$$

Die Gleichgewichtskonstante ist dann

$$K = \frac{H_2 \cdot \text{Chinon}}{\text{Hydrochinon}}.$$

Um die Größe des Wasserstoffdruckes dieses Systems zu bestimmen, kann man wieder ähnlich so vorgehen, wie wir es vorher bei dem Ferro-Ferrigemisch gesehen haben.

Es wird z. B. folgende Kette gebildet:

Chinhydron Pt 1 n [H·]	Zwischenflüssigkeit	H₂ Pt 1 n [H·]

Die Potentialdifferenz dieser Kette wird gemessen und in die Gleichung:

$$E = -RT \ln \frac{\sqrt{P}}{[\text{H·}]}.$$

eingesetzt.

Die Rechnung wird dann wie bei dem Eisengemisch durchgeführt. BIILMANN[2]) fand den Wasserstoffdruck bei $18° = 10^{-24,4}$ Atm.

Die Zahl ist wieder so überaus klein, daß ihr als Maß für einen Wasserstoffdruck eine praktische Bedeutung nicht zuzumessen ist.

Daher wird man auch nicht von einer „*Wasserstoff*elektrode" reden dürfen. Stellt man die elektrochemische Natur des Vorganges dar, so kann man folgendermaßen schreiben:

$$C_6H_4O_2 + 2\,H\cdot + 2\,\oplus \rightleftarrows C_6H_4O_2H_2$$

oder

$$C_6H_4O_2 + 2\,H\cdot - 2F \rightleftarrows C_6H_4\,(OH)_2.$$

---

[1]) HABER u. RUSS: Zeitschr. f. physikal. Chem. Bd. 47. 1904.
[2]) BIILMANN: Ann. de Chimie Bd. 15, Bd. 16. 1921.

Der allgemeine Ausdruck, der uns erlaubt, sofort das Potential dieses Vorganges auszudrücken, lautet, wie wir oben sahen:

$$E = RT \ln \frac{C_1^{m_1} \cdot C_2^{m_2}}{C_1'^{n_1'} \cdot C_2'^{n_2'}} - RT \ln K .$$

Das Normalpotential dieses Vorganges, π_0, erhält man wieder dadurch, daß man die reagierenden Massen $= 1$ setzt, und dann wird

$$E = \pi_0 = - RT \ln K .$$

Jeder beliebige Fall lautet dann

$$E = \pi_0 + RT \ln \frac{C_1^{m_1} \cdot C_2^{m_2}}{C_1'^{n_1'} \cdot C_2'^{n_2'}}$$

oder

$$E = \pi_0 + \frac{0{,}0001985 \cdot T}{x \cdot F} \log \frac{C_1^{m_1} \cdot C_2^{m_2}}{C_1'^{n_1'} \cdot C_2'^{n_2'}} .$$

In diesem Spezialfall:

$$E = \pi_0 + \frac{0{,}0001985 \cdot T}{2F} \log \frac{[\text{Chinon}] \cdot [\text{H}^\cdot]^2}{[\text{Hydrochinon}]}$$

für $18°$ und umgeformt:

$$E = \pi_0 + \frac{0{,}0577}{2} \left[\log \frac{[\text{Chinon}]}{[\text{Hydrochinon}]} + 2 \log [\text{H}^\cdot] \right].$$

Bei der Auflösung von Chinhydron entstehen stets äquivalente Mengen von Chinon und Hydrochinon, es ist also in einer Chinhydronlösung

$$\frac{[\text{Chinon}]}{[\text{Hydrochinon}]}$$

stets gleich 1.

Daher ist dann E

$$E = \pi_0 + 0{,}0577 \log [\text{H}^\cdot] .$$

Wir erkennen aus dieser Gleichung den Wert von π_0. Wird nämlich die $[\text{H}^\cdot] = 1$ gesetzt, so fällt der zweite Ausdruck der rechten Seite der Gleichung fort, und es bleibt

$$E = \pi_0 .$$

π_0 ist also das Potential einer Chinhydronelektrode bei einer $[\text{H}^\cdot]$ von 1. Der Wert von π_0 ist eine Konstante, die nur von der Wahl der Bezugselektrode abhängt. Nimmt man als Bezugselektrode nicht die Quecksilbertropfelektrode oder eine andere sog. Nullelektrode, sondern die normale Wasserstoffelektrode, also eine mit H_2 beladene Platinelektrode, die in eine Lösung von der $[\text{H}^\cdot] = 1$ eintaucht, so ist der Wert von $\pi_0 = 0{,}7044$ Volt (bei $18°$).

Die Gleichung

$$E_{\text{Ch}} = \pi_0 + 0{,}0577 \log [\text{H}^\cdot]$$

lautet umgeformt:

$$- \log [\text{H}^\cdot] = \frac{\pi_0 - E_{\text{Ch}}}{0{,}0577} .$$

Die Gleichung auf Seite 74 der Konzentrationskette mit der $^n/_1$-Wasserstoffelektrode lautete

$$- \log c = \frac{E_{H_2}}{0{,}0001983 \cdot T}$$

oder

$$- \log [H^{\cdot}] = \frac{E_{H_2}}{0{,}0577} \cdot$$

Es ist also

$$\frac{\pi_0 - E_{Ch}}{0{,}0577} = \frac{E_{H_2}}{0{,}0577}$$

oder

$$\pi_0 = E_{H_2} + E_{Ch} \cdot$$

Die experimentelle Feststellung des Wertes von π_0 für beliebige Bezugselektroden kann also z. B. dadurch geschehen, daß man ein und dieselbe Lösung mit der Wasserstoffelektrode und mit der Chinhydronelektrode gegen diese Bezugselektrode mißt. Den mit der Wasserstoffelektrode erhaltenen Wert rechnet man auf die $^n/_1$-H_2-Elektrode um[1]) und addiert die so erhaltene Zahl für E_{H_2} zu dem mit der Chinhydronelektrode erhaltenen Wert. Die Umrechnungszahlen für verschiedene Bezugselektroden zur $^n/_1$-H_2-Elektrode werden später angegeben, ebenso die Werte von π_0 für die Chinhydronmessung.

Wir sahen, daß uns die rechnerische Behandlung des äquimolekularen Chinon-Hydrochinonsystems zu einer sehr einfachen Beziehung zwischen der elektromotorischen Kraft eines Chinhydronelektrode und der H-Ionenzahl führt.

So ist es also sehr leicht möglich, durch Potentialmessungen die unbekannten H-Ionenzahlen von Lösungen festzustellen, nachdem zu diesen Lösungen Chinhydronpulver hinzugefügt wurde.

II. Die wichtigsten elektrischen Maßeinheiten und ihre gesetzmäßigen Zusammenhänge bei dem elektrischen Strom.

Auf die Grundeinheiten der Länge, der Masse und der Zeit lassen sich alle Daten der elektrischen Materie zurückführen. Die „elektrostatische Einheit" wird durch die Dyne definiert.

Das Coulomb hat $3 \cdot 10^9$ elektrostatische Einheiten.

Die Einheit der Spannungsgröße 1 Volt ist dann vorhanden, wenn bei dem Überfließen der Elektrizitätsmengeneinheit gerade 10^7 Erg (= 1 Joule) Arbeit geleistet werden.

Die Einheit der Kapazität ist 1 Farad; es ist $= \dfrac{1 \; Coulomb}{1 \; Volt} \cdot$

Fließt ein Coulomb eine Sekunde lang durch einen Leiter, so hat der Strom eine Stärke von 1 Ampere.

---

[1]) Indem man von dem gemessenen Wert E die Potentialdifferenz E_1 zwischen der betreffenden Bezugselektrode und der Normalwasserstoffelektrode abzieht, also $E - E_1 = E_{H_2}$.

Die drei Wirkungen des elektrischen Stromes sind: Wärmewirkung, magnetische Wirkung und chemische Wirkung. Alle drei können zum Messen der Ströme benutzt werden. Durch Ampere und Volt ist die Widerstandseinheit definiert. Das Ohmsche Gesetz $I = \dfrac{E}{W}$ bildet die Grundlage der einfachsten Berechnungen.

In der Meßpraxis werden die elektrischen Einheiten nicht auf das Zentimeter-Gramm-Sekunden-System zurückgeführt. Das Ampere wird in der Praxis durch die chemische Wirkung definiert. Das Silbervoltameter ist eine Einrichtung hierfür. Die Widerstandseinheit wird durch einen Quecksilberfaden ausgedrückt.
Die Spannungseinheit durch ein sog. Normalelement. Das gebräuchlichste Normalelement ist das Westonelement. Ein solches Element (Kadmiumnormalelement) läßt sich leicht herstellen. Die Herstellung wird beschrieben.
Mit Hilfe des Ohmschen Gesetzes lassen sich Spannungen, Widerstände und Stromstärken berechnen. Drei Beispiele solcher Berechnungen werden angegeben. Die Parallelschaltung und die Serienschaltung von Elementen und Widerständen werden beschrieben, die elektrischen Größen berechnet. Das Ohmsche Gesetz gilt auch für die einzelnen Teile einer Leitung. Mit Hilfe eines unterteilten Spannungsabfalls kann man von einer höheren größeren Spannung beliebige kleinere abgreifen; die Anordnung hierfür wird beschrieben. Zwei Anwendungsarten parallelgeschalteter Widerstände werden angegeben, die Einrichtung von Meßinstrumenten für verschiedene Meßbereiche und die sog. Shunts oder Schutzwiderstände. Eine sehr bequeme Form der Widerstände sind die Kurbelwiderstände. Die Widerstände der einzelnen Drahtsorten sind sehr verschieden. Jeder Leiter hat einen spezifischen Widerstand. Einige spezifische Widerstände werden zahlenmäßig aufgeführt.

1. Coulomb, Volt, Farad und Ampere im Zentimeter-Gramm-Sekunden-System. Die Einheiten der *Länge*, der *Masse* und der *Zeit* sind das *Zentimeter*, das *Gramm* und die *Sekunde*. Auf diese Grundeinheiten lassen sich auch alle Daten der elektrischen Materie zurückführen; sie lassen sich also ebenfalls im sog. Z.-G.-S.- (Zentimeter- Gramm-Sekunden- System) ausdrücken. Allerdings hat das Z.-G.-S.-System für die elektrischen Messungen in der Praxis *keine* wesentliche Bedeutung und ist dort durch *empirische Maße* ersetzt. Unentbehrlich ist es aber zur Umrechnung der elektrischen Werte auf die allgemeinen physikalischen Begriffe wie Wärme (Kalorien), Arbeit (Erg und Meterkilogramm) usw.

Betrachtet man die Kraftäußerungen der sog. „ruhenden Elektrizität“, so kommt man zu den Zahlenwerten der Elektrostatik und nach ihrer Zurückführung auf das Z.-G.-S.-System zu den „*elektrostatischen Einheiten*“. Von zwei mit Elektrizität geladenen Körpern wird aufeinander eine Kraft ausgeübt. Die allgemeinste Einheit einer Kraft ist 1 Dyne; diese Einheit ist daher auch der anziehenden oder abstoßenden Kraft zweier elektrisch geladener Körper zugrunde gelegt. Wir erinnern uns daran, daß die Dyne ungefähr diejenige Kraftmenge ist, die von der Anziehungskraft der Erde auf 1 mg ausgeübt wird. Wählen wir jetzt willkürlich den Abstand zweier mit Elektrizität geladener Körper gleich 1 cm, so soll die Elektrizitätsmenge eines dieser Körper die elektrostatische Einheit sein, wenn sie gerade so groß ist, daß sie auf die ebenso große des anderen Körpers die Kraft von 1 Dyne ausübt. Hierbei wird noch die Annahme gemacht, daß zwischen den Körpern Luft ist. Diese so definierte *elektrostatische Einheit* ist für die praktischen Bedürfnisse *zu klein*. Es werden daher aus ihr die für die Praxis geeigneten Einheiten der Elektrizitätsmenge, das *Coulomb* und das *Mikrocoulomb*, abgeleitet. *Das Coulomb hat $3 \cdot 10^9$ elektrostatische Einheiten* und das *Mikrocoulomb $3 \cdot 10^3$ elektrostatische Einheiten.*

Coulomb und Mikrocoulomb sind also die gebräuchlichen Einheiten für Elektrizitätsmengen, ausgedrückt im Z.-G.-S.-System.

Die Elektrizitätsmenge, die auf einem Körper, z. B. einer Kugel, aufgehäuft ist, befindet sich nur auf der *Oberfläche* und nicht im Innern der Kugel. Dieselbe Kugel kann das eine Mal mit wenig, das andere Mal mit viel Elektrizität beladen sein. Im zweiten Fall ist die Anzahl der elektrischen Teilchen in der Kugeloberfläche dann eine viel größere, die Teilchen sitzen in der Oberfläche viel dichter. Alle Teilchen *gleicher* Elektrizität streben voneinander fort, sie stoßen sich ab, sie üben einen *Druck* aufeinander aus. Dieser Druck ist um so *größer,* je *mehr* Teilchen auf die Einheit der Oberfläche kommen. Die ganze Elektrizitätsmenge steht also unter einer bestimmten „*Spannung*".

Habe ich zwei gleichgroße Kugeln vor mir, von denen die eine wegen ihrer großen Elektrizitätsmenge eine große elektrische Spannung in der Oberfläche hat, die andere wegen ihrer kleinen Beladung aber eine kleine elektrische Spannung hat, so besteht zwischen diesen beiden Kugeln offensichtlich ein „*Spannungsunterschied*". Verbinde ich diese beiden Kugeln durch einen Draht, so gleicht sich unter Erwärmen des Drahtes der Spannungsunterschied aus, indem Elektrizitätsmengen von den Orten höherer Spannung zu denen niederer Spannung so lange überfließen, bis kein Spannungsunterschied mehr besteht.

Der *Grad* der Erwärmung des Drahtes hängt mit der Größe des Spannungsunterschiedes zusammen. Da aber die Wärme nur eine besondere Form der Arbeit ist, so wird diese *geleistete Arbeit* für uns ein Maßstab für die *Größe* des Spannungsunterschiedes sein können. In der Tat führt man den Spannungsunterschied auf die Arbeitsgrößen des Z.-G.-S.-Systems zurück. Wir wissen, daß das „*Meterkilogramm*" eine Arbeitseinheit ist. Es ist die Arbeit, die die Anziehungskraft der Erde leistet, wenn 1 kg 1 m herunterfällt. Eine viel kleinere Arbeitseinheit ist das „*Erg*"; es kommen $9{,}81 \cdot 10^7$ Erg auf 1 Meterkilogramm. Die Erwärmung des Drahtes, also die Arbeit, hängt nun aber nicht nur von der Größe des Spannungsunterschiedes, sondern auch von der Menge der bei dem Spannungsausgleich überfließenden Elektrizität ab. Wie die Arbeitsgröße, das Meterkilogramm, aus zwei Faktoren besteht, aus dem Meter und dem Kilogramm, so sind auch hier, bei der durch die Elektrizität hervorgerufenen Wärme, zwei Faktoren zu erkennen, deren Produkt erst die elektrische Arbeitsgröße ausmacht. Der *eine* Faktor ist der herrschende Spannungsunterschied, der *andere* die überfließende Elektrizitätsmenge. Wir können nun die *Einheit der Spannungsgröße* so definieren, daß wir sie dann als vorhanden annehmen, wenn bei dem Überfließen der *Elektrizitätsmengeneinheit* gerade 10^7 Erg Arbeit geleistet werden. Also:

$$\text{Spannung} \times 1 \,\text{Coulomb} = 10^7 \,\text{Erg} \,(= 1 \,\text{Joule}).$$

Diese *Spannungseinheit heißt 1 Volt*. Es ist nun ganz gleich, ob 1 Coulomb, also die Elektrizitätsmengeneinheit, von 2 auf 1 Volt oder von 1 auf 0 Volt transportiert wird, die Arbeit, die dabei geleistet werden müßte, ist stets $= 10^7$ Erg.

Die Spannung 0 hat jeder Körper, der mit der Erde in leitender Verbindung steht. Spricht man also von einer bestimmten Spannung eines Körpers, z. B. von 3 Volt, so meint man damit, daß $3 \cdot 10^7$ Erg geleistet werden müssen, um 1 Coulomb von diesem Körper zur Erde zu transportieren.

Bringt man die Elektrizitätsmengeneinheit, 1 Coulomb, auf eine *kleine* Metallkugel und dieselbe Menge auf eine *größere* Kugel, so werden, wie wir schon oben sahen, die Spannungen der beiden Kugeln verschieden sein. Die Größe der Metallkugel bestimmt also bei gleichen Elektrizitätsmengen die Spannungen. Besser ist es, nicht von *Größe* zu reden, sondern von ihrer Aufnahmefähigkeit für Elektrizität, von ihrer „*Kapazität*". *Je größer die Kapazität, um so geringer die Spannung bei gleichbleibenden Elektrizitätsmengen.* Je größer die Kapazität, um so größer die Elektrizitätsmenge bei gleichbleibender Spannung. Die Kapazität ist also der Elektrizitätsmenge *direkt* und der Spannung *umgekehrt* proportional. Man kann für die Kapazität ebenfalls eine Einheit im Z.-G.-S.-System festsetzen. Diese Einheit wird 1 Farad[1]) genannt. Sie liegt dann vor, wenn die Elektrizitätsmenge von 1 Coulomb einem Leiter gerade die Spannung von 1 Volt erteilt. Also:

$$1 \,\text{Farad} = \frac{1 \,\text{Coulomb}}{1 \,\text{Volt}}.$$

Kennt man die Spannung eines Leiters und seine Kapazität, so ist auch die auf ihm liegende Elektrizitätsmenge bekannt, da

$$\text{Farad} \times \text{Volt} = \text{Coulomb}$$

ist.

In der Praxis rechnet man meistens auch hier mit einer anderen Einheit, und zwar mit einer viel kleineren. Die Einheit der Praxis ist 1 Millionstel Farad, das sog. *Mikrofarad*.

---

[1]) 1 Farad = Kapazitätseinheit, aber 1 „F" = 1 elektrochemisches Äquivalent (s. S. 54, Anm. 1).

Die Daten für Coulomb, Volt und Farad ließen sich aus den Wirkungen der ruhenden Elektrizität ableiten; sie wurden nur auf die Grundmaße, Zentimeter und Gramm, zurückgeführt. Eine weitere Einheit wird dann gewonnen, wenn wir in die Berechnungen die *Zeit* einführen.

Wenn zwei Leiter durch einen dritten verbunden werden, so fließt die Elektrizität von dem Leiter mit der höheren Spannung zu dem mit der niederen. Die Spannungen gleichen sich also in kürzester Zeit aus. Wir wollen nun dafür sorgen, daß der Leiter mit der höheren Spannung fortwährend so viele neue Elektrizität erhält, daß er gar keinen Spannungsverlust bei dem Abströmen der Elektrizität zu dem Leiter der niederen Spannung erleidet. Ist das der Fall, so wird in dem Verbindungsstück zwischen den beiden Leitern in der *Zeiteinheit* stets die gleiche Elektrizitätsmenge fließen, es wird also ein *elektrischer Strom* vorhanden sein. Die Größeneinheit dieses elektrischen Stromes läßt sich nun sehr leicht festlegen, wenn wir ihr die Elektrizitätsmengeneinheit, 1 Coulomb, und die Zeiteinheit, 1 Sekunde, zugrunde legen. Fließt durch irgendeinen Querschnitt eines Leiters, z. B. eines Drahtes, in *einer* Sekunde gerade 1 *Coulomb*, so hat der Strom eine *Stärke von 1 Ampere.*

1 Ampere ist also die *Einheit* der *Stärke des elektrischen Stromes,* definiert durch Zentimeter, Gramm, Sekunde.

Diese Ausführungen über Coulomb, Volt, Farad und Ampere haben für die praktische Meßkunde, wie schon erwähnt, weniger Bedeutung. Sie geben uns aber die Möglichkeit, die Meßresultate zu beliebigen anderen physikalischen Größen in Beziehung zu setzen und vor allem auch die thermodynamischen Umrechnungen, z. B. der Universalkonstante R, zu verstehen, von denen wir im vorhergehenden Abschnitt gehört haben.

Unentbehrlich für alle praktischen Messungen sind aber die sog. *Grundgesetze des elektrischen Stromes* und die in der Meßpraxis zu berücksichtigenden sog. *„Normalien“* der elektrischen Größen.

Um dies alles gut verstehen zu können, führen wir uns die drei Wirkungen des elektrischen Stromes vor Augen. Woher wir den elektrischen Strom gewinnen, ist gleichgültig. Es ist einerlei, ob wir ihn durch Reibung erzeugen oder durch das Bewegen von Drahtstücken in magnetischen Kraftfeldern oder auf chemischem Wege.

Auf chemischem Wege erzeugen wir einen Strom bekanntlich durch ein sog. galvanisches Element, dessen einfachste Form durch das Volta-Element gebildet wird. Auch die im vorigen Abschnitt erwähnten Wasserstoffketten oder Kalomel-Wasserstoffketten stellen Elemente dar. Die Stromlieferung dieser Elemente ist allerdings nur eine minimale. Bei dem Volta-Element taucht Zink und Kupfer in verdünnte Schwefelsäure. Zwischen dem Kupfer und dem Zink besteht ein Spannungsunterschied, der auch bei Stromentnahme in weiten Grenzen unverändert bleibt. Die abgeflossene Elektrizität wird auf chemischem

Wege immer wieder nachgeliefert, und der Spannungsunterschied zwischen Cu und Zn daher auf demselben Wert erhalten. In der Praxis arbeitet man zum Zwecke der Stromgewinnung nicht mit dem Volta-Element, sondern mit Elementen aus anderen Metall- und Flüssigkeits-kombinationen oder mit den sog. Akkumulatoren (verdeutscht Blei-sammlern), die durch vorangehendes Beladen mit Elektrizität in den Zustand eines lange Zeit stromliefernden Elementes versetzt werden.

Verbinden wir die beiden Pole (den $+$-Pol und den $-$-Pol) eines solchen Elementes durch ein Drahtstück, so fließt durch dieses Draht-stück ein elektrischer Strom, solange das Element noch arbeitsfähig ist.

2. Die drei Wirkungen des elektrischen Stromes. Den elektrischen Strom können wir *an seinen drei Wirkungen* erkennen.

Zunächst wird, wie wir schon wissen, der Draht *wärmer*. Diese Wärme läßt sich messen und als Maßstab für die Stromstärke ver-wenden, da sie bei demselben Drahtstück um so größer ist, je mehr Ampere den Draht passieren. Die Instrumente, die den galvanischen Strom messen, heißen „Galvanometer". Folgerichtig heißt ein Gal-vanometer, das die Stromstärke aus der Erwärmung eines Drahtes mißt, ein *„Hitzdrahtgalvanometer"*.

Die *zweite* Wirkung des elektrischen Stromes ist die *magnetische*. Bringt man eine Magnetnadel in die Nähe des vom Strom durchflossenen Drahtstückes, so wird die Magnetnadel aus ihrer Nord-Süd-Stellung abgelenkt. Die Richtung der Ablenkung hängt mit der Richtung des Stromes zusammen, und wir erinnern uns an die bekannte *Amperesche Schwimmerregel*: Denkt man sich in der Richtung des positiven Stromes schwimmend, mit dem Gesicht der Magnetnadel zu, so wird der Nord-pol der Magnetnadel nach links abgelenkt. Mit Hilfe einer Magnetnadel läßt sich also die *Richtung* eines Stromes feststellen. Wie wir später sehen werden, ist die *Größe des Ausschlagwinkels* der Magnetnadel von der *Stärke des Stromes* abhängig, der durch den benachbarten Draht fließt. Die Magnetnadel kann uns also auch über die *Stärke* eines elek-trischen Stromes Auskunft geben. Die Mehrzahl aller Galvanometer, die zu praktischen Messungen in Frage kommen, beruht auf der magne-tischen Wirkung des elektrischen Stromes.

Die *dritte* allgemein bekannte Wirkung des elektrischen Stromes ist die *chemische*. Ebenso wie durch chemische Umsetzungen ein Strom erzeugt wird, kann umgekehrt ein elektrischer Strom chemische Wir-kungen ausüben. Diese Wirkungen werden unter dem Namen der *„Elektrolyse"*[1]) zusammengefaßt.

---

[1]) Wir werden von den chemischen Wirkungen des elektrischen Stromes noch in dem nächsten Abschnitt hören. Erwähnt sei in diesem Zusammenhange nur die Amalgamierung eines Platindrahtes zur Herstellung von Kalomelelek-troden, die auf elektrolytischem Wege erfolgt. (Siehe S. 181.)

Die *Größe* der chemischen Umsetzung hängt nun ebenfalls mit der *Stromstärke* zusammen. Eine der wichtigsten Methoden zur genauesten Messung von Stromstärken bedient sich der elektrolytischen Wirkung, und zwar der *Abscheidung von Silber* aus einer Lösung von Silbernitrat durch den elektrischen Strom. Die in der *Zeiteinheit* aus einer Silbernitratlösung abgeschiedene *Silbermenge* hängt nur von der Stärke des durchgesandten Stromes ab und gilt daher als ein Maß für diesen Strom. Die Methode der Wägung der abgeschiedenen Silbermenge ist die *eigentliche primäre Strommeßmethode.* Mit ihrer Hilfe werden erst die Meßinstrumente, wie Nadelgalvanometer, Hitzdrahtgalvanometer usw., geeicht. Darüber werden wir später noch Ausführliches hören.

3. Das Oнмsche Gesetz. Nehmen wir nun an, daß uns ein Galvanometer, z. B. ein Drehspulgalvanometer, zur Messung des Stromes zur Verfügung steht. Wir sehen an dem Instrument, das wir im nächsten Abschnitt noch genauer kennenlernen werden, eine Skala mit einer Unterteilung in Ampereeinheiten und über der Skala einen Zeiger. Legen wir ein solches Instrument mit Hilfe von Drahtstücken zwischen die Pole eines Elementes oder eines beladenen Akkumulators, so wird der Zeiger an einer bestimmten Stelle der Skala stehenbleiben und uns so die Amperezahl des durch das Meßinstrument und die Drähte fließenden Stromes direkt anzeigen. Wenn wir zur Verbindung des Galvanometers mit den Klemmen des Elementes das eine Mal sehr *dünne,* das andere Mal *dicke* Drahtstücke nehmen, so wird der Ausschlag des Zeigers unseres Instrumentes in diesen zwei Fällen ein verschieden großer sein. Ist der Draht *dick,* so wird die angezeigte Amperezahl *größer* sein, als wenn der Draht *dünn* ist. Mit anderen Worten: durch den dicken Draht fließt von ein und demselben Element ein *stärkerer* Strom als durch den *dünnen* Draht. Da die Spannung an den Polen des Elementes, die Metallart und die *Länge* der Drahtleitung in beiden Fällen dieselbe ist, so kann nur der *verschiedene Querschnitt* des Drahtes die Verschiedenheit der Stromstärken verursachen.

Seit Oнм sagen wir: Der Draht setzt dem Strom einen Widerstand entgegen. Je *größer* nun der Widerstand ist, um so kleiner muß die Stärke des Stromes werden, der durch den Draht fließt, und umgekehrt. Und da wir vorher sahen, daß die abgelesene Stromstärke bei dem *dünnen* Draht geringer, bei dem *dicken* Draht größer ist, so können wir auch annehmen, daß der Widerstand des dünnen Drahtes größer als der des dicken ist.

Jetzt stellen wir mit dem Amperemeter neue Versuche an. Wir benutzen ein und denselben Draht und verbinden ihn das eine Mal mit Elementen einer *niedrigeren* und das andere Mal mit Elementen einer *höheren* Spannung. Dann zeigt uns das Amperemeter an, daß der Strom im Drahtstück um so *größer* ist, je *höher* die Spannung des Elementes ist, und um so *kleiner*, je *niedriger* diese Spannung ist.

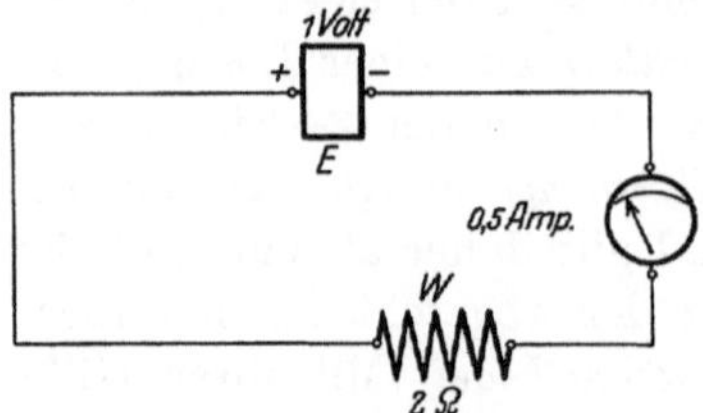

Abb. 12. Zum Ohmschen Gesetz.

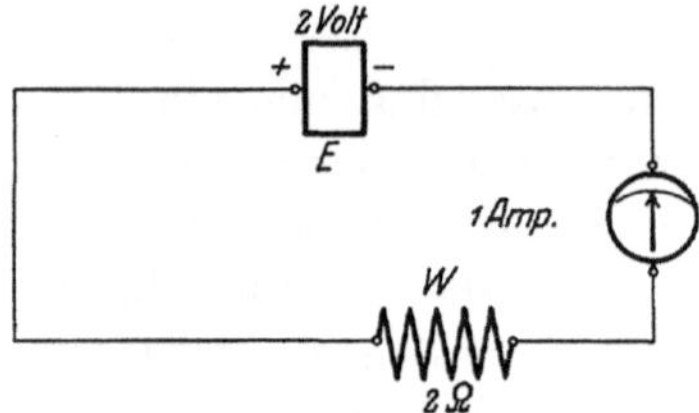

Abb. 13. Zum Ohmschen Gesetz.

Ohm hat als Ergebnis aller derartigen Messungen ein Gesetz aufgestellt, das sog. Ohmsche Gesetz, welches besagt, daß

die Stärke eines Gleichstromes in einem Leiter der angelegten Spannung direkt und dem Widerstand des Leiters umgekehrt proportional ist, also

$$I = \frac{E}{W},$$

wo I die Stromintensität (Ampere), E die elektromotorische Kraft oder Spannung (Volt) und W den Widerstand (Ohm) [1] bezeichnet. Wenn wir die Vorgänge schematisch darstellen, so erhalten wir folgendes:

Das Amperemeter zeigt in

I. eine Stromstärke von 0,5 Ampere (Abb. 12),

II. eine Stromstärke von 1 Ampere (Abb. 13).

Die *doppelte* Spannung von II. treibt bei gleichbleibendem Widerstand W die *doppelte* Stromstärke durch die Leitung.

III. Das Amperemeter zeigt bei dem Widerstand W und einem Element von 1 Volt Spannung eine Stromstärke von 0,5 Ampere (Abb. 14).

IV. Das Amperemeter zeigt bei derselben Spannung, aber *halb so großem Widerstand* die *doppelte Stromstärke.* also 1 Ampere (Abb. 15).

4. Das Ohm, die Widerstandseinheit. Die Einheiten für Stromstärke und Spannung sind uns schon geläufig. Es fehlt noch eine Einheit für den *Widerstand*. Mit Hilfe des Ohmschen Gesetzes $I = \frac{E}{W}$ läßt sich der Widerstand als $W = \frac{E}{I}$ erkennen. Wählen wir nun für die Spannung und die Stromstärke die Einheiten, also 1 Volt und

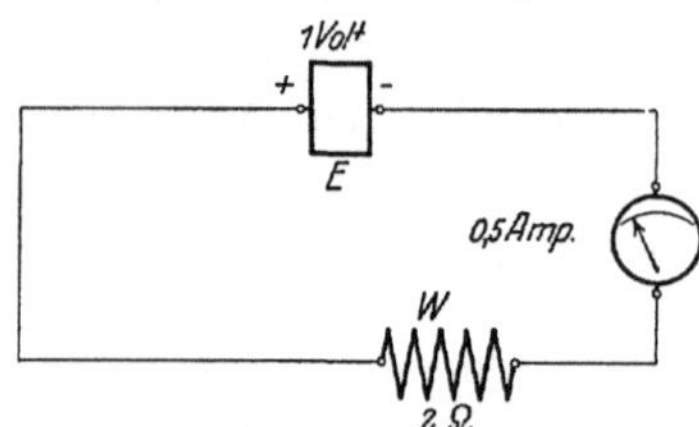

Abb. 14. Zum Ohmschen Gesetz.

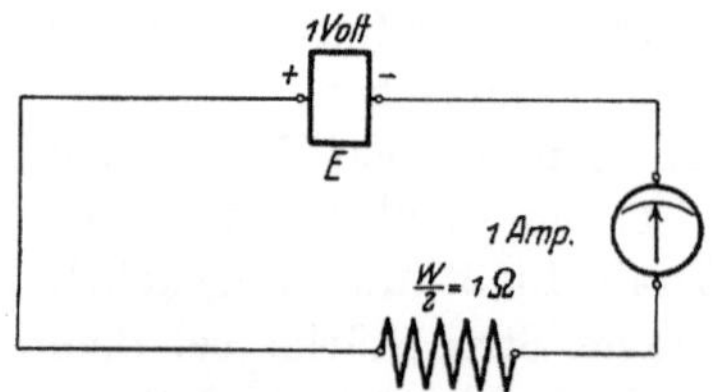

Abb. 15. Zum Ohmschen Gesetz.

---

[1] Über die Widerstandseinheit (Ohm) s. gleich unten.

1 Ampere und dividieren sie durcheinander, so erhalten wir die Widerstandseinheit, die mit 1 Ohm (Ω) bezeichnet wird.

Wenn also in einem Leiter durch eine Spannung von 1 Volt eine Stromstärke von 1 Ampere erzeugt wird, so ist der Widerstand dieses Leiters gerade gleich 1 Ohm. Somit ist auch die Widerstandseinheit auf das Z.-G.-S.-System zurückgeführt.

5. Festsetzung von Ampere, Ohm und Volt in der Meßpraxis; empirische Normalien. Überall auf der ganzen Welt ist, wie aus dem Vorstehenden zu erkennen ist, eine einheitliche Eichung der elektrischen Apparaturen auf dem Wege über das Z.-G.-S.-System denkbar und auch möglich. Da die zuverlässigste Übereinstimmung aller elektrischen Meßinstrumente mit den theoretischen Werten zur Vermeidung von großen Unzuträglichkeiten dringend zu fordern ist, müssen die Hersteller von elektrischen Meßinstrumenten ihre sämtlichen Apparate vor der Ablieferung an den Käufer mit der allergrößten Genauigkeit überprüfen können. Die Zurückführung von Volt, Ampere und Ohm auf die Krafteinheit, die Dyne, ist aber, wie schon wiederholt betont, *für die Praxis* nicht angängig. Es mußte daher nach anderen Möglichkeiten gesucht werden, um zu erkennen, ob in einem elektrischen System 1 Ampere, 1 Volt und 1 Ohm vorliegen, kurz, um einwandfreie Eichungen vorzunehmen. Heute sind alle Kulturstaaten schon weitgehend über die zweckmäßigste Art der *praktischen* Reproduzierung dieser elektrischen Einheiten übereingekommen.

Das *Ampere* zunächst *wird direkt aus der chemischen Wirkung des elektrischen Stromes auf eine Silbernitratlösung erkannt.* Es dient hierzu das sog. Silbervoltameter, zumeist nach der Form, wie es von JAEGER[1]) beschrieben ist. Die Silberlösung befindet sich in dem Platingefäß pp, das als Kathode dient. Die Anode ist aus Silber. Unter der Anode befindet sich ein Glasschälchen G, welches die etwa abfallenden Silberteilchen auffängt. Der Strom wird eine genau bestimmte Zeit durch das Voltameter hindurchgeschickt. Dann wird die Silbernitratlösung abgedampft, das überschüssige Silbernitrat ausgewaschen und die

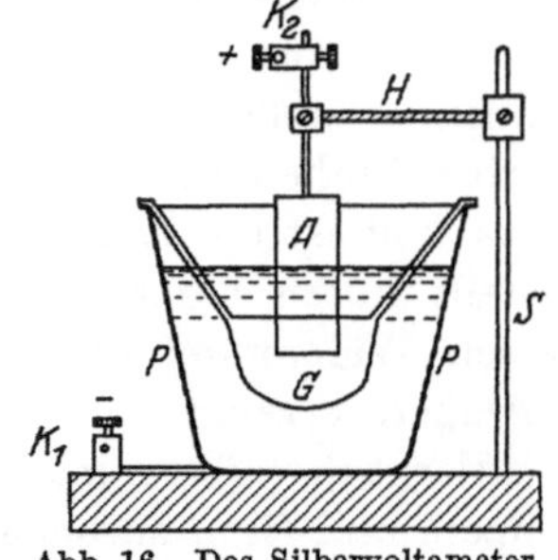

Abb. 16.　Das Silbervoltameter.

Platinschale getrocknet. Die Zunahme des Gewichtes der Platinschale zeigt die von dem Strom abgeschiedene Silbermenge an. Diese steht zur Stromstärke in fester Beziehung (Abb. 16). An Stelle eines Silbervoltameters kann man zur Messung der Stromstärke auch ein *Kupfer*voltameter oder ein *Knallgas*voltameter verwenden. Bei dem Kupfer-

---

[1]) H. JAEGER, Elektrische Meßtechnik. J. A. Barth. Leipzig. 2. Aufl. S. 151.

voltameter dient das aus einer Kupfersulfatlösung abgeschiedene Kupfer zur Bestimmung der Stromstärke, bei dem Knallgasvoltameter die bei der Zersetzung von mit Schwefelsäure angesäuertem Wasser entwickelte Gasmenge. Da die Amperegröße auf Grund internationaler Übereinkunft auf die Silberabscheidung bezogen ist, so wird vorwiegend das Silbervoltameter zur Messung von Stromstärken verwandt. Es ist jetzt allgemein die Festsetzung angenommen, daß eine *Amperesekunde (Coulomb) 1,11800 mg Silber* abscheiden soll. Unter Amperesekunde versteht man eine Stromstärke von 1 Ampere während einer Sekunde [1]).

Die Einheit des *Widerstandes* ist im Z.-G.-S.-System nach Volt und Ampere definiert. Diese Einheit wird auf einfache Weise von einer Quecksilbersäule von bestimmter Länge und bestimmtem Querschnitt dargestellt. Die Vorschrift aus dem deutschen Gesetz hierüber lautet [2]): „Das Ohm ist die Einheit des elektrischen Widerstandes. Es wird dargestellt durch den Widerstand einer Quecksilbersäule von der Temperatur des schmelzenden Eises, deren Länge bei durchweg gleichem, einem Quadratmillimeter gleich zu achtendem Querschnitt 106,3 cm und deren Masse 14,4521 g beträgt." Im praktischen Gebrauch befinden sich allerdings nicht Quecksilberfäden als Widerstandseinheiten, sondern Drahtwiderstände, die von Zeit zu Zeit auf ihre Übereinstimmung mit dem Quecksilberwiderstand geprüft werden. Das Material zu diesen Drahtwiderständen ist *Manganin*. Es hat einen sehr kleinen Temperaturfaktor und ist wegen seiner großen Konstanz als sog. *Gebrauchseinheit* sehr empfehlenswert.

Die Einheit der Stromspannung, der elektromotorischen Kraft, das *Volt*, wird nun ebenfalls nicht nach dem Z.-G.-S.-System festgestellt, sondern aus den durch Silbervoltameter und Quecksilberfaden definierten Einheiten, also aus Ampere und Ohm. Die Vorschrift lautet: „Das Volt ist die Einheit der elektromotorischen Kraft. Es wird dargestellt durch die elektromotorische Kraft, welche in einem Leiter, dessen Widerstand ein Ohm beträgt, einen elektrischen Strom von 1 Ampere erzeugt."

Hiernach müßte man zur Feststellung einer Spannung stets auf Ampere und Ohm zurückgreifen. In der Praxis wird für die Spannung aber auch ein *direkter Wert* benutzt. Dieser Wert wird von der Spannung bestimmter Elemente hergeleitet, die das „Spannungsnormal" repräsentieren und daher auch *Normalelemente* heißen. Es gibt nur ganz wenige

---

[1]) Fließt ein Strom von der unbekannten Stärke x durch eine Silberlösung t Minuten lang und hat er s Gramm Silber abgeschieden, so ist:

$$x = \frac{s}{0,0671 \cdot t} \text{ Ampere}.$$

[2]) Nach W. Jaeger: l. c.

Normalelemente, da die Anforderungen, die an ihre Genauigkeit, Reproduzierbarkeit und Temperaturkonstanz gestellt werden, sehr hohe sind.

6. Das Spannungsnormal und die Normalelemente (Westonelement).
Als *internationales Normalelement* gilt heute das sog. *Westonelement.*
Seine große Konstanz, leichte Herstellbarkeit und geringe Temperaturempfindlichkeit haben bei der allgemeinen Annahme dieses Elementes den Ausschlag gegeben. Das Schema des Elementes lautet:

$$Cd/CdSO_4/Hg_2SO_4/Hg.$$

Es gibt zwei Arten von Westonelementen. Das eine enthält eine *gesättigte* Kadmiumsulfatlösung mit überschüssigen Kadmiumsulfatkristallen, das an-

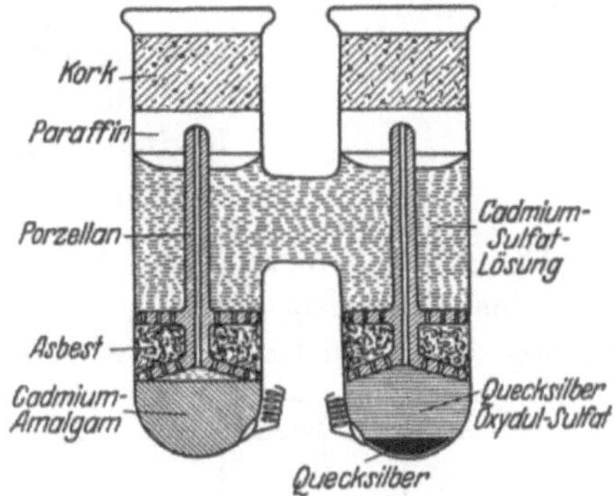

Abb. 17. Das Innere eines Westonelements.

dere eine *bei 4° gesättigte* Kadmiumsulfatlösung ohne festes Kadmiumsulfat. Beide stimmen also bei 4° überein, unterscheiden sich aber in ihrem Spannungswert sonst etwas voneinander.

Die Elemente, mit denen man täglich im Laboratorium arbeitet, gehören dem ersten Typus an, während das andere Element von der Weston-Instrument-Co. käuflich zu haben ist. Es ist durch sinnreiche Anordnung als transportables Element gebaut. Aus der Abbildung ist zu erkennen, wie die einzelnen Bestandteile der Elemente durch ein Porzellangestell voneinander getrennt sind (Abb. 17). Gewöhnlich wird es in einem Holzkästchen geliefert, das am oberen Ende zwei durch Hartgummi geschützte Kontaktklemmen trägt. Seine Spannung beträgt 1,0189 Volt (Abb. 18).

Dieses recht teure Element soll nicht zu den täglichen Spannungsmessungen des Laboratoriums benutzt werden. Zum täglichen Gebrauch verwendet man zweckmäßiger die *selbsthergestellten* Kadmiumelemente, die man zunächst nach ihrer Herstellung und dann

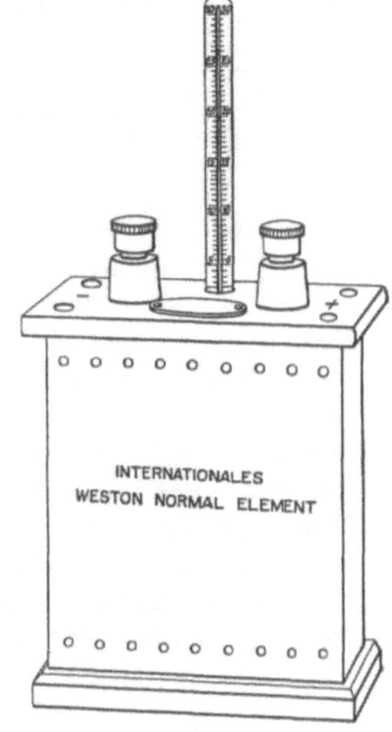

Abb. 18.

vielleicht jeden Monat einmal mit Hilfe des käuflichen Westonelementes auf ihren Wert kontrolliert.

Die Füllung eines solchen Kadmiumelementes ist nicht schwer und bedarf keiner Vorkenntnisse. Bei Verwendung reiner Reagenzien und sorgfältiger Beachtung der Arbeitsvorschrift erhält man gute Resultate.

7. Herstellung eines Kadmiumnormalelementes. An Reagenzien braucht man

> Quecksilber,
> Kadmium,
> Kadmiumsulfat und
> Merkurosulfat (Hg_2SO_4).

Als Gefäß benutzt man die üblichen H-förmigen Doppelschenkel aus Glas, die fertig auf einer Platte montiert sind und schon die Ableitungsdrähte enthalten (s. Abb. 19). Diese eingeschmolzenen Drähte führen zu den mit + und − zu bezeichnenden Klemmen auf der Standplatte des Gefäßes.

Über die Reinigung des Quecksilbers wird auf S. 179 Näheres angegeben. War das Quecksilber noch nicht in Benutzung, so kommt man schon mit zwei- bis dreimaliger Behandlung mit Merkuronitrat und anschließendem Waschen mit destilliertem Wasser zum Ziel. Natürlich muß das durch das Waschen feucht gewordene Quecksilber vor der Benutzung getrocknet

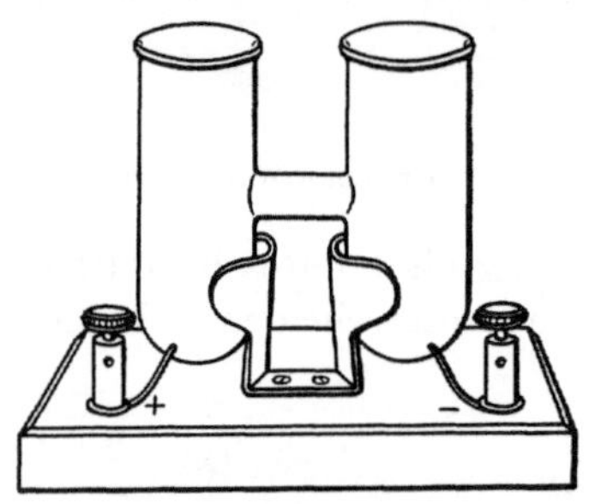

Abb. 19. Glasgefäß zur Selbstherstellung eines Kadmiumnormalelementes.

werden. Es genügt für das Element schon eine recht geringe Quecksilbermenge, da ja nur der eingeschmolzene Platindraht vollständig bedeckt zu sein braucht.

Das *Kadmium* wird zweckmäßig als „Kadmium in Stücken" von Kahlbaum bezogen. Größere Stücke als solche von ca. 1—2 g müssen durch Klopfen zerkleinert werden. Das reinste Kahlbaumsche Präparat ist wohl stets ausreichend. Ist das Kadmium durch Zink verunreinigt, so kommt das Element auf einen fehlerhaften Wert. Zum Nachweis dieser Verunreinigung bedient man sich der Methode von Mylius und Funk[1]). Man schmilzt das Kadmium in einem Porzellantiegel ohne Deckel und durchstößt die Oxyddecke mit einem Glasstab. Enthält das Kadmium mehr als 0,01% Zink, so bilden sich keine farbigen Oxydringe. Dann muß es elektrolytisch gereinigt werden[2]).

---

[1]) Mylius u. Funk: Zeitschr. f. anorg. Chem. Bd. 13. 1897.

[2]) Die elektrolytische Reinigung des Kadmiums erfolgt, indem konzentrierte Kadmiumsulfatlösungen elektrolytisch auf Cd- oder Pt-Bleche übertragen werden, wobei die Elektroden senkrecht gestellt werden. Stromdichte 0,5—1 Ampere pro Quadratdezimeter Anodenfläche. (Mylius u. Funk: l. c.)

Meistens ist aber, wie gesagt, das KAHLBAUMsche Präparat ausreichend. Das *Kadmiumamalgam* soll ca. 12—15% Kadmium enthalten. Zu kleine oder zu große Mengen ändern die Spannung des Elementes. Zur Herstellung des Amalgams werden ca. 2—3 g Kadmium mit der 7—8fachen Gewichtsmenge des gereinigten Quecksilbers in einer Porzellanschale zusammengeschmolzen. Nach geringem Kühlen, aber noch vor dem Erstarren, wird das Amalgam in den einen Schenkel des Gefäßes eingefüllt[1]. Man achte darauf, daß der Platindraht gut bedeckt ist. Wenn man zum Einfüllen ein kleines angewärmtes Trichterchen benutzt, kann man die Beschmutzung der Gefäßwände durch das Amalgam vermeiden. Die Polklemme, die mit diesem Schenkel in Verbindung steht, bezeichne man sofort mit *Minus*.

Das *Merkurosulfat* und die Kadmiumsulfatlösung muß man schon *vor der Herstellung des Amalgams* gebrauchsfertig bereit haben.

Merkurosulfat wird zur Entfernung löslicher Quecksilbersalze mit einer gesättigten Kadmiumsulfatlösung wiederholt gewaschen. Vorteilhaft ist es, das Merkurosulfat stets in einer gesättigten Lösung von Kadmiumsulfat aufzuheben, der man noch etwas festes Kadmiumsulfat hinzugefügt hat.

Trotzdem wird man mit Merkurosulfat manchmal Schwierigkeiten haben, da sogar die Korngröße des Salzes die Spannung des Elementes beeinflußt. Will man sich geeignetes Salz selbst herstellen, so läßt man eine angesäuerte Lösung von Merkurosulfat in dünnem Strahl in verdünnte Schwefelsäure unter Rühren einlaufen. Die Firma de Haen in Seelze bei Hannover liefert ein sehr gutes Präparat[2].

Man vermeide, das Merkurosulfat grellem Licht auszusetzen, da es sich sonst leicht schwärzt. Andererseits scheint die Schwärzung des Präparates keinen erkennbaren Einfluß auf die Spannung des Elementes auszuüben.

Der im Element gebrauchten *gesättigten Kadmiumsulfatlösung* muß ebenfalls Aufmerksamkeit geschenkt werden. Die Sättigung dieser Lösung geschieht langsam. Erwärmen nützt nichts! Will man die Lösung aus dem Salz ($CdSO_4 + {}^8/_3 H_2O$) recht schnell herstellen, so sättigt man am besten durch Schütteln von Salz und Wasser in einem Schüttelapparat, nachdem man vorher das Salz mit Wasser gut angerieben hat. Nach einstündigem Schütteln ist der Sättigungsgrad erreicht.

Die Herstellung der „Paste“ geschieht auf folgende Weise: Festes, aus der gesättigten Kadmiumsulfatlösung stammendes, und daher noch feuchtes Merkurosulfat wird in einer Reibeschale mit einigen Quecksilber-

---

[1]) Ist das Amalgam vor dem Einfüllen erstarrt, so wiederhole man das Erhitzen und mache es wieder flüssig.

[2]) Zit. nach JAEGER: l. c.

tropfen und etwas gesättigter Kadmiumsulfatlösung zu einem grauen
Brei verrieben, zu der sog. Paste. Nach der oben geschilderten Einfüllung
des Amalgams in den *einen* Schenkel gieße man in den *anderen* Gefäß-
schenkel ungefähr ebensoviel Quecksilber und überschichte es vorsichtig
mit dieser Paste. Damit die Paste das Quecksilber überall gleichmäßig
bedeckt, soll sie ca. 5 mm hoch stehen. Jetzt gibt man nur noch in
beide Schenkel ungefähr je 1 g von festem Kadmiumsulfat und füllt
dann das Gefäß mit der gesättigten Kadmiumsulfatlösung voll.

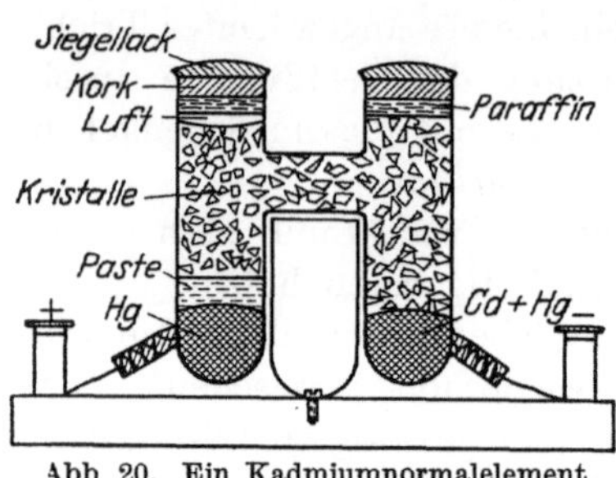

Abb. 20. Ein Kadmiumnormalelement
nach der Füllung.

Die Gefäße müssen oben abgeschlossen werden. Sie können oben
zugeschmolzen werden oder aber mit
Paraffin, Kork und Siegellack gedichtet werden. Auf jeden Fall muß
man darauf achten, daß auf *einer* Seite
unter dem Abschluß eine Luftblase
bleibt, damit das Gefäß bei einer Erwärmung nicht gesprengt wird. Will
man mit Paraffin dichten, so übergießt
man erst die eine Seite mit etwas er-
wärmtem und daher gerade noch flüssigem Paraffin, läßt es erkalten, bringt
durch Neigen des Gefäßes eine Luftblase unter das Paraffin und schließt
dann erst mit Paraffin auf dieselbe Weise die andere Seite (Abb. 20) [1]).

Man hüte sich bei der Füllung vor einer Verwechselung der Substanzen oder der Schenkel! Die *Paste* kommt *auf das Quecksilber*, also
in den Schenkel der *positiven* Seite. Um die Polbezeichnung nicht falsch
zu machen, schreibe man auf jeden Fall das Minuszeichen gleich nach
der Einfüllung des Amalgams an die zugehörige Klemme, wie schon
oben angegeben. Nach der Fertigstellung des Elementes lasse man es
erst einige Stunden ruhig stehen, dann prüfe man es gegen das Westonelement. Den gemessenen Wert und das Datum schreibe man auf ein
Etikett, das man auf die Grundplatte klebt. Allzu starkes Neigen oder
gar Schütteln des Elementes ist zu vermeiden.

Ist die Herstellung gelungen, so beträgt die Spannung des Elementes
in Volt

von 0—10°	15°	20°	25°	30°
1,0189	1,0188	1,0186	1,0184	1,0181

Weicht die gemessene Spannung von diesen Zahlen ab (bis zu
2 Millivolt), so ist das Element doch für den Fall brauchbar, daß wiederholte Kontrollen die *Konstanz der Spannung* nachgewiesen haben.

Ein solches Normalelement erleidet bei jedem Stromdurchgang eine
Polarisation, d. h. eine gewisse chemische Veränderung. Diese ist recht

---

[1]) Aus Ostwald-Luther: l. c.

unbedeutend, wenn die Stromentnahme nur gering ist und nur kurze
Zeit dauert. Wurde aber von dem Element längere Zeit ununterbrochen
ein größerer Strom entnommen, so kann die Veränderung der Spannung
des Elementes durch die Polarisation schon recht beträchtlich sein.
Da die chemischen Vorgänge des Elementes reversibel sind, wird die
Polarisation nach einiger Zeit wieder ausgeglichen und die alte Spannung
wieder vorhanden sein. Jedenfalls muß man das Element dann längere
Zeit in Ruhe lassen, um das Abklingen der Polarisation nicht zu stören.
Vor unliebsamen Überraschungen hütet man sich dadurch, daß man
grundsätzlich *erstens* die Dauer der Stromentnahme recht
abkürzt, *zweitens* die Stromstärke so niedrig wie möglich
hält (eine Stromstärke von ca. 0,1 Milliampere schadet
selbst bei länger dauernder Entnahme kaum etwas) und
drittens mit Hilfe eines Westonelementes den Zustand
des Normalelementes regelmäßig nachkontrolliert.

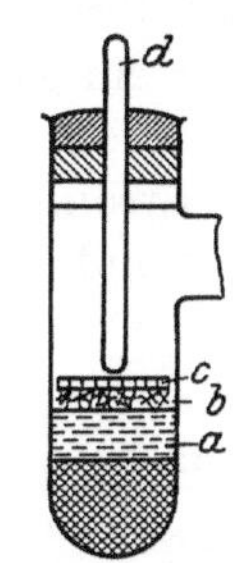

Da *amalgamiertes Platin* sich elektrochemisch wie das
unedlere Metall, also wie Quecksilber, verhält, läßt sich
im Element auch an Stelle des flüssigen Quecksilbers
eine amalgamierte Platinscheibe benutzen. Derartige
Elemente eignen sich naturgemäß besser zum Transport
als die quecksilberhaltigen. Die amalgamierte Platinelektrode wird in die Paste *a* eingelegt. Durch Asbest (*b*)

Abb. 21. Schema
eines transpor-
tablen Normal-
elementes.

und eine darüber befindliche Porzellanscheibe (*c*), die von einem Glasstab (*d*) gehalten wird, läßt sich die Transportsicherheit noch erhöhen[1])
(Abb. 21).

Die eben beschriebenen Elemente machen also eine Ableitung der
Spannungseinheit aus Ampere und Ohm überflüssig und erlauben,
direkt mit vergleichbaren Spannungswerten zu arbeiten.

Da eine unbekannte Stromstärke sich nach dem Ohmschen Gesetz
aus E und W errechnen läßt und die Benutzung von Normalelementen
und Normalwiderständen zur Spannungs- und Widerstandsmessung
sehr einfach ist, dient heute auch das Silbervoltameter kaum mehr zur
direkten Messung einer Stromstärke, sondern wohl nur noch in Verbindung mit Normalwiderständen zur Kontrolle von Normalelementen.
Hieraus ist die große praktische Bedeutung der Einführung von den
Normalelementen zu erkennen.

Wir haben nun die *thecretische Ableitung* der wichtigsten elektrischen
Größen, von Volt, Ampere und Ohm, kennengelernt und ferner auch die
empirischen Normalien besprochen, die diese Größen in international
übereinstimmender Weise definieren. Nun wollen wir wieder zum
Ohmschen Gesetz zurückkehren und uns weiter mit den Gesetzen des

---

[1]) Ostwald-Luther: l. c. S. 421. Die Asbestmasse muß mit gesättigter
Kadmiumsulfatlösung gut gewaschen sein.

galvanischen Stromes vertraut machen. Zunächst sollen einige Beispiele die Anwendbarkeit des Ohmschen Gesetzes zeigen.

8. Einige Rechenbeispiele zum Ohmschen Gesetz. *Aufgabe 1.* Es soll die Spannung des Elementes A gemessen werden; ein direkter Spannungsmesser (Voltmeter) ist nicht vorhanden, wohl aber ein Amperemeter und ein Normalwiderstand von 1000 Ohm.

Ausführung. Man schließe das Element durch den Normalwiderstand kurz, d. h., man verbinde die Enden des Widerstandsdrahtes mit den Klemmen des Elementes durch dicke (also praktisch widerstandslose) Drähte. Dadurch wird ein Stromkreis gebildet, in dem nunmehr ein ganz bestimmter Strom fließt. Um die Stärke dieses Stromes zu messen, legen wir das Amperemeter an einer beliebigen Stelle in den Stromkreis ein und lesen die angezeigte Amperezahl ab. Der Zeiger steht auf 1,8 Milliampere. Dann ist

$$0,0018 = \frac{E}{1000} \qquad \text{und} \qquad E = 1,8 \text{ Volt.}$$

Hierbei haben wir den Widerstand des Amperemeters und den inneren Widerstand des Elementes unberücksichtigt gelassen. Eigentlich müßte die Gleichung folgendermaßen lauten:

$$0,0018 \; I = \frac{E}{1000 + a + b},$$

wo a der Widerstand des Amperemeters und b der *innere* Widerstand des Elementes ist. Setzen wir a und b mit je 5 Ohm an, so erhalten wir

$$E = 1010 \cdot 0,0018 \text{ Volt} = 1,818 \text{ Volt.}$$

Aufgabe 2. Es soll der Widerstand eines gegebenen Drahtstückes berechnet werden.

Ausführung. Wir nehmen ein Element von einer bekannten Spannung (z. B. einen Akkumulator), schließen es durch den Draht mit dem unbekannten Widerstand kurz und messen wie in Aufgabe 1 die Stromstärke in dem Stromkreise mit einem Amperemeter.

Das Element hat 2,0187 Volt, das Amperemeter zeigt z. B. 0,01 Ampere. Dann ist

$$W = \frac{E}{I}, \qquad \text{also} \qquad W = \frac{2,0187}{0,01} = 201,87 \text{ Ohm.}$$

Dieser Widerstand ist ebenfalls wieder die Summe aus allen Widerständen des ganzen Stromkreises. Wir können den Widerstand des Drahtstückes also nur dann genau berechnen, wenn wir von 201,87 Ohm den inneren Widerstand des Elementes und den des Amperemeters abziehen.

Aufgabe 3. Ein Straßenstrom hat eine Spannung von 120 Volt. Im Stechkontakt liegen Sicherungen (Lamellen), die höchstens 3 Ampere vertragen. Unter welchen Betrag darf der Widerstand in der angeschlossenen Leitung nicht heruntergehen, damit die Lamellen nicht durchbrennen?

Ausführung. Der Strom darf nach der Voraussetzung höchstens 3 Ampere haben, da sonst die Sicherungen durchbrennen. Es ist dann

$$3 = \frac{120}{W}, \quad \text{also} \quad W = 40 \text{ Ohm}.$$

Der Widerstand in dem Stromkreis darf demnach nicht unter 40 Ohm heruntergehen.

9. Der innere Widerstand eines Elementes. Wir sprachen in unseren Beispielen von einem „*inneren* Widerstand" der Elemente. Im OHM-schen Gesetz werden meistens der *innere* und der *äußere* Widerstand gesondert ausgedrückt. Es lautet dann:

$$I = \frac{E}{W + w},$$

wo W den Widerstand im *äußeren* Stromkreis und w den *inneren* Widerstand des Elementes bezeichnet. Wovon hängt dieser innere Widerstand ab? Erstens von der Leitfähigkeit des Elektrolyten (der Salzlösung, im Voltaelement z. B. von der Konzentration der Schwefelsäure); zweitens von der Dicke der zu passierenden Elektrolytschicht, also von der Entfernung der Metallplatten, der sog. Elektroden, und drittens von der *Größe dieser Elektroden*. Wenn wir nun zu dem Voltaelement zurückkehren, also ein Element aus Schwefelsäure mit Zink und Kupfer als Metalle vor uns haben, so lassen sich zur *Verringerung* des inneren Widerstandes die Platten erstens einander nähern und zweitens vergrößern. Wenn wir die Metallplatten wegen Raummangels des Gefäßes unseres Elementes nicht mehr vergrößern können, so werden wir uns auf folgende Weise helfen müssen:

10. Die Parallelschaltung von Elementen. Wir werden ein *zweites* Voltaelement zu Hilfe nehmen und die beiden positiven Pole und die beiden negativen Pole miteinander durch Drähte verbinden. Dadurch haben wir offensichtlich nichts weiter verändert, als die *Plattengröße* unseres ersten Elementes verdoppelt, den *inneren Widerstand also halbiert*. Nehmen wir noch ein drittes Element und verbinden es mit den zwei anderen, so ist die ursprüngliche *Plattengröße verdreifacht*, der innere Widerstand

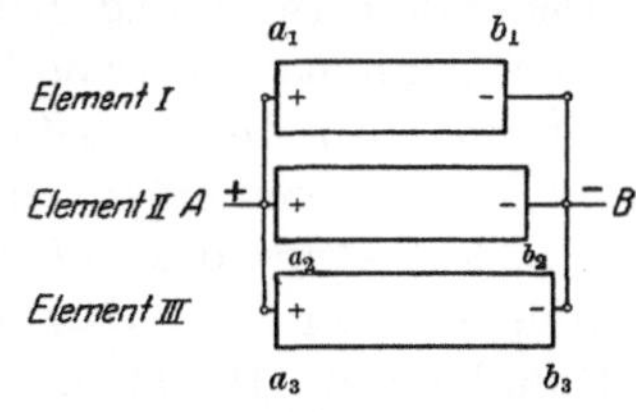

Abb. 22. Parallelschaltung von 3 gleich starken Elementen.

also nur noch ein *Drittel*. Schematisch würde das folgendermaßen aussehen: A (s. Abb. 22) steht mit allen drei positiven Polen, B mit allen drei negativen Klemmen in Verbindung. Die Spannung zwischen A und B ist dieselbe wie zwischen a_1 und b_1, a_2 und b_2, a_3 und b_3, also gleich der

Spannung eines einzelnen Elementes. Der innere Widerstand zwischen A und B ist gleich $\frac{1}{3}\, a_1 b_1$, $\frac{1}{3}\, a_2 b_2$ und $\frac{1}{3}\, a_3 b_3$. Man sagt, die Elemente sind *parallel geschaltet*.

11. Die Schaltung von Elementen „in Serie". Eine andere Schaltung ist die „*Hintereinanderschaltung*" oder die Schaltung „*in Serie*".

Hierbei wird der *negative* Pol eines Elementes mit dem *positiven* Pol eines zweiten verbunden. Die beiden freibleibenden Pole gelten dann als die Pole eines einzigen Elements (s. Abb. 23).

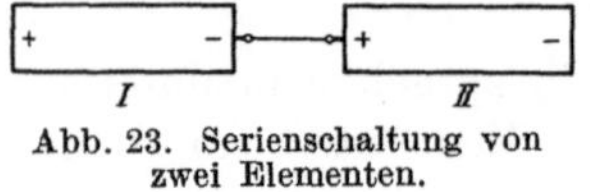

Abb. 23. Serienschaltung von zwei Elementen.

Die Zinkplatte des I. Voltaelementes erhält wegen der leitenden Verbindung durch den Draht die Spannung der Cu-Platte des II. Elementes. Beträgt die Spannung eines einzelnen Elementes z. B. 1 Volt, so liegt jetzt die Zinkplatte von I ebenso wie die Cu-Platte von II um 1 Volt höher als die Zinkplatte von II. Da die Cu-Platte von I um 1 Volt höher liegen muß als die Zinkplatte von I, so liegt also die Cu-Platte von *I* um *2* Volt höher als die Zinkplatte von *II*.

Durch die Schaltung *in Serie* haben wir also die Möglichkeit, die Spannungsgröße beliebig zu erhöhen. Bei *zwei* Elementen erhält man die *doppelte* Spannung, bei *3* Elementen die *3*fache usw. Der innere Widerstand wird nun nicht wie im ersten Fall durch eine Elektrodenvergrößerung *geringer*, sondern *er wird* wegen der Verlängerung der Elektrolytschicht *größer*. Zu dem Widerstand von I kommt noch der von II hinzu, er hat sich also verdoppelt. Bei Anschluß eines dritten Elementes ist er verdreifacht usw.

Wir wollen uns nun vor Augen führen, *wann man parallel schalten* und *wann man* zweckmäßig *in Serie* schalten soll. Wann man die *Serienschaltung* anwenden *muß*, ist ja ohne weiteres ersichtlich. Diese Schaltung muß stets dann angelegt werden, wenn man Ströme von *höherer Spannung* gebraucht, als ein einziges Element zu liefern imstande ist.

Die *Parallelschaltung* wird man im Gegensatz hierzu dann anwenden, wenn man unter bestimmten Bedingungen Ströme von *niedriger Spannung*, aber *höherer Stromstärke* gewinnen will. Zur Feststellung dieser Bedingungen müssen noch einige Überlegungen angestellt werden, die das Verhältnis des *äußeren* zum *inneren* Widerstand betreffen.

Nehmen wir an, daß der innere Widerstand eines Elementes 10 Ohm beträgt. Der äußere Widerstand soll im ersten Falle 2000 Ohm betragen. Die Spannung des Elementes sei 2 Volt. Dann ist die Stromstärke

$$I = \frac{2}{2000 + 10} = \frac{1}{1005} \ \text{Ampere.}$$

Wenn man jetzt ein zweites Element *in Serie* schaltet, so erhält man

$$I = \frac{4}{2000 + 20} = \frac{2}{1010} \ \text{Ampere.}$$

Die Stromstärke hat sich demnach durch die Serienschaltung fast verdoppelt.

Werden die Elemente aber *parallel* geschaltet, so wird die Stromstärke

$$I = \frac{2}{2000 + 5} = \frac{1}{1002,5} \text{ Ampere.}$$

Durch die Parallelschaltung der Elemente ist also in diesem Falle die Stromstärke kaum verändert worden.

Wird aber in einem zweiten Fall der äußere Widerstand sehr klein gewählt, z. B. 2 Ohm, so ist zunächst

$$I = \frac{2}{2 + 10} = \frac{1}{6} \text{ Ampere.}$$

Bei der *Serienschaltung*

$$I = \frac{4}{2 + 20} = \frac{1}{5,5} \text{ Ampere.}$$

Die Amperezahl des Stromes hat durch Serienschaltung des zweiten Elementes kaum zugenommen.

Bei der *Parallelschaltung* hingegen ist:

$$I = \frac{2}{2 + 5} = \frac{1}{3,5} \, .$$

Die Amperezahl hat sich also bei dieser Schaltungsart fast verdoppelt.

Diese Beispiele zeigen uns, daß man zur Erreichung größerer *Stromstärken* in Serie oder parallel schalten muß, je nachdem der äußere Widerstand im Stromkreis groß oder sehr klein ist.

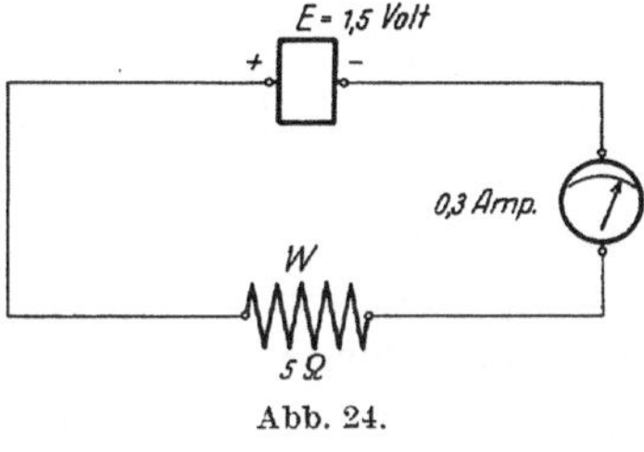

Abb. 24.

Die *Spannungs*größen hingegen lassen sich, wie schon erwähnt, nur durch *Hintereinanderschaltung* vermehren.

12. Das Ohmsche Gesetz und die Teile einer Leitung. Bei der obigen Erklärung des Ohmschen Gesetzes lag in dem Stromkreis nur der eine Widerstand W. (Abb. 24.)

Nehmen wir nun an, daß *zwei verschiedene Widerstände* in der Leitung liegen, z. B. W_1 und W_2.

„Widerstände in Serie". Der eine Widerstand, W_1, habe 5 Ohm, W_2 habe 10 Ohm. Das Amperemeter zeigt 0,10 Ampere. Die unbekannte Spannung des Elementes E können wir nach dem Ohmschen Gesetz als 15 (Summe der äußeren Widerstände) $\times$ 0,1 errechnen. Unter Vernachlässigung des inneren Widerstandes ist sie also = 1,5 Volt. Betrachten wir zunächst das Leiterstück AB und dann das Leiterstück CD. Wir können jetzt auf diese beiden Leiterstücke *einzeln* das Ohmsche Gesetz anwenden. Dann ist:

Spannungsabfall über $AB = \ 5 \cdot 0,1 = 0,5$ Volt,

,,　　　　　　,,　$CD = 10 \cdot 0,1 = 1$ 　,,

E hat also $0,5 + 1 = 1,5$ Volt.

Das ist ein Beispiel dafür, daß das Ohmsche Gesetz auch für die einzelnen Teile einer Leitung in Geltung ist. (Abb. 25.)

13. Der „unterteilte" Spannungsabfall. Wir können aber noch mehr aus diesem Beispiel ersehen. Über dem ganzen Stück AD „fällt" eine Spannung von 1,5 Volt „ab". Ein Teil der Spannung fällt über AB ab (0,5 Volt), der andere Teil fällt über CD ab (1 Volt). Wir haben hier also einen *unterteilten Spannungsabfall* vor uns. W_1 ist $^1/_3$ des Gesamtwiderstandes von 15 Ohm, es fällt daher auch $^1/_3$ der Gesamtspannung von 1,5 Volt über ihm ab. W_2 sind $^2/_3$ des Gesamtwiderstandes, es fallen daher auch über ihm $^2/_3$ der Gesamtspannung ab. Das zeigt uns die Möglichkeit, wie man *von einer bestimmten Spannung einen Teil herausgreifen* kann.

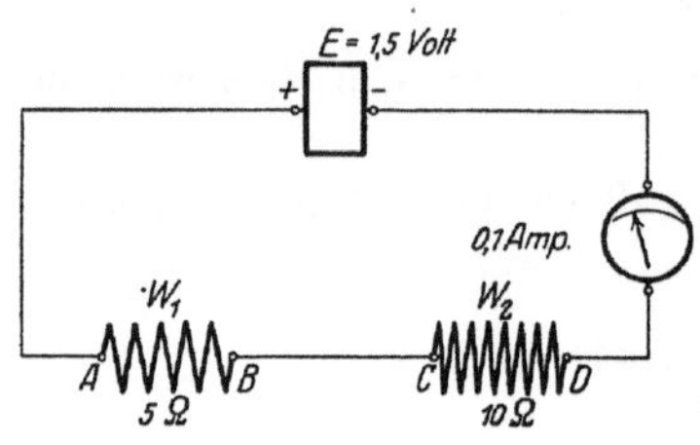

Abb. 25. Serienschaltung von zwei Widerständen. Ohmsches Gesetz und Teile einer Leitung.

Wenn die Aufgabe besteht, über CD eine bestimmte Spannung, z. B. 1 Volt, abfallen zu lassen, und wenn nur ein Element von 1,5 Volt zur Verfügung steht, so muß vor das Widerstandsstück CD ein *anderes vorgeschaltet* werden. Dieser sog. „*Vorschaltwiderstand*" muß in diesem Falle gerade die Hälfte des Widerstandes von CD betragen, damit über ihm schon $^1/_3$ der Spannung abgefallen ist und für CD nur noch $^2/_3$ von 1,5 Volt $= 1$ Volt übrigbleiben. Man kann es also mit Hilfe von Vorschaltwiderständen so einrichten, daß an ein Leiterstück *jede beliebige, jede gewünschte Spannung* angelegt wird. Die Berechnung der Größe dieses Vorschaltwiderstandes ist ja nach dem Gesagten völlig klar. Es wird zunächst berechnet, welchen Bruchteil der Gesamt*spannung* die für das betreffende Leiterstück gewünschte Spannung ausmachte. Dann wird es so eingerichtet, daß der *Widerstand dieses Leiterstückes* auch gerade gleich demselben Bruchteil des Gesamtwiderstandes ist.

Beispiel. Von einem Straßenstrom von 120 Volt sollen 20 Volt an die Pole eines Kataphoreseapparates angelegt werden. Der Widerstand der Flüssigkeit im Kataphoreseapparat beträgt 50 Ohm.

Berechnung. 120 Volt sind vorhanden, 20 Volt werden verlangt. Es müssen also $^5/_6$ der Spannung über einem Vorschaltwiderstand abfallen, damit $^1/_6 = 20$ Volt für den Apparat übrigbleiben. Der Vorschaltwiderstand muß daher auch $^5/_6$ des Gesamtwiderstandes besitzen. $^1/_6 = 50$ Ohm, $^5/_6 = 250$ Ohm. Man schalte also einen Widerstand von 250 Ohm zu dem Kataphoreseapparat in Serie. Um Mißverständnisse zu vermeiden, soll noch betont werden, daß es nicht nötig ist, den

Vorschaltwiderstand *vor* dem Kataphoreseapparat anzubringen. Er muß mit dem Kataphoreseapparat nur in einer Stromleitung liegen, also in Serie geschaltet sein (Abb. 26 u. 27).

Bei beiden Schaltungen fällt über dem Kataphoreseapparat nur $\frac{1}{6}$ der Klemmenspannung E ab.

Man sagt bei den Widerständen genau so wie bei den hintereinander geschalteten *Elementen:* der *Widerstand* liegt „*in Serie*".

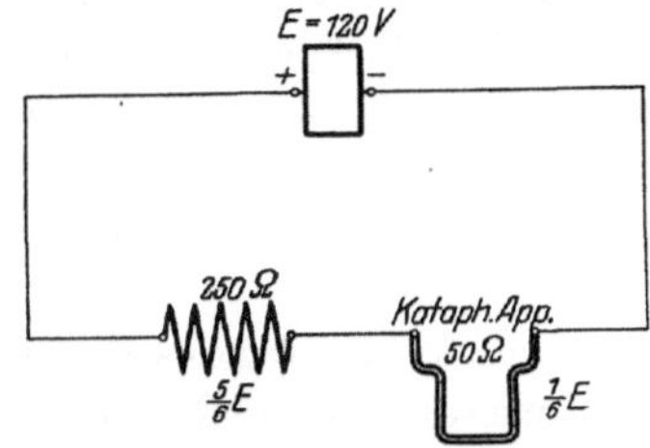

Abb. 26. Abzweigung von Spannungen mit Hilfe von in Serie geschalteten Widerständen.

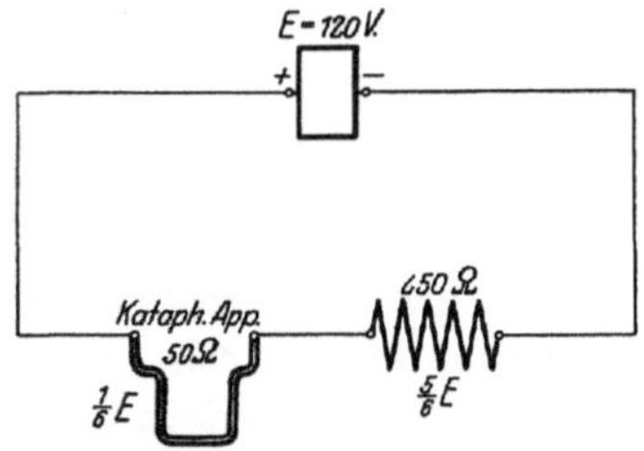

Abb. 27 wie 26. Der Hilfswiderstand liegt hinter dem Kataphoreseapparat.

Bei den Elementen lernten wir noch die Parallelschaltung kennen. Wir können uns wie bei den Elementen diese andere Schaltungsform auch bei der Anordnung von *Widerständen* denken, also auch *Widerstände* zueinander *parallel* schalten.

Nehmen wir z. B. einen Stromkreis von 120 Volt Klemmenspannung und 20 Ohm Widerstandsdraht und legen wir in ihn ein Amperemeter (Abb. 28).

Wenn wir einen Widerstand W_2 *in Serie* zu dem Widerstand W_1 schalten,

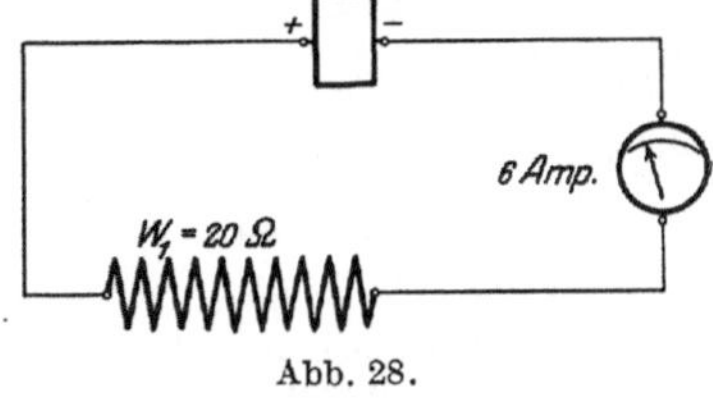

Abb. 28.

so ist die Wirkung uns schon geläufig, die Widerstände addieren sich und die Stromstärke nimmt entsprechend ab. Was geschieht aber, wenn wir den Widerstand W_2 von ebenfalls 20 Ohm *parallel* zu W_1 schalten?

14. Parallelschaltung von Widerständen. (Abb. 29.) Der Strom kann bei dieser Schaltung sowohl durch den Widerstand W_1 als auch durch den Widerstand W_2 von B nach C gelangen. Es ist also für den Strom nicht nur der einzige Weg über W_1 vorhanden, sondern auch der Weg über W_2. Es wird

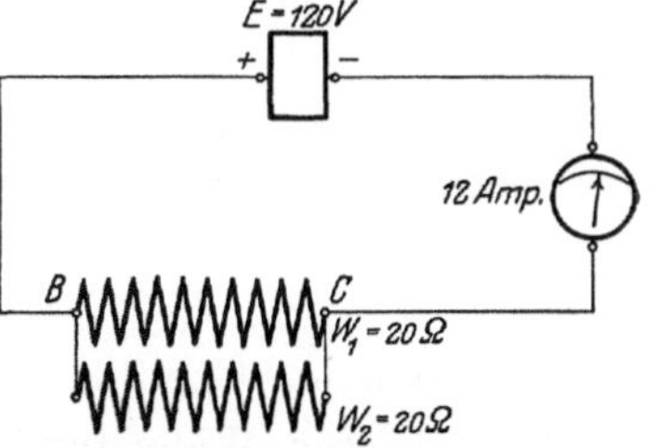

Abb. 29. Zwei parallel geschaltete gleich große Widerstände.

nicht mehr der ganze Strom den Widerstand W_1 passieren, sondern nur ein Teil des Stromes, und ein anderer Teil wird durch W_2 abfließen und einen zweiten Stromkreis bilden. Der Strom kann „stärker fließen" *als vorher*. Wir haben durch Anlegung des zweiten Draht-

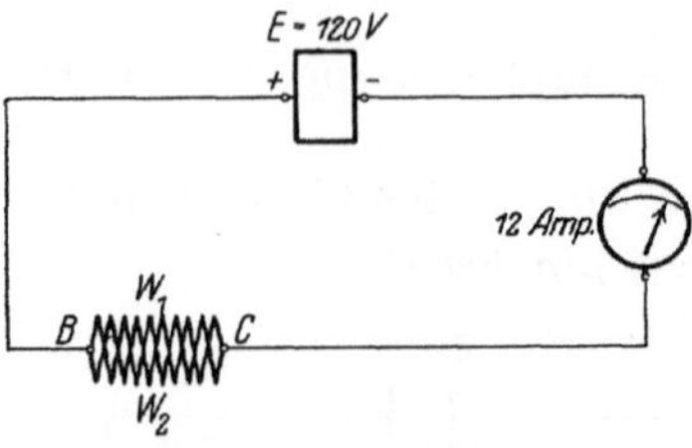

Abb. 30. Zwei parallel geschaltete gleich
große Widerstände.

widerstandes dasselbe getan, als wenn wir den Querschnitt des Drahtes von W_1 vergrößern. Das wird uns sofort klar, wenn wir den Draht W_2 nicht mehr abseits von W_1 verlaufen lassen, sondern ihn um W_1 herumwickeln (Abb. 30). Der Widerstand BC besteht jetzt aus einem gewickelten Draht, der wegen seines *größeren Querschnittes* ein besserer Leiter als der einfache Draht W_1 ist, also einen stärkeren Strom passieren läßt.

Wir haben also durch *Parallelschaltung* eines Widerstandes den *Gesamtwiderstand* des Systems *verringert*. In unserem Beispiel sollte W_1

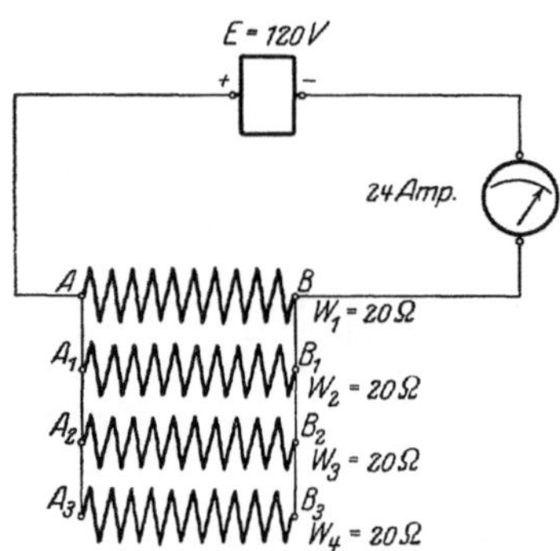

Abb. 31. Vier parallel geschaltete
gleich große Widerstände.

gleich W_2 sein, d. h. der Querschnitt von W_1 ist durch Parallelschaltung von W_2 verdoppelt worden. Der Gesamtwiderstand beträgt daher nicht etwa $20 + 20$ Ohm wie bei der Serienschaltung, sondern nur noch $\frac{20}{2}$ Ohm. Das Amperemeter wird daher nicht mehr einen Strom von 6 Ampere, sondern einen solchen von 12 Ampere anzeigen. Schaltet man nicht 2, sondern 4 Widerstände parallel, so verringert sich der Gesamtwiderstand immer mehr. Bei 4 gleich großen, parallel liegenden Widerstandsstücken beträgt er nur noch

den vierten Teil eines einzelnen (Abb. 31). Während also bei einer Serienschaltung dieser 4 Widerstände die Stromstärke

$$I = \frac{120}{4 \cdot 20} = 1{,}5 \text{ Ampere}$$

wäre, beträgt sie bei der abgebildeten Parallelschaltung

$$I = \frac{120}{20/4} = 24 \text{ Ampere.}$$

Zunächst haben wir die Stromverzweigung durch Parallelschaltung von stets *gleichen* Widerstandsstücken ausgeführt. Der Gesamtstrom hat, wie wir sahen, eine Stärke von 24 Ampere. Nun sind diese 24 Ampere gleich der Summe aller bei $A - A_3$ zufließenden, und bei $B - B_3$ abfließenden Stromstärken. In dem einzelnen Zweig AB oder A_1B_1 oder A_2B_2 muß daher ein Strom von einer viel niedrigeren Stromstärke als 24 Ampere fließen, da ja sonst nicht erst die Gesamtsumme der 4 Ströme 24 Ampere sein könnte.

Wir lernen nunmehr, daß das OHMsche Gesetz auch für jeden einzelnen Strom*zweig* gilt. Vorher sahen wir, daß es für jeden einzelnen *Teil* einer Leitung gilt. Die Spannung von A, A_1, A_2 und A_3 ist gleich der Spannung der *positiven* Klemme des Elementes. Die Spannung von B, B_1, B_2 und B_3 ist gleich der Spannung der *negativen* Klemme des Elementes. Zwischen A, A_1, A_2, A_3 einerseits und B, B_1, B_2, B_3 andererseits herrscht also die Klemmenspannung von 120 Volt. Dieselbe Spannung herrscht also zwischen A und B, zwischen A_1 und B_1, zwischen A_2 und B_2 und zwischen A_3 und B_3. Das Stück AB hat einen Widerstand von 20 Ohm, sein Spannungsabfall ist 120 Volt, also fließt in ihm nach dem OHMschen Gesetz ein Strom

$$I = \frac{120}{20} = 6 \text{ Ampere.}$$

In dem Stück A_1B_1 fließt ebenfalls ein Strom von 6 Ampere und auch in den Zweigen A_2B_2 und A_3B_3. Die Summe dieser 4 Stromstärken ist eben dann gleich der vom Amperemeter angezeigten Zahl 24.

Nunmehr benutzen wir für die Parallelschaltung an Stelle von stets gleichen Widerständen verschiedene. Z. B. schalten wir Widerstände von 20, 100 und 1000 Ohm parallel (Abb. 32). Nach dem OHMschen Gesetz fließt jetzt zwischen A_1B_1 der Strom

$$I_1 = \frac{120}{20} = 6 \text{ Ampere,}$$

zwischen A_2B_2 der Strom

$$I_2 = \frac{120}{100} = 1{,}2 \text{ Ampere}$$

und zwischen A_3B_3 der Strom

$$I_3 = \frac{120}{1000} = 0{,}12 \text{ Ampere.}$$

Das Amperemeter, das den Gesamtstrom mißt, wird also

$$I = I_1 + I_2 + I_3 = 7{,}32 \text{ Ampere}$$

anzeigen.

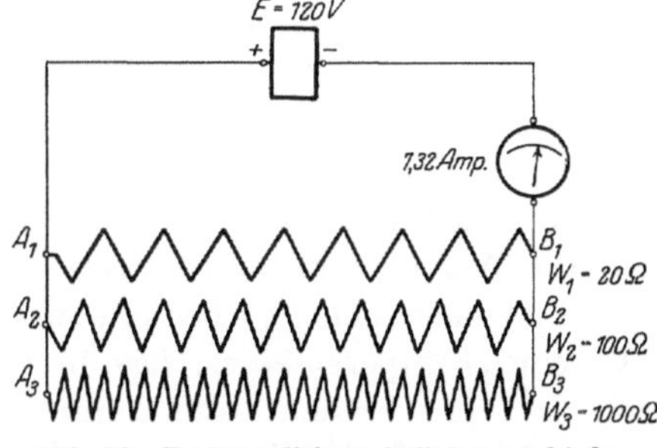

Abb. 32. Drei parallel geschaltete verschieden große Widerstände. OHMsches Gesetz und Stromzweige.

15. Meßinstrumente[1]**) für verschiedene Meßbereiche.** Von dieser Parallelschaltung verschiedener Widerstände macht man weitgehend Gebrauch. Es läßt sich, um nur ein Beispiel anzuführen, durch diese Anordnung ein und dasselbe Amperemeter für die *verschiedensten Stromstärken* benutzen. Man kann dann mit einem einzigen Instrument *Milliampere, Hundertstel, Zehntel* und *ganze* Ampere messen. In einem

---

[1]) S. den anschließenden, besonderen Abschnitt über Meßinstrumente.

solchen Universalinstrument ist ein System von genau berechneten parallelgeschalteten Widerständen angebracht, durch deren Anordnung von den beliebigen vorliegenden Stromstärken immer nur ein Teil für das Meßinstrument abgezweigt wird. Von einem Strom von 6 Ampere läßt man z. B. nur $^1/_{1000}$ durch das Meßinstrument, und $^{999}/_{1000}$ fließen durch den genau geeichten Paralleldraht ab. Bei Anwendung dieses Widerstandsverhältnisses zwischen Paralleldraht und Meßinstrument zeigt uns das Meßinstrument nur den tausendsten Teil der wirklichen Stromstärke an. Wir müssen also den abgelesenen Wert mit 1000 multiplizieren, um die eigentliche Stromstärke zu erhalten. Liegt eine Stromstärke von 0,6 Ampere vor, so werden $^1/_{100}$ der Stromstärke durch das Instrument und $^{99}/_{100}$ durch die Parallelschaltung gelassen. Der abgelesene Wert wird dann nur mit 100 multipliziert. Beträgt die Stromstärke nur 6 Milliampere, so benutzen wir keine Parallelschaltung, sondern lassen den *ganzen* Strom durch das Instrument. Zur Erleichterung der Ablesung und Vermeidung der Multiplikation sind an den Instrumenten meistens mehrere Skalen übereinander angebracht, also bei unserem Beispiel eine Skala von 0—10 *Milliampere*, darüber eine solche von 0,01—0,1 *Ampere*, darüber eine von 0,1—1,0 Ampere und schließlich eine Skala von 1,0—10 Ampere. Die Betätigung der verschiedenen Parallelwiderstände geschieht durch Verstellen eines Hebels oder Drehen eines Knopfes oder auf ähnliche Weise. Je nach der Stellung dieses Hebels oder Knopfes muß man den Wert für die Stromstärke an der untersten, an der zweiten, an der dritten oder vierten Skala ablesen. Diese Meßinstrumente sind jetzt so allgemein in Gebrauch, daß man sich ihr Prinzip und ihre Bedienung gut aneignen muß.

Der Schutzwiderstand oder „Shunt". Will man nicht eine bestimmte Amperezahl messen, sondern nur wissen, ob in einer Leitung Strom ist oder nicht, so bedient man sich, wie wir schon wissen, ebenfalls eines Amperemeters, das in diesem Falle nicht in Ampere geeicht zu sein braucht und dann Galvanometer oder auch Galvanoskop oder auch Nullinstrument heißt. Ist Strom in der Leitung, so gibt das Instrument einen Ausschlag, ist kein Strom da, so bleibt jede Zeigerbewegung aus. Gebraucht man ein sehr empfindliches Instrument, also ein solches, das schon minimale Strommengen anzeigt, so besteht die Gefahr, daß man bei Unkenntnis über die vorliegende Stromstärke einen zu starken Strom durch das Instrument schickt und das Instrument dadurch beschädigt. Um dieser Gefahr vorzubeugen, benutzt man *wieder das Prinzip der parallelgeschalteten Widerstände*.

Das Galvanometer wird nicht direkt in den Stromkreis gelegt, der auf Stromlosigkeit untersucht werden soll, sondern in einen Teilkreis, in dem wegen seines hohen Widerstandes nur ein schwacher Strom fließen kann. Schlägt das Instrument nicht aus, so wird entweder in der Hauptleitung kein Strom sein, oder es wird aber die für das Meß-instrument abgezweigte geringe Strommenge zu schwach sein, um eine erkennbare magnetische Wirkung hervorzurufen. Um diese beiden Möglichkeiten zu unterscheiden, vergrößert man den Parallelwiderstand, so daß durch das Instrument nunmehr ein größerer Teil des Gesamtstromes hindurchgeht. Erhält man auch jetzt und auch bei weiterer Vergrößerung des parallel geschalteten Widerstandes noch keinen Ausschlag, so muß man den Parallelwiderstand ganz fortlassen und den Gesamtstrom durch das Instrument schicken. Fehlt jetzt ebenfalls jeder Ausschlag, so ist kein Strom in der Leitung.

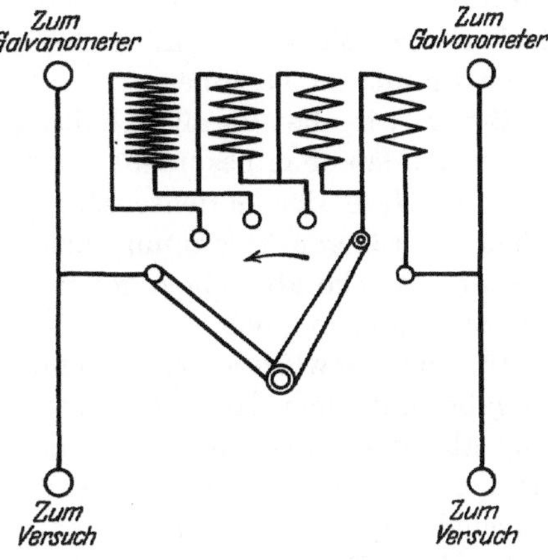

Abb. 33. Schema eines Schutzwiderstandes oder „Shunts".

Eine solche Anordnung, die dazu dient, ein Meßinstrument vor zu starken Strömen zu schützen, nennt man „*Shunt*".

Schematisch wäre ein Shunt folgendermaßen zu denken (Abb. 33). Das Galvanometer steht mit den in einem Kästchen oder auf einer Platte angebrachten Drahtwiderständen in Verbindung. Der zu untersuchende Strom passiert entweder *alle* Widerstände und als Teilstrom das Galvanometer, oder *einzelne* Widerstände und als (größerer) Teilstrom das Galvanometer, oder die Widerstände sind völlig abgeschaltet, und der Strom geht direkt durch das Galvanometer. Die Abb. 34 zeigt einen der einfachen, selbst herzustellenden Shunts.

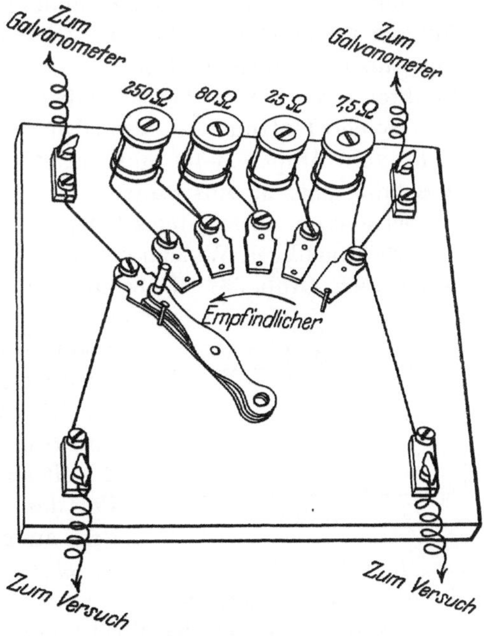

Abb. 34. Skizze eines einfachen, selbst herzustellenden „Shunts".

Man bedenke beim Arbeiten mit hochempfindlichen Meßinstrumenten stets die Gefahr einer Schädigung des Instrumentes durch zu starke Ströme und versäume daher niemals, bei unbekannten Stromstärken die Messung mit einer eingeschalteten Schutzvorrichtung, einem Shunt, zu beginnen.

Bevor wir die Parallelschaltung von Widerständen behandelten, die uns zu den eben besprochenen praktischen Hinweisen führte, hatten wir mit Hilfe der Serienschaltung von Widerständen aus einer gegebenen größeren Spannung beliebige kleinere Spannungen für bestimmte Zwecke abzweigen gelernt. Wir wollen nun diese Abzweigung von Spannungen noch etwas näher betrachten.

16. Die Abzweigung von Spannungen. Bei der oben besprochenen Aufgabe mit dem Kataphoreseapparat mußten wir die notwendige Ohmzahl des Vorschaltwiderstandes aus den gegebenen Daten der Elementspannung und des Widerstandes rechnerisch finden, dann den Vorschaltwiderstand mit Hilfe von Widerstandsdraht herstellen und ihn nach seiner Eichung vor oder hinter den Kataphoreseapparat in den Stromkreis einschalten. Um diese Aufgabe ausführen zu können, war es nötig, den Widerstand der Lösung im Kataphoreseapparat genau zu kennen. Wenn der Widerstand der Lösung aber nicht bekannt ist und trotzdem genau 20 Volt an die Pole des Kataphoreseapparates herangebracht werden sollen, so muß man etwas anders vorgehen. Bei dieser Aufgabe wird erstens nicht ein *Festwiderstand*, sondern ein sog. *Regulierwiderstand* gebraucht und außerdem ein Instrument, welches die an zwei Punkten eines Leiters herrschende Spannung in Volt anzeigt. Näheres über solche Instrumente, also über die Voltmeter, die sich prinzipiell nicht vom Amperemeter unterscheiden, siehe in dem anschließenden Abschnitt über Meßinstrumente.

Betrachten wir folgendes Beispiel: Ein Element von 2 Volt ist durch den gleichmäßigen Widerstandsdraht von 100 cm Länge, AB, kurzgeschlossen (Abb. 35). Über die Strecke von 100 cm AB fallen die 2 Volt Klemmenspannung ab. Gehe ich also mit den Polen eines Voltmeters an die Klemmen des Elementes $+$ und $-$ oder an die Enden des Widerstandsdrahtes A und B heran, so zeigt das Meßinstrument 2 Volt an. Lasse ich nun aber den einen Pol des Voltmeters bei A und gehe mit dem anderen Pol in die Mitte des Drahtes

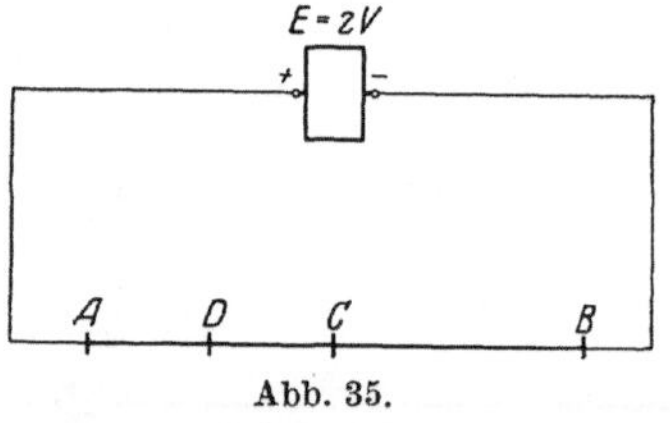

Abb. 35.

zwischen A und B, also bis C, so zeigt das Voltmeter 1 Volt an. Zwischen A und C fällt somit eine Spannung von 1 Volt ab. Gehe ich nicht bis C, sondern bis D, der Mitte von A und C, so zeigt das Instrument nur 0,5 Volt an. Wenn ich den Draht AB mit einer nichtleitenden

Holzunterlage versehe und diese so in Zentimeter einteile, daß bei A gerade 0 und bei B die Zahl 100 steht, so kann ich nachweisen, daß für jedes Zentimeter der Spannungsabfall $= \frac{2}{100}$ Volt, also $= 20$ Millivolt ist (Abb. 36, Abbildung eines Meßdrahtes).

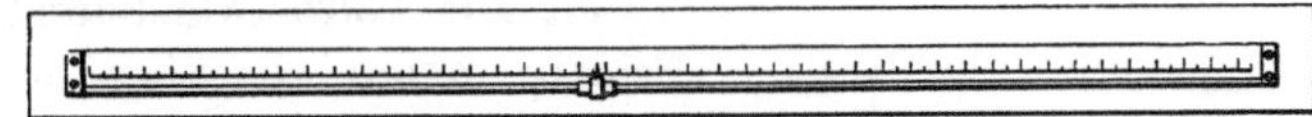

Abb. 36. Meßdraht auf Holzunterlage.

Jetzt wollen wir es so einrichten, daß auf dem Drahtstück AB ein verschiebbarer Kontakt vorhanden ist. Dieser Kontakt kann entweder eine Metallrolle sein, die auf dem Draht läuft, oder eine Metallschneide, die auf ihm gleitet, oder etwas Ähnliches.

In der Abbildung ist die Beweglichkeit des Punktes C durch den Pfeil angedeutet (Abb. 37). Zwischen A und C kann man nunmehr jede beliebige Spannung innerhalb der Grenzen von 0 und 2 Volt herstellen. Da jedes Zentimeter des Widerstandsdrahtes AB einem Potentialabfall von 20 Millivolt, jedes Millimeter einem Potential von 2 Millivolt entspricht, lassen sich jetzt auch ohne Voltmeter die zwischen A und C abfallenden Spannungsgrößen angeben. Es wird einfach die Millimeterzahl der Stellung C mit 2

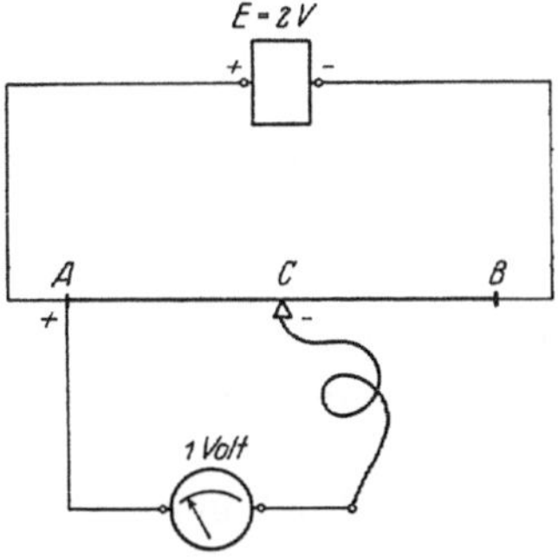

Abb. 37. Abzweigung von Spannungen mit Hilfe eines Meßdrahtes.

multipliziert und zur Umrechnung von Millivolt auf Volt durch 1000 dividiert. Umgekehrt findet man für jede gewünschte Potentialdifferenz die entsprechende Streckenlänge von AC in Millimeter. Voraussetzung hierfür ist die völlige Gleichmäßigkeit des Drahtstückes AB.

Diese Vorkenntnisse werden das Verständnis der später zu besprechenden „Kompensationsschaltung" wesentlich erleichtern.

Zur „Abgreifung" von Spannungen, mit denen man noch irgendwelche Wirkungen ausüben will, bedient man sich in der Praxis nicht eines gerade ausgespannten, sondern eines auf einer Rolle in dichten Windungen aufgewickelten Drahtes. Je länger der Draht ist, in um so feinerer Unterteilung läßt sich die abgreifbare Voltmenge regulieren. Da sich bei diesen aufgewickelten Drähten die Länge des abgegriffenen Drahtstückes und somit die Größe der abgezweigten Spannung nicht so leicht erkennen lassen wie bei dem ausgespannten, in Millimeter oder Zentimeter eingeteilten Draht, dient zur Feststellung der abgegriffenen Voltmenge ein Voltmeter (Abb. 38). Die Größe der abgezweigten Spannung zeigt dann das Voltmeter direkt an. Bei dieser Anordnung ist der Punkt C ein Schleifkontakt, der auf dem mit

Widerstandsdraht bewickelten Zylinder hin und her gleitet. Die sog. „Schiebewiderstände", über die wir später noch mehr hören werden, sind in dieser Weise konstruiert (s. Abb. 39).

17. Die Kurbelwiderstände. Im Prinzip genau so, aber äußerlich

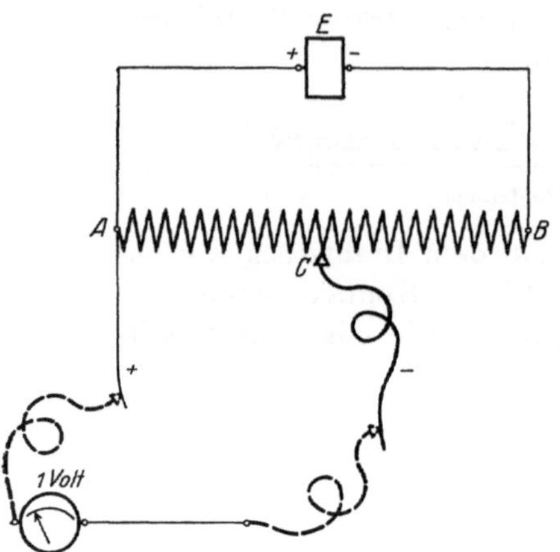

Abb. 38. Abzweigung von Spannungen mit Hilfe eines Regulierwiderstandes.

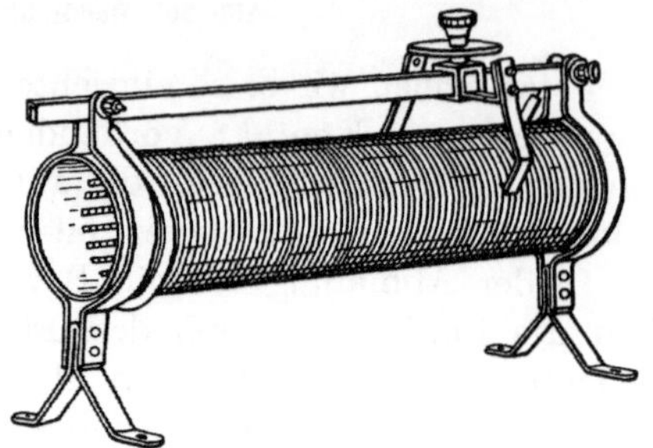

Abb. 39. Abbildung eines einfachen Schiebewiderstandes.

ansprechender und kontaktsicherer sind die sog. *Kurbelwiderstände* oder *Drehrheostaten*, die das Regulieren und Abgreifen der Spannungen sehr bequem gestalten. Das Stück AB besteht dabei aus einzelnen gleichmäßigen Drahtspulen (wie in den später zu behandelnden Rheostatenkästen), die an ihrem Anfang und an ihrem

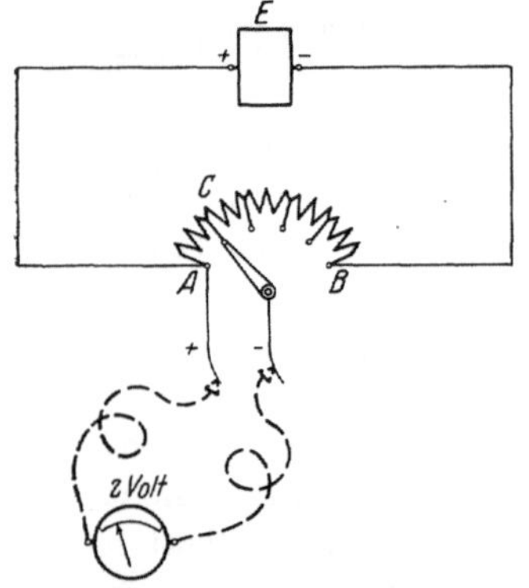

Abb. 40. Abzweigung von Spannungen mit Hilfe eines Kurbelwiderstandes.

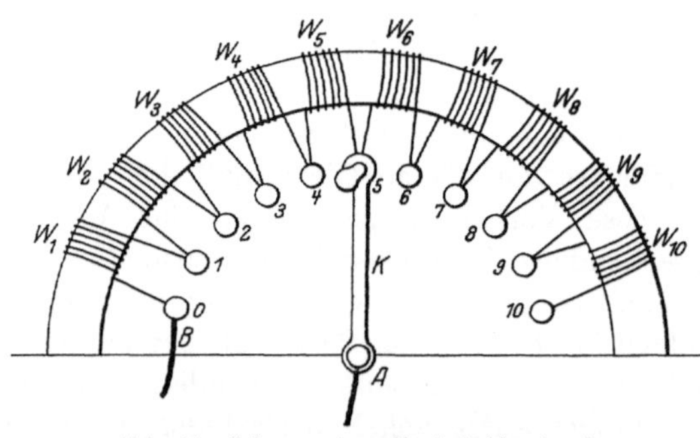

Abb. 41. Schema eines Kurbelwiderstandes.

Ende zu breiten Metallkontakten führen. Über diese Kontakte gleitet eine Kurbel, die also die Aufgabe der *beweglichen* Kontaktstelle erfüllt. Vom Anfangsstück des ganzen Drahtsystems A und von der Kurbel C wird der gewünschte Spannungsteil abgeleitet. Die abgezweigte Spannung wird wie vorher mit einem Voltmeter gemessen (Abb. 40 u. 41)[1]).

---

[1]) GRAETZ: Die Elektrizität und ihre Anwendungen. 20. Aufl. Stuttgart 1921.

18. Spezifische Widerstände von verschiedenen Drahtsorten. Bei den Drähten der Widerstandskopien, die wir bei den Widerstandsnormalien besprochen haben, sind wir schon mit einer Metallart in Berührung gekommen, die sich zur Herstellung von Widerständen besonders gut eignet. Das war Manganin, eine Legierung aus Cu, Mn und Ni. Um von der Länge der Drähte, die zu Widerstandsanordnungen nötig sind, eine Vorstellung zu geben, wollen wir jetzt die spezifischen Widerstände einiger Elemente und Legierungen anführen. Die *spezifischen* Widerstände sind die *wirklichen* Widerstände eines Drahtstückes aus dem betreffenden Metall von 1 m Länge und 1 qmm Querschnitt. Ist z. B. der spezifische Widerstand 0,5, so heißt das so viel, daß das Drahtstück von 1 m Länge und 1 qmm Querschnitt einen Widerstand von 0,5 Ohm hat.

Spezifischer Widerstand[1]) einiger Leiter.

Kupfer	0,017
Aluminium	0,032
Eisen	0,09—0,15
Zink	0,061
Platin	0,14
Manganin	0,42
Konstantan (60 Cu, 40 Ni)	0,48
Mangankupfer (70 Cu, 30 Mn)	1,07
Graphit	13

Der spezifische Widerstand von Kupfer ist, wie aus der Tabelle zu sehen ist, äußerst klein. Ein mittlerer Kupferdraht von 2 qmm Querschnitt und $^1/_2$ m Länge gibt erst einen Widerstand von

$$\frac{0,017}{2 \cdot 2} = 0,0042 \text{ Ohm.}$$

Liegt daher in einem äußeren Stromkreis ein Widerstand von wenigen Ohm an aufwärts, so ist der Widerstand der kupfernen Zuleitungsdrähte demgegenüber bereits zu vernachlässigen. Bei genauen Messungen ist auch die Widerstandsänderung mit der Temperatur (Zunahme des Widerstands bei steigender Temperatur) zu berücksichtigen. Die Legierungen wie Manganin, Konstantan usw. haben aber einen derart geringen Temperaturkoeffizienten, daß die Temperaturänderungen in mäßigen Grenzen ganz außer acht gelassen werden können.

So haben wir jetzt die elektrischen Größen, das Coulomb, Volt und Farad, das Ampere und das Ohm kennengelernt und gesehen, daß neben den theoretischen noch empirische Werte bestehen. Ferner haben wir gesehen, wie man in der Praxis auf diese empirischen Werte, vor allem für Ampere, Ohm und Volt zurückgreift. Schließlich lernten wir

---

[1]) GRAETZ: Die Elektrizität und ihre Anwendungen. 20. Aufl. Stuttgart 1921.

die wichtigsten Gesetze des galvanischen Stromes an Haupt-, Teil- und Zweigströmen kennen und rechneten einige Beispiele aus der alltäglichen, einfachsten Praxis durch. Von den *Wirkungen* des elektrischen Stromes beschäftigte uns die chemische und die magnetische. Von der chemischen hörten wir bei dem Silbervoltameter, von der magnetischen bei den Galvanometern, Amperemetern und Voltmetern, die uns für die Erklärung der Stromgesetze unentbehrlich waren. Die Prinzipien dieser elektrischen Meßinstrumente, deren Anwendungsweise wir schon in diesem Abschnitt zum Teil vorwegnehmen mußten, sollen uns nunmehr noch ganz ausführlich beschäftigen.

III. Die Beschreibung der gebräuchlichen elektrischen Meßinstrumente und die Anwendung der Stromgesetze in der Meßpraxis.

Elektrische Meßinstrumente müssen besonders sorgsam behandelt werden. Auf alle Einzelheiten der Behandlungsart wird hingewiesen. Die Frage der Empfindlichkeit muß bei der Auswahl eines Instrumentes vornehmlich berücksichtigt werden; achsengelagerte und Fadeninstrumente unterscheiden sich wesentlich hinsichtlich ihrer Empfindlichkeit. Die elektrostatischen Instrumente sind schwierig zu bedienen. Es werden das Quadrantenelektrometer von Dolezalek und der Binant von Dolezalek beschrieben. Die „Quadrantenschaltung" und die „Nadelschaltung" werden angegeben.

Das Kapillarelektrometer von Lippmann wird theoretisch erklärt, seine Anwendungsweise, seine Fehlermöglichkeiten, seine Herstellung beschrieben. Auf das Differential-Kapillarelektrometer von E. Müller wird hingewiesen. Die elektromagnetischen Meßinstrumente werden ausführlich erklärt. Bei den Nadelgalvanometern schwingt ein Magnet innerhalb einer Drahtspule, bei den Drehspulgalvanometern steht der Magnet fest, und die Spule schwingt. Die Nadelgalvanometer sind durch die Astasierung verbessert; trotzdem wird in der Meßpraxis vornehmlich mit Drehspulgalvanometern gearbeitet. Drehspulgalvanometer können auch mit einem Elektromagneten eingerichtet sein. Die Schwingungen der Zeiger werden in der Mehrzahl durch besondere Einrichtungen gedämpft. Ungedämpft müssen die sog. ballistischen Galvanometer sein, die das einmalige Überfließen von Elektrizitätsmengen und nicht einen dauernden Strom messen. Ein Voltmeter ist ein Strommesser mit sehr hohem Widerstand; er wird parallel zu einem Leiter angelegt und ist auf Spannungsgrößen geeicht.

Eine besondere Kombinationsschaltung zum Zwecke der Spannungsmessung ist die Kompensationsschaltung. Diese Schaltungsart wird bei der H-Ionenmessung fast ausschließlich angewandt. Die einfachste Anordnung der Kompensationsschaltung ist die Meßdrahtanordnung. Ihre Anwendung, ihre Vorteile und Nachteile werden genau beschrieben. Geringere Stromentnahmen erreicht man durch Benutzung von Rheostatenkästen an Stelle des Meßdrahts. Es wird eine Anordnung mit einem und eine mit zwei Rheostatenkästen beschrieben. Die Kompensationsschaltung mit Kurbelrheostaten leitet zu den Potentiometern über, dessen Konstruktionsarten die Potentialmessung sehr erleichtern. Zum Schluß werden Spannungsmessungen mit Elektronenröhren erwähnt.

Die elektrischen Potentialmessungen, die zur Wasserstoffionenbestimmung gehören, werden entweder mit elektrischen Meßinstrumenten allein oder mit Meßinstrumenten in Verbindung mit verschiedenen Widerstandsanordnungen ausgeführt.

In beiden Fällen spielen die Meßinstrumente die ausschlaggebende Rolle.

Das Gelingen der Arbeiten mit den Meßanordnungen hängt weitgehend davon ab, wie der Untersucher hochempfindliche Meßinstrumente zu bedienen versteht. Die fehlerfreie Bedienung hat eine Kenntnis der Bauart und des Wirkungsmechanismus der Instrumente zur Voraussetzung, die nur durch gründliches Studium aller Einzelheiten gewonnen werden kann.

Für die elektrometrische H-Ionenmessung werden nicht etwa besondere Meßinstrumente gebraucht; es sind vielmehr die üblichen, im Handel befindlichen Anzeigeinstrumente, die auch bei der H-Ionenmessung Verwendung finden.

Je nach den Erfordernissen wird mit Instrumenten für die *statische* und solchen für die *dynamische* Elektrizität gearbeitet. Bei der statischen Elektrizität werden, woran wir uns wieder erinnern wollen, nur ruhende Elektrizitätsmengen und Spannungen betrachtet, während für den Begriff der dynamischen Elektrizität der „elektrische Strom", also ein Wandern, ein Fließen von Elektrizitätsmengen charakteristisch ist.

Für *direkte Messungen* der Potentialdifferenz zweier Elektroden können gewöhnlich nur statische Instrumente gebraucht werden, da die elektromagnetischen Instrumente in einem Umfange Strom beanspruchen, der von den Wasserstoffelektroden nicht geliefert werden kann.

Statische Meßinstrumente sind das *Quadrantenelektrometer* und der *Binant*[1]).

Bei dem Kompensationsverfahren hingegen und den ähnlichen potentiometrischen Meßarten, von denen später die Rede sein wird, kommen vorwiegend elektrodynamische Meßinstrumente zur Anwendung.

1. Allgemeine Vorbemerkungen über Meßinstrumente. Man kann bei den Meßinstrumenten, je nachdem, ob sie auf starke oder schwache Ströme ansprechen, *weniger* empfindliche und *hoch*empfindliche Instrumente unterscheiden.

Bei der H-Ionenmessung wird man gewöhnlich mit sehr schwachen Strömen zu tun haben, und daher werden die Anzeigeinstrumente in der Mehrzahl der Fälle für schwache Ströme geeignet, also besonders empfindlich sein müssen.

Soll die Empfindlichkeit eines Instrumentes zahlenmäßig ausgedrückt werden, so muß *diejenige Stromstärke* angegeben werden, welche ausreicht, um einen Ausschlag des Zeigers von einem Millimeter oder einem Grad auf der Skala herbeizuführen. Man sagt z. B., die

---

[1]) Auch das Kapillarelektrometer ist als ein statisches Instrument aufzufassen.

Empfindlichkeit des Instrumentes ist 10^{-7} Ampere, und meint damit, daß ein Strom von 10^{-7} Ampere einen Ausschlag von $1°$ auf der Skala des Instrumentes hervorruft.

Die weniger empfindlichen Zeigerinstrumente sind die *„achsengelagerten"*, die kaum Ströme unter 10^{-5} Ampere anzeigen können. (Siehe die Erklärung des Wortes „achsengelagert" auf S. 130.)

Die hochempfindlichen Zeigerinstrumente sind die *Fadengalvanometer*, die für 10^{-7} Ampere und auch noch für kleinere Stromstärken ausreichen.

Wird der Zeiger bei einem Fadengalvanometer durch einen kleinen *Spiegel* ersetzt, wobei dann ein *Lichtstrahl* als Zeiger dient, so lassen sich noch Ströme von 10^{-8} und 10^{-9} Ampere messen. Die Instrumente mit der Spiegeleinrichtung heißen *Spiegelgalvanometer*. Bei der H-Ionenmessung wird man gewöhnlich mit Zeigergalvanometern, selten mit Spiegelgalvanometern arbeiten. Ausschließlich *achsengelagerte* Instrumente werden nur bei solchen Anordnungen Verwendung finden können, bei denen es nicht auf hohe Genauigkeit ankommt. Der große Vorteil der achsengelagerten Instrumente, in jeder Lage richtig anzuzeigen, wird daher bei der H-Ionenmessung meistens preisgegeben werden müssen, um eine große Genauigkeit zu erreichen. Die Fadeninstrumente zeigen nur in einer bestimmten Stellung richtig an, nämlich in der Horizontalstellung. Diese muß daher vor jeder Benutzung aufs sorgfältigste hergestellt werden. Gewöhnlich geschieht das durch Regulierung einiger Stellschrauben, bis eine Wasserwage (Libelle) die richtige Horizontallage des Instrumentes anzeigt.

Bei der H-Ionenmessung werden außer Instrumenten, die eine Skala mit Unterteilung in *Milliampere* oder *Millivolt* haben, sehr häufig solche Instrumente verwandt, die keine eigentliche Skala, sondern nur einen *Nullpunkt* aufweisen. Diese Instrumente zeigen nur an, ob in einem Stromkreis ein Strom vorhanden ist oder nicht. Es sind dies die sog. *Nullinstrumente*, mit denen wir bei der Kompensationsschaltung (s. Seite 138) vorwiegend zu tun haben. Während bei den Instrumenten *mit* Skala die Ausschlaggröße des Zeigers direkt das Meßresultat in Volt, Ampere, Ohm usw. abzulesen gestattet, kann das *Nullinstrument* allein nur die qualitative Frage beantworten, ob Strom vorliegt oder nicht. Die Genauigkeit der ganzen Messung hängt demnach bei den *Skaleninstrumenten* von der Genauigkeit der Eichung der Instrumente ab, während bei einem Nullinstrument nur die *Empfindlichkeit* des Instrumentes das Meßresultat beeinflußt. Die Meßgenauigkeit hängt bei der Benutzung eines Nullinstrumentes wesentlich von der Genauigkeit der ganzen Anordnung (Genauigkeit der Widerstandssätze usw.) ab.

Diese allgemeinen Ausführungen werden noch bei der Erklärung der einzelnen Instrumente und Apparaturen ergänzt werden. Bevor wir mit der näheren Beschreibung der Meßinstrumente beginnen, seien noch ein paar allgemeine Regeln über ihre Behandlung vorausgeschickt.

Je stromempfindlicher ein Instrument, desto vorsichtiger muß es behandelt werden, damit das schwingende System keinen Schaden nimmt.

Zum Zweck der Fadensicherung ist bei jedem hochempfindlichen Instrument stets eine sog. *Arretiervorrichtung* angebracht. Ein solches Instrument darf niemals im *entarretierten Zustand bewegt* werden. Ferner darf niemals die Arretierung gelöst werden, bevor das Instrument in genauester *Horizontallage* steht. Schließlich ist besonders darauf zu achten, daß durch ein empfindliches Instrument *nicht zu starke Ströme* geschickt werden, damit keine zu heftigen Ausschläge der schwingenden Systeme entstehen. Wir erinnern in diesem Zusammenhange an die auf Seite 109 erwähnten Shunts.

2. Die elektrostatischen Meßinstrumente. *Das Quadrantenelektrometer.* An dem Beispiel des Elektrometers von DOLEZALEK soll die Einrichtung eines Quadrantenelektrometers geschildert werden[1] (Abb. 42).

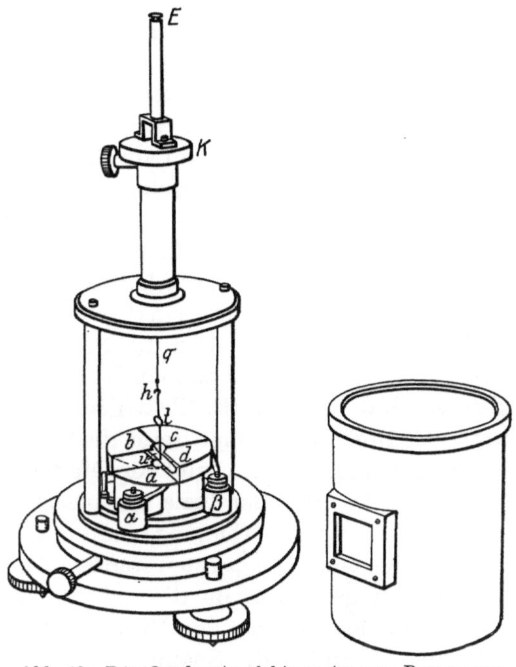

Abb. 42. Das Quadrantenelektrometer von DOLEZALEK.

Innerhalb eines Kästchens aus Messing, das in 4 Quadranten a, b, c, d geteilt ist (der Quadrant a ist fortgelassen, damit man das Innere sehen kann), schwebt eine Nadel u, welche aus versilbertem Papier besteht, das in Form einer 8 geschnitten ist. An der Nadel ist ein Stift befestigt, welcher aus dem Kästchen herausragt, einen Spiegel t trägt und oben in einen Haken h ausläuft. Mittels dieses Hakens ist die Nadel an einem dünnen Metallfaden oder versilberten Quarzfaden q aufgehängt, der selbst oben am Kopf K des Apparates befestigt ist. Die Quadranten stehen, um gute Isolation zu erreichen, auf Bernsteinfüßen. Die Quadranten a und c sind unter sich durch einen Draht ver-

---

[1] Abbildung und Beschreibung aus GRAETZ: Die Elektrizität usw., l. c.

bunden, und von a führt ein Draht zu der Klemmschraube α, ebenso sind b und d unter sich verbunden, und von d führt ein Draht zu der Klemmschraube β. α und β bezeichnet man als die Elektroden des Elektrometers. Der ganze Apparat wird, um Luftströmungen zu vermeiden, mit dem daneben abgebildeten Kästchen bedeckt, durch dessen Fenster man den Spiegel beobachten kann. Um den Apparat zu benutzen, wird die Nadel u so gestellt, daß sie zwischen ad und bc liegt; sie wird ein für allemal stark positiv geladen (auf eine hohe positive Spannung gebracht), etwa durch Verbindung der Klemme E mit dem einen Pol der Lichtleitung, wenn eine solche vorhanden ist. Durch den Metallfaden oder den leitenden Quarzfaden wird diese Spannung auf die Nadel übertragen. Nun wird eine der beiden Elektroden, z. B. α, mit der Erde verbunden, also auf die Spannung Null gebracht, und dadurch auch die mit ihm verbundenen Quadranten a und c. Durch die andere Elektrode β wird den Quadranten d und b die zu untersuchende Elektrizität mitgeteilt. Ist diese positiv, so wird die positive Nadel von d und b abgestoßen, bewegt sich also nach a und c hin, dreht sich mithin in derselben Richtung wie ein Uhrzeiger. Ist dagegen die zugeführte Elektrizität negativ, so wird die Nadel von d und b angezogen, dreht sich also entgegengesetzt wie ein Uhrzeiger. Der Sinn der Drehung gibt also an, ob die zugeführte Elektrizität positiv oder negativ ist, und die *Größe* der Drehung, die man durch die Verschiebung des Bildes einer Skala im Spiegel messen kann, gibt ein Maß für die Größe der untersuchten *Spannung*. Das Bild der Skala im Spiegel wird durch ein Fernrohr beobachtet. Diese direkte Ablesung nennt man „subjektive" Spiegelablesung.

Mit Hilfe eines Quadranten werden nicht *Elektrizitätsmengen*, sondern *Spannungen* gemessen, da die auf das Quadrantenpaar überfließende Elektrizitätsmenge von der Größe der zu untersuchenden Spannung abhängt. Je größer die Spannung ist, um so größer ist der Ausschlag der Nadel. Um aus der Ausschlagsgröße der Nadel die unbekannte Spannung auffinden zu können, muß man das Instrument zunächst eichen. Zu diesem Zweck wird das eine Quadrantenpaar mit dem einen Pol eines Westonelementes verbunden, während der andere Pol des Elementes zur Erde geführt wird. Die jetzige Ausschlagsgröße entspricht 1,018 Volt, und unter der Annahme der Proportionalität von Ausschlag und Spannung läßt sich nunmehr jede unbekannte Spannung aus der Größe des Zeigerausschlages berechnen. Diese Schaltungsweise ist die sog. „*Quadrantenschaltung*". Es wird also bei der Quadrantenschaltung das eine Quadrantenpaar geerdet, das andere Paar mit der unbekannten Spannung beladen und die Nadel gleichmäßig auf höherer Spannung gehalten.

Außer dieser Quadrantenschaltung ist auch die sog. *Nadelschaltung* gebräuchlich. Bei der Nadelschaltung wird die unbekannte Spannung auf die Nadel gebracht, während die Quadrantenpaare auf gleiches Potential mit entgegengesetztem Vorzeichen gebracht werden. Stehen diese Potentiale nicht anders zur Verfügung, so lassen sie sich dadurch herstellen, daß man eine Batterie mit zwei genau gleich großen Widerständen kurzschließt und die Drahtstelle zwischen diesen beiden Widerständen zur Erde ableitet (Abb. 43). Die Spannungen AB und BC sind einander gleich, aber sie sind von entgegengesetztem Vorzeichen.

Beim Arbeiten mit elektrostatischen Meßinstrumenten ist besonders auf *gute Isolierung* zu achten. Die Schwierigkeiten gerade dieser Frage sind nicht zu unterschätzen. Eine sehr große Genauigkeit läßt sich mit diesen Instrumenten zumeist nicht erreichen, es sei denn, daß man sie nur als Nullinstrumente benutzt. Bei der H-Ionenmessung wird man in der Mehrzahl der Fälle mit anderen Instrumenten auskommen. Für gewisse Aufgaben sind sie jedoch kaum zu entbehren.

Der Binant. Ein etwas einfacheres Instrument ist der „*Binant*", der gegenüber dem Quadranten gewisse Vorzüge aufweist. Die Nadel besteht bei dem Binanten aus zwei Teilen, die einzeln mit derselben Spannung positiver und negativer Elektrizität beladen werden. Die zu messende Potentialdifferenz wird an die

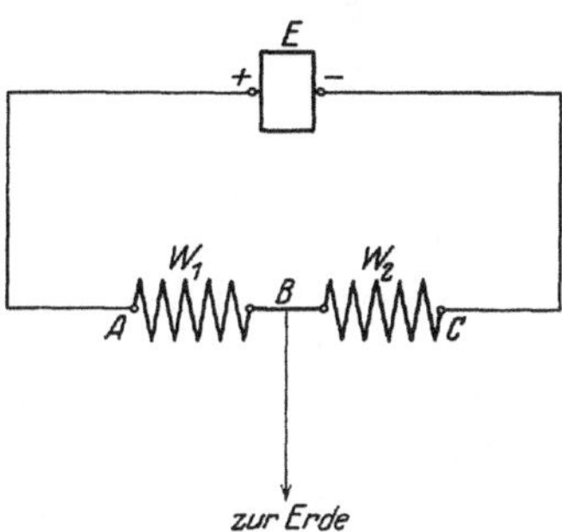

Abb. 43. Schaltung zur Erlangung von zwei gleich großen Potentialen mit entgegengesetztem Vorzeichen.

beiden Binanten angelegt. Dolezalek hat einen Binanten angegeben[1]), der für praktische Messungen sehr geeignet ist. Das Instrument wird als Spiegel- und als Zeigerinstrument geliefert. Über die Empfindlichkeit des Zeigerinstrumentes schreibt Jaeger[2]). Bei einem Zeigerinstrument, dessen Nadel an einem 2,5 cm langen Platindraht von 0,01 mm Stärke aufgehängt war, während die untere Zuleitung durch einen lose herabhängenden Platindraht von 3 cm Länge und 0,007 mm Dicke gebildet wurde, betrug die Schwingungsdauer 7 Sekunden, und es wurde bei einer Nadelladung von $\pm$ 80 Volt für beide Hälften bei *ein* Volt Spannungsdifferenz an dem Binanten ein Ausschlag von 3,5° erhalten; dabei entspricht 1° bei 6 cm Zeigerlänge einem Ausschlag von 1 mm. Da nur bei Spiegelinstrumenten eine größere Empfindlichkeit erreicht wird, kommen nur diese für die Wasserstoffzahlmessung in Frage. Das Schema einer Binantenschaltung zeigt die beifolgende, aus dem Buch von Jaeger[3]) stammende Abb. 44. $V_1 - V_2$ ist die Spannung des Elementes, die auf die Binanten gebracht wird. $E = $ Erde. L ist eine der

---

[1]) Zu beziehen bei S. Bartels, Göttingen.
[2]) Jaeger: Elektrische Meßtechnik l. c.
[3]) Jaeger: l. c.

üblichen Hochspannungsbatterien, die aus sehr kleinen Trockenelementen zusammengesetzt sind. N_1 und N_2 sind die beiden Nadelhälften.

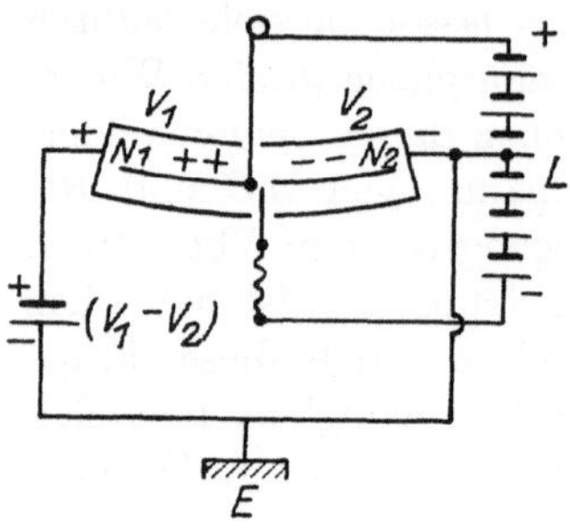

Abb. 44. Schema einer Binantenschaltung.

Es ist notwendig, den Quadranten und auch den Binanten in einem besonderen, möglichst erschütterungsfreien und gleichmäßig temperierten Zimmer aufzustellen. Bisweilen ist es ferner nötig, die Apparate mit einem Drahtnetz oder einer Stanniolhülle zu umgeben und diese Hülle durch Verbindung mit der Gas- oder Wasserleitung zu erden. Die Schwierigkeiten beim Arbeiten mit elektrostatischen Elementen sind für den Anfänger recht erheblich. Wesentlich einfacher ist die Bedienung eines anderen Instrumentes, des sog. *Kapillarelektrometers.*

Das Kapillarelektrometer[1]). Als Nullinstrument findet bei der H-Ionenmessung das Kapillarelektrometer von LIPPMANN weitgehend Verwendung. Die Wirkungsweise des Kapillarelektrometers, das zu den elektrostatischen Instrumenten gezählt wird, ist folgendermaßen zu erklären:

An der Berührungsstelle von Quecksilbermetall und verdünnter H_2SO_4 herrscht eine Potentialdifferenz, die von der Konzentration der in Lösung befindlichen Quecksilberionen abhängt. Geht durch die Schwefelsäure zum Quecksilber ein minimaler Strom, so werden Quecksilberionen aus der Säure am Quecksilbermetall abgeschieden. Durch diese Veränderung der Quecksilberionenkonzentration wird die Potentialdifferenz an der Grenze Metall—Schwefelsäure ebenfalls verändert. Nun steht aber zu dieser Potentialdifferenz die Oberflächenspannung des Quecksilbermetalls in direkter Beziehung. Wird die Potentialdifferenz *vergrößert,* so nimmt die Oberflächenspannung ab, wird sie *verkleinert,* so nimmt die Oberflächenspannung zu. Ihr *Maximum* hat die Oberflächenspannung, wenn die Potentialdifferenz gleich Null ist[2]).

Die Veränderungen der Oberflächenspannung lassen sich durch bestimmte Anordnungen sichtbar machen. Daher ist es auch möglich, minimale Ströme, die zu dieser Veränderung der Oberflächenspannung führen, auf einfache Weise zu erkennen. Eine solche Voraussetzung

---

[1]) Zur Theorie des Kapillarelektrometers siehe auch BROEMSER: Über die zweckmäßige Konstruktion von Kapillarelektrometern. (Zeitschr. f. Biol. Bd. 75, S. 309—314. 1922). Allerdings handelt die Arbeit von einer besonderen Art von Kapillarelektrometern, die zu elektrophysiologischen Nerven- und Muskeluntersuchungen gebraucht werden.

[2]) Die in der Oberfläche befindlichen gleichsinnigen Elektrizitätsteilchen stoßen sich gegenseitig ab und wirken so den Oberflächenkräften, die die Oberfläche zu verkleinern suchen, entgegen.

ist im Kapillarelektrometer gegeben. Es muß nun noch besonders dafür gesorgt sein, daß der durchtretende Strom in möglichster Dichte eine Quecksilberoberfläche trifft, damit die Änderungen der Potentialdifferenz und somit auch die der Oberflächenspannung ebenfalls so groß wie möglich sind. Zu diesem Zweck wird das Elektrometer so angeordnet, daß der Strom in einer *breiten* Quecksilberoberfläche in die Schwefelsäure eintritt, während sich der Übertritt von der Schwefelsäure zum Quecksilber nur in einer kapillaren Röhre vollzieht. Ist der Quecksilberfaden in der Kapillare zunächst in Ruhe, so wird er aus dieser Ruhelage herausschnellen, wenn eine Veränderung der Potentialdifferenz an seiner Flüssigkeitsgrenze eintritt. Aus der Bewegung des Quecksilberfadens können wir also jeden minimalen Strom erkennen, der durch das Elektrometer gelangt. Bleibt der Quecksilberfaden nach dem Anlegen zweier Pole unverändert stehen, so ist kein Strom durch das Instrument gegangen, an den beiden angelegten Polen herrscht also keine Potentialdifferenz. Das Instrument zeigt somit an, ob ein Strom in einer Leitung ist oder nicht, bzw. ob eine Potentialdifferenz an zwei Polen besteht oder nicht. Es läßt sich aber auch mit diesem Instrument die Frage der *Stromrichtung* entscheiden. Eine Vergrößerung der Oberflächenspannung bei Verringerung der Potentialdifferenz an der Grenze Metall-Flüssigkeit wird sich in einer Verkleinerung der Oberfläche, also in einem *Heruntergehen* des Quecksilberfadens in der Kapillare, ausdrücken. Eine Vergrößerung der Potentialdifferenz wird das Umgekehrte bewirken, nämlich ein *Heraufsteigen* des Fadens.

Mit freiem Auge lassen sich kleinere Bewegungen des Quecksilberfadens nur schwer erkennen. Daher betrachtet man die Quecksilberkuppe entweder durch ein kleines Fernrohr, oder man projiziert die Kuppe auf eine Fläche. *Bei beiden Anordnungen wird die Bewegungsrichtung umgekehrt.* Die Aufwärtsbewegung des Fadens wird in dem Fernrohr zu einer Abwärtsbewegung, und das Heruntergehen des Fadens erscheint in dem Fernrohr als ein Steigen.

Die früher ausschließlich verwandte offene Form nach OSWALD (Abb. 45) ist jetzt weitgehend durch die geschlossene Form nach LUTHER (Abb. 46) verdrängt.

Wir sehen bei beiden Formen zwei durch Schwefelsäure getrennte Quecksilberportionen. Die eine ist in einer Kugel, die andere in einer Röhre, die unten in eine Kapillare ausmündet. Das Quecksilber in der Kugel grenzt an die Schwefelsäure mit einer großen Oberfläche an, während das Quecksilber der anderen Portion nur mit sehr kleiner Oberfläche in der Kapillare an die Schwefelsäure angrenzt. Beide Quecksilberportionen lassen sich bei der geschlossenen Form durch das obere Verbindungsstück ineinander überführen. Neigt man das geschlossene

Elektrometer[1]) nach links und hebt zu gleicher Zeit die Kugelseite
höher als die andere, so fließt das gesamte Quecksilber aus der Kugel
durch das quere Verbindungsstück zu der anderen Portion. Richtet man
jetzt das Elektrometer wieder auf und neigt es nach rechts, so fließt aus
der Kapillare das Quecksilber tropfenweise in die Kugel zurück. Man
läßt nun soviel Quecksilber aus dem linken Schenkel durch die Kapillare abtropfen, bis die linke Portion ungefähr mit der Kapillarhöhe
abschneidet. Ist das der Fall, so richtet man das Elektrometer auf,
und man wird bemerken, daß sich in diesem Moment der Faden in der
Kapillare zurückzieht. Die Kuppe des Quecksilberfadens soll jetzt ungefähr in der Mitte der Kapillare stehen. Ist das nicht der Fall, so

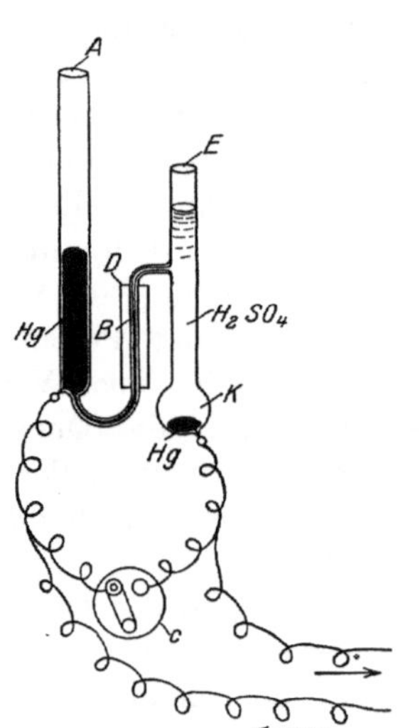

Abb. 45. Kapillarelektrometer.
Alte Form.

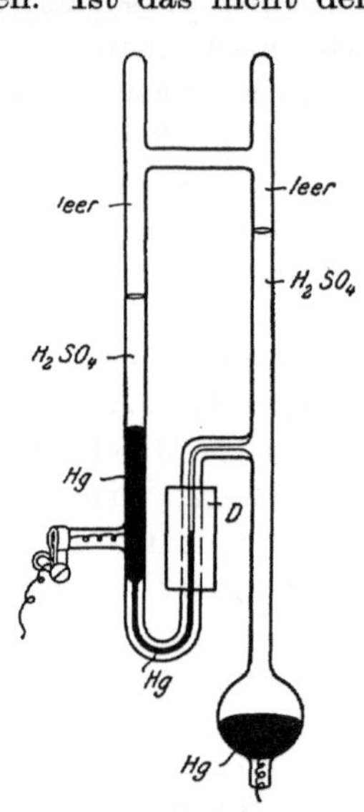

Abb. 46. Kapillarelektrometer.
Neue Form.

wiederhole man das Ausleeren der Kugel über das Verbindungsstück
und das Zurücktropfenlassen durch die Kapillare so lange, bis es gelungen ist, die Quecksilberkuppe in der richtigen Höhe zu halten. Bei
einiger Übung weiß man sehr bald, in welchem Moment man das Tropfen
durch das Aufrichten des Elektrometers zu unterbrechen hat. Ist sehr
viel Schwefelsäure in dem Instrument, so bleibt nicht selten nach dieser
Prozedur, die man das „*Herstellen eines neuen Meniskus*" nennt, eine
Flüssigkeitsbrücke zwischen der rechten und der linken Portion innerhalb des Verbindungsstückes bestehen. Man muß dann dafür sorgen,
daß die Schwefelsäure auf beiden Seiten des Elektrometers ungefähr
gleich hoch steht. Die störende Flüssigkeitsbrücke läßt sich durch vor-

---

[1]) Die Kugelseite des Elektrometers soll hierbei rechts stehen.

sichtiges Klopfen gegen das Verbindungsstück leicht unterbrechen[1]). Steht der Meniskus ungefähr in der Mitte der Kapillare, so kittet man ein Deckgläschen (s. Abb. 46, *D*) auf diese Stelle der Kapillare und ermöglicht so eine schärfere Erkennung des Fadens. Neigt man das Elektrometer vorsichtig hin und her, so muß der Quecksilberfaden frei in der Kapillare spielen. Sehr oft hat man bei der Benutzung des Elektrometers Schwierigkeiten, deren Ursachen sich nicht immer erkennen läßt. Die häufigste Schwierigkeit ist die sog. *Polarisation* des Instrumentes, mit der nicht selten eine große Unempfindlichkeit verbunden ist. Die Polarisation erkennt man daran, daß das Elektrometer einen Ausschlag gibt, ohne daß man einen Strom hindurchschickt. Das Elektrometer ist beim Nichtgebrauch stets kurzgeschlossen, d. h. die beiden Pole des Instrumentes stehen durch einen Schlüssel, der zumeist am Fuße des Stativs angebracht ist, miteinander in leitender Verbindung. *Öffnet man den Schlüssel, unterbricht man also diese Verbindung, so darf sich der Quecksilberfaden nicht bewegen.* Bewegt sich der Faden doch, so ist das Instrument *polarisiert.* Die Polarisation beseitigt man dadurch, daß man *einen neuen Quecksilbermeniskus* herstellt. Man bringt also alles Quecksilber aus der Kugel durch das Verbindungsstück auf die andere Seite und verfährt wie oben angegeben. Nach der Herstellung des neuen Meniskus schließe man das Instrument mit Hilfe des Stativschlüssels kurz und lasse es ca. 15 Minuten stehen. Meistens ist es nach dieser Zeit gebrauchsfertig. Das Elektrometer wird besonders leicht durch zu starke Ströme polarisiert. Um nicht durch die Meniskusherstellung immer wieder Zeit zu verlieren, achte man daher darauf, nur sehr schwache Ströme durch das Instrument zu senden. Gibt das Elektrometer beim Durchgang von Strom keinen oder nur einen sehr geringen Ausschlag, so liegt eine große Unempfindlichkeit vor. Natürlich muß zunächst jeder außerhalb des Instrumentes liegende Fehler, z. B. ein Kontaktfehler in der Leitung, behoben sein. Ist der Fehler wirklich im Elektrometer, so muß das Instrument zuerst darauf untersucht werden, ob es eine Bruchstelle hat. Bisweilen zeigt die Kapillare einen feinen Riß, über den der Quecksilberfaden nicht hinaus kann. Auch eine Bruchstelle an einer Polklemme ist bisweilen zu erkennen. Zeigt das Instrument keinen derartigen Fehler, so untersuche man, ob der Quecksilberfaden beim Neigen und Aufrichten des Elektrometers frei in der Kapillare spielt oder nicht. Häufig wird man hier schon einen Fehler entdecken. Ist die Kapillare zu eng, so klebt der Faden; ist sie zu weit, dann sind die Bewegungen des Fadens nur äußerst gering. Bisweilen ist der Quecksilberfaden an der Ansatzstelle der Kapillare abgerissen, oder es zeigen sich in der Kapillare Schmutz-

---

[1]) Die Trennung einer Brücke aus Schwefelsäure muß unbedingt erfolgen, damit keine direkte Leitung besteht.

teilchen. Die eigentlichen Konstruktionsfehler (zu enge oder zu weite Kapillaren) und Bruchstellen lassen sich natürlich nicht von dem Untersucher beseitigen. Wohl aber kann er eine Unempfindlichkeit beheben, die durch Verschmutzen des Quecksilbers oder der Schwefelsäure aufgetreten ist.

Bei dem offenen Modell (Abb. 45) gießt man zum Zwecke der Reinigung Quecksilber und Schwefelsäure einfach heraus. Bei dem geschlossenen Modell muß erst eine Öffnung angelegt werden. Zu diesem Zweck schneide man die Kuppe der beiden Glasrohre über dem Verbindungsstück mit einem Glasschneider ab und entleere den Inhalt.

Die Reinigung des Glases, also des Elektrometergefäßes, geschieht durch Bichromatschwefelsäure, nachträgliche Behandlung mit heißer Natronlauge und reichlichem destillierten Wasser. Das Quecksilber wird wie auf S. 179 angegeben gereinigt. Die Schwefelsäure soll längere Zeit ausgekocht werden und ca. doppeltnormal[1]) sein. Ist das Gefäß gesäubert und sind die Chemikalien auch bereits gereinigt, so fülle man wieder Quecksilber und Schwefelsäure (nicht zuviel) ein und verschließe die Öffnung durch einen paraffinierten

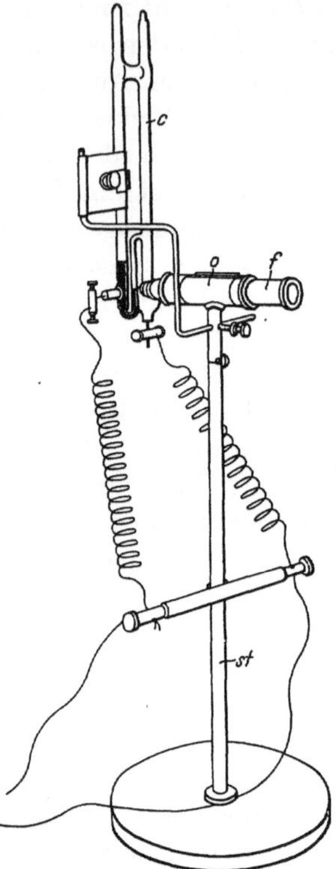

Abb. 47. Einfaches Elektrometerstativ.

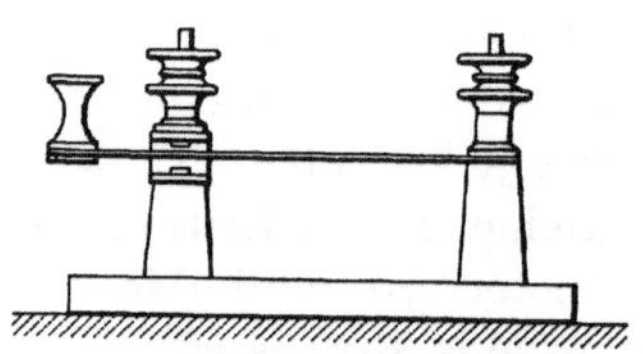

Abb. 48. Kurzschließer.

Korkstopfen. Bei einiger Geschicklichkeit lassen sich die Glasöffnungen auch wieder zuschmelzen. Ist keine Verschmutzung, sondern nur eine Polarisation an der Unempfindlichkeit schuld, so mache man, wie oben angegeben, einen neuen Meniskus.

Die Ablesung der Ausschläge des Elektrometers geschieht, wie wir schon hörten, meistens durch ein Fernrohr. Elektrometer und Fernrohr werden auf einem Stativ montiert. Die Abb. 47 zeigt das Instrument nach der Montage auf einer einfachen Stativform. Von den

---

[1] Etwa 10 % ig.

Polen des Elektrometers gehen gewickelte, sehr dünne[1]) Drähte über zwei isolierte Klemmen zu einem Schlüssel, der vorteilhaft die Form eines Morsetasters hat (Abb. 48). Das Elektrometer wird von einem zumeist gefütterten Blechbügel gehalten, der die Einstellung des Meniskus in das Gesichtsfeld des Fernrohres gestattet. Ein viel festeres Stativ ist aus der Abb. 49 zu erkennen. Dieses Stativ hat verschiedene Mikrometerschrauben, um eine sehr genaue Einstellung des Fernrohres auf den Meniskus zu ermöglichen. Am Fuße dieses Stativs ist der Schlüssel angebracht, der das Elektrometer kurzschließt. Ältere Formen haben am Fuße einen Quecksilbernapfkontakt, neuere nur Metallbügelkontakte. *Gar nicht selten liegt gerade an dieser Stelle ein Fehler.* Man kontrolliere den Schlüssel durch Verfolgen der einzelnen Leitungen darauf hin, ob durch sein Schließen wirklich Kurzschluß im Elektrometer besteht und ob durch sein Öffnen der Kurzschluß wirklich unterbrochen ist! Zu dem Schlüssel führen die Drähte des Stromkreises, der mittels des Elektrometers

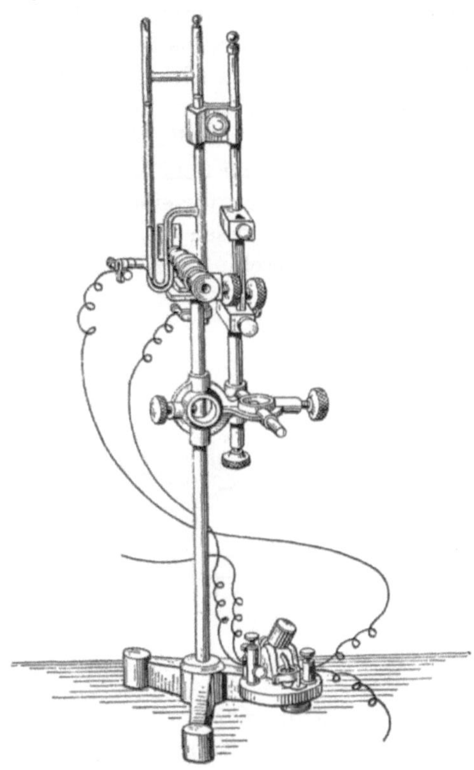

Abb. 49. Elektrometerstativ nach L. Michaelis.

auf Strom bzw. Stromlosigkeit untersucht werden soll. Ist das Elektrometer kurzgeschlossen, der Schlüsselbügel also heruntergedrückt, so sind auch durch denselben Bügel die Drähte des Stromkreises kurzgeschlossen. Wird der Bügel gehoben, so ist der Kurzschluß sowohl des Elektrometers wie auch der des Stromkreises unterbrochen, und der etwaige im Stromkreis befindliche Strom geht durch das Elektrometer hindurch. Bei der Benutzung des Elektrometers wird also der Kurzschluß durch Heben des Bügels bzw. Niederdrücken eines Tasters für einen Augenblick unterbrochen. *In demselben Moment muß der Meniskus durch das Fernrohr betrachtet werden.* Wir sahen, daß der Schlüssel

---

[1]) Die dünnen Drähte sollen die Kapazität des Elektrometers niedrig halten.

am Fuße des Elektrometerstativs auch den Stromkreis kurzschließt. Während für das *Elektrometer* der Kurzschluß mit Ausnahme des Augenblicks der Messung *nötig* ist, ist ein dauernder Kurzschluß des *Stromkreises* natürlich unstatthaft. Daher wird der Kurzschluß des Stromkreises durch einen zweiten Schlüssel, der neben dem Elektrometer im Stromkreis liegt und stets geöffnet ist, unwirksam gemacht. Der Stromkreis ist also zwar am Elektrometer kurzgeschlossen, aber vorher schon durch einen Schlüssel unterbrochen. Wir sehen hieraus schon, daß bei der Bedienung des Kapillarelektrometers *zwei* Handgriffe auszuführen sind. *Erstens* muß der Schlüssel im Stromkreis geschlossen werden, wodurch der Stromkreis für einen Moment am Schlüssel des Elektrometerstativs kurz geschlossen ist, und *zweitens* muß dieser Kurzschluß und zugleich der Kurzschluß des Elektrometers aufgehoben werden, wodurch

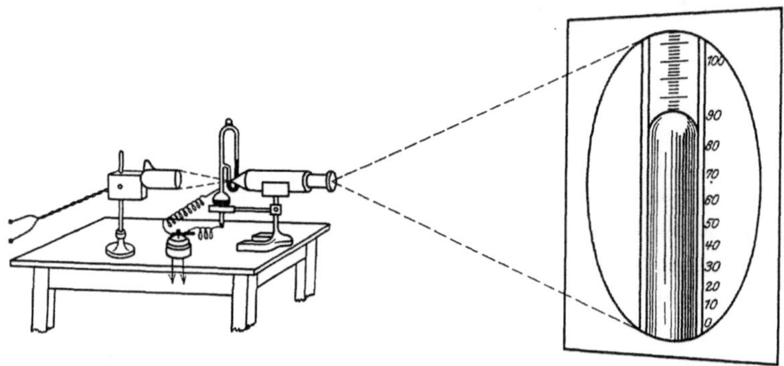

Abb. 50. Projektion des Quecksilbermeniskus auf die Wand.

der etwaige Strom des Stromkreises durch das Elektrometer hindurchgeschickt wird. Unmittelbar nach der Beobachtung wird der Kurzschluß des Elektrometers wieder hergestellt und der Schlüssel im Stromkreis wieder geöffnet. Bei dem Abschnitt über die eigentliche Messung ist hiervon noch ausführlich die Rede.

Die Projektion des Quecksilberfadens auf eine Wandfläche vergrößert die Ausschläge des Elektrometers und erleichtert die Ablesung. Eine Einrichtung dieser Art läßt sich aus beistehender Abbildung erkennen (Abb. 50).

Die gewöhnliche Art der Ablesung ist aber die Ablesung durch ein für jedes Auge verstellbares Fernrohr.

Ein neues Kapillarelektrometer ist von E. MÜLLER[1]) angegeben worden; es ist ein Differential-Kapillar-Quecksilber-Elektrometer, das beistehend abgebildet ist (Abb. 51). Beide Quecksilberelektroden sind an ihren Berührungsstellen mit der Schwefelsäure in Kapillaren. Die

---

[1]) MÜLLER, E.: Die elektrometrische Maßanalyse S. 70. Dresden-Leipzig 1926.

Menisken in den Kapillaren müssen in einer genauen Horizontalstellung stehen. Die genaue Einstellung der Menisken erreicht man dadurch, daß zunächst der Glaskörper mit der Spitze nach unten, die Ausbiegung des mittleren Rohres von sich abgewandt, vertikal gestellt
wird, dann der Glaskörper langsam aufgerichtet
und in einer bestimmten Neigung gehalten wird.
Bei dieser Stellung kommt die Ausbiegung
nach oben. Ist das Quecksilber abgerissen und
nichts in dem mittleren Rohre verblieben, so
sucht man durch Drehen nach links oder rechts
und leichtes Klopfen das Quecksilber ganz
gleichmäßig in den Kapillaren zu verteilen. Jede
Spannungsdifferenz zwischen den beiden Queck-
silbermassen verursacht ein ebenso hohes
Steigen des Fadens in der einen Kapillare wie
ein Fallen in der anderen. Das Verschwinden
der Spannungsdifferenz läßt sich leicht am
Durchtritt durch die Horizontale beobachten.
Das Instrument wird von Gebr. Ruhstrat A.-G.,
Göttingen, geliefert.

3. Die elektromagnetischen Meßinstrumente.
Viel weniger Vorsichtsmaßregeln erfordert das
Arbeiten mit der anderen Gruppe von Meßinstrumenten, mit den Nadel- und den Drehspulgalvanometern, die beide auf den magnetischen Wirkungen des elektrischen Stromes
beruhen.

Die Nadelgalvanometer. Das Anwendungsgebiet der ersten Gruppe, der Nadelgalvanometer,
ist in letzter Zeit sehr eingeengt worden, da

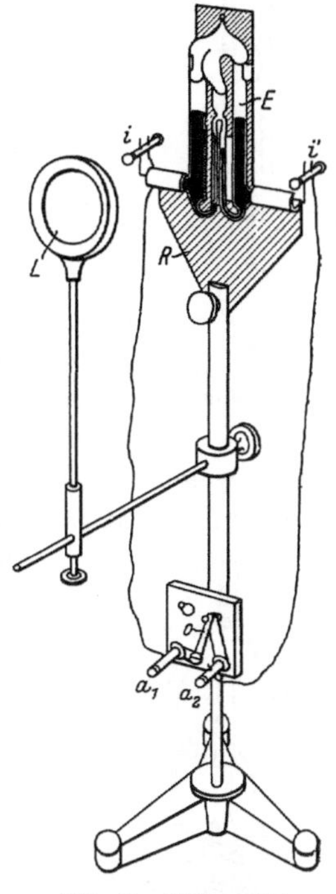

Abb. 51. Differential-
Kapillar-Elektrometer
nach E. MÜLLER.

ihr Prinzip äußere, von Jahr zu Jahr immer mehr zu beachtende Störungen nur schwer auszuschließen erlaubt. Bei dem Nadelgalvanometer
schwingt ein Magnet oder ein *Magnetsystem innerhalb einer Drahtspule.*
Wird die Drahtspule von einem Strom durchflossen, wo wird der Magnet
abgelenkt. Die Kraft, gegen die der Magnet abgelenkt wird, die sog.
Richtkraft, ist vom *Erdmagnetismus* gegeben. Alle Veränderungen des
Erdmagnetismus müssen einen Einfluß auf die Richtkraft und daher
auf die Größe der Ablenkung haben. Daher hat es nicht an Versuchen
gefehlt[1]), eine andere Richtkraft zu wählen und den Erdmagnetismus
nach Möglichkeit auszuschalten. Um dieses zu erreichen, wurden folgende Anordnungenget roffen. Zunächst wurden statt der gewöhnlichen
schwingenden Magnete sog. „*astatische Magnetsysteme*" eingeführt. Zum

---

[1]) JAEGER: l. c.

Zwecke der Astasierung wurden zwei Magnete derart übereinander gelegt, daß der Nordpol des einen mit dem Südpol des anderen genau
zusammenfällt. Stimmen die beiden Magnete in der Zahl ihrer Kraftlinien völlig überein, so hat ein äußeres magnetisches Feld keinen Ein-

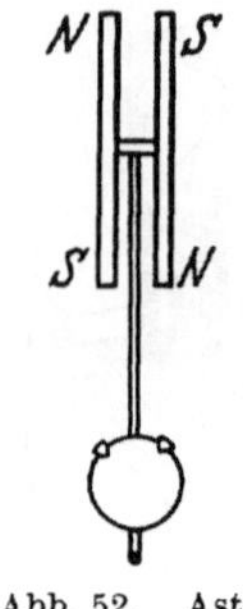

Abb. 52. Astatisches Magnetpaar.

fluß mehr auf das System, also auch nicht der Erdmagnetismus. Der Ausschlag der Magneten beim Durchgang
von Strom durch die umliegende Spule hängt dann von
einer anderen Richtkraft rein mechanischer Art ab
(Torsion der Aufhängung, feinste Gegenfeder usw.).

Die Magnete brauchen zur Astasierung nicht übereinander angebracht zu werden, sondern sie können
auch nebeneinander stehen. Beistehende Abb. 52 zeigt
zwei vertikale Stabmagnete in geringem Abstand voneinander symmetrisch zur Drehungsachse. Die entgegen-
gesetzten Pole stehen sich gegenüber[1]). Die völlige Astasierung ist eine kaum zu verwirklichende Aufgabe. Es
bleibt wegen der Unmöglichkeit, die beiden Magnete genau gleich zu
machen, ein kleiner gerichteter *Restmagnetismus* übrig, der dann doch
noch unter der Wirkung äußerer Einflüsse steht.

Andere Nadelgalvanometer wurden zur Aus-
schaltung der äußeren Einflüsse mit einem dicken
Eisenpanzer umgeben. Ein Beispiel hierfür ist das
Kugelpanzergalvanometer von DU BOIS-RUBENS[2])
(Abb. 53). Das äußere magnetische Feld ist durch

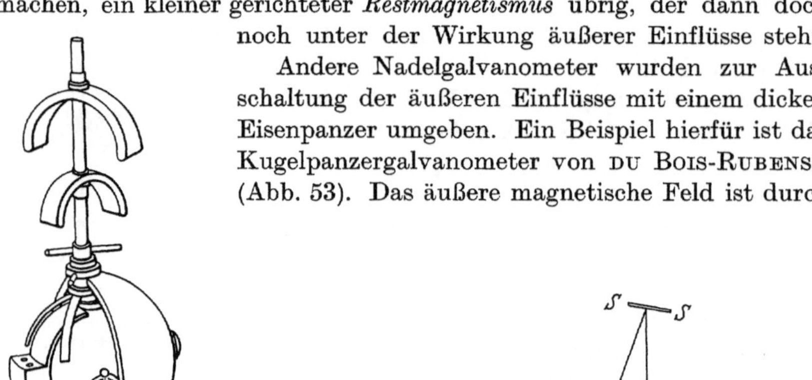

Abb. 53. Kugelpanzergalvanometer von
DU BOIS-RUBENS.

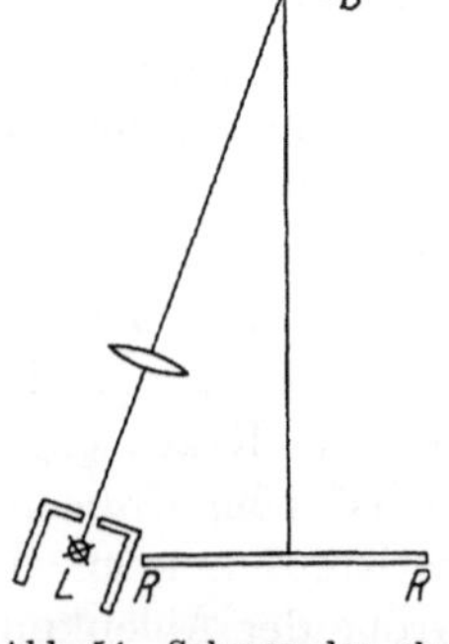

Abb. 54. Schema der objektiven Spiegelablesung.

drei Umhüllungen aus weichem Eisen auf etwa den tausendsten Teil
abgeschwächt. Zur Erzeugung einer Richtkraft für das schwingende

---

[1]) JAEGER: l. c.   [2]) JAEGER: l. c.

Magnetsystem sind innen besondere Magnete angebracht, die von außen verstellbar sind. Das schwingende Magnetsystem ist herausnehmbar und hängt an einem Quarzfaden.

Unter den schwingenden Magneten ist ein kleiner Spiegel angebracht, der die Ablesungen der Schwingungen gestattet. Die Ablesung geschieht „objektiv", d. h., es wird von dem Spiegel ein Lichtstrahl auf eine an der Wand befindliche Skala geworfen[1] (Abb. 54). Besondere Vorteile bietet die vertikale objektive Ablesevorrichtung für Spiegelgalvanometer hinsichtlich der Platzersparnis, Ausnutzung schmaler Pfeiler und bequemer Ablesung im unverdunkelten Raume. Die Einrichtung wird von der Firma Siemens & Halske geliefert. Ihr Prinzip (s. Abb. 55) ist folgendes: „Ein von der Lichtquelle L horizontal ausgesandter Lichtstrahl wird nach Durchgang durch die an das Prisma P_1 angeschliffene Sammellinse von dem kleinen total reflektierenden Prisma P_1 vertikal aufwärts gerichtet, fällt auf ein zweites total reflektierendes Prisma P_2 und wird von diesem auf den vertikalen Spiegel S des Instrumentes geworfen. Vom Spiegel wieder auf das Prisma P_2 reflektiert, wird der

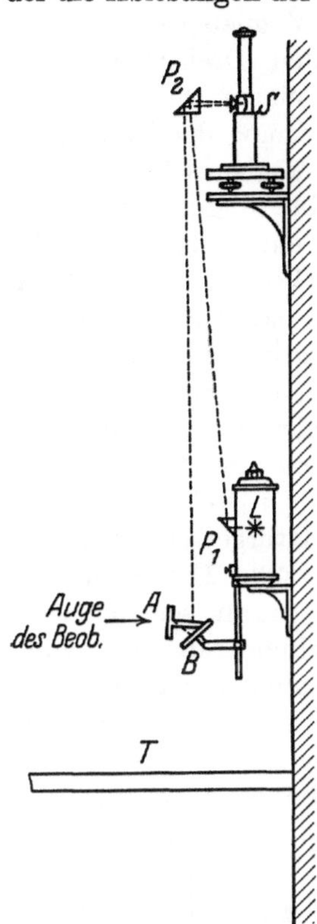

Abb. 55. Vertikale objektive Ablesevorrichtung für Spiegelgalvanometer.

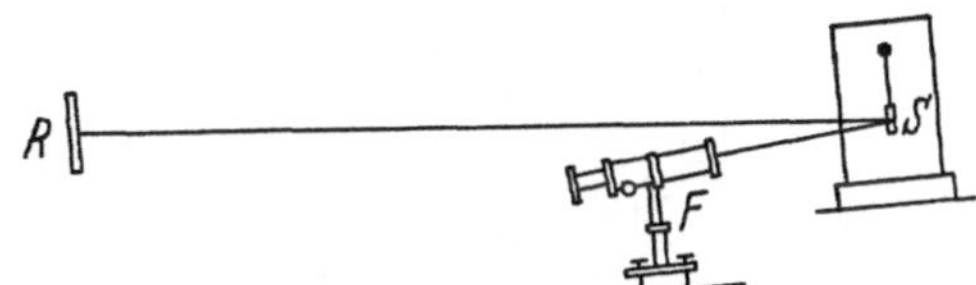

Abb. 56. Schema der subjektiven Spiegelablesung.

Lichtstrahl abermals in dem letzteren gebrochen und erreicht unterhalb der Lichtquelle einen Spiegel B, welcher den Lichtstrahl auf die transparente Skala A wirft."

Bei der schon oben erwähnten „subjektiven" Ablesung wird der im Spiegel erscheinende Teil einer Skala durch ein Fernrohr direkt betrachtet. Das Fernrohr wird also auf den Spiegel des Meßinstrumentes gerichtet. Im Fernrohr ist meistens zur genaueren Einstellung ein Fadenkreuz angebracht[2] (Abb. 56).

---

[1] JAEGER: l. c.
[2] JAEGER: l. c.

Die Drehspulgalvanometer. Die zweite Gruppe der elektrodynamischen Instrumente, die *Drehspulgalvanometer*, sind heute zu praktischen Messungen fast ausschließlich im Gebrauch. Das Prinzip eines Drehspulgalvanometers ist leicht zu verstehen. Während bei den Nadel-

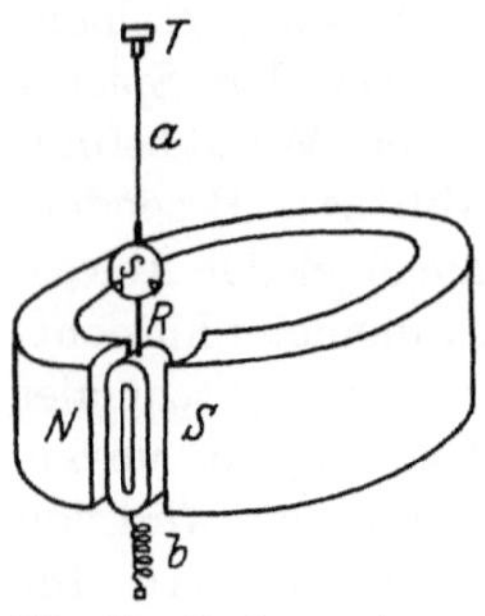

galvanometern die vom Strom durchlaufene Spule feststeht und das Magnetsystem beweglich ist, schwingt bei den Drehspulgalvanometern die Spule in einem feststehenden Magnetsystem. Die Anordnung der Drahtspule zwischen den Polen eines Magnetes läßt sich an der halbschematischen Abb. 57 gut erkennen[1]).

Die Spule hängt an einem Faden *a*; die Richtkraft wird von einer Feder *b* gebildet. Der Faden trägt den Anzeigespiegel *S*. Diese Abbildung zeigt einen *horizontal* liegenden Magneten.

Abb. 57. Drehspulgalvano-
meter, halbschematisch.

Die Magnete stehen häufig auch *vertikal*, sie bestehen entweder aus einem Stück oder aus mehreren zusammengefügten Einzelmagneten. Die nächste Abbildung[2]) zeigt das Innere

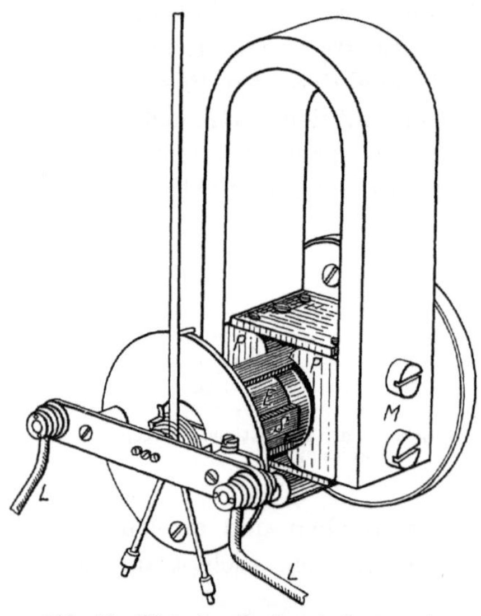

eines einfachen Drehspulgalvanometers in naturgetreuer Wiedergabe (Abb. 58). Ein Hufeisenmagnet trägt an seinen Polen zwei „Polschuhe“, die eine zylindrische Öffnung freilassen.

Diese Polschuhe dienen dazu, die magnetischen Kraftlinien nahe an die Spule *S* heranzubringen. Die Spule trägt im Innern eine Achse, deren Spitzen in Edelsteinen gelagert sind. Schickt man einen Strom durch die Spule, so wird sie abgelenkt und mit der Spule auch der mit ihr festverbundene Zeiger. Die Ablenkung geschieht gegen die Richtkraft, die von der großen, auf der Abbildung sichtbaren Feder

Abb. 58. Einfaches Drehspulgalvanometer.

gebildet wird. Da die Spule durch ihre Achse in Lagern ruht, spricht man von einem „achsengelagerten“ Instrument.

Die halbschematische Abb. 57 zeigte ein *Fadengal*vanometer, also die zweite Art der Drehspulinstrumente. Die Stromempfindlichkeit

---

[1]) JAEGER: l. c.

[2]) Aus GRAETZ: l. c.

der Fadengalvanometer ist, wie wir schon hörten, stets höher als die der „achsengelagerten", ein Vorzug, der für alle genaueren Messungen besonders ins Gewicht fällt. Dafür müssen aber die Fadeninstrumente viel vorsichtiger als die achsengelagerten behandelt werden. Erinnert sei noch einmal daran, daß sie *nur in genauester Horizontallage* benutzt werden können, während die achsengelagerten in jeder beliebigen Stellung frei schwingen und richtig anzeigen. Die Drehspulgalvanometer haben meistens eine ganz proportionale Ableseskala, da durch Anordnung von Eisenhüllen in der Umgebung der Spule das magnetische Feld für jede Stellung der Spule gleich groß gemacht wird.

Die *äußeren Formen* der zahlreichen im Handel befindlichen Instrumente sind sehr verschieden, im *inneren Bau* stimmen sie jedoch sehr weitgehend überein. Die Skaleninstrumente lassen sich natürlich auch als Nullinstrumente verwenden. Bei den Instrumenten, die man *nur* als Nullinstrumente verwenden kann, haben die auf der Abb. 58 erkennbaren, mit P bezeichneten Polschuhe häufig nicht die Form von Hohlzylindern, sondern sie sind nach innen zugespitzt. Dadurch wird die Zahl der die Spule treffenden Kraftlinien und somit auch die Empfindlichkeit des Instrumentes noch größer gestaltet.

Elektromagnete. Als Nullinstrumente lassen sich ferner auch Drehspulgalvanometer verwenden, die keinen *konstanten* Magneten, sondern einen *Elektromagneten* haben. Der die Drehspule umgebende Eisenbügel trägt in diesem Falle eine Drahtwindung und wird dann erst durch das Einschalten eines Stromes zu einem Magneten. Einen besonderen Vorzug haben diese Instrumente mit Elektromagneten gegenüber denjenigen mit konstanten Magneten nicht.

Wird der zu messende Strom durch die Windungen der Spule geschickt, so macht die Spule einen Ausschlag, dessen Größe dem erteilten Drehmoment proportional ist. Die endgültige Lage der Spule, die aus den Konstanten des Instrumentes (Richtkraft usw.) und der Stärke des durchgeschickten Stromes hervorgeht, wird sich mehr oder weniger schnell einstellen. Pendelt das bewegliche System erst lange um die Gleichgewichtslage herum, so wird die Ablesung der endgültigen Zeigerstellung sehr erschwert. Unter besonders ungünstigen Verhältnissen kann ein Galvanometer für praktische Messungen durch ein überlanges Schwingen um die Null- oder die Gleichgewichtslage völlig ungeeignet werden. Daher ist bei der Konstruktion der Galvanometer schon darauf Bedacht genommen, daß die Zeigerschwingungen der Galvanometer eine *Dämpfung* erfahren.

4. Dämpfung der Schwingungen. Bei den Nadelgalvanometern werden zum Zwecke der Dämpfung der Schwingungen besondere Einrichtungen getroffen, die z. B. aus einer „puffernden" Luft- oder Flüssigkeitsmenge bestehen. Bei vielen Instrumenten wird ferner eine künstliche Wirbelstrombildung zur Dämpfung der Instrumente herbeigeführt. Bei den Drehspulgalvanometern sind solche Einrichtungen, wie sie bei Nadelgalvanometern nötig sind, zumeist überflüssig. Die Dämpfung liegt schon in der Konstruktion der Instrumente begründet und geschieht durch das schwingende System selbsttätig.

Die Schwingungen wenig gedämpfter Systeme erfolgen „*periodisch*" um die Gleichgewichtslage. Ist die Dämpfung sehr stark, so kommt es nicht erst zu Schwingungen um den Einstellpunkt. Dieser kann daher gleich nach dem Einschalten des Stromes abgelesen werden. Solche Instrumente, deren Einstellung ohne periodische Schwingungen erfolgt, nennt man „*aperiodisch*". Ein aperiodisches Galvanometer ist also zu schnellen Messungen besonders geeignet, und daher gehen die Bemühungen der Hersteller dahin, möglichst nur aperiodische Instrumente zu bauen. Die Aperiodizität ist jedoch ein Idealfall[1]), der sich in der Praxis nur selten voll verwirklichen läßt, vor allem dann nicht, wenn man mit *einem* Instrument die verschiedensten Meßaufgaben zu erfüllen hat. Es genügt aber auch schon, wenn das Instrument nahe an die Aperiodizität herankommt und kurze, stark gedämpfte Schwingungen aufweist.

5. Ballistische Galvanometer. Eine besondere Form der Galvanometer soll noch kurz besprochen werden, und zwar die sog. „*ballistischen Galvanometer*", da sie sich für manche Zwecke der H-Ionenmessung besonders gut eignen. Sind die zu messenden Systeme so schwer leitend, daß auch die hochempfindlichen Galvanometer versagen, so läßt sich die Messung entweder durch eine direkte Potentialmessung mit Hilfe eines elektrostatischen Instrumentes, also eines Quadranten bzw. Binanten ausführen oder auf dem Umweg über eine Kondensatorbeladung und Entladung mit einem „ballistischen Galvanometer"[2])[3]). Es wird hierbei nicht ein dauernder Strom durch das Instrument geschickt, sondern nur eine *ganz bestimmte Elektrizitätsmenge*. Die Größe der einmalig durch das Galvanometer abfließenden Elektrizitätsmenge muß aus dem Ausschlag des Galvanometers zu erkennen sein. Für die Zwecke der H-Ionenmessung handelt es sich nicht um die Bestimmung von Elektrizitätsmengen, sondern von Spannungen. Da aber, wie wir auf S. 88 schon sahen, bei einem Kondensator Spannung und Elektrizitätsmenge in fester Beziehung zur Kapazität stehen, so läßt sich aus

---

[1]) Siehe Jaeger: l. c.

[2]) Beans and Oakes: The Determination of the Hydrogen-ion Concentration in Pure Water by a Method for Measuring the electromotive Force of Concentration-Cells of High internal resistance. Journ. of the Americ. chem. soc. Bd. 42, Nr. 11. 1920.

[3]) Siehe auch Seite 261 das Schema der ganzen Anordnung.

der gemessenen Elektrizitätsmenge und der bekannten Kapazität die
gesuchte Spannung leicht berechnen. Bekanntlich lautet die Beziehung:

$$\text{Elektrizitätsmenge} = \text{Kapazität} \cdot \text{Spannung}.$$

Zum ballistischen Galvanometer eignen sich beide elektrodynamischen Instrumentarten, die Nadelgalvanometer und die Drehspulgalvanometer. Der Ausschlag des ballistischen Instrumentes muß möglichst
groß sein, daher werden die Dämpfungen der Instrumente sehr verringert oder gänzlich vermieden. Ferner muß das Tempo der Zeigerveränderung recht gering sein, damit der Beobachter den Umkehrpunkt des Zeigers und mit ihm die Ausschlagsgröße deutlich ablesen
kann. Die Lage dieses Umkehrpunktes auf der Skala von der einen
Schwingungsrichtung des Zeigers in die andere ist ein Maß für die
durch das Instrument gesandte Elektrizitätsmenge, also auch für die
ursprünglich vorhandene Spannung. Der abzulesende Ausschlagwinkel ist
bei den ballistischen Galvanometern größer als bei einem nichtballistischen
Instrument, da ja der Bewegungsimpuls über die der Stromstärke
entsprechende Ruhelage wegen der Trägheit des schwingenden Systems
hinausschwingt. Die Ausschläge sind *so gut* proportional, daß keine
Schwierigkeit besteht, von der Größe des Ausschlagwinkels auf die durchgesandte Elektrizitätsmenge bzw. die unbekannte Spannung zu schließen.
Über die Anwendung eines ballistischen Galvanometers zur H-Ionenmessung von dest. Wasser siehe bei den eigentlichen Meßmethoden auf S. 262.

6. Das Voltmeter. Bisher haben wir nur die Meßinstrumente als Anzeiger für Strom überhaupt (Nullinstrumente) und als Anzeiger für
Stromstärken genauer kennengelernt. Da die Stromstärken in Ampere
ausgedrückt werden, heißen diese Instrumente Amperemeter oder, wenn
sie sehr geringe Stromstärken anzeigen, Milliamperemeter. Bei der Entwicklung der Gesetze für die Stromverzweigung brauchten wir aber
noch Instrumente zum direkten Anzeigen von *Spannungen*, sog. Voltmeter. Wir müssen uns also jetzt die Wirkungsweise der Voltmeter
noch näher vor Augen führen.

Zunächst legen wir ein Amperemeter
von ungefähr 100 Ohm innerem Widerstand in einen Stromkreis, der außerdem noch einen Drahtwiderstand von
100 Ohm enthält (Abb. 59). Da beide
Widerstände gleich sind, so werden
über beiden auch die gleichen Spannungen abfallen, über jedem einzelnen

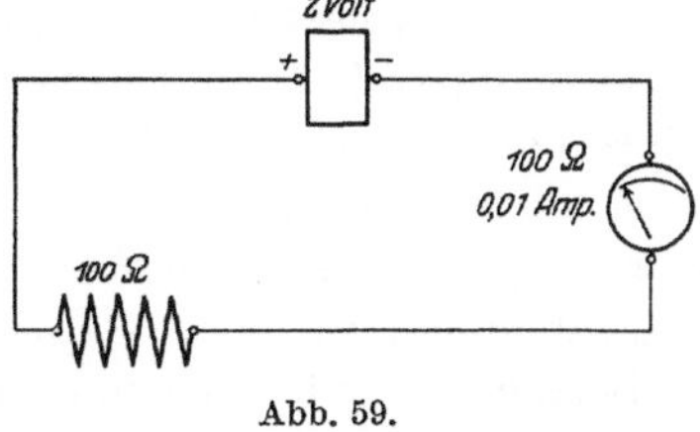

Abb. 59.

also je 1 Volt. Das Instrument zeigt einen Ausschlag, der bei Vernachlässigung des inneren Widerstandes des Elementes einer Stromstärke
von $\frac{2}{200} = 0{,}01$ Ampere entspricht.

Wird nun ein Meßinstrument gewählt, das nicht 100 Ohm, sondern 99900 Ohm Widerstand besitzt, so ergibt sich folgendes (Abb. 60). Der Gesamtwiderstand des ganzen Stromkreises beträgt jetzt 100000 Ohm.

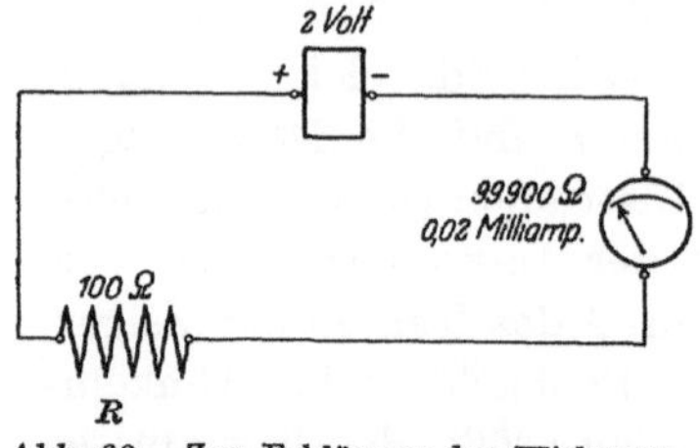

Abb. 60. Zur Erklärung der Wirkungsweise eines Voltmeters. Das hochohmige Meßinstrument im Stromkreis.

Die Spannung von 2 Volt fällt also über 100000 Ohm ab, und zwar fallen $^1/_{1000}$ der Spannung über R ab und $^{999}/_{1000}$ im Meßinstrument. An den Klemmen des Meßinstrumentes herrscht also eine Spannung, die nur um $1\,^0/_{00}$ kleiner ist als die Spannung an den Klemmen des Elementes. Der Strom, der durch das Meßinstrument und überhaupt durch den ganzen Stromkreis geht, ist wegen des hohen Widerstandes sehr gering. Er beträgt nur $^2/_{100\,000} = 0,00002$ Ampere. Bei einem Element von 4 Volt würden 0,00004 Ampere durch das Instrument gehen, bei 6 Volt 0,00006 Ampere, bei 10 Volt 0,0001 Ampere. In der Gleichung

$$I = \frac{E}{W}$$

ist in diesem Beispiel W konstant, setze ich $\frac{1}{W} = k$, so ist $I = k \cdot E$. Die angezeigte *Stromstärke ist also proportional der Spannung des Elementes* und proportional der Klemmenspannung am Meßinstrument. Wenn wir nun die Skala des Instrumentes nicht in Ampere, also hier in 0,02, 0,04, 0,06, 0,1 usw. Milli-Ampere eichen, sondern gleich in Volt und die entsprechenden Skalenpunkte mit 2, 4, 6, 10 usw. Volt bezeichnen, so haben wir ein *Voltmeter* vor uns.

Bei dieser Schaltung würde man aber durch den Voltmeter mit seinem hohen Widerstand die Stromstärke allzu sehr verringern. Wesentliche Wirkungen des elektrischen Stromes könnten bei dieser Schaltung kaum erzielt werden. Außerdem ist es niemals nötig, die Spannung in einem Strom*kreis* zu messen, sondern nur an *zwei Punkten* dieses Stromkreises oder an zwei offenen Stellen eines Leiters. Die in einem Stromkreis herrschende Stromstärke, die bei der Serienschaltung dieses hochohmigen Meßinstrumentes fast ausschließlich vom Widerstand dieses Meßinstrumentes abhängt, darf durch das Anlegen eines Spannungsmessers nicht beeinflußt werden. Daher muß man das Meßinstrument in einen *Stromzweig* legen (Abb. 61).

Betrachten wir folgendes Beispiel: Im Stromkreis herrscht eine Stromstärke von 0,02 Ampere, da der Widerstand von AB 100 Ohm beträgt und die Klemmenspannung des Elementes gleich 2 Volt ist. Über AB fallen die 2 Volt des Elementes ab. Um den Spannungsabfall zwischen C und D zu messen, legen wir jetzt ein Meßinstrument von ca. 100 000 Ohm inneren Widerstand an die Punkte C und D an. In welcher Weise ist dadurch die Stromstärke im eigentlichen Stromkreis verändert? (Abb. 61 u. 62.)

Wir haben einen einfachen Fall einer Stromverzweigung vor uns. Der Widerstand von CD beträgt 50 Ohm. Über CD fällt demnach 1 Volt ab, also $I_1 = 0,02$ Ampere. Der Widerstand EF beträgt 100 000 Ohm. Über EF fällt ebenfalls 1 Volt ab, also $I_2 = 0,00001$ Ampere. Der gesamte Strom I, den das Amperemeter M anzeigt, ist also von 0,02000 nur auf 0,02001 gestiegen. Entfernt man den Nebenkreis $CEFD$ vom Hauptkreis, so fällt der Strom wieder von 0,02001 auf 0,02000 Ampere. Da der Nebenkreis $CEFD$ das hochohmige Meßinstrument darstellt, so heißt das also, daß das Anlegen oder Abnehmen des im Nebenschluß

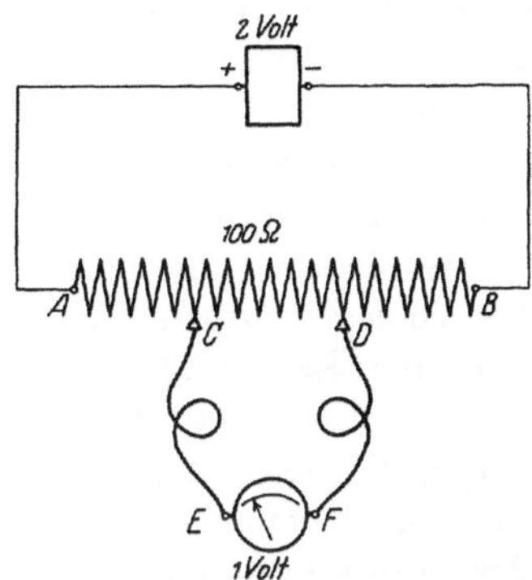

Abb. 61. Zur Erklärung der Wirkungsweise eines Voltmeters. Das Meßinstrument im Stromzweig.

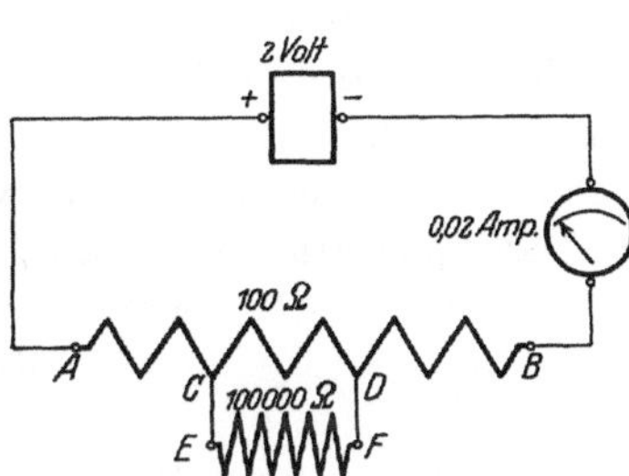

Abb. 62. Zur Erklärung der Wirkungsweise eines Voltmeters. Das hochohmige Voltmeter im Stromzweig beeinflußt die Stromstärke des Hauptstromes unmerklich.

liegenden Meßinstrumentes nur eine minimale, kaum wahrnehmbare Veränderung der im Hauptstromkreise vorhandenen Stromstärke bewirkt. Da in dem Nebenschluß $CEFD$ der Widerstand *konstant* ist, so ist wieder wie oben

$$I = k \cdot E,$$

$$\frac{1}{100\,000}\text{ Ampere} = 1\text{ Volt} \qquad \frac{2}{100\,000} = 2\text{ Volt}, \qquad \frac{3}{100\,000} = 3\text{ Volt usw.}$$

Obwohl das Meßinstrument also auf *Stromstärken* anspricht und nur Stromstärken mißt, läßt sich seine Skala wegen der direkten Proportionalität gleich *in Volt* eichen. Ein solches *in Volt geeichtes Amperemeter ist also ein Voltmeter.* Die Unterschiede zwischen diesen beiden Instrumenten sind, um es nochmals zu wiederholen, folgende: Das Amperemeter wird in Serie geschaltet; es hat gewöhnlich einen inneren Widerstand von ca. 10—200 Ohm. Das Voltmeter kommt im Gegensatz dazu in den Nebenschluß, d. h., es wird parallel geschaltet; sein innerer Widerstand ist sehr hoch und beträgt häufig 80—100 000 Ohm.

Bei den Drehspulvoltmetern unterscheidet man also ebenso wie bei den Amperemetern achsengelagerte und Fadeninstrumente. Die empfindlichsten Instrumente heißen Präzisionsmillivoltmeter analog den Präzisions-Milliamperemetern.

7. Die Kompensationsschaltung. Bisher haben wir die direkten Stromwege und die Stromzweige betrachtet, die von *einer* Stromquelle gespeist wurden. Jetzt kommen wir zu einer *Kombinationsschaltung von zwei Elementen*, zu der sog. *Kompensationsschaltung*, die für die Messung von Spannungen die allergrößte Bedeutung gewonnen hat. Die große Mehrzahl aller Meßanordnungen bei Wasserstoffionenbestimmungen greift auf das Prinzip der Kompensationsschaltung zurück.

Dieses Prinzip hat gegenüber der direkten Potentialmessung mit Hilfe eines Voltmeters mancherlei Vorteile. So ist die Genauigkeit einer Spannungsmessung unter Anwendung eines Voltmeters kaum über 1 Promille zu steigern, während sie mit der Kompensationsschaltung 1 : 10000 und auch 1 : 100000 erreichen kann. Vor allem lassen sich auch dann noch Potentiale messen, wenn die Stromentnahme nur unmeßbar klein sein darf und die direkte Messung mit einem gewöhnlichen Nadel- oder Drehspulvoltmeter versagen würde. Hier ist also die Kompensationsschaltung als Ersatz für die Benutzung eines elektrostatischen Instrumentes anzusehen, dessen Genauigkeit weit unter der liegt, die sich mit einer Kompensationsschaltung erreichen läßt.

8. Die Meßdrahtanordnung. Das Prinzip der POGGENDORFschen Kompensationsschaltung läßt sich am einfachsten an folgender Anordnung zeigen: (Abb. 63). Ein Widerstandsdraht AB liegt zwischen den Klemmen eines Akkumulators E_A. Der auf diese Weise hergestellte Stromkreis ist der „*große*" Stromkreis. Von den Klemmen eines zweiten Elementes E_x, dessen Spannung kleiner als die des Akkumulators ist, führen Drähte zu zwei Stellen des großen Stromkreises. Der

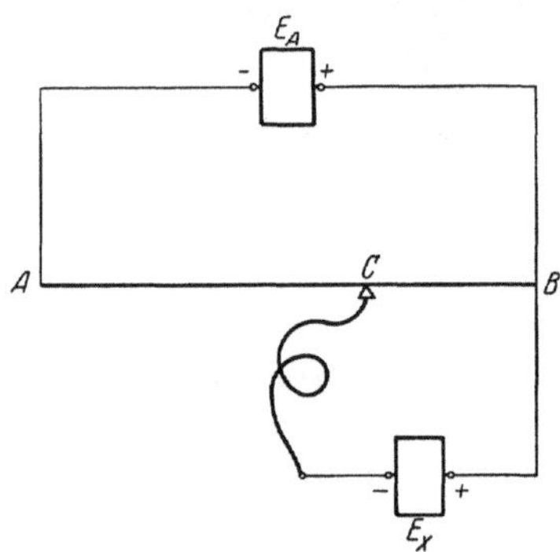

Abb. 63. Prinzip der Kompensationsschaltung.

eine Draht führt zum Punkte B, der andere zu einer beliebigen Stelle des Widerstandsdrahtes AB, zum Beispiel zu C. Durch eine geeignete Anordnung kann die Kontaktstelle C auf dem Draht hin- und hergeführt werden und zwischen A und B jeden Punkt einnehmen. Der Stromkreis BCE_x ist der „*kleine*" Stromkreis. Bei dem Punkte B sollen die Zuleitungen von beiden *positiven* Klemmen zusammentreffen; es muß daher bei der Anordnung dieser Schaltung auf die *Richtung* des Stromes geachtet werden.

Beide Stromkreise haben ein *gemeinsames* Stück des Drahtes AB, nämlich das Stück BC. Über dem Stück BC fällt die *ganze* Spannung von E_x ab, aber nur *ein Teil* der Spannung von E_A. Wenn der *Spannungsanteil* von E_A, der über dem Stück BC abfällt, gerade gleich *der Gesamtspannung von E_x* ist, die ja auch über BC abfällt, wenn also die über dem Stück BC abfallende Spannungsmenge für beide Stromkreise denselben Wert hat, dann besteht der eigentümliche Fall, daß der kleine Stromkreis stromlos ist. Besteht diese Übereinstimmung nicht, so fließt in dem kleinen Stromkreis also ein Strom. Die Richtung des Stromes im kleinen Stromkreis wird von *dem* Element bestimmt, das über BC den *größeren* Spannungsabfall erleidet.

Wenn E_A bekannt ist, so ist auch der Spannungsabfall BA bekannt, da dieser ja wegen der Benutzung von praktisch widerstandslosen Drähten[1]) gleich der Klemmenspannung von E_A ist. Ist nun dieser Widerstandsdraht AB vollkommen gleichmäßig, so fällt über jeder *Längeneinheit* auch *stets der gleiche* Spannungsteil von E_A ab. Ist der Draht AB zum Beispiel 1 m lang und die Spannung $E_A = 2$ Volt, so fällt über jedem Zentimeter der hundertste Teil, über jedem Millimeter der tausendste Teil von 2 Volt ab. Wir können jetzt schon erkennen, daß es sehr einfach ist, mit dieser Schaltung die unbekannte Spannung von E_x zu messen. Diese Spannung ist, wie wir oben sahen, *unter einer bestimmten Bedingung* gleich *dem* Spannungsanteil der Gesamtspannung des großen Stromkreises, der von B bis C abfällt. Diese bestimmte Bedingung ist, daß im kleinen Stromkreis gerade *Stromlosigkeit* herrscht.

Ist dieser Fall eingetreten, so ist es nur nötig, die Strecke von B nach C auszumessen und sie mit der Voltzahl zu multiplizieren, die jeder Längeneinheit entspricht. Liegt C zum Beispiel bei Stromlosigkeit im kleinen Stromkreis 400 mm von B entfernt und hat E_A gerade 2 Volt Klemmenspannung, so entspricht 1 mm von AB 0,002 Volt und 400 mm 0,8 Volt. Die unbekannte Spannung E_x würde dann also 0,8 Volt betragen.

Wie läßt es sich nun erreichen und auch nachweisen, daß der kleine Stromkreis stromlos ist?

Der Spannungsabfall über AB ist unveränderlich. Seine Größe hängt nur von der Klemmenspannung des Elementes E_A ab. Der Spannungsabfall BC ist aber dadurch *regulierbar*, daß der Punkt C dem Punkt B genähert oder entfernt werden kann. Wenn der Punkt C verschoben wird, so ändert sich zunächst an den Stromverhältnissen des *großen* Stromkreises nur soweit etwas, als der kleine Stromkreis als ein zu BC parallel geschalteter Widerstand

---

[1]) Siehe die Angaben über den Widerstand eines Kupferdrahtes auf Seite 113.

wirkt. Da der Widerstand im kleinen Stromkreis aber sehr hoch ist im Verhältnis zu BC, ist diese Veränderung nur unbedeutend. Ausschlaggebend ist aber die Lage von C für die Stromverhältnisse des *kleinen* Stromkreises. Um Stromlosigkeit, also Kompensation, zu erreichen, muß C von B in Richtung A verschoben werden, bis ein beliebiges stromanzeigendes Instrument im kleinen Stromkreis keinen Ausschlag mehr gibt und trotz der Verbindung mit beiden Elementen in seiner Nullage bleibt.

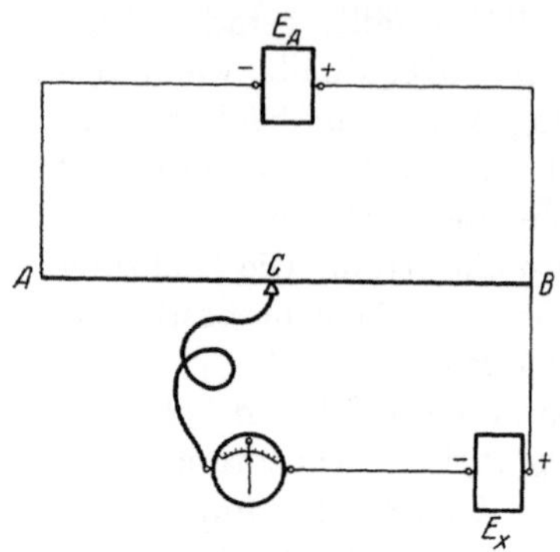

Abb. 64. Prinzip der Kompensationsschaltung.

Zu einer vollständigen Kompensationsanordnung gehört also noch ein beliebiges Nullinstrument, das in dem kleinen Stromkreis liegt (Abb. 64). Die Ausmessung der Drahtlänge von B nach C wird dadurch sehr erleichtert, daß man den Draht auf einer Holzunterlage aufspannt, die eine Millimetereinteilung trägt[1]). Einen solchen Draht nennt man einen „*Meßdraht*" (Abb. 36).

BC ist ein bestimmter Teil von BA. E_x ist nach erfolgter Kompensation derselbe Teil von E_A. Ist BC ein Drittel von BA, so ist auch E_x ein Drittel von E_A. Das läßt sich folgendermaßen formulieren:

$$\frac{E_x}{E_A} = \frac{BC}{BA} \qquad \text{und} \qquad E_x = E_A \cdot \frac{BC}{BA}.$$

Die Spannungen verhalten sich wie die zugehörigen Widerstände des Meßdrahtes, der auch „*Meßbrücke*" genannt wird.

$$E_x = \frac{E_A}{BA} \cdot BC; \qquad \frac{E_A}{BA} \qquad \text{ist} \qquad \frac{\text{Volt}}{\text{Strecke}},$$

also Volt pro Streckeneinheit. E_x ist also

$$\text{Kompensationsstrecke} \times \text{Volt pro Streckeneinheit},$$

wie wir es bereits oben in dem Beispiel gesehen haben.

Der Streckenanteil BC ist praktisch fehlerfrei zu messen, wenn das die Stromlosigkeit anzeigende Instrument gut arbeitet. Die Genauigkeit der Messung von E_x hängt also davon ab, inwieweit der Wert für E_A genau bekannt ist. Da die als Elemente (Hilfsspannung) benutzten Akkumulatoren niemals gerade 2,000 Volt Klemmenspannung haben, so muß der *wirkliche Wert* E_A des Akkumulators vor oder nach der Messung von E_x gesondert festgestellt werden. Zu diesem Zweck geht man von einer Normalspannung aus, von der Spannung des Normalelementes (s. oben S. 95 ff.). In der obigen Kompensationsanordnung wird also zu-

---

[1]) Wir haben von einem solchen Draht schon auf Seite 111 gesprochen.

nächst E_x durch das Normalelement (1,0186 Volt bei 20° C) ersetzt. Dann wird der verschiebbare Meßdrahtkontakt solange verändert, bis im kleinen Stromkreis Stromlosigkeit herrscht. Der Punkt sei C_1. In diesem Falle verhalten sich wieder die Spannungen wie die Widerstände, also

$$\frac{1,0186}{E_A} = \frac{BC_1}{BA} \quad \text{und} \quad E_A = \frac{BA}{BC_1} \cdot 1,0186.$$

Ersetzt man nun in der obigen Gleichung

$$E_x = \frac{E_A}{BA} \cdot BC$$

E_A durch den neuen Wert, so ergibt sich für E_x

$$E_x = \frac{\frac{BA}{BC_1} \cdot 1,0186 \cdot BC}{BA} = \frac{BC}{BC_1} \cdot 1,0186 \text{ Volt.}$$

Die Berechnung ist bei dieser Methode schon recht einfach geworden. Es gibt aber Möglichkeiten, sie noch müheloser zu gestalten. Dann allerdings ergibt sich eine geringfügige Änderung der Schaltung insofern, als ein Vorschaltwiderstand hinzukommt. Nur zwei dieser Möglichkeiten sollen hier besprochen werden, und zwar zunächst eine solche, die sich mit dem gewöhnlichen und nicht „verlängerten" Meßdraht von 1000 mm Länge ausführen läßt, und dann eine zweite Möglichkeit, bei der ein Meßdraht von 1100 mm, also ein sog. verlängerter Meßdraht gebraucht wird. Wir erinnern uns aus den Leitungsskizzen (auf S. 105) an die Bedeutung eines Vorschaltwiderstandes (Abb. 65). Während bisher die gesamte Spannung E_A über BA abfiel, ist dies nach Einfügung des Vorschaltwiderstandes R nicht mehr der Fall. Der

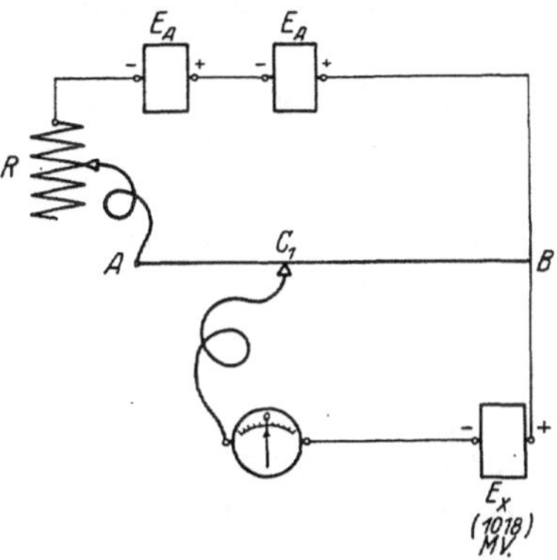

Abb. 65. Kompensationsschaltung mit Vorschaltwiderstand.

Spannungsabfall verteilt sich jetzt auf den Gesamtwiderstand $R + BA$. Je größer R wird, um so weniger Spannungsabfall bleibt für BA übrig und umgekehrt. Bei Benutzung eines Vorschaltwiderstandes (Abb. 65) wird jetzt zur Erreichung der Nullstellung bei der Akkumulatoreichung ganz anders vorgegangen. Nach Einschaltung des Normalelementes bei E_x wird der Punkt C_1 nicht mehr zwischen A und B bewegt, sondern fest auf eine Entfernung von 509 mm von B eingestellt; der Widerstand BC_1 ist also nicht mehr variabel, sondern ein ganz bestimmter. Dann wird durch Regulierung von R

der Spannungsabfall AB solange verändert, bis im kleinen Stromkreis Stromlosigkeit herrscht; der Spannungsabfall AB ist nunmehr also variabel. Ist die richtige Stellung von R gefunden, so besteht folgende Beziehung:

$$\frac{1{,}018}{E_{AB}} = \frac{509}{1000}; \quad \text{also} \quad E_{AB} = \frac{1000 \cdot 1{,}018}{509} = 2{,}000 \text{ Volt.}$$

Nach der Messung der unbekannten Spannung E_x ist dann

$$\frac{E_x}{E_{AB}} = \frac{BC}{BA}; \quad E_x = \frac{2 \cdot BC}{1000} \text{ Volt;}$$

also $E_x = 2 \cdot BC$ Millivolt.

Die doppelte Entfernung von B in Millimeter zum aufgefundenen Kompensationspunkt C gibt bei dieser Anordnung also die unbekannte Spannung direkt in Millivolt an.

Da ein Akkumulator gewöhnlich etwas weniger als 2 Volt Spannung hat, läßt sich diese Methode nur unter Benutzung von 2 hintereinander geschalteten Akkumulatoren ausführen. Die Klemmenspannung dieser beiden Akkumulatoren von ca. 4 Volt muß durch einen Vorschaltwiderstand auf 2 Volt gedrückt werden. Im Vorschaltwiderstand müssen daher ungefähr ebensoviel Ohm liegen wie im Meßdraht, das sind gewöhnlich ca. 8—18 Ohm. Daher ist ein Vorschaltwiderstand in dieser Größenordnung auszuwählen.

Bei dieser Methode ist folgendes zu bedenken: 1 mm Meßdrahtlänge entspricht 2 Millivolt. 1 Millivolt und entsprechend 0,5 mm Draht dürfte die höchste Ablesegenauigkeit darstellen, da die Breite der Kontaktschneide kaum eine feinere Einstellung gestattet.

Bei der zweiten Methode, bei der die Meßdrahtlänge 1100 mm beträgt, wird C_1 in einer Entfernung von 1018 mm von B eingestellt. Dann wird der Regulierwiderstand R wieder so lange verändert, bis im Teilstromkreis Stromlosigkeit herrscht. Ist das der Fall, so fallen über dem Stück BC_1 vom großen und kleinen Stromkreis je 1018 Millivolt ab, und da die Streckenlänge von BC_1 gerade 1018 mm beträgt, so ist der Potentialabfall pro Millimeter gleich einem Millivolt.

Wird dann das Normalelement wieder durch eine unbekannte Spannung ersetzt, so läßt sich *bei unverändertem Regulierwiderstand* allein durch Verschieben von C ebenso wie vorher Stromlosigkeit im Teilstrom erreichen. Eine Berücksichtigung der Akkumulatorspannung oder irgendeine Ausrechnung ist nun völlig überflüssig. Die zwischen B und C abgelesenen Millimeter geben die gesuchte Spannung direkt in Millivolt an. Ist also C um 416 Millimeter bei erfolgter Kompensation von B entfernt, so ist der Wert der unbekannten Spannung 416 Millivolt.

Da pro Millimeter Streckenlänge 1 Millivolt Spannung abfällt, fallen über 1100 Millimeter 1100 Millivolt ab. Zwischen den beiden Punkten

AB herrscht also eine Potentialdifferenz von 1100 Millivolt. Diese Spannung läßt sich bequem aus der Spannung *eines* 2-Volt-Akkumulators gewinnen; der Regulierwiderstand muß ca. 0,9 Volt von der Akkumulatorspannung abfallen lassen, sein Gesamtwiderstand muß daher mindestens etwas größer als $^9/_{11}$ des ganzen Widerstandes der Meßbrücke sein.

Ist bei dieser Anordnung ebenfalls wieder die Ablesemöglichkeit 0,5 mm, so beträgt die höchstens zu erzielende Genauigkeit 0,5 Millivolt.

Diese Genauigkeit wird auch nur dann zu erreichen sein, wenn der Draht an allen Stellen kontaktsicher ist und in seiner ganzen Länge überall den gleichen Widerstand hat. Bei den im Handel erhaltbaren

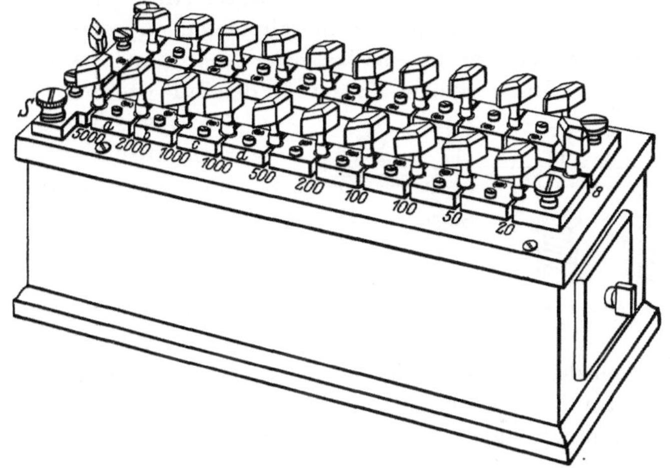

Abb. 66. Ansicht eines Rheostatenkastens.

Meßdrähten findet man bisweilen Widerstandsdifferenzen zwischen den gleichen Längeneinheiten desselben Drahtes. Zur Feststellung und Ausschaltung solcher Differenzen muß man den Meßdraht kalibrieren, worüber wir noch später hören werden (s. S. 143). Man benutzt zum Kalibrieren eine andere Art von Widerstandseinrichtungen, nämlich sog. *Rheostatenkästen.*

9. Die Rheostatenkästen. Das Äußere eines Rheostatenkastens ist aus den Abb. 66 u. 72 zu erkennen. Im Innern eines solchen Kastens finden sich zu Spulen aufgewickelte Widerstandsdrähte, deren Anfang und Ende mit den einzelnen Metallstücken auf dem Kasten in Verbindung stehen. Die Metallstücke auf dem Kasten sind voneinander durch einen Spalt getrennt, der in der Mitte ein kreisrundes Loch trägt. Die Abb. 67 zeigt einen Teil des Inneren eines Kastens halbschematisch[1]). In die kreis-

---

[1]) Aus GRAETZ: l. c.

runden Löcher passen die sog. Stöpsel, die aus Messing sind und einen
Ebonitgriff tragen. Steckt ein Stöpsel in einem Loch, so sind durch ihn
die beiden aufeinanderfolgenden Metallplatten direkt leitend verbunden,
der zwischen den Metallplatten im Innern des Kastens angebrachte
Widerstandsdraht ist also ausgeschaltet. Wird der Stöpsel wieder aus
dem Loch entfernt, so kann der Strom nur dadurch von der einen
Metallplatte zur anderen gelangen, daß er durch die Widerstandsspule geht.
Durch *Herausnehmen* des Stöpsels wird also die im Kasten liegende Spule
als Widerstand *eingeschaltet*, durch *Einstecken* des Stöpsels wird der
Widerstand der Spule *ausgeschaltet*. Was für den einzelnen Stöpsel
gilt, gilt auch für sämtliche Stöpsel des ganzen Kastens. Sind alle Stöpsel
in ihren Löchern, so sind alle Spulen ausgeschaltet, der Widerstand
des Kastens wird nur noch von den Metallplatten und den Metallteilen
der Stöpsel dargestellt, er ist also bei guter Anordnung des Kastens zu
vernachlässigen. Ob ein solcher Kasten, in dem alle Stöpsel stecken, im
Stromkreis liegt oder nicht, ist praktisch bedeutungslos. Sind hingegen alle Stöpsel aus den Löchern entfernt, so sind sämtliche Spulenwiderstände in den Stromkreis eingeschaltet; der Gesamtwiderstand des Ka-

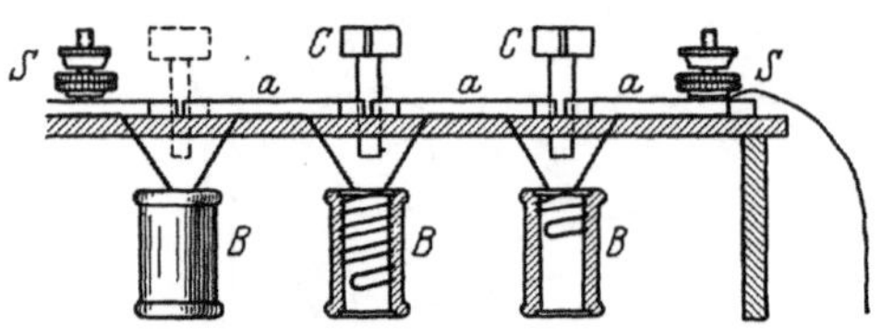

Abb. 67. Das Innere eines Rheostatenkastens (halbschematisch).

stens ist gleich der Summe aller Einzelwiderstände. Durch Ziehen von
1, 2, 3, 4 und mehr Stöpseln kann man nun so viel Spulen, also auch so
viel Widerstand einschalten, wie man gerade will. Die Widerstandsgröße
der einzelnen Spulen kann entweder untereinander gleich oder auch
recht verschieden sein. Bei den sog. *Ostwaldschen Dekadenrheostaten*
liegen 10 gleiche Spulen hintereinander. Der Betrag der einzelnen
Spule kann 10, 100, 1000 oder noch mehr Ohm betragen.

Liegt z. B. ein Dekadenrheostat mit je 100 Ohm vor, so lassen sich
alle Widerstände von 100, 200, 300 usw. bis 1000 Ohm gewinnen. Bei
den anderen Widerstandsgrößen verhält sich das analog.

Eine zweite Rheostatenanordnung hat noch eine ausgedehntere Anwendungsmöglichkeit als der Dekadenrheostat. Bei ihr läßt sich jeder
einzelne Widerstand von 1 Ohm bis zur Gesamtohmzahl des ganzen
Kastens gesondert schalten. Eine sehr gebräuchliche Form enthält
z. B. folgende Spulen (in Ohm):

500, 200, 200, 100, 50, 20, 20, 10, 5, 2, 2, 1.

Der Gesamtwiderstand eines solchen Kastens beträgt also 1110 Ohm.
An jedem einzelnen Loch steht eine Zahl, die den Widerstandswert
der darunterliegenden Spule angibt. Hat man alle Stöpsel zunächst

in ihren Löchern und zieht nun z. B. die Stöpsel bei 500, 100, 10, 2 und 1, so liegen zwischen Anfangs- und Endklemme des Kastens 613 Ohm. Zwischen 1 und 1110 Ohm ist bei dieser Anordnung also jeder beliebige ganzzahlige Wert einzuschalten.

Der Rheostatenkasten ist zwar viel weniger durch äußere Einflüsse angreifbar als ein ausgespannter Meßdraht. Er bedarf aber doch auch einer gewissen Pflege, um nicht fehlerhaft zu werden. Auf die vielen Kontaktstellen, also vor allem die Stöpsel und Stöpsellöcher, ist besonders zu achten. Man mache sich zur Pflicht, die Stöpsel nur an ihrem Griff anzufassen und sie nach der Entfernung aus den Löchern nur in ein sauberes Gefäß oder auf ein reines Tuch zu legen. Von Zeit zu Zeit reinige man die Messingstücke, Löcher und Stöpsel mit Petroleum. Dann und wann wird es auch nötig sein, die Kontaktstellen leicht zu schmirgeln. Wird der Rheostat nicht gebraucht, so sollen die Stöpsel *locker* in den Löchern sitzen. Hingegen sollen sie mittels einer Drehbewegung *unter leichtem Druck* in die Löcher gesteckt werden, wenn sie zum Zwecke der Ausschaltung von Widerstandsspulen eingesetzt werden.

10. Kalibrierung eines Meßdrahtes. Wenn wir mit einem solchen Rheostaten einen Meßdraht kalibrieren wollen, so benutzen wir das Prinzip der WHEATSTONEschen Brückenschaltung. Zwei Zweige (a und b) der Brücke werden von den Widerständen aus den Rheostaten gebildet, die beiden anderen (c und d) von den Meßdrahtteilen (Abb. 68). E ist ein Element, dessen Zuleitungen an die Meßdrahtenden führen. Die Widerstände a und b sind durch Stöpseln in ein beliebiges Verhältnis zu bringen, z. B. $1:1$, $1:2$, $1:3$, $1:4$, $1:10$, $1:20$ usw.

Durch Verschieben des Gleitkontaktes C auf dem Meßdraht wird jetzt die Stelle gesucht, bei der der Brückenarm e mit dem Meßinstrument stromlos ist. Das Verhältnis der Meßdrahtanteile muß bei Stromlosigkeit genau gleich dem Verhältnis der Rheostatenwiderstände sein. Die Abweichungen von den aus den Rheostatenwiderständen errechneten Werten zeigen die Fehler des Meßdrahtes und die Größe der anzubringenden Korrekturen an.

In der Abb. 68[1]) sind die Rheostatenwiderstände je 100 Ohm, das Verhältnis ist also $1:1$. Der Punkt C muß bei einem Meßdraht von 100 cm Länge bei 500 mm liegen, damit das Verhältnis der Meßdrahtwiderstände ebenfalls $1:1$ ist. Die Abweichung von dem 500-Punkt muß als Korrektur in Rechnung gestellt werden usw. Durch die Kalibrierung des Meßdrahtes lassen sich also Widerstandsdifferenzen der einzelnen Drahtanteile erkennen und eliminieren.

Die zweite oben geschilderte Meßdrahtmethode ist eine Verbesserung der Anordnung gegenüber der ersten, da der Draht nicht mehr 2 Volt,

---

[1]) Aus OSTWALD-LUTHER: l. c.

sondern nur 1 Volt abfallen läßt. Es entspricht dann also, wie wir sahen, 1 mm Meßdraht nur noch 1 Millivolt, und die Ablesegenauigkeit ist somit auf das Doppelte gestiegen. Immerhin bleibt bei den Messungen von sehr kleinen Spannungen die Fehlermöglichkeit in Prozenten noch recht erheblich, so daß schon aus diesem Grunde die Meßdrahtanordnung nicht allen Anforderungen genügt. Diese Ungenauigkeit würde bei einer Verlängerung des Meßdrahtes geringer werden, doch läßt sich eine erhebliche Verlängerung eines ausgespannten Drahtes über 1 Meter hinaus wegen der Unhandlichkeit der Bedienung ja kaum durchführen. Diese Schwierigkeit beseitigt KOHLRAUSCH durch die sog. „*Walzenbrücke*". Bei ihr liegt der Meßdraht auf einer Rolle von isolierendem Material. Liegt er in 20 Windungen und ist jede Windung 50 cm lang, so ist der

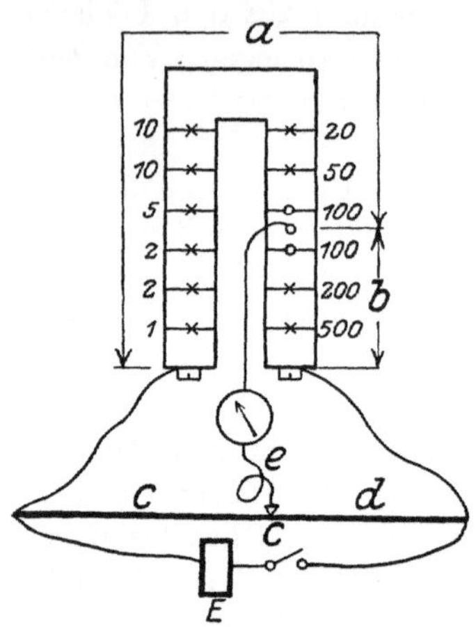

Abb. 68. Kalibrierung eines Meßdrahtes mit Hilfe eines Rheostatenkastens.

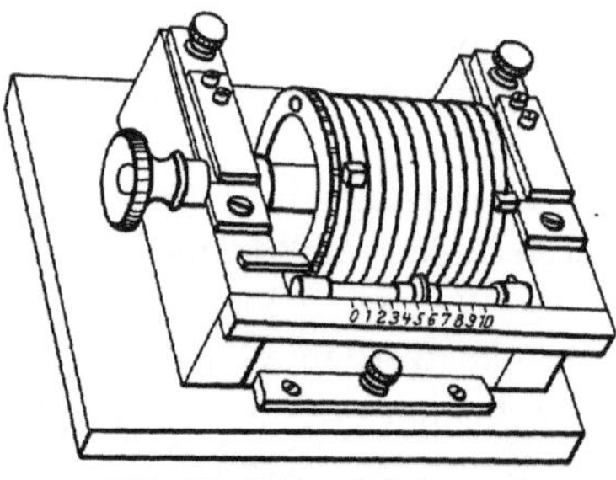

Abb. 69. Walzenbrücke nach KOHLRAUSCH.

Draht von 1 m auf 10 m, also auf das 10fache verlängert. Bei dieser Apparatur entspricht also nicht mehr *1 mm*, sondern *1 cm* einer Potentialdifferenz von 2 bzw. 1 Millivolt. Eine Abbildung einer solchen Walzenbrücke zeigt die Anordnung des Drahtes auf der Walze (Abb. 69).

Die Walzenbrücke konnte sich aber in der Praxis der H-Ionenmessung nicht recht einbürgern und wird nur selten in der Kompensationsschaltung benutzt.

Viel bedeutungsvoller war in der H-Ionenmeßtechnik der *Ersatz des Meßdrahtes* durch die *Rheostatenkästen*. Die Vorzüge der Rheostaten gegenüber dem Meßdraht gehen schon aus dem oben Gesagten hervor. Doch ist noch ein weiterer Punkt beachtenswert. Liegt ein Meßdraht von 10 Ohm vor, so ist bei einem 2-Volt-Akkumulator die Stromstärke in dem großen Stromkreis $^2/_{10} = 0,2$ Ampere. Hält diese Stromentnahme einige Zeit an, so verändert sich die Klemmenspannung des Akkumulators je nach seinem Zustand nicht selten um einen kleinen Betrag. Dadurch kann eine weitere Unsicherheit in das Meßverfahren hereinkommen, die nur durch fortgesetztes Nacheichen mit Hilfe eines

Normalelementes behoben werden kann. Diese Gefahr der zu hohen Stromentnahme wird mit einem Rheostaten beseitigt. Seine Ohmzahl ist viel höher; sie beträgt in dem am häufigsten benutzten Modell, das wir schon oben kennenlernten, 1110 Ohm. Wird ein solcher Rheostat zur Kompensationsschaltung benutzt, so ist die Stromentnahme erheblich geringer. Sie beträgt nur noch $^2/_{1110} = 0{,}0018$ Ampere. Dieser geringe Stromverbrauch wird von den Akkumulatoren über längere Zeit ohne jede Veränderung der Klemmenspannung vertragen.

11. Kompensationsschaltung mit einem Rheostatenkasten. Bei dem Schema der Kompensationsschaltung sahen wir den einen Punkt (B) des kleinen Stromkreises fest, den

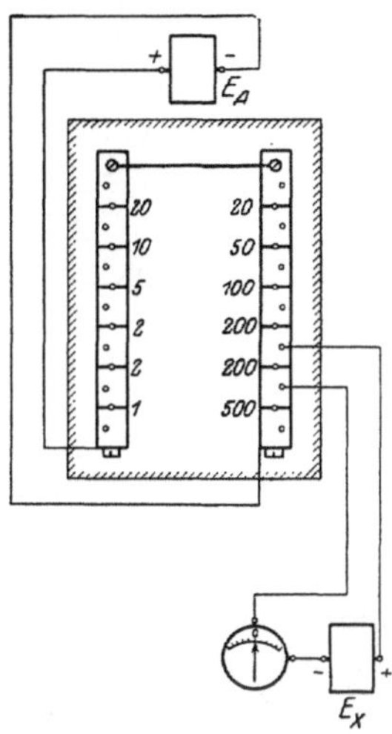

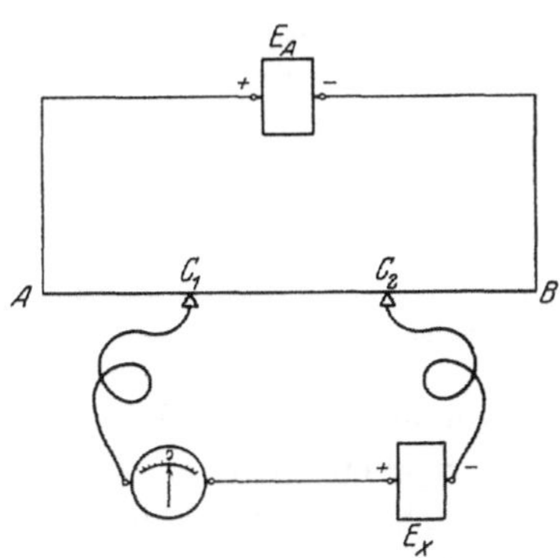

Abb. 70. Kompensationsschaltung, in der beide Enden des kleinen Stromkreises beweglich sind.

Abb. 71. Kompensationsschaltung mit einem Rheostatenkasten.

anderen (C) beweglich. Selbstverständlich gilt alles über diese Schaltung Gesagte auch dann, wenn *beide* Punkte beweglich sind. Dann würde das Schema folgendermaßen aussehen (Abb. 70).

Während bei dem alten Schema das Stück BC beiden Stromkreisen gemeinsam war, so ist es jetzt das Stück C_1C_2. Nun denken wir uns an die Stelle des ausgespannten Drahtes AB einen Rheostatenkasten gesetzt. Dann werden die zwei Klemmen des Kastens mit dem Akkumulator verbunden, während das Stück C_1C_2 durch Hilfsstöpsel beliebig vergrößert oder verkleinert werden kann (Abb. 71 u. 72). Neben den Löchern, die für die Widerstandsstöpsel vorhanden sind, sind in den Metallstücken noch andere Löcher für die Hilfsstöpsel angebracht, mit denen man alle Widerstandsmengen für den kleinen Stromkreis herausgreifen und auf die gewünschte Summe bringen kann. Der Gesamtwiderstand von 1110 Ohm, der zwischen den Klemmen des Akkumulators liegt und die Strecke AB des Schemas repräsentiert, wird bei der Betätigung der Hilfsstöpsel ebensowenig geändert wie bei der Verschiebung der Punkte C_1 und C_2. Die Hilfsstöpsel unterscheiden sich von den eigentlichen Stöpseln dadurch, daß sie an ihren Köpfen eine Vorrichtung tragen, um die Zuleitungsdrähte festzuschrauben (s. Abb. 72).

12. Kompensationsschaltung mit zwei Rheostatenkästen. Diese Anordnung mit *einem* Rheostaten ist zwar in der Praxis noch häufig zu

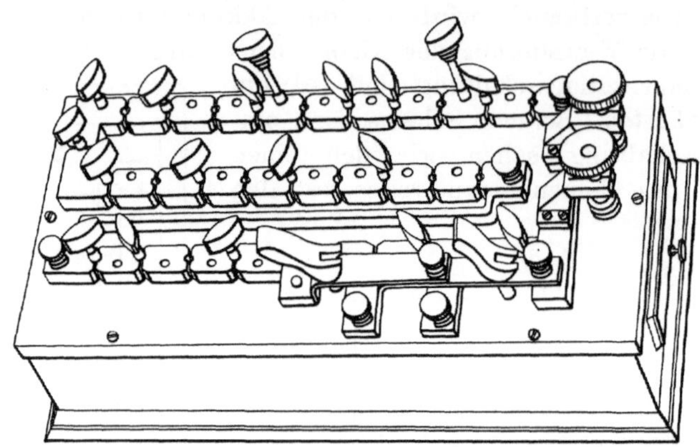

Abb. 72. Rheostatenkasten mit Stöpsel und Hilfsstöpsel.

finden, sie ist aber doch weitgehend durch eine zweite verdrängt worden, bei der die vielen Hilfsstöpsel ganz fortfallen. Um ohne Hilfsstöpsel arbeiten zu können, braucht man *zwei* Rheostatenkästen, die vollkommen gleichmäßig eingerichtet sind, also z. B. zwei Kästen von je 1110 Ohm. Diese beiden Kästen werden nebeneinander aufgestellt und hintereinander geschaltet. Der Akkumulator wird mit den beiden Außenklemmen verbunden (Abb. 73). Das Hintereinanderschalten der Kästen I und II wird durch den dicken Draht BC bewirkt. Wenn wir in den Löchern von II alle Stöpsel lassen und aus I alle herausnehmen, so liegt in *II gar kein* Widerstand, in I aber 1110 Ohm.

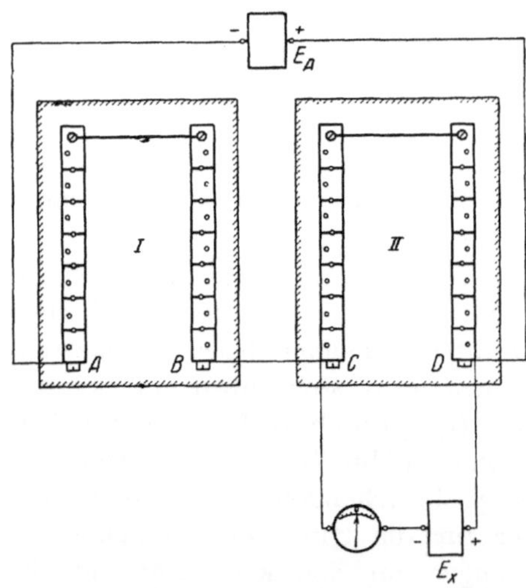

Abb. 73. Kompensationsschaltung mit zwei Rheostatenkästen.

Zwischen den Klemmen des Akkumulators liegen also 1110 Ohm. Legt man den kleinen Stromkreis an CD an, so liegt der Kasten II völlig in dem kleinen Stromkreis. Der Rheostatenwiderstand im kleinen Stromkreis ist gleich 0. Die Aufgabe ist jetzt, den Widerstand in dem *Teil*stromkreis allmählich bis zur Kompensationsstellung zu vergrößern, ohne den Widerstand in dem *Gesamt*stromkreis zu verändern. Der Widerstand in dem kleinen Stromkreis kann dadurch vergrößert werden, daß Stöpsel aus II gezogen werden. Um nun den Gesamtwiderstand nicht zu verändern, muß derselbe Widerstand, der in II durch das Ziehen der Stöpsel eingeschaltet wird, in I ausgeschaltet werden. Das geschieht dadurch, daß jeder Stöpsel, der in II gezogen wird, sofort in das zugehörige Loch von Kasten I gesteckt wird. Der Stöpsel von dem Loch 500 aus dem Kasten II kommt in das Loch 500 von I, der Stöpsel aus dem Loch 10 von II kommt in das Loch 10 von I. Je mehr Widerstand *rechts* eingeschaltet wird, um so mehr Widerstand wird *links* herausgenommen. Das Überstöpseln von rechts nach links vergrößert also beliebig den Widerstand im kleinen Stromkreis, ohne daß dadurch der Gesamtwiderstand zwischen den Klemmen des Akkumulators irgendwie geändert wird.

Die Berechnung der unbekannten Spannung E_x geschieht genau so, wie es uns schon bekannt ist.

Also

$$\frac{E_x}{E_A} = \frac{a \cdot \text{Ohm in II}}{1110} \qquad \text{und} \qquad E_x = \frac{E_A \cdot a \cdot \text{Ohm in II}}{1110}.$$

E_A muß zur Berechnung von E_x wieder genau bekannt sein. Es muß also eine Eichung des Akkumulators mit Hilfe des Normalelements vorhergehen. Wird bei der Eichung des Akkumulators in II ein Widerstand von b Ohm zur Kompensation gegen das Normalelement gebraucht, so ist wieder wie oben[1]):

$$\frac{1{,}018}{E_A} = \frac{b \cdot \text{Ohm in II}}{1110} \qquad \text{und} \qquad E_A = \frac{1{,}018 \cdot 1110}{b \cdot \text{Ohm in II}},$$

daher ist

$$E_x = \frac{1{,}018 \cdot 1110 \cdot a}{b \cdot 1110} = 1{,}018 \cdot \frac{a}{b} \text{ Volt.}$$

Durch Einführung eines Vorschaltwiderstandes läßt sich die Messung wieder vereinfachen, ganz analog der Vereinfachung bei der Meßdrahtanordnung. Wenn $b = 1018$ Ohm gemacht wird, so geht die letzte Gleichung für E_x in die einfache Form über: $E_x = \frac{a}{1000}$ Volt, d. i.

$$E_x = a \text{ Millivolt.}$$

Die zur Kompensation von II nach I gestöpselten *Ohm*mengen geben dann also die Spannung von E_x *direkt in Millivolt* an. Jedes gestöpselte Ohm entspricht 1 Millivolt der unbekannten Spannung. Diese sehr

---

[1]) Siehe Seite 139.

große Vereinfachung läßt sich also dadurch erreichen, daß $b = 1018$ Ohm gemacht wurde.

b wird nun $= 1018$ Ohm gemacht, indem zunächst einmal von II nach I gerade 1018 Ohm gestöpselt werden. Da aber b die Anzahl von Ohm *nach erfolgter Kompensation* der Akkumulatorspannung gegen ein Normalelement von 1,018 Volt Spannung ist, so muß also jetzt hinterher noch die Kompensationsstellung hergestellt werden. Das wird wie bei der Meßdrahtanordnung wieder durch Regulierung eines Vorschaltwiderstandes bewirkt. Die Messung beginnt also damit, daß zunächst das Normalelement an die Stelle von E_x geschaltet wird, dann 1018 Ohm von II nach I gestöpselt werden und schließlich der Vorschaltwiderstand so lange reguliert wird, bis das Meßinstrument im kleinen Stromkreis nicht mehr ausschlägt. Ist das erreicht, so entspricht 1 Ohm einem Millivolt und das Normalelement kann durch die unbekannte Spannung ersetzt werden. Hat das Normalelement eine andere Spannung, was bei selbsthergestellten Elementen nicht so selten ist, z. B. 1,016 Volt, so werden auch nur 1016 Ohm ursprünglich von II nach I geschaltet. Da der Stromverbrauch bei dieser Anordnung ein recht geringer ist, so genügt *eine* einzige Eichung des Akkumulators mit Hilfe des Normalelementes für mehrere Stunden ununterbrochener Messungen, wohl auch für einen ganzen Arbeitstag. Das Schema dieser Anordnung ist aus Abb. 74 zu erkennen.

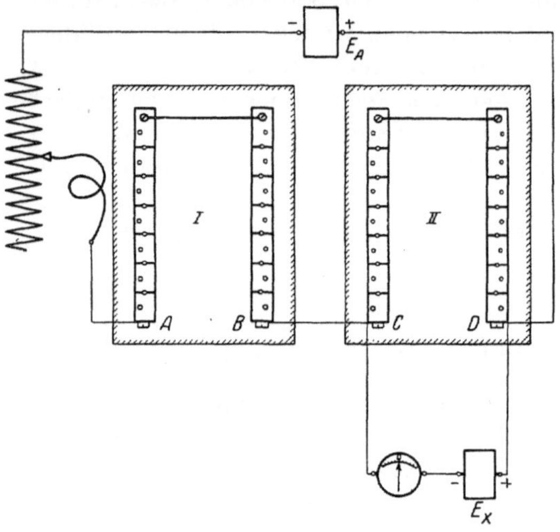

Abb. 74. Kompensationsschaltung mit zwei Rheostatenkästen und Vorschaltwiderstand.

13. Kompensationsschaltung mit Kurbelrheostaten. In der elektrischen Großtechnik sind die Rheostatenkästen meistens durch eine andere Art von Widerstandsanordnungen ersetzt, die wir schon in ihrem Prinzip weiter oben[1]) kennengelernt haben. Es sind dies die sog. Kurbelrheostaten. Es lag nahe, auch die Kompensationseinrichtungen mit Kurbelrheostaten zu versehen und dadurch einfacher in der äußeren Form und bequemer in der Bedienung zu gestalten. Durch den Einbau

---

[1]) Siehe Seite 112.

aller Leitungen, durch übersichtliche Anordnung aller Kurbelgriffe und durch kompendiöse Ausgestaltung wurden vollständige Apparate geschaffen, die „*Kompensationsapparate*" oder „*Potentiometer*" heißen.

Wir kommen jetzt zu der Besprechung dieser Apparaturen, die sich überall da, wo schnelles und zuverlässiges Arbeiten nötig ist, unentbehrlich gemacht haben.

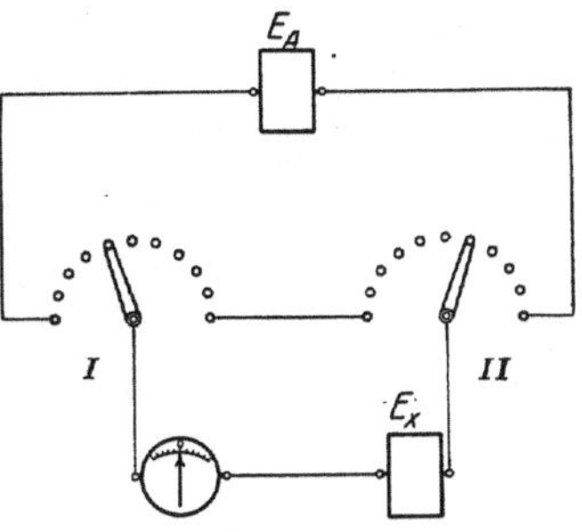

Die einfachste Anordnung läßt sich aus beistehender Zeichnung erkennen (Abb. 75). Je ein Rheostatenkasten ist durch einen Kurbelwiderstand ersetzt. Der Gesamtwiderstand des großen Kreislaufes bleibt stets unverändert, während der Widerstand des kleinen Kreislaufs durch Drehen der Kurbeln reguliert wer-

Abb. 75. Kompensationsschaltung mit zwei Kurbelrheostaten.

den kann. Die Anordnung der einzelnen Kurbel ist aus der Abb. 41 Seite 112 zu ersehen, das Äußere eines Kurbelrheostatenkastens zeigt die Abb. 76. Jeder einzelne Widerstand der Kurbel I (Abb. 75) beträgt *10* Ohm, der ganze Widerstand der Kurbel also 100 Ohm. Jeder Widerstand der Kurbel II beträgt *1* Ohm, die ganze Kurbel II hat also 10 Ohm. Jeder Widerstands*abschnitt* der linken Kurbel ist ebenso groß wie der *Gesamt*widerstand der rechten Kurbel. Die Kurbel I ist also

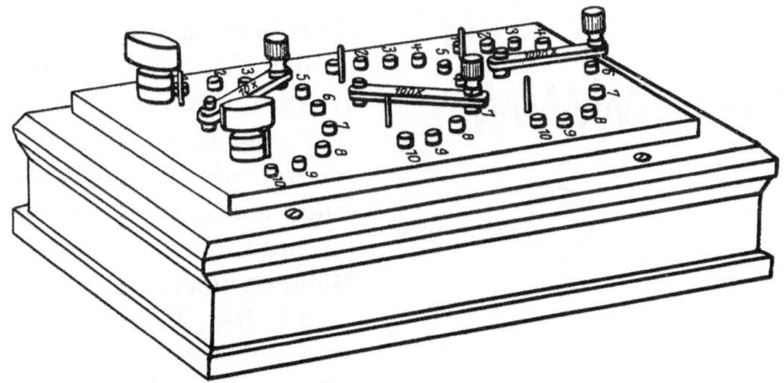

Abb. 76. Schaltkasten mit Kurbelrheostaten.

für die „*grobe*" Regulierung, während die Kurbel II die „*feine*" Regulierung ermöglicht. Zwischen 1 und 110 Ohm lassen sich alle ganzohmigen Widerstandsbeträge mit Hilfe dieser zwei Kurbeln in den kleinen Stromkreis einschalten. Kurbel I und II stellen gleichsam einen Meßdraht dar, der in 110 Schritte unterteilt ist. Fällt über beiden Kurbeln die Klemmenspannung des Akkumulators von 2 Volt ab, so bedeutet jeder dieser Schritte $^2/_{110} = 0,0182$ Volt. Zur Vergrößerung der Genauigkeit müssen noch mehr Kurbeln angebracht werden.

Einen 3-Kurbelapparat hat FEUSSNER zuerst angegeben. Mit diesem Apparat hat er eine Schwierigkeit überwunden, die stets dann auftritt, wenn mehr als 2 Kurbeln angewandt werden.

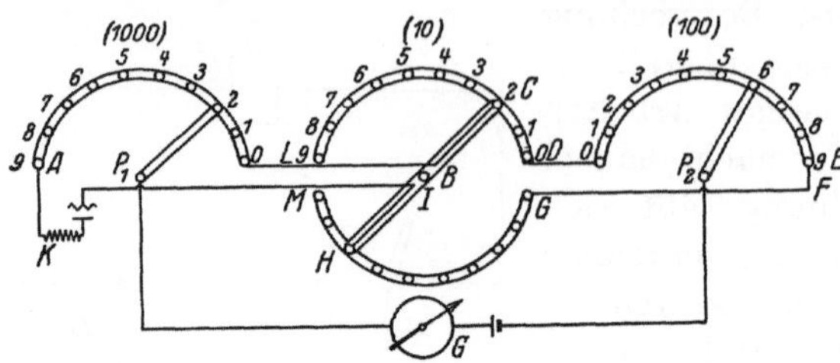

Abb. 77. Schema des 3-Kurbelapparates nach FEUSSNER.

Das Schaltungsschema zeigt die beistehende Abb. 77 [1]). Die mittlere Kurbel ist eine Doppelkurbel, mit deren Hilfe es möglich ist, den Teilstromwiderstand auch an einer dritten Kurbel zu verstellen, ohne den Gesamtwiderstand des großen Stromkreises zu verändern.

Für sehr feine Messungen dient der von O. WOLFF, Berlin, gelieferte Kompensationsapparat, bei dem 5 Kurbeln die Regulierung von je 0,1, 1, 10, 100 und 1000 gestatten.

Für die Zwecke der H-Ionenmessungen ist mindestens ein 4-Kurbelapparat nötig, damit eine Genauigkeit von einigen Dezimillivolt erreicht wird.

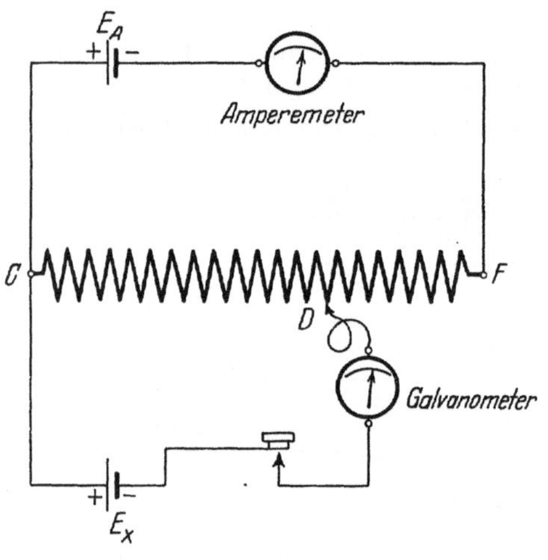

Abb. 78.

Die Kostspieligkeit dieser großen Apparaturen hat aber dazu Veranlassung gegeben, besonders für die Ausführung der H-Ionenmessungen einfachere Apparate zu konstruieren. Den meisten dieser Apparaturen ist eine Kombination von Meßdrähten und Kurbelrheostaten mit Meßinstrumenten gemeinsam.

14. Die Potentiometer. In Amerika wurde frühzeitig die große Bedeutung der elektrischen Messungen für die chemischen Laboratorien erkannt und daher mit Sorgfalt an der Ausgestaltung der Potentiometer gearbeitet. Die amerikanischen Untersucher verfügen daher über eine Anzahl guter Modelle. In den Potentiometern wird die POGGENDORFFsche Methode gewöhnlich mit Amperemeter und Galvanoskop (ohne Normalelement) benutzt. Eine der gebräuchlichsten Anordnungen ist schematisch in beistehender Abb. 78 abgebildet.

---

[1]) Aus JAEGER: l. c.

Der Punkt D wird an dem Widerstand CF so lange verschoben, bis das Galvanoskop keinen Ausschlag mehr zeigt. CF kann aus einem Meßdraht oder Kurbel-Rheostaten oder einem beliebigen Widerstand bestehen. E_x ist gleich dem Potentialabfall über CD. In der Kompensationsstellung läßt sich E_x aus dem Widerstandswert CD und der im großen Stromkreis herrschenden Stromstärke berechnen.

$$I = \frac{E}{W}, \qquad \text{also} \qquad E = I \cdot W, \qquad E_x = I \cdot CD.$$

CD wird z. B. an den Kurbel-Rheostaten in Ohm abgelesen, I am Amperemeter in Ampere. E_x wird also dann in Volt erhalten.

Eine zweite Anordnung, die für nicht allzu genaue Messungen stets genügt, wurde von HILDEBRAND angegeben (Abb. 79). *Nach erfolgter Kompensation,* die wie üblich durch das Galvanoskop angezeigt wird, wird mit einem Voltmeter der Spannungsabfall über $A\,C$ direkt gemessen. Dieser Spannungsabfall ist gleich der unbekannten Spannung E_x.

In Amerika wurde vor dem Jahre 1921 ein „Portable Hydrogen Ion Potentiometer", also ein tragbares Potentiometer gebaut,

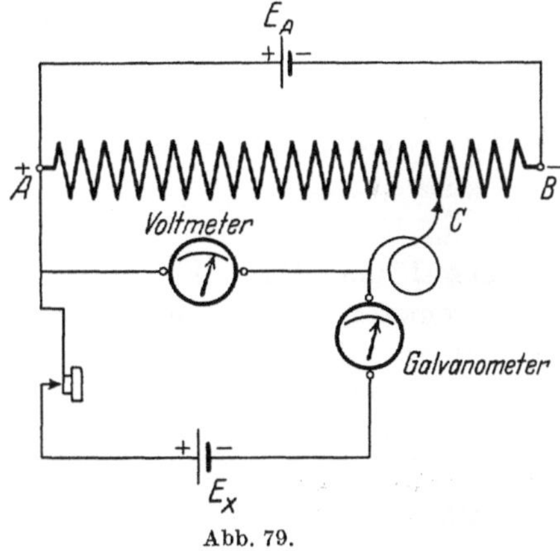

Abb. 79.

das zu Bodenuntersuchungen dienen soll. Es ist in dem auch in Deutschland bekannten Katalog von Leeds & Northrup vom Jahre 1921 abgebildet. Es erscheint vorteilhafter (wegen der Herstellung der Suspensionen, Filtrationen usw.), die einzelnen Bodenportionen zu sammeln und hinterher im Laboratorium mit einem guten *Laboratoriums*apparat zu messen, der empfindlicher und genauer als das tragbare Potentiometer ist und daher auch allen anderen Meßaufgaben besser entspricht.

Bei einer dritten Methode[1]) wird die Kompensation durch Regulierung eines Widerstandes W im großen Stromkreis erreicht (Abb. 80). Der Teilstromwiderstand R ist fest und hat einen runden Betrag von 1 oder 10 oder 100 Ohm[2]). Ist die Kompensation erreicht, so ist

$$E_x = R \cdot I.$$

I wird an dem Amperemeter abgelesen.

E_x ist also $1 \cdot I$ oder $10 \cdot I$ oder $100 \cdot I$, je nachdem, ob $R = I$, 10 oder 100 Ohm ist.

---

[1]) LINDECK-ROTHE: Zeitschr. f. Instrumentenkunde 1900.
[2]) Aus JAEGER: l. c.

Die Genauigkeit der Meßergebnisse hängt bei diesen drei Anordnungen von der Genauigkeit der Widerstandseichung, von der Genauigkeit des Ampere- bzw. Voltmeters und von der Empfindlichkeit des nur als Nullinstrument dienenden Galvanometers ab. Die Widerstandseichung ist gewöhnlich auf 1 Promille genau. Auch die Ampere- und Voltmeter besitzen ursprünglich diese Genauigkeit. Es ist aber

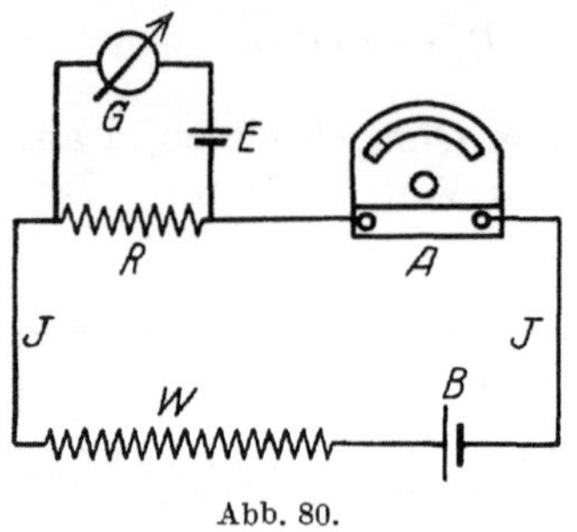

Abb. 80.

gar nicht selten, daß sich das magnetische System der Meßinstrumente mit der Zeit ein wenig ändert und daß daher die Ablesungen mit einem größeren Fehler als 1 Promille behaftet sind. Wird der Fehler 2, 3, 4 Promille, so wird jedes einzelne Meßergebnis diesen Fehler tragen. Ein derartiger allmählich oder plötzlich auftretender Anzeigefehler läßt sich mit Hilfe eines Normalelementes, das bei E_x angeschaltet wird, erkennen. Bei den Anordnungen I und III (Abb. 78 u. 80) muß ferner die Unterteilung der Amperemeter eine besonders große sein, da es sonst unmöglich ist, E_x auf $^1/_4$ oder $^1/_2$ Millivolt, in dem üblichen Meßbereich von 1 bis 1000 Millivolt und darüber genau zu berechnen.

Eine vierte Anordnung zeigt gegenüber den drei anderen insofern eine Vereinfachung, als bei ihr nur noch mit *einem* Meßinstrument gearbeitet wird. Da dieses Instrument bei der Benutzung als Voltmeter stets ein und dieselbe Spannung anzugeben hat (1100 Millivolt) und nur auf diesen einen Punkt geeicht wird, ist jede Schwierigkeit der Skalenunterteilung vermieden.

Kommt es durch Veränderung der Magnetsysteme im Voltmeter zu einer kleinen Abweichung, so gilt bei dieser Anordnung für jede einzelne Messung genau derselbe proportionale Fehler. Die Proportionalität der Abweichung über die ganze Skalenlänge, die bei den drei anderen Anordnungen vorhanden sein muß, um eine richtige Korrektur anbringen zu können, spielt bei dieser Bauart also keine Rolle. Dieses Potentiometer wurde von Mislowitzer[1]) angegeben. Die Leitungsanordnnng geht aus beistehender Abb. 81 hervor. Die Spannung der Batterie B fällt über einem Meßdraht und einem Kurbelrheostaten ab, die hintereinander geschaltet sind. In demselben Stromkreis liegt noch der Regulierwiderstand RW. Mit Hilfe dieses Regulierwiderstandes ist es möglich, den Gesamtspannungsabfall über *Meßdraht + Kurbelrheostat* in bestimmten Grenzen zu verändern. Der zirkulär angeordnete Meßdraht ist von 0—100 unterteilt. Jeder einzelne der

---

[1]) Mislowitzer: Biochem. Zeitschr. Bd. 159. 1925.

10 Widerstände des Kurbelrheostaten ist ebenso groß wie der Widerstand des ganzen Meßdrahtes. Dadurch ist der Gesamtwiderstand in 11 große und unter Zuhilfenahme der 100 kleinen Teile des Meßdrahts in 1100 kleine Teile unterteilt. Wird nun an die Enden dieses Gesamtwiderstandes eine Spannung von genau 1100 Millivolt angelegt, so fällt über jedem kleinen Teil gerade 1 Millivolt ab. Zur Kontrolle darüber, daß über Meßdraht + Kurbelrheostat genau 1100 Millivolt abfallen, wird an die Enden des Gesamtwiderstandes ein Präzisionsvoltmeter angelegt. Dieses Voltmeter braucht nur, wie schon oben erwähnt, auf den einen Punkt (1100 Millivolt) geeicht zu sein. Ist der Regulierwiderstand RW ausgeschaltet, so ist der Spannungsabfall über Meßdraht + Kurbelrheostat viel zu hoch[1]). Wird nun langsam Widerstand eingeschaltet, so kommt ein Punkt, bei dem der Zeiger des Voltmeters gerade 1100 anzeigt. Dann ist der Spannungsabfall auf der gewünschten Zahl. Es ist also einerlei, wie groß die genaue Klemmenspannung des Akkumulators B ist. Alles, was von der Spannung des Akkumulators über 1100 Millivolt hinausgeht, wird vom Regulierwiderstand RW unterdrückt.

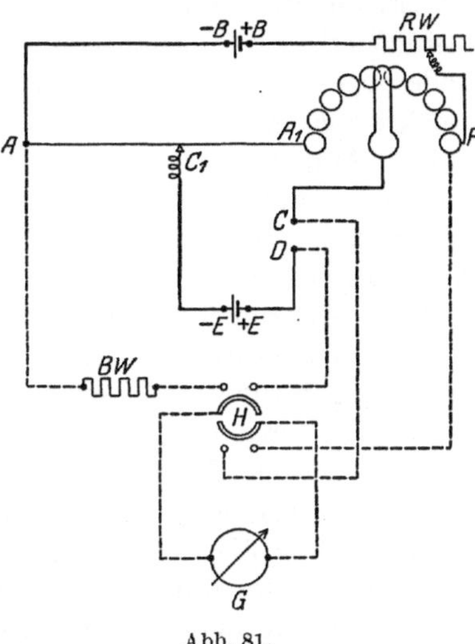

Abb. 81.

Der Kurbelrheostat und der Schleifkontakt C_1 auf dem Meßdraht werden bei der Messung solange verstellt, bis ein hochempfindliches Galvanometer im Teilstromkreis Stromlosigkeit anzeigt. Ist der Punkt erreicht, so fällt zwischen der Kurbel und dem Punkt C_1 eine Spannung ab, deren Größe, wie wir schon früher sahen, für den großen Stromkreis und den Teilstromkreis dieselbe ist. Da in dem großen Stromkreis über jedem einzelnen Widerstandsschritt gerade *ein* Millivolt abfällt, so läßt sich aus der Anzahl der zwischen C_1 und der Kurbel liegenden Widerstandsschritte die zwischen C_1 und der Kurbel liegende Spannung direkt in Millivolt ablesen. Diese Spannung ist nach erfolgter Kompensation gleich der unbekannten Spannung E_x. Durch eine besondere Anordnung ist es möglich gemacht, die Regulierung der vom Akkumulator stammenden Hilfsspannung auf genau 1100 Millivolt und das Auffinden der Kompensationsstelle *mit einem einzigen Meßinstrument*

---

[1]) Er ist dann gleich der Klemmenspannung des Akkumulators, also ungefähr = 1,95 Volt.

durchzuführen. Zum Einregulieren der Teilspannung des Akkumulators auf 1100 Millivolt wird das Meßinstrument an die Enden des Meßdrahtes und des Kurbelrheostaten angelegt. Bei dieser Schaltung liegt ein Ballastwiderstand von fast 100000 Ohm vor dem Meßinstrument, das durch den hohen Widerstand, wie wir aus dem Abschnitt über Meßinstrumente wissen, als *Voltmeter* wirkt. Durch Betätigen eines *Umschalters*[1]) wird das Instrument von den Enden der Brückenwiderstände abgeschaltet und zugleich *ohne den Ballastwiderstand* in den Teilstromkreis gelegt. Hier dient es dann mit einer Empfindlichkeit von ca. 10^{-7} Ampere für einen Teilstrich als gewöhnliches Nullinstrument.

Die Genauigkeit des Messungsergebnisses hängt mit der Genauigkeit zusammen, mit der gerade 1100 Millivolt an die Enden der Widerstandsbrücke angelegt werden. Diese Genauigkeit beträgt bei einem sorgsam geeichten Instrument ungefähr 1 Promille. Die Veränderung der magnetischen Kraft bei jungen Instrumenten kann aber auch hier zu Abweichungen führen. Es muß daher eine Möglichkeit vorhanden sein, diese Abweichungen zu erkennen und auszuschalten. Eine solche Möglichkeit ist in der Benutzung des Normalelementes gegeben. Wird an Stelle der unbekannten Spannung ein Normalelement eingeschaltet, so läßt sich die über der Widerstandsbrücke abfallende Teilspannung des Akkumulators mit allergrößter Genauigkeit einregulieren.

Wenn das Normalelement 1018,5 Millivolt hat, so werden zunächst 1018,5 Brückenschritte zwischen C_1 und der Kurbel eingeschaltet. Dann wird durch Betätigen des Regulierwiderstandes RW die Kompensationsstellung gesucht, also *die* Stellung, bei der das Meßinstrument im Teilstrom nicht mehr ausschlägt. Ist sie gefunden, so gilt wieder folgende Beziehung:

$$\frac{\text{Brückenschritte bei der Kompensationsstellung}}{\text{Gesamtbrückenschritte}}$$
$$= \frac{\text{Spannung im Teilstrom (Normalelement)}}{\text{Spannungsabfall an den Enden des Brückenwiderstandes } (x)},$$

also

$$\frac{1018,5}{1100} = \frac{1018,5}{x}.$$

Der Spannungsabfall an den Enden des Brückenwiderstandes x ist also mit Hilfe des Normalelementes ebenfalls auf die gewünschte Größe von *1100* Millivolt gebracht.

Bei *dieser* Regulierungsart ist das Meßinstrument *nur als Nullinstrument* gebraucht worden und nicht auch als Voltmeter. Wenn man jetzt nachträglich, also *nach dieser Einregulierung*, mit Hilfe eines Normalelementes durch Drehen des Umschalters das Meßinstrument als *Voltmeter* an die Enden des Brückenwiderstandes anlegt, so muß der Zeiger sich genau auf den 1100-Punkt einstellen. Etwaige Veränderungen

---

[1]) In der Abb. 81 mit H bezeichnet.

der Genauigkeit des Voltmeters, die mit der Zeit durch Alterung des Magnetsystems auftreten können, lassen sich also dadurch erkennen, daß sich der Zeiger nach der Einstellung mit dem Normalelement und der nachträglichen Umschaltung nicht genau auf den Punkt 1100 begibt.

Man kann auch umgekehrt verfahren und den Zeiger zuerst durch Regulierung von RW und Benutzung des Meßinstrumentes als Voltmeter genauestens auf 1100 bringen und dann das Normalelement als *unbekannte Spannung* betrachten und in der üblichen Weise durch Verstellen der Kurbel und des Schleifdrahtes die Spannung des Normalelementes messen. Erhält man als gemessenen Wert die wirkliche Spannung des Normalelementes $\pm$ 1 Millivolt, so ist das Meßinstrument *auch als Voltmeter* tadellos. Bei dieser Kontrollmethode läßt sich also der etwaige Fehler des Voltmeters direkt in Millivolt erkennen. Er ist ein prozentualer Fehler und beträgt daher für je 100 Millivolt etwas weniger als $^1/_{10}$ desjenigen Wertes, der als Fehler beim Messen des Normalelementes aufgefunden wurde.

Voraussetzung für die richtige Anstellung dieser Kontrollmessungen ist die *Prüfung der Zeigerstellung bei der Nullage des Meßinstrumentes.* Sind die Abweichungen des Zeigers von dem Nullpunkt nur sehr gering (*eine* Zeigerbreite oder Ähnliches), so wird diese Abweichung zweckmäßig bei der Einstellung auf den 1100 - Punkt einfach entsprechend berücksichtigt. Ist die Abweichung vom Nullpunkt größer, so wird die Schraube am Aufhängepunkt des Fadens so lange vorsichtig gedreht, bis der Zeiger wieder genauestens über Null steht und nach einzelnen Schwingungen sich immer wieder auf Null einstellt (*Nullpunktskorrektur*).

Nullpunkt und Genauigkeit des Meßinstrumentes sind bei der *Benutzung eines Normalelementes* völlig belanglos. Mit einem Normalelement läßt sich bei diesem Potentiometer die gewünschte Spannung von 1100 Millivolt auch bei abweichendem Nullpunkt und bei verändertem Voltmeterausschlag *ohne den geringsten Fehler* einstellen. Die dann nach Abschaltung des Normalelements und Anschaltung der unbekannten Spannung angestellten Messungen entsprechen stets den höchsten Anforderungen an die Genauigkeit.

Wird aber *ohne Normalelement* gearbeitet, so ist der Nullpunktstellung und der Größe des Zeigerausschlages bei angelegter Spannung von 1100 Millivolt Beachtung zu schenken. Hat man ein junges Instrument vor sich, so tut man gut daran, jeden Monat einmal den Voltmeterausschlag mit Hilfe eines Normalelementes zu kontrollieren. Hat die Ausschlagsgröße des Zeigers bei richtiger Nullpunktstellung (also eventuell nach der Nullpunktskorrektur) durch Abnahme der magnetischen Kraft etwas nachgelassen und ist die genaue Zeigerstellung daher nicht mehr an dem 1100-Punkt der Skala, sondern z. B. ein Teilstrich davor, so wird man während des nächsten Monats zur Einregulierung der Hilfsspannung nicht mehr auf den 1100-Strich, sondern stets auf einen Teilstrich davor einstellen. Nach einem halben bis einem Jahr ist das Magnetsystem so weit gealtert, daß keine Veränderungen mehr eintreten. Unter Beachtung dieser anfänglichen Kontrollen läßt sich die Fehlermöglichkeit bei den Messungen *ohne Normalelement* mit 1 bis 2 Promille veranschlagen. Was bedeutet eine Fehlermöglichkeit von 2 Promille bei den p_H-Messungen? Zunächst bei der Kalomel-Wasserstoffkette[1]):

Bei p_H	2,00	4,6	7,0	9,0	11,0
Fehlermöglichkeit in p_H ca.	0,01	0,016	0,02	0,025	0,029

Bei einer Doppelchinhydronkette[2]) mit Standardazetat als Bezugselektrode liegen sämtliche Messungen zwischen den p_H's 0,6 und 8,0 unter 240 Millivolt. Bei diesem Höchstwert beträgt der Fehler erst 0,0072 p_H, bei den gewöhnlichen Messungen also noch unter 0,005 p_H. Bei der Kalomel-Chinhydronkette[3]) beträgt der Fehler im *ungünstigsten* Falle 0,015 p_H, bei den gewöhnlichen Messungen also *unter* 0,01 p_H. Während man also bei der Kalomel-Wasserstoffkette für sehr genaue Messungen (besonders auf der alkalischen Seite) auf das Normalelement zurückgreifen soll, falls man der Genauigkeit seines Voltmeters nicht ganz sicher ist, wird bei einer Doppelchinhydronkette oder einer Kalomel-Chinhydronkette hierzu wohl niemals die Notwendigkeit vorliegen. Es wird aber noch ausdrücklich darauf hingewiesen, daß bei einem Potentiometer, dessen Herstellung schon einige Zeit zurückliegt, eine Messung ohne Benutzung eines Normalelementes ebenso genau verläuft wie unter Anwendung eines Normalelementes.

15. Röhrenvoltmeter. Eine besondere Form von Apparaturen, über die in jüngster Zeit verschiedentlich publiziert worden ist, bedient sich der Elektronenröhren zur Potentialmessung. Voltmeter, die nach diesem Prinzip wirken, werden auch Röhrenvoltmeter genannt. Mitteilungen über Röhrenvoltmeter gehen auf die Jahre 1919 und 1920 zurück[4]).

Das zu messende Potential wird an das Gitter und das negative Heizfadenende einer Elektronenröhre angelegt. Der Anodenstrom ist in seiner Stärke dem Gitterpotential proportional. Daher ist es möglich, den mit einem Amperemeter abgelesenen Anodenstrom in direkte Beziehung zu der zu messenden Spannung zu setzen.

Im Jahre 1922[5]) hat GOODE eine auf diesem Prinzip beruhende Anordnung zur elektrometrischen Titration angegeben. Im Jahre 1925[6])

---

[1]) Siehe Seite 251 ff.   [2]) Siehe Seite 251 ff.   [3]) Siehe Seite 251 ff.

[4]) JAEGER: l. c.; HORAGE, K.: Helios Bd. 25, S. 201. 1919; HÖPFNER: Tel.- u. Fernspr.-Techn. 1919, 4. Sonderheft; SALINGER: Mitt. aus dem Telegraphenversuchsamt, 9. Jahrg.; MÜHLBRETT: Arch. für Elektrotechnik Bd. 9. 1920.

[5]) GOODE: Journ. of the Americ. chem. soc. Bd. 26. 1922.

[6]) GOODE: Journ. of the Americ. chem. soc. 1925. S. 2483.

glaubt derselbe Autor die vielen Schwierigkeiten der Methode so weit überwunden zu haben, um die Apparatur auch für H-Ionenmessungen empfehlen zu können.

Bald darauf erschien eine Arbeit von BIENFAIT[1]), in der wieder einige Verbesserungen zur Vergrößerung der Genauigkeit und der Anwendungsmöglichkeit mitgeteilt werden. Nach den Angaben von BIEN-FAIT erreicht die Meßgenauigkeit bei strenger Einhaltung bestimmter Vorschriften den Betrag von 0,5 Millivolt. Eine Spannungsabnahme der Anoden und der Heizbatterie wird nach Möglichkeit durch gegengeschaltete Elemente ausgeglichen. Nullpunktsverschiebungen (1,5 Millivolt in 1 Stunde) lassen sich entweder in Rechnung stellen oder durch Regulierwiderstände ausschalten. Große Sorgfalt ist auf die Qualität der Röhre und auf die

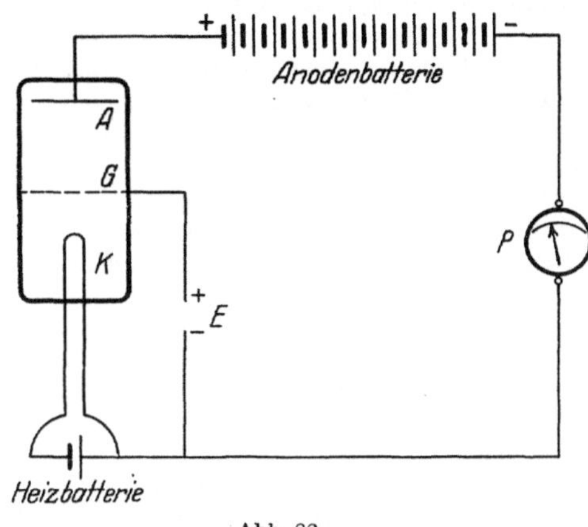

Abb. 82.

Temperaturkonstanz zu legen. Bei Berücksichtigung aller Angaben von BIENFAIT sollen die erreichbaren Resultate zufriedenstellend sein. *Allgemeines Prinzip* (Abb. 82).

Die Röhre besitzt drei Elektroden: 1. A die Anode, 2. K die Kathode, 3. G die Gitterelektrode. Der Faden K der sog. Glühkathode wird durch die Heizbatterie zum Glühen gebracht. Wenn der Faden glüht, geht ein Elektronenstrom von K nach A, im Anodenkreis fließt also ein Strom, der mit dem Amperemeter P gemessen werden kann. Die Stärke dieses Stromes wird von der Gitterspannung G beeinflußt, da der Elektronenstrom von K nach A in weiten Grenzen von der Gitterspannung abhängt. Die unbekannte Spannung E läßt sich nach ihrer Aufladung bei G daher aus der Stärke des Anodenstromes erkennen. Die endgültigen Schaltungsformen sind untereinander etwas verschieden, benutzen aber sämtlich dieses Prinzip.

Ein Vorteil dieser Apparaturen ist in der Billigkeit zu suchen, da es gewöhnlich nicht nötig ist, bei Anwendung von Elektronenröhren hochempfindliche Meßinstrumente zu benutzen.

---

[1]) BIENFAIT: Recueil des travaux chin. des Pays-Bas Bd. 45. 1926.

IV. Die Elektrodensysteme für die elektrische Messung von Ionen-, insbesondere H-Ionenkonzentrationen.

a) Über die Bezugselektroden und besonders die Kalomelelektroden.

In einer Wasserstoffkonzentrationskette, in der das eine Halbelement eine $^n/_1$-Wasserstoffelektrode ist, läßt sich nach einer Potentialmessung der p_H der Flüssigkeit der zweiten Wasserstoffelektrode sehr leicht berechnen. Trotz der rechnerischen Vorteile wird in der Praxis nicht mit einer Normalwasserstoffelektrode als Standardelektrode gemessen, sondern mit anderen Bezugselektroden, und zwar vornehmlich mit den Kalomelelektroden. Diese Kalomelelektroden haben besondere Eigenschaften, die ihre Anwendung in der Meßpraxis angenehm erscheinen lassen. Um trotz der Messung mit einer Kalomelelektrode alle Potentialwerte auf einfache Weise in p_H's umrechnen zu können, wird die Kalomelelektrode zur Normalwasserstoffelektrode in Beziehung gesetzt. Diese Beziehungen werden in diesem Abschnitt für die verschiedenen Kalomelelektroden genau angegeben. Die Theorie und die Wirkungsart der Kalomelelektroden werden beschrieben. Ausführlich werden bei der Besprechung die Temperaturkoeffizienten berücksichtigt, und zwar sowohl für Kalomelelektroden und Wasserstoffelektroden gesondert wie auch für Ketten aus diesen Halbelementen.

Die Vorteile und Nachteile der einzelnen Kalomelelektroden werden besprochen; eine besondere Anordnung (von Köhler) wird erwähnt, die die Gefahr der Diffusion bei der $^n/_{10}$-Kalomelelektrode zum Fortfall bringen soll. Als Flüssigkeitsbrücken dienen für die Kalomel-Wasserstoffketten sog. elektrolytische Stromschlüssel. Schließlich werden die Herstellung der Kalomelelektroden und die Präparation der Chemikalien in allen Einzelheiten angegeben.

1. Theoretische Vorbemerkungen. Das Potential E an der Grenze einer mit gasförmigem Wasserstoff beladenen Platinelektrode (also einer Wasserstoffelektrode) und der Elektrodenflüssigkeit steht, wie wir im vorhergehenden Abschnitt sahen, zu der Wasserstoffzahl der Elektrodenflüssigkeit in der einfachen, durch die NERNSTsche Gleichung ausgedrückten Beziehung. Es ist das Elektrodenpotential der Wasserstoffelektrode

$$E = - \frac{RT}{F} \ln \frac{C}{[\text{H}\cdot]}\,.$$

Wir hörten ferner, daß die direkte Messung des Einzelpotentials E zwar unmöglich ist, daß es andererseits aber unter Benutzung einer *zweiten Elektrode* leicht gelingt, den Wert für E zu finden. Die Wasserstoffelektrode bildet mit der Elektrodenflüssigkeit nur ein sog. *Halbelement*, dessen Potential erst unter Benutzung eines *zweiten Halbelementes* meßbar wird. Ist dieses zweite Halbelement eine Quecksilbernullelektrode[1]), so ist die zwischen diesen beiden Halbelementen gemessene Potentialdifferenz gleich dem *absoluten* Betrag des Einzelpotentials der Wasserstoffelektrode. Wenn aber dieses zweite Halbelement ein von Null verschiedenes Einzelpotential aufweist, so ist der

---

[1]) Quecksilbertropfelektrode, siehe S. 68.

gemessene Wert ein *relativer* Wert, da er ja von der Größe dieses Einzelpotentials, also von der Art dieser sog. Bezugselektrode, abhängt.

Ein recht einfacher Fall liegt vor, wie wir im zweiten Abschnitt[1]) sahen, wenn die beiden Metallelektroden der zwei Halbelemente aus demselben Stoff sind. Da die Potentialdifferenz zwischen solchen Halbelementen nur von den in den Elektrodenflüssigkeiten vorhandenen *Konzentrationen* derjenigen Ionenart abhängt, die von den Metallen geliefert werden kann, spricht man bei dieser Anordnung von einer *Konzentrationskette*. Die Gleichung des Elektrodenpotentials für eine Konzentrationskette hatten wir ebenfalls im zweiten Abschnitt dieses Buches abgeleitet[2]).

Zur Messung von unbekannten Wasserstoffzahlen wurde ursprünglich eine derartige Konzentrationskette benutzt. Es wurden also zwei mit Wasserstoff beladene Platinelektroden, zwei Wasserstoffelektroden, zu einem Element verbunden. Dieses Element enthielt als die *eine* Elektrodenflüssigkeit eine Lösung mit bekannter Wasserstoffzahl, als die *andere* die Lösung mit der unbekannten Wasserstoffzahl.

In der Gleichung für eine Konzentrationskette fehlt der Ausdruck für die elektrolytische Lösungstension, da ihr Wert ja wegen der Übereinstimmung des Elektrodenmetalls für beide Halbelemente derselbe ist und bei der Division herausfällt. Die Gleichung lautet, wie wir sahen:

$$E = 0{,}0001983 \cdot T \log \frac{[\mathrm{H}^{\cdot}]_1}{[\mathrm{H}^{\cdot}]_x}.$$

Hierin ist E kein *Einzel*potential mehr, sondern die *Potentialdifferenz der Konzentrationskette* mit zwei Lösungen, deren Wasserstoffzahlen $[\mathrm{H}^{\cdot}]_1$ und $[\mathrm{H}^{\cdot}]_x$ sind.

Dieser Ausdruck bekommt eine besonders einfache Form, wenn die bekannte Wasserstoffzahl der einen Elektrodenflüssigkeit $[\mathrm{H}^{\cdot}]_1$ gerade gleich 1 normal gemacht wird.

Dann ist, wie wir sahen:

$$p_{\mathrm{H}x} = \frac{E\,(\text{Volt})}{0{,}0001983 \cdot T} = \frac{E\,(\text{Millivolt})}{58{,}1} \text{ bei } 20^{\circ}.$$

Die Normalwasserstoffelektrode, bei der die $[\mathrm{H}^{\cdot}]$ gerade $= 1$ ist, würde wegen dieser einfachen rechnerischen Beziehung ein besonders geeignetes Halbelement bilden. Denn kennen wir den Wert der Potentialdifferenz, die irgendeine beliebige Wasserstoffelektrode gegenüber der Normal-Wasserstoffelektrode aufweist, so ergibt sich der gesuchte p_{H} aus der einfachen Division: $\frac{E}{\vartheta}$, wo $\vartheta = 0{,}0001983 \cdot T \cdot 1000$ ist und E in Millivolt angegeben sein muß[3]).

Leider ist aber die Normalwasserstoffelektrode zur regelmäßigen Ausführung von Messungen in der Praxis nicht zu empfehlen, da sich

---

[1]) Siehe S. 73.   [2]) Siehe S. 74.
[3]) Die verschiedenen Werte für ϑ siehe im Anhang.

mit ihr eine große Genauigkeit wegen ihrer Inkonstanz und wegen des Auftretens von Diffusionspotentialen an den Berührungsstellen der Elektrodenflüssigkeiten nur schwer erzielen läßt.

Es erhebt sich jetzt die Frage, wie man die Vorteile der leichten Berechnung bei der Normalwasserstoffelektrode erreichen und gleichzeitig die Gefahren ihrer Ungenauigkeit vermeiden kann.

Diese Aufgabe ist auf folgende Weise gelöst worden: Da nach obigem die eigentliche Messung nicht mit der Normalwasserstoffelektrode ausgeführt werden soll, wird *eine andere Bezugselektrode* angewandt, deren Konstanz so groß ist, daß sie für alle Zwecke genügt und die keine wesentlichen Diffusionspotentiale auftreten läßt.

Derartige Elektroden sind z. B. die *Quecksilber-Kalomelelektroden*, meistens nur „*Kalomelelektroden*" genannt. Diese Halbelemente gehören wegen ihrer guten Haltbarkeit und großen Genauigkeit zu den wertvollsten Bezugselektroden.

Die mit der Kalomelelektrode gemessene Potentialdifferenz wird auf diejenige Potentialdifferenz umgerechnet, die in einer Wasserstoffkonzentrationskette gemessen worden wäre. Von diesem Wert führt dann in bekannter Weise die Division durch ϑ zu dem gesuchten p_{H}.

Eine Kette zwischen einer derartigen Kalomelelektrode und einer Wasserstoffelektrode ist keine eigentliche Konzentrationskette mehr, da ja die Potentialdifferenz der Kette auch von der elektrolytischen Lösungstension des Quecksilbers abhängt und nicht ausschließlich von der Konzentration der in Lösung befindlichen Ionen bzw. Wasserstoffionen.

Die Berechnung der Wasserstoffzahl einer unbekannten Lösung erscheint in einer solchen Kette zunächst viel umständlicher als in einer Konzentrationskette, da die beiden Elektrodenmetalle verschieden sind und daher die Werte für die Konstanten der elektrolytischen Lösungstension nicht herausfallen.

Ein Weg, um durch Rechnung zu dem Elektrodenpotential der Wasserstoffelektrode mit der unbekannten Lösung zu kommen, wäre z. B. folgender: Zu der gemessenen Potentialdifferenz einer solchen Kette ist zunächst das *Einzelpotential* der *Kalomelelektrode* zuzuzählen, das durch eine Messung gegen eine Nullelektrode festgestellt worden ist. (Vorzeichen!) Nach dieser Addition kennt man das Einzelpotential der Wasserstoffelektrode, aus dem $[\mathrm{H}^{\cdot}]_x$ nach der üblichen Formel ausgerechnet werden kann, wenn auch die Konstante C bekannt ist:

$$E = \frac{RT}{F} \ln \frac{C_1}{[\mathrm{H}^{\cdot}]_x} .$$

Die Messung der absoluten Potentiale mit Hilfe von Nullelektroden ist schwierig und vorerst nur für vereinzelte Temperaturgrade ausgeführt. Daher ist es möglich, daß die für die jeweiligen Temperaturen intrapolierten Werte für die absoluten Potentiale mit einem Fehler behaftet sind.

Schon aus diesem Grunde erscheint es nicht ratsam, absolute Potentialwerte für die Berechnung von sehr genauen Messungen zu verwenden, da die mögliche Unsicherheit der Berechnung die erzielte Genauigkeit der elektrischen Messung wieder entwerten könnte.

Es gibt nun aber eine einfache Möglichkeit, das elektrische Messungsergebnis einer Kette zwischen einer Kalomelelektrode und einer beliebigen Wasserstoffelektrode so umzurechnen, daß die sehr erwünschte Potentialdifferenz einer eigentlichen Wasserstoffkonzentrationskette resultiert, also einer Kette zwischen einer *Normal*wasserstoffelektrode und ·der *variablen* Wasserstoffelektrode. Diese Potentialdifferenz führt, wie wir wissen, unmittelbar zu dem gesuchten p_H der Elektrodenflüssigkeit der variablen Wasserstoffelektrode. Die Werte für die absoluten Potentiale werden bei dieser Berechnung nicht benutzt.

Um diese Umrechnung ausführen zu können, müssen nur die *Potentialdifferenzen zwischen der zur Messung gebrauchten Kalomelelektrode und der Normalwasserstoffelektrode für jeden Temperaturgrad* bekannt sein.

2. Die Beziehungen der Kalomelelektroden zu der Normalwasserstoffelektrode. Diese Potentialdifferenz wird nun nicht mehr über die Einzelpotentiale, also über die mit der Nullelektrode erhaltenen Werte berechnet, sondern in einer Kette zwischen der Kalomelelektrode und einer Normalwasserstoffelektrode direkt gemessen. Diese Standardmessungen lassen sich nach Vernichtung der Diffusionspotentiale unter Anwendung besonderer Vorsichtsmaßregeln mit sehr großer Genauigkeit ausführen, so daß die erhaltenen Werte als fehlerfrei gelten können. Der gesamte experimentelle und rechnerische Vorgang ist also folgender:

Gesucht wird der p_H der Flüssigkeit einer Wasserstoffelektrode. Zu dem Zweck wird

1) die Potentialdifferenz zwischen dieser Wasserstoffelektrode und einer Kalomelelektrode gemessen;

2) die Potentialdifferenz zwischen der Kalomelelektrode und der Normalwasserstoffelektrode gemessen;

3) aus 1) und 2) wird die Potentialdifferenz zwischen der Wasserstoffelektrode und der Normalwasserstoffelektrode berechnet.

4) Aus 3) wird der gesuchte p_H nach der Formel

$$p_\mathrm{H} = \frac{E}{0{,}0001983 \cdot T}$$

berechnet.

· Zu überlegen ist nun noch, wie man aus 1) und 2) zu dem Wert für 3) kommt. Wie hat diese Umrechnung zu geschehen?

Das Einzelpotential der Kalomelelektrode ist kleiner als das Einzelpotential der Normalwasserstoffelektrode. Beträgt es für die Kalomel-

elektrode z. B. 0,300 Volt, so ist der Wert für die Normalwasserstoffelektrode beispielsweise 0,500 Volt.

Diese Werte werden beide vielleicht nicht ganz genau sein[1]); daher
wird die Differenz der Einzelpotentiale 0,500 — 0,300 = 0,200 Volt
ebenfalls nicht ganz genau sein. Die *direkte Messung* einer Kette aus
diesen beiden Halbelementen wird aber bei vorsichtigem Arbeiten einen
völlig sicheren Wert ergeben, z. B. 0,2025 Volt bei $t°$.

Jede Wasserstoffelektrode, die eine Lösung mit kleinerer [H˙] als
$^n/_1$ enthält, wird ein noch größeres Einzelpotential haben als die Normalwasserstoffelektrode, z. B. 0,900 Volt.

Versucht man, diese Beziehungen in ein Schema zu bringen, so
würde sich folgendes Bild ergeben:

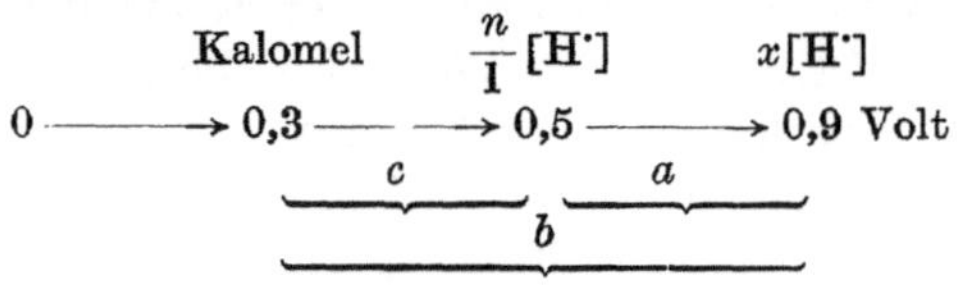

$$\text{Kalomel} \qquad \frac{n}{1}\,[\text{H}^\cdot] \qquad x[\text{H}^\cdot]$$

$$0 \longrightarrow 0{,}3 \longrightarrow 0{,}5 \longrightarrow 0{,}9 \text{ Volt}$$

Abb. 83.

Wir ersehen aus der Zeichnung, daß unter der Rubrik 1) des oben
beschriebenen Vorganges der Wert *von b*, unter 2) der Wert *von c* gemessen wird und daß $b - c$ gleich der Potentialdifferenz a der eigentlichen
Wasserstoffkonzentrationskette ist, also den Wert von 3) ergibt.

In Wirklichkeit fällt für den Untersucher aber die Messung von c
fort, da die Werte von c für alle in Frage kommenden Temperaturen
aus zahlreichen Standardmessungen hinreichend genau bekannt sind.

Der Untersucher hat also nur *eine* Messung auszuführen, nämlich die
Messung von b. Von dieser gemessenen Potentialdifferenz subtrahiert
er den jeweiligen Wert von c, den er in Tabellen finden kann.

Um den p_H zu erhalten, dividiert er dann die Differenz durch
$0{,}0001983 \cdot T$.

Also:

$$p_\text{H} = \frac{b - c}{0{,}0001983 \cdot T}\,.$$

Bisher sprachen wir nur allgemein von einer „Kalomelelektrode".
Es gibt aber mehrere Arten von Kalomelelektroden, die alle ein verschiedenes Einzelpotential aufweisen. Für die Praxis kommen vorwiegend nur drei Kalomelelektroden in Frage, die wir jetzt mit 1, 2
und 3 bezeichnen wollen. Tragen wir die drei Elektrodenpotentiale mit
den willkürlich angenommenen absoluten Werten auf einer Geraden ab,
so entsteht folgendes Bild:

---

[1]) Wegen der Schwierigkeit der Messung gegen eine Nullelektrode.

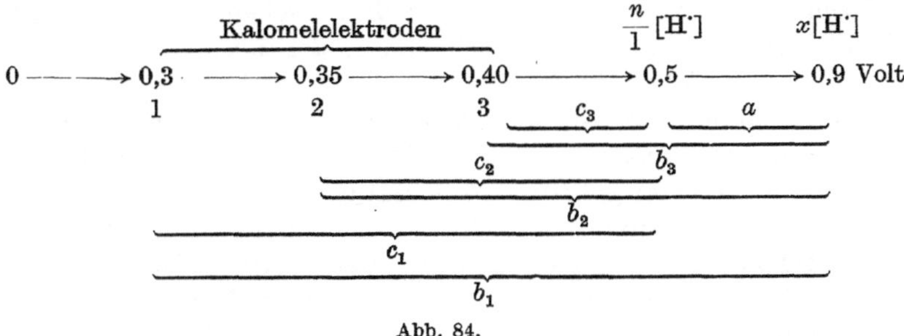

Abb. 84.

Je nachdem, ob man von den Kalomelelektrodentypen die Arten 1, 2 oder 3 verwendet, wird man b_1, b_2 oder b_3 als Potentialdifferenz bei der eigentlichen Messung finden.

Um a zu erhalten, wird man c_1, c_2 oder c_3 von b_1, b_2 oder b_3 subtrahieren müssen; mit a hat man wieder die zur Berechnung des p_H nötige Potentialdifferenz der eigentlichen Wasserstoffkonzentrationskette.

Wir werden später sehen, daß Nummer 1 die „*gesättigte*", 2 die „*Normale*" und 3 die „$^n/_{10}$"-Kalomelelektrode darstellen. Die Werte c_1, c_2 und c_3 sind sämtlich gut bekannt und direkt aus Tabellen zu entnehmen.

Wir lernten hier also, daß man zu jeder Kalomelelektrode den bestimmten Bezugswert zur Normalwasserstoffelektrode braucht und daß dieser charakteristische Bezugswert[1]) von dem Meßergebnis zwischen der gewählten Kalomelelektrode und der Wasserstoffelektrode mit der unbekannten Lösung[2]) abgezogen werden muß, um die Potentialdifferenz der eigentlichen Wasserstoffkonzentrationskette[3]) zu erhalten. Es ist sofort zu erkennen, daß es gleichgültig ist, ob die Einzelpotentiale alle *eine* Ladungsrichtung haben oder ob z. B. das Potential der Kalomelelektrode positiv, das der Wasserstoffelektrode aber negativ ist. Ein verschiedener Ladungssinn kann folgendermaßen schematisch dargestellt werden:

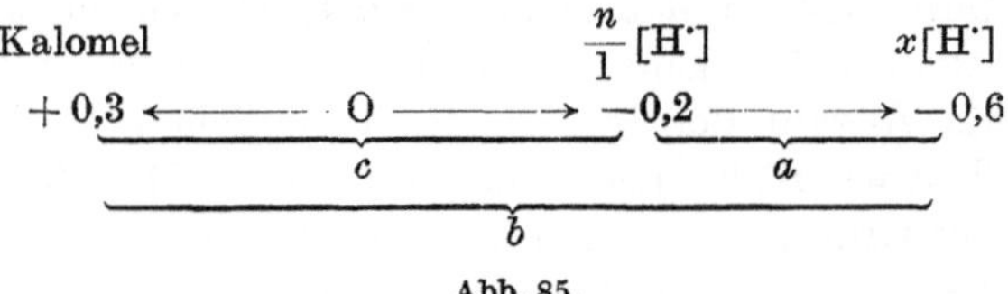

Abb. 85.

Gemessen wird von dem Untersucher $b = 0,6 + 0,3 = 0,9$ Volt.
Bekannt ist aus den Tabellen . . . $c = 0,2 + 0,3 = 0,5$ „
Dann ist . . . . $a = \quad b - c \quad = 0,4$ „

---

[1]) Im Schema c_1, c_2 und c_3.
[2]) Im Schema b_1, b_2 und b_3.
[3]) Im Schema: a.

Rechts vom Nullpunkt liegen bei dieser schematischen Zeichnung alle Elektroden, deren Metall sich *negativ* der Lösung gegenüber auflädt, links vom Nullpunkt die Elektroden mit positiv geladenen Metallen. Die Potentialdifferenz von zwei beliebigen Elektroden läßt sich durch Entfernung der Punkte auf der Skala ausdrücken. Die Entfernungsgröße hat stets einen *positiven* Wert und läßt die Lage der Elektrodenpunkte zum Nullpunkt der Skala naturgemäß unberücksichtigt.

3. Prinzip der Kalomelelektroden. Das *Elektrodenmetall ist Quecksilber.* Die *Elektrodenflüssigkeit* enthält geringe Mengen von Quecksilberionen und ferner einen Elektrolyten, der die Menge der gelösten Quecksilberionen reguliert.

Die geringen Mengen von Quecksilberionen werden von einer gesättigten Lösung des äußerst schwer löslichen Kalomels, Hg_2Cl_2, geliefert. In dieser für Kalomel gesättigten Lösung ist als zweiter Elektrolyt Kaliumchlorid, KCl, enthalten. Die *Normalität des Kaliumchlorids bestimmt das absolute Potential der Elektrode.*

Das wird sofort verständlich, wenn wir die vom Massenwirkungsgesetz abgeleitete Dissoziationsgleichung des gelösten Kalomels betrachten. Es ist

$$\frac{[Hg\cdot] \cdot [Cl']}{[HgCl]} = k \,.$$

Für alle wäßrigen und nicht zu salzreichen Lösungen ist die Anzahl der Hg-Ionen in einer gesättigten Kalomellösung eine Konstante, die nur von der Temperatur abhängt. Überschichten wir das metallische Quecksilber mit einer gesättigten Kalomellösung, so nimmt der Potentialsprung an der Grenze: Metall—Lösung einen ganz bestimmten Wert an, der ebenfalls nur von der Temperatur abhängt. Wegen seines niedrigen Lösungsdruckes nimmt das Quecksilber schon eine *positive* Ladung an, wenn nur wenige Hg-Ionen in Lösung vorhanden sind.

Soweit haben wir eine gewöhnliche Metallelektrode vor uns, die an eine Lösung ihrer eigenen Metallionen grenzt, wie wir das auch von der Wasserstoffelektrode her kennen. Setzen wir aber einen Elektrolyten hinzu, der die Anzahl der in Lösung befindlichen Metallionen verändert, so haben wir nicht mehr eine gewöhnliche Metallelektrode oder Elektrode *erster* Ordnung, sondern eine sog. Elektrode *zweiter* Ordnung vor uns. Ein solcher hier wirksamer Elektrolyt ist das KCl, und zwar deshalb, weil es in wäßriger Lösung in Kaliumionen und *Chlorionen* dissoziiert. Durch Zugabe von Kaliumchlorid wird also die *Chlorionen*konzentration in der gesättigten Kalomellösung erhöht. Diese Erhöhung der Chlorionenkonzentration *muß mit einer Verminderung der Quecksilberionenmenge* einhergehen.

Wenn der *eine* Faktor des im Zähler der Dissoziationsgleichung stehenden Produktes $[Hg\cdot] \cdot [Cl']$ vermehrt wird, so muß der andere vermindert werden, oder es muß, was auf dasselbe herauskommt, der *undissoziierte* Anteil, der Nenner, vergrößert werden, damit der Wert für den Bruch konstant bleibt.

Das Ergebnis der Zufügung von KCl ist also eine *Verringerung* der *Quecksilberionen*konzentration der Elektrodenflüssigkeit, also auch der an das Metall angrenzenden Flüssigkeitsschicht.

Je mehr KCl hinzukommt, um so kleiner wird die Hg-Konzentration der Flüssigkeit. Da das Elektrodenpotential der Kalomelelektrode in Abhängigkeit von der Quecksilberionenkonzentration der Elektrodenflüssigkeit steht, so ist es auch in direkter Abhängigkeit von der Konzentration, also Normalität der zugefügten Kaliumchloridlösung bzw. der Chloranionen. Die Abhängigkeit des Elektrodenpotentials der Kalomelelektroden von der *Anionenkonzentration* verhält sich ganz ebenso, wie wir bei der Wasserstoffelektrode das Elektrodenpotential in Abhängigkeit von der *Kationenkonzentration*, von der H-Ionennormalität sahen. Nehmen wir zwei Quecksilberkalomelelektroden und füllen in die eine Elektrode eine $^n/_1$-KCl-Lösung und in die andere eine $^n/_{10}$-KCl-Lösung, so haben wir eine richtige Konzentrationskette vor uns, in der die Ionen, die die Potentialdifferenz bestimmen, die Chlor*anionen* sind.

Auf diese Kette findet genau so die NERNSTsche Gleichung der Konzentrationskette Anwendung wie auf die Kationenkette, es ist also

$$E = RT \ln \frac{c_1}{c_2},$$

worin c_1 und c_2 die Normalitäten der Chloranionen ausdrücken.

Hieraus ist schon zu erkennen, daß diese Kalomelelektroden auch zur Messung von unbekannten Chlorkonzentrationen, also zu elektrometrischen Chlorionenanalysen Verwendung finden können. In diesem Abschnitt sollen die Kalomelelektroden aber nur als Bezugselektroden für die Wasserstoffketten betrachtet werden.

4. Benennung der Kalomelelektroden. Die Kalomelelektroden werden nach der Konzentration der in ihnen vorhandenen KCl-Lösung benannt. So enthält die $^n/_{10}$-Kalomelelektrode eine $^n/_{10}$-KCl-Lösung, und die $^n/_1$-Kalomelelektrode eine $^n/_1$-KCl-Lösung und die *gesättigte* Kalomelelektrode eine gesättigte KCl-Lösung. Diese drei Typen werden, wie wir schon hörten, hauptsächlich in der Praxis gebraucht; vereinzelt findet man aber auch 0,5n-, 2n-, 3n- und 3,5n-Kalomelelektroden in Anwendung.

5. Die Einzelpotentiale der Kalomelelektroden. Die Einzelpotentiale der Kalomelelektroden, die zur H-Ionenmessung verwendet werden, sind von verschiedenen Untersuchern bei mehreren Temperaturgraden gemessen worden und daher recht genau bekannt. Wie man die absoluten Werte der Einzelpotentiale feststellt, haben wir bei der Be-

sprechung der Quecksilbertropfelektrode gesehen. So können wir uns
auch hier vorstellen, daß eine Kette zwischen einer Quecksilbertropfelektrode und der Kalomelelektrode gebildet und dann das Potential
dieser Kette gemessen wird. Man kann auch den Wert zu der Quecksilbertropfelektrode durch Rechnung finden, wenn man die Kalomelelektrode gegen eine andere Elektrode mißt, deren Wert zur Tropf-
elektrode bereits bekannt ist. Führt man diese Messung aus, so erhält
man als absolute Elektrodenpotentiale für die Kalomelelektroden
folgende Werte: (25° C)

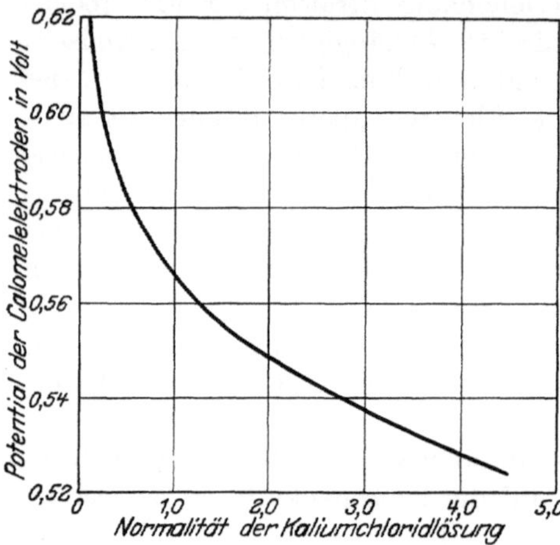

Abb. 86. Potentiale der Kalomelelektroden und
Normalität der Kaliumchloridlösung.

KCL	Volt
0,1 n	0,6177
0,5 n	0,5808
1,0 n	0,5648
2,0 n	0,5488
3,0 n	0,5377
3,5 n	0,5323
gesättigt[1])	0,5266

Trägt man die Normali-
täten auf der Abszisse ab und
die Elektrodenpotentiale auf
der Ordinate, so erhält man
nebenstehende charakteristische Kurve (Abb. 86).

Aus dieser Kurve ist leicht
zu ersehen, daß die Elektroden-
potentiale sich bei den Kalomelelektroden mit *verdünnteren* KCl-Lösungen
stärker pro KCl-Einheit ändern als bei den konzentrierteren. Mit Hilfe
dieser Einzelpotentiale lassen sich nach der Messung von Kalomelwasser-
stoffketten die Einzelpotentiale der Wasserstoffelektroden als Differenzwert errechnen. Umgekehrt ergibt die Differenz der bekannten Einzelpotentiale von der Kalomel- und der Normalwasserstoffelektrode den
für die Meßpraxis notwendigen Bezugswert: Kalomel-Normal-H_2-Elek-
trode.

Also für die 0,1 n-Kalomelelektrode bei 25°:

Kalomelelektrodeneinzelpotential   = 0,6177 Volt
Normalwasserstoffelektrodeneinzelpotential = 0,2808 ,,
Bezugswert   = 0,6177 — 0,2808 = 0,3369 ,,
$n/_{10}$-Kalomel gegen $n/_1$-H_2-Elektrode   = 0,3369[2]) ,,   (Wert von c_3
im Schema Abb. 84).

---

[1]) ca. 4,1 normal.

[2]) Siehe die später angegebenen Werte von Sörensen u. Clark; der Wert für
25° beträgt dort 0,3376 Volt.

Für die *gesättigte* Kalomelelektrode bei 25°:

Kalomelelektrodeneinzelpotential $= 0{,}5266$ Volt
Normalwasserstoffelektrodeneinzelpotential $= 0{,}2808$ „
Bezugswert $= 0{,}5266 - 0{,}2808 = 0{,}2458$ „
Ges. Kalomel gegen $^n/_1$-H_2-Elektrode $= 0{,}2458$ „ (Wert von c_1 im Schema Abb. 84).

Die gefundenen Differenzwerte c werden, wie schon angegeben, in die Gleichung

$$p_H = \frac{b - c}{0{,}0001983 \cdot T}$$

eingesetzt. Mißt man also in einer Kette zwischen einer *gesättigten* Kalomelelektrode und einer Wasserstoffelektrode, in der eine Lösung mit unbekannter [H˙] ist, bei 25° C b Volt, so ist der p_H der unbekannten Lösung

$$p_H = \frac{b - 0{,}2458}{0{,}0001983 \cdot T} \cdot \qquad (T = 273 + 25 = 298.)$$

Die Umrechnungsdaten für *andere* Temperaturgrade werden später noch angegeben.

Hat man mit einer 3,5 n- oder mit einer 1,0 n-Kalomelelektrode gearbeitet und den Wert π erhalten, so kann man nach folgender Tabelle auf *die* Werte umrechnen, die mit einer 0,1 n-Kalomelelektrode erhalten worden wären. Zu π werden die verschiedenen Werte von α hinzuaddiert[1]).

Temperatur t	Die Werte für α		Temperatur t	Die Werte für α	
	für die 1,0 n-Kalomelelektrode	für die 3,5 n-Kalomelelektrode		für die 1,0 n-Kalomelelektrode	für die 3,5 n-Kalomelelektrode
15	0,0511	0,0821	23	525	848
16	512	824	24	527	851
17	514	828	25	529	854
18	**516**	**831**	26	530	857
19	518	834	27	532	861
20	520	838	28	534	864
21	521	841	29	536	867
22	523	844	30	538	871

6. Die Temperaturkoeffizienten (auch für Wasserstoffelektroden). Die Temperatur muß stets gemessen und berücksichtigt werden. Die einzelnen Kalomelelektroden haben sehr verschiedene Temperaturkoeffizienten. Die Wasserstoffelektroden zeigen gleichfalls erhebliche Potentialänderungen bei Änderungen der Temperatur. Das Potential einer Kalomelelektrode nimmt mit steigender Temperatur zu[1]), das

---

[1]) Nach SÖRENSEN u. LINDERSTRÖM, Comptes rendus, Carlsberg, Bd. 15.

Potential einer Wasserstoffelektrode nimmt mit steigender Temperatur ab. Die Potentialdifferenzabnahme der ganzen Kette bei steigender Temperatur ist also:

Kalomelelektrodenzunahme minus Wasserstoffelektrodenabnahme.

Die Wasserstoffelektrodenabnahme ist sehr groß. Ist die Kalomelelektrodenzunahme ebenfalls sehr groß, so werden sich diese beiden Veränderungen gegenseitig fast kompensieren, und die Kettengesamtabnahme bleibt sehr gering.

Ist aber die Potentialzunahme der Kalomelelektrode mit steigender Temperatur klein, so wird durch die große Wasserstoffelektrodenabnahme die ganze Kette ebenfalls eine große Potentialabnahme mit steigender Temperatur zeigen.

Es hängt also von dem Temperaturkoeffizienten der Kalomelelektrode vorwiegend ab, ob die Gesamtkette: Kalomel—H_2 einen großen oder einen kleinen Temperaturkoeffizienten hat.

Wie groß der *Temperaturkoeffizient der gewöhnlichen Wasserstoffelektroden* ist, das soll an folgendem Beispiel gezeigt werden. Die Anordnung der Kette geht aus dem Kettenschema hervor[1]):

$$\text{(Pt)}H_2-0,1\,\text{m HCl}-\text{gesättigt KCl}-0,1\,\text{m HCl}-H_2\text{(Pt)}$$
$$5-60° \qquad\qquad\qquad\qquad 25°$$

Zwei Wasserstoffelektroden sind mittels zwischengeschalteter KCl-Lösung zu einer Kette verbunden. Die eine Elektrode wird stets bei 25° C gehalten. Die Temperatur der anderen Elektrode wird variiert. Die Spannung dieser Kette rührt nur von dem Temperaturunterschied der beiden Halbzellen her[2]).

Wasserstoff-elektrode ° C	Temperatur	Wasserstoff-elektrode ° C	Volt
5	. . . . . .	25	 0,0122
10	. . . . . .	25	 0,0096
15	. . . . . .	25	 0,0066
20	. . . . . .	25	 0,0034
25	— — — —	25	— — — — 0,0001
30	. . . . . .	25	 0,0049
35	. . . . . .	25	 0,0087
40	. . . . . .	25	 0,0125
45	. . . . . .	25	 0,0146
50	. . . . . .	25	 0,0181
55	. . . . . .	25	 0,0216
60	. . . . . .	25	 0,0260

---

[1]) FALES u. MUDGE: Journ. of the Americ. chem. soc. Bd. 42, S. 2434. 1920.

[2]) Der Temperaturkoeffizient ist nach SÖRENSEN u. LINDERSTRÖM (Comptes rendus, Carlsberg, Bd. 15. 1924) $= -0,00085$.

Wie gering der *Temperaturkoeffizient der gesättigten Kalomelelektrode* ist, das läßt ein weiteres Beispiel erkennen. Das Kettenschema lautet:

$$\text{Hg—HgCl gesättigt KCl—gesättigt KCl—gesättigt KCl HgCl—Hg}$$
$$5\text{—}60° \qquad\qquad\qquad 25°$$

Prinzip der Anordnung wie bei dem ersten Beispiel. An Stelle der zwei *Wasserstoff*halbzellen sind zwei gesättigte Kalomelelektroden zu einem Element verbunden.

Kalomel	Kalomel	Volt
° C	Temperatur ° C	
5	25	0,0042
10	25	0,0035
15	25	0,0025
20	25	0,0014
25 — — — —	25 — — — —	0,0001
30	25	0,0011
35	25	0,0023
40	25	0,0030
45	25	0,0040
50	25	0,0050
55	25	0,0059
60	25	0,0068 [1])

Die Folge der großen Verschiedenheiten der beiden Temperaturkoeffizienten der Wasserstoffelektroden und der gesättigten Kalomelelektroden läßt sich an einem dritten Beispiel zeigen.

Das Kettenschema lautet:

$$\text{Hg—HgCl gesättigt KCl— gesättigt KCl—0,1 m HCl—H}_2\text{(Pt)}$$
$$5\text{—}60° \qquad\qquad\qquad 5\text{—}60°$$

Das eine Halbelement ist die gesättigte Kalomelelektrode, das andere eine Wasserstoffelektrode in $^n/_{10}$-HCl, also eine $^n/_{10}$-Wasserstoffelektrode

Kalomel-elektrode	Wasserstoff-elektrode	Volt
° C	Temperatur ° C	
5	5	0,3183
10	10	0,3161
15	15	0,3143
20	20	0,3122
25 — — — —	25 — — — —	0,3100
30	30	0,3070
35	35	0,3043
40	40	0,3016
45	45	0,2997
50	50	0,2966
55	55	0,2942
60	60	0,2917

---

[1]) Der Temperaturkoeffizient ist demnach nur ca. 0,00002.

Die Zahlen für die Kette *ges.* Kalomelelektrode $^n/_1$-Wasserstoff-elektrode zeigen nach L. MICHAELIS ganz ähnliche Differenzen.

°C	Millivolt		°C	Millivolt
15	 252,5		22	 247,5
16	 251,7		23	 246,8
17	 250,9		24	 246,3
18	 250,3		25	 245,8
19	 249,5		37	 235,5
20	 248,8		38	 235,0
21	 248,2			

Nach VELLINGER[1]) ist das Potential der Kette: ges. Kalomelelek-trode—Wasserstoffelektrode eine *lineare Funktion* der Temperatur, dargestellt durch die Gleichung $E_t = 0,2622 - 0,00066\,t$. Aus den Werten von L. MICHAELIS hatte VELLINGER folgende Gleichung her-geleitet: $E_t = 250,25 - 0,71\,(t - 18)$, die sich auch $E_t = 0,26303 - 0,00071\,t$ schreiben läßt. Die Werte für $0°$ unterscheiden sich also in diesen beiden Gleichungen um 1 Millivolt. Ferner besteht ein nicht unbeträchtlicher Unterschied in den von den beiden Autoren ange-gebenen Temperaturkoeffizienten.

Bei Benutzung einer $^n/_{10}$-Kalomelelektrode sind die Potential-änderungen der Kette mit der Temperatur geringer. In der Kette $^n/_{10}$-*Kalomelelektrode* — $^n/_1$-H_2-*Elektrode* sind die beiden einzelnen Tempe-raturkoeffizienten einander sehr ähnlich. Daher ist die *Gesamtänderung der Kette mit der Temperatur sehr klein.*

°C	Millivolt
18	337,7
20	337,5
30	336,4
38	335,5
40	334,9
50	332,6
60	329,0

Nach AUERBACH ist der Wert (unter Korrektur der Dampfspannung in der Normalwasserstoffelektrode) dieser Kette für alle Temperaturen von $0-30° = 0,337$ Volt.

Nach CLARK und nach SÖRENSEN u. LINDERSTRÖM (l. c.) sind die Werte:

°C	Volt
15	0,3382
18	0,3380
20	0,3379
25	0,3376
30	0,3373
37,5	0,3364
40	0,3360

---

[1]) VELLINGER: Arch. de phys. biol. Bd. 5, Nr. 2. 1926; Le potential de l'électrode au calomel saturée entre $0°$ et $40°$.

Diese Zahlen legen Sörensen und Linderström allen elektrometrischen Bestimmungen zugrunde, sie bezeichnen sie daher mit π_0. Die Autoren befassen sich sehr ausgiebig mit der Frage, welchen Einfluß die Unkenntnis von dem *Aktivitätskoeffizienten* $f(a)$ auf die Sicherheit des Wertes von π_0 hat. Wenn der Aktivitätskoeffizient genau bekannt wäre, so könnte man für das eine Halbelement eine Lösung von *normaler H-Ionenaktivität* wählen und dann zu einem einwandfreien Wert von π_0 gelangen. Trotz der verschiedenen für die Berechnung der Aktivitätskoeffizienten angegebenen Formeln von Bjerrum, Brönsted, Harned usw. ist der Wert für $f(a)$ noch nicht mit Sicherheit zu berechnen. Die bisherigen Daten machen es wahrscheinlich, daß unter Berücksichtigung der Aktivitätstheorie π_0 um 0,0023 Volt tiefer liegt als bei der Feststellung der H-Ionennormalität auf Grund von Leitfähigkeitsmessungen und Berechnung des Dissoziationsgrades. Wenn der Wert für $f(a)$ in der angenommenen Größe genau feststeht, werden unsere sämtlichen Messungen um ca. 0,04 p_H zu erhöhen sein. (Siehe auch L. Michaelis, Biochem. Zeitschr. Bd. 119. 1921.)

7. Temperaturkoeffizienten der Ketten. Stellt man die Temperaturkoeffizienten für die gebräuchlichen Ketten zwischen den verschiedenen Kalomelelektroden und der Normalwasserstoffelektrode zusammen, so ergibt sich *für 1° C.*

$^n/_1$-H$_2$	0,1 n-Kalomelelektrode	= 0,00006 Volt,
$^n/_1$ H$_2$	n	,,	= 0,00024 ,,
$^n/_1$ H$_2$	3,5 n	,,	= 0,00039 ,,
$^n/_1$-H$_2$	ges.	,,	= 0,00078 ,,

Hieraus ist zu erkennen, daß der *Temperaturkoeffizient* für eine Kette mit der *gesättigten Kalomelelektrode am größten* ist, während er für eine Kette mit der *0,1 n-Kalomelelektrode am geringsten* ist.

Vorteile und Nachteile der gesättigten und nichtgesättigten Kalomelelektroden. Aus diesem Grunde wird von verschiedenen Autoren die gesättigte Kalomelelektrode als nicht geeignet und die 0,1 n-Kalomelelektrode als die „Elektrode der Wahl" bezeichnet. Die gesättigte Kalomelelektrode hat aber mancherlei Vorteile gegenüber den nichtgesättigten Kalomelelektroden; daher ist man gezwungen, Vorteile und Nachteile gegeneinander abzuwägen.

Der große Temperaturkoeffizient spielt dann kaum eine bedenkliche Rolle, wenn *sein Wert sicher feststeht.* Wenn wir den Wert der Kette mit einer gesättigten Kalomelelektrode für jeden in Frage kommenden Temperaturgrad genau kennen, so besteht keine Schwierigkeit, sichere Messungen auszuführen. L. Michaelis wies schon darauf hin, daß man ja ohnedies die Temperatur jeder Kette stets sorgsam feststellen muß, da ja in die Gleichung

$$p_H = \frac{E}{0{,}0001983 \cdot T}$$

für T die herrschende Temperatur einzusetzen ist.

Es bedeutet dann auch kaum eine Erschwerung der Messung, denjenigen Wert für die Kette: gesättigte Kalomelelektrode—Normalwasserstoffelektrode in Rechnung zu stellen, der der gemessenen Temperatur entspricht. So haben wir also keine Veranlassung, die gesättigte Kalomelelektrode wegen des hohen Temperaturkoeffizienten in der Wasserstoffkette zu verlassen.

Andererseits gibt es keine zweite Elektrode, die eine solche Widerstandsfähigkeit und Unveränderlichkeit zeigt, wie gerade die gesättigte Kalomelelektrode. Während man außerdem bei den anderen Elektroden die Frage des Vorhandenseins oder Fehlens eines Kontaktpotentials bedenken und dieses Potential in extremen Fällen in Rechnung stellen muß, besteht ein solches Kontaktpotential (Diffusionspotential) zwischen der gesättigten Kalomelelektrode und der üblichen Elektrolytbrücke (s. später) aus gesättigter KCl-Lösung nicht. Schwerwiegender aber ist für die nichtgesättigten Elektroden noch die Gefahr der Potentialänderung durch Änderung der Kaliumchloridkonzentration der Elektrodenflüssigkeit. Wenn eine *nicht*gesättigte Elektrode in die übliche Elektrolytbrücke aus *gesättigter* KCl-Lösung eintaucht, so dringt sehr bald KCl in die Elektrode ein. Da gerade bei den Elektroden mit verdünnter KCl-Lösung das Potential durch kleinere Änderungen der Kaliumchloridkonzentration stärker beeinflußt wird (s. die Kurve auf S. 166), ist diese Fehlermöglichkeit nicht gering zu achten. Daher sind auch schon mancherlei Elektrodenkombinationen angegeben worden, um das Eindiffundieren von Salz aus der Brücke in den Elektrodenraum nach Möglichkeit zu verhindern oder zum mindesten zu verringern.

Die Kalomelelektrode nach Koehler. Erwähnt sei hier nur als ein Beispiel dafür die Konstruktion von Koehler[1]), bei der ein Zwischenstück mit einigen Hähnen, die nur unmittelbar vor der Messung geöffnet werden, die Diffusion von Kaliumchlorid einschränken bzw. ganz verhindern soll. Der horizontale Arm wird an eine der üblichen Wasserstoffelektroden angeschlossen. Die beiden Vertikalen, nach oben führenden Arme stehen mit Vorratsflaschen von $^n/_{10}$-KCl- bzw. gesättigter KCl-Lösung in Verbindung. A, B und C sind Glasschliffdreiweghähne, A wird gut gefettet, B und C bleiben ungefettet. B und C bleiben geschlossen, A wird nur während der Messung geöffnet, dann gleich wieder geschlossen. Nach der Messung wird $^n/_{10}$-KCl durch das Stück AB hindurchgespült und gesättigte KCl-Lösung durch das Stück CB. Die

---

[1]) Koehler, A. E.: Journ. of biol. chem. Bd. 41, Nr. 4, April 1920.

Flüssigkeiten laufen durch den KCl-Drain ab. Eine solche Elektroden-
einrichtung hielt sich bei fortgesetztem Gebrauch fast zwei Monate
konstant (Abb. 87).

Mit einer Elektrode nach KOEHLER ist die Gefahr einer Salzdiffusion
zwar vermieden, aber es ist doch zweifelhaft, ob diese Anordnung sich
einbürgern wird. Die Einrich-
tung von KOEHLER verlangt
eine besondere Bedienung und
Aufmerksamkeit des Messenden, während die gesättigte
Kalomelelektrode nach ihrer
Herstellung keinerlei Wartung
mehr bedarf.

Da andererseits, wie wir
sahen, die Eigenschaft der
hohen Temperaturkoeffizienten bei Benutzung der gesättigten Kalomelelektrode keinen
Nachteil bedeutet, wird die
gesättigte Kalomelelektrode,

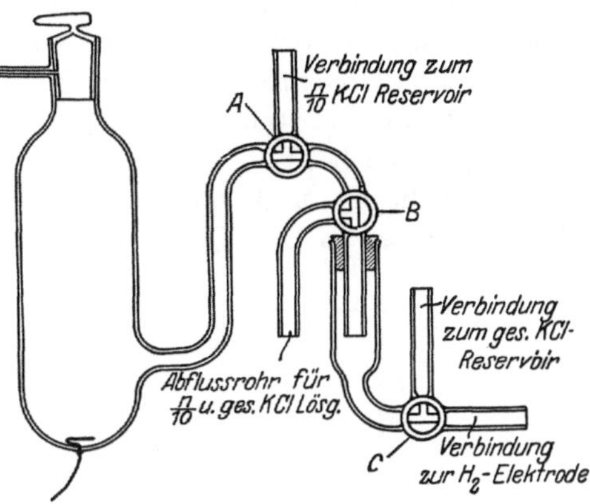

Abb. 87. Kalomelelektrode nach KOEHLER.

die L. MICHAELIS in die Meßpraxis eingeführt hat, als Arbeitselektrode
immer mehr und mehr in Geltung kommen. Zu *Eichzwecken* und für *sehr
genaue Messungen* ist es ratsam, mit einer der ungesättigten Kalomelelektroden zu arbeiten. Noch besser ist es, für diese besonderen Zwecke
mehrere Kalomelelektroden zur Verfügung zu haben und sie gegenseitig
zu kontrollieren. Die Wasserstoffelektrode wird dann mit der gesättigten
Kalomelelektrode gemessen und die gesättigte Kalomelelektrode durch
mehrere ungesättigte kontrolliert. Dieses Prinzip hat CLARK bei der
Konstruktion seiner Elektrode benutzt (s. S. 206). Ganz unabhängig von
dem Wert der Kalomelelektrode wird man bei einem zweiten Eich-
verfahren, bei dem der Wert einer Standardazetat-Wasserstoffelektrode
als konstant angenommen wird. L. MICHAELIS gibt den Wert des
Standardazetats zu p_H 4,616 zwischen 15 und 25° an. Einzelheiten dieses
für die Praxis sehr geeigneten Meßverfahrens siehe auf S. 255.

8. Die Herstellung der Kalomelelektroden. Zur Herstellung von
Kalomelelektroden sind sehr viele Elektrodengefäße angegeben worden.
Es ist nicht schwierig, sich die nötigen Gefäße selbst anzufertigen,
doch ist es vielleicht angenehmer, sich ein Gefäß aus dem Handel zu
besorgen, von denen das nach L. MICHAELIS sehr zweckmäßig ist.

Will man sich ein Gefäß selbst herstellen, so muß man sich vor
Augen halten, daß *erstens* das Elektrodenmetall, also das Quecksilber,
eine metallische Verbindung nach außen braucht, und *zweitens*, die
Elektrodenflüssigkeit, die gesättigte KCl-Lösung, über die Salzbrücke

mit der Elektrodenflüssigkeit der Wasserstoffelektrode elektrolytisch-leitend verbunden sein muß. Diese Bedingungen lassen sich leicht er-füllen. Die metallische Verbindung des Quecksilbers nach außen kann entweder dadurch hergestellt werden, daß ein Platindraht in die Gefäß-wand eingeschmolzen wird oder dadurch, daß ein Platindraht durch die Öffnung des Gefäßes nach außen geführt wird. Da ferner darauf zu achten ist, daß der Platindraht nur mit dem Quecksilber und nicht mit der Elektrodenflüssigkeit in Berührung steht, muß bei Fall I der Draht an *der* Stelle die Gefäßwand durchsetzen, wo das Queck-silber liegt, und bei Fall II der Draht zum größten Teil im Innern eines Glasstabes liegen und nur so weit frei aus dem Glasstab heraus-schauen, als er in das Quecksilber eintaucht.

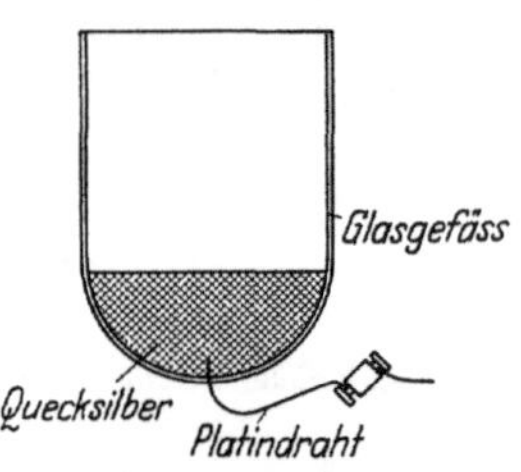

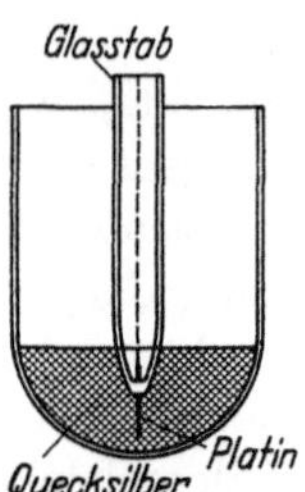

Abb. 88. **Metallische Ableitung** bei der **Kalomelelektrode.**
Fall I.

Abb. 89. **Metallische Ableitung** bei der Kalomelelektrode.
Fall II.

Der Glasstab in Fall II trägt zweckmäßig am oberen Ende eine Klemme, eine sog. Polklemme (s. Abb. 90).

Im Innern des Glasstabes geschieht die Leitung durch einen Kupfer-draht. An Stelle eines Glasrohres mit eingeschmolzenem Kupferdraht kann man auch eine Glasröhre verwenden, die mit Quecksilber an-gefüllt ist. Die Röhre ist unten zugeschmolzen und dadurch abge-schlossen, oben ist sie offen. Durch die Schmelzstelle führt der Platin-draht nach außen in das Elektroden-quecksilber. In das Quecksilber der Röhre, das nur zu Leitungs-zwecken dient, führt von oben ein Kupferdraht, der eine Klemme trägt (Abb. 91).

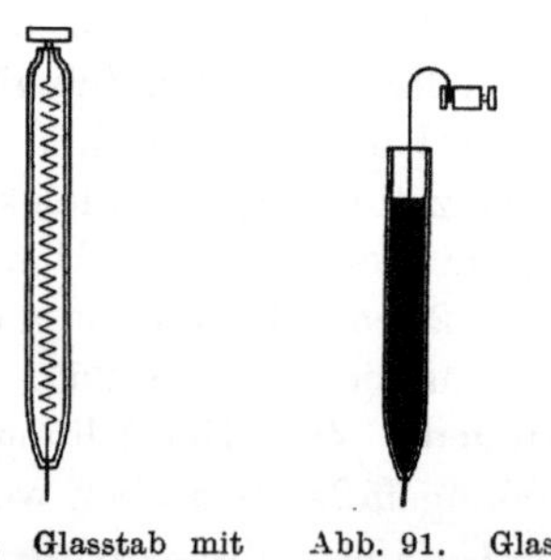

Abb. 90. **Glasstab mit eingeschmolzenem Kup-ferdraht und Polklemme.**

Abb. 91. **Glas-röhre mit Queck-silber gefüllt.**

9. Die elektrolytische Verbindung. Die elektrolytische Verbindung, also die Verbindung der beiden Elektrodenflüssigkeiten, kann ebenfalls auf verschiedene Weise hergestellt werden. Entweder wird ein Heber oder sog. *„elektrolytischer Stromschlüssel"* so in die Kette eingeschaltet, daß er mit einem Ende in die gesättigte KCl-Lösung der Kalomelelektrode eintaucht, während das andere Ende zur Salzbrücke (Fall I) führt. Oder es wird das Elektrodengefäß derart geformt, daß es mit einem Arm direkt in die Salzbrücke eintaucht (Fall II).

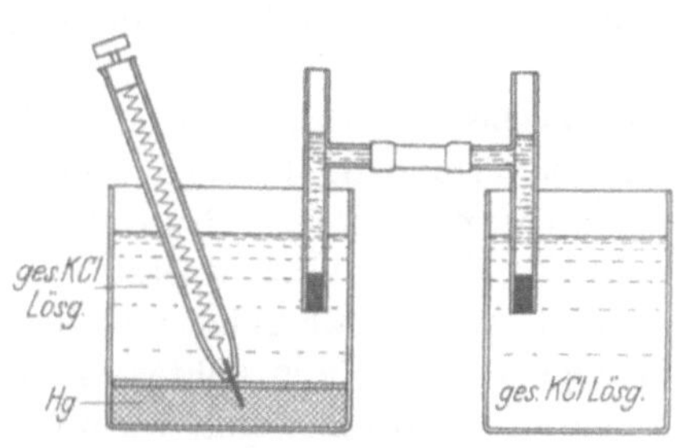

Abb. 92. Elektrolytische Verbindung bei der Kalomelelektrode. Fall I.

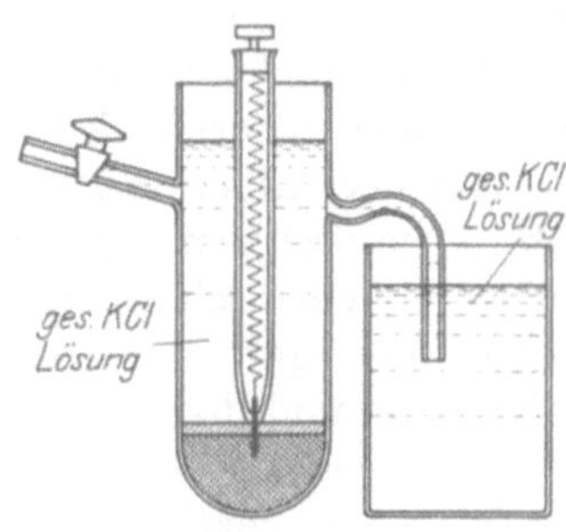

Abb. 93. Elektrolytische Verbindung bei der Kalomelelektrode. Fall II.

Der *elektrolytische Stromschlüssel*, der in dem Fall I Verwendung findet, besteht aus zwei T-Stücken mit zwei Schlauchstücken zu ihrer Verbindung.

Die unteren Öffnungen der Glasröhren E und E_1 sind mit Filtrierpapier verstopft. Dadurch wird das Ausfließen der elektrolytreichen Flüssigkeit aus dem Heber verhindert, der Stromdurchgang aber unvermindert gestattet. Um den Heber ge-brauchsfertig zu machen, werden zunächst die gereinigten T-Stücke an den Enden E und E_1 recht fest mit zusammengerollten, mit der Elektrodenflüssigkeit (s. unten) ange-feuchteten Filtrierpapierstückchen zugestopft. Es muß darauf geachtet werden, daß die Papierteilchen sehr fest in der Röhre sitzen und ungefähr 0,5—1 ccm nach oben hereinreichen. Das Stopfen geschieht mit einer

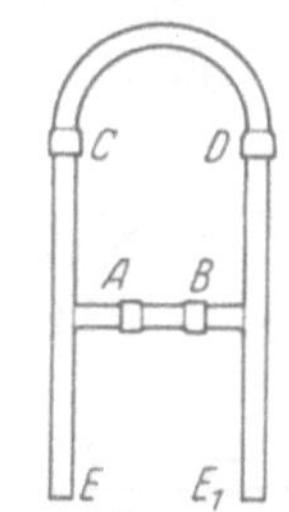

Abb. 95. Der elektroly-tische Stromschlüssel ge-brauchsfertig.

AB und *CD* sind die Schlauchstücke.

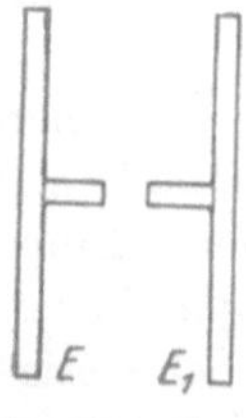

Abb. 94. Zwei T-Stücke für den elektrolytischen Stromschlüssel.

Schere oder Stricknadel oder einem ähnlichen Instrument. Dann werden die beiden T-Stücke durch das Gummistück $A-B$ fest miteinander ver-bunden und von oben mit Hilfe einer Kapillare oder einer Pipette mit der Elektrolytlösung gefüllt. Durch seitliches Neigen und Nachfüllen entfernt man etwaige Luftblasen aus dem Verbindungsarm der beiden T-Stücke. Wenn die Flüssigkeit in den beiden Seitenröhren ca. 1—2 ccm über der Höhe des Zwischenarmes steht, zieht man über die Enden C und D ein weiteres Schlauchstück. Der ganze Heber kann dann in ein

Stativ eingeklemmt werden. Als *Elektrolyt* kann *gesättigte Kaliumnitratlösung* oder *gesättigte KCl-Lösung* Verwendung finden. Soll der Heber in die gesättigte Kalomelelektrode eintauchen, so wird er mit gesättigter KCl-Lösung gefüllt. Zu anderen Zwecken (z. B. zu elektrometrischer Chlorbestimmung) ist es nötig, den Heber mit gesättigter Kaliumnitratlösung zu füllen, um durch die herausdiffundierenden Chlorionen keine Fehler zu erhalten.

Auch der „*Agarheber*" nach L. Michaelis kann dazu dienen, die Elektrodenflüssigkeit mit der Salzbrücke zu verbinden. 3 g Agar werden in einer Porzellanschale mit 100 ccm Wasser verkocht. Zu der Gallerte werden unter gutem Umrühren 10 g Kaliumchlorid hinzugesetzt. Die noch warme und daher flüssige Masse wird in U-förmig gebogene Glasröhren von ca. 10—15 cm Länge und ungefähr 3—5 mm lichter Weite eingefüllt. Die beiden Enden jeder Glasröhre sind ein wenig verjüngt. Nach dem Erkalten sind die Agarröhrchen als elektrolytische Stromschlüssel gebrauchsfertig. Das eine Ende steht gewöhnlich mit der Salzbrücke, das andere mit der Elektrodenflüssigkeit in Verbindung. Die Agarheber werden stets in einer gesättigten Kaliumchloridlösung aufbewahrt.

10. Elektrodengefäße. Als besonders einfaches Elektrodengefäß kann eine gewöhnliche Pulverflasche von ca. 50—100 ccm Inhalt benutzt werden. Man schließt die Flasche durch einen Korkstopfen ab, der zweifach durchbohrt ist. Durch die *eine* Bohrung führt die Glasröhre mit der Platinelektrode, durch die andere führt der eine Arm des elektrolytischen Stromschlüssels.

Die Abb. 96 zeigt eine dieser einfachen Elektrodenformen. Die Elektrodengefäße lassen sich auch sehr viel kleiner herstellen. Empfehlenswert ist z. B. die eine kleine Form, deren Anfertigung ebenfalls kaum Schwierigkeiten macht. Bei ihr wird ein Glaszylinder von ungefähr 1,5 cm lichter Weite auf der einen Seite zugeschmolzen und durch geeignetes Behandeln abgeplattet. Durch die Bodenplatte führt ein Platindraht nach innen. Das zylindrische Gefäß wird ungefähr 5 cm hoch gemacht und mit einer seitlichen Glasröhre versehen, die zur KCl-haltigen Brücke führt. Das Gefäß würde nur schlecht auf festem Boden stehen;

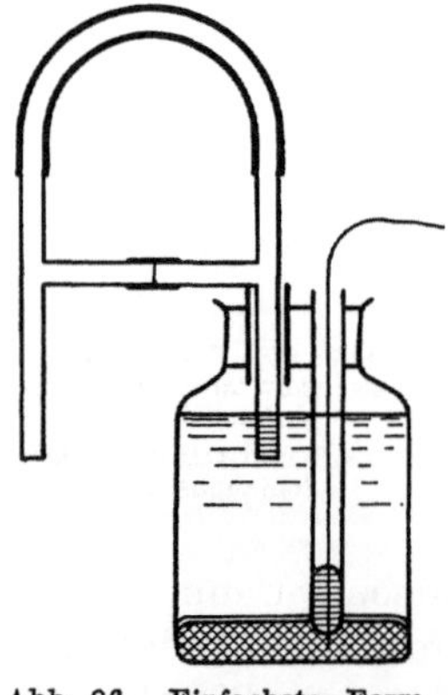

Abb. 96. Einfachste Form
einer Kalomelelektrode.

es erscheint daher zweckmäßig, es in einen Paraffinblock, der durch Erwärmen an einer Stelle erweicht wird, einzusetzen. Von diesen Gefäßen kann man sich sehr schnell eine Anzahl selbst herstellen, was für die Messung von Chlorpotentialen noch angenehmer ist als für H-Ionen-bestimmungen[1]) (Abb. 97).

Als käufliche Kalomelelektroden seien die von L. MICHAELIS beschriebenen abgebildet. Es gibt eine große und eine kleine Form. Die große besitzt zwei Glasschliffhähne, die kleine gewöhnlich nur einen. Wenn man zwischen diesen beiden Formen entscheiden soll, so wird man wegen dieses zweiten Hahnes wohl der großen den Vorzug geben. Es ist darauf zu achten, daß das Gefäß aus nicht zu dünnem Glas ist und daß beide Hähne gut eingeschliffen sind. Ebenso muß auch der Glasstab, der am unteren Ende das Platin und am oberen die Polklemme trägt, gut in seinem Schliff sitzen[2]) (Abb. 98 und 99).

11. Präparation der zur Füllung nötigen Substanzen. Wir wollen jetzt die zur Füllung der Kalomelelektroden notwendigen Substanzen besprechen, soweit nötig, auch ihre *Herstellung* und *Reinigung*, und im Anschluß daran den *Füllungsvorgang* beschreiben.

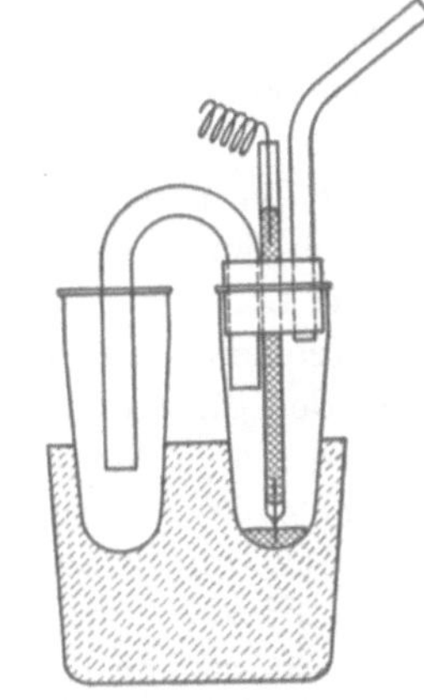

Abb. 97. Kalomelelektrode nach H. H. WEBER.

Zur Herstellung von Kalomelelektroden werden gebraucht:

1. das Elektrodengefäß,
2. destilliertes Wasser,
3. Kalomelpulver (Hg_2Cl_2),
4. Kaliumchlorid,
5. metallisches Quecksilber.

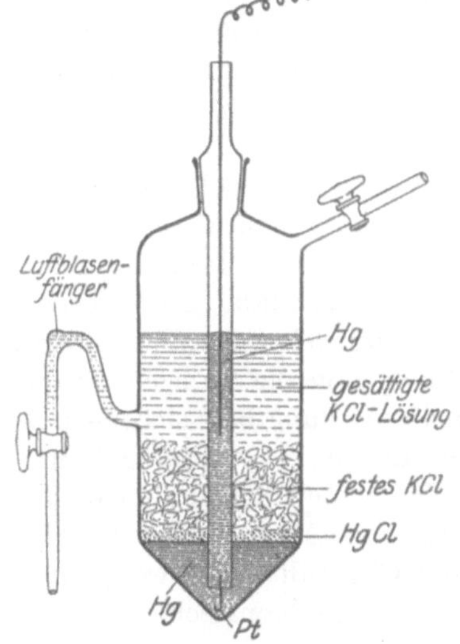

Abb. 98. Kalomelelektrode gefüllt.

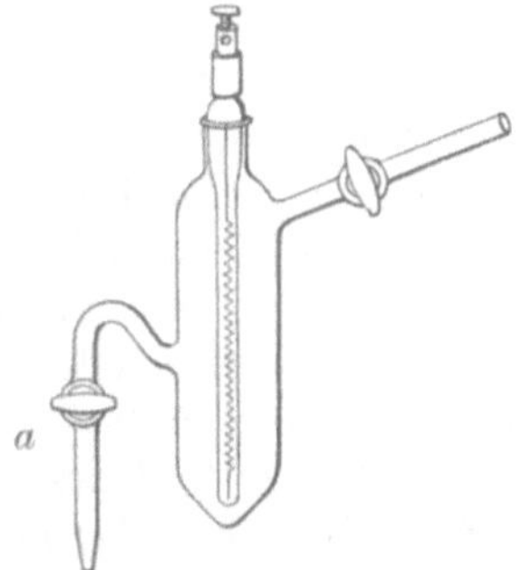

Abb. 99. Kalomelelektrodengefäß nach L. MICHAELIS

---

[1]) Die Elektroden wurden von H. H. WEBER angegeben.

[2]) Die von der V. F. L. Berlin N 34, Scharnhorststraße 22, gelieferten Gefäße erfüllen diese Ansprüche.

Mislowitzer, Wasserstoffionenkonzentration. 12

Das selbst hergestellte oder fertig bezogene Gefäß wird zunächst mit dem üblichen Reinigungsgemisch aus Bichromatschwefelsäure (eine Lösung von ca. 3% Kaliumbichromat in ca. 10proz. Schwefelsäure) bis an den Rand gefüllt und wenigstens 2 Stunden, besser 24 Stunden so belassen. Vorteilhaft ist es, den Glasstab, der die Platinelektrode trägt, ca. 24 Stunden in dem Bichromatgemisch stehen zu lassen, da sich dann etwaige Fehler an der Einschmelzstelle erkennen lassen. Ist die Stelle undicht, so dringt etwas Bichromatlösung in den Glasstab ein. Natürlich ist die Platinelektrode dann unbrauchbar.

Nach der Reinigung mit Bichromat werden Gefäß und Glasstab gut mit Leitungswasser und dann mit destilliertem Wasser gespült und zum Trocknen auf Filtrierpapier gestellt. Hat das Gefäß Glasschliffe, so werden diese mit bestem Hahnfett so weit eingefettet, daß sie dicht schließen, aber nicht zu leicht beweglich werden[1]). Bei der gesättigten Kalomelelektrode wird der Hahn, der an dem Verbindungsstück zur Salzbrücke angebracht ist (auf der Abb. 99 Hahn *a*), nicht gefettet, damit die *Stromleitung auch bei geschlossenem Hahn* geschehen kann.

Die Bereitung der Substanzen, die zum Füllen Verwendung finden, erfordert viel Zeit. Das gewöhnliche *destillierte Wasser* ist zumeist zum Herstellen der Lösungen ausreichend. Hat man Grund, an der Reinheit des Wassers zu zweifeln, oder will man Elektroden herstellen, deren Genauigkeit unter 0,5 Millivolt liegt, so ist es notwendig, das Wasser zu redestillieren. Es geschieht dies zweckmäßig aus alkalischer Permanganatlösung in einem Kupfer- oder Zinndestillationsapparat. Das Wasser wird dann in Gefäßen aus Jenaer Glas aufgefangen und aufbewahrt.

Kalomel. Die Herstellung von Kalomel mit allerhöchstem Reinheitsgrad ist von ELLIS beschrieben worden. ELLIS[2]) stellt es auf elektrolytischem Wege her. Eine interessante Methode zur elektrolytischen Darstellung von Kalomel beschrieben kürzlich PENNYCUICK und BEST[3]). Bei ihrer Methode bildet eine Quecksilbertropfelektrode die Anode. Anodenflüssigkeit ist eine Kaliumchloridlösung von der Konzentration der Lösung in der Kalomelelektrode, deren Herstellung beabsichtigt ist. Kathode ist ein Becher mit einer gesättigten Lösung von Kupferchlorid, in welche eine Kupferelektrode eintaucht. Die beiden Elektrodengefäße sind durch eine KCl-Agarröhre verbunden, die in der Mitte mit gesättigter KCl-Lösung, an beiden Enden mit 2% Agar-KCl gefüllt ist. Das Quecksilber tropft von einem Trichter durch feine Seidenmaschen in das

---

[1]) Der Anfänger fettet die Schliffe gewöhnlich zu stark; es genügt ein hauchartiger Fettbelag.

[2]) ELLIS: Journ. of biol. chem. Bd. 38, S. 740. 1916.

[3]) PENNYCUICK u. BEST: Austral. journ. of exp. biol. a. med. science Bd. 3. 1926.

Anodengefäß. Die Zuleitung des Stromes geschieht durch einen Platindraht, der in das Quecksilber im Trichter führt. Stromstärke $^3/_4$—1 Ampere. Das entstandene Kalomel muß gut mit einer KCl-Lösung von derjenigen Konzentration gewaschen werden, die für die Füllung der Kalomelelektrode in Frage kommt. Es ist aber keineswegs immer nötig, das Kalomelpulver selbst herzustellen; es genügt vielmehr meistens das beste käufliche Präparat von KAHLBAUM. Man muß es allerdings darauf prüfen, ob es eisenfrei ist und keinen nicht-flüchtigen Rückstand hinterläßt. Mit diesem Präparat lassen sich schon Elektroden herstellen, die höchstens 0,1 Millivolt Differenzen untereinander haben.

Kaliumchlorid. Das KCl „zur Analyse" von KAHLBAUM ist zumeist ausreichend rein. Will man aber Elektroden mit außerordentlicher Genauigkeit herstellen, so ist es notwendig, das KCl einige Male aus dem redestillierten Wasser umzukristallisieren. Die Herstellung der für die Elektroden verlangten Kaliumchloridlösungen ($^n/_{10}$, $^n/_1$, gesättigt usw.) geschieht nach den Regeln der analytischen Chemie.

Quecksilber. Besondere Sorgfalt ist auf die Präparation des Quecksilbers zu verwenden. Hat man Quecksilber vor sich, das schon zu anderen Zwecken gebraucht worden ist, so sieht man häufig einen fettigen Hauch auf dem Metall. Dieser läßt sich sehr gut mit Hilfe des Bichromatverfahrens entfernen. Man gießt das Quecksilber in einen festwandigen Schütteltrichter und gibt dann reichlich Bichromatschwefelsäure (siehe S. 178) hinzu. Die Schwefelsäurekonzentration soll nicht größer als 15proz. sein. Nun wird einige Minuten lang kräftig durchgeschüttelt und dann ein paar Minuten gewartet. Das Quecksilber wird aus dem Schütteltrichter in ein Gefäß abgelassen, die Bichromatlösung oben abgegossen. Dann wird der Schütteltrichter gereinigt, das Quecksilber wieder eingefüllt und reichlich dest. Wasser hinzugegeben. Es wird wieder für einige Minuten geschüttelt, das Quecksilber abgelassen, das Wasser oben abgegossen, der Schütteltrichter gereinigt. Diese Reinigung mit dest. Wasser wird etwa 8—10mal wiederholt. Dann ist das Metall gewöhnlich ganz sauber. Sollten sich, was bei ursprünglich sehr schmutzigem Quecksilber vorkommt, auch dann noch hauchartige Belege zeigen, so muß man mit der Bichromatreinigung noch einmal beginnen. Meistens genügt aber *eine* Behandlung mit Bichromat. Diese Reinigungsprozedur ist nur nötig, wenn das Quecksilber deutlich verschmutzt erscheint. Sie ist bei gut aussehendem Quecksilber überflüssig. Auf jeden Fall müssen aber die nachstehenden Angaben befolgt werden, um das Quecksilber zur Elektrodenfüllung geeignet zu machen. Die Bichromatbehandlung genügt hierzu nicht. Die stets notwendige Entfernung der fremden Metalle geschieht am besten durch *Ausschütteln*[1]) des Queck-

---

[1]) In einem dickwandigen Schütteltrichter.

silbers mit einer 5proz. Lösung von *Merkuronitrat* (Quecksilberoxydul-
nitrat), der man ein paar Tropfen etwa 10proz. Salpetersäure zugesetzt
hat. Nach der Behandlung mit Merkuronitrat muß das Quecksilber
durch wiederholtes Ausschütteln mit dest. Wasser weiter gereinigt
werden.

Es kann nötig werden, das Quecksilber von Edelmetallen durch
Destillation zu befreien. Die Destillation geschieht dann zweckmäßig
unter vermindertem Druck nach dem Verfahren von HULETT. Das
Metall wird aus einem Rundkolben durch Erhitzen in eine Vorlage über-
destilliert, die mit einer Wasserstrahlpumpe durch ihren Seitenarm in
Verbindung steht. In den Rundkolben tritt nicht, wie üblich, atmosphärische Luft durch eine Kapillare ein, sondern Stickstoff oder Kohlen-
dioxyd.

Zur Herstellung der für die Praxis nötigen Kalomelelektroden wird
man gewöhnlich mit der Merkuronitratbehandlung auskommen und nur
selten das Bichromatverfahren zuvor anwenden müssen. Sollen aber
Elektroden angefertigt werden (oder Normalelemente, s. den Abschnitt II auf Seite 96), die für rein wissenschaftliche Zwecke den
höchsten Grad der erreichbaren Genauigkeit erstreben, so werden *alle
drei Reinigungsverfahren* in Anwendung kommen müssen.

Das mit dest. Wasser gut gewaschene Quecksilber wird in eine Porzellanschale gegossen und durch Betupfen mit Filtrierpapier getrocknet.
Zum Schluß wird das Quecksilber durch ein Filter filtriert, das aus
gutem Papier ist und in der Nähe seines tiefsten Punktes mit einer
Stecknadel durchstochen ist.

Nunmehr sind alle Substanzen, die zur Füllung von Kalomelelektroden gebraucht werden, in genügender Reinheit vorhanden, und es
können die eigentlichen Lösungen angefertigt werden.

Die $^n/_{10}$- und $^n/_1$-Kaliumchloridlösungen werden sehr sorgsam nach
den Regeln der quantitativen Chemie hergestellt.

Das Molekulargewicht von KCl ist 74,49, eine $^n/_{10}$-KCl-Lösung ist
also 0,7449proz., eine $^n/_1$-KCl-Lösung 7,449proz.

Eine gesättigte KCl-Lösung wird am schnellsten derart hergestellt,
daß man in heißes (ca. 80°) dest. Wasser solange festes KCl einträgt,
bis sich nichts mehr von dem Salz löst. Kühlt man die Lösung dann
ab, so kristallisiert das überschüssige KCl wieder aus, und die darüber-
stehende Flüssigkeit ist sicher gesättigt.

Die nächste Aufgabe ist, die $^n/_{10}$- oder $^n/_1$- oder gesättigte KCl-
Lösung mit Kalomel zu sättigen. Zu diesem Zweck werden ca. 100 ccm
(je nach der Größe des Elektrodengefäßes) der KCl-Lösung mit einem
kleinen Hornlöffel voll Kalomelpulver versetzt und 1—2 Stunden lang
im Schüttelapparat kräftig geschüttelt. Nach dieser Zeit ist die KCl-
Lösung für Kalomel gesättigt.

12. Amalgamierung des Platindrahtes. Jetzt ist nur noch nötig, den Platindraht, der in das Quecksilber später eintauchen soll, zu amalgamieren. Das ist eine Maßnahme, die etwaigen Kontaktschwierigkeiten vorbeugen soll, die bei nicht amalgamiertem Platindraht durch eine kapilläre Flüssigkeitsschicht verursacht werden können. Ist der Platindraht in einen herausnehmbaren Glasstab eingeschmolzen, wie z. B. Abb. 90 und 91 auf S. 174, so kann die Amalgamierung in dem sog. „Platinierungsgefäß" erfolgen. Durchsetzt der Platindraht aber die Wand des Elektrodengefäßes, wie in Abb. 88 auf S. 174, so geschieht die Amalgamierung *in* dem Elektrodengefäß selbst. Die Amalgamierung wird ebenso wie die später zu besprechende Platinierung elektrolytisch ausgeführt. Vor dem Beginn der Elektrolyse wird der Platindraht für wenige Minuten in konzentrierte H_2SO_4 gestellt und dann gut mit dest. Wasser gespült. Da bei der Elektrolyse metallisches Quecksilber auf dem Platin niedergeschlagen werden soll, so muß man den zu amalgamierenden Platindraht als *Kathode*[1]) schalten. Als *Anode* dient irgendein Stückchen Platin.

Amalgamierungsflüssigkeit ist eine 1 proz. Lösung von Merkuronitrat mit einigen Tropfen HNO_3, die also entweder in das Platinierungsgefäß gefüllt wird oder direkt in das Elektrodengefäß kommt. Beide Elektroden, die gut in die Lösung eintauchen müssen, werden von ihren Klemmen aus mit den entsprechenden Polen eines 2-Volt-Akkumulators verbunden (die zu amalgamierende Platinelektrode also mit dem *negativen* Pol) und der Strom für ca. 1 Minute durch die Lösung geschickt. Das vorher blanke Platin muß nach der Amalgamierung metallisch grau erscheinen. Zu langes Amalgamieren und Anwendung einer zu starken Stromstärke (kenntlich an einer lebhaften Gasentwicklung in der Amalgamierungsflüssigkeit) sind fehlerhaft. Ist die Amalgamierung beendet, so wäscht man den Platindraht gut mit dest. Wasser ab und trocknet ihn, ohne zu reiben, mit Fließpapier. Über die Einrichtung des Platinierungsgefäßes s. auf S. 188 und 189.

Die eigentliche Füllung. Das gereinigte Elektrodengefäß wird zunächst so weit mit Quecksilber gefüllt, daß der Platindraht völlig bedeckt ist. Hat man ein käufliches Elektrodengefäß vor sich, so fülle man zunächst Quecksilber ein und überzeuge sich durch Hereinstellen des Glasstabes mit dem Platinkontakt davon, daß das Quecksilber über den Platindraht hinüberreicht. Ist das der Fall, und ist der Glasstab, der den Platindraht trägt, in das Elektrodengefäß eingeschliffen, so bringe man ein wenig Hahnfett in den Schliff und setze unter Drehbewegungen den Glasstab fest in den Schliff ein. Das Elektrodengefäß wird nun zweckmäßig in einem Stativ befestigt, damit es stets in vertikaler Stellung bleibt.

---

[1]) Die positiven Hg-Ionen wandern zur Kathode.

Jetzt wird eine Portion von Kalomel (ungefähr ein kleines Löffelchen voll) in einer Porzellanschale mit ungefähr 30 ccm der hergestellten Kaliumchloridlösung (also der $n/_{10}$-, $n/_1$- oder gesättigten) gut verrieben, dann wird etwas gewartet und von dem abgesetzten Kalomel abgegossen. Das Ganze wird einige Male wiederholt.

Hat man vorher, wie oben angegeben, die Kaliumchloridlösung mit Kalomel im Schüttelapparat geschüttelt, so kann man auch das überschüssige Kalomel aus der geschüttelten Lösung direkt verwenden und braucht nicht mehr eine besondere Lösung anzureiben.

Dann soll der Kalomelbrei in dünner Schicht auf das Quecksilber in der Elektrode gebracht werden. Bei den *offenen* Elektrodengefäßen geschieht das am einfachsten durch Auftragen mit einem Löffel. Bei den *käuflichen* Elektrodengefäßen ist das etwas schwieriger, weil man den Glasstab, der die Platinelektrode trägt, nicht mehr aus seinem Schliff entfernen soll. Daher muß man den Kalomelbrei in das Elektrodengefäß durch den Seitenarm *einsaugen*[1]). Das gelingt mit Hilfe von etwas Kaliumchloridlösung recht gut. Nachdem sich das Kalomel dann in der Elektrode abgesetzt hat, wird das Gefäß bis zu $^2/_3$ mit der entsprechenden KCl-Lösung ebenfalls durch Ansaugen gefüllt. Es ist darauf zu achten, daß in dem Arm, der von dem Elektrodengefäß aus nach abwärts führt, keine *Luftblase* sitzt, da sonst die Stromleitung sehr erschwert oder auch völlig unterbrochen wird. Manchmal verbirgt sich eine Luftblase in dem Glashahn, so daß es schwierig ist, sie zu erkennen. Da sie hier ganz besonders störend wirkt, so ist stets danach zu sehen[2]) und gegebenenfalls für ihre Entfernung zu sorgen[3]). Empfehlenswert ist das in der Abb. 98 wiedergegebene Modell einer Kalomelelektrode mit Luftblasenfänger.

Die *Herstellung der verschiedenen Kalomel*-Elektroden ist stets die gleiche; bei der *gesättigten* Kalomelelektrode ist nur noch dafür zu sorgen, daß außer dem festen Kalomel noch *festes KCl* im Elektrodengefäß vorhanden ist. Wenn man die heißgesättigte KCl-Lösung etwa bei 55° in das Gefäß einsaugt, so genügt die beim Abkühlen ausfallende KCl-Menge zumeist schon. Geht man von einer erkalteten Lösung aus, so muß man mit der KCl-Lösung noch etwas festes KCl in das Gefäß hereinsaugen.

Bei der gesättigten Kalomelelektrode wird der Hahn, der am aufsteigenden Arm des Elektrodengefäßes ist, noch besonders gefettet.

---

[1]) Der abwärts führende Arm taucht in die einzusaugende Flüssigkeit, an dem aufwärts führenden Arm wird nach Öffnen der Glashähne gesaugt.

[2]) Man drehe den Hahn des abwärts führenden Armes wiederholt auf und zu und klopfe leicht dagegen.

[3]) Zweckmäßig durch teilweises Herausfließenlassen der Kaliumchloridlösung und Wiederansaugen.

Dadurch wird das Herauskriechen des Kaliumchlorids, das die Elektrode sonst immer wieder verschmutzt, nach Möglichkeit verhindert. Über die *Eichung* der Kalomelelektroden ist auf S. 253 ff. zu lesen.

b) Die Elektroden für die Untersuchungslösungen.

α) *Wasserstoffelektroden.*

Die Metalle für diese Elektroden bestehen am häufigsten aus Platin, seltener aus Gold, noch seltener aus Iridium und Palladium. Die Metalle werden in Glas eingeschmolzen oder auf andere Weise zu Elektroden verarbeitet. Die Brauchbarkeit der Elektroden hängt stark von ihrer Einstellgeschwindigkeit ab. Diese ist besonders groß bei platinierten Goldelektroden. Die Oberflächenbeschaffenheit der Elektroden ist sehr wichtig; es spielt eine große Rolle, ob die Elektroden platiniert sind oder nicht, ob sie mit hellen oder schwarzen Platinüberzügen versehen sind, ob die Oberfläche peinlich sauber oder verschmutzt ist. Man benutzt zu Kontrollzwecken bei wichtigen Messungen stets mehrere Elektroden. Die Platinierung wird mit allen Einzelheiten beschrieben, auf Störungsmöglichkeiten wird aufmerksam gemacht. In diesem Zusammenhange wird auch die Wasserstoffgasbereitung und die Reinigung des Gases erwähnt. Die Elektrodengefäße erfahren eine gesonderte Besprechung. Die großen Verschiedenheiten der Meßaufgaben haben zur Konstruktion von mannigfaltigen Elektrodengefäßen geführt. Die Wasserstoffelektroden lassen sich einmal nach dem Gesichtspunkt der Flüssigkeitsmengen einteilen, also in Makro- und in Mikroelektroden, dann danach, ob sie mit Wasserstoff durchströmt werden oder ob eine Einrichtung für eine stehende Wasserstoffblase vorliegt. Drei Tauchelektroden werden beschrieben, dann die Birnenelektrode und die U-Elektrode von L. Michaelis. Die Bedienung der Elektroden, ihre Beschickung usw. wird angegeben; die Messungen von CO_2-haltigen Flüssigkeiten verlangt besondere Vorsichtsmaßregeln. Von weiteren Elektroden für stehende Wasserstoffblasen werden die von Bailey und von Schmitt erwähnt. Die Hasselbalchschen und die Clarkschen Schüttelelektroden haben besondere Vorteile, ebenso die Blutelektrode von McClendon. Von Mikroelektroden werden die von Bodine und Fink, von Lehmann und von Winterstein empfohlen. Schließlich werden noch zwei Elektroden für Spezialaufgaben genannt, die Elektrode von Schade und die Ansatzelektrode von Radsimowska für feste Nährböden.

1. Allgemeines über Form und Herstellung der Metallelektroden. Wird ein indifferentes Metall mit Wasserstoff beladen, so entsteht eine Wasserstoffelektrode. Den allgemeinen Vorgang der Gasaufnahme durch ein Metall nennt man „*Sorption*". Bei diesem Vorgang lassen sich zwei Einzelerscheinungen unterscheiden, die „*Absorption*" und die „*Okklusion*".

Bei der *Absorption* geschieht die Aufnahme des Gases *in die Poren des Metalls* rein mechanisch, eine katalytische Aktivierung des Gases findet nicht statt.

Als *Okklusion* bezeichnet man eine *echte Lösung* des Gases im Metall. Die Gasmoleküle dringen langsam in die *intramolekulären Räume* des Metalls ein, bis eine gesättigte Lösung vorliegt. Nur der *gelöste* Wasserstoff wird elektromotorisch aktiviert.

Die ursprünglichen Annahmen einer reinen Verdichtung des Gases an der Metalloberfläche oder von chemisch definierten Metall-Wasserstoff-verbindungen sind weitgehend verlassen[1]).

Als indifferente Metalle kommen hauptsächlich Platin, Gold, Iridium und Palladium in Frage. Von ihnen wird in erster Linie Platin benutzt, dann Gold und weniger häufig Iridium. Palladium ist nur äußerst selten im Gebrauch.

Die Metalle werden in mannigfaltigen Formen angewandt, und zwar am häufigsten als kurze Drahtstücke, längere spiralige Windungen und Scheibenflächen.

Gewöhnlich sind die Elektrodenmetalle in Glasstäben, Glasstopfen oder gläsernen Verbindungsstücken eingeschmolzen, und zwar die Drähte *direkt* und die Scheibenflächen mit Hilfe von Drähten.

Das Einschmelzen von Platin- oder Golddraht in ein Glasrohr zur Herstellung von Elektroden ist sehr einfach. Man achte dabei aber auf die Glassorte und vermeide ein Glas, das zu metallhaltig ist. Ferner sorge man bei dem Einschmelzen dafür, daß der glühende Platin- oder Golddraht nicht mit einem fremden Metall (Pinzette usw.) in Berührung kommt. Auch die Reinheit des Platins oder Goldes ist unbedingte Voraussetzung für die fehlerfreie Benutzung als Metallelektroden. Unstimmigkeiten der Elektrodenwerte ließen sich in einer Anzahl von Fällen auf unreines Platin [Platindiebstähle[2])] zurückführen.

Eine große Schwierigkeit entstand mit einer Anzahl von Scheibenelektroden aus Platin, auf die ein Platindraht durch das Versehen eines Arbeiters mit einer Spur von Lötmetall aufgelötet war. Das war ein grober Fehler, der alle Meßresultate gestört hat. Der Draht muß entweder durch ein kleines Loch der Scheibe hindurchgesteckt und zu einer festen Schlinge gebogen werden, oder er wird in der Weißglut durch Aufhämmern mit der Platinscheibe ohne jedes fremde Lötmetall verbunden. Platin- oder Goldelektroden, die aus einem Stück Blech mit aufgehämmertem Draht bestehen, werden am besten käuflich (Firma: Heraeus, Hanau) bezogen. Es gibt keine grundsätzliche Vorschrift dafür, wann man einen *Draht* und wann man ein Blech anwenden soll. Da die Wirksamkeit der Elektrode in Abhängigkeit von der Größe der Elektrodenoberfläche steht, so wird man zur Erlangung größerer Stromstärken ein Blech vorziehen. Bei der Frage der Oberflächengröße der Metallelektrode muß der Oberflächenteil, der in den Gasraum ragt und nicht in die Elektrodenflüssigkeit eintaucht, besonders berücksichtigt werden. Die Elektrodenoberfläche im Gasraum kann nicht ohne große Einbuße

---

[1]) Näheres hierüber siehe bei Dr. ALFRED SCHMID: Die Diffusionsgaselektrode. Stuttgart: Enke 1923.

[2]) Bei der Firma, die Platin zu Elektrodenzwecken liefert, waren fortlaufend Platindiebstähle durch Angestellte ausgeführt worden. Zur Verschleierung dieser Diebstähle war das Platin mit anderen Metallen zusammengeschmolzen worden.

an Stromstärke unter einen bestimmten Wert heruntergehen. Das geht
aus einem Versuch von Nobis (zit. nach Schmid) recht deutlich hervor:

Die Stromlieferung hängt also mit der
Größe der *in den Gasraum* ragenden Fläche
zusammen.

Es scheint aber, daß es neben der *Quantität* der Oberfläche auch sehr auf ihre *Qualität*
ankommt. Darüber werden wir noch später
hören.

Natürlich muß die Form der Metallelektrode sehr wesentlich von der Größe des

Breite des unbenetzten Stückes der Elektrode mm	Stromstärke Milliampere
3,0	10
2,0	10
1,5	9
1,0	7
0,5	3

Elektrodengefäßes abhängen. Sehr kleine Elektroden, die für geringe
Flüssigkeitsmengen nötig sind, werden sich nur schwer aus Blech herstellen lassen. Andererseits haben gerade die kleinen Drahtelektroden
in den Mikroelektrodengefäßen den Beweis erbracht, daß ein kurzer,
dünner Draht auch zu genauen Messungen genügt.

Die Brauchbarkeit einer Elektrode hängt stark von ihrer Einstellgeschwindigkeit ab.

2. Die Einstellgeschwindigkeit. Die Einstellgeschwindigkeit einer
Wasserstoffelektrode steht wieder in Beziehung zu dem Tempo der
Sättigung des Metalls mit Wasserstoffgas. Ist das Metall sehr dick-
wandig, so wird das Gas eine Zeitlang brauchen, bis es in das Innere
gedrungen ist und das ganze Metall den gleichen Sättigungsgrad erreicht hat. Aus diesem Grunde wird es vorteilhafter sein, das Metall
so dünn zu wählen, als es die notwendige Widerstandsfähigkeit gerade
noch erlaubt. Man kann mit der Dicke eines Platinbleches sehr weit
heruntergehen, ohne daß die Dauerhaftigkeit bei normalem Gebrauch
zu sehr leidet. So arbeitete z. B. ein Autor[1]) mit einem Platinblech
von nur 0,02 mm Dicke. *Gold* hat nicht das große Okklusionsvermögen
für Wasserstoff wie Platin. Eine Elektrode aus Gold wird im Hinblick
auf die Sättigungsgeschwindigkeit mit Wasserstoff also Vorteile bieten.
Andererseits ist eine Goldoberfläche aber empfindlicher als eine Platin-
oberfläche und bedarf daher einer besonderen Wartung. Eine Kombination dieser beiden Metalle hat guten Erfolg gebracht. Sie wird z. B.
dadurch ermöglicht, daß eine Blattgoldelektrode mit Platin elektrolytisch belegt wird. Hierbei ist also die Oberfläche ausschließlich Platinmetall, das Innere der Elektrode aber Gold, das nun der Oberfläche
weniger Wasserstoff entzieht als Platin, die Einstellungszeit der Elektrode
daher nicht wesentlich verzögert. An Stelle des Blattgoldes kann man
auch Gold*draht* nehmen und diesen dann mit Platin elektrolytisch
überziehen.

---

[1]) M. Clendon.

So sehen wir also Elektroden aus Platinblech und Platindraht, aus Goldblech und Golddraht und aus Gold mit einem Platinüberzug im Gebrauch. Eine besondere Form der Elektrodenherstellung geschieht schließlich noch durch das Aufbrennen von Metall auf Glas oder Porzellan. Als Metalle werden hierzu wieder Platin, Iridium und Gold benutzt.

3. Das Aufbrennen von Elektroden. Man bestreicht Glas oder Porzellan mit der Metallösung, die so zusammengesetzt ist, daß sie gut haftet, und führt dann in geeigneter Weise das Aufbrennen aus.

Die Aufbrennflüssigkeiten sind käuflich zu haben; sie werden als „Glanzplatinlösung", „Glanziridiumlösung"[1]) usw. bezeichnet. Zumeist bestehen sie aus dem Metallchlorid (Platinchlorid, Goldchlorid, Iridiumchlorid), aus etwas Alkohol, Terpentin und Lavendelöl.

Soll ein Glasstab zu einer Elektrode gebrannt werden, so schmilzt man zunächst in ein Glasrohr einen kleinen Platindraht ein, der nachher zur Ableitung dient. Ist das geschehen, so betupft man die Umgebung des Drahtes mit der Aufbrennflüssigkeit und erwärmt dann die feuchte Stelle vorsichtig in dem nicht rußenden Teil einer Alkoholflamme. Ist der Stab trocken geworden und die organische Substanz der Aufbrennflüssigkeit gut verascht, so erhitzt man die Umgebung des Platindrahtes stark im Gebläse. Diesen Vorgang kann man wiederholen, falls man die Metallschicht dicker haben will. Der Platindraht, der mit der aufgebrannten Metallschicht in Verbindung steht, wird nun auf irgendeine Weise in ein Glasrohr eingeschmolzen, so daß man durch dieses Rohr von der Metallschicht ableiten kann. Schließlich wird das Stück des Glasstabes, das keine Metallschicht trägt, durch Abschneiden entfernt.

4. Kontrolle der Wasserstoffelektroden. Wie wir schon oben andeuteten, hängt die Wirksamkeit einer Elektrode sehr stark von ihrer Oberflächenbeschaffenheit ab. Der Elektrodenoberfläche muß daher der Untersucher seine besondere Aufmerksamkeit zuwenden. Wenn man nur *eine einzige* Wasserstoffelektrode vor sich hat, so kann man wohl als Folge einer schlechten Oberflächenbeschaffenheit grobe Ungenauigkeiten feststellen, nicht aber feinere Abweichungen. Man mache sich daher zum Prinzip, immer mit *mehreren* Wasserstoffelektroden zu arbeiten. Untersucht man *dieselbe* Lösung mit *zwei* Elektroden, so wird man gar nicht selten von mehr oder weniger großen Differenzen in den Werten überrascht werden.

Um daher über den Zustand der Elektroden, mit denen man arbeitet, gut unterrichtet zu sein, muß man *stets mehrere Elektroden* zur Hand haben und mit ihnen dieselbe Flüssigkeit messen.

---

[1]) Nach OSWALD-LUTHER bei der deutschen Gold- und Silberscheideanstalt Frankfurt a. M.

5. Reinigung der Metallelektrode. Will man eine Elektrode, die bisher noch nicht benutzt war, zum Gebrauch fertig machen, oder soll eine verschmutzte und daher fehlerhafte Elektrode in Ordnung gebracht werden, so wird man sie zunächst mit konzentrierter H_2SO_4 und mit dem Bichromatgemisch gut reinigen. Manchmal ist es nötig, das Gemisch mit der Elektrode zu erwärmen. Nach der Bichromatbehandlung wird die Elektrode mit dest. Wasser gut abgespült und eine Weile gewässert. Dann ist die Elektrode bis auf den elektrolytischen Metallüberzug fertig. Dieser Metallniederschlag hat, wie wir hörten, die Aufgabe, die Oberfläche der Elektrode wesentlich zu vergrößern, die Sättigung der Elektrode mit Gas und dadurch die Elektrodenreaktion

$$H_2 \rightleftarrows 2\,H^+ + 2\,\textcircled{H}$$

sehr stark zu beschleunigen.

6. Der Unterschied zwischen einer platinierten und einer blanken Elektrode. Die Unterschiede zwischen einer nicht platinierten und einer auf elektrolytischem Wege mit Platin überzogenen Elektrode sind sehr groß. Wenn man dieselbe Flüssigkeit mit einer platinierten und einer nicht platinierten Elektrode mißt, so erhält man völlig verschiedene Werte. Um das besonders deutlich zu machen, kann man eine Kette zwischen diesen beiden Elektrodenarten herstellen (Abb. 100). Es zeigt sich dann, daß zwischen den beiden Elektroden eine beträchtliche Potentialdifferenz herrscht, obwohl sie in derselben Lösung stehen, aus demselben Material sind und in gleicher Weise mit atmosph. H_2 umgeben werden. Bei 0,1 n-HCl betrug die Potential-

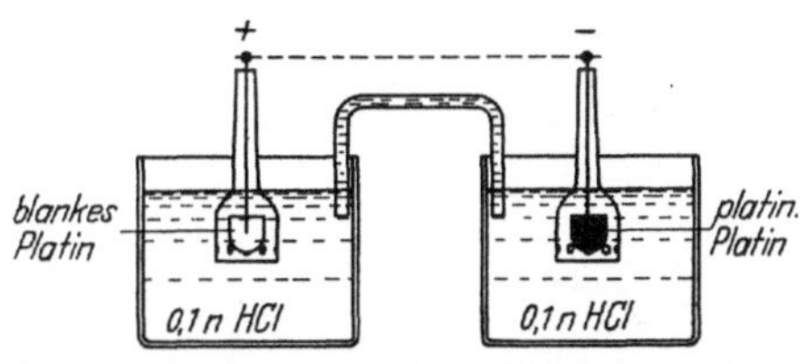

Abb. 100. Eine Kette aus einer platinierten und einer unplatinierten Wasserstoffelektrode.

differenz einer solchen Kette *0,3 Volt*; sie änderte sich im Verlaufe eines Monats gar nicht. Daraus ist zu ersehen, daß das blanke Platin eine zu langsame Einstellungsgeschwindigkeit hat, als daß es als Wasserstoffelektrode in Frage kommen könnte. Die zu praktischen Messungen zu verwendenden Wasserstoffelektroden müssen also auf jeden Fall platiniert werden.

7. Die Platinierung. Die Platinierung geschieht stets auf elektrolytischem Wege. Aus einer Platinchloridlösung wird das Platin durch einen elektrischen Strom zur Abscheidung gebracht. Platin wird wie jedes Metall auf der Kathode niedergeschlagen; man muß daher die zu platinierende Elektrode als *Kathode* schalten und in die Platinierungsflüssigkeit eintauchen. Als Anode wird ebenfalls ein kleines Platinblech verwandt. Kathode und Anode werden durch Drähte mit dem negativen und positiven Pol eines 4-Volt-Akkumulators verbunden. Da man in den Laboratorien meistens nur 2-Volt-Akkumulatoren hat, so muß man, wie wir schon wissen, zwei von ihnen hintereinander schalten

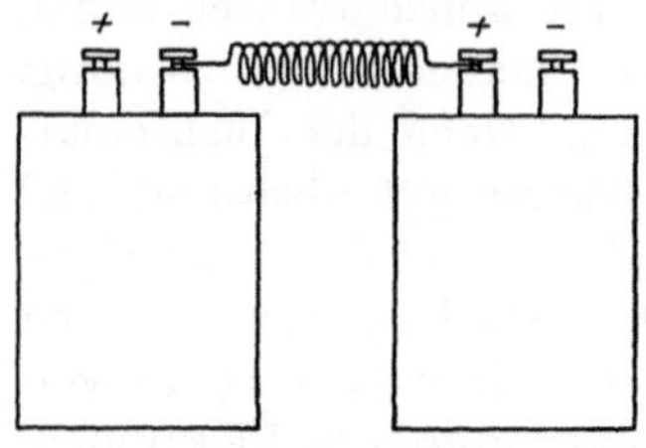

Abb. 101. Zwei Akkumulatoren von je 2 Volt in Serie.

(Abb. 101). Hat man den positiven Pol des einen Akkumulators mit dem negativen Pol des anderen durch einen kurzen Draht verbunden, so wirken die beiden freien Pole jetzt wie die Pole eines 4-Volt-Akkumulators, sie haben also die gewünschte Klemmenspannung von ca. 4 Volt. Sehr bequem ist es, sich eines sog. *Platinierungsgefäßes*[1]) zu bedienen, in dem die Anode als kleine Platinscheibe oder als Platindraht schon fest eingebaut ist (Abb. 102 und 103)[2]). Hat man die Klemmschraube des Platinierungsgefäßes mit dem *positiven* Pol des 4-Volt-Akkumulators verbunden und ebenso die zu platinierende Metallelektrode mit dem *negativen*, so gießt man die Platinierungsflüssigkeit in das Gefäß und taucht die zu platinierende Elektrode in die Flüssigkeit ein. Sind die Akkumulatoren in Ordnung, so kommt es in der

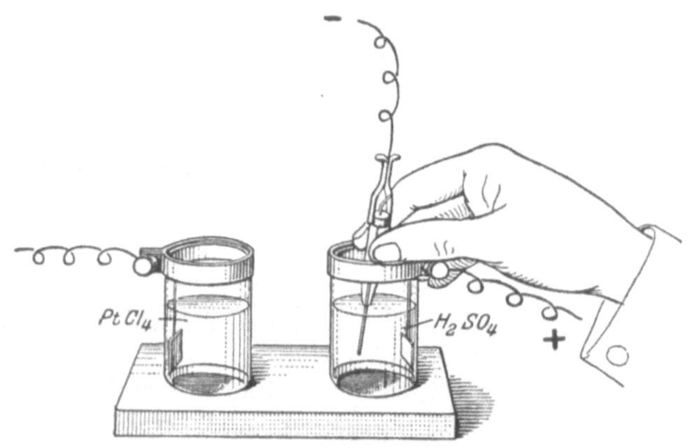

Abb. 102. Platinierungsgefäße. Ältere Form.

Flüssigkeit während der Elektrolyse zu einer geringen Gasentwicklung und zu einer allmählichen Schwärzung der zu platinierenden Metallelektrode. Es scheidet sich das Platin als Platinschwarz an der Oberfläche der Kathode ab. Bei *ungebrauchten* Elektroden soll man den Strom längere Zeit durchleiten (ca. 5 Minuten). *Gebrauchte* Elektroden sind zumeist schon nach einer Minute genügend nachplatiniert. Die

---

[1]) Siehe auch die elektrolytische Amalgamierung der Platindrähte für die Kalomelelektroden, S. 181.

[2]) Aus L. MICHAELIS, Praktikum, l. c.

Dicke der Schicht von Platinschwarz ist nicht ausschlaggebend für die Beschaffenheit der Elektrode. Diese Erfahrung deckt sich mit der Auffassung, daß es nicht nur auf die *Quantität* der Oberfläche ankommt. Daher hat es keinen Sinn, übermäßig lange zu platinieren.

8. Störungen bei der Platinierung. Bemerkt man keine Gasentwicklung, wenn beide Elektroden in die Flüssigkeit eintauchen, so sind hieran meistens die Akkumulatoren schuld. Man prüfe sie mit Hilfe eines Taschenvoltmeters, dessen Pole man an die Klemmen der Akkumulatoren unter Beachtung der Vorzeichen anlegt (Abb. 104).

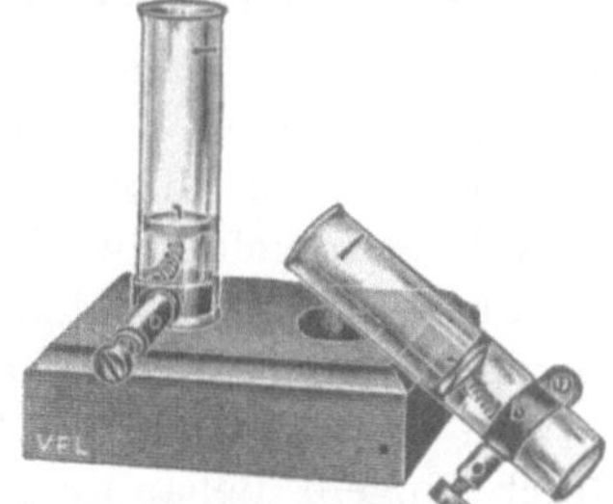

Abb. 103. Platinierungsgefäße. Neue Form.

Jeder der beiden Akkumulatoren muß 1,9—2,1 Volt zeigen. Nicht selten kommt es vor, daß von den beiden Akkumulatoren der *eine* in Ordnung ist, der *andere* nicht. Nach Ersatz des schlechten durch einen gut geladenen ist die Schwierigkeit behoben. Bisweilen liegt die Störung aber nicht an den Akkumulatoren, sondern an den Zuleitungsdrähten oder an den zu platinierenden Elektroden selbst. Eine *Bruchstelle* der Zuleitungsdrähte ist schnell erkannt und beseitigt. Sind aber die Drähte unbeschädigt, so wird man die Störung nur noch in den Elektroden zu suchen haben. In diesem Falle kann bei einem ganz kurzen Berühren beider Elektrodenspitzen, deren Klemmschrauben mit den Akkumulatoren durch Drähte verbunden sind, kein Funke übergehen. Zur Feststellung, welche von den beiden Elektroden schadhaft ist, schaltet man sie einzeln in einen Stromkreis ein, den man aus einem Akkumulator und dem Taschenvoltmeter bildet. *Ein* Pol des Taschenvoltmeters liegt an einer Akkumulatorklemme, der *andere* Pol an der Polklemme der zu untersuchenden Elektrode. Das *andere Ende der Elektrode* kommt an die *zweite Klemme des Akkumulators*. Schlägt der Voltmeter bei dieser Schaltung nicht aus, so leitet die zwischengeschaltete Elektrode nicht[1]. Sie ist also unbrauchbar und muß ersetzt werden.

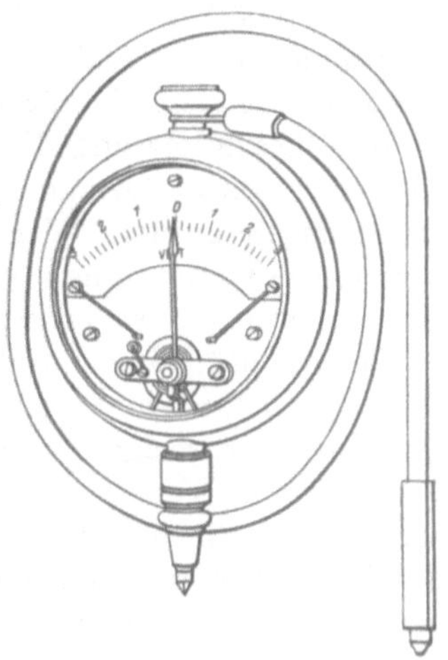

Abb. 104. Abbildung eines Taschenvoltmeters.

---

[1] Das ist selbstverständlich nur ein Beispiel für ein Prüfverfahren auf Leitung der Elektroden.

9. Die Behandlung nach der Platinierung. Nach der Platinierung wird die Elektrode gut mit dest. Wasser gespült und dann mit Wasserstoff ausgiebig beladen und reduziert. Das geschieht ebenfalls auf elektrolytischem Wege; Dauer der Behandlung 1—2 Minuten. Man benutzt zu diesem Zwecke ein zweites Platinierungsgefäß, das nicht mit der Platinierungsflüssigkeit, sondern mit ca. 10proz. reinster Schwefelsäure gefüllt wird. Die Schaltung ist dieselbe wie vorher, die platinierte Elektrode steht also wieder mit dem *negativen* Pol des Akkumulators in Verbindung. Hat man irrtümlich falsch geschaltet, so wird die Elektrode mit Sauerstoff beladen und dadurch verdorben. Durch längere Behandlung in der richtigen, also dann umgekehrten Stromrichtung kann man den Schaden wieder beheben. Ganz zum Schluß wird die Elektrode wieder mit dest. Wasser gut gespült und in die Elektrodengefäße unter leichtem Anfetten der Schliffe ganz fest eingesetzt. Die Elektrodengefäße werden dann mit dest. Wasser gefüllt[1]). Die platinierten Metallelektroden sollen keinesfalls mehr berührt werden.

Die Platinierungsgefäße müssen nach dem Gebrauch gut mit dest. Wasser gespült werden. Es ist besonders darauf zu achten, für das *Amalgamieren* der Kalomelelektroden stets ein *anderes* Platinierungsgefäß zu nehmen als für das Platinieren der Wasserstoffelektroden.

10. Die Platinierungsflüssigkeit. Die Platinierungsflüssigkeit besteht aus einer 10proz. Lösung von Platinchlorid, der einige Körnchen Bleiazetat zugesetzt sind. Von dieser Lösung mache man sich zum Platinieren eine Verdünnung von 1 : 3 oder 1 : 4 mit dest. Wasser. Die verdünnte Lösung hebe man sich gesondert von der konzentrierten auf.

Der eigentümliche Zusatz von Bleiazetat ist oft diskutiert worden. Er zeigte sich aber zur Herstellung eines *gleichmäßigen Platinschwarzüberzuges* sehr geeignet. Besondere Untersuchungen lassen vermuten, daß es immer Verunreinigungen sind, die das Platin aus dem Platinchlorid bei der Elektrolyse als *schwarzes* Metall zum Niederschlag bringen. Reinigt man eine Chlorplatinsäure ganz besonders sorgfältig, so gibt sie bei der Elektrode nicht schwarze, sondern helle Niederschläge von Platin.

11. Helle Platinniederschläge. Diese hellen Platinniederschläge sind ebenfalls zur Herstellung von Wasserstoffelektroden[2]) geeignet.

Für manche Messungen (z. B. in ungepufferten Salzlösungen) werden sie besonders empfohlen, da sie in alkalischer Lösung durch Elektrolyse gewonnen werden können und daher nachträglich keine Säurespuren mehr abgeben. Die Herstellung dieser Elektroden mit hellen Platin-

---

[1]) Die Reinigung der Elektroden*gefäße* muß selbstverständlich der Platinierung vorangehen. Sie geschieht mit Bichromatlösung, wie auf S. 178 für die Gefäße der Kalomelelektroden angegeben.

[2]) Siehe Beans u. Hammett: Journ. of the Americ. chem. soc. Bd. 47. 1925.

niederschlägen geschah von BEANS und HAMMETT auf Golddraht. Die
Reinigung der zu diesem besonderen Zwecke verwandten Chlorplatinsäure ist von WICHERS[1]) beschrieben worden. Nach viermaligem Um-
fällen von Ammoniumchloroplatinat erhielt WICHERS ein Metall von
dem gewünschten Reinheitsgrad. Der jedesmalige Niederschlag von
Ammoniumchloroplatinat wurde auf einem BÜCHNER-Trichter abgesaugt, wiederholt mit viel 15—20proz. Lösung von Chlorammon nach-
gewaschen, einige Male scharf abgesaugt und getrocknet. Der getrock-
nete Niederschlag wurde stets im elektrischen Muffelofen verascht und
das Platin in Königswasser gelöst. Vor der nächsten Fällung wurde
die Lösung zur Vertreibung der Salpetersäure stets längere Zeit mit
Salzsäure behandelt.

Der letzte Niederschlag von Ammoniumchloroplatinat wurde in einer
Porzellanschale über einer Gasflamme verascht. Über die Schale, die
mit einer Quarzplatte bedeckt war, wurde hierbei ein Wasserstoffstrom
geleitet.

Immerhin wird man sich Elektroden mit *hellen* Platinniederschlägen
nur für ganz besondere Aufgaben herstellen, und in der Praxis wohl
ausschließlich mit den üblichen Platinschwarzelektroden arbeiten.

Die schon erwähnten Untersuchungen von SCHMID lassen die Bedingungen für die Entstehung von hellen, grauen oder schwarzen Platinniederschlägen noch deutlicher erkennen. Es kommt u. a. auf die
Temperatur der Lösung, auf die Konzentration an Platinchlorid und
auf die Stromdichte an. Bleiazetat und kathodisch abgeschiedener
Wasserstoff befördern die Mohrbildung, Schwefelsäure und Zitronensäure
wirken der Mohrbildung entgegen.

Die gereinigten und platinierten Elektroden werden erst dadurch
zu wirklichen *Wasserstoff*elektroden, daß sie mit gasförmigem Wasserstoff beladen werden. Dieser gasförmige Wasserstoff muß also stets
zur Hand sein, wenn Messungen mit Wasserstoffelektroden gemacht
werden sollen.

12. Das Wasserstoffgas. Der gasförmige Wasserstoff wird in der
Praxis auf dreierlei Weise gewonnen. Am häufigsten wird der Wasserstoff im KIPPschen Apparat entwickelt, der zu diesem Zweck mit arsen-
freiem Zink und 20proz. H_2SO_4 gefüllt wird. Da das entstehende Gas
sehr verunreinigt ist, so müssen besondere Maßnahmen zu seiner
Reinigung getroffen werden. Das Gas wird zu diesem Zweck durch
mehrere Waschflaschen geleitet, von denen die erste mit 10proz. Kalilauge, die zweite mit 2proz. Sublimat und die dritte mit 5proz. Permanganat gefüllt ist (Abb. 105). Für besonders sorgfältige Messungen
wird das Gas zur Entfernung der letzten Spuren von O_2 und CO_2 durch

---

[1]) WICHERS: Journ. of the Americ. chem. soc. Bd. 43, S. 1268. 1921.

eine Röhre mit erhitztem Platinasbest und ferner nochmals durch Kalilauge geleitet. Für die Messungen in der Praxis genügt es aber, das Gas
durch die ersten drei Lösungen hindurchtreten zu
lassen. Man achte auf die richtige Anordnung der
Waschflaschen! Bei falschem Anschluß drückt das
Gas die Flüssigkeit aus der Waschflasche heraus!
Die Flaschen werden höchstens bis zur Hälfte gefüllt. *Besonders wichtig* ist, daß das ganze Wasch-
flaschensystem *luftdicht* schließt. Die möglichst
kurzen Gummizwischenstücke werden sorgfältig mit
Zellonlack gedichtet, die Stopfen und Hähne der
Waschflaschen mit Vaseline gefettet. Die letzte
Waschflasche trägt ein Gummistück mit einem ver-
schraubbaren Quetschhahn. Dieser Hahn muß nach
der Entnahme von Gas stets zuerst fest verschlossen
werden, damit von außen keine Luft in das System
dringt.

Zu Beginn eines jeden Arbeitstages soll der Apparat ca. 10 Minuten lang Gas entwickeln, nach
einer neuen Zinkfüllung des Kippschen Apparates
oder einer Öffnung einzelner Flaschen mindestens

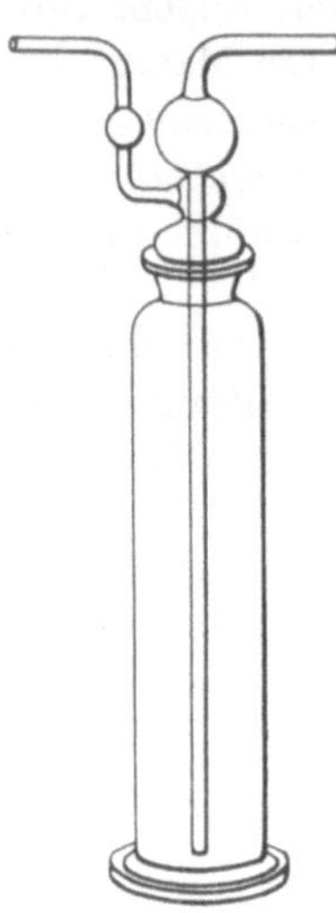

Abb. 105. Abbildung
einer Waschflasche.

1 Stunde lang. Es genügt, wenn dabei zwei Blasen in einer Sekunde
durch die Waschflaschen hindurchtreten. In den Kippschen Apparat

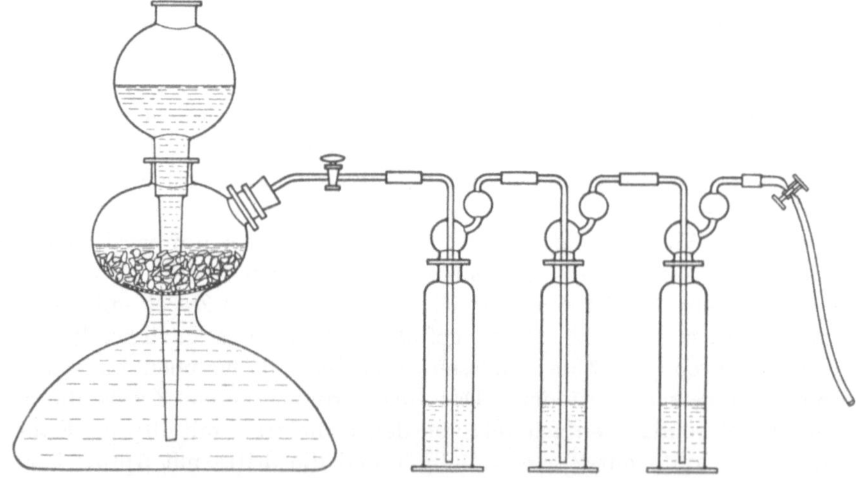

Abb. 106. Abbildung des gebrauchsfertigen Kippschen Apparates.

gibt man zweckmäßig bei der Füllung ein paar Tropfen einer Kupfersulfatlösung, um die Gasentwicklung lebhafter zu gestalten (Abb. 106).

Die zweite Methode zur Erzeugung von H_2 ist die *elektrolytische*. Gewöhnlich wird eine ca. 10proz. Kalilauge mit Hilfe von Nickel- oder Eisenelektroden der Elektrolyse unterworfen.

Der entwickelte Wasserstoff muß hierbei von seinen Sauerstoffspuren sorgsam dadurch befreit werden, daß er durch eine Röhre über glühendes Platinasbest oder durch eine Waschflasche mit alkalischer Pyrogallollösung geleitet wird. Die Kohlensäurespuren werden wie üblich in einer Waschflasche mit Kalilauge bzw. Barythydrat zurückgehalten.

Einen einfachen elektrolytischen Wasserstoffentwickler hat CATHVARTH[1]) angegeben (Abb. 107).

Ein längliches glockenförmiges Gefäß (B), unten offen, oben mit Gummistopfen versehen, taucht in ein oben verjüngtes Glasgefäß (A) von etwa 40 ccm Höhe. D sind Porzellanklötze, welche das innere Gefäß unterstützen. Das Ganze ist mit 10proz. NaOH gefüllt. H ist die Kathode, O die Anode, beide aus dünnen Eisenblechen bestehend. Durch G wird der entwickelte Wasserstoff abgelassen. Durch 4 Ampere wird immer eine genügende Menge entwickelt, E sind Gummi-

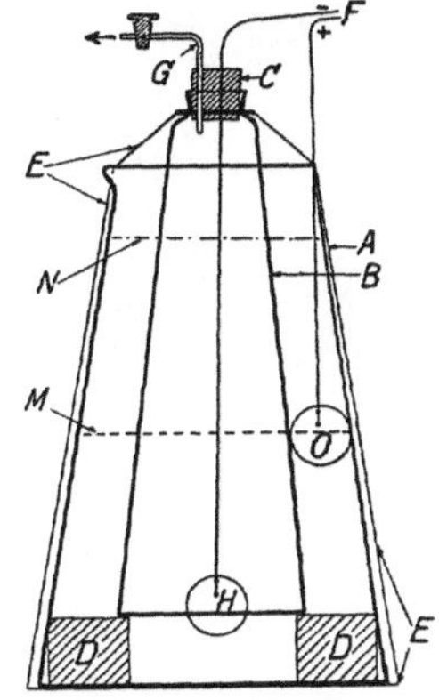

Abb. 107.　Elektrolytischer Wasserstoffentwickler.

stränge, welche das Aufsteigen der mit Gas gefüllten Glocke verhindern. N ist die geeignete Höhe der Flüssigkeit im äußeren Gefäß bei mit Gas gefüllter Glocke; ist letztere erschöpft, so sinke das Niveau nicht unter die Anode (M).

Bei der *dritten Methode* wird der Wasserstoff nicht erst erzeugt, sondern aus einer käuflichen Wasserstoffbombe entnommen. Ein Reduzierventil läßt den Überdruck, der in der Bombe herrscht, bis auf wenige Millimeter Quecksilber absinken (Abb. 108). Soll die neuartige Diffusionselektrode von SCHMID zur H-Ionenmessung benutzt werden, so läßt man den Wasserstoffdruck der Bombe durch das Reduzierventil auf 760 mm Hg abfallen. Der Wasserstoff aus einer Bombe muß ebenfalls erst gereinigt werden.

Im vorstehenden haben wir das wichtigste über die Metallteile der Wasserstoffelektroden, über ihre Reinigung und Platinierung gehört und auch die Erzeugung des gasförmigen Wasserstoffs besprochen.

Diese Betrachtungen gelten für sämtliche Wasserstoffelektroden in gleicher Weise, ohne Rücksicht auf den speziellen Zweck, für den sie konstruiert sind.

---

[1]) CATHVARTH: Physiolog. Berichte Bd. 17, S. 2; Journ. of industr. a. engineer. chem. Bd. 14, Nr. 4, S. 278. 1922.

Von dem *Verwendungszweck* hängt die *äußere Form der Elektroden* ab. Er entscheidet über Größe und Bauart der eigentlichen Elektrodengefäße, die wir nun anschließend systematisch beschreiben wollen.

13. Die Elektrodengefäße. Die großen Verschiedenheiten der Meßaufgaben haben zur Konstruktion von mannigfaltigen Elektrodengefäßen geführt. So ist allein schon die *Menge der Untersuchungslösung*, die zur Messung zur Verfügung steht, sehr wechselnd. Manche Flüssigkeiten, wie z. B. Meerwasser, können in jeder beliebigen Menge gewonnen werden; von anderen Lösungen stehen immer nur einige Kubikzentimeter zur Verfügung und bei noch anderen (z. B. Insektenblut) muß man schon mit einem Tropfen eine Messung ausführen können. Bei

Abb. 108. Wasserstoffbombe mit Reduzierventil.

der großen Mehrzahl aller Messungen wird man mit 5—10 ccm Flüssigkeit rechnen können. Das kann daher als das normale Volumen der Elektrodengefäße gelten. Für die Messungen mit *einem Tropfen* einer Flüssigkeit benutzt man die sog. *Mikroelektroden,* die besondere und etwas schwieriger zu handhabende Konstruktionen darstellen.

Man kann also zunächst einmal die Wasserstoffelektroden nach dem Gesichtspunkt der *Flüssigkeitsmenge* einteilen, also in *Makro-* und *Mikroelektroden.* Zu den Makroelektroden ist noch eine besondere Form von Elektroden zu zählen, bei denen das Elektrodengefäß *nicht* abgeschlossen ist. Diese Elektroden haben also kein eigentliches Elektrodenvolumen, das sich in Kubikzentimetern ausdrücken läßt. Bei diesen sog. Glocken- oder Eintauchelektroden wird nicht die Untersuchungslösung in die Elektrode gefüllt, sondern das offene Elektrodengefäß in die Untersuchungslösung eingetaucht. Die Menge der Untersuchungslösung ist also nach oben hin so gut wie unbegrenzt. Es liegt aber auf der Hand, daß die untere Grenze in demjenigen Flüssigkeitsvolumen gegeben ist, das noch gerade ein genügendes Eintauchen der Elektrode gestattet. Bei den üblichen Konstruktionen sind das auch wieder ungefähr 5—10 ccm.

Ein weiteres Einteilungsprinzip geht aus *der Art der Beladung mit gasförmigem Wasserstoff* hervor. Wird durch das Elektrodengefäß der gasförmige Wasserstoff hindurchgeleitet, wird also die Flüssigkeit von dem Gas „durchströmt", so hat man eine *Elektrode für „strömenden Wasserstoff"* vor sich. Die zweite Beladungsart geschieht nicht durch ein Hindurchperlen von Wasserstoff, sondern dadurch, daß eine *einzige*, mehr oder weniger große *Wasserstoffgasblase* in die Lösung eingebracht wird. Diese Blase wird dann in dem abgeschlossenen Gefäß zur Sättigung der Lösung und zur Sättigung des Metalls mit Wasserstoffgas verwandt. In diesem Falle spricht man von einer Elektrode mit einer „*stehenden Wasserstoffblase*".

Die Frage des „strömenden" oder „stehenden" Wasserstoffs hat eine sehr große Bedeutung. Es lassen sich fast alle Messungen mit der *stehenden Wasserstoffblase* ausführen, keineswegs aber alle mit *strömendem* Wasserstoff:

Beim Hindurchperlen von Wasserstoffgas werden alle übrigen Gase aus der Untersuchungslösung entfernt. Hängt nun die Wasserstoffzahl der Untersuchungslösung von ihrem Gehalt an CO_2 ab, wie z. B. bei Bikarbonatlösungen, Blut usw., so wird durch das *Hindurchströmen von Wasserstoff* die Konzentration der Kohlensäure immer mehr und mehr verringert und somit die Wasserstoffzahl sehr wesent-

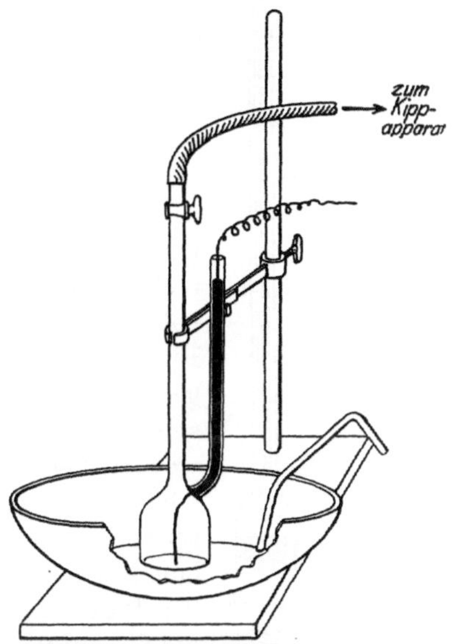

Abb. 109. Die Glockenelektrode nach L. Michaelis. Die Elektrode steht in einer Porzellanschale. (Aus dem Praktikum von L. Michaelis, 3. Aufl., l. c., Abb. 36.)

lich *geändert*. Die Messung muß daher ein *völlig fehlerhaftes Resultat* liefern. Mit dieser Andeutung wollen wir uns zunächst begnügen.

Wir beginnen jetzt mit der Beschreibung der einfachen Elektrodengefäße, mit den *Eintauch-* oder *Glockenelektroden*. Es sind dies vor allem die Glockenelektroden von L. Michaelis, die bekannte Tauchelektrode von I. Hildebrand, die Elektrodenform von Wilson und Kern und die Diffusionselektrode von Schmid.

14. Die Glockenelektroden von L. Michaelis, von Hildebrand, von Wilson und Kern und die Diffusionselektrode von Schmid. Die Anordnung der *Glockenelektrode* von L. Michaelis ist aus Abb. 109 zu erkennen.

Ein glockenförmiges Gefäß aus Glas geht in eine Röhre über, die einen Glashahn trägt.

Die Glockenwand wird von einem Platindraht durchsetzt, der in eine Seitenröhre einmündet. Die Leitung geschieht in dieser Röhre entweder durch Quecksilber wie auf der Abbildung oder durch einen Kupferdraht.

Der Platindraht wird vor dem Platinieren so gebogen, daß er nicht über den Glockenrand hinausragt, sondern sogar noch 1 oder 2 mm vorher endigt. Zur Platinierung der gereinigten Glockenelektrode braucht man kein Platinierungsgefäß; am geeignetsten hierzu ist eine kleine Porzellan- oder Glasschale, die so weit mit der Platinierungsflüssigkeit gefüllt wird, daß der Platindraht der eingetauchten Glockenelektrode ganz mit Flüssigkeit bedeckt ist. Die Anode wird in die Platinierungsflüssigkeit außerhalb der Glockenelektrode eingetaucht. Nach der Platinierung der Elektrode und der elektrolytischen Behandlung mit H_2-Gas darf der Draht, vor allem die Drahtspitze, nicht mehr berührt werden. Die *Bedienung der Glockenelektrode* ist recht einfach. Die Elektrode wird so an einem Stativ befestigt, daß sie oberflächlich in die zu untersuchende Flüssigkeit eintaucht. Dann wird langsam Wasserstoffgas eingeleitet. Die Gasblasen (1—2 in der Sekunde) sollen die Untersuchungsflüssigkeit von der Platinspitze wegdrücken. Ist die Blase seitlich aus der Glocke entwichen, so soll die Flüssigkeit wieder soweit zurückschnellen, daß die Platinspitze gerade eintaucht. In einem solchen Moment, also während des Eintauchens des Platins in die Untersuchungsflüssigkeit, muß man die Gaszufuhr durch Schließen des oberen Elektrodenhahnes unterbrechen, wenn man die Messung ausführen will. Die Unterbrechung des Wasserstoffstromes kann meistens geschehen, nachdem ca. 5 Minuten Wasserstoffgas durchgeleitet worden ist.

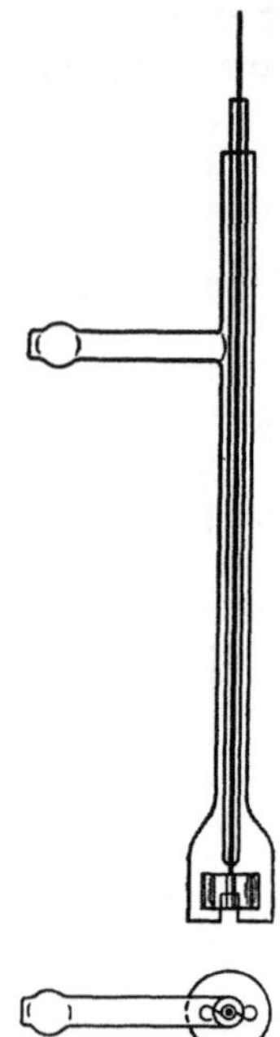

Abb. 110. Eintauchelektrode nach HILDEBRAND.

Für sehr genaue Messungen wird diese Elektrode nicht gebraucht. Sie ist von L. MICHAELIS auch nur für die elektrometrische Laugen- und Säuretitration vorgeschlagen, bei der es gar nicht auf 1—2 oder einige Millivolt ankommt (s. weiter unten S. 266).

An dieser Elektrode ist das *Prinzip der punktförmigen Berührung von Metallelektrode und Untersuchungsflüssigkeit* benutzt. Dieses Prinzip ist von MICHAELIS und RONA in die Meßtechnik eingeführt worden[1].

Bei der *zweiten* Elektrode, bei der HILDEBRAND-Elektrode, ist das Metallstück eine S-förmige Platinscheibe, die nicht nur die Oberfläche

---

[1] Biochemische Zeitschrift Bd. 33.

der Flüssigkeit berühren, sondern deutlich in sie eintauchen soll (Abb. 110). Wir lernen bei dieser Elektrode also ein anderes Prinzip kennen, das *Eintauch*prinzip, das ursprünglich ausschließlich zur Anwendung kam.

An dem Hildebrand-Gefäß sehen wir wieder eine Glocke, die in eine Röhre übergeht. In der Röhre steht ein Glasstab, der unten das Platinblech und oben eine Klemmschraube trägt. Durch den Seitenarm wird der Wasserstoff eingeleitet.

Auch die Hildebrand-Elektrode wird vorzugsweise für elektrometrische Titrationen und nicht für die Messung von Einzelpotentialen gebraucht.

Eine *dritte* Form, die von Wilson und Kern angegeben ist, zeigt gewissermaßen die primitivste Form einer Wasserstoffelektrode. Sie ist so einfach, daß es sehr leicht ist, sie selbst herzustellen. Da sie wegen der geringen Platinmenge auch sehr billig ist, kann man von ihr eine

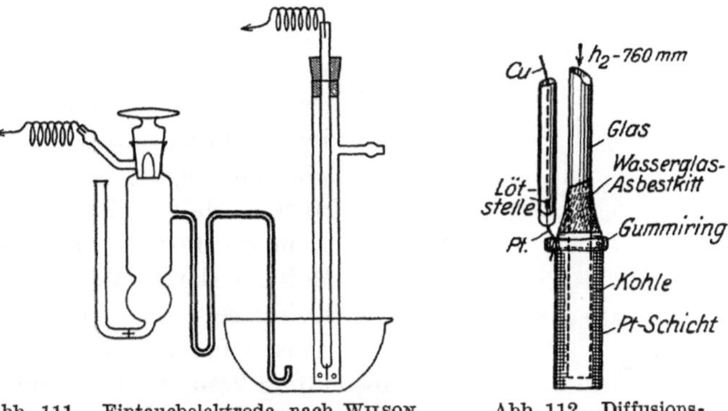

Abb. 111. Eintauchelektrode nach Wilson und Kern. Beachtenswert ist auch die eigenartige Form der ebenfalls in der Glasschale stehenden Kalomelelektrode.

Abb. 112. Diffusionselektrode nach Schmid.

große Anzahl vorrätig halten. Das ist nötig, wenn man Flüssigkeiten zu untersuchen hat, die die Elektrode vergiften[1]). Es genügen zur Ausführung solcher Spezialaufgaben selten nur wenige Elektroden, um die Messungen ohne neues Platinieren zu Ende zu führen. Vielmehr wird es gewöhnlich nötig sein, nach jeder einzelnen Messung die Elektroden auszuwechseln. Solche Lösungen liegen z. B. bei den Gerbereiflüssigkeiten vor, und gerade für sie empfehlen Wilson und Kern ihre Anwendung (Abb. 111).

Bei der *Diffusionselektrode von Schmid* wird das Gas durch einen dünnen Kohlezylinder gedrückt, der außen platiniert ist. Das Gas diffundiert durch die Kohle von innen nach außen und gelangt so zur Platinschicht. Nach Schmid soll es wegen der starken Stromlieferung dieser Elektrode möglich sein, die Potentialdifferenz der Wasserstoffkette direkt mit einem Millivoltmeter zu messen (s. Abb. 112).

---

[1]) Siehe Näheres auf S. 252.

Dieses waren vier *offene* Formen, die in die Untersuchungslösung eintauchen und daher nicht mit ihr gefüllt zu werden brauchen. Alle übrigen Elektrodengefäße sind, wie wir schon hörten, *für bestimmte Flüssigkeitsvolumina* eingerichtet. Wir sahen oben, daß man die geschlossenen Formen der Wasserstoffelektroden nach der *Größe ihres Volumens* einteilen kann, daß aber auch ein anderes Prinzip zur Einteilung benutzt werden kann, nämlich die *Sättigungsart* mit dem Wasserstoffgas.

Vor jeder Messung muß die Untersuchungslösung und die Platinelektrode immer aufs neue mit H_2 gesättigt werden. Wir wiederholen *wegen der großen praktischen Bedeutung* dieser Frage, daß die Sättigung entweder dadurch geschieht, daß der Wasserstoff durch die Lösung hindurchgeschickt wird, das Gas also langsam hindurchperlt, oder dadurch, daß man nur *eine Gasblase* in die Lösung eintreten läßt, und mit dieser einen Gasblase im geschlossenen Elektrodengefäß die Sättigung vollzieht[1]). Die erste Methode heißt, wie wir schon hörten, daher die „Durchströmungsmethode", die zweite die Methode der „stehenden Wasserstoffblase". Für viele Lösungen ist es ganz einerlei, welche von den beiden Elektrodenarten zur Anwendung kommt. Das sind alle die Lösungen, deren H-Ionenzahl *nicht* von dem Gehalt an Kohlensäure oder Bikarbonat abhängt.

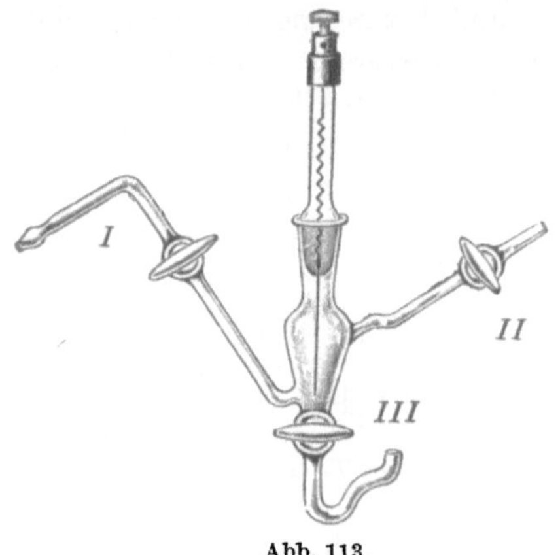

Abb. 113.

Die kohlensäure- bzw. bikarbonathaltigen Flüssigkeiten müssen aber bei der Messung besonders beachtet werden. Sie dürfen niemals mit H_2-Gas durchströmt werden, da das strömende Gas alle Kohlensäure austreiben und jedes Meßresultat verderben würde. Solche Flüssigkeiten, zu denen vor allem Blut gehört, *können nur nach dem Prinzip der „stehenden Wasserstoffelektroden"* gemessen werden.

15. Die Birnenelektrode von L. Michaelis. Die bekannteste *Durchströmungselektrode* ist die Birnenelektrode von L. Michaelis (Abb. 113). Sie hat sich wegen ihrer zweckmäßigen Form und bequemen Handhabung weitgehend eingebürgert.

Das birnförmige Elektrodengefäß trägt in einer Längsebene zwei Seitenarme und senkrecht zu ihr in horizontaler Richtung einen dritten Arm. Von den zwei Seitenarmen mündet der eine *unten* in das birnen-

---

[1]) Die Sättigungsart des Platins bei der Diffusionselektrode stellt eine Besonderheit dar.

förmige Gefäß ein, der andere *oben*. Dadurch ist es möglich, eine Gasblase *unten eintreten* und *oben entweichen* zu lassen. Die Platindrahtelektrode sitzt in einem Glasstopfen, der ebenso wie die drei Glashähne gut eingeschliffen sein muß.

Die Elektrode wird wie üblich in einem Platinierungsgefäß platiniert; dann wird der Glasstopfen mit der platinierten Elektrode fest in den Schliff eingesetzt und mit Hahnfett und Wachs gut gedichtet. Der Stopfen wird, nachdem er einmal eingesetzt worden ist, nicht mehr zum Füllen, Entleeren und Auswaschen des Gefäßes entfernt, sondern nur dann, wenn die Elektrode neu platiniert werden soll. *Das Füllen* geschieht auf folgende Weise: Man schließt den Hahn von *I*, öffnet den von *II* und *III*, taucht *III* in die Untersuchungslösung ein und saugt an *II* unter Benutzung eines Gummischlauches so lange, bis die Flüssigkeit den Elektrodenraum zur Hälfte füllt. Dann läßt man sie wieder ausfließen, wiederholt das Ansaugen und schließt den Hahn von *III*, wenn die Flüssigkeit bis zur Mitte der Birne reicht. Etwas mehr oder weniger Flüssigkeit ist belanglos. Nun läßt man bei *I* Wasserstoffgas eintreten, das bei *II* entweicht. Das Durchleiten von Wasserstoff muß sehr vorsichtig geschehen, da sonst die Flüssigkeit bei *II* herausspritzt. Ist die Untersuchungslösung eiweißhaltig, so tritt ein lästiges Schäumen auf. In diesem Falle muß man langsam Blase für Blase durchtreten lassen. Die Anzahl der durchtretenden Wasserstoffblasen läßt sich durch Drehen des Hahnes von *II* regulieren. Manchmal ist es selbst bei großer Vorsicht nicht zu vermeiden, daß ein Teil der Flüssigkeit verloren geht; die Messung kann aber auch dann noch gut ausgeführt werden, wenn die Birne nach dem Einleiten von Wasserstoffgas nur noch zu einem Viertel oder noch etwas weniger gefüllt ist. Bei nichtschäumenden Flüssigkeiten läßt man den Wasserstoff schneller durchströmen (ca. 2—3 Blasen in der Sekunde).

Nach einiger Zeit (ca. 5 Minuten) unterbricht man den Wasserstoffstrom, was stets durch *Schließen des Hahnes von II* zu erfolgen hat. Würde man nämlich zuerst den Hahn von *I* schließen oder den Quetschhahn an der letzten Waschflasche des Kippschen Apparates, so würde durch den offenen Hahn von *II* etwas Luft in das Elektrodengefäß eindringen können. Das soll aber auf jeden Fall vermieden werden. Hat man den Hahn von *II* geschlossen, so schließt man auch den Hahn von *I* und den Quetschhahn des Zuleitungsschlauches vom Kippschen Apparat. Man achte, um es nochmals zu sagen, bei der Benutzung des Kippschen Apparates darauf, den *äußersten* Hahn stets zuerst zu schließen, damit auch in das System der Waschflaschen keine Luft eintreten kann.

Die Elektrode kann nach dieser Vorbereitung schon zur Messung benutzt werden, jedoch ist es vorteilhafter, sie noch 30—50 mal in einem Drehgestell (Abb. 114) mit der Hand oder mittels eines Elektromotors um sich selbst zu drehen. Ist das geschehen und dadurch die letzte Spur O_2 reduziert, so wird der Hahn von *III* geöffnet und über *III* eine Flüssigkeitsverbindung zu der Elektrodenflüssigkeit der Bezugselektrode, z. B. der gesättigten Kalomelelektrode, hergestellt. Das geschieht am zweckmäßigsten durch die MICHAELISchen Agarheber oder aber durch irgendeinen anderen elektrolytischen Stromschlüssel[1]). Will man ein etwaiges Diffusionspotential ganz sicher vermeiden, so bringe man nach dem Vorschlag von L. MICHAELIS[2]) in das Ende von *III* einige Kristalle von Kaliumchlorid.

Nach der elektrischen Messung der Potentialdifferenz zwischen der Wasserstoff- und der Kalomelelektrode wird der Hahn von *III* wieder geschlossen, das Einleiten von H_2 durch die Hähne *I* und *II* wiederholt und nach einiger Zeit eine zweite elektrische Messung ausgeführt. Stimmen die beiden Werte für die Potentialdifferenz der Elektrodenkette überein, so ist die Messung beendet. Dann wird die Elektrode ausgeleert, durch Ansaugen bei *II* mit dest. Wasser gespült und schließlich

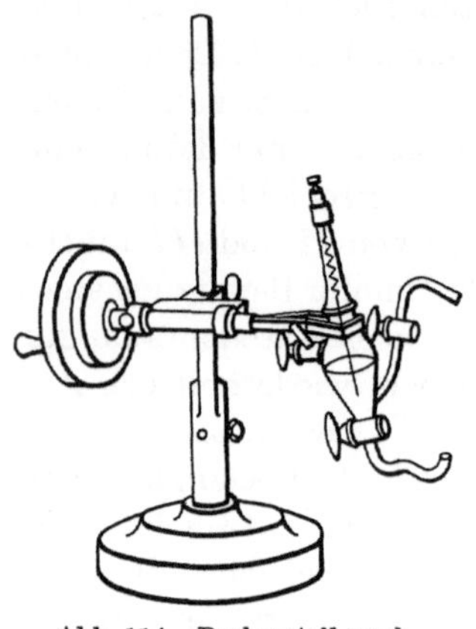

Abb. 114. Drehgestell nach L. MICHAELIS.

mit dest. Wasser ganz gefüllt. Die Elektrode soll bei Nichtbenutzung niemals leer stehen, sondern stets mit dest. Wasser angefüllt sein[3]).

16. Messung von CO_2-haltigen Flüssigkeiten mit der Durchströmungsmethode. Zur Messung von kohlensäurehaltigen Flüssigkeiten läßt sich, wie schon wiederholt erwähnt, die Birnenelektrode nicht verwenden, solange man mit reinem Wasserstoffgas durchströmt. Kennt man aber den CO_2-Partialdruck der Untersuchungslösung, so besteht doch die Möglichkeit, auch bei CO_2-haltigen Lösungen mit der Durchströmungsmethode fehlerfrei zu arbeiten. Es ist dann nötig, ein Wasserstoff-Kohlensäuregemisch zur Verfügung zu haben, in dem die CO_2 denselben Partialdruck wie in der Untersuchungslösung hat. Schickt man nun ein derartiges Gasgemisch durch die in die Elektrode eingefüllte Untersuchungslösung, so wird der CO_2-Gehalt der Untersuchungsflüssigkeit und mit ihm auch die H-Ionenzahl dieser Lösung nicht geändert. Die gemessene Potentialdifferenz unterscheidet sich etwas von dem Potential, das sich in reiner Wasserstoffatmosphäre einstellt und aus dem

---

[1]) Siehe S. 175.

[2]) MICHAELIS u. FUJITA: Biochem. Zeitschr. Bd. 142, S. 398. 1923.

[3]) L. MICHAELIS, Praktikum usw. S. 168. Nach SCHMID l. c. verliert der Platinschwamm, der völlig mit Flüssigkeit durchtränkt ist, sehr weitgehend seine katalytische Wirksamkeit. Es wäre daher wohl am vorteilhaftesten, die Metallelektroden in trockener Wasserstoffatmosphäre aufzubewahren.

man die Wasserstoffzahl der Untersuchungslösung berechnet. Da aber die Umrechnung eines Potentials einer H_2-CO_2-Atmosphäre auf ein solches einer reinen H_2-Atmosphäre sehr leicht ist, so bestehen hier keine Schwierigkeiten.

Die Messung der [H'] von Blut soll nicht selten zur Erlangung von bestimmten physiologisch wichtigen Daten bei derselben CO_2-Spannung geschehen, die in dem Organismus bei der Blutentnahme geherrscht hat. Um eine solche Messung ausführen zu können, muß man sich dann ein derartiges H_2-CO_2-Gemisch irgendwie herstellen. Wie das geschieht, werden wir weiter unten sehen (s. S. 259).

17. Messung von CO_2-haltigen Flüssigkeiten mit stehender Wasserstoffblase. Einige einfache Anordnungen zur Messung CO_2-haltiger Flüssigkeiten sollen jetzt beschrieben werden. Sie benutzen sämtlich das Prinzip der „stehenden Wasserstoffblase". Die U-Elektrode von L. Michaelis wird bei dieser Messungsart besonders gern angewandt.

18. Die U-Elektrode von L. Michaelis. Abb. 115 läßt alle Einzelheiten erkennen. Der Stopfen, der die Platinelektrode E trägt, wird nach dem Platinieren fest eingesetzt, mit etwas Hahnfett oder Wachs gedichtet und dann, wie bei der Birnenelektrode angegeben, nicht mehr entfernt, es sei denn, daß die Elektrode neu platiniert werden soll. Füllen, Entleeren, Spülen des Gefäßes geschieht stets von der anderen Seite her. Die zu untersuchende Lösung wird so in die Elektrode gegossen, daß der kurze Schenkel *luftblasenfrei* angefüllt ist und die Flüssigkeit auch noch in dem langen Schenkel zu ungefähr einem Drittel steht. Nun besteht die Aufgabe, eine Wasserstoffblase an den Platindraht zu bringen, die weder zu groß noch zu klein ist. Zu diesem Zwecke setzt man zunächst ein Glasrohr, das zu einer kurzen Kapillare ausgezogen ist, an den Gummischlauch

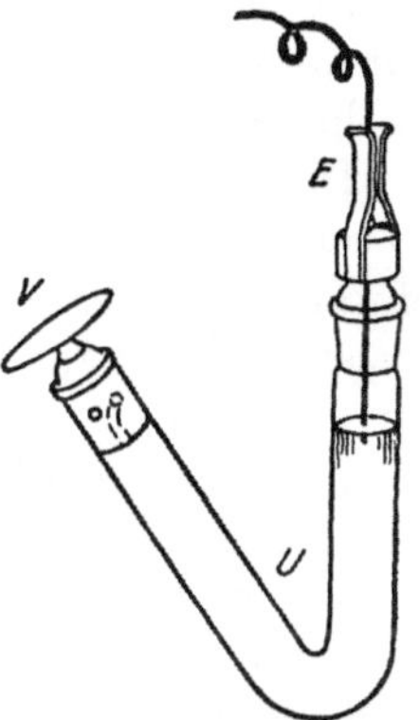

Abb. 115.   U-Elektrode
nach L. Michaelis.

des Kippschen Apparates an. Man öffnet den Quetschhahn und läßt H_2-Gas durch die Kapillare ausströmen. Nun hält man die Kapillare in den langen Schenkel, ohne sie in die Flüssigkeit einzutauchen, und vertreibt so zunächst alle Luft aus diesem Schenkel. Dann hält man mit zwei Fingern den Gummischlauch am Ende des Glasrohres fest, drückt ihn soweit zu, daß der H_2-Strom abgesperrt wird, und taucht die Kapillare bis zum Gefäßwinkel in die Flüssigkeit des langen Schenkels ein. Gibt man nun vorsichtig mit den Fingern am Gummischlauch nach, so treten bei richtigem Halten des Gefäßes ganz kleine H_2-Blasen in dem kurzen Schenkel empor und drücken die Flüssigkeit von dem Stopfen fort. Es soll soviel Gas eingelassen werden, daß der Platindraht nur noch auf 1 bis

2 mm in die Flüssigkeit eintaucht. Ist die Blase zu groß geworden, so läßt man sie durch leichtes Neigen des Gefäßes wieder heraus und beginnt von neuem. Hat die H_2-Blase die richtige Größe, so füllt man den langen Schenkel mit der Untersuchungsflüssigkeit ganz voll und setzt den Stopfen V schnell und fest auf. Damit beim Aufsetzen des Stopfens keine Luftblase in die Untersuchungslösung kommt, trägt der Stopfen eine *Bohrung* und die Gefäßwand ein *Loch* (R). Man achte nun bei dem Einsetzen des Stopfens darauf, daß Bohrung und Loch sich gegenüberstehen. Die überschüssige Flüssigkeit läuft dann beim Eindrücken des Stopfens durch das Loch der Seitenwand ab. Nach dem Einsetzen drehe man den Stopfen sofort unter leichtem Druck um 180° herum, um dadurch das Loch der Wand fest abzuschließen.

Die Wasserstoffblase muß jetzt 30—50 mal durch die Flüssigkeit hin und her bewegt werden. Das geschieht am besten in dem oben abgebildeten Drehstativ (s. Abb. 114), kann aber auch mit der Hand ausgeführt werden. Schließlich wird die Blase wieder an den Platindraht gebracht und der Stopfen am langen Schenkel vorsichtig geöffnet. Jetzt kann das Potential gemessen werden. Die Flüssigkeitsverbindung zur Bezugselektrode geschieht wie üblich durch Agarheber, Wollfäden oder ähnliche elektrolytische Stromschlüssel.

Die Einstellung der endgültigen Potentialdifferenz vollzieht sich um so schneller, je weniger tief der Platindraht in die Untersuchungslösung eintaucht[1]). Manchmal ist das Potential schon nach 5 Minuten konstant, meistens erst nach 15 und 30 Minuten. Ganz selten braucht man noch längere Zeit.

Will man jeden CO_2-Verlust vermeiden und die Untersuchungsflüssigkeit gar nicht der Luft aussetzen, wie z. B. bei der Messung von Blut, so muß man etwas anders vorgehen. Man füllt den kurzen Schenkel nicht mit der Untersuchungslösung, sondern mit physiologischer Kochsalzlösung luftblasenfrei an und läßt diese Lösung ebenfalls wieder etwas in den langen Schenkel hereinreichen. Nun bringt man in den kurzen Schenkel der Elektrode, wie oben beschrieben, eine Wasserstoffblase. Steht die Wasserstoffblase richtig, so füllt man die mit einer Spritze entnommene Untersuchungslösung aus der Spritze direkt in das Elektrodengefäß ein, indem man mit der Nadel unter die Oberfläche der Kochsalzlösung geht und dann erst die Spritze langsam entleert. Geschieht das vorsichtig, so bleibt in der Elektrode *über* der Untersuchungsflüssigkeit immer noch eine Schicht Kochsalzlösung. Reicht nach der Entleerung der Spritze die Lösung bis an den Rand des großen Schenkels, so wird wieder rasch der Stopfen aufgesetzt und dann wie vorher die Wasserstoffblase 30—50 mal durchgeschickt. Reichte die

---

[1]) Vielleicht hängt die Einstellgeschwindigkeit mehr von der Länge des nicht eintauchenden Drahtstückes ab (s. S. 185).

Flüssigkeitsmenge der Spritze nicht aus, so füllt man den langen Schenkel schnell mit der Kochsalzlösung auf.

Die Untersuchungsflüssigkeit wird bei dieser Methode allerdings ca. 3—4fach verdünnt. Da aber eine gut gepufferte Lösung ohne Veränderung der Wasserstoffzahl verdünnt werden kann, hat das nichts zu bedeuten. Will man Blut messen, so setzt man zu der Kochsalzlösung noch etwas Hirudin oder Natriumoxalat hinzu, um die Gerinnung zu verhindern.

19. Die Elektroden von Bailey und von Schmitt. Eine sehr ähnliche Form hat die Elektrode von Bailey. Sie kann bei einiger Fertigkeit im Glasblasen selbst hergestellt werden[1]). Bailey legt auf zwei Punkte Wert. Erstens soll zur Verbesserung der Leitung die Metallelektrode nicht allzuweit von dem KCl-Verbindungsstück entfernt sein, zweitens soll die Metallelektrode vollständig in die Untersuchungslösung eintauchen (Abb. 116). Eine kleine Kugel wird an das geschlossene Ende einer 7-mm-Röhre geblasen, die in dem abgebildeten Winkel gebogen ist. In das offene Ende der Röhre kommt ein Glasstopfen, der mit Hilfe von Karborundumpuder, Terpentinöl und Kampfer eingeschliffen wird. Als Metallelektrode wird eine dünne Goldscheibe verwandt, an die mit Gold ein dünner Platindraht angeschmolzen ist.

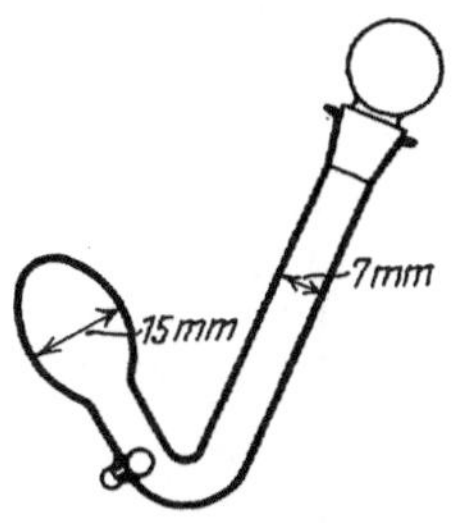

Abb. 116. Elektrode von
BAILEY.

Die Elektrode wird folgendermaßen benutzt: Der offene Arm wird mit der Untersuchungslösung gefüllt und diese dann durch Neigen der Elektrode in die Kugel überführt. Die Luft wird somit restlos aus der Kugel entfernt. Die Flüssigkeit soll etwa 1 ccm über die Biegung in den offenen Schenkel hineinreichen. Nun wird H_2 mittels einer schmalen Glasröhre langsam in die Kugel eingelassen. Dabei steigt die Flüssigkeit in dem offenen Arm auf. Der geschlossene Arm wird vollständig mit H_2 gefüllt und die Flüssigkeit im offenen Arm, wenn nötig, so weit ergänzt, daß beim Aufsetzen des Stopfens keinerlei Luft mehr im offenen Arm bleibt. Jetzt wird 2 Minuten stark geschüttelt und am Schluß durch Schleudern der Elektrode dafür gesorgt, daß das platinierte Gold gerade von Flüssigkeit vollständig bedeckt ist. Wird nun der Stopfen herausgenommen, so läßt sich die Flüssigkeitsmenge des offenen Armes noch wesentlich durch Abgießen usw. verringern, ohne daß der Wasserstoff entweicht. Im Anschluß daran findet die Messung auf die übliche Weise statt.

Elektrode von Schmitt. Bei einer dritten Anordnung wird wieder an Stelle einer Metallscheibe ein Draht verwandt, der nach dem Prinzip

---

[1]) Bailey: Journ. of the Americ. chem. soc. Bd. 42. 1920.

von L. MICHAELIS und RONA nur sehr gering in die Untersuchungslösung eingetaucht. Die Elektrode (Abb. 117) ist von SCHMITT angegeben worden[1]). Ihre Länge ist ca. 5 ccm, ihr innerer Durchmesser 9 mm, ihr Inhalt ca. 2,5—3,5 ccm. Die Beschickung geschieht nach Abheben des Stopfens von oben bei geschlossenem unteren Hahn, während zu gleicher Zeit H_2-Gas durch den Seitenarm einströmt. Erreicht die Flüssigkeit das seitliche Ansatzstück, so wird der H_2-Strom abgesperrt. Hat die Flüssigkeit das obere Ende der Glaselektrode erreicht, so wird der Stopfen luftblasenfrei aufgesetzt. Wird jetzt zuerst der obere Hahn

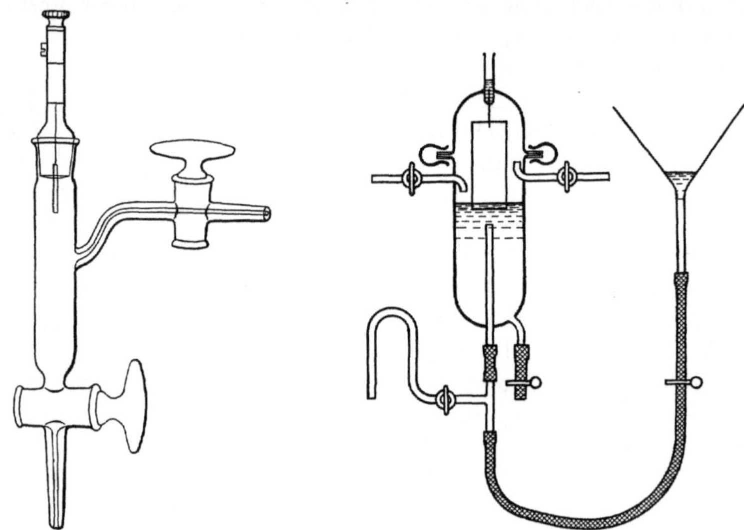

Abb. 117. Elektrode von SCHMITT.   Abb. 118. Elektrode nach HASSELBALCH.

und dann vorsichtig auch der untere Hahn geöffnet, so steigen kleine H_2-Blasen zur Platinelektrode empor. Der H_2-Strom wird durch Schließen des oberen Hahnes unterbrochen, wenn die Metallelektrode gerade noch in die Flüssigkeit eintaucht. Nachdem die Elektrode mit geschlossenen Hähnen gut geschüttelt wurde, wird bei offenem unteren Hahn die Messung ausgeführt. Diese Elektrode eignet sich sehr gut zur Messung von nativem Liquor und anderen kohlensäurehaltigen Flüssigkeiten.

Alle drei Elektroden, die soeben beschrieben wurden, arbeiten mit dem Prinzip der stehenden Wasserstoffblase. Dieses Prinzip geht auf HASSELBALCH zurück, der als erster genaue Bestimmungen der Wasserstoffzahl in CO_2-haltigen Flüssigkeiten ausgeführt hat. HASSELBALCH arbeitete zuerst mit der nebenstehend abgebildeten Form (Abb. 118).

20. Die HASSELBALCHelektroden. Die vollständig platinierte Platinelektrode taucht nur ganz wenig in die Untersuchungslösung ein. Ist

---

[1]) SCHMITT, W.: Biochem. Zeitschr. Bd. 170.

die leere Elektrode durch längeres Durchleiten von H_2 ganz mit dem
Gas gefüllt, so wird die Untersuchungslösung hereingebracht. Bei dem
anschließenden Schütteln geht etwas CO_2 aus der Lösung in den Gasraum, wodurch sich die [H'] der Lösung etwas vermindert. Ersetzt
man nun die erste Portion der Untersuchungslösung durch eine zweite,
indem man die erste durch eine Öffnung abfließen und die zweite durch
den Trichter zufließen läßt, so findet diese zweite Portion schon eine
Mischung von H_2 und CO_2 vor.
Wird nun wieder stark geschüttelt, so gleicht sich der CO_2-
Gehalt des Gasraumes noch mehr
dem der Lösung an, und bei
der dritten Portion wird schon
völlige Übereinstimmung bestehen. Diese Methode ist mit
geringen Modifikationen ebenfalls für die Messung von Blut
im Gebrauch. Es wird so auf
einfachste Weise ein Kohlen-
säurepartialdruck hergestellt,
der dem der Untersuchungslösung genau entspricht. Dadurch
wird vermieden, daß aus der
Lösung CO_2 in den Gasraum
abgegeben wird und sich die

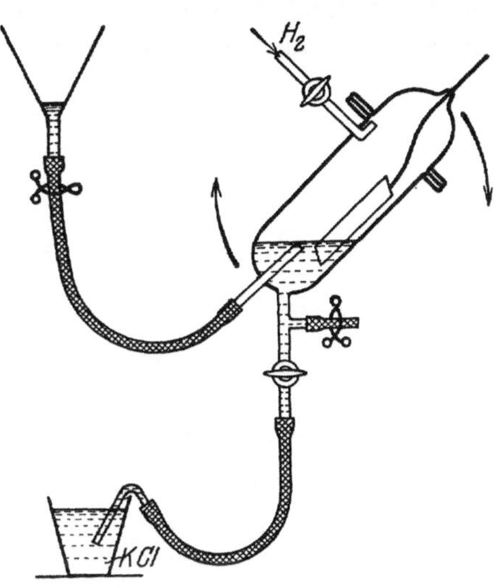

Abb. 119. Schüttelelektrode nach Hasselbalch.

H-Ionenzahl ändert. Während Hasselbalch bei der alten Form das
Schütteln zur Messung unterbrechen mußte, hat er das bei der neuen
Form nicht mehr nötig. Er ließ die Elektrode durch einen Motor in
regelmäßige Schaukelbewegungen bringen und las während des Schau-
kelns das Potential ab. Diese zweite Form unterscheidet sich, wie
die Abb. 119 zeigt, nur unwesentlich von der ersten. Sie eignet sich
besonders für *sehr pufferarme* Lösungen.

21. Die Clarksche Schüttelelektrode. Eine Weiterführung des
Hasselbalchschen Modells ist die Clarksche Schüttelelektrode, die
vor allem in den Vereinigten Staaten sehr viel im Gebrauch ist. Wer mit
einer Schüttelelektrode arbeiten will, wird sich der Clarkschen Elektrode mit Vorteil bedienen. Clark hat die Elektrode in seiner Monographie ausführlich beschrieben und in allen Einzelheiten abgebildet.
Die Elektrode ist auf einer Leiste montiert, die durch elektrischen
Antrieb eines Exzenters auf und ab bewegt werden kann. Zwischen
H und I ist ein Gummistück, das die Verbindung zwischen der Elektrodenflüssigkeit und der gesättigten Kalomelelektrode M herstellt. Es
ist mit gesättigter Kaliumchloridlösung gefüllt. Zur Eichung und Kon-

trolle der gesättigten Kalomelelektroden dient eine Serie von $n/_{10}$-Kalomel-elektroden P, die über Kaliumchloridbrücken mit der Elektrode M in Verbindung stehen. Die Anordnung ist durch zwischengeschaltete Hähne und Spülvorrichtungen so getroffen, daß eine Diffusion von KCl in die $n/_{10}$-Kalomelelektroden praktisch nicht in Frage kommt (s. die KOEHLERsche $n/_{10}$-Kalomelelektrode auf S. 173).

Das Elektrodengefäß wird zunächst mit Wasser gefüllt, das dann von A aus durch Wasserstoffgas ersetzt wird. Von D wird dann die Untersuchungsflüssigkeit in die Elektrode E eingefüllt. Gewöhnlich

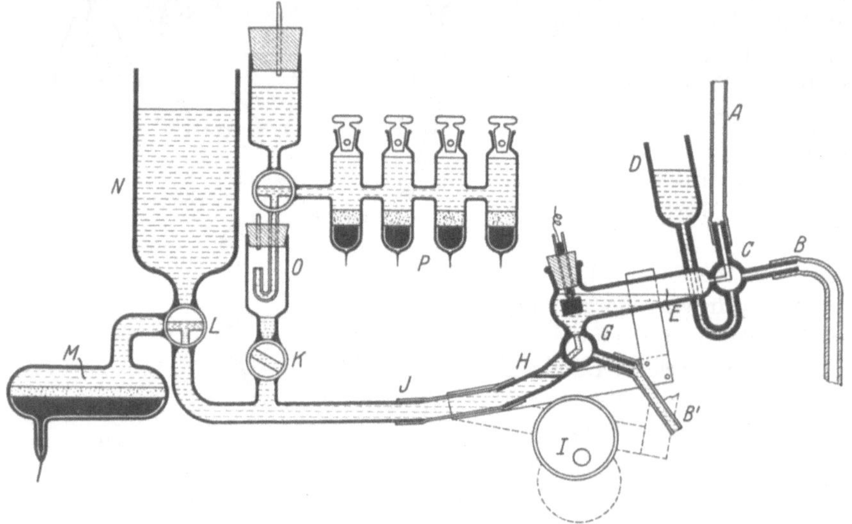

Abb. 120. Die CLARKsche Schüttelelektrode auf dem Schüttelapparat montiert.

werden zwei Elektroden und ein Elektromotor auf einem gemeinsamen Gestell montiert (Abb. 120 und 121).

Eine unwesentliche Modifikation der CLARKschen Elektrode ist von CULLEN angegeben worden, und zwar ist in den Stopfen F ein Thermometer eingelassen worden, so daß die im Innern der Elektrode herrschende Temperatur abgelesen werden kann. SIMMS hat eine der CLARKschen Elektrode sehr ähnliche Form mit einem Wassermantel umgeben, um bei konstanter und stets kontrollierter Temperatur messen zu können. Auch die Kalomelelektrode trägt einen Wassermantel. Die Elektrode von SIMMS hat nur einen kleinen Innenraum, so daß schon 2 ccm Flüssigkeit zur Messung genügen.

Drei weitere Elektroden mit der stehenden Wasserstoffblase haben ebenfalls ein kleines Gefäßvolumen und sind daher für die Messungen von Blut sehr geeignet.

Hasselbalch hat eine Elektrode für kleinere Flüssigkeitsmengen angegeben, die sich im Prinzip nicht von der großen Elektrode unterscheidet (Abb. 122). Größeres Interesse verdient die eigenartige Elektrode von Mc. Clendon.

22. Die Blutelektrode von Mc. Clendon. Mit *einer* Portion des zur Untersuchung kommenden Blutes wird ein CO_2-haltiger Gasraum hergestellt, der dann als H_2—CO_2-Gemisch für eine *zweite* Portion verwandt wird. Während bei der Hasselbalchschen Anordnung das Blut nach Herstellung des Gasraumes erneuert wird, bringt Mc. Clendon[1]) das vorbereitete Gasgemisch zu einer zweiten nebenan befindlichen Blutmenge. Das Elektrodengefäß

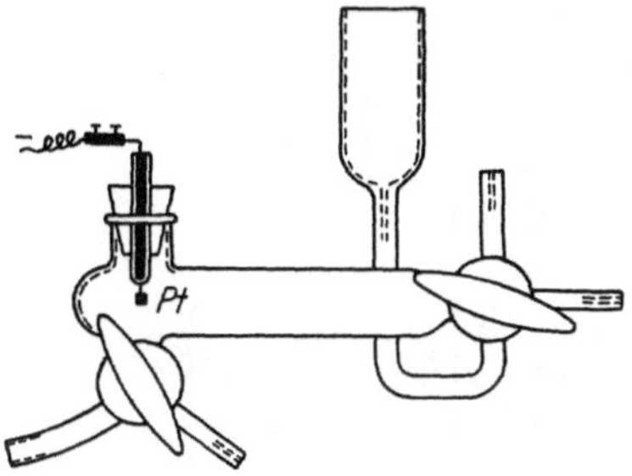

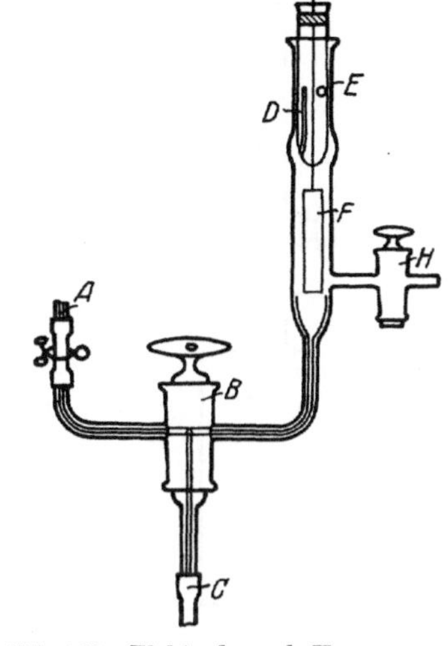

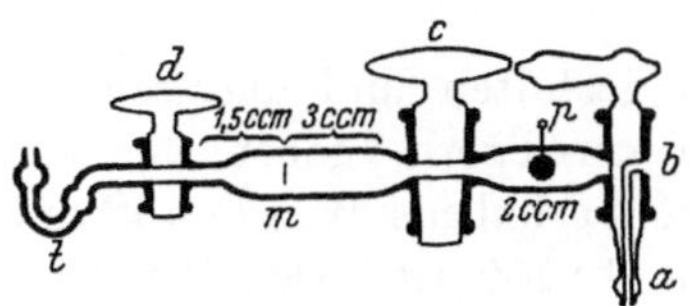

Abb. 121. Die Clarksche Schüttelelektrode.

Abb. 122. Elektrode nach Hasselbalch für kleine Flüssigkeitsmengen.

(Abb. 123) hat also zwei Innenräume, von denen der kleinere die Metallelektrode enthält. Wasserstoffgas wird mit Blut in dem breiten Raum geschüttelt und dann durch den mittleren Hahn in den schmalen Raum, der eine zweite Portion desselben Bluts enthält, übertragen.

Vor der Benutzung wird die Elektrode ganz mit dest. Wasser gefüllt, das dann durch Wasserstoff verdrängt wird.

Bei a wird die Untersuchungslösung eingefüllt; die oberflächliche (vielleicht CO_2-ärmere) Flüssigkeitsschicht fließt bei b ab. Dann wird der Hahn so gedreht, daß die Flüssigkeit in die Elektrode eindringt. Ist sie bis m gekommen, so sind 5 ccm Flüssigkeit in der Elektrode und 1,5 ccm Gas im großen Elektrodenraum. Nachdem die Elektrode 200 mal geschüttelt wurde, wird die H_2-Blase in

Abb. 123. Blutelektrode nach Mc. Clendon.

---

[1]) Clendon, Mc. u. Magoon: Journ. of biol. chem. Bd. 25, S. 669. 1916.

den kleinen Raum gebracht, der Hahn c wieder verschlossen und die Elektrode wieder 200 mal geschüttelt. Dann wird der ungefettete Hahn b in eine KCl-Lösung eingetaucht, die zur Kalomelelektrode führt und schließlich das Potential abgelesen.

Bei der Anfertigung der Elektrode ist darauf zu achten, daß die Bohrung des Hahnes c mindestens 3 mm weit ist.

23. Die Elektrode von ETIENNE, VERAIN und BOURGEAUD[1]) (Abb. 124). Um das Wasserstoffvolumen gegenüber dem Serumvolumen sehr klein

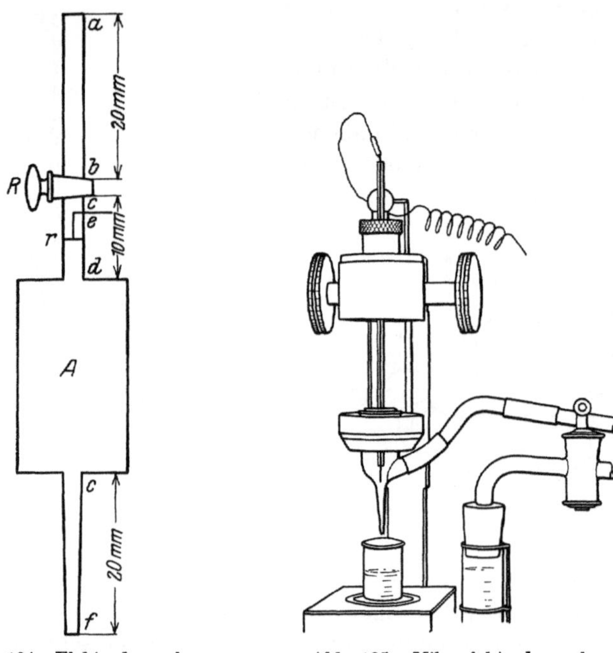

Abb. 124. Elektrode nach
ETIENNE, VERAIN und
BOURGEAUD.

Abb. 125. Mikroelektrode nach
BODINE und FINK.

zu gestalten und dadurch den CO_2-Verlust der Untersuchungslösung zu verringern, geben die Verfasser eine Elektrodenform an, bei der das Verhältnis Wasserstoffvolumen : Serumvolumen wie 0,05 : 7,5, also wie 1 : 150 ist. Das Plasma (unter flüssigem Paraffin) wird bis zum Punkte a aufgesaugt; dann wird an a ein Wasserstoffentwickler angeschlossen, wodurch das Plasma wieder bis zum Strich r zurückgedrückt wird. Dann wird der Hahn R geschlossen. Die Öffnung f wird mit einem Finger verschlossen und das ganze Gefäß hin und her bewegt. Zur Messung wird die Elektrode in eins der üblichen Ver-

---

[1]) ETIENNE, VERAIN u. BOURGEAUD, Cpt. rend. des séances de la soc. de biol. Bd. 93. 1925.

bindungsgefäße getaucht. Der Platindraht soll bei r nur 1 mm eintauchen.

Die Elektroden, die wir bisher kennengelernt haben, sind für Flüssigkeitsmengen zwischen 2 und 20 ccm eingerichtet. Biologische Untersuchungen erfordern aber nicht selten Messungen an viel kleineren Portionen. Zu diesen Aufgaben sind sehr kleine Elektroden konstruiert worden, sog. *Mikroelektroden*, von denen wir jetzt hier drei beschreiben wollen.

Die Elektrode von Bodine und Fink[1]) wird besonders zum Messen von Insektenblut empfohlen. Die für eine Bestimmung erforderliche Flüssigkeitsmenge beträgt nur ca. 0,015—0,02 ccm (Abb. 125). Das Elektrodengefäß besteht aus einer ca. 4 ccm langen Glasröhre mit 12 mm innerem und 14 mm äußerem Durchmesser. Das eine Ende der Röhre ist zu einer 1,5 cm langen Kapillare ausgezogen, die für die Untersuchungslösung bestimmt ist. Ein Gummistopfen schließt das Gefäß nach oben ab. Dieser Stopfen ist von einer 1 ccm langen Platindrahtelektrode, die in einer ungefähr 2 cm langen Kapillarröhre befestigt ist, und von einer dünnen Röhre durchsetzt, die zum Entweichen des eingeleiteten Wasserstoffs dient. Die Röhre mit der Platinelektrode ist im Zentrum eines kleinen Messinghalses mit Zement befestigt; der Messinghals wird in dem Schraubengewinde eines Tubus von einem Mikroskop gehalten. An dem Mikroskop wird auch das ganze Elektrodengefäß befestigt, indem zweckmäßig zwei Drittel der Messingröhre abgesägt werden und dann das Gefäß mittels eines Gummistopfens in das übrigbleibende Stück eingesetzt wird. Durch das grobe und feine Getriebe des Mikroskops läßt sich das Elektrodengefäß bequem aufheben und niedersenken. Eine ausgewalzte Messingspitze, die am Ende des Mikroskoptubus befestigt ist, trägt das Schraubengewinde der Kapillarröhre, die die Elektrode enthält. Der Kontakt mit der Elektrode wird durch Quecksilber hergestellt. Das Gefäß und die Elektrode sind so eingerichtet, daß die Platinspitze genau zentriert ist und schnell in die Spitze der Kapillarröhre des Gefäßes gehoben oder gesenkt werden kann. Im Mikroskopgestell ist die Elektrolytbrücke, eine mit KCl gefüllte U-Röhre. An der Seite des Gefäßes ist ein 1 cm langer Arm angeschmolzen für das Einlassen des Wasserstoffs. Wenn der Apparat vollkommen mit reinem Wasserstoff gefüllt ist, wird das Tier, dem die Flüssigkeit entnommen werden soll, inzidiert, die Inzision wird mit der Spitze der Kapillarröhre des Gefäßes in Berührung gebracht oder die Spitze wird durch die Inzision in den Körper des Tieres eingeführt; dann wird durch die Kapillarität das Blut rasch in die Röhre hochgezogen. Der Wasserstoffstrom wird in dem Moment· abgesperrt, wo die Kapillarröhre mit der

---

[1]) Bodine u. Fink: Journ. of gen. physiol. Bd. 7. 1925.

Flüssigkeit des Tieres in Kontakt kommt. Wenn die Flüssigkeit in der Kapillarröhre des Gefäßes ist, wird die Elektrode schnell mittels der Schraubvorrichtung so eingestellt, daß sie zuerst in die Flüssigkeit eintaucht und dann so, daß ihre Spitze gerade die Oberfläche der Flüssigkeit berührt. Nun wird die Kapillarröhre mit der Elektrolytbrücke in Verbindung gebracht und sofort die Messung angeschlossen. Die Platinelektrode wird wie üblich platiniert, bekannte Pufferlösungen zur Kontrolle gemessen und erst nach Erzielung guter Resultate die Untersuchungslösung eingeführt.

Eine zweite bewährte Form ist die Elektrode von LEHMANN, die man leicht selbst herstellen kann. Sie verlangt einen Tropfen der Untersuchungsflüssigkeit (Abb. 126).

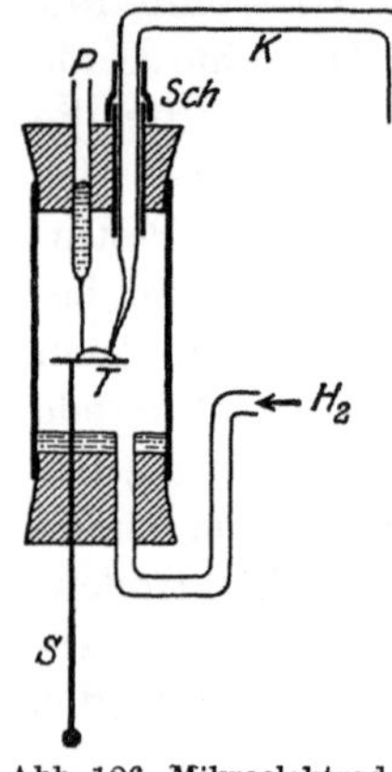

Abb. 126. Mikroelektrode nach LEHMANN.

LEHMANN beschreibt die Mikroelektrode folgendermaßen: Ein Glasrohr von etwa 3 cm Länge und 1,3 cm lichtem Durchmesser ist an beiden Enden durch einen Gummistopfen verschlossen. Der untere Stopfen ist zweimal durchbohrt. Die eine Durchbohrung enthält den verschiebbaren Glasstab (S), auf den ein kleines rundes Deckgläschen aufgekittet ist. Auf dieses Tischchen (T) wird ein Tropfen der zu untersuchenden Lösung gebracht. Die zweite Durchbohrung dient zur Aufnahme eines Glasröhrchens, welches Wasserstoff zuführt. Um Verdunstungen des Tropfens auszuschließen, bringt man auf den Grund der Elektrode etwas Wasser. Der obere Stopfen ist dreimal durchbohrt. Eine Durchbohrung enthält ein Glasröhrchen (P) mit einem in das Ende eingeschmolzenen platinierten Platindraht mit Hg-Kontakt. Die zweite Durchbohrung enthält ein Glasröhrchen, welches einem KCl-Agarheber (K) als Führung dient. Die dritte Durchbohrung dient zur Ableitung des H_2, der unter Wasser ausströmt.

Zur Beschickung mit einem Tropfen wird das Tischchen nach Entfernung des Stopfens angehoben, dann wieder heruntergezogen und Platinelektrode und KCl-Heber eingetaucht. Wasserstoff oder Wasserstoff-Kohlensäure werden wie üblich durchgeleitet; im Anschluß an die Sättigung wird gemessen.

Als dritte Mikroelektrode ist die Elektrode von WINTERSTEIN[1]) zu nennen (Abb. 127a). WINTERSTEIN beschreibt die Bedienung seiner Elektrode folgendermaßen:

Das Zuleitungsrohr Z wird in ein Gefäß mit konzentrierter KCl-Lösung getaucht, die mit der gesättigten Kalomelelektrode kommuni-

---

[1]) WINTERSTEIN, H.: Pflügers Archiv Bd. 216, S. 267. 1927. Die Elektrode ist zu beziehen durch W. KUHNER, Rostock, Lange Straße 53.

ziert. Der Hahn *H*, der eine rechtwinklige Bohrung besitzt, wird so gestellt, daß das Rohr *Z* mit dem Rohr *W* kommuniziert, an welchem ein Schlauch befestigt wird. Durch diesen wird KCl-Lösung aufgesaugt und der Hahn wird mehrmals herumgedreht, so daß der (nicht gefettete) Schliff in der Mitte gut befeuchtet wird und so einen kapillaren Flüssigkeitskontakt mit der über ihm befindlichen, zur Aufnahme der Untersuchungsflüssigkeit *F* dienenden Höhlung herstellt. Dann wird der Hahn in eine Stellung gebracht, in der das Rohr *W* mit dieser Höhlung kommuniziert. *W* wird mit dem Wasserstoffapparat verbunden. Solange die Pipette *P*, die zur Einfüllung der Untersuchungsflüssigkeit dient, noch nicht in den zugehörigen Schliff *S* eingeführt ist, entweicht der Wasserstoff durch diesen. Der von dem polarisierten Platindraht *D* durchbohrte eingeschliffene Glasstopfen, der oben mit dem Zuleitungsdraht verbunden und sorgfältig mit Vaselin eingefettet ist, wird so gedreht, daß die feine, in ihn eingeschliffene Rille *R* den Flüssigkeitsraum mit dem Ableitungsrohr *A* verbindet, dessen unteres Ende in ein mit Wasser gefülltes Sperrgefäß eintaucht. Nun wird die Pipette *P* mit der zu untersuchenden Lösung gefüllt und (nach Einfetten mit Vaseline) in den Schliff *S* eingeführt. Der Wasserstoff, dem jetzt dieser Weg versperrt ist, entweicht nunmehr durch die Rille *R* und das Ableitungsrohr *A*.

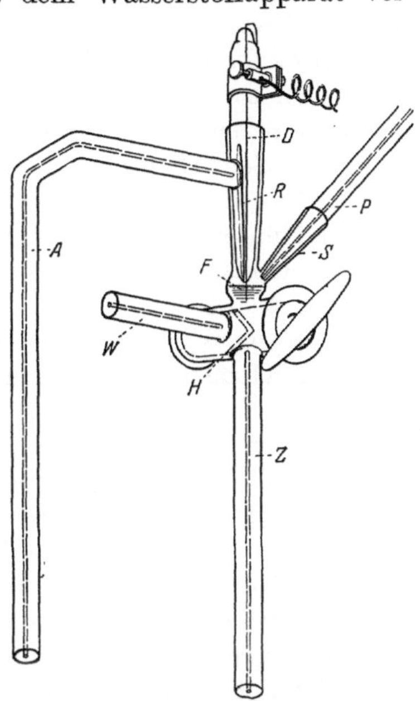

Abb. 127. Mikroelektrode nach Winterstein.

Jetzt wird dem Hahn die in der Abbildung gezeichnete Stellung gegeben, bei der die Wasserstoffzufuhr abgesperrt und der über dem Hahn befindliche Raum nach unten abgeschlossen ist. Hierauf läßt man die zu untersuchende Flüssigkeit aus der Pipette so weit einlaufen, daß ein großer Teil des Gasraumes von ihr erfüllt wird, aber noch genügend in der Pipette zurückbleibt, um einen Abschluß gegen die Außenluft zu sichern. Der von der Flüssigkeit verdrängte Wasserstoff entweicht gleichfalls durch Rille und Ableitungsrohr. Nach beendeter Füllung wird der Stopfen so gedreht, daß die Rille nicht mehr mit dem Ableitungsrohr in Verbindung steht. Nunmehr ist die Flüssigkeit, in die der polarisierte Platindraht eintaucht, mit der darüber befindlichen Wasserstoffblase allseitig abgeschlossen und die Messung kann in der üblichen Weise beginnen.

14*

Der über dem Hahn befindliche Raum soll nicht viel mehr als 100 cmm fassen und über die Hälfte mit der Untersuchungsflüssigkeit gefüllt sein, so daß etwa 60—70 cmm von dieser erforderlich sind. Legt man die Verhältnisse des menschlichen Blutes zugrunde, so würde bei einer CO_2-Tension von 5 Vol.-%, einer Füllung mit 60 cmm und einer Wasserstoffblase von 40 cmm der CO_2-Verlust etwa 2 cmm betragen oder rund ein Fünfzehntel der vorhandenen CO_2, was auf den cH-Wert nicht von meßbarem Einfluß ist.

Zur Entnahme menschlichen Kapillarblutes gibt WINTERSTEIN folgendes Verfahren an:

Nach Säuberung der Fingerkuppe wird aus Plastilin ein Ring von etwa $^1/_2$ cm Durchmesser aufgeklebt; in der Mitte desselben erfolgt der Einstich mit dem FRANKEschen Schnäpper. Hierauf wird rasch, noch ehe eine größere Blutmenge hervortritt, ein Tropfen flüssigen Paraffins aufgetan, der durch den Plastilinwall an seiner Ausbreitung verhindert wird, und unter dem nun das Blut, gegen stärkeren CO_2-Verlust geschützt, herauskommt bzw. durch leichtes Drücken herausbefördert wird. Die zur Aufnahme und Einfüllung des Blutes in die Elektrode dienende Kapillarpipette wird vorher senkrecht an einer um ihre Achse drehbaren Klammer befestigt, mit einem Schlauch und Glasstück zum Aufsaugen armiert und das untere Ende mit ein klein wenig Oxalatlösung gefüllt. Der Finger wird so unter die Pipette gebracht, daß deren Spitze gerade in das Bluttröpfchen eintaucht, ohne durch zu festes Anlegen versperrt zu werden, und das Blut wird unter leichtem Nachdrücken aufgesaugt. Nach Aufnahme der erforderlichen Blutmenge wird die Pipette um 90° gedreht, so daß sie horizontal steht und kein Ausfließen des Blutes zu befürchten ist. An Stelle des langen, zum Aufsaugen dienenden Schlauches wird jetzt ein kurzes mit Glashahn oder Schraubklemme versehenes Schlauchstück aufgesetzt, verschlossen und die Pipette nach Einfetten in den Schliff S eingeführt.

Zum Schluß seien noch zwei Elektroden beschrieben, die zu ganz speziellen Aufgaben angegeben worden sind.

24. Die Subkutanelektrode nach SCHADE. Mit dieser Elektrode läßt sich eine Messung im Gewebssaft des lebenden Menschen ausführen. Die Elektrode läßt sich nach Art einer Punktionskanüle subkutan in das Gewebe einführen. Die Sättigung mit Wasserstoff geschieht nach der Durchströmungsmethode, und zwar wird nicht reiner Wasserstoff, sondern ein Gemisch von $H_2 + 5{,}6$ Vol.-% CO_2 durchgeleitet (s. S. 259). Die Flüssigkeitsverbindung geschieht von der Haut her vermittels KCl-getränkter Binde (Abb. 128).

25. Die Elektrode von RADSIMOWSKA[1]**.** Es handelt sich hier um eine Ansatzelektrode zur Messung der Wasserstoffzahl von festen Nährböden.

---

[1] RADSIMOWSKA: Biochem. Zeitschr. Bd. 154.

Ihrer Konstruktion nach steht die Elektrode der von Lehmann (s. Abb. 126) zur H-Ionenmessung in kleinen Flüssigkeitsmengen angegebenen Mikroelektrode am nächsten.

Die Abb. 129 gibt schematisch die Konstruktion der Ansatzelektrode wieder.

Das Elektrodengefäß A, an beiden Enden offen, wird auf einen Deckel B aufgestellt, auf dem die zu bestimmenden Objekte sich befinden; der angeschliffene Teil b wird mit einem Gemisch von Wachs und Vaseline bedeckt.

Der obere Gummistopfen f enthält vier Öffnungen. Die eine dient zum Durchlassen eines gläsernen Röhrchens mit einer eingeschmolzenen Platinelektrode; durch eine zweite Öffnung geht ein Röhrchen F mit Agar (benutzt wird eine 2proz. Agarlösung in KCl; die Agarlösung wird in heißem Zustand in das Röhrchen eingefüllt). Die Röhrchen sind derart angeordnet, daß sich auf dem Objekt m (Kultur u. dgl.) ein Halbelement bildet; das Potential wird durch a und s abgeleitet. Die beiden anderen Öffnungen dienen zur Zu- und Abfuhr des Wasserstoffs.

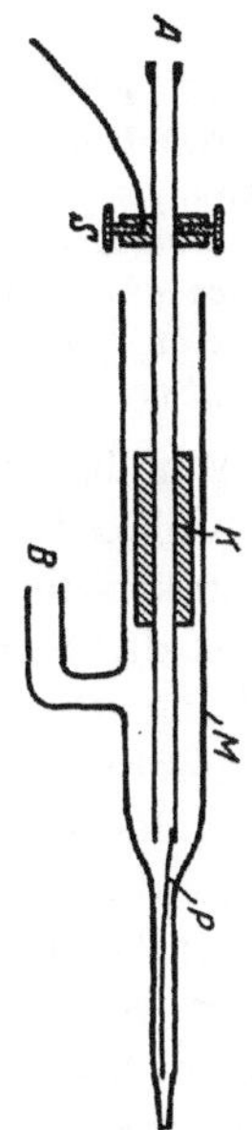

Abb. 128. Subkutanelektrode nach Schade.

Durch das angefertigte und von unten mittels einer Glasplatte abgeschlossene Gefäß wird ein Wasserstoffstrom etwa 15—20 Minuten durchgeleitet; sodann wird, ohne die Zuführung des Wasserstoffs zu unterbrechen, unter das Gefäß anstatt der gläsernen Platte eine runde Glasplatte, z. B. der Deckel einer Gabritschewski-Schale, mit dem darauf befindlichen Objekt untergeschoben. Diese Glasplatte muß einen abgeschliffenen Rand haben (b) entsprechend dem abgeschliffenen Rand des Elektrodengefäßes. Das zu untersuchende Objekt wird unter die Platinelektrode gebracht, und indem man diese auf und ab bewegt, erreicht man eine derartige Stellung, daß der Platindraht gerade die Oberfläche des Objekts berührt. Mit dem letzteren muß auch das Röhrchen mit der Agar-KCl-Lösung F in Kontakt stehen. In 15 bis 20 Minuten erreicht

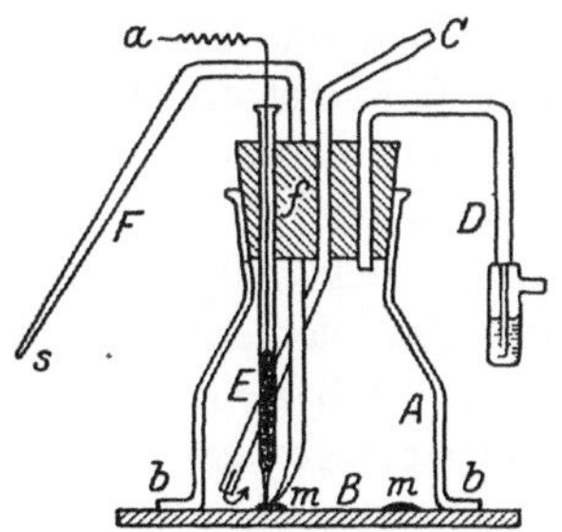

Abb. 129. Elektrode von Radsimowska.

das an der Berührungsstelle der Elektroden mit dem Objekt entstehende Potential seinen konstanten Wert. Um nach Möglichkeit ein schnelles Austrocknen des Objekts zu vermeiden, stellt man auf die Glasplatte der Elektrode eine kleine flache Schale mit dest. Wasser.

β) Chinhydronelektroden.

*Hier wird zunächst die Herstellung des Chinhydrons beschrieben; dann werden
die Einzelheiten und Besonderheiten der Chinhydronmessungen erwähnt. Die Umrechnungen von den gemessenen Potentialen zu den gesuchten p_H werden für alle
Kombinationen genau angegeben. Von festen Anordnungen für Chinhydronmessungen
werden die Becherglaselektrode und die Elektrode von Biilmann und von Ettisch beschrieben und die von Schaefer und Schmidt erwähnt. Als Spezialelektrode wird die
sog. „Spritzenelektrode" angeführt.*

Wir haben auf S. 80 ff. die Theorie eines Oxydationsreduktions-
gemisches kennengelernt, das seit einigen Jahren mit großem Erfolg
zu praktischen Messungen von H-Ionenkonzentrationen verwandt wird[1]).
Es ist das System Chinon-Hydrochinon, das in einer sehr einfachen Beziehung zu dem p_H einer Lösung steht, wenn von dem Chinon und
Hydrochinon *äquivalente* Mengen in der Lösung vorliegen. Diese
äquivalenten Mengen werden von dem *Chinhydron* geliefert, einer
Verbindung, die aus äquimolekularen Mengen von Chinon und Hydrochinon besteht. Wird etwas Chinhydron in einer wässerigen Flüssigkeit
gelöst, so zerfällt diese Substanz sogleich in äquivalente Mengen seiner
beiden Bestandteile, also von Chinon und Hydrochinon. *Durch Hinzufügen von etwas Chinhydron läßt sich eine beliebige wässerige Flüssigkeit
zur H-Ionenmessung bereit machen.*

Die *Ableitung* des von der Wasserstoffzahl abhängigen Potentials
gelingt durch eine der üblichen indifferenten Metallelektroden, die in
diese mit Chinhydron versetzte Lösung eingetaucht werden.

Die Bequemlichkeit und Einfachheit dieser Methode liegt ohne
weiteres auf der Hand. Das Durchleiten von gasförmigem Wasserstoff,
das meistens zur Kontrolle der Potentialeinstellung bei der Messung
mit Wasserstoffelektroden wiederholt werden muß, fällt ganz fort. Das
Platinieren der Elektroden ist überflüssig. Gewöhnliche unplatinierte
Platin- oder Goldbleche oder Drähte werden in die Untersuchungslösung
eingetaucht. Wird dann etwas festes Chinhydron hinzugesetzt, so ist
das Halbelement zur Messung fertig. Will man ein fertiges Chinhydron-
präparat beziehen, so kaufe man das Chinhydron „Kahlbaum". Dieses
Präparat genügt allen Ansprüchen. Zur eigenen Herstellung geht man
vom Hydrochinon aus, das mittels Eisenchlorid oxydiert wird.

1. Herstellung von Chinhydron. Die BIILMANNsche Vorschrift hierfür
lautet[2]): 100 g Ferriammoniumsulfat werden in 300 ccm Wasser von 65°
gelöst, und diese Lösung wird unter Rühren zu einer von 25 g Hydrochinon in 300 ccm Wasser hinzugefügt. Das Chinhydron fällt in feinen
Nadeln aus. Die Mischung wird in Eis gekühlt, sodann werden die

---

[1]) HABER u. RUSS: Zeitschr. f. physikal. Chemie Bd. 47. 1904; BIILMANN, E.:
Annal. de chim. Bd. 15/16. 1921.

[2]) BIILMANN, E.: Ann. de Chim. Bd. 15. 1921; Bd. 16. 1921.

Kristalle abgesaugt. Ausbeute 15—16 g Umkristallisation aus dest. Wasser[1]).

Eine ältere Methode zur Darstellung des Chinhydrons stammt von A. VALEUR, Ann. de Chim. et Phys. Bd. 21, S. 547. 1900. Man mischt alkoholische (95 proz.) Lösungen von Chinon und Hydrochinon und verwendet dabei zweimal die theoretische Menge Hydrochinon. Dieses Präparat ist nach KOLTHOFF sehr rein und besonders zur Messung von pufferarmen Lösungen geeignet[2]).

Die *Menge des Chinhydronpulvers*, die zu einer Messung genommen werden muß, ist äußerst gering. Es ist zwar nötig, eine gesättigte Lösung herzustellen, da aber die Löslichkeit des Chinhydrons eine sehr geringe ist, so ist die Sättigung schon mit kleinen Mengen erreichbar. Mit 2—3 Messerspitzen voll kommt man bei kleinen Flüssigkeitsmengen meistens aus[3]). Will man aber eine Chinhydron*dauer*elektrode herstellen und viele Tage lang dieselbe mit Chinhydron versetzte Lösung benutzen, so nehme man etwas mehr, da sich das Chinhydron mit der Zeit zersetzt. Ebenso nehme man auch beim Messen von schwach alkalischen und von physiologischen Lösungen, vor allem von Blut, eine größere Menge. Ein kleiner Hornlöffel voll wird aber immer genügen. Von einigen Autoren wurde es für notwendig gehalten, daß stets ungelöstes Chinhydronpulver die Metallelektrode bedeckt. Das ist nach unserer Erfahrung überflüssig. Nötig ist hingegen nur, daß die Untersuchungslösung nach dem Zusatz von Chinhydron kurze Zeit durchmischt oder geschüttelt wird.

Wie schon erwähnt, ist das Platinieren der Elektrode überflüssig. Trotzdem muß man aber der Oberfläche der Metallelektrode seine Aufmerksamkeit widmen. Wird die Elektrode nicht gebraucht, so soll sie in einem Bichromatschwefelsäuregemisch (s. S. 178) stehen. Vor der Messung kommt sie dann für kurze Zeit in dest. Wasser. Will man eine durch organische Substanzen verschmutzte Elektrode schnell reinigen, so glühe man sie vorsichtig aus[4]). Das Glühen soll aber immer

---

[1]) Siehe KOLTHOFF: Hoppe-Seylers Zeitschr. f. physiol. Chemie Bd. 144. 1925.

[2]) KOLTHOFF, J. M., u. WONTER BOSCH: Biochem. Zeitschr. Bd. 183, Heft 4/6, S. 434. 1927.

[3]) Das Pulver übt einen Reiz auf die Nasenschleimhaut aus; man vermeide also, es auf dem Arbeitstisch herumzustreuen.

[4]) Ist die Platinelektrode in Glas eingeschmolzen, so erhitze man zunächst die Spitze der Elektrode mit kleiner Flamme und nähere sich dann erst allmählich der Einschmelzstelle. Wird hierauf nicht sorgsam geachtet, so bekommt die Elektrode häufig an der Einschmelzstelle einen Sprung, der sie sofort unbrauchbar macht. Nicht selten entsteht bei unvorsichtigem Ausglühen ein kapillarer Spalt an der Einschmelzstelle, der dem Untersucher zunächst unsichtbar bleibt. Bei der Messung gibt die Elektrode dann einen fehlerhaften Wert, da durch den Spalt die Elektrodenflüssigkeit mit dem abführenden Kupferdraht in leitender Verbindung steht. Stellt man eine solche Elektrode für längere Zeit in ein Bichromatgemisch, so wird durch das Eindringen der rotgelben Lösung der Spalt sichtbar gemacht.

nur als Ausnahme betrachtet werden, da durch seine allzu häufige Wiederholung die Oberfläche des Platins zu leiden scheint. Jedenfalls warte man nach dem Glühen noch einige Zeit mit dem Messen.

Kommt es durch das Platinmetall zu unbeabsichtigten, die Messung störenden Katalysen, so ist das Gold als Elektrodenmaterial vorzuziehen, da Gold weniger katalytisch als Platin wirkt. Leider ist aber die Behandlung der Goldelektrode eine schwierigere, da ihre Oberfläche sehr empfindlich ist. Häufig gelingt es, die Oberfläche der Goldelektrode durch Erhitzen in Bichromatschwefelsäure und anschließendes Spülen in ausgekochtem dest. Wasser wieder gebrauchsfertig zu machen. Bisweilen versagt aber auch diese Methode. Daher ist es zweckmäßiger, wenn irgend möglich, mit Platin zu arbeiten.

2. Besonderheiten der Chinhydronmessung. Bei der Chinhydronmessung spielen einige Faktoren eine Rolle, die bei der Messung mit gasförmigem Wasserstoff nicht bedacht zu werden brauchten. Es sind das vor allem folgende drei: 1. die *Alkalität* der Untersuchungslösung, 2. ihr *Salzgehalt* und 3. die *Anwesenheit von Substanzen*, die sich mit Chinon oder Hydrochinon umsetzen.

Bei *stärker alkalischer Reaktion* wird das Hydrochinon sehr bald oxydiert und somit das Verhältnis Chinon:Hydrochinon stark geändert. Es ist dann sehr schwierig, zu festen Potentialen zu kommen, und es findet ein deutlicher Potentialabtrieb statt. Bisweilen bleibt aber auch in alkalischen Lösungen das Potential konstant, doch ist der eingestellte Wert dann gewöhnlich fehlerhaft. Die Grenze, bis zu der man noch fehlerfrei Messungen ausführen kann, hängt von der Pufferung der Untersuchungslösung und auch von ihrem Gehalt an Sauerstoff ab. Je gepufferter und je sauerstoffärmer eine Lösung ist, um so weiter kann man nach der alkalischen Seite vordringen. KOLTHOFF hat hierüber ausführliche Untersuchungen angestellt. Er fand, daß sich bei gepufferten Lösungen bis zu einem p_H von 9,0 mit der Chinhydronelektrode sehr gute Werte erhalten lassen, wenn man schnell arbeitet. Ist der p_H kleiner als 8,0, so erhält man auch bei sehr geringer Pufferwirkung noch gute Resultate. $p_H = 8$ bzw. $p_H = 9$ sind also als *Grenzen des Anwendungsbereiches* der Chinhydronmessung nach der alkalischen Seite hin anzusehen. Alle Reaktionen, die jenseits dieser Grenzen liegen, kommen für die Chinhydronmessung nicht mehr in Betracht.

Außer der Alkalität kann ein allzu hoher *Salzgehalt* bei der Anwendung des Chinhydrons zu Fehlern führen. Hierüber liegt unter anderem eine große Arbeit von S. P. L. SÖRENSEN, M. SÖRENSEN und K. LINDERSTRÖM[1]) vor. Diese Autoren finden gegenüber einer salzfreien Lösung folgende Abweichungen:

---

[1]) SÖRENSEN, S. P. L., M. SÖRENSEN u. K. LINDERSTRÖM: Ann. de Chim. Bd. 15.

Salzgehalt NaCl	Abweichung in Volt
0,5 n	0,0013
1,0 n	0,0028
2,0 n	0,0058
3,0 n	0,0089
4,0 n	0,0125

Nach der Ansicht dieser Autoren handelt es sich bei der Salzwirkung um eine *ungleiche Löslichkeitsbeeinflussung der beiden Komponenten* des Chinhydrons. Folgende Kurve, die aus dieser Arbeit stammt, zeigt die *schwache* Beeinflussung der Löslichkeit des Chinons und die sehr *starke* Beeinflussung der Löslichkeit des Hydrochinons (Abb. 130).

S. P. L. SÖRENSEN usw. kommen zu einer modifizierten Methode der Chinhydronmessung, die ohne Salzfehler arbeitet, indem sie die Untersuchungslösungen mit Chinhydron und Chinon bzw. Chinhydron und Hydrochinon sättigen. Da aber die große Mehrzahl aller Untersuchungsflüssigkeiten einen geringeren Salzgehalt als 1 n hat und selbst hierbei der Fehler nur 1—2 Millivolt beträgt, wird man in der Meßpraxis von ihrer Modifikation absehen können.

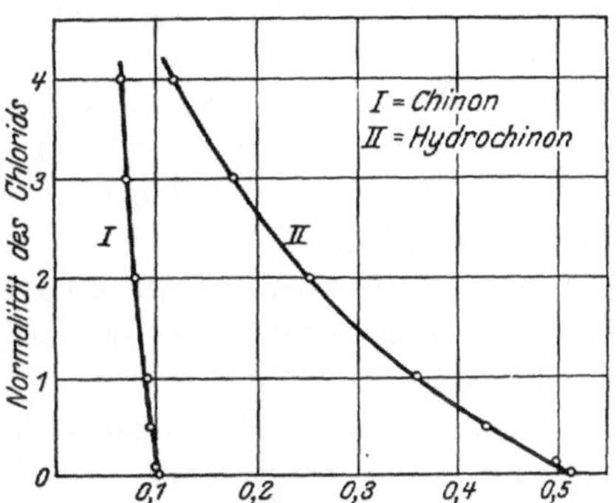

Abb. 130. Beeinflussung der Löslichkeit der Chinhydronkomponenten durch Salze.

Der *dritte* Punkt, der bei der Chinhydronmessung zu beachten ist, betrifft den Gehalt der Untersuchungslösungen an Substanzen, die sich mit Chinhydron oder seinen Komponenten umsetzen. Es ist natürlich nicht möglich, alle Körper aus der organischen Chemie aufzuzählen, bei denen das der Fall ist. Für die Praxis haben wohl vorwiegend die Schwierigkeiten Bedeutung, die sich auf Eiweiß, Hämoglobin und andere Substanzen der pflanzlichen oder tierischen Organismen beziehen. In der Literatur liegen hierüber widersprechende Angaben vor. KOLTHOFF[1] fand, daß der Eiweißfehler von Serum bei einem p_H von über 6,0 sehr groß ist. Durch Verdünnen, also durch Herabsetzen der Eiweißkonzentration, nimmt dieser Eiweißfehler ab. Eigene Untersuchungen[2] ergaben, daß bei einem 1 : 4 verdünnten Plasma oder Serum gute Werte zu erhalten sind, wenn man sehr schnell arbeitet und schon nach 15 bis 30 Sekunden die Messung beendet hat. Die Abweichungen zwischen den Zahlen der Wasserstoffmethode und denen der Chinhydronmethode liegen dann zwischen 0,01 und 0,03 p_H. Der etwaige Eiweißfehler ist

---

[1] KOLTHOFF: Hoppe-Seylers Zeitschr. f. physiol. Chem. Bd. 144. 1925.
[2] MISLOWITZER, ERNST: Klin. Wochenschr. 1926, H. 40.

also schon durch die Verdünnung 1 : 4 praktisch beseitigt. Jedenfalls ist bei der Messung von Systemen mit unbekanntem Eiweißgehalt daran zu denken, daß Eiweiß einen Fehler machen kann. Es muß dann zweckmäßig die Lösung soweit verdünnt werden, als es ohne Veränderung der Wasserstoffzahl möglich ist. Ließ sich schon durch Messung von Phosphatpuffern mit Hämoglobin zeigen, daß das Hämoglobin nicht allzusehr stört, so konnten wir[1]) durch ausgedehnte Messungen von Blut diese Auffassung noch befestigen. Es zeigte sich, daß der Potentialabtrieb bei frischem Blut ein viel geringerer als bei Serum und Plasma ist. Experimentelle Daten sprechen also nicht dafür, daß das Hämoglobin eine für die Chinhydronmessung so gefährliche Substanz ist, daß die Messung bei seiner Anwesenheit unmöglich wird. Schau-Kuang Liu[2]) hat kürzlich in zahlreichen Untersuchungsreihen, die sich auf Blut und auf Serum erstreckten, unsere experimentellen Daten bestätigt. Er findet einen Unterschied von 0,01 bis 0,03 p_H bei der Messung von Blut zwischen der Wasserstoff- und der Chinhydronelektrode.

Über eigentümliche Beobachtungen an der Chinhydronelektrode berichtete vor kurzem Bilmann[3]). Er fand, daß die Chinhydronelektrode nicht zur Messung von Phosphatlösungen benutzt werden kann, *die Glukose enthalten.*

Mit der *Hydrochinhydron*elektrode, die aus Hydrochinon und Chinhydron besteht, sind die p_H-Messungen dieser Lösungen befriedigend ausgefallen[4]).

Damit wären die hauptsächlichsten Punkte zur Besprechung gekommen, die ganz allgemein beim Arbeiten mit Chinhydron Beachtung verdienen. Als wesentlicher Nachteil der Methode ist ohne Zweifel die Begrenzung der Meßfähigkeit nach der alkalischen Seite hin anzusehen. Wo man aber mit schwach alkalischen, neutralen oder sauren Lösungen zu arbeiten hat, wird man sich sehr gern dieser neuen Methode bedienen, da sie an Einfachheit der Handhabung und Schnelligkeit der Ausführung nicht zu übertreffen ist. Andererseits ist sie in manchen Fällen unentbehrlich. Das ist vor allem *bei den Lösungen* der Fall, die einen *Wasserstoffdruck von einer Atmosphäre* nicht vertragen, z. B. in

---

[1]) Mislowitzer, Ernst: Klin. Wochenschr. 1926, H. 40. Siehe dort auch die Literaturübersicht.

[2]) Schau-Kuang Liu: Über die Regulation der Wasserstoffionenkonzentration im Blute. I, II und III, Biochem. Zeitschr. Bd. 185, H. 4/6, S. 242—274. 1927.

[3]) Bilmann u. Katagiri: Biochem. journ. Bd. 21, Nr. 2, S. 441—455. 1927.

[4]) Die Hydrochinhydronelektrode von Bilmann (Ann. Chem. [9] Bd. 16. 1923) beruht auf folgender Umsetzung:

$$C_6H_4(OH)_2 \cdot C_6H_4O_2 + H_2 \rightleftharpoons 2\,C_6H_4(OH)_2.$$

Die elektromotorische Kraft der Kette: P_t/*Hydrochinon-Chinhydron, Lösung A*/*KCl*/*Lösung A*,H_2/P_t beträgt nach Bilmann 0,6179 Volt bei 18° C und nicht 0,7044 wie bei der Chinhydronelektrode.

Lösungen von zweiwertigem Blei, von dreiwertigem Eisen, von Tanninlösungen usw. Eine besondere Apparatur ist kaum nötig, wenn auch bestimmte Anordnungen das Tempo und die Sicherheit des Messens noch erhöhen.

3. Apparatur für Chinhydronmessungen. Es genügt z. B., ein gewöhnliches Becherglas mit der Untersuchungslösung zu füllen, etwas Chinhydronpulver hinzuzugeben und eine Platinelektrode hineinzustellen. Dieses Halbelement wird durch Agarheber oder andere elektrolytische Stromschlüssel mit einer gewöhnlichen und beliebigen Bezugselektrode, z. B. einer Kalomelelektrode, zu einem Element verbunden.

4. Kalomelchinhydronkette. (Abb. 131). Es ist darauf zu achten, daß die Chinhydronelektrode gegenüber der Kalomelelektrode *positiv* zu schalten ist. (Die Berechnung siehe weiter unten.)

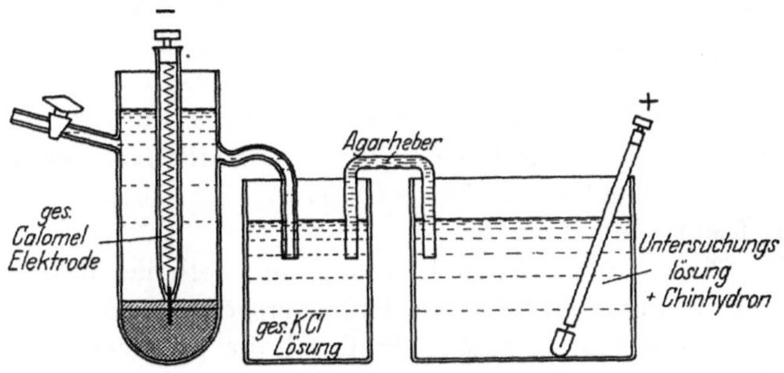

Abb. 131. Kalomelchinhydronkette.

5. Die Chinhydronbezugselektroden. Eine besondere Vereinfachung ist noch dadurch zu erzielen, daß man als *Bezugselektrode* ebenfalls eine Chinhydronelektrode wählt. Auf Veranlassung von BJILMANN hat VEIBEL[1]) hierüber Untersuchungen angestellt und auf diese Möglichkeit aufmerksam gemacht. Jede beliebige Flüssigkeit, deren p_H genau bekannt ist, läßt sich nach Zusatz von Chinhydron als *Bezugselektrode* verwenden. VEIBEL empfiehlt eine Lösung, die aus 0,01 n-HCl und 0,09 n-KCl besteht. Diese Lösung hat einen p_H von 2,04. Eine Standardazetatelektrode erscheint vielleicht noch etwas geeigneter, da sie noch leichter reproduzierbar ist. Wird sie in der üblichen, von L. MICHAELIS angegebenen Weise (s. S. 24) hergestellt, so zeigt sie mit Chinhydron einen p_H von 4,62. Gibt man aber zur Erhöhung der Leitfähigkeit größere Mengen eines Salzes, z. B. von KCl, hinzu, so verändert sich dieser Wert, wie wir schon wissen, ein wenig und muß daher besonders gemessen werden. Füllt man die Bezugselektrode ebenfalls in ein Becherglas, so hat man ein überaus einfaches und übersichtliches System vor sich, eine sog. Doppelchinhydronkette.

---

[1]) VEIBEL: Journ. of the Americ. chem. soc. Bd. 123. 1923.

6. Doppelchinhydronkette (Abb. 132). Wird eine VEIBEL-Elektrode mit einer Standardazetatelektrode zu einer Doppelchinhydronkette verbunden, so ist die Potentialdifferenz dieser beiden Halbelemente gleich $2{,}58 \times \vartheta$ Millivolt. Die p_H-Differenz der beiden Lösungen ist nämlich gleich $4{,}62 - 2{,}04 = 2{,}58$. Dieser Wert muß gleich der gemessenen Potentialdifferenz E, dividiert durch den Temperaturfaktor, sein, also

$$2{,}58 = \frac{E}{\vartheta}.$$

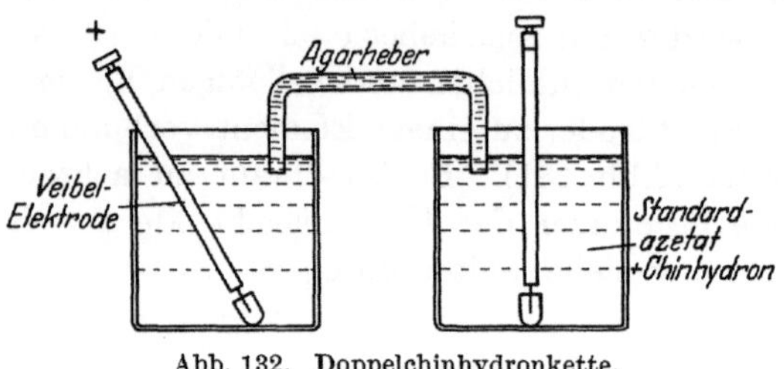

Abb. 132. Doppelchinhydronkette.

Man hat bei dieser Anordnung die Möglichkeit, die *Genauigkeit* der benutzten *Platinelektroden* zu kontrollieren. Hat E nicht den völlig feststehenden theoretischen Wert, der bei sorgsamer Herstellung der Lösungen nur von ϑ abhängt, so ist eine oder sind beide Platinelektroden fehlerhaft. Durch Auswechseln der Elektroden läßt sich dann leicht feststellen, welche der beiden Elektroden ungenau ist.

Sind die Platinelektroden in Ordnung und soll die Messung einer unbekannten Lösung ausgeführt werden, so ersetzt man eine der beiden Lösungen, z. B. die VEIBEL-Elektrode, durch die Untersuchungsflüssigkeit. Die Standardazetatelektrode gilt jetzt mit ihrem p_H von 4,62 als Bezugselektrode. Werden nun zwischen der Bezugselektrode und der Untersuchungslösung E Millivolt gemessen, so ist der gesuchte p_H der Flüssigkeit

$$4{,}62 \pm \frac{E}{\vartheta}.$$

Dieses Verfahren ist sehr bequem und besonders empfehlenswert. Es ist nur noch zu überlegen, wann $\frac{E}{\vartheta}$ zu 4,62 zu addieren und wann der Wert von 4,62 zu subtrahieren ist. Die H-Ionenreichere, also saurere Lösung, ist *stets positiv* gegenüber der alkalischeren Lösung. Mußten wir also zur Messung die Azetatelektrode positiv schalten, so ist die unbekannte Lösung alkalischer, und wir erhalten für den gesuchten p_H

$$4{,}62 + \frac{E}{\vartheta}$$

als Resultat. War die Schaltung umgekehrt, so ist die Untersuchungslösung saurer als Standardazetat, und das Meßergebnis ist:

$$4{,}62 - \frac{E}{\vartheta}.$$

Wie die richtige Art der Schaltung bei dem in der Praxis vorwiegend angewandten Kompensationsverfahren erkannt werden kann, ist in dem Abschnitt über die Meßmethodik nachzulesen.

Wird die Messung nicht in einer Doppelchinhydronkette, also zwischen zwei Chinhydronelektroden ausgeführt, sondern zwischen einer *Chinhydronelektrode* und einer *anderen Bezugselektrode*, so ist daran zu denken, daß die Chinhydronelektrode um 0,7044 Volt edler ist als die Wasserstoffelektrode. Ist die Bezugselektrode z. B. die $^{n}/_{1}$-Wasserstoffelektrode, so müssen wir von dem bei 18° gemessenen Wert E Volt, wie wir schon früher sahen, erst 0,7044 Volt subtrahieren, bevor wir mit 0,0577 ($= 0,001 \cdot \vartheta$) dividieren. Die Kalomelelektroden sind ebenfalls unedler als die Chinhydronelektroden, aber sie sind edler als die $^{n}/_{1}$-Wasserstoffelektroden. Der Wert von 0,7044, der von E abzuziehen ist, verringert sich dann also um diejenige Voltzahl, die die Kalomelelektrode edler als die $^{n}/_{1}$-Wasserstoffelektrode ist. Dieser Wert beträgt für die gesättigte Kalomelelektrode bei 18° 0,2503 Volt, und daher ist die gesättigte Kalomelelektrode nur um $0,7044 - 0,2503 = 0,4541$ Volt unedler als die Chinhydronelektrode. Ist E_1 der Potentialwert zwischen einer gesättigten Kalomelelektrode und der Untersuchungslösung mit Chinhydron bei 18°, so ist der

$$p_{\mathrm{H}} = \frac{E_1 - 0,4541}{(-)\,0,0577} = \frac{0,4541 - E_1}{0,0577}.$$

Jede Chinhydronelektrode ist, wie wir sahen, bei 18° um 0,7044 Volt edler als die entsprechende Wasserstoffelektrode. Eine Kette aus einer Wasserstoffelektrode und einer Chinhydronelektrode hat bei 18° stets eine Differenz von 0,7044 Volt, wenn die *Elektrodenflüssigkeiten dieselben* sind. Also

negativ ——————————— positiv

$^{n}/_{10}$-HCl H$_2$ 0,7044 Volt $^{n}/_{10}$-HCl $+$ Chinhydron

und

negativ ——————————— positiv

$^{n}/_{1}$-HCl H$_2$ 0,7044 Volt $^{n}/_{1}$-HCl $+$ Chinhydron usw.

Abb. 133.

Nach der Nernstschen Gleichung ist

$$p_{\mathrm{H}} = \frac{E}{0,001 \cdot \vartheta} \quad ^{1)}$$

(s. S. 75), wenn die Untersuchungslösung in einer *Wasserstoffkette* gegen eine *Normalwasserstoffelektrode* gemessen wurde und die Potentialdifferenz E Volt betrug. In einer Wasserstoffchinhydronkette wird nicht E

---

[1]) Wird E in *Millivolt* und nicht in Volt angegeben, so ist der $p_{\mathrm{H}} = \dfrac{E}{\vartheta}$; $\vartheta = 0,0001983 \cdot 1000 \cdot T$ (siehe S. 159).

gemessen, sondern bei Benutzung einer $^n/_1$-Wasserstoffelektrode $E_1 = E + 0{,}7044$. Um zu E zu kommen, muß also in diesem Falle von dem gemessenen Wert E_1 stets 0,7044 Volt abgezogen werden. Der p_H ist dann also $= \dfrac{E_1 - 0{,}7044}{0{,}001 \cdot \vartheta}$.

Die Normalwasserstoffelektrode wird aber, wie wir schon auf S. 159 gesehen haben, zu Messungen in der *Praxis* nicht verwandt, sondern durch die Kalomelelektrode ersetzt. Die Kalomelelektroden sind sämtlich *positiver* als die Normalwasserstoffelektrode, und zwar kennt man den Unterschied, wie wir auf S. 162ff. gehört haben, hinreichend genau.

Wird eine Lösung mit der Wasserstoffzahl $^n/_x$ mit Chinhydron gegen eine $^n/_1$-Wasserstoffelektrode gemessen, und ist die $[\mathrm{H}^{\cdot}]$ von $^n/_x$ kleiner als $^n/_1$, was fast immer der Fall ist, so erhalten wir, wie wir nun schon wissen:

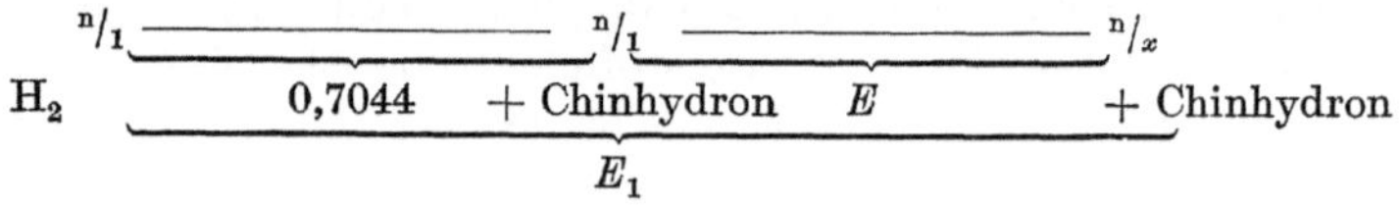

$$\mathrm{H_2} \qquad \underbrace{\overset{^n/_1}{\rule{4cm}{0.4pt}} \quad 0{,}7044 \quad + \text{Chinhydron} \quad \overset{^n/_1}{\rule{4cm}{0.4pt}} \quad E \quad \overset{^n/_x}{\rule{4cm}{0.4pt}} \quad + \text{Chinhydron}}_{E_1}$$

Abb. 134.

$$E_1 - 0{,}7044 = E,$$

$$p_H \text{ von } {}^n/_x = \frac{E}{0{,}001 \cdot \vartheta}.$$

Wird aber als *Bezugselektrode* nicht die $^n/_1$-Wasserstoffelektrode, sondern eine *Kalomelelektrode* genommen, z. B. die gesättigte Kalomelelektrode, so erhalten wir folgendes Schema bei 18°:

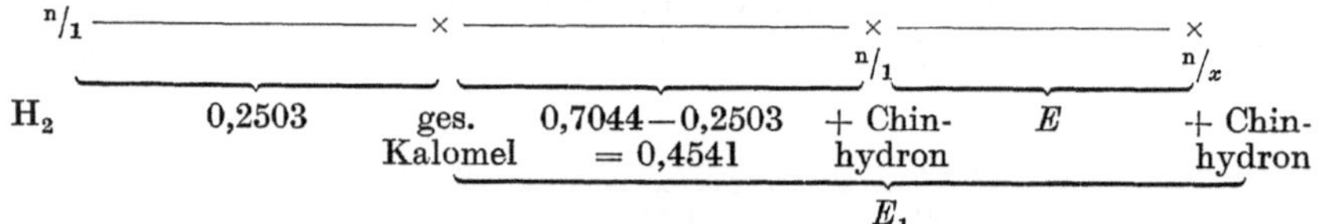

$$\mathrm{H_2} \qquad \overset{^n/_1}{\underbrace{\quad 0{,}2503 \quad}} \times \underbrace{\begin{smallmatrix}\text{ges.}\\ \text{Kalomel}\end{smallmatrix} \quad \begin{smallmatrix}0{,}7044-0{,}2503\\ =0{,}4541\end{smallmatrix} \quad \overset{^n/_1}{\begin{smallmatrix}+\text{Chin-}\\ \text{hydron}\end{smallmatrix}} \times E \quad \overset{^n/_x}{\begin{smallmatrix}+\text{Chin-}\\ \text{hydron}\end{smallmatrix}}}_{E_1} \times$$

Abb. 135.

Gemessen wird E_1, gesucht E.

$$E_1 - 0{,}4541 = E,$$

also p_H von

$$^n/_x = \frac{E_1 - 0{,}4541}{(-)\,0{,}001 \cdot \vartheta} = \frac{0{,}4541 - E_1}{0{,}001 \cdot \vartheta}.$$

Wird $^n/_x$ mit Chinhydron gegen eine $^n/_{10}$-Kalomelelektrode gemessen, so ist

$$p_H = \frac{0{,}3665 - E_1}{0{,}001 \cdot \vartheta}$$

und wird $^n/_x$ mit Chinhydron gegen eine $^n/_1$-Kalomelelektrode gemessen, so ist

$$p_H = \frac{0{,}4181 - E_1}{0{,}001 \cdot \vartheta}.$$

Will man eine Kette zwischen einer gesättigten Kalomelelektrode und einer Chinhydronelektrode bei beliebigen Temperaturen messen, so richte man sich nach folgender Formel:

$$p_{\mathrm{H}} = \frac{0,4541 - 0,00033\,(t - 18) - E_1}{0,0577 + 0,0002\,(t - 18)}.$$

Nach Kolthoff[1]) sind die Ausdrücke für eine $^{\mathrm{n}}/_{10}$- und eine $^{\mathrm{n}}/_{1}$-Kalomelelektrode folgende:

$$^{\mathrm{n}}/_{10};\quad p_{\mathrm{H}} = \frac{0,3665 - 0,00068\,(t - 18) - E_1}{0,0577 + 0,0002\,(t - 18)},$$

$$^{\mathrm{n}}/_{1};\quad p_{\mathrm{H}} = \frac{0,4181 - 0,00050\,(t - 18) - E_1}{0,0577 + 0,0002\,(t - 18)}.$$

7. Elektrodengefäße. Die Chinhydronelektroden lassen sich, wie wir oben sahen, ohne jede Apparatur in einfachen Bechergläsern herstellen. Es gibt aber einige Schwierigkeiten, die auch für die Chinhydronelektrode eine besondere Apparatur wünschenswert erscheinen lassen. Die große Oberfläche der Flüssigkeit, das leichte Umkippen der Gläser, die Unmöglichkeit,

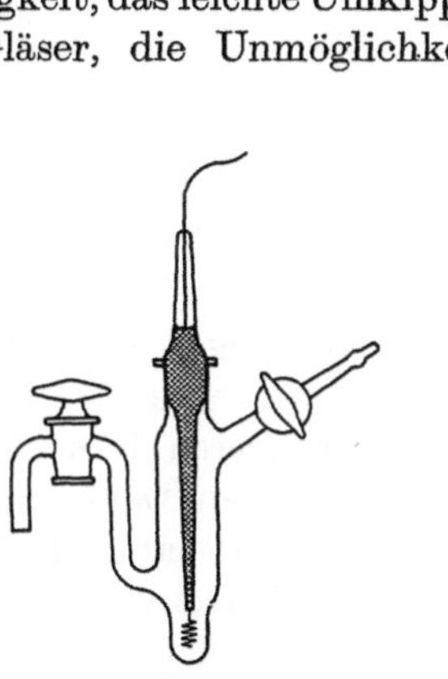

Abb. 136. Chinhydronelektrode (Kolthoff).

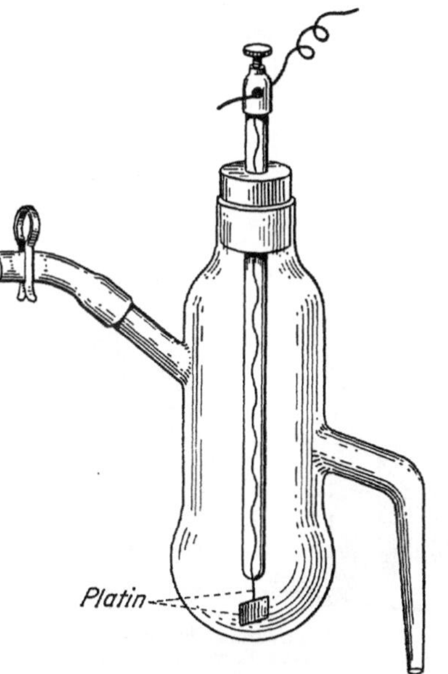

Abb. 137. Chinhydronelektrode (L. Michaelis).

die Lösungen gut durchzuschütteln, sollen in diesem Zusammenhange genannt werden. So braucht man denn auch für die Chinhydronelektroden kleine Gefäße, die den Gefäßen für die Kalomelelektroden sehr ähnlich sind. Die Abb. 136[1]) einer Anordnung von Kolthoff zeigt einen spiraligen Draht als Platinelektrode. Dieser Draht ist in einer Ausbuchtung des Glases, in der sich das ungelöste Chinhydron ansammeln soll. In der Abb. 137[2]) ist eine Platinscheibe

---

1) Hoppe-Seylers Zeitschr. f. physiol. Chem. Bd. **144**, S. 261.
2) Michaelis, L.: Praktikum usw. l. c.

als Elektrode zu sehen. Beide Formen sind aus den Abbildungen
so genau zu erkennen, daß eine weitere Beschreibung überflüssig ist.
Die Form I ist wegen der Glashähne für ein längeres Aufbewahren der
Elektrodenflüssigkeit geeigneter. Diese Gefäße lassen sich für die Bezugselektroden ebenso verwenden wie für die Untersuchungslösung.

Will man Bezugs- *und* Untersuchungselektrode mit
Chinhydron herstellen, also eine *Chinhydronkette* bilden,
so läßt man zwei von diesen Elektroden in eine
Zwischenwanne eintauchen, die mit gesättigter KCl-Lösung gefüllt ist.

8. Becherglaselektrode von MISLOWITZER. Eine Vereinfachung in der ganzen Anordnung bietet die sog.
Becherglaselektrode, bei der beide Elektroden, die Bezugselektrode und die Ableitungselektrode, in *einem*
Gefäß untergebracht sind. Die Elektrode, die wegen
ihrer bequemen Handhabung und ihres genauen Arbeitens viel im Gebrauch ist, soll
hier jetzt ausführlich beschrieben
werden[1]) (Abb. 138).

Die äußere Form ähnelt der
eines Becherglases mit doppelter
Wandung. Das ganze Gefäß besteht
aus drei Hauptteilen, und zwar
einem *Oberstück*, einem *Unterstück*
und einem *Innenteil*. Das Oberstück ist aus einem *äußeren* und
einem *inneren* Zylinder hergestellt,
die an ihren oberen Rändern ineinander übergehen. Das *Unterstück*
und das *Innenteil* haben die Form
von einfachen Bechern. Das Unterstück paßt auf den Schliff *a* des
Außenzylinders vom *Oberstück*. Das

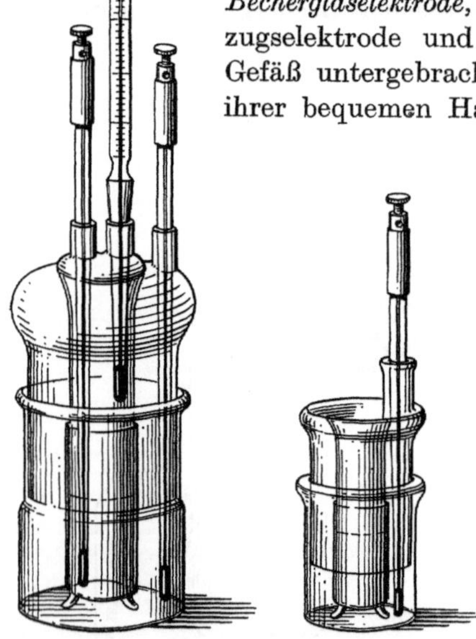

Abb. 138. Doppelchinhydronelektrode (Becherglaselektrode) nach E. MISLOWITZER.

Innenteil paßt auf den Schliff *b* des *Oberstücks* (Abb. 139).

Durch diese Anordnung wird ein *Mantelraum m* und ein *Lumen L* ermöglicht, die *durch den Schliff b miteinander in Verbindung* stehen.

*Ausschließlich durch diesen Schliff geschieht die elektrolytische Leitung,
die sonst von Agarhebern, Zwischenwannen, Wollfäden usw. besorgt wird.*

Der Schliff verhindert praktisch jede Diffusion der Flüssigkeiten vom
Mantelraum in das Lumen und umgekehrt, erlaubt aber den Stromtransport. Zur Verbesserung der Stromleitung wird dieser Schliff, der

---

[1]) MISLOWITZER, E.: Doppelchinhydronelektrode. Biochem. Zeitschr. Bd. 159.
1925.

selbstverständlich nicht gefettet sein darf, mit gesättigter KCl-Lösung benetzt. *Diese Maßnahme darf bei der Herrichtung dieser Elektrode niemals vergessen werden.* Man füllt zu diesem Zweck das gesonderte Innenteil bis zum oberen Rand mit gesättigter KCl-Lösung an und setzt dann, ohne die Flüssigkeit auszugießen, das Innenteil auf den Schliff *b* des Oberteils unter leichten Drehbewegungen fest auf. Hierbei tritt so viel KCl in die kapillaren Spalten des Schliffes ein, daß eine genügende Leitfähigkeit gewährleistet ist.

In den Mantelraum *m* kommt eine Flüssigkeit mit bekanntem p_H als Bezugselektrode, in das Lumen *L* kommt die Untersuchungslösung.

Die Füllung des Mantelraumes *m* mit der Elektrodenflüssigkeit geschieht gleich nach der Anfeuchtung des Glasschliffes *b* mit KCl, die wir oben beschrieben haben. Es sitzt vor der Füllung des Mantelraums das Innenteil dem Oberstück fest an. Die überschüssige KCl-Lösung, die im Lumen ist, kann ausgekippt werden.

Die Lösung, die als Flüssigkeit der Bezugselektrode dienen soll, wird reichlich mit Chinhydron versetzt

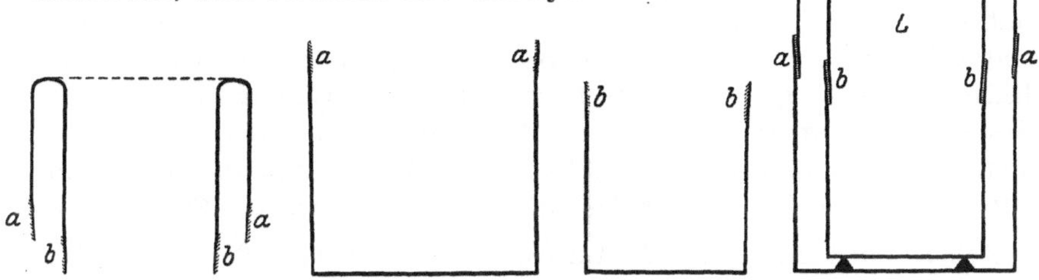

Abb. 139. Becherglaselektrode nach E. Mislowitzer (Schema).

(ein kleiner Hornlöffel voll) und in das Unterstück eingefüllt. Sie soll das Unterstück fast bis an den Rand füllen. Nun bringt man das Oberstück, an dem das Innenteil hängt, mit dem Unterstück zusammen und paßt die Teile in dem Schliff *a* gut ineinander. Die Flüssigkeit wird aus dem Unterstück durch das Innenteil verdrängt und steigt in dem Mantelraum empor. Hatte man das Unterstück vorher gut gefüllt, so reicht die Flüssigkeit des Mantelraumes jetzt deutlich über den Schliff *b*. Da dieser Schliff die einzige Flüssigkeitsverbindung zwischen den beiden Elektrodenlösungen herstellt, muß ihn die Mantelflüssigkeit stets völlig bedecken. Dann schließt man durch Einsetzen der Platinelektrode den Mantelraum ab. Wurden die Schliffe gut ineinandergefügt, so läßt sich das Gefäß schütteln und umkippen, ohne daß auch nur eine Spur der Mantelflüssigkeit ausfließt.

Wenn der Mantelraum gefüllt ist, so ist die Elektrode gebrauchsfertig. Zur Messung wird die Untersuchungslösung in das Lumen so weit eingefüllt, daß sie über den Schliff *b* reicht. Dann wird sie mit Chinhydron versetzt, gut umgeschüttelt und mit einer Platinelektrode versehen.

Mantelraum und Lumen sind die beiden Halbelemente, beide zusammen geben das Element, dessen Potentialdifferenz gemessen werden soll. Es werden also einfach die beiden Klemmen der Platinelektroden mit der Meßeinrichtung verbunden. Welche Bezugselektrode man wählt, also welche Flüssigkeit in den Mantelraum eingefüllt wird, ist ziemlich gleichgültig. Man wird zur Vermeidung eines etwaigen Diffusionspotentials zweckmäßig eine Flüssigkeit nehmen, die ungefähr in der Mitte der für Chinhydronmessungen in Betracht kommenden H-Ionenskala liegt. So erscheint Standardazetat recht geeignet.

Um die Leitfähigkeit des Systems und somit die Empfindlichkeit der Messung zu steigern, soll nicht die gewöhnliche Standardazetatlösung genommen werden, sondern eine *Mischung von Standardazetat und gesättigter KCl-Lösung zu gleichen Teilen*. Dieses Gemisch hat bei der Chinhydronmessung nicht den üblichen p_H von 4,62, da der Salzgehalt schon eine Rolle spielt. Es darf also nicht der Bezugs-p_H = 4,62 gesetzt werden, sondern man muß seinen Wert durch eine Messung feststellen. Die Messung kann nun so geschehen, daß man das Lumen mit gesättigter KCl-Lösung füllt, eine gesättigte Kalomelelektrode dort eintaucht und nun nach der auf S. 222 angegebenen Formel für eine Kette aus einer gesättigten Kalomel- und einer Chinhydronelektrode den p_H der Mantelflüssigkeit mißt. Man kann auch in das Lumen eine VEIBEL-Elektrode (s. oben) einfüllen, deren Wert = 2,04 annehmen und mit ihrer Hilfe den p_H der Außenflüssigkeit aufsuchen. Findet·man zwischen innen und außen E Millivolt, so ist der p_H außen $2,04 + \dfrac{E}{\vartheta}$. So läßt sich also der Wert der Bezugselektrode sehr leicht feststellen. Ist er z. B. 4,50 und mißt man dann zwischen Außenelektrode und einer unbekannten Lösung im Innenraum E_1 Millivolt, so ist der p_H der unbekannten Lösung $4,50 \pm \dfrac{E}{\vartheta}$. War die Innenelektrode bei der Messung positiv geschaltet, so war die Untersuchungslösung saurer als das Azetat, ihr p_H also $4,50 - \dfrac{E}{\vartheta}$; war sie negativ geschaltet, so ist das Resultat $4,50 + \dfrac{E}{\vartheta}$.

Ein wesentlicher Vorteil der Becherglaselektrode ist darin zu sehen, daß man die Mantelflüssigkeit 8—14 Tage lang nicht zu erneuern braucht. Eine einzige Füllung mit dem Standardazetat-Kaliumchloridgemisch läßt sich 14 Tage lang als Bezugselektrode verwenden. Der p_H ändert sich allerdings täglich um ca. 0,01—0,02; er muß daher zu Beginn eines jeden Arbeitstages durch eine Messung mit der VEIBEL-Elektrode erneut festgestellt werden. Da die Messung aber nur eine Minute erfordert, ist hierin keine Schwierigkeit zu sehen. Der erhaltene Wert bleibt dann den ganzen Tag über konstant.

Nach jeder einzelnen Messung kann man das Lumen der Elektrode direkt unter der Wasserleitung ausspülen, wobei die ganze Elektrode wie ein Becherglas gehalten wird. Nach Beendigung aller Messungen fülle man das Lumen bis über den Schliff *b* mit gesättigter KCl-Lösung. Den oberen Rand des Lumens und den Schliff *a* kann man mit etwas Vaseline fetten, um das Herauskriechen des KCl zu verhindern. *Keineswegs* darf aber, was schon oben betont wurde, der *Schliff b gefettet* werden.

Diese Becherglaselektrode wird in drei verschiedenen Größen, für ca. 2, 10 und 30 ccm angefertigt.

Bei dem soeben beschriebenen Elektrodengefäß ist die Untersuchungslösung im Innenraum, die Bezugselektrode im Außenraum. Es läßt sich selbstverständlich auch die Bezugselektrode nach innen nehmen und die Untersuchungslösung dann nach außen. Mit Rücksicht auf die leichte Handhabung der Becherglasform wurde absichtlich die erste Anordnung gewählt und die andere verlassen. Doch erscheint auch die zweite Form für manche Zwecke brauchbar. L. Smolik[1]) empfiehlt eine solche Form für Bodenuntersuchungen, ebenso Koehn[2]).

Für sehr kleine Flüssigkeitsmengen sind die Mikrochinhydronelektroden von Biilmann und von Ettisch[3]) eingerichtet.

9. Die Elektrode von Biilmann gestattet eine Messung mit 2 bis 3 Tropfen Flüssigkeit. Aus der Abb. 140[4]) geht die Anordnung der Elektrode hervor. Ein kapillares Glasrohr steht durch einen Gummistopfen mit einer Platinelektrode in Verbindung. In das Glasrohr kommt die Untersuchungslösung und dazu das Chinhydron. Die elektrolytische Verbindung kann beliebig hergestellt werden.

10. Die Elektrode von Ettisch (Abb. 141 und 142) besteht aus einem etwa würfelförmigen Gefäß *A* von 5—7 mm Kantenlänge. Der Bodenteil trägt eine kleine kugelige Ausblasung *E*. Die entgegengesetzte Fläche, die Deckfläche, läuft in einen Schliffhals *H* aus. Durch die eine Seitenwand führt eine Platindurchschmelzung *Pt*. Ihr eines, leicht breitgehämmertes Ende reicht bis tief in die Ausblasung *E* hinein, darf aber das Glas selbst nicht berühren. Das andere Ende reicht in ein angeblasenes rechtwinklig gebogenes Glasrohr *B*, dem auf der Gegenseite ein genau gleiches *B'* gegenübersteht. Der Arm *B* (nicht B_1) ist mit Quecksilber gefüllt. B_1 und *V* dienen zur Stabilisierung. Abb. 142 zeigt den eigentlich wichtigen Teil vergrößert. Beim Gebrauch bringt man etwas Chinhydron in die Ausblasung *E* und schichtet dann vorsichtig die zu messende Substanz darüber. Dann wird das Gefäß mit dem Glasstopfen geschlossen und in den Thermostaten gebracht. Nach

---

[1]) Smolik, L.: Biochem. Zeitschr. Bd. 172. 1926.
[2]) Koehn: Zeitschr. f. anorgan. Chemie Nr. 36, S. 1073. 1926.
[3]) Ettisch: Zeitschr. f. wiss. Mikroskopie Bd. 42, S. 302. 1925.
[4]) Aus Kopaszewski: Les Ions D'Hydrogène. Paris 1926.

wenigen Minuten ersetzt man den Glasstopfen durch das Röhrchen R, das mit einer Lösung von etwa 2proz. Agar in gesättigter KCl-Lösung gefüllt ist. Von diesen Röhrchen soll man eine ganze Anzahl bereithalten. Dann wird die Messung wie üblich ausgeführt.

Erwähnt sei noch die Mikroelektrode von SCHAEFER und SCHMIDT[1]) zur Messung von Kapillarblut, zu deren Füllung 3—4 Tropfen genügen.

Eine besondere Anordnung zur Messung von Flüssigkeiten, die nicht der Luft ausgesetzt werden sollen, ist die sog. *Spritzenelektrode*[2]). In

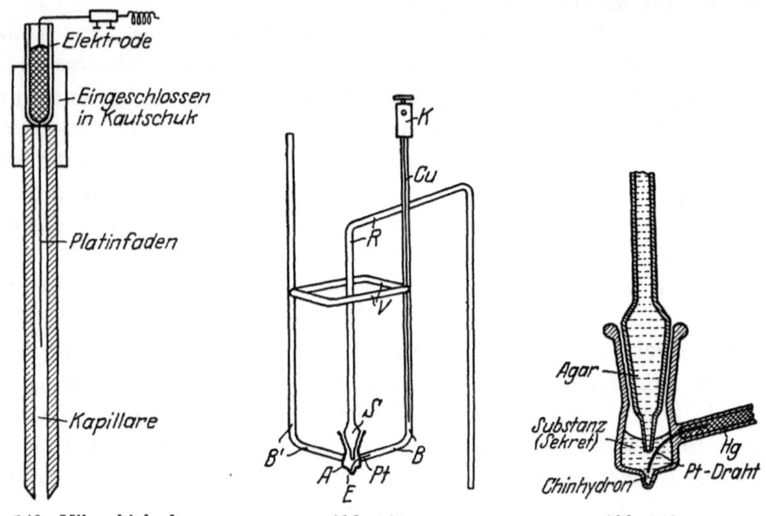

Abb. 140. Mikrochinhydronelektrode nach BIILMANN.

Abb. 141.
Mikrochinhydronelektrode nach ETTISCH.

Abb. 142.

die Spritze kommt etwas festes Chinhydron und physiologische Kochsalzlösung. Dann wird mit Hilfe des Stempels alle Luft aus der Spritze verdrängt und eine Nadel aufgesetzt. Die Untersuchungslösung wird nun direkt in die Spritze eingezogen und 2—3mal durch Neigen und Aufrichten der Spritze mit dem Chinhydron und der physiologischen NaCl-Lösung durchmischt. Zur Messung nimmt man die Nadel ab, stellt die Spritze in eine KCl-Wanne, und verbindet die Polklemme der Spritze mit der Meßapparatur. Die *Bezugselektrode* ist selbstverständlich beliebig.

Die Spritzen werden nicht mehr mit Gold, sondern mit *Platin* angefertigt, da sich die Goldspritzen wegen der Schwierigkeit der Metallreinigung nicht bewährt haben. In dem kleinsten Modell lassen sich schon 0,1—0,2 ccm Flüssigkeit messen (Abb. 143).

---

[1]) SCHAEFER u. SCHMIDT: Biochem. Zeitschr. Bd. 156. 1925; SCHAEFER, R.: Bd. 167. 1926 (*spezielle Methode für Kapillarblut*).

[2]) MISLOWITZER, E.: Die Spritze als Elektrode. Biochem. Zeitschr. Bd. 159.

In der Chinhydronelektrode haben wir eine besondere Elektrodenart kennengelernt, die fast überall die Wasserstoffelektrode vertreten kann. Wir hörten ferner, daß sie der Wasserstoffelektrode überlegen ist, wenn eine Lösung vorliegt, die einen Wasserstoffdruck von einer Atmosphäre nicht verträgt oder wenn vergiftende Stoffe in der Untersuchungslösung sind. Da für manche Zwecke aber auch die Chinhydronelektroden versagen, so wollen wir noch andere Elektrodenarten erwähnen, die in solchen Fällen mit Vorteil Anwendung finden können.

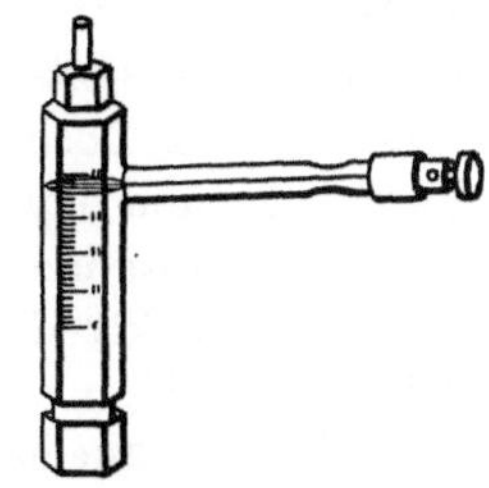

Abb. 143. Spritzenelektrode nach E. Mislowitzer.

Zur Chinhydronmessung muß die Untersuchungslösung stets mit Chinhydron gesättigt sein, eine Aufgabe, die bei *fließenden Lösungen* nur schwer und unter erheblichen Kosten erfüllt werden kann. So erscheint denn für manche Spezialaufgaben, z. B. die H-Ionenkontrolle industrieller Flüssigkeiten, die Chinhydronelektrode nicht geeignet. Die Messung mit der Wasserstoffelektrode ist meistens unmöglich, da in den technischen Lösungen häufig sehr viel reduzierbare[1]) und auch vergiftende Substanzen vorliegen und auch die atmosphärische Luft schwer zu entfernen ist. In allen diesen Flüssigkeiten soll man es mit einer dritten Art von Elektroden versuchen, mit den sogenannten „*Nichtgaselektroden*".

γ) Die sog. Nichtgaselektroden.

Sog. Nichtgaselektroden werden manchmal mit Vorteil gebraucht, wo Wasserstoff- und Chinhydronelektroden versagen.

Das Prinzip dieser Metallelektroden ist das der Oxydations-Reduktionselektroden. Erwähnt sind die Manganelektroden und die Antimonelektrode.

Auf die bimetallischen Elektrodensysteme ist hingewiesen, obwohl sie vornehmlich für elektrometrische Titrationen in Frage kommen.

Schließlich sind noch die Glaselektroden erwähnt, die in letzter Zeit an praktischer Bedeutung zugenommen haben.

Unter Nichtgaselektroden versteht man eine Anzahl von Metallen oder Metalloxyden, die in beliebigen Lösungen ein von der Wasserstoffzahl abhängiges Elektrodenpotential zeigen. Hierhin gehört auch die sog. *Glaselektrode*, die ebenfalls als H-Ionenelektrode Verwendung findet. Diese Elektrode, die weiter unten zur Besprechung kommt, arbeitet mit derselben Genauigkeit wie eine Wasserstoff- oder Chinhydronelektrode.

Bei den metallischen Nichtgaselektroden ist das nicht der Fall. Sie können in der Genauigkeit nicht mit der Wasserstoffelektrode konkurrieren. Da aber für viele Messungen, vor allem an industriellen Flüssigkeiten, die Genauigkeit nicht sehr groß zu sein braucht, ist diese Eigenschaft für diese Messungen kein wesentlicher Nachteil.

---

[1]) Siehe hierzu den Abschnitt über die eigentliche Messung, S. 251 u. 252.

Die Wirksamkeit einer *Metall-Metalloxydelektrode* kann in gleicher Weise gedacht werden wie die der Chinhydronelektrode. Eine Oxydations- und eine Reduktionsstufe liegen vor. Das Metall ist die Reduktionsstufe, das Oxyd die Oxydationsstufe, bzw. eine niedere Oxydstufe des Metalls ist die Reduktionsstufe, eine höhere die Oxydationsstufe. Sind die Löslichkeiten von Metall und Metalloxyd sehr gering, so ist die Sättigung einer Lösung sehr bald zu erreichen, und man kann wie bei dem Chinon und Hydrochinon das Verhältnis der beiden Stufen unter gewissen Umständen als konstant annehmen. In diesem Falle steht wieder das Elektrodenpotential in logarithmischer Abhängigkeit von der H-Ionenzahl.

1. Die Manganelektrode. So vermutet PARKER[1]) den Elektrodenvorgang einer Manganelektrode in folgenden Umsetzungen:

Entweder als Sauerstoffelektrode [2]):

$$Mn_2O_3 \text{ (fest)} \rightleftarrows 2\,MnO \text{ (fest)} + {}^1/_2\,O_2 \text{ (Gas)}$$

Oder als Oxydationsreduktionsvorgang:

$$Mn^{\cdots} + e \rightleftarrows Mn^{\cdot\cdot}.$$

Dieser Elektrodenvorgang steht nach der im zweiten Abschnitt dieses Buches behandelten PETERschen Gleichung in folgender Beziehung zum Potential:

$$E = E_0 - 0{,}0591 \log \frac{Mn^{\cdot\cdot}}{Mn^{\cdots}} - 0{,}0591\,p_H \text{ (bei 25°).}$$

Ist

$$\frac{Mn^{\cdot\cdot}}{Mn^{\cdots}} = k\,,$$

so steht E in der logarithmischen Abhängigkeit von der [H$^{\cdot}$].

PARKER untersuchte vier verschiedene Pufferlösungen mit Wasserstoff- und mit zahlreichen Nichtgaselektroden. Die besten Resultate ergaben platinierte Gold- oder Platinelektroden in Kontakt mit Mn_2O_3. Folgende Tabelle zeigt die gute Konstanz der Potentialdifferenz einer Kette zwischen einer Wasserstoffelektrode und einer Nichtgaselektrode in den bezeichneten Pufferlösungen:

Puffer	Phthalat $p_H = 3{,}92$ Volt	Phosphat $p_H = 6{,}35$ Volt	Borate $p_H = 8{,}25$ Volt	Borate $p_H = 9{,}07$ Volt
Au platiniert, — Mn_2O_3	0,956	0,976	0,971	0,967
Pt, platiniert — Mn_2O_3	0,968	0,974	0,970	0,969
Wolfram — Mn_2O_3 . .	0,450	0,462	0,466	0,464

(Die WOLFRAM-Elektrode war mit stark alkalischer Lösung vorbehandelt.)

---

[1]) PARKER, H.: Industr. a. engineer. chem. Bd. 17, Nr. 7. 1925.
[2]) KEELER: Industr. a. engineer. chem. Bd. 14, S. 395. 1922. — Siehe auch: THOMPSON u. CROCKER: Trans. Am. Electrochem. Soc. Bd. 27, S. 166. 1915. — BAYLIS: Industr. a. engineer. chem. Bd. 15, S. 852. 1923.

Die Frage der Vergiftungsfähigkeit ist schon für die WOLFRAM-Mn_2O_3-Elektrode untersucht worden. Diese Elektrode scheint von den in Betracht kommenden Substanzen aus Abwässern, Kloaken usw. nicht in Mitleidenschaft gezogen zu werden.

2. Die Antimonelektrode. Eine weitere Nichtgaselektrode wurde von UHL und KESTRANEK[1]) und dann von KOLTHOFF[2]) untersucht.

Das ist die Antimonelektrode, deren Wirksamkeit folgendermaßen angenommen wird:

$$Sb_2O_3 + 2\,H^{\cdot} \rightleftarrows 2\,SbO^{\cdot} + H_2O\,.$$

Das Potential der Antimonelektrode hängt von der $SbO^{\cdot}$-Konzentration ab und diese wieder von der H-Ionenzahl. So steht also auch hier die H-Ionenzahl zu dem Elektrodenpotential in fester Beziehung.

Nach KOLTHOFF ist zwischen p_H 1 und 5

$$E = 0{,}0415 + 0{,}0485\,p_H\;(14°),\quad\text{also}\quad p_H = \frac{E - 0{,}0415}{0{,}0485}$$

und gegen p_H 9

$$E = 0{,}009 + 0{,}0536\,p_H\;(14°),\quad\text{also}\quad p_H = \frac{E - 0{,}009}{0{,}0536}\,.$$

KOLTHOFF findet zwischen einer $^n/_1$-Kalomelelektrode und einer Antimonelektrode (in Stabform umgeschmolzen aus Antimon „Kahlbaum") folgende Spannungen:

p_H	Volt	p_H	Volt
1,05	0,089	8,24	0,457
3,0	0,190	9,36	0,512
4,0	0,236	11,3	0,616
5,0	0,282	12,25	0,660
6,0	0,327	13,2	0,741
7,0	0,374		

In die Untersuchungslösung kommt zur Verschärfung der Ausschläge etwas festes Sb_2O_3. Eigene unveröffentlichte Versuche mit Antimonelektroden lieferten nicht so gute Resultate. Auf der sauren Seite waren die Ergebnisse noch verwendbar, auf der alkalischen Seite wurden aber die Potentialdifferenzen bei gleichen p_H-Schritten immer kleiner und unregelmäßiger. Benutzt wurden aus Antimon „Kahlbaum" umgeschmolzene Elektrodenstangen[3]).

Alle diese Nichtgaselektroden lassen sich am besten für *elektrometrische Säure- und Alkalititrationen* verwenden, da es hierbei nicht

---

[1]) UHL u. KESTRANEK: Monatsh. Bd. 44, S. 29. 1913; zit. nach KOLTHOFF.

[2]) KOLTHOFF u. HARTONG: Recueils des travaux chim. de Pays-Bas Bd. 44. 1925.

[3]) Bisher konnten wir den Grund unseres Mißerfolges noch nicht auffinden. Neuerdings benutzt BRINKMANN Antimonelektroden mit gutem Erfolg zum Messen des p_H von strömendem Blut. (Vortrag auf dem Physiolog. Kongreß, Frankfurt a. Main 1927.)

auf eine Abweichung von einigen Millivolt ankommt. Diese Titrationen lassen sich auch mit einer eigenartigen Kombination ausführen, mit dem sog.

3. Bimetall-Elektrodensystem. MEULEN und WILCOXON[1]) haben Säure- und Alkalititrationen mit *blankem Platin ohne H_2-Beladung* ausführen können, indem sie zwei Halbzellen mit je einem blanken Platindraht versetzten. Die eine dieser Halbzelle enthält eine neutrale Lösung. Ferner haben sie eine Kombination von Platin und Graphit zum Eintauchen in die Untersuchungslösung verwandt und damit ebenfalls Säure und Alkali titriert. Der Endpunkt der Titration ist der uns schon bekannte Potentialsprung bzw. die Umkehr der Stromrichtung.

Nach den Untersuchungen von BRÜNNICH[2]) ist eine Kombination von *reinem Graphit und Platin* besonders geeignet. Taucht man ein

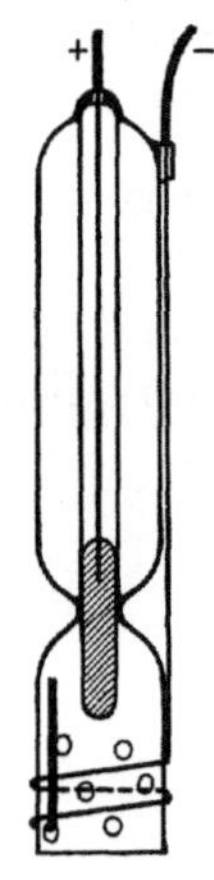

System aus Graphit und Platin in eine 0,01 n-HCl, so ist die Spannung zwischen dem Graphit und dem Platin 0,18 Volt. Im Neutralpunkt ist sie — 0,005 Volt und in 0,01 n-NaOH ist die Spannung dieser Kette — 0,13 Volt. Diese Unterschiede sind so groß, daß sie sehr leicht zur Feststellung des Neutralpunktes dienen können; eine Graphit-Kohleelektrode ist zur elektrometrischen Titration sehr zu empfehlen, da die ganze Apparatur nur aus dieser Elektrode und einem Galvanometer besteht. Die Anordnung dieser Elektrodenkombination ist aus beistehender Abb. 144 zu erkennen. Ein Graphitstift (reinster Graphit, Kohle einer elektrischen Lampe genügt nicht) steht in einem Glasrohr, das in ein zweites Glasrohr eingesetzt ist. Dieses zweite Glasrohr trägt am unteren Ende einen Platinring. Vom Graphit einerseits und vom Platin andererseits wird abgeleitet. Über die Art des Ausschlages kann man sich dadurch unterrichten, daß man die Elektrode zuerst in dest. Wasser, dann in eine alkalische und schließlich in eine saure Lösung taucht.

Abb. 144. Graphit-Platinelektrode nach BRÜNNICH.

4. Die Glaselektrode. Wenn eine dünne Glaswand zwei Lösungen von verschiedener H-Ionenkonzentration trennt, so entsteht an der Glaswand eine elektromotorische Kraft, die der Messung zugänglich ist. Die erste Beobachtung dieser Erscheinung stammt von M. CREMER[3]). HABER und KLEMENSIEWICZ[4]) haben ausgedehnte Untersuchungen mit

[1]) MEULEN u. WILCOXON: Industr. a. engineer. chem. Bd. 15. 1923.

[2]) BRÜNNICH: Industr. a. engineer. chem. Bd. 17, S. 631. 1925.

[3]) CREMER, M.: Zeitschr. f. Biol. Bd. 47. 1906.

[4]) HABER u. KLEMENSIEWICZ: Ann. d. Physik Bd. 26. 1908. Zeitschr. f. physik. Chemie Bd. 67. 1909.

solchen Glasketten bzw. Glaselektroden angestellt und die genaue Abhängigkeit des Potentials von der H-Ionendifferenz der an die Glasmembran angrenzenden Lösungen nachgewiesen. Wenn die Wasser-

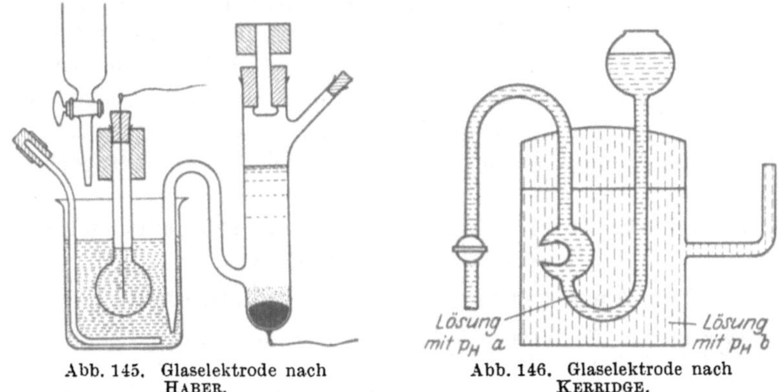

Abb. 145. Glaselektrode nach HABER.

Abb. 146. Glaselektrode nach KERRIDGE.

stoffzahl der einen Lösung bekannt ist, so läßt sich die der anderen nach Messung der Potentialdifferenz sehr leicht berechnen. Die dünne Glasmembran verhält sich also wie eine für H-Ionen reversible Elek-

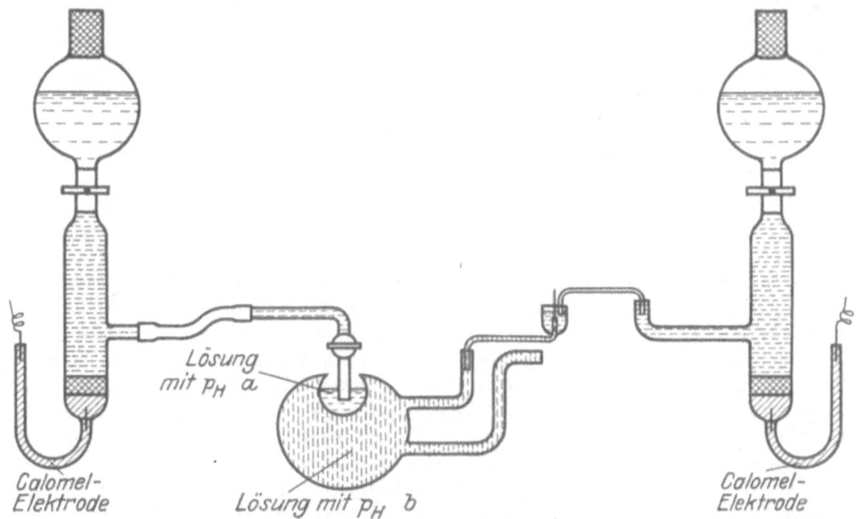

Abb. 147. Glaselektrode nach KERRIDGE.

trode, wie eine wirkliche Wasserstoffelektrode. Nach HABER herrscht in der Glasmembran eine konstante H-Ionenzahl. Die H-Ionen stammen von den Spuren von Quellungswasser her, die in der Membran eingeschlossen sind. Die beistehende Abb. 145 zeigt die Anordnung, mit der HABER gearbeitet hat. Als Meßinstrument benutzte er ein Quadrantenelektrometer. In letzter Zeit ist das Interesse an der Glaselektrode wieder erwacht. So hat sich KERRIDGE[1]) um die praktische Ausgestaltung der p_H-Messung mit Glaselektroden sehr verdient gemacht. KERRIDGE hat diese Messungsart für die Zwecke der Biochemie durchgeprüft und unter anderem auch viele Blutuntersuchungen damit ausgeführt. Die Elektrodenanordnungen von KERRIDGE gehen aus beistehenden Abb. 146 und 147 hervor. Die Ableitung geschieht durch zwei Kalomelelektroden.

Die Potentialdifferenz wird mit Hilfe eines Potentiometers unter Benutzung eines Quadrantenelektrometers als Nullinstrument gemessen.

V. Praktische Angaben für die Ausführung elektrometrischer Wasserstoffzahlbestimmungen.

a) Die Apparaturen zur Potentialmessung.

Zunächst werden alle Zubehörteile der elektrischen Apparaturen angegeben. Ausführlich wird das Füllen, das Laden und die Kontrolle von Akkumulatoren beschrieben, wobei auch die einfachsten Störungen und ihre Beseitigung Berücksichtigung fanden. Die einzelnen Teile der Meßdrahtapparatur werden zur meßfertigen Apparatur zusammengestellt, das Elektrometer wird montiert, und Meßübungen werden ausgeführt. Auch hier sind Störungen wieder ausführlich erwähnt. Dann wird die zur Messung nötige Eichung des Akkumulators angegeben und die eigentliche Messung einer Elektrodenkette beschrieben. In der gleichen Weise wird der Aufbau einer Rheostatenapparatur angegeben und die Art der Abzweigung der gewünschten Hilfsspannung durch einen Vorschaltwiderstand beschrieben. Praktische Einzelheiten werden mitgeteilt, schließlich auch eine eigentliche Messung angeführt. Recht ausführlich ist der Aufbau und die Bedienung des Potentiometers beschrieben, wobei besonderer Wert auf die genaue Darstellung aller Einzelheiten, Handgriffe usw. gelegt wurde. Die Einstellung mit und ohne Normalelement wird angegeben, die Frage der Meßgenauigkeit erörtert und schließlich eine Messung beschrieben.

Dann werden die Elektrodenketten zusammengestellt, und zwar werden Ketten aus Kalomel-Wasserstoffelektroden, aus Kalomel-Chinhydronelektroden und aus Chinhydron-Chinhydronelektroden angegeben. In einem besonderen Abschnitt werden die Lösungen besprochen, die sich mit Wasserstoffelektroden messen lassen, und im Anschluß daran die häufigsten Elektrodenstörungen erwähnt. Die zwei Eichungsarten der Kalomelelektroden werden angegeben, soweit sie für die Praxis in Frage kommen. Das Messen von CO_2-haltigen und von ungepufferten Lösungen erfordert besondere Maßnahmen. Auf die Korrekturen, die besonders für Wasserstoffelektroden notwendig sind, wird ausführlich eingegangen. Die Vorteile und Nachteile der Chinhydronmessung werden beschrieben. Die Chinhydronmessung einer technischen Lösung wird angegeben, bei der die Wasserstoffelektroden versagen. Diese Messung soll als Beispiel dienen für schwierige Meßaufgaben der Praxis. Auch bei der Chinhydronmessung wird auf viele Einzelheiten besonders hingewiesen.

Zur eigentlichen Messung muß dem Untersucher eine elektrische Meßapparatur und aller Zubehör zur Verfügung stehen. In gut eingerichteten wissenschaftlichen und technischen Laboratorien wird jetzt *immer mehr und mehr mit Potentiometern*[2]) *gearbeitet. Die Vorzüge dieser*

1]) KERRIDGE: London, June 1925.
2]) In den Vereinigten Staaten und in England fast ausschließlich.

Apparatur hinsichtlich der Zuverlässigkeit, der leichten Handhabung und der Dauerhaftigkeit sind so augenscheinlich, daß es kaum mehr nötig ist, noch besonders darauf hinzuweisen. Da aber in vielen Instituten noch vollständige Meßeinrichtungen mit Rheostatenkästen von früher her im Gebrauch sind, soll auch diese Apparatur hier Berücksichtigung finden.

Schließlich wollen wir auch das Arbeiten mit der ältesten Anordnung, mit der Meßdrahtapparatur behandeln, obwohl dieses System vorwiegend für Unterrichtszwecke, nicht aber mehr für Messungen der Praxis in Frage kommt.

Wir werden also zunächst die Aufstellung und die Eichung dieser drei Apparaturen nacheinander beschreiben, und zwar in der Reihenfolge: 1. Meßdrahtapparatur, 2. Rheostatenapparatur, 3. Potentiometer.

1. Die Meßdrahtapparatur. Zur Verfügung stehen:

1. Ein Meßdraht, 1 m lang, auf Holz montiert in Millimeter unterteilt (s. S. 111);

2. ein Akkumulator, am besten folgender Typ: Höhe ca. 19 cm, Breite ca. 13 cm, Tiefe ca. 9 cm; Kapazität: 54 Amperestunden bei 0,1 Ampere Entladestrom, 24 Amperestunden bei 2,4 Ampere Entladestrom; maximale Ladestromstärke 2,4 Ampere;

3. ein Kapillarelektrometer, aus dem Handel fertig bezogen, zugeschmolzener Typ (s. S. 122);

4. ein Stativ für das Kapillarelektrometer mit Kurzschlußkontakt am Stativfuß;

5. ein selbst hergestelltes Normalelement (s. S. 96 ff.);

6. zwei Stromschlüssel;

7. 3 m dünner, umsponnener Kupferdraht;

8. 3 m umsponnener Kupferdraht, sog. Klingeldraht.

2. Der Akkumulator. Der Bleiakkumulator muß gut geladen sein. Das Laden geschieht auf folgende Weise: Zunächst wird aus reinster H_2SO_4 eine Säure mit dem spez. Gew. 1,18[1]) durch Verdünnen hergestellt. Dann wird diese Säure in den Bleiakkumulator soweit eingefüllt, daß die Bleiplatten reichlich bedeckt sind.

Das Aufladen wird an einer Lichtleitung mit Gleichstrom vorgenommen, deren Stromstärke durch eingeschaltete Kohlenfadenlampen reguliert werden kann. Das Schema der Stromleitung ist aus beistehender Abbildung zu erkennen. Die Zusammenfassung mehrerer Glühlampen zu einer festen Widerstandsanordnung nennt man *Glühlampenrheostat*. Die Abb. 148 zeigt einen solchen Rheostaten. Zwischen zwei Metallschienen sind 6 Glühlampen *parallel* geschaltet. Jede einzelne Glühlampe von 50 Kerzen (Osramlampen) hat einen Widerstand von etwa 250 Ohm, eine Lampe von 25 Kerzen von etwa 500 Ohm.

---

[1]) Spez. Gewicht 1,18 = ca. 25 %. Die richtige Verdünnung wird entweder durch ein Aräometer oder durch Titration mit Lauge festgestellt.

Sind alle 6 Lampen von 50 Kerzen eingeschraubt, so beträgt der Widerstand $\frac{250}{6}$ Ohm, der Gesamtstrom ist also bei einer Klemmenspannung von 110 Volt ca. 2,6 Ampere[1]).

Werden einzelne Birnen in ihrer Fassung gelockert, so daß sie nicht mehr brennen, so erhöht sich der Gesamtwiderstand, und demgemäß verkleinert sich die Stromstärke; brennt nur noch *eine* Birne, so beträgt die Stromstärke nur noch $\frac{110}{250} = 0,44$ Ampere. Am besten werden diese Lampen und ein Amperemeter zu einem System zusammengefaßt und auf ein Brett montiert.

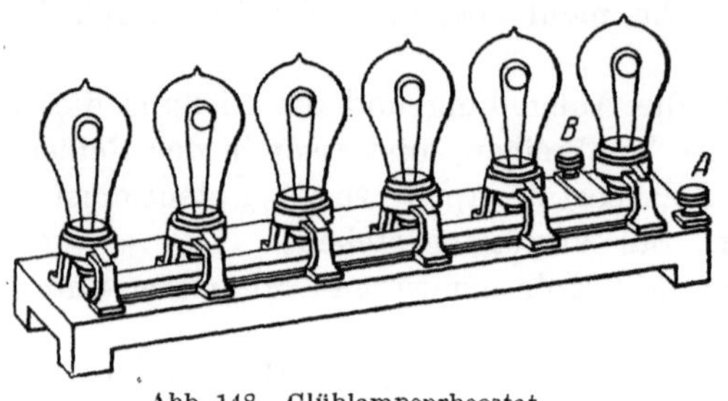

Abb. 148. Glühlampenrheostat.

Zum Laden wird der positive Pol des Akkumulators mit dem positiven Pol des Speisestroms verbunden; ebenso werden die beiden negativen Klemmen miteinander verbunden. Es wird zunächst mit ca. 1 Ampere so lange aufgeladen, bis der Akkumulator reichlich Gas entwickelt; dann wird noch mit schwächerem Strom (ca. 0,3 bis 0,5 Ampere) längere Zeit (ca. 24 Stunden) weitergeladen. Selbstverständlich lassen sich die Lampen auch durch jeden beliebigen anderen Regulierwiderstand ersetzen, der die nötige Ohmzahl besitzt. Sind die Pole der Lichtleitung nicht bezeichnet, so lassen sie sich mit Hilfe eines roten Lackmuspapiers leicht erkennen. Man feuchtet das Lackmuspapier mit einer verdünnten Natriumsulfatlösung an und legt es glatt auf ein Isoliermaterial, am einfachsten auf den Tisch. Dann hält man die zwei von der Lichtleitung herstammenden Drähte auf dieses Papier. Hierbei muß man natürlich vermeiden, daß sich die Drähte berühren, da sonst Kurzschluß[2]) entsteht und die Lamellen der Steckkontakte oder

---

[1]) Siehe Seite 92.

[2]) Kurzschluß entsteht stets dann, wenn die Pole eines Elements, eines Akkumulators oder eines Generators (Lichtleitung) *direkt miteinander*, also ohne Zwischenschaltung eines genügend großen Widerstandes, verbunden werden. In jeder Lichtleitung liegt ein System von Sicherungen, die verhindern sollen, daß im Falle eines Kurzschlusses die Stromstärke in der Leitung und somit auch in der Wicklung des Generators zu stark ansteigt. Gewöhnlich vertragen die äußersten Sicherungen, die Lamellen in den Steckkontakten, ca. 3—6 Ampere. Dahinter liegen die einschraubbaren Sicherungen mit 6—9 Ampere, dahinter die Haussicherungen mit 12—20 Ampere, dann die Straßensicherungen usw. Steigt die Stromstärke über die an den Sicherungen angegebene Amperezahl, so brennt ein feiner Metallfaden durch. Der Strom ist jetzt so lange unterbrochen, bis eine neue Sicherung eingesetzt ist. Liegt z. B. in einem Steckkontakt eine Lamelle von 6 Ampere, so kann der Strom, der die Lamelle passiert, nicht über 6 Ampere ansteigen. Bei 110 Volt Klemmenspannung kann also der äußere Widerstand nicht unter 18,5 Ω

die übrigen Sicherungen durchschlagen. Bringt man sie ungefähr in 3 cm Entfernung voneinander auf das Papier, so färbt sich die Stelle an dem einen Draht *blau*. Das ist die *Kathode*, also der Minuspol. An der Kathode werden die Natriumionen abgeschieden. Diese bilden in der Umgebung der Kathode Natronlauge, deren OH-Ionen die Blaufärbung des Lackmuspapiers bewirken. Bisweilen erhält man überhaupt keine Färbung des Papiers. Dann prüfe man sofort den Steckkontakt mit einer Lampe auf Strom. Leuchtet die Lampe nicht auf, so schraube man den Deckel des Steckkontaktes ab, nehme die Lamellen heraus und kontrolliere sie auf Unversehrtheit. Der feine, sichtbare Draht darf nicht gerissen oder durchgeschmolzen sein. Ist das bei einer Lamelle oder bei beiden doch der Fall, so bringe man in die entsprechenden Klemmen neue Lamellen (meistens für 3—6 Ampere). Man fasse die Lamelle (s. Abb. 149) in der Mitte an dem Pappstück fest an und setze ihre Metallenden in die zugehörigen Klemmen AB bzw. CD des Steckkontaktes ein (s. Abb. 150). Sind die Lamellen im Steckkontakt in Ordnung, so muß man die eigentlichen Sicherungen der Leitung nachsehen. Ein heruntergefallenes rotes Scheibchen am Kopf der Sicherung (s. Abb. 151 u. 152) zeigt den

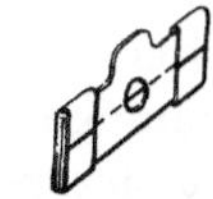

Abb. 149. Sicherungslamelle für einen Steckkontakt.

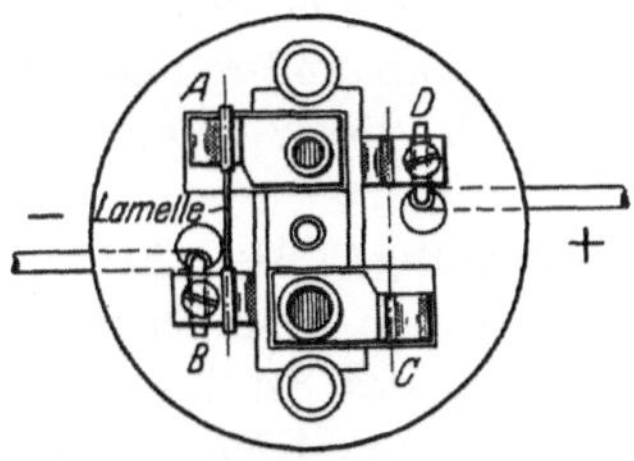

Abb. 150. Steckkontakt nach Entfernung des Porzellandeckels.

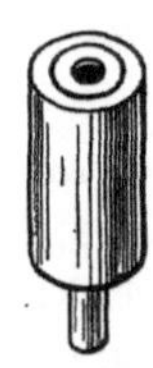

Abb. 151. Sicherung.

Abb. 152. Älteres Modell einer Sicherung mit festem Porzellankopf.

Defekt an. Nach Auswechslung dieser Sicherung durch eine unbeschädigte ist die Schwierigkeit beseitigt.

Der frisch aufgeladene Akkumulator hat meistens eine Spannung von 2,1—2,2 Volt. Diese Spannung stellt man mit dem Taschenvoltmeter (s. S. 189) fest. Es ist nun nicht zweckmäßig, einen frisch aufgeladenen Akkumulator bei der H-Ionenmessung als Hilfsbatterie zu verwenden, da seine Klemmenspannung anfangs ziemlich rasch auf 2,0 und 1,95 Volt fällt. Man schließe den Akkumulator daher nach der Ladung zunächst durch einen Widerstand von ca. 8—10 Ohm für

heruntergehen, ohne daß der Draht in der Lamelle durchbrennt. Beim Abzweigen von Strom aus einer Lichtleitung achte man darauf, daß zwischen den Polen stets ein genügend hoher Widerstand liegt und nicht etwa durch einen Stromschlüssel oder ähnliches eine direkte leitende Verbindung ermöglicht wird!

eine Stunde kurz. Ist nach einer eventuellen Wiederholung des Kurz-
schließens die Klemmenspannung auf 1,95 Volt gesunken, so ist der
Akkumulator gebrauchsfertig. Die Spannung des Akkumulators soll
niemals unter 1,8 Volt heruntergehen; man sorge also für rechtzeitige
Aufladung und kontrolliere auch von Zeit zu Zeit die Schwefelsäure
mit Hilfe eines Aräometers.

3. **Aufstellung der Meßdrahtapparatur.** Zum Aufbau der Meßdrahtapparatur benutze man einen großen, festen Laboratoriumstisch, der
am Fenster steht. Soll die Ablesung des Kapillarelektrometers mit
künstlichem Licht ausgeführt werden, so ist natürlich jeder andere
Platz abseits vom Fenster auch geeignet.

Der Meßdraht wird parallel zur Fensterfront auf den Tisch gelegt. Der
Akkumulator wird hinter (vom Beschauer gesehen) den Meßdraht gestellt, der positive Pol rechts (vom Beschauer gesehen) und der negative
links. Nun verbinde man mit Hilfe des Klingeldrahtes die beiden Enden
des Meßdrahtes mit den beiden Polen des Akkumulators. Der positive
Pol führt dann zum rechten Meßdrahtende, der negative zum linken.
In eine dieser beiden Leitungen schalte man einen Stromschlüssel ein
und lasse ihn offen. Man achte darauf, daß sämtliche Drahtenden blank
sind und überall Metall gut an Metall grenzt. Sollten die Kontakte am
Schlüssel oder an den Meßdrahtenden oder an den Klemmen des Akkumulators nicht blank sein, so schmirgle man sie gut ab und reinige sie
mit Petroleum. Der sog. *große Stromkreis* ist nach dieser Schaltung
hergestellt.

4. **Montage des Elektrometers und seine Bedienung.** Als nächste
Aufgabe führe man die Montage des Elektrometers aus. Das Elektrometer kommt parallel zum Meßdraht in den Bügel des Stativs, und
zwar wird es mit der nicht kugelförmigen Seite in die Klemme des
Bügels eingespannt; das *Fernrohr* soll ungefähr auf die Quecksilberkuppe zeigen. Mit der genauen Einstellung des Fernrohrs warte man
noch. Nun drehe man den feinen umsponnenen Draht (2 mal je 60 cm)
mit Hilfe eines Bleistifts zu Spiralen, indem man ihn in engen Touren
um den Bleistift herumwickelt. Die Drahtenden werden blank geputzt.
Je ein Draht wird mit einem der beiden Elektrometerpole verbunden.
Die beiden anderen Enden führen zu den Kontakten am Kurzschließer,
der bei den meisten Anordnungen, wie wir sahen, am Fuße des Stativs
befestigt ist. An diese beiden Kontakte müssen auch zwei Drähte angelegt werden, die zum *kleinen Stromkreis* gehören (s. Kapillarelektrometer S. 122 ff.). Es ist sehr zweckmäßig, die Enden der Drähte des
kleinen Stromkreises, von dem wir noch gleich sprechen werden, und
die Enden der spiraligen Elektrometerdrähte direkt durch Umwickeln
miteinander zu verbinden und dann je zwei dieser verbundenen Drähte
gewissermaßen als *einen* Draht an den Kurzschlußkontakten am Stativ-

fuß festzuschrauben. Dieser Stelle schenkt man seine besondere Aufmerksamkeit. Man nehme also das herunterhängende freie Ende des
rechten spiraligen Drahtes und drehe es um das Ende eines von rechts
kommenden Drahtes, der später zu dem kleinen Stromkreis gehört.
Dasselbe tue man mit dem linken spiraligen Draht und einem nach
links führenden Draht, der ebenfalls später zu dem kleinen Stromkreis gehört. Die beiden miteinander verwickelten und so gut
metallisch verbundenen rechten Drahtenden stecke man in den
rechten Kontakt des Kurzschließers, die beiden linken in den linken
Kontakt. Nun untersuche man den Kurzschließer daraufhin, ob er
seiner Anlage nach wirklich das Elektrometer kurz schließt (bei den
Quecksilbernäpfen ist hierauf besonders zu achten); ferner ob nach
Öffnung des Kurzschließers das Elektrometer nicht mehr kurz geschlossen ist und ein Strom aus den Drähten des kleinen Stromkreises
durch das Elektrometer gehen *muß*. Hat man sich durch genaues
Überprüfen des Kontaktes hiervon überzeugt, so stelle man durch
Regulierung der Mikrometerschraube nunmehr das Fernrohr sorgsam
auf den Quecksilbermeniskus ein[1]). Während der Akkumulator zweckmäßig *hinter* den Meßdraht zu stehen kommt, soll das Elektrometerstativ *vor* dem Meßdraht aufgestellt werden, da man es nur dann gut
bedienen kann. Die Richtung des Stativs ist ja dadurch gegeben, daß
man mit dem Fernrohr gegen das Licht sehen muß. Es ist zweckmäßig,
das Stativ nicht direkt auf den Tisch zu stellen, sondern auf eine kreis-
runde Glasplatte, die an beiden Seiten *paraffiniert* ist. Die Platte wird
an der einen Seite mit heißem Paraffin übergossen und mit dieser Seite
auf den Tisch gedrückt. Durch das Erstarren des Paraffins wird die
Platte auf dem Tisch befestigt. Auf die obere Seite der Platte wird
nun ebenfalls Paraffin gegossen, und dann wird das Stativ des Elektrometers darauf gestellt. Zweckmäßig ist es auch, die Stromschlüssel auf
paraffinierte Glasplatten zu stellen und so durch gute Isolierung jede
unerwünschte Stromleitung zu verhindern. Den *einen* Stromschlüssel
haben wir in den *großen* Stromkreis gelegt; den *zweiten* legen wir jetzt
in den *kleinen*, und zwar unmittelbar rechts neben das Kapillarelektrometer. Wir verbinden also den vom rechten Kontakt des Kurzschließers
am Stativfuß kommenden Draht mit dem einen Pol des Stromschlüssels.
Der am linken Kontakt des Kurzschließers befestigte Draht wird nun-

---

[1]) Ein geschickter Untersucher hat in 1 Minute den Meniskus in der Mitte
des Gesichtsfeldes. Will die Einstellung auch nach einigen Minuten noch nicht
gelingen, so richte man das Fernrohr dem Augenmaß nach bei seitlicher Betrachtung, also ohne durch das Fernrohr hindurch zu sehen, auf den Quecksilberfaden.
Durch geringe seitliche Verstellung des Fernrohres oder auch des Elektrometers
hat man gewöhnlich sehr bald den Faden im Gesichtsfeld. Jetzt ist es nicht mehr
schwer, durch vertikale Verschiebung des Elektrometers auf die Kuppe des Fadens
zu treffen.

mehr zum *Schleifkontakt* des Meßdrahts geführt. Da der Schleifkontakt mit einem parallel zu dem ganzen Meßdraht angelegten Metallbügel in Verbindung steht, so legt man den Draht an der Klemme an, die sich in der Mitte dieses Metallbügels befindet. An dieser Klemme wird also der *linke* Draht befestigt. Der *rechte* Draht führt, wie erwähnt, zu einem Stromschlüssel. Von dem Stromschlüssel führt ein anderes Drahtstück zum negativen Pol des Normalelements. Verbindet man nun noch den positiven Pol des Normalelements mit dem rechten Ende des Meßdrahts, so ist auch der *kleine* Stromkreis geschlossen. An dem rechten Ende des Meßdrahtes treffen also, wie wir schon aus dem theoretischen Teil wissen, *zwei Drähte* zusammen. Der *eine* Draht, vom *großen* Stromkreis, kommt vom positiven Pol des Akkumulators her, der andere Draht, vom *kleinen* Stromkreis, kommt vom positiven Pol des Normalelements her.

Man überblicke nunmehr die ganze Schaltung, überzeuge sich davon, daß alle Kontakte fest sitzen, das Elektrometer kurz geschlossen ist und die Schlüssel des großen und des kleinen Stromkreises geöffnet sind.

Wird der Kurzschließer des Kapillarelektrometers geöffnet, so darf sich der Quecksilberfaden nicht bewegen. Wir wissen, daß andernfalls eine Polarisation vorliegt, die durch Herstellen eines neuen Meniskus (s. S. 122) beseitigt werden muß. Zum Herstellen des Meniskus nimmt man das Elektrometer aus dem Stativ heraus, ohne die anhängenden Drähte zu entfernen.

5. Eichung des Akkumulators. Ist das Kapillarelektrometer in Ordnung, so kann die *Eichung des Akkumulators* ausgeführt werden. Zu diesem Zwecke muß der Schleifkontakt auf der Meßbrücke so lange verschoben werden, bis im kleinen Stromkreis (im sog. Teilstromkreis) *kein Strom* mehr ist. Der Akkumulator hat ungefähr 2 Volt, das Normalelement ungefähr 1 Volt, man stelle also zu Beginn der Eichung den Schleifkontakt auf die Mitte des Meßdrahtes. Man vergesse nicht, den Schlüssel des großen Stromkreises zu schließen. Die Prüfung auf Stromlosigkeit im Teilstromkreis geht nun folgendermaßen vor sich. Der Untersucher setze sich vor das Elektrometer und betrachte durch das Fernrohr den Meniskus. Die rechte Hand schließt jetzt den Schlüssel des Teilstroms, die linke öffnet den Kurzschließer am Stativ. Hat der Untersucher eine Bewegung des Quecksilberfadens beobachtet, so schließe er sofort wieder den Kurzschließer und öffne gleich darauf den Schlüssel des Teilstroms. Diese schnell aufeinanderfolgenden Bewegungen der rechten und linken Hand sollen zunächst eingeübt werden. Also: *rechts schließen, links öffnen — links schließen, rechts öffnen.* Sieht man den Faden beim Einschalten des Stromes im Fernrohr nach unten gehen (in Wirklichkeit geht er umgekehrt, also nach oben), so muß der Widerstand des Teilstromes *vergrößert* werden. Das geschieht durch Verschiebung des Schleifkontakts nach *links*. Sieht man den Faden aber nach oben steigen, so ist der Widerstand des Teilstromkreises zu groß, der Schleifkontakt wird also nach *rechts* verschoben. Schließlich findet man eine Stelle auf dem Meßdraht, bei der der Faden sich nicht bewegt. *Die Kompensation ist erreicht.* Man überzeuge sich sogleich davon, daß es sich nicht um eine *scheinbare Kompensation* handelt, die durch irgendeine *Störung* verursacht ist. Das geht am besten so, daß man den Schleifkontakt von der Kompensationsstelle zuerst um einen Millimeter nach rechts und dann um einen Millimeter nach links stellt. Läßt man bei der Stellung rechts von der Kompensationsstelle den Strom durch das Elektrometer, so muß der Faden etwas nach unten gehen; links muß der Faden etwas nach oben gehen. Bei dieser Prüfung bekommt man auch eine Vorstellung von der Empfindlichkeit des Elektrometers. Ein gutes Kapillarelektrometer soll bei einer Potentialdifferenz von *einem Millivolt einige Skalenteilstriche* ausschlagen. Zur Not kann man sich mit *einem* Skalenteilstrich begnügen. Schlägt das Instrument bei dieser Prüfung überhaupt nicht aus, wohl aber wenn man um mehrere Millimeter nach rechts oder links verschiebt, so ist die Leitung zwar in Ordnung, das Instrument aber viel zu *unempfindlich* (s. Abschnitt über Kapillarelektrometer S. 122). Schlägt es überhaupt nicht aus, so liegt wahrscheinlich irgendein *Kontaktfehler* vor. Jeder erfahrene Untersucher weiß, daß das Kapillarelektrometer ein unangenehmes und unzuverlässiges Instrument ist. Plötzlich treten Störungen auf, ohne daß sich die Ursache erkennen läßt. Trotz Anwendung größter Mühe und Sorgfalt ist manchmal kein guter Ausschlag zu erreichen. Kommt man nach einigen Stunden wieder zu dem Instrument zurück, so kann es, ohne daß etwas geändert worden ist, wieder in sehr gutem Zustand sein. Es ist selbstverständlich möglich, ein Elektrometer für längere Zeit und auch dauernd in Ordnung zu halten. Meistens gelingt das aber nur denjenigen Untersuchern, die über eine große Übung und gute Schulung verfügen. Steht eine Apparatur mit Kapillarelektrometer *mehreren* Untersuchern zur Verfügung, so läßt sich ein regelmäßiges Funktionieren kaum erreichen[1]). Es ist äußerst lästig, wenn das Instrument im entscheidenden Moment versagt und eventuell wichtige Messungen ausfallen müssen. Daher wendet man sich in größeren Laboratorien immer mehr und mehr von den Kapillarelektrometern ab und geht zum hochempfindlichen Zeiger oder Spiegelgalvanometer über.

Die Eichung des Akkumulators ist beendet, wenn die Kompensations-

---

[1]) Diese Erfahrung wurde in der Chem. Abtlg. immer wieder gemacht. Dieses Urteil erstreckt sich aber nicht auf das Differentialelektrometer von E. MÜLLER (s. Seite 127), mit dem bei uns bisher noch nicht gearbeitet wurde.

stelle gefunden ist. Liegt dieser Punkt z. B. bei 52,2 cm[1]) und beträgt
die Spannung des Normalelements 1,018 Volt, so ist

$$\frac{52,2}{100} = \frac{1,018}{x}$$

und

$$x = \frac{1,018 \cdot 100}{52,2} = 1,95 \text{ Volt.}$$

6. Messung der Elektrodenkette. Zur *Messung der H-Ionenzahl* wird
das Normalelement durch die Elektrodenkette ersetzt und wieder die
Kompensationsstellung gesucht. Wurde diese zweite Kompensations-

Abb. 153. Meßdrahtapparatur, gebrauchsfertig.

stellung z. B. bei 27,3 cm Abstand von dem rechten Meßdrahtende
gefunden, so ist jetzt

$$\frac{27,3}{100} = \frac{x}{1,95}$$

und

$$x = \frac{27,3 \cdot 1,95}{100} = 0,532 \text{ Volt.}$$

Die *Umrechnung von Volt in* p_H hängt, wie wir wissen, von der
Wahl der Elektroden ab. Die Abb. 153 zeigt die aufgebaute Meßdrahtanordnung.

7. Aufbau der Rheostatenapparatur. In diesem Beispiel soll die
Apparatur mit zwei Rheostatenkästen und Vorschaltwiderstand benutzt
werden, die wir schon im theoretischen Teil (S. 104) kennengelernt haben.

Als Nullinstrument dient ebenfalls ein Kapillarelektrometer. Alles
vorher über das Elektrometer Gesagte gilt selbstverständlich auch bei
Benutzung des Elektrometers in dieser Apparatur. Als *Widerstandssätze*
stehen zwei Rheostatenkästen mit je 500, 200, 200, 100, 50, 20, 20,

---

[1]) D. h. in 52,2 cm Abstand von dem *rechten Meßdrahtende.*

10, 5, 2, 2, 1 Ohm zur Verfügung. Ferner ein Vorschaltschiebewider-
stand, wie er auf S. 112 abgebildet ist. Der Aufbau der Apparatur

Abb. 154. Rheostatenapparatur (nach L. MICHAELIS) gebrauchsfertig.

geschieht nach den auf S. 147 u. 238 gegebenen Anweisungen. Die
Abb. 154 zeigt die vollständige Anordnung.

16*

Rheostatenkästen und Vorschaltwiderstand stehen nebeneinander, der Akkumulator dahinter, das Kapillarelektrometer im Stativ davor (vom Beschauer gesehen). Die beiden *inneren* Pole der Rheostaten werden durch einen Draht untereinander verbunden, die beiden äußeren mit den Klemmen des Akkumulators. Dadurch ist der „*große*" Stromkreis hergestellt. In diesen großen Stromkreis wird, wie bei der Meßdrahtapparatur, ein Schlüssel eingeschaltet und nun ferner noch der obenerwähnte Schiebewiderstand. Der Schiebewiderstand hat meistens zwei Klemmen. Zur Einschaltung des Schiebewiderstandes wird der Draht des großen Stromkreises, der vom linken Rheostaten zum negativen Pol des Akkumulators führt, zunächst durchtrennt. Dann wird das eine Ende der durchschnittenen Stelle an die eine Klemme des Gleitwiderstandes angelegt, das andere Ende an die zweite Klemme. Dadurch ist also der Vorschaltwiderstand in den großen Stromkreis „in Serie" geschaltet. In dem *kleinen* Stromkreis liegt wie bei der Meßdrahtapparatur wieder das Kapillarelektrometer, ein Schlüssel und das Normalelement. An der rechten Klemme des rechten Rheostaten stoßen die beiden Stromkreise mit ihren *positiven* Zuleitungen zusammen. Das Ende des kleinen Stromkreises wird von der linken Klemme des rechten Rheostaten gebildet.

Die Bedienung des Kapillarelektrometers geschieht wie bei der Meßdrahtapparatur beschrieben.

Das Verschieben des Gleitkontaktes ist hier durch die *Stöpselung* ersetzt.

Die Wirkungsweise der Stöpselung ist aus dem theoretischen Teil zu erkennen.

8. Anlegung der gewünschten Hilfsspannung und Messung der Kette. Die Stöpsel aus dem *linken* Rheostaten werden sämtlich entfernt und auf ein Tuch gelegt; dann werden von dem rechten Rheostaten in den linken *soviel Ohm* herübergestöpselt als das Normalelement *Millivolt* hat[1]). Nun wird der *Vorschaltwiderstand* so lange reguliert, bis das Kapillarelektrometer beim Einschalten keinen Ausschlag mehr zeigt, im kleinen Stromkreis also Stromlosigkeit herrscht. Hierbei muß man ganz besonders vorsichtig zu Werke gehen und den Kurzschließer des Elektrometers nur für den Bruchteil einer Sekunde öffnen. Es läßt sich nämlich die richtige Stellung des Vorschaltwiderstandes gewöhnlich nicht voraussehen, und so ist es sehr leicht möglich, daß man zu starke Ströme durch das Instrument schickt. Um nun das Instrument nicht zu polarisieren, darf man den Kurzschließer nur jedesmal gerade *für einen kleinen Moment* öffnen.

Hat man ohne Veränderung der Stöpselstellung durch ausschließliche Regulierung des Vorschaltwiderstandes die Kompensationsstellung ge-

---

[1]) Also gewöhnlich 1018.

funden, so wird das Normalelement durch die Elektrodenkette ersetzt. Man sucht nun wieder die Kompensationsstellung, aber *nicht mehr durch Regulation des Vorschaltwiderstandes*, sondern durch *Stöpselung* der Rheostaten. Der Vorschaltwiderstand bleibt also jetzt unberührt. Man bringt zunächst alle Stöpsel in den *rechten* Rheostaten, während aus dem linken Rheostaten alle Stöpsel entfernt sind. Nun bringt man nach und nach einen Stöpsel nach dem andern von rechts nach links. Solange der Quecksilberfaden *im Fernrohr* nach unten geht, muß man immer mehr von rechts nach links herüberstöpseln. Geht der Faden aber schon nach oben, wenn noch alle Stöpsel in dem rechten Rheostaten sind und noch kein einziger in dem linken gestöpselt wurde, so ist die Elektrodenkette falsch geschaltet; sie muß dann umgekehrt geschaltet werden. Hat man schließlich die zweite Kompensationsstelle gefunden, so liest man die von rechts nach links gestöpselten Ohm ab und hat, wie wir aus dem theoretischen Teil wissen, mit ihnen gleich die Millivoltzahl der angelegten Elektrodenkette. Die Umrechnung von Volt in p_H hängt von der Wahl der Elektroden ab.

Alles was bei der Meßdrahtapparatur über das Aufstellen auf paraffinierten Glasplatten, über das Reinigen der Kontakte usw. gesagt wurde, gilt auch für diese Apparatur. Hinzu kommt noch die Kontrolle und Reinigung der Rheostatenkästen, die auf S. 143 beschrieben ist. Wird die Apparatur nicht benutzt, so stecke man die Stöpsel locker in die Löcher und decke die Rheostatenkästen mit Tüchern zu.

Man vergesse bei Benutzung dieser Anordnung niemals, daß *nach der erstmaligen Einstellung* mit Hilfe eines Normalelements *ein Ohm gleich einem Millivolt* ist. Hat man die Kompensationsstellung gefunden, so überzeuge man sich ebenfalls davon, daß kein Kontaktfehler vorliegt und das Elektrometer genügend empfindlich ist, indem man im Teilstromkreis abwechselnd ein Ohm zulegt und wegnimmt und die zugehörigen Ausschläge des Elektrometers beim Einschalten des Stromes kontrolliert.

Kennt man die ungefähre Potentialdifferenz der Elektrodenkette, so stöpselt man *vor* der Messung gleich die entsprechende Ohmzahl von rechts nach links. Ist aber die gesuchte Potentialdifferenz völlig unbekannt, so sei man bei der Bedienung des Elektrometers wieder besonders vorsichtig und öffne den Kurzschließer nur für einen Moment. Hat man ein sehr empfindliches Kapillarelektrometer zur Verfügung, so lassen sich die Potentialdifferenzen *unter einem Millivolt* noch durch Berücksichtigung der im Fernrohr angebrachten Skalenteile schätzen. Wurden z. B. bis zur Auffindung der Kompensation 500, 100, 20, 2 und 1 Ohm aus dem rechten Kasten in den linken gestöpselt, und ließen sich 0,5 Ohm durch die Größe des Ausschlags auf der Skala schätzen, so lautet das Meßergebnis 623,5 Millivolt.

9. Das Potentiometer. Das eigentliche Gebrauchsinstrument, das nur selten Störungen aufweist und viel bequemer zu handhaben ist

Abb. 155. Potentiometer nach E. MISLOWITZER, gebrauchsfertig.

als die Rheostaten- und die Meßdrahtapparaturen, ist das Potentiometer. Wir wollen jetzt das Arbeiten mit dem Potentiometer nach

Mislowitzer beschreiben, über das schon auf S. 153 ff. ausführlich gesprochen wurde (s. Abb. 155).

Der Aufbau der Apparatur geschieht innerhalb einer Minute. Der Kompensationskasten wird auf den Tisch gestellt, das Meßinstrument links daneben. Durch Verstellen der drei Stellschrauben, auf denen das Meßinstrument steht, wird es sorgfältig horizontiert. Die Libelle zeigt die Horizontalstellung an. Dann wird der Deckel des Kompensationskastens aufgeklappt, der 2-Volt-Akkumulator durch beigegebene Leitungsschnüre mit den Steckkontakten bei V und das Galvanometer mit den Steckkontakten bei G verbunden, beide Male unter Berücksichtigung der Polbezeichnung. Jetzt entarretiere man das Meßinstrument, indem man den Arretierhebel nach Entfernung des Sicherheitsstiftes von rechts nach links umlegt, und überzeuge sich davon,

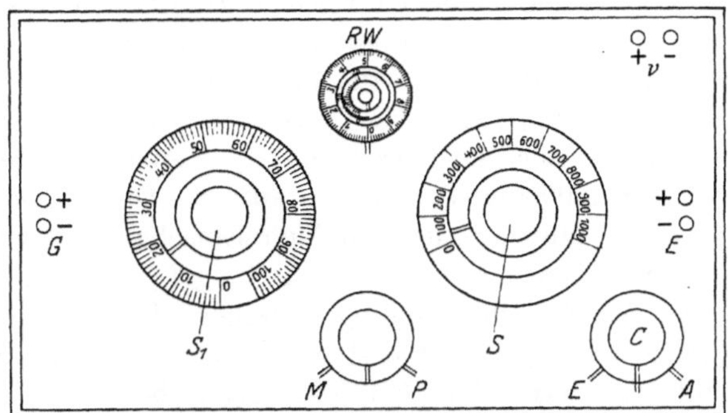

Abb. 156. Schema der Schaltplatte des Potentiometers nach Mislowitzer.

ob der Zeiger genau auf Null steht oder genau um die Nullage schwingt. Steht der Zeiger einen halben oder einen Teilstrich vor oder hinter Null, so berücksichtige man diese Differenz bei der folgenden Einstellung auf den 1100-Punkt. Ist die Differenz aber größer als *ein* Teilstrich, so korrigiere man sie durch Verstellen der Nullpunktsschraube. Zu diesem Zweck nehme man den Glasdeckel von der Glasröhre ab, in der der Zeiger aufgehängt ist, und drehe vorsichtig mit einem Finger an der unter dem Deckel befindlichen Hartgummischraube so lange, bis der Zeiger richtig über Null steht. Der bis dahin auf M (Messen) zeigende Umschalter (s. die Abb. 156) wird auf P (Prüfen) gestellt und der rote Knopf am Regulierwiderstand RW so lange gedreht, bis der Zeiger dicht an der roten Marke bei dem 1100-Punkt steht (Grobeinstellung). Die genaue Einstellung auf den 1100-Strich (Feineinstellung) erfolgt durch Drehen des ganzen Regulierwiderstandes. Stand der Zeiger bei der Nullstellung ohne jede Abweichung über dem Nullstrich, so wird er auch jetzt ganz genau auf den 1100-Strich eingestellt. Andernfalls berücksichtige man jetzt eine kleine Abweichung der Nullpunktslage nach rechts oder links, indem man den Zeiger um denselben Betrag nach rechts oder links von dem 1100-Punkt einreguliert. Ist das geschehen, so stelle man den Umschalter von P auf M zurück. Nunmehr kann die eigentliche Messung beginnen.

Wir haben eben die Einstellung der Apparatur *ohne Normalelement* beschrieben. Voraussetzung für diese Art der Einstellung ist, daß das Voltmeter in gutem Zustand ist. Da neuangefertigte Elemente nicht selten eine allmähliche Alterung des Magnetsystems erfahren, wird man bei Instrumenten, die jünger als ein Jahr sind, das Voltmeter von Zeit zu Zeit nachkontrollieren müssen. Lies darüber auf S. 153 ff. nach.

Will man sich auf die Genauigkeit des Voltmeters nicht verlassen, so nehme man die Einstellung der Apparatur *mit Normalelement* vor. Für diesen Fall bleibe der Umschalter stets auf M. Die P-Stellung, bei der das Meßinstrument als Voltmeter wirkt, ist dann überflüssig.

Um *mit* einem Normalelement einzustellen, schalte man zunächst dieses Element an die Steckkontakte von E an und stelle die Brücke auf diejenige Millivoltzahl, die das Normalelement gerade aufweist. Hat es z. B. eine Spannung von 1018 Millivolt, so stelle man den rechten Drehrheostaten auf 1000 und den linken auf 18. Die Brückenstellung ist dann also 1018. Nun schalte man den Einschalter C von A vorsichtig nach E und beobachte dabei den Zeigerausschlag. Gibt der Zeiger schon bei der Zwischenstellung zwischen A und E einen Ausschlag, so schalte man gar nicht erst ganz bis E, um zu starke Ausschläge des Zeigers zu vermeiden. Gibt der Zeiger aber auf der Zwischenstellung des Einschalters nur einen schwachen oder überhaupt keinen Ausschlag, dann schalte man den Einschalter völlig bis E ein. Durch abwechselndes Ein- und Ausschalten und Regulieren des Vorschaltwiderstandes (grob und fein) suche man die Stelle, bei der der Zeiger auch bei schnellem Einschalten von A nach E weder nach rechts noch nach links ausschlägt. Hat man diesen Punkt gefunden, so ist die Einstellung der Apparatur beendet, da jetzt über jedem Brückenschritt genau 1 Millivolt abfällt.

Sowohl die Einstellung *ohne* Normalelement, wie auch diejenige *mit* Normalelement braucht nur einmal am Tage zu geschehen, vorausgesetzt, daß der Akkumulator in Ordnung ist.

Zur Messung der unbekannten Potentialdifferenz nach vollzogener Einstellung der Apparatur wird die Elektrodenkette an die Steckkontakte bei E angelegt. Beide Drehrheostaten werden auf Null gestellt. Jetzt wird vorsichtig von A nach E geschaltet (meistens genügt die Mittelstellung) und der Ausschlag des Zeigers beobachtet. Geht der Ausschlag nach rechts, so ist falsch gepolt, und es wird die Elektrodenkette umgekehrt geschaltet (durch einfaches Umstecken der Stecker bei E). Geht der Zeigerausschlag nach links, so wird der rechte Drehrheostat auf 100 gestellt und der Einschalter sogleich wieder von A nach E geschaltet; geht der Zeiger jetzt ebenfalls noch nach links, so wird der Drehrheostat auf 200 gestellt, dann auf 300, 400, 500 usw., bis der Zeiger nach rechts ausschlägt. Ist das z. B. bei 500 der Fall, so stelle man den rechten Rheostaten auf 400 zurück und suche nun mit dem linken Drehrheostaten die wirkliche Kompensationsstellung. Mit dem linken Drehrheostaten stelle man z. B. auf 20, 40, 60 usw. Schlägt der Zeiger bei 40 nach links, bei 60 nach rechts, so stelle man zuerst auf 45, dann auf 55, gabele also die Nullstellung ein. Sehr bald ist dann die wirkliche Ruhelage gefunden[1]). Steht der linke Drehrheostat bei 48, wenn der Zeiger beim Ein- und Ausschalten keinen Ausschlag mehr gibt, so beträgt die gemessene Spannung 400 + 48, also 448 Millivolt.

Bei nicht zu großem Widerstand in der Kette läßt sich noch weit genauer als auf 1 Millivolt einstellen. Die neuen im Handel befindlichen Instrumente ermöglichen die Ablesung auf 0,5 und 0,25 Millivolt.

Das Arbeiten *ohne Normalelement* ist zweifellos sehr bequem, vor allem, wenn das Meßinstrument sehr aperiodisch ist und daher nicht lange schwingt. Bei den neuen Instrumenten ist auch die Aperiodizität in hohem Maße erreicht und eine sehr schnelle Einstellung auf den 1100-Punkt gewährleistet, da sich der Zeiger zumeist schon nach der zweiten Schwingung einstellt.

Man denke aber stets an die zwei möglichen Veränderungen des Voltmeters, an die Veränderung seines Nullpunktes und die seiner Ausschlagsgröße. Wie die Nullstellung berücksichtigt oder korrigiert werden kann, haben wir schon gehört. Auch über die Kontrolle der Ausschlagsgröße ist schon genügend gesagt. Hier soll nur für die Praxis noch folgendes hinzugefügt werden. Der Fehler des Voltmeters wird dadurch festgestellt, daß die Apparatur zunächst *mit Hilfe eines Normalelements* nach guter Nullpunktkorrektion, wie oben beschrieben, eingestellt und der Umschalter hinterher von M auf P gestellt wird. Jetzt schlägt der Zeiger aus. Stellt er sich genau auf den 1100-Strich, so ist das Voltmeter völlig fehlerfrei, im anderen Falle ist es nicht ganz fehlerfrei.

Die Größe dieses Fehlers läßt sich direkt in Millivolt messen, indem man umgekehrt verfährt. Man stelle mit Hilfe der Voltmetereinstellung, also ohne Benutzung eines Normalelements, nach guter Nullpunktskorrektur den Zeiger unter Benutzung der Lupe genau auf den 1100-

---

[1]) Die Messung einer Kette, die einen nicht zu hohen Widerstand hat, dauert bei einiger Übung $1/2$ bis 1 Minute. Ist der zu messende Wert annähernd bekannt, wie z. B. bei Blutmessungen, so wird man bei der Messung nur mit dem linken Drehrheostaten zu arbeiten haben und in 10—15 Sekunden mit der Messung fertig sein.

Strich, schalte dann von P auf M zurück und messe nun die Spannung
eines Normalelements, das man bei E anlegt, indem man die Kompensationsstellung sucht. Mißt man z. B. jetzt statt 1018 Millivolt
1028 Millivolt, so macht man bei allen Messungen pro 100 Millivolt
einen Fehler von ca. 1 Millivolt. Der Fehler rührt daher, daß man den
Zeiger auf 1100 eingestellt hat, obwohl das etwas nachgealterte Meßinstrument erst bei einer Spannung von 1111 Millivolt bis zu dem
1100-Strich ausschlägt. Stellen wir bei diesem Beispiel die Apparatur
mit Hilfe eines Normalelements, wie oben beschrieben, ein und schalten
dann von M auf P, so wird der Zeiger nicht auf 1100 gehen, sondern
ca. $1^1/_2$ Teilstriche davor haltmachen. Wir sehen jetzt sofort, daß
an diesem Punkt eigentlich die 1100-Marke sein müßte. Wollen wir
nun mit diesem etwas veränderten Instrument *ohne Normalelement*
weiterhin fehlerfrei arbeiten, so werden wir in Zukunft den Zeiger nicht
mehr auf die Marke 1100 einstellen, sondern $1^1/_2$ Teilstrich davor.
Auf diese Weise läßt sich also der Fehler sehr einfach eliminieren.
Man stelle also durch Vergleich mit einem Normalelement die Abweichung
des Voltmeters jeden Monat einmal fest und berücksichtige dann diese
Abweichung bei allen Einstellungen, die einmal am Tage ohne Normalelement ausgeführt werden. Läßt man dann nach einem Jahr, falls
es nötig sein sollte, das Instrument nacheichen, so wird es hinterher
dauernd seinen richtigen Wert behalten.

Über die Genauigkeit der Messungen, die mit der Apparatur ohne
Normalelement ausgeführt werden, ist auf S. 155 u. 156 zu lesen.

Will man mit der allerhöchsten Genauigkeit arbeiten, genügt also
nicht die Genauigkeit von $0{,}01 - 0{,}02\ p_H$, so stelle man die Hilfsspannung
nicht mit dem Voltmeter, sondern mit dem Normalelement ein. Für
die große Mehrzahl aller H-Ionenmessungen, vor allem für alle H-Ionenmessungen in einer Chinhydronkette und für die elektrometrischen Titrationen, wird sich aber die Benutzung eines Normalelements erübrigen.

Treten bei der Messung einer Elektrodenkette irgendwelche Schwierigkeiten auf, so muß man zunächst entscheiden, ob die Störung in
dem *Potentiometer* oder bei den *Elektroden* liegt. Zu diesem Zweck
ersetze man die Elektrodenkette durch ein Normalelement und messe
seine Spannung. Arbeitet das Potentiometer bei dieser Messung gut,
so kann nur das Elektrodensystem an der Störung schuld sein.

Bei leidlich vorsichtiger Behandlung wird das Potentiometer auch
bei hoher Beanspruchung kaum jemals versagen.

b) Die Elektroden bei der Messung.

1. Die drei in Betracht kommenden Ketten. Für die praktischen
Messungen der Wasserstoffzahl kommen vorwiegend folgende Ketten
in Betracht.

I. a_1 b_1

Kalomelelektrode   — Wasserstoffelektrode

a_1 b_2

II. Kalomelelektrode   — Chinhydronelektrode

a_2 b_2

III. Chinhydronelektrode   — Chinhydronelektrode.

Die Bezugselektroden a_1 und a_2 sind also entweder Kalomel- oder Chinhydronelektroden; die Elektroden für die Untersuchungslösungen b_1 und b_2 sind Wasserstoff- oder Chinhydronelektroden.

Alle Einzelheiten über diese Elektroden, ihre Herstellung und ihre Wirkungsweise sind in den Abschnitten B IV, a u. b nachzulesen.

Die Kalomelbezugselektroden sind zur Zeit noch viel gebräuchlicher als die Chinhydronbezugselektroden. Welche von den verschiedenen Kalomelelektroden man wählt, ist wohl nur eine Frage der Gewohnheit, da sich Vorteile und Nachteile der einzelnen Elektroden die Wage halten[1]. In Deutschland ist die *gesättigte Kalomelelektrode* von L. Michaelis als Arbeitselektrode besonders in Anwendung; daher wollen wir in unseren Beispielen ebenfalls mit der gesättigten Kalomelelektrode arbeiten.

Als *Chinhydronbezugselektrode* kommt, wie wir schon wissen, jede Lösung mit genau bekanntem p_H in Frage. Veibel empfiehlt eine Elektrode mit dem p_H 2,04 (s. S. 219); sicherer herzustellen ist wohl das Standardazetat (s. S. 219), das einen p_H von 4,62 (18°) hat[2].

Es ist, um es nochmals zu sagen, ziemlich gleichgültig, mit welcher der verschiedenen Bezugselektroden man mißt; es kommt vielmehr darauf an, *wie* der einzelne Untersucher mit seiner Bezugselektrode zu arbeiten versteht.

Weit mehr Überlegungen muß man der Frage zuwenden, in *welcher Elektrodenart* die jeweilige *Untersuchungslösung* gemessen werden kann.

2. Welche Lösungen lassen sich mit Wasserstoffelektroden messen? Die große Mehrzahl aller Lösungen wird sich mit atmosphärischem Wasserstoff messen lassen. Keineswegs wird das aber bei allen Lösungen der Fall sein. Grundsätzlich merke man sich, daß Lösungen, die reichlich *durch Wasserstoff reduzierbare Substanzen* enthalten, mit Wasserstoffelektroden *nicht* gemessen werden können. Es liegt auf der Hand, daß derartige Substanzen den eingeführten Wasserstoff zur Reduktion verbrauchen und dadurch die Sättigung des Elektrodenmetalls verzögern oder ganz verhindern. Voraussetzung dafür, daß eine Flüssigkeit mit Wasserstoffelektroden gemessen werden kann, ist also ihre *Indifferenz gegenüber einem Wasserstoffdruck von einer Atmosphäre.*

---

[1] Siehe darüber Seite 171.

[2] Mittelwert des Standardazetats aus 4 Eichungen bei 20°: $p_H = 4,616$. (Michaelis u. Krüger: Biochem. Zeitschr. Bd. 119, S. 307. 1921.)

Kommt es bei einer Lösung trotz langdauernder Behandlung mit Wasserstoff zu keinem *festen* Potential, so wird man die Anwesenheit von reduzierbaren Substanzen vermuten müssen. *Industrielle* Flüssigkeiten aus der *Leim-*, *Tinten-* und *Leder*fabrikation sind in dieser Hinsicht besonders bedenklich. Das gleiche gilt für die *höheren Oxydationsstufen* von Metallsalzlösungen, wie z. B. *Ferri-*, *Cupri-* usw. Verbindungen. Von den reduzierbaren Substanzen muß man die sog. „*vergiftenden*" Substanzen unterscheiden. Diese „vergiftenden" Substanzen machen die platinierten Elektroden *unempfindlich* und schließlich unbrauchbar. Die Ausschläge des Elektrometers bzw. Galvanometers werden immer kleiner und bleiben dann ganz aus, so daß man einen Kontaktfehler vermutet. Wird aber die unbrauchbare Elektrode durch eine andere ersetzt, die z. B. mit Standardazetat gefüllt ist, so erkennt man, daß die Apparatur in Ordnung ist und kein Kontaktfehler, sondern eine „Vergiftung" der Elektrode der Grund für das Versagen ist.

Recht gefährlich sind in dieser Hinsicht alle *oberflächenaktiven Substanzen*. Ein Tropfen Amylalkohol z. B. erschwert eine Wasserstoffmessung ungemein und macht sie evtl. ganz unmöglich.

Von den übrigen vergiftenden Substanzen sind vor allem noch folgende zu nennen:

> Arsenwasserstoff,
> Schwefelwasserstoff,
> Cyanwasserstoffsäure,
> Ammoniak,
> Chlor,
> Brom,
> Jod.

Ist man über die Anwesenheit dieser oder jener Substanzen nicht unterrichtet, so wird man sie sehr schnell aus dem Verhalten der Elektroden erschließen. Stehen sehr zahlreiche Elektroden zur Verfügung, so lassen sich *bisweilen auch bei Anwesenheit dieser Substanzen noch Messungen* ausführen. Man muß dann durch *schnelles Arbeiten* die Potentialdifferenz zu erkennen suchen, bevor die Elektrode stumpf geworden ist. Die so erhaltenen Werte sind aber immer nur als angenäherte zu betrachten. Bei der Anwesenheit von nur geringen Mengen von *reduzierbaren* Stoffen wird man bisweilen noch durch sehr *lang*dauerndes Behandeln mit Wasserstoff etwas erreichen, da mit der Zeit dann die Stoffe in die Reduktionsstufe übergehen und unschädlich werden. Während man also bei Gegenwart von *vergiftenden* Stoffen noch durch *kurz*dauernde Wasserstoffbehandlung und schnelles Messen zum Ziele kommen kann, wird man bei der Anwesenheit von reduzierbaren Substanzen sehr lange Wasserstoff einleiten. Besteht nur der geringste Grund, an der Zuverlässigkeit einer Wasserstoffmessung zu zweifeln, so versäume man nicht, sich durch zahlreiche Kontroll-messungen mit *mehreren* Elektroden von der Richtigkeit seiner Werte zu überzeugen. Nur auf diese Weise lassen sich fehlerhafte Zufallswerte ausschalten. Gelingt die Messung wegen der Anwesenheit von störenden Stoffen nicht, so muß man die Messungsart mit Wasserstoff verlassen und die Messung mit Chinhydron versuchen. Die große Mehrzahl aller Lösungen wird aber die eben gekennzeichneten Schwierigkeiten nicht aufweisen und daher für die Wasserstoffmessung geeignet sein.

In dem Abschnitt über die Wasserstoffelektroden haben wir *zwei Typen* von Elektroden kennen gelernt, und zwar die Elektroden für *strömenden Wasserstoff* und die für die *stehende Wasserstoffblase.*

Die bekannteste Form der ersten Art ist die *Birnenelektrode,* die der zweiten *die U-Elektrode,* beide von L. MICHAELIS angegeben. Da die U-Elektrode sich *langsamer einstellt* als die Birnenelektrode, so wird man mit der U-Elektrode nur dann arbeiten, wenn es nötig ist, und sonst stets die Birnenelektrode vorziehen. Wir wissen schon, daß man mit der *U-Elektrode stets dann messen muß, wenn die Wasserstoffzahl der Untersuchungslösung durch das Durchströmen von gasförmigem Wasserstoff verändert wird.* Das ist bei *allen den* Flüssigkeiten der Fall, deren Wasserstoffzahl von ihrem *Gehalt an* CO_2 ausschließlich oder teilweise abhängt. Liegen also Flüssigkeiten vor, wie Blut, Liquor, Gewebsflüssig-keit, Bikarbonatlösungen, Leitungswasser, pufferarme, sehr schwach saure oder sehr schwach alkalische Lösungen usw., so wird man sie mit der *U-Elektrode* messen.

Bei allen übrigen Flüssigkeiten kann die *Birnenelektrode* Verwendung finden.

3. Beispiele zur Kalomel-Wasserstoffmessung. Wir wollen uns nun die Aufgabe stellen, zwei Lösungen in der Kalomel-Wasserstoffkette zu messen. Die eine Lösung sei eine stark saure Eiweißlösung, die andere ein Karbonat-Bikarbonatpuffer. Für die erste Lösung benutzen wir nach dem Gesagten die Birnenelektrode, für die zweite die U-Elektrode.

Sind die *Elektroden neu,* so werden sie zuerst *platiniert* und mit dest. Wasser wiederholt gewaschen (Vorschrift s. S. 187). Gebrauchte Elek-troden werden je nach der Beanspruchung von Zeit zu Zeit neu platiniert.

Die *gesättigte Kalomelelektrode* wird nach der Vorschrift auf S. 177ff. hergestellt. Ihr Wert ist je nach der Reinheit des verwandten Materials gewissen Schwankungen ausgesetzt und muß zunächst gemessen werden.

4. Einmalige Eichung der Kalomelelektrode. Zu diesem Zweck fülle man in eine tadellose Birnenelektrode Standardazetat ein (Standard-azetat s. S. 24). Die Birnenelektrode wird nach der Vorschrift auf S. 198ff. gefüllt und im Anschluß daran mit Wasserstoff behandelt (s. Wasserstoffbehandlung S. 192). Nach dreimaligem Durchleiten (1×10 und 2×5 Minuten) wird eine Kette zwischen der Kalomelelektrode und der Birnenelektrode gebildet. Die Kalomelelektrode taucht in eine Wanne mit gesättigter KCl-Lösung, die Flüssigkeit der Birnenelektrode steht mit Hilfe eines Agarhebers ebenfalls mit dieser Wanne in Verbindung (Abb. 157)[1]).

Man achte vor der Messung auf folgendes:

1. Der *untere Hahn* der Birnenelektrode muß *geöffnet* sein (s. S. 198 ff.).

2. Der *Agarheber* muß mit einem Ende die Untersuchungslösung in dem unteren Arm der Birnenelektrode deutlich berühren. Fehlt an dieser Stelle etwas Flüssigkeit, so gebe man an die Berührungsstelle 1—2 Tropfen gesättigte KCl-Lösung. Mit dem anderen Ende muß der Agarheber gut in die Wanne eintauchen.

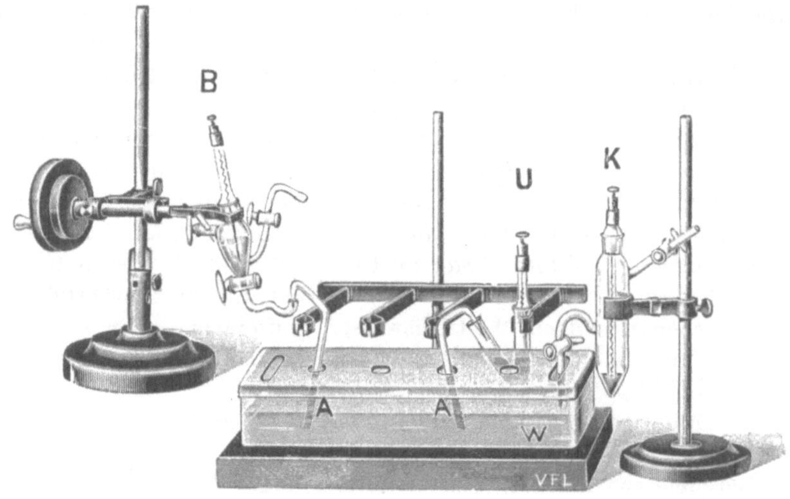

Abb. 157. B Birnenelektrode, U U-Elektrode. K Kalomelelektrode, W Zwischenwanne (mit gesättigter Kaliumchloridlösung gefüllt), A Agarheber als elektrolytische Stromschlüssel.

3. Die *Kalomelelektrode* ist *positiv*, die *Wasserstoffelektrode* ist *negativ* geschaltet. Die Drähte liegen überall fest an.

War die Meßapparatur, z. B. das Potentiometer, bei der Messung eines Normalelements in Ordnung, scheint aber die Messung mit der Elektrodenkette nicht gut zu gehen, so öffne man den bis dahin geschlossenen unteren Hahn der Kalomelelektrode und versuche die Messung noch einmal. Sind die Ausschläge des Galvanometers noch immer zu klein oder bleiben sie ganz aus, so untersuche man den absteigenden Arm der Kalomelelektrode auf eine *Luftblase*. Diese wird durch Hereinsaugen von gesättigter KCl-Lösung in die Kalomelelektrode entfernt. Ist die Störung noch immer nicht behoben, so wechsle man den Agarheber aus. Schließlich hat man den Fehler gefunden,

---

[1]) Aus dem Praktikum von L. Michaelis, l. c. S. 170, Abb. 33.

und die eigentliche Messung der Potentialdifferenz der Elektrodenkette kann mit Hilfe der vorher eingestellten Meßapparatur ausgeführt werden. Die Messung läuft bei den drei beschriebenen Apparaturen wieder darauf hinaus, die Brückenstellung bei erlangter Stromlosigkeit des kleinen Stromkreises zu suchen und aus ihr die gesuchte Potentialdifferenz zu errechnen oder sie direkt abzulesen. Bei Benutzung des Potentiometers entspricht, wie wir schon wissen, die Zahl der Brückenschritte direkt der Potentialdifferenz. Das endgültige Potential unseres Beispieles stellt sich erst nach längerer Zeit ein; man mißt also zunächst einen zu niedrigen Wert. Nach $^1/_2$—1 Stunde soll der Wert bei 16—18° *517* Millivolt, bei 19—22° *518* Millivolt betragen. Das Ergebnis dieser Messung ist *für alle späteren mit dieser Kalomelelektrode ausgeführten Bestimmungen* von Bedeutung. Der Wert wird daher zweckmäßig auf ein Etikett geschrieben und dieses auf die Kalomelelektrode geklebt. Es ist der *Eichwert der Kalomelelektrode.*

Nicht selten findet man, auch bei einer Wiederholung der Messung mit einer zweiten Birnenelektrode, eine Abweichung der Messung von dem theoretischen Wert um 1—2 Millivolt. Steht diese Differenz *endgültig fest*, so muß sie *bei allen späteren mit dieser Kalomelelektrode* ausgeführten Messungen berücksichtigt werden. Jede nachfolgende Messung muß also zunächst um diesen Differenzwert verändert werden. Fand man z. B. für die Kalomelelektrode als Eichwert anstatt 518 Millivolt nur 516 Millivolt gegen Standardazetat, und mißt man zwischen der Kalomelelektrode und der Wasserstoffelektrode mit einer Untersuchungslösung hinterher, beispielsweise 400 Millivolt, so muß mit dem Werte von *402* Millivolt gerechnet werden. Zu allen gegen *diese Kalomelelektrode* ausgeführten Messungen müssen dann also 2 Millivolt addiert werden.

5. Tägliche Eichung der Kette: Kalomelelektrode—Standardazetat. Bei einer anderen Methode wird nicht dauernd mit dem ein für allemal festgestellten Wert der Kalomelelektrode gearbeitet[1]). Vielmehr wird bei dieser Methode *täglich* die Kalomelelektrode gegen die mit Standardazetat gefüllte Wasserstoffelektrode[2]) gemessen und dieser Wert bei den Messungen mit den unbekannten Lösungen in Rechnung gestellt. Die Vorschrift lautet (nach L. MICHAELIS):

1. Man mißt am Tage des Versuches zunächst den Potentialunterschied der dauernd vorrätig gehaltenen gesättigten Kalomelelektrode gegen eine Wasserstoffelektrode mit Standardazetat. Dieses Potential werde gefunden $= E_0$.

---

[1]) Siehe L. MICHAELIS: Praktikum usw. 1926, S. 173 und Biochem. Zeitschr. Bd. 119, S. 307. 1921.

[2]) Die mit Standardazetat gefüllte Wasserstoffelektrode ist hierbei die „Standardelektrode". Die Abweichungen der Kalomelelektroden fallen heraus.

2. Man mißt den Potentialunterschied derselben Kalomelelektrode gegen eine Wasserstoffelektrode, welche mit der zu messenden Lösung gefüllt ist. Man finde den Potentialunterschied $= E_x$.

3. Man berechne die Differenz $E_x - E_0 = E$ in Millivolt und dividiere diese durch ϑ (ϑ s. S. 159).

Die auf diese Weise erhaltene Zahl wird zu 4,62 algebraisch addiert (also, wenn sie eine negative Größe war, von 4,62 subtrahiert). Das erhaltene Resultat ist der p_H der zu messenden Lösung.

E_0 pflegt 514—517,5 Millivolt zu betragen, je nach Temperatur, Barometerstand und unkontrollierbaren Einflüssen der Kalomelelektrode.

L. MICHAELIS hält die mit Standardazetat gefüllte Wasserstoffelektrode für besser reproduzierbar als die Kalomelelektrode. Nimmt man, wie früher üblich, den *Wert der Kalomelelektrode* in weiten Zeiträumen als *unveränderlich* an, so hat man, um den p_H einer Lösung zu messen, nur *eine* Messung auszuführen. Bei der *zweiten* Methode muß man mindestens *täglich einmal* eine Standardazetatmessung ausführen.

Sind die Werte der Kette Kalomelelektrode—Standardazetat nach einer der beiden Methoden bekannt, so können wir zur Messung unserer salzsauren Eiweißlösung schreiten.

Die Birnenelektrode wird entleert, mehrere Male durch Aufsaugen von dest. Wasser gespült und zur Hälfte mit der Eiweißlösung gefüllt. Dann wird Wasserstoff durchgeleitet. Da unsere Eiweißlösung beim Durchleiten schäumt, darf der Wasserstoff nur sehr langsam Blase für Blase durch die Lösung perlen. Man reguliere das Tempo am Quetschhahn des Verbindungsschlauches zwischen der äußersten Waschflasche des KIPPschen Apparates und der Elektrode oder am äußeren Glashahn der Elektrode. Sollte ein Teil der Flüssigkeit verlorengehen, so schadet das nichts. Es muß nur so viel in der Elektrode übrigbleiben, daß der Platindraht gut eintaucht. Beim Absperren des Wasserstoffes denke man an die Vorschrift, den *äußeren* Hahn der Elektrode zuerst zu schließen, dann erst den Hahn des Armes, an dem der Verbindungsschlauch befestigt ist. Nach der Beendigung des Durchleitens von Wasserstoff drehe man die Birnenelektrode noch eine Zeitlang in einem Drehgestell (Abb. 114). Es genügen ca. 50 Umdrehungen. Die Wasserstoffelektrode bildet jetzt wieder den negativen Pol, die Kalomelelektrode den positiven. Ein Agarheber stellt die Verbindung zwischen der Untersuchungslösung in der Birnenelektrode und der gesättigten Kaliumchloridlösung in der Wanne her. Nun wird mit der elektrischen Apparatur die Millivoltzahl der Kette gemessen. Beträgt sie z. B. 395 bei 18°, so ist

$$p_H = \frac{395 - 250,3}{57,7} = 2,51 \, .$$

250,3 ist der *Bezugswert* der gesättigten Kalomelelektrode bei 18° (s. S. 170), 57,7 ist ϑ für 18° (s. Anhang).

Mit Hilfe des Tabellenbüchleins von YLLPÖ[1]) lassen sich aus den bei beliebiger Temperatur gegen eine gesättigte Kalomelelektrode gemessenen Millivoltzahlen die zugehörigen p_H's direkt ablesen. Bei der zu empfehlenden Benutzung des Büchleins von YLLPÖ fällt also die obige Umrechnung fort, und man kann den p_H von 2,51 aus dem gemessenen Wert 395 Millivolt bei 18° sofort finden.

Hat man beim Arbeiten nach der *zweiten Methode* in der Kalomel-Standardazetatkette 517 Millivolt bei 18° gemessen, so ist $E_0 = 517$ und $E_x = 395$. Es ist dann

$$p_H = \frac{395 - 517}{57,7} + 4,62 = -2,11 + 4,62 = 2,51 \,.$$

6. Die Temperaturkonstanz. Wir wissen aus dem theoretischen Teil, daß die Spannung der Kette sehr wesentlich von der Temperatur abhängt. Wir müssen also bei der Messung dafür sorgen, daß die *Temperatur der Kette einheitlich und konstant ist.*

Sollen genauere Messungen ausgeführt werden, so wird man sich nicht damit begnügen, nur die Temperatur des Zimmers festzustellen, in dem man arbeitet, wie es so häufig geschieht, sondern man wird die Temperatur der Elektrodenflüssigkeiten selbst messen müssen (s. die von CULLEN modifizierte CLARK-Elektrode S. 206 und die Wassermantelelektrode von SIMMS S. 206). Bei sehr sorgfältigen Messungen wird man die ganze Elektrodenkette in einen *Luftthermostaten* setzen und vor der Messung erst längere Zeit darin belassen.

7. Korrekturen für Luftdruck und Dampfdruck. Die NERNSTsche Gleichung gilt unter der Annahme, daß der durchgeleitete Wasserstoff den Druck von genau einer Atmosphäre besitzt. Alle Schwankungen der Gesamtatmosphäre werden sich natürlich an dem Druck des vom KIPP-schen Apparat entwickelten Wasserstoffes gleichsinnig bemerkbar machen.

Herrscht in der Gesamtatmosphäre ein Druck von 780 mm Hg, so wird auch der durchgeleitete Wasserstoff diesen Druck aufweisen. Das erhaltene Potential wird also etwas zu hoch sein. Bei 740 mm Hg in der Gesamtatmosphäre wird der Wasserstoffdruck ebenfalls nur 740 mm aufweisen, das Potential also zu niedrig sein.

Es müssen daher zur *Berücksichtigung der barometrischen Schwankungen* gewisse Korrekturen angebracht werden.

Ein zweiter Faktor, der bei genauen Messungen in Betracht zu ziehen ist, ist der *Dampfdruck der Untersuchungslösung.* Dieser Dampfdruck erniedrigt etwas den Partialdruck des Wasserstoffes. Je höher die Temperatur, um so größer der Dampfdruck, um so größer also die Beeinflussung des Partialdruckes des Wasserstoffes. Beide Korrekturen werden zusammengefaßt und sind aus folgender Tabelle 1 zu erkennen.

---

[1]) YLLPÖ: „p_H-Tabellen". Berlin: Julius Springer 1922.

Tabelle 1. Barometerkorrekturen für H-Elektroden-Potentiale[1]).

$$E_{\text{bar}} = \frac{0{,}00019873\ T}{2} \log \frac{760}{x}.$$

Temperatur ° C	Korrigierter Druck mm	Dampfdruck mm	x	$\log \dfrac{760}{x}$	E_{bar} Millivolt
18	780	15,5	764,5	−0,00256	−0,07
	760		744,5	0,00895	0,26
	740		724,5	0,02078	0,60
20	780	17,5	762,5	− 0,00143	−0,04
	760		742,5	0,01012	0,29
	740		722,5	0,02198	0,64
25	780	23,8	756,2	0,00218	0,06
	760		736,2	0,01382	0,41
	740		716,2	0,02578	0,76
30	780	31,8	748,2	0,00680	0,20
	760		728,2	0,01856	0,56
	740		708,2	0,03066	0,92
35	780	42,2	737,8	0,01288	0,39
	760		717,8	0,02481	0,76
	740		697,8	0,03708	1,13
40	780	55,3	724,8	0,02060	0,64
	760		704,8	0,03275	1,02
	740		684,7	0,04525	1,41

$$\frac{\text{EMK} + E_{\text{bar}}}{0{,}00019837\ T} = p_{\text{H}}.$$

Vergleiche die Formeln auf S. 76 und 77.

Wir erkennen aus der Tabelle, daß die Korrekturen, die auf Luftdruck und Dampfspannung entfallen, nicht erheblich sind. Sie werden bei den Messungen der Praxis nur in vereinzelten Fällen berücksichtigt werden müssen.

8. Korrekturen für den Wasserstoffpartialdruck. Werden mäßig kohlensäurehaltige Lösungen mit strömendem Wasserstoff gemessen (s. S. 200), wird also nicht reines Wasserstoffgas durchgeleitet, sondern ein Gemisch von viel Wasserstoff und wenig Kohlensäure, in dem die Kohlensäure denselben Partialdruck aufweist wie in der Untersuchungslösung, so wird die Korrektur ebenfalls nicht viel größer.

Die Formeln, nach denen die Korrekturen berechnet werden, haben wir auf S. 76 u. 77 abgeleitet. Wir sahen, daß das Elektrodenpotential bei einer Druckerhöhung auf das Zehnfache um 28,8 Millivolt (bei 18°) zunimmt.

Das für eine Blutmessung in Frage kommende H_2—CO_2-Gemisch besteht aus 94,4 Vol.-% Wasserstoff und 5,6 Vol.-% CO_2. Die Kohlen-

---

[1]) Aus CLARK: l. c. Seite 459.

säurespannung beträgt dann 40 mm Hg. Die Herstellung
dieses Gemischs geschieht in einfachster Weise in einem
Gasometer (Abb. 158). Man bringt in den Gasometer z. B.
0,56 Liter CO_2 (aus einer Kohlensäurebombe oder aus
einem KIPPschen Apparat) und 9,44 Liter Wasserstoff.
Nach vollzogener Mischung verbindet man den Gasometer mit der Elektrode und leitet das Gasgemisch
durch. Die Sauerstoffabrik, Berlin N, Tegelerstraße 15,
liefert jedes beliebige Gasgemisch in einer Bombe, die
dann wie üblich mit einem Reduzierventil benutzt wird.
Das Gas muß gewöhnlich noch mittels Waschflaschen
(keine Lauge!) gereinigt werden. Das gemessene Potential

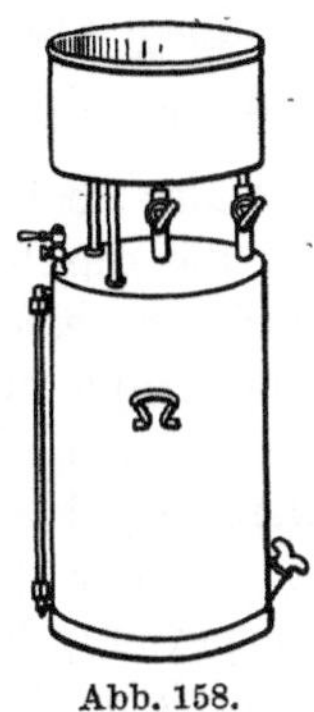

Abb. 158.

ist bei Anwendung dieses Gemisches um einen Betrag von 0,7 Millivolt
zu klein.

Folgende Tabelle zeigt die Korrekturen bei größeren Veränderungen
des H_2-Partialdruckes.

Partialdruck des Wasser- stoffes in Atmosphären	Differenz in Millivolt
1,00	0
0,95	0,6
0,9	1,3
0,8	2,9
0,7	4,5
0,6	6,4
0,5	8,7

Wird eine *stärker* CO_2-haltige Flüssigkeit mit der stehenden Wasserstoffblase gemessen, ist also der Partialdruck der Kohlensäure erheblich höher als im Blut, beispielsweise gleich 253 mm Hg, so ist nach
Einstellung des Gleichgewichtes in der Gasblase das Gemisch zuun-
gunsten des Wasserstoffes verändert. Bei 253-mm-CO_2-Spannung setzt
es sich dann aus $^2/_3$ Vol. H_2 und $^1/_3$ Vol. CO_2 zusammen. Dieses Gemisch führt zu einem deutlich anderen Potential als eine Gasblase aus
reinem Wasserstoff, und zwar zu einem Potential, das, wie aus der
Tabelle zu sehen ist, um ungefähr 5,5 Millivolt zu niedrig ist. Eine entsprechende Korrektur ist also nötig. Andererseits kann die Lösung
durch das Entweichen der CO_2 in den Gasraum der Elektrode etwas
alkalischer werden. Ist der Gasraum wie bei manchen neueren Elektroden (s. Elektrode von ETIENNE usw. auf S. 208) im Verhältnis zum
Flüssigkeitsvolumen sehr klein, so wird der Flüssigkeit auch nur sehr
wenig CO_2 entzogen, die dadurch verursachte Alkalitätszunahme ist also
recht gering. Beträgt der Gasraum 2,5% vom Flüssigkeitsvolumen, so ist
die durch das Entweichen der CO_2 verursachte Alkalitätszunahme ungefähr
0,01 p_H. Beträgt der Gasraum 10% vom Flüssigkeitsvolumen, so nimmt
der p_H durch das Entweichen der Kohlensäure höchstens um 0,04 zu.

17*

Liegt aber eine Lösung vor, deren Wasserstoffzahl nicht ausschließlich von der CO_2-Konzentration oder dem Verhältnis $\frac{CO_2}{NaHCO_3}$ abhängt, die also noch andersartige Puffer enthält, wie z. B. Blut oder Serum, so ist die durch das Entweichen der CO_2 verursachte p_H-Zunahme noch geringer, also wohl ganz zu vernachlässigen. Die Kohlensäure kann überhaupt nur zwischen p_H ca. 5,6 und ca. 8,0 die Wasserstoffzahl bestimmen, daher ist das Entweichen der CO_2 bei allen Lösungen, deren p_H kleiner als 5,6 und größer als 8,0 ist, ohnedies belanglos.

Bei der Messung unseres zweiten Beispieles, des Bikarbonat—Karbonatpuffers, dessen p_H ja größer als 8,0 ist, werden wir also weder eine Korrektur für den Partialdruck der CO_2 noch für eine Alkalitätszunahme anzubringen haben. Ohne Zweifel muß aber die Messung mit der *stehenden Wasserstoffblase* und *nicht* mit *strömendem* Wasserstoff vorgenommen werden.

Die Füllung der U-Elektrode geschieht wie auf S. 201 beschrieben.

Zwischen der gesättigten Kalomelelektrode und der U-Elektrode wird eine Kette gebildet, deren Potentialdifferenz mit Hilfe der elektrischen Apparatur gemessen wird. Die Berechnung geschieht nach der Methode 1 oder 2, wie bei der Birnenelektrode gerade vorher angegeben. Die *Reinigung* der Birnenelektroden und der U-Elektroden geschieht durch Ausspülen mit dest. Wasser. Sollten sich am Platin einige Eiweißpartikelchen festgesetzt haben, die durch Spülen nicht zu entfernen sind, so füllt man die Elektrode mit einer stark sauren Pepsinlösung (p_H ca. 1,5) an und läßt sie einige Stunden im Brutschrank stehen. Das Pepsin löst das Eiweiß vom Platin sehr schonend ab.

9. Ungepufferte Lösungen[1]. Sehr pufferarme Lösungen in der Nähe des Neutralpunktes stellen sich mit der U-Elektrode nicht gut ein. Das Potential liegt im Anfang erheblich zu niedrig. Entleert man die Elektrode und füllt sie gleich darauf mit einer neuen Probe derselben Flüssigkeit an, so ist das Potential nach kurzer Sättigung mit Wasserstoff besser. Nach einer dritten und vierten Füllung wird das Potential immer richtiger, ohne aber den theoretischen Wert stets zu erreichen. Das Messen dieser Lösungen ist daher in der U-Elektrode sehr erschwert. HASSELBALCH hat gefunden, daß ein andauerndes Schütteln die Einstellung des richtigen Potentials sehr beschleunigt; seine Elektrode (s. Abb. 119, S. 205) erlaubt, die Potentialmessung während des Schüttelns vorzunehmen. Die CLARK-Elektrode folgt dem HASSELBALCH-Prinzip; sie ist ebenfalls zum Schütteln eingerichtet und zu diesem Zweck, wie wir auf S. 206, Abb. 120 und S. 274, Abb. 161 sehen, direkt auf einem Motor montiert.

Eine Erklärung für das eigentümliche Verhalten dieser pufferarmen Lösungen läßt sich nicht geben.

---

[1] Die Chinhydronmessung ungepufferter Lösungen siehe im nächsten Abschnitt.

Nach den Untersuchungen von BEANS und HAMMET (s. S. 190 u. 191) sollen die Resultate auch ohne Schütteln gut werden, wenn die *schwarz* platinierten Elektroden durch *hell* platinierte ersetzt werden. Allerdings dauert die Einstellung des Potentials bei ihren Messungen sehr lange (10—24 Stunden). Jedenfalls läßt sich aus dem Verhalten einer Elektrode gegenüber einer *Pufferlösung* noch nichts darüber erkennen, wie sie sich mit einer ungepufferten, fast neutralen Lösung verhalten wird. Elektroden, die mit Standardazetat sämtlich den Wert 4,62 ergaben, zeigten bei der Messung derselben pufferarmen Lösungen recht verschiedene Werte[1]). Die Anforderungen, die an eine Elektrode bei der Messung von Neutralsalzlösungen gestellt werden, sind unvergleichlich höhere als bei der Messung von Pufferlösungen, ganz abgesehen davon, daß die Wasserstoffzahl von Neutralsalzlösungen schlecht definiert ist und von äußeren Einflüssen wie Kohlensäureabsorption aus der Luft, Alkaliabgabe der Gefäße usw. stark beeinflußt wird. Jedenfalls merke man sich, daß die Ergebnisse der Messungen von ungepufferten Lösungen, deren p_H's zwischen 6,0 und 8,0 liegen, mit

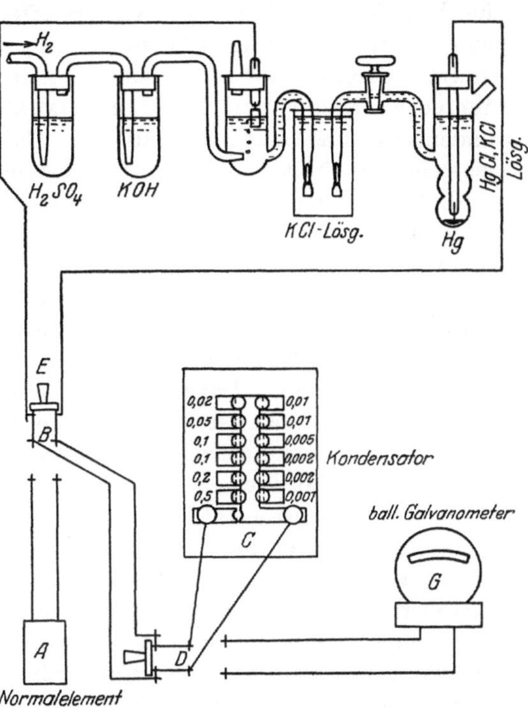

Abb. 159. Apparatur zur Messung der Wasserstoffzahl von dest. Wasser nach BEANS und OAKES.

großer Vorsicht zu bewerten sind. Die p_H's der sog. Neutralsalzlösungen werden in der Praxis nur selten zur Messung kommen. Werden die Wasserstoffzahlen derartiger Lösungen wirklich einmal verlangt, so bedarf es schon einer Technik, wie sie nur ein geübter Untersucher hat, um zu einwandfreien Resultaten zu kommen.

Häufiger hört man Angaben über die p_H-Messung von kolloidalen Lösungen, Emulsionen und Suspensionen. Soweit diese Flüssigkeiten ungepuffert sind und zwischen $p_H = 6,0$ und 8,0 liegen, sind ihre Messun-

---

[1]) MISLOWITZER, E.: Zur H-Ionenmessung von Blut. Die Spritze als Ableitungselektrode. Biochem. Zeitschr. Bd. 159, H. 1/2. 1925.

gen mit derselben Vorsicht zu beurteilen wie die Messungen von Neutralsalzlösungen. Jeder Untersucher soll sich also überlegen, ob seine
Untersuchungslösung Pufferwirkung hat oder nicht, und sich bei fehlen-
der Pufferung davor hüten, geringe oder mäßig große Differenzen in
den Wasserstoffzahlen zu verwerten. Besteht doch einmal die Notwendigkeit zur Messung ungepufferter Systeme, so ist keine darauf
verwandte Sorgfalt und Kontrollarbeit zu groß.

Soll destilliertes Wasser gemessen werden, so wird man wegen der
schlechten Stromleitung in der Wasserstoffelektrode mit einem Potentiometer nur dann arbeiten können, wenn man ein statisches Instrument
benutzt. Eventuell ist es vorteilhaft, sich der schon auf Seite 132 erwähnten Anordnung von Beans und Oakes zu bedienen, die mit einem
Kondensator und einem ballistischen Galvanometer arbeiteten. Die
obenstehende Abbildung 159 zeigt ein Schema ihrer Apparatur.

10. Die Chinhydronmessung. Ist die Messung einer Lösung in Wasserstoffelektroden unmöglich, so kann sie unter Umständen mit Chinhydron
gut gelingen. Die reduzierende Kraft des Hydrochinons, des einen Chin-
hydronbestandteils, ist viel geringer als die des atmosphärischen Wasserstoffes. Der Wasserstoffdruck, der, wie wir auf S. 81 ff. sahen, wohl nur
eine rechnerische Größe ist, beträgt in der Chinhydronelektrode nur
10^{-24} Atmosphären. Daher ist von einer *Wasserstoffwirkung* auch
nicht zu reden. Viele der reduzierbaren Substanzen, die den Wasserstoffdruck von einer Atmosphäre nicht vertragen, lassen sich mit *Chinhydron* einwandfrei messen. Auch die Vergiftungsfähigkeit der Chinhydronelektroden ist nicht so groß wie die der Wasserstoffelektroden.
Wahrscheinlich hängt das damit zusammen, daß die Metalle der Wasserstoffelektroden eine platinierte Oberfläche und die der Chinhydronelektroden eine unplatinierte Oberfläche haben. Im einzelnen lassen
sich hierüber noch keine genauen Angaben machen, doch ist das wider-
standsfähigere Verhalten der Chinhydronelektroden gegenüber sog.
Elektrodengiften schon wiederholt festgestellt worden. Wo also reduzierende oder vergiftende Substanzen die Wasserstoffmessung stören,
da versuche man mit Chinhydron zum Ziele zu kommen.

Diese Vorzüge der Chinhydronmethode gegenüber der Wasserstoffgasmethode werden noch durch einen anderen wesentlichen Vorteil
vermehrt. Die *Zeit der Potentialeinstellung* dauert bei der Chinhydronmessung nur wenige Sekunden, höchstens eine halbe Minute. Bei der
Wasserstoffgasmethode verliert man durch das wiederholte Einleiten
von Wasserstoff und durch das Abwarten des endgültigen Potentials
viel mehr Zeit, ein Umstand, der bei Reihenmessungen von sehr großer
Bedeutung ist. Schließlich spielen auch die Fragen des Gasraumes, der
Schwankungen der Gaszusammensetzung und des Gasdruckes, die für
die Wasserstoffelektroden zu berücksichtigen sind, bei der Chinhydron-

elektrode gar keine Rolle, da diese Elektrode keinen Gasraum hat. Stark kohlensäurehaltige Flüssigkeiten mit einer Wasserstoffzahl, die von der Kohlensäurekonzentration abhängig ist, lassen sich daher ohne besondere Umstände mit der Chinhydronmethode messen. Selbstverständlich ist bei dieser Messung darauf zu achten, daß die Kohlensäure nicht abdunsten kann. Die Lösungen sind also unter Luftabschluß, z. B. unter flüssigem Paraffin, zu halten.

Die Messung von ungepufferten Lösungen mit Chinhydron hat vor kurzem KOLTHOFF[1]) ausführlich untersucht. Die gewöhnlichen Chinhydronpräparate weisen in pufferarmen Lösungen eine viel zu saure Reaktion auf. Wird zu derselben Chinhydronportion 3—4mal neue Untersuchungslösung hinzugegeben, so sind die sauren Oxydationsprodukte ausgewaschen und der Wert ist zufriedenstellend. Mit dem nach VALEUR bereiteten Chinhydron (s. S. 215) werden sofort gute Werte erhalten. KOLTHOFF empfiehlt aber auch bei Anwendung dieses Chinhydrons, nach der Messung die Flüssigkeit abzuschenken und zu prüfen, ob mit frischer Lösung dasselbe Potential gemessen wird.

Diesen großen Vorteilen der Chinhydronmethode stehen die schon auf S. 216ff. erwähnten Nachteile gegenüber. Die Messungen werden ungenau, wenn die Löslichkeiten des Chinons oder des Hydrochinons durch irgendwelche Substanzen gesondert beeinflußt werden. Wir sahen, daß eine Salzkonzentration von $^m/_5$ hierzu schon genügt. Diese Gefahr läßt sich bei gepufferten Lösungen durch Verdünnen völlig oder weitgehend ausschalten, und auch bei der Mehrzahl der übrigen Lösungen wird die Löslichkeitsbeeinflussung durch Salze keine erhebliche Bedeutung haben. Viel größer sind die Schwierigkeiten, wenn sich das Chinon oder Hydrochinon mit irgendwelchen in Lösung befindlichen Stoffen umsetzt, sei es, daß das Hydrochinon oxydiert oder das Chinon reduziert wird, sei es, daß unlösliche Verbindungen einer der beiden Komponenten gebildet werden. In diesen Fällen sind Messungen mit Chinhydron mehr oder weniger fehlerhaft oder ganz unmöglich. Läßt sich die Messung mit der Wasserstoffgasmethode ausführen, so wird das Versagen der Chinhydronmethode nicht allzu unangenehm sein. Häufig werden aber gerade diese Lösungen mit Wasserstoffelektroden erst recht versagen. In einem solchen Falle läßt sich aber durch geschicktes und systematisches Vorgehen doch noch dann und wann etwas erreichen. Nehmen wir an, daß in einem Beispiel die Einstellung mit der Wasserstoffelektrode vollständig ausbleibt, mit der Chinhydronelektrode aber meßbare Potentiale erreicht werden. Wir müssen uns jetzt die Frage vorlegen, ob die gemessenen Werte richtig sind oder einen mäßigen Fehler aufweisen,

---

[1]) KOLTHOFF u. BOSCH: Die Anwendung der Chinhydronelektrode zur Messung der Wasserstoffionenkonzentration in pufferarmen Lösungen. Biochem. Zeitschr. Bd. 183, H. 4/6, S. 434. 1927.

oder ob sie ganz falsch sind. Alle drei Möglichkeiten sind vorhanden. Da wir mit Wasserstoffmessungen nicht vergleichen können, müssen wir versuchen, auf Umwegen zu Ergebnissen zu kommen. Wenn in der Lösung Substanzen sind, die eine Chinhydronmessung unmöglich machen, so muß das an *Pufferlösungen* zu erkennen sein. Wir messen also zunächst einige Pufferlösungen mit Chinhydron und notieren die erhaltenen p_H-Werte. Dann setzen wir zu den Pufferlösungen abgestufte Mengen der Untersuchungslösung hinzu und messen dann diese Portionen aufs neue mit Chinhydron. Sind die p_H's der Pufferlösungen, die nicht zu gering konzentriert sein dürfen, also am besten $^m/_{10}$ bis $^m/_5$ sind, gar nicht oder nur wenig verändert, so dürfen wir hoffen, mit der Chinhydronmethode zu Resultaten zu kommen. Haben kleine Zusätze von der Untersuchungslösung nichts geschadet, größere aber ja, so erkennen wir wohl eine Beeinflussung der Chinhydronmessung, können aber erwarten, mit einer Verdünnung der Untersuchungslösung die Beeinflussung des Chinhydrons auszuschalten. Die Untersuchungslösung darf aber nur dann ohne Veränderung ihrer Wasserstoffzahl verdünnt werden, wenn sie selbst eine Pufferwirkung ausübt. Wir müssen uns daher sehr eingehend über die Pufferungskapazität der Untersuchungslösung unterrichten. Das können wir am besten durch elektrometrische Titrationen unter Säure- bzw. Laugenzusatz. Die Richtigkeit der absoluten Potentiale braucht bei der Titration zunächst noch gar nicht festzustehen. Wir sehen zu, wie das Verhältnis vom Säure- bzw. Laugenzusatz zur p_H-Änderung ist. Ist bei der unverdünnten Lösung die p_H-Änderung z. B. nach Zusatz einer Laugeneinheit (1 ccm einer $^n/_1$- oder $^n/_{10}$-Lösung) gering, so ist eine große Pufferung bewiesen. Wir verdünnen nun die Lösung auf das 10fache, messen den p_H und geben wieder eine Laugeneinheit hinzu. Jetzt wird die p_H-Änderung schon wesentlich größer sein. Besteht nach der Verdünnung ebenfalls noch eine deutliche Pufferwirkung, so verdünnen wir auf das 50- oder 100fache. Verbraucht die 50- oder 100fach verdünnte Untersuchungslösung auch noch etwas Lauge ohne allzu starke Alkalitätszunahme, so können wir eine Verdünnung in dieser Größenordnung als noch erlaubt annehmen und mit dieser Verdünnung die eigentliche Messung ausführen. Das Verhalten der Potentiale ohne Laugenzusatz gibt uns wertvolle Fingerzeige.

Bei dem Beispiel einer technischen Tanninlösung hatte die unverdünnte Lösung einen p_H von 3,80. Die Chinhydronbeeinflussung durch hohe Konzentrationen der Tanninlösung wurde an Pufferlösungen festgestellt. Die puffernde Wirkung der Tanninlösung war, wie eine elektrometrische Titration zeigte, außerordentlich groß. Die Lösung wurde 10fach verdünnt und zeigte nunmehr einen p_H von 3,30. Nach einer 50fachen Verdünnung war ihr $p_H = 3,10$, nach einer 100fachen 3,20. Durch das Verdünnen bis zum 50fachen wurde die saure Lösung scheinbar saurer. Bei weiterer Verdünnung wurde sie wieder ganz wenig alkalischer. Wir deuten die Veränderung der p_H's von 3,80 bis auf 3,10 als *scheinbare* Säuerung, da in Wirklichkeit eine saure Pufferlösung durch Verdünnen nicht saurer werden kann. Die p_H-Verschiebung ist also darauf zurückzuführen, daß mit der Verdünnung der Untersuchungslösung die *Beeinflussung des Chinhydrons* abnahm. Bei der Verdünnung auf das 100fache wurde die Lösung etwas alkalischer, als sie bei 50facher Verdünnung war. Aus diesen Zahlen und der früheren Feststellung, daß geringste Zusätze der Untersuchungslösung zu Pufferlösungen keinen Fehler verursachen, schließen wir, daß der wirkliche p_H der Untersuchungslösung dicht bei 3,10 liegt.

Dieses Beispiel sollte zeigen, wie sich die Schwierigkeiten der p_H-Messungen manchmal erkennen und die Fehler unter Umständen noch weitgehend ausschalten lassen.

Zum Schluß dieser Betrachtungen soll noch daran erinnert werden, daß sich stark alkalische Lösungen mit Chinhydron nicht messen lassen (s. S. 216). Ist man in der Messung von Potentialdifferenzen geübt und arbeitet man mit einem Potentiometer, so dauert die ganze Messung bei ungefähr bekanntem p_H nur wenige Sekunden. Bei diesem Tempo lassen sich die meisten gepufferten Lösungen noch bis zu einem p_H von ca. 9,0 mit Chinhydron messen.

Ob man die Messungen in einer aus Bechergläsern und Platinblechen zusammengestellten Kette oder in einer der fertig zu beziehenden Anordnungen ausführt, ist ziemlich belanglos. Bei vielen Untersuchern hat sich die auf S. 224ff. beschriebene Doppelchinhydronelektrode (Becherglaselektrode) bewährt. Ist die Bezugselektrode bei der Chinhydronmessung eine Kalomelelektrode, so wird sie negativ, die Chinhydronelektrode positiv geschaltet. Das Potential dieser Kette nimmt bei dem Wechsel der Untersuchungslösungen von der sauren Seite zur neutralen immer mehr und mehr ab; es ist bei p_H ca. 7,5 gleich Null. Nach Umpolung kann man noch weiter nach der alkalischen Seite zu messen. Die Berechnung des p_H aus der gemessenen Millivoltzahl geschieht nach der auf S. 222 angegebenen Formel:

$$p_H = \frac{0,4541 - E_1}{0,001 \cdot \vartheta}$$

für die gesättigte Kalomelelektrode.

Ist die *Bezugselektrode* ebenfalls eine Chinhydronelektrode, so ist die *saure* Lösung *positiv*, die alkalische negativ zu schalten. Läßt sich das nicht voraussehen, so muß man derart schalten, daß bei der *Brückenstellung Null* des Potentiometers der Zeiger beim Einschalten des Stromes nach *links* ausschlägt. Die gemessene Millivoltzahl wird durch ϑ dividiert und der erhaltene Wert zu dem p_H der Bezugselektrode algebraisch addiert. Der zu addierende Wert ist positiv, wenn die Bezugselektrode positiv geschaltet war, und er ist negativ, wenn die Bezugselektrode negativ geschaltet war.

VI. Kurze Übersicht über die elektrometrischen Titrationsanalysen.

Wiederholt wurde schon auf die elektrometrischen Titrationen hingewiesen. Jetzt werden sie noch einmal im Zusammenhange besprochen. Die Methodik der elektrometrischen Azidimetrie und Alkalimetrie wird ausführlich beschrieben. Auch auf die Titrationsverhältnisse bei Säuren- oder Laugengemischen wird hingewiesen; ebenso auf die elektrometrische Titration mit Chinhydronelektroden.

Weiterhin werden die Anwendungsgebiete der elektrometrischen Titration bei Fällungsanalysen und Oxydations-Reduktionsanalysen gezeigt. Von den Fällungsanalysen wird eine Chlor- bzw. Silbertitration ausgeführt. Besonders wird auf die Möglichkeit eingegangen, Analysen in Ionengemischen anzustellen, ohne die einzelnen Ionenarten voneinander zu trennen. Ein Beispiel einer Analyse von Chlor- und Bromionen nebeneinander wird beigebracht.

Bei den Oxydations-Reduktionsanalysen wird ausführlich auf die Eisentitration eingegangen, während die anderen Metallanalysen nur angeführt werden.

An verschiedenen Stellen (s. S. 42—45, 196, 232) haben wir schon von der „*elektrometrischen Titration*" gehört. Wir wollen jetzt etwas mehr im Zusammenhange auf die Theorie und die Technik dieser Bestimmungsmethoden eingehen. Zunächst sollen die elektrometrischen *Titrationen* von *Säuren* und *Alkalien* besprochen werden, dann ganz kurz die *Fällungsanalysen* und zum Schluß die *Oxydationsreduktionsanalysen*. Wer sich eingehender mit der elektrometrischen Titration befassen will, studiere das ausgezeichnete Buch von E. MÜLLER: Die elektrometrische (potentiometrische) Maßanalyse, 4. Aufl. Dresden und Leipzig: Th. Steinkopff[1]).

1. Die elektrometrische Titration von Säuren und Laugen. Bei der gewöhnlichen Titration von Säuren und Laugen mit Farbindikatoren ist man über die Veränderungen der H-Ionenzahlen im Verlaufe der Titration nicht unterrichtet. Die Säuren und Laugen werden einfach so lange titriert, bis der zugesetzte Indikator die Farbe ändert. Ganz anders bei der *elektrometrischen* Alkali- und Azidimetrie.

Wird beispielsweise die Essigsäure mit Lauge elektrometrisch titriert, so wird uns nicht nur der Endpunkt der Titration angezeigt, sondern auch jede Veränderung der Wasserstoffzahl im Verlauf der Titration, bis an den Äquivalenzpunkt heran. Wir kennen den p_H der ursprünglichen Lösung, ferner kennen wir die Wasserstoffzahlen nach 1 ccm, 2 ccm, 3 ccm usw. Laugenzusatz. Wir wissen, nach welcher Laugenmenge die Lösung einen p_H von 7,0 hat, also genau neutral ist, und wann

---

[1]) Das in englischer Sprache erschienene Buch von KOLTHOFF und FURMAN ist ebenfalls sehr empfehlenswert. Potentiometric Titrations. A Theoretical and Practical Treatise. By Dr. J. M. KOLTHOFF and N. HOWELL FURMAN. New York: John Wiley u. Sons, Inc. London: Chapman u. Hall, Limited. 1926.

schließlich der Äquivalenzpunkt erreicht ist, also die Titration beendet ist. Alle diese p_H-Zahlen lassen sich zu einem Kurvenzug zusammenstellen, der uns dann ein genaues Bild der während der Titration auftretenden H-Ionenveränderungen gibt (s. S. 44 u. 45). Die Unterschiede der starken und schwachen Säuren, der starken und schwachen Basen treten bei der elektrometrischen Titration deutlich hervor. Viele Lösungen lassen sich ihrem Charakter nach erst durch eine Verbindung von Titration und H-Ionenbestimmung, also durch eine elektrometrische Titration genauer analysieren (s. dazu S. 30). Besonders instruktiv ist in dieser Hinsicht das Beispiel der drei Flüssigkeiten auf S. 31, deren p_H's ungeheuer stark verschieden sind, die aber alle dieselben Laugenäquivalente binden. Erst die elektrometrische Titration deckt hier die Unterschiede auf.

Die Größe der p_H-Verschiebung nach Lauge- oder Alkalizusatz unterrichtet uns über die Pufferungsfähigkeit einer Lösung. Ist bei den Lösungen zwischen den p_H's = 3,0 und 10,0 nach Säure- bzw. Laugenzusatz nur eine geringe Veränderung der Wasserstoffzahl festzustellen, so ist die Pufferungskapazität dieser Lösungen eine gute. Diese Eigenschaft läßt sich auch durch Berücksichtigung der p_H-Änderung bei bestimmtem Säure- oder Laugenzusatz *zahlenmäßig* angeben (s. S. 29).

Bei gefärbten Lösungen ist der Gebrauch des Farbindikators recht schwierig und häufig unmöglich. Hier ist also die elektrometrische Titration selbst zur einfachen Bestimmung der Säure- oder Basenäquivalente unerläßlich.

Die elektrometrische Säuretitration läßt sich nun sowohl mit gasförmigem Wasserstoff wie auch mit Chinhydron ausführen. Bei Anwendung von gasförmigem Wasserstoff kommen die drei Tauchelektroden von L. MICHAELIS, HILDEBRAND und WILSON und KERN in Betracht (s. S. 195ff.).

Die zu titrierende Lösung wird in ein niedriges breites Becherglas gefüllt. In die Lösung taucht eine Elektrode, z. B. die Glockenelektrode von L. MICHAELIS, ferner der eine Arm eines elektrolytischen Stromschlüssels und ein Rührer ein. Der Rührer kann auch fehlen, doch muß dann die Flüssigkeit mit Hilfe eines Glasstabes gut durchmischt werden. Der andere Arm des Stromschlüssels (doppeltes T-Rohr, S. 175 u. 176, Agarheber oder ähnliches) stellt die Verbindung zu der Flüssigkeit einer beliebigen Bezugselektrode her, z. B. durch ein mit gesättigter KCl-Lösung gefülltes Gefäß zur gesättigten Kalomelelektrode. Über dem Becherglas wird eine Bürette mit der Maßflüssigkeit angebracht. Nach der Sättigung der Elektrode durch Durchleiten von Wasserstoff wird die Messung der Potentialdifferenz der Elektrodenkette in der üblichen Weise vorgenommen. Der ursprünglich (vor dem Zusatz von Maßflüssigkeit) gefundene Wert führt zu dem Ausgangs-p_H der Untersuchungslösung. Nun werden nach jedesmaligem Zusetzen von Maßflüssigkeit und Durchleiten von Wasserstoff die Potentialdifferenzen erneut gemessen und aus ihnen die p_H's errechnet.

Je nach dem Charakter der Untersuchungslösungen werden die Formen der erhaltenen Kurven verschieden sein. Bei der Titration *starker* Säuren oder *starker* Laugen kommt es im Augenblick der Neutralisierung zu einer sehr großen Potentialänderung, zu dem sog. Potentialsprung. Diesem Potentialsprung entspricht ein p_H-Sprung, der, wie wir auf S. 42 sahen, von ca. $p_H = 3,0$ bis $10,0$ führt (Abb. 5). Bei der Titration von schwachen Säuren kommt es zu einem langsamen p_H-Anstieg und im Endpunkt der Titration zu einem kleinen Sprung (Abb. 6). Liegt ein Gemisch einer starken und einer schwachen Säure vor, so wird durch Zufügen von Lauge zuerst die starke Säure neutralisiert und dann die schwache Säure. Der Äquivalenzpunkt der starken Säure kann nun nicht mehr durch den großen p_H-Sprung von 3,0 auf 10,0 angezeigt werden, da

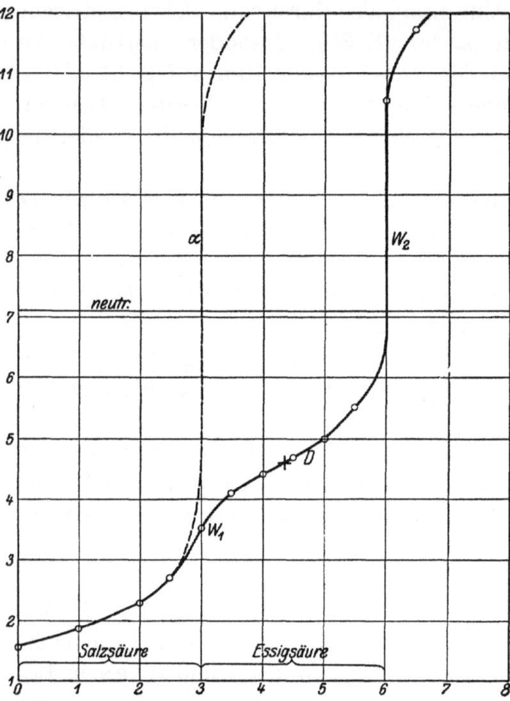

Abb. 160. 3 ccm 0,1 n HCl + 3 ccm 0,1 n Essigsäure werden mit 0,1 n NaOH titriert. Ohne Essigsäure würde die Kurve sich wie α fortsetzen. W_1 = Wendepunkt nach Austitrieren der Salzsäure, W_2 = Wendepunkt nach Austitrieren der Essigsäure. (L. MICHAELIS, Praktikum l. c., 3. Aufl., Abb. 39.)

nach fast vollständiger Neutralisierung der Äquivalente der starken Säure die H-Ionenzahl der Lösung noch von der durch den Laugenzusatz kaum oder gar nicht verändertem H-Ionenmenge der schwachen Säure abhängt. Die p_H-Kurve dieses Säuregemisches wird am Anfangsteil der Titration einer starken Säure entsprechen und nach einem Knick oder einer Biegung in die Titrationskurve einer schwachen Säure übergehen. Der Laugenverbrauch bis zu dem Kurvenknick ist dann auf die vorhandenen Äquivalente der starken Säure zu beziehen, der übrige Laugenverbrauch auf die Äquivalente der schwachen Säure (Abb. 160).

Genau ebenso lassen sich auch *schwache Basen* neben *starken Basen* elektrometrisch titrieren.

Neben der Bestimmung der einzelnen Bestandteile derartiger Gemische erlaubt die Methode der elektrometrischen Titration noch *sehr schwache Säuren* und *sehr schwache Basen* gesondert, aber auch unter Umständen *nebeneinander* mit großer Genauigkeit zu titrieren.

So läßt sich z. B. der Gehalt einer *Phenollösung* mit NaOH bis auf 2%, der einer *Anilinlösung* mit HCl gar bis auf 0,8% Genauigkeit titrieren[1]). Bemerkenswert ist ferner, daß *Aminosäuren*[2]) mit verschiedenen Dissoziationskonstanten elektrometrisch auseinandergehalten und daß auch Lösungen von *Alkaloiden*[3]) sehr scharf titriert werden können.

Auch für die *Fermentmethodik*[4]) ist die elektrometrische Titration wichtig. So können *fermentative Esterspaltungen* bei Lipaseuntersuchungen quantitativ erfaßt werden, da sich die freien Fettsäuren recht bequem elektrometrisch titrieren lassen.

Das Anwendungsgebiet der elektrometrischen Titration ist demnach, wie schon aus diesen Beispielen hervorgeht, ein sehr großes, daher wird die Beherrschung der Technik immer mehr und mehr unentbehrlich. p_H-Sprünge, Kurvenbiegungen, Kurvenknicke und das Einstellen auf bestimmte p_H's sind also die Daten und Anhaltspunkte bei der elektrometrischen Titration; sie sind viel aufschlußreicher als die Farbumschläge der Indikatoren, mit denen die Untersucher sich früher behelfen mußten.

Die *Ausführung elektrometrischer Säure- und Laugentitrationen* kann auf verschiedene Weise geschehen.

Sollen die Äquivalente von starken Säuren oder starken Laugen in reinen Lösungen titriert werden, so ist nur der Augenblick von Interesse, in dem der Potentialsprung auftritt. Wird z. B. mit einer gesättigten Kalomelelektrode als Bezugselektrode und einer Wasserstoffelektrode bei einer Titration gearbeitet, so springt das Potential der Elektrodenkette bei dem Erreichen des Äquivalenzpunktes einer starken Säure von ca. 400 Millivolt auf über 800 Millivolt. *Vor* dem Äquivalenzpunkt verschiebt sich das Potential nach jedem Laugenzusatz immer nur um wenige Millivolt und *nach* dem Äquivalenzpunkt ebenfalls. Es ist für die Berechnung der Säuremenge unnötig, die Potentialdifferenzen vor dem Potentialsprung zu kennen, andererseits muß der Augenblick des Potentialsprunges selbst mit aller Schärfe erfaßt werden. Legen wir die Elektrodenkette an das Potentiometer an und stellen die Brücke

---

[1]) Siehe E. Müller: Die elektrometrische Maßanalyse, S. 226.

[2]) Hirsch: Biochem. Zeitschr. Bd. 147. 1924.

[3]) Müller, E.: l. c. S. 232.

[4]) Rona, P.: Praktikum der Physiologischen Chemie. I. Teil: Fermentmethoden. Berlin: Julius Springer 1926.

auf eine beliebige Millivoltzahl zwischen 400 und 800, z. B. auf 600 (der linke Drehrheostat steht auf Null, der rechte auf 600), so wird der Zeiger des Galvanometers *vor* dem Sprung stets rechts von dem Nullpunkt stehen, da bei einer Elektrodenspannung von unter 400 Millivolt und einer Brückenstellung von 600 Millivolt die Kompensationsstellung überschritten ist. *Im Moment des Sprunges* steigt die Elektrodenspannung auf über 800, daher ist bei einer Brückenstellung von 600 die Kompensationsstellung noch nicht erreicht, und der Zeiger schlägt nach *links* und bleibt links vom Nullpunkt stehen. Um die Ausschläge des Galvanometers zu dämpfen, schaltet man den Einschalter nicht ganz bis *E* ein, sondern beläßt ihn auf der Mittelstellung, in der ein Graphitwiderstand vor dem Galvanometer liegt. Es wird also bei Benutzung des Potentiometers bei einer Brückenstellung von 600 einfach so lange titriert, bis der Zeiger des Galvanometers aus seiner Rechtsstellung in die Linksstellung übergeht. Ist das der Fall, so ist die Titration beendet, und der Bürettenwert wird notiert.

Bei dieser Art der Titration wird also *kein einzelnes Potential* gemessen, sondern bei feststehender Brückenstellung nur die Zeigerstellung beobachtet, eine Titrationsmethode, die bestimmt nicht schwieriger ist als die Titration mit Farbindikatoren. Es ist das die Titration *„auf Sprung“*. Auch bei reinen Lösungen von *schwachen* Säuren und Basen können wir *„auf Sprung“* titrieren. Der Potentialsprung ist zwar nicht so groß wie bei den starken Säuren, aber er ist noch groß genug, um ihn zu erkennen. Bei der Essigsäuretitration geht der Sprung im Äquivalenzpunkt von ca. 630 Millivolt bis auf 770 Millivolt (ebenfalls bei Benutzung einer gesättigten Kalomelelektrode als Bezugselektrode und einer Wasserstoffelektrode). Stellt man also die Brücke auf 710 Millivolt ein, so wird *vor* dem Sprung der Zeiger des Galvanometers *rechts* vom Nullpunkt stehen und im Moment des Sprunges nach *links* ausschlagen und links stehen bleiben.

Auch bei Säure- oder Laugegemischen kann man auf Sprung titrieren, wenn das Säuregemisch qualitativ bekannt ist. Bei dem Salzsäure-Essigsäuregemisch wird man die Brücke zunächst auf ca. 400 Millivolt einstellen, dann bis zum Ausschlag des Zeigers nach links titrieren und so die Salzsäureäquivalente finden. Im Anschluß daran wird man vor dem weiteren Zufügen von Lauge die Brücke auf 710 Millivolt stellen, wodurch der Zeiger wieder nach rechts geht. Wird jetzt erneut bis zu dem Ausschlag nach links Lauge hinzugegeben, so entspricht die *zweite* Laugenmenge den Äquivalenten der *schwachen* Säure.

Entstehen aber irgendwelche Schwierigkeiten im Erkennen des ersten Sprunges, so messe man lieber die einzelnen Potentialdifferenzen und lege aus den erhaltenen Werten eine Kurve an. Bei Gemischen unbekannter Zusammensetzung muß man stets so vorgehen. Das immer zu wiederholende Einleiten von Wasserstoff und das Abwarten der Potentialeinstellung ist lästig und macht die elektrometrische Titration recht zeitraubend. So ist es sehr angenehm, daß sich die elektrometrische Azidimetrie auch mit der Chinhydronmethode ausführen läßt.

Die Titration einer Säure mit Chinhydron läßt sich in kürzester Zeit beenden. Als Elektroden verwendet man wieder unplatinierte Platindrähte oder Platinbleche, die in Glasstäben eingeschmolzen sind[1]).

Die Bezugselektrode ist selbstversändlich beliebig. Wählt man als Bezugselektrode die gesättigte Kalomelelektrode, so ist die Potentialdifferenz ungefähr $= 450$ Millivolt, wenn der p_H der mit Chinhydron versetzten Untersuchungslösung ca. 0 ist. Bei $p_H = 3{,}0$ ist die Potentialdifferenz ungefähr 285 Millivolt, und bei $p_H = 7{,}8$ ist die Potentialdifferenz gleich oder dicht bei Null[2]). Will man noch weiter in das alkalische Gebiet titrieren, so muß man die bis dahin positiv geschaltete Chinhydronelektrode umpolen, also negativ schalten. Bei dem Potentiometer werden, wie wir schon auf S. 248 hörten, die Bananenstecker zu diesem Zweck umgesteckt, ein Handgriff, der nur eine Sekunde in Anspruch nimmt. Titriert man gegen eine *Chinhydronbezugselektrode*, z. B. gegen die VEIBEL-Elektrode, deren $p_H = 2{,}04$ ist, und ist die zu titrierende Lösung stärker sauer als eine $^n/_{100}$-Salzsäure, so wird die Potentialdifferenz von *115* bis *Null* Millivolt abnehmen, wenn der p_H der Lösung sich von *Null* bis *2,04* verschiebt. Nach dem Umpolen wird die Potentialdifferenz jetzt immer mehr ansteigen, je mehr Lauge zur Untersuchungslösung zugefügt wird. Die *saure* Lösung ist, wie wir schon wissen, in der H-Ionenkette stets *positiv* gegenüber der alkalischen.

Bei $p_H = 3{,}0$ ist in diesem Beispiel die Potentialdifferenz ca. 60 Millivolt, bei $p_H = 7{,}0$ ca. 290 Millivolt, bei $p_H = 9{,}0$ ca. 400 Millivolt. Die genauen Daten sind aus den Formeln auf S. 68 zu ersehen.

Kennt man die Lage des Potentialsprunges, der den Endpunkt der Titration anzeigt, so wird man mit Vorteil wieder nur *auf Sprung* titrieren.

Soll z. B. in einer Doppelchinhydronkette HCl titriert werden und hat die Bezugselektrode einen p_H von 2,04, so schalte man die Bezugselektrode gleich von Anfang an positiv und stelle die Brücke ungefähr auf 250 Millivolt ein. Der Sprung liegt zwischen $p_H = 3{,}0$ und 10,0, also zwischen 60 und 450 Millivolt. Die Brückenstellung 250 liegt dann also in der Mitte des Sprunges.

Ähnlich verfahre man bei der Titration von *schwachen* Säuren und von Säuregemischen. Im Moment des Sprunges schlägt der Zeiger des Meßinstrumentes wieder von rechts nach links um. Wird die Unter-

---

[1]) Z. B. Platinelektroden, die zu der Becherglaselektrode (s. Seite 224) gehören.
[2]) Siehe die Berechnungen auf Seite 221 ff.

suchungslösung von einem Motor gerührt, so lasse man die Maßflüssigkeit aus der Bürette langsam zufließen und beobachte den Zeiger. Um ein etwaiges Übertitrieren zu vermeiden, kann man die Brücke zunächst auf einen Potentialwert einstellen, der noch unterhalb des Sprungbeginns liegt. Da in unserem Beispiel der Sprung bei 60 Millivolt beginnt, stelle man die Brücke auf 30 bis 40 Millivolt ein. Bis zu diesem Punkt kann man nun sehr flott titrieren. Ist der Zeiger bei der Brückenstellung 30 im Verlauf der Titration von der rechten Seite bis zum Nullpunkt gewandert, so stelle man die Brücke auf 250 Millivolt und titriere nun langsam Tropfen für Tropfen. Diese Art der Titration ist besonders empfehlenswert.

Stärkere Basen lassen sich nicht mit Chinhydron titrieren, da das Chinhydron, wie wir schon wissen, bei stark alkalischer Reaktion schnell zersetzt wird. Will man nur die Basen*äquivalente* wissen und keine Kurve aufnehmen, so kann man sich dadurch helfen, daß man die Untersuchungslösung zunächst mit einer bekannten Säuremenge ansäuert und dann den Überschuß mit Lauge zurücktitriert.

Schwache Basen werden sich mit Chinhydron bei schnellem Arbeiten *direkt* titrieren lassen.

Läßt sich die Untersuchungslösung wegen ihrer reduzierenden oder vergiftenden Eigenschaften weder mit Wasserstoff noch mit Chinhydronelektroden titrieren, so kann man es mit den auf S. 232 angegebenen bimetallischen Elektrodensystemen versuchen.

Man übe die Titration mit diesen Elektroden zunächst an *bekannten* Säuren und Laugen und versuche bei ihnen eine richtige p_H-Kurve aufzunehmen. Erst wenn das einwandfrei gelungen ist, beginne man mit der Titration der Untersuchungslösung.

Eine sehr ausgedehnte Anwendung findet die elektrometrische Titration neuerdings bei *Bodensuspensionen* oder *Bodenauszügen*. In der Mehrzahl der Fälle ist, wie aus der Literatur zu ersehen ist, bei diesen Flüssigkeiten eine Chinhydrontitration möglich. Die Untersucher werden sich daher vorzugsweise dieser Untersuchungsart bedienen.

Wenn bei der H-Ionenbestimmung durch geringe Abweichungen von den theoretischen Werten (z. B. auf der alkalischen Seite) die Anwendung der Chinhydronmethode bereits in Frage gestellt ist, so ist das bei der elektrometrischen Titration mit Chinhydron noch nicht der Fall. Die charakteristischen Eigenschaften einer p_H-Kurve werden auch dann noch gut zu erkennen sein, wenn die einzelnen p_H-Werte kleinere Fehler zeigen.

Hier ist nur die Ausführung der elektrometrischen Azidimetrie und Alkalimetrie beschrieben worden, bei der man sich eines Potentiometers bedient. Dieselben Titrationen lassen sich auch mit einem Meßdraht oder mit Rheostaten und Kapillarelektrometern ausführen. Es ist aber ohne Zweifel einfacher und eleganter mit einer Potentiometerapparatur zu arbeiten. Das Meßinstrument braucht bei der elektrometrischen Titration nicht so empfindlich zu sein wie bei einzelnen Potentialmessungen zur H-Ionenbestimmung. Soll aber *eine* Apparatur beide Aufgaben erfüllen, so ist auf ein hochempfindliches Anzeigeinstrument nicht zu verzichten.

In den Vereinigten Staaten sind die elektrometrischen Titrationen bereits weitgehend bei technischen Bestimmungen im Gebrauch. In allen Zweigen der Industrie werden elektrische Methoden zu Säure- und Alkalititrationen, aber noch mehr zu den mannigfaltigsten Metall- und Metalloidionenanalysen verwandt. Besonders verlockend ist die Anwendung der elektrischen Methoden bei *quantitativen Analysen von Ionengemischen*. Während mit den älteren Methoden zuerst umständliche Trennungen vorgenommen werden müssen, bevor die einzelne Ionenart zur Wägung oder Titration kommen kann, lassen sich potentiometrisch nicht selten die einzelnen Ionenmengen *ohne vorherige Trennung* direkt titrieren. Bei Benutzung einer leicht zu handhabenden elektrischen Apparatur werden Analysen, die früher recht schwierig waren und hohe Anforderungen an den Untersucher stellten, ohne Einbuße an Genauigkeit bequem und schnell ausgeführt.

Die Potentiometer sind entsprechend der weiten Verbreitung der elektrischen Methoden in Amerika von hoher Qualität. Es gibt dort die verschiedensten Potentiometermodelle, die je nach dem Zweck einfacher und komplizierter, empfindlicher und weniger empfindlich sind.

Die Abb. 161 zeigt ein Potentiometer von LEEDS und NORTHRUP, und zwar Type K in der Anordnung mit CLARK-Elektrode und WESTON-Element[1]).

Die Abb. 162 zeigt ein anderes Potentiometer von LEEDS und NORTHRUP mit einer Einrichtung für die direkte Aufnahme von Titrationskurven[2]).

Gegenüber den amerikanischen Apparaten, die entweder mit zwei Meßinstrumenten oder einem Meßinstrument und einem WESTON-Element ausgerüstet sind, stellt das auf S. 246 beschriebene Potentiometer eine weitere Vereinfachung dar.

Die elektrometrischen Säure- und Alkalititrationen stellen gewissermaßen den Übergang her zwischen der einzelnen H-Ionenmessung und dem großen Gebiet der elektrometrischen Titrationen zahlreicher Ionenarten. Mit der eigentlichen H-Ionenmessung haben diese übrigen Titrationen nichts mehr zu tun, da ja nicht die H-Ionen zur Messung kommen oder ihre Mengen berechnet werden. Wer sich aber die Technik

---

[1]) Der Preis dieser Anordnung ist für Amerika mit 451,75 Dollar angegeben.
[2]) Aus dem Katalog von EIMER u. AMEND, New York. Preis etwa 275 Dollar.

der elektrometrischen Wasserstoffionenbestimmung, der elektrischen Säure- und Alkalititration angeeignet hat, ist sehr bald in der Lage,

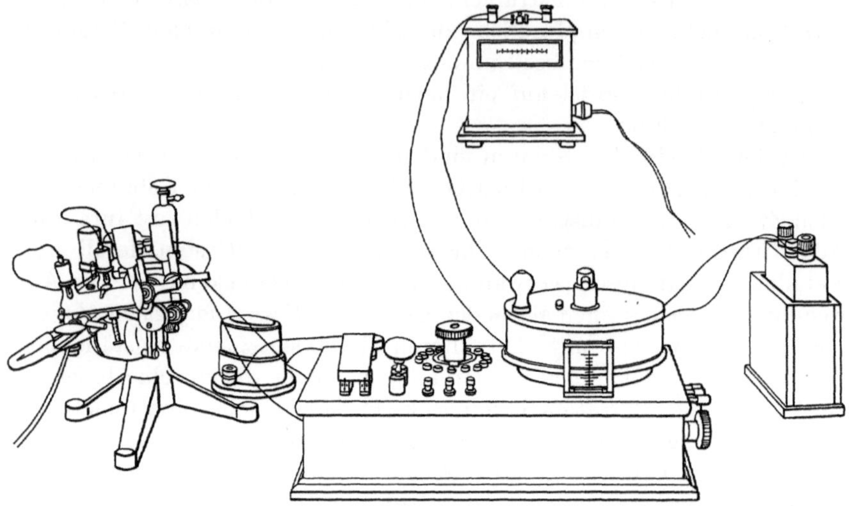

Abb. 161. Potentiometer von LEEDS und NORTHRUP, Type K.
(Philadelphia, PA. 4901 Stenton Arc.)

die übrigen elektrischen Ionenbestimmungen zu erlernen und fehlerfrei auszuführen. *Das Studium und Erlernen der elektrometrischen H-Ionen-*

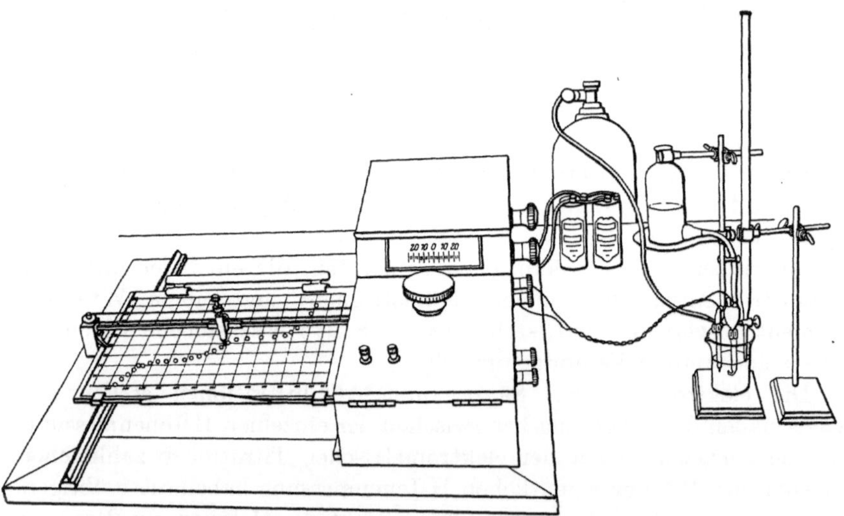

Abb. 162. Potentiometer von LEEDS und NORTHRUP.

meßtechnik hat also noch Vorteile zur Folge, die über die Bestimmung von Wasserstoffzahlen hinausgehen und sich auf weite Gebiete der analytischen

Chemie erstrecken. Im folgenden sollen nur die wesentlichen der schon ausgearbeiteten Methoden besprochen werden. Ausführliches ist hierüber in den schon erwähnten Büchern von E. MÜLLER und von KOLTHOFF zu finden.

2. Die potentiometrischen Fällungsanalysen. Taucht eine *Silberelektrode* in eine Silbernitratlösung, so ist das Potential durch die Konzentration der Silberionen bestimmt. Die Formel lautet

$$E = \pi_0 + 0{,}058 \log [\text{Ag}^{\cdot}]$$

bei 20°, wo π_0 das *Normalpotential* dieses Vorganges bedeutet.

Wird zu dieser Silbernitratlösung eine Lösung von Natriumchlorid hinzugefügt, so fällt Silberchlorid aus. Mit dem Zufügen der Chlorionen wird die Konzentration der Silberionen immer geringer.

$$\text{Ag}^{\cdot} + \text{Cl}' \rightleftarrows \text{AgCl} .$$

War ursprünglich *ein* Äquivalent Silberionen in Lösung und wurde nach und nach *ein* Äquivalent Chlorionen hinzugefügt, so sind beide Ionenarten bis auf einen kleinen Rest aus der Lösung als Silberchlorid ausgefallen. Da das Löslichkeitsprodukt ungefähr gleich 10^{-10} ist, so bleiben im Augenblick der Äquivalenz 10^{-5} g Äquivalente Chlorionen und 10^{-5} g Äquivalente Silberionen in Lösung. Werden über die Äquivalenz hinaus noch mehr Chlorionen zugeführt, so ist das Potential nunmehr von der *Chlorionenkonzentration* bestimmt, also

$$E = \pi_1 + 0{,}058 \log [\text{Cl}'] .$$

Bei einer anfänglichen Ag-Ionenkonzentration von 1 normal war das ursprüngliche Potential $= \pi_0$; wurden so lange Chlorionen hinzugefügt, bis ihre Konzentration auch $= 1$ normal geworden ist, so lautet das Endpotential $= \pi_1$. Das ursprüngliche Potential von π_0 hat sich also im Verlaufe der Titration zu dem Potential π_1 geändert. Die gesamte Potentialänderung bei der Titration ist also:

$$\pi_0 - \pi_1 .$$

Trägt man die Potentiale auf der Y-Achse und die zugesetzte Maßflüssigkeit auf der X-Achse eines Koordinatensystems ab, so erhält man eine Kurve, die den Potentialverlauf während der Titration anzeigt. Die Abb. 163 gibt den Verlauf einer solchen Titration (schematisiert) wieder. Bei der elektrometrischen Titration einer starken Säure mit einer starken Lauge macht das Elektrodenpotential im Augenblick der Neutralisation einen Sprung. Ebenso entsteht auch bei der Titration einer Silberionenlösung mit Chlorionen im Augenblick der *Äquivalenz* eine *größere Potentialänderung. Der Wendepunkt der Kurve fällt mit dem Titrationsendpunkt zusammen.*

Dieser Potentialsprung kann auch bei dieser Titrationsmethode als Indikator für die vollständige Ausfällung der Silberionen durch Chlorionen dienen. Er zeigt uns an, wann die zugesetzte Maßflüssigkeit gerade der Silberionenmenge *äquivalent* ist.

Wir erinnern uns daran, daß bei der elektrometrischen Azidimetrie die *Größe* des Potentialsprunges von den Konzentrationen der Maßflüssigkeit und der zu titrierenden Lösung abhängt. Wird eine *Normal*säure mit einer Normallauge titriert, so beträgt der Potentialsprung bei der Neutralisation ungefähr 360—400 Millivolt. Bei der Titration einer $^n/_{100}$-Säure mit einer $^n/_{100}$ Lauge ist der Sprung schon ca. 120 Millivolt kleiner, und bei einer $^n/_{1000}$-Säure ist er noch kleiner.

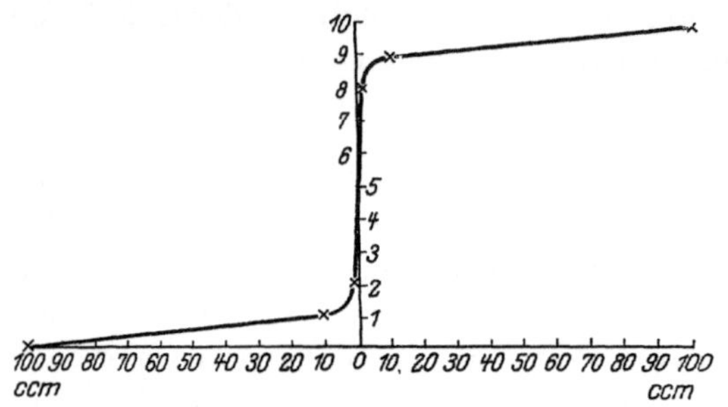

Abb. 163. Kurve einer Elektrotitration von Silbernitrat mit Natriumchlorid (schematisiert).

Ähnlich ist es bei der elektrometrischen *Fällungsanalyse*. Die Größe des Sprunges hängt von der Konzentration der zu titrierenden Lösung ab, bei unserem Beispiel also von der *ursprünglichen Konzentration der Silberionen*. Ferner hängt die Größe des Sprunges also noch von dem Löslichkeitsprodukt der sich gegenseitig fällenden Ionen ab. Je *kleiner* das Löslichkeitsprodukt, desto *größer* der Potentialsprung am Titrationsendpunkt.

Bei der Titration einer konzentrierten Lösung wird man mit Vorteil direkt „auf Sprung" titrieren. Voraussetzung hierfür ist, daß die Lage des Sprunges gut bekannt ist. Die Lage des Sprunges, die bei Fällungsreaktionen im wesentlichen nur von der Bezugselektrode abhängt, läßt sich experimentell sehr schnell finden, indem eine bekannte Lösung der zu analysierenden Ionenart unter Messung der einzelnen Potentiale und Aufzeichnung einer Kurve austitriert wird. Das eine Halbelement ist z. B. die gesättigte Kalomelelektrode, das andere eine Silbernitratlösung, in die ein Silberstab oder ein versilberter Platinstab eintaucht. Die beiden Halbelemente werden durch einen *elektrolytischen Stromschlüssel* (s. S. 175 u. 176) verbunden, der aber in diesem Falle nicht mit gesättigter Kaliumchlorid-, sondern mit gesättigter Kaliumnitratlösung gefüllt wird. Die herausdiffundierenden Chlorionen würden bei einer Kalium*chlorid*füllung die Bestimmung fehlerhaft machen. Zu der Silbernitratlösung, die titriert werden soll, wird aus einer Bürette eine Portion NaCl-Lösung hinzugefügt; dann wird umgerührt und das Potential gemessen. Zuerst ändert sich das Potential nach jedem Zusatz der Maßflüssigkeit nur wenig. Das ist ein Zeichen dafür, daß der Äquivalenzpunkt noch weit entfernt ist. Werden die Änderungen im Verlaufe der Titration allmählich größer, so geht man mit den einzelnen Portionen der Kochsalzlösung immer mehr und mehr herunter und titriert schließlich nur noch tropfenweise. Die Kurve, die aus den auf eine Einheit bezogenen Mengen der Maßflüssigkeit und den zugehörigen Potentialen gezeichnet wird, gibt uns die Lage und den Umfang des Sprunges an.

Bei *Fällungsreaktionen* wird man nicht so häufig auf Sprung titrieren wie bei den azidimetrischen Analysen und den später zu besprechenden Oxydationsreduktionsanalysen. Besonders bei verdünnteren Lösungen wird es kaum zu umgehen sein, bei der Titration die *einzelnen Potentiale* nach jedesmaligem Zusatz der Maßflüssigkeit zu messen. Die Differenz der einzelnen Potentiale, *bezogen auf die Einheit der Maßflüssigkeit*, wird um so größer, je näher der Äquivalenzpunkt heranrückt. Da die zugesetzten Mengen der Maßflüssigkeit im Verlauf der Titration immer kleiner werden, müssen also die gemessenen Potentialänderungen auf eine Einheit der Maßflüssigkeit umgerechnet werden, um vergleichbare Werte zu erhalten. Ändert sich das Potential während der Titration zunächst *pro ccm* der Maßflüssigkeit um 10 Millivolt, dann *pro 0,5 ccm* um 10, dann nach Zusatz von 0,25, 0,1 und 0,02 ebenfalls um je 10 Millivolt, nach weiterem Zusatz von 0,05 ccm um 5 Millivolt, von 0,25 ccm um 10 Millivolt, so sind die Änderungen, auf den ganzen ccm bezogen, folgende:

Maßflüssigkeit in ccm		Absolute Änderung in Millivolt	Änderung auf 1 ccm bezogen in Millivolt
	1,0	10	10
	0,5	10	20
1,87 ccm	0,25	10	40
	0,1	10	100
	0,02	10	500
	0,05	5	100
	0,25	10	40

Die größte Änderung liegt demnach dort, wo das Potential nach Zusatz von 0,02 Maßflüssigkeit um 10 Millivolt größer bzw. kleiner geworden ist. Die bis zu diesem Punkt verbrauchte Maßflüssigkeit ist gleich 1,87 ccm. Bezeichnet man die Zahl der Millivoltdifferenzen mit a, die der ccm mit c, so muß zur Erkennung des Titrationsendpunktes stets der Quotient $\frac{\varDelta a}{\varDelta c}$ gebildet werden.

Die Werte der Quotienten $\frac{\varDelta a}{\varDelta c}$ steigen an, erreichen ein Maximum und fallen wieder ab. Dieses *Maximum* gibt also den Endpunkt der Titration an.

Folgende Tabelle[1]) gibt den Verlauf einer Titration von $^n/_{10}$-Kaliumjodid mit $^n/_{10}$-Silbernitrat wieder. Die Ablesungen in Ohm sind nicht auf Millivolt umgerechnet.

Das Maximum liegt zwischen 19,90 und 19,95. Als Titrationsergebnis ist 19,925 anzunehmen.

Beistehende Abb. 164 zeigt den Titrationsverlauf als Kurve. Bei der Titration sehr verdünnter Lösungen sind die Ohm- oder Millivoltdifferenzen viel kleiner als in dem obigen Beispiel. Sollen die Chloride im Blut[2]) elektrometrisch titriert werden und stehen nur 0,1 ccm Blut zur Verfügung, so sind die nach den einzelnen Zusätzen gemessenen Potentialänderungen erheblich kleiner; sie genügen aber durchaus, um den Äquivalenzpunkt zu erkennen. Die elektrometrische Chlorbestimmung im Blut ist ein Beispiel für die Verwendungsfähigkeit der elektrometrischen Titration in der Biologie. Diese Methode ist für die Praxis sehr zu empfehlen[3]).

ccm $^n/_{10}$-AgNO$_3$	Komp. Ohm	$\frac{\Delta a}{\Delta c}$
0	− 142	
10	− 130	
18	−108	
19	− 98	
19,60	− 80	
19,80	− 60	100
19,90	+ 21	810
19,95	+ 90	1380
20,00	+ 115	500
20,04	+ 130	370
20,50	+ 162	70
21,00	+ 172	20

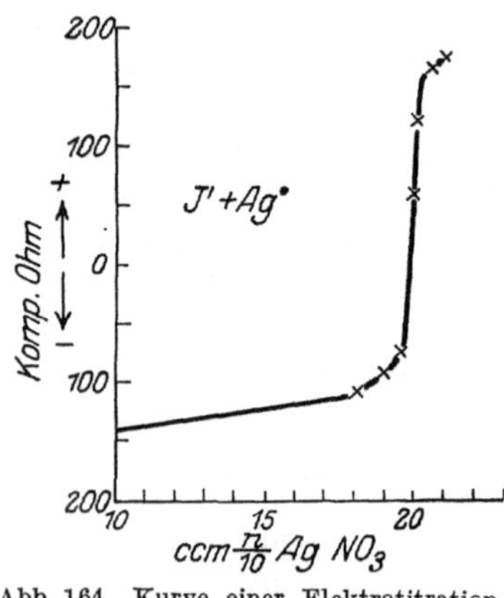

Abb. 164. Kurve einer Elektrotitration von $^n/_{10}$-Kaliumjodid mit $^n/_{10}$-Silbernitrat.

Bei den elektrometrischen Titrationen ist für gutes Durchmischen der Untersuchungslösung Sorge zu tragen.

Sehr bequem sind die sog. Elektrolysestative, bei der die Elektrode zugleich als Rührer dient (s. Abb. 165).

<hr>

[1]) Aus E. Müller: l. c. S. 37.

[2]) Mislowitzer, E. u. M. Vogt: Biochem. Zeitschr. Bd. 159. 1925.

[3]) Ein Autor behauptete vor einiger Zeit, daß die Methode mit einem Minusfehler von 8% arbeitet. Diese Behauptung ist, wovon sich jeder leicht überzeugen kann, unrichtig. Ebenso unrichtig ist die Angabe, daß Eiweiß bei der elektrometrischen Titration nicht stört. Richtig ist vielmehr, daß *koaguliertes* Eiweiß nicht stört und vor der Titration nicht entfernt zu werden braucht. Nicht koaguliertes Eiweiß gibt selbstverständlich zu hohe Titrationswerte. In einem Privatbrief an mich bezeichnete dieser Autor *seine Ergebnisse* als wahrscheinlich *fehlerhaft*, nachdem er sie kurz vorher in aller Öffentlichkeit zur Kritik an meiner Methode verwandt hatte.

Billiger ist das von E. MÜLLER empfohlene Rührwerk, das aus einem kleinen Elektromotor mit vertikal stehender Welle besteht[1]).

Die potentiometrische Titration der einzelnen Halogene ist allen anderen analytischen Methoden überlegen. Die Überlegenheit tritt deutlich bei der Titration sehr verdünnter Lösungen hervor. Besonders wertvoll ist aber die Möglichkeit, *ohne trennende Maßnahmen* Chlor neben Brom, Brom neben Jod und Chlor neben Brom und Jod zu bestimmen.

Liegt z. B. eine Lösung von Natrium*jodid* und Natrium*chlorid* vor, so werden bei der Titration mit Silbernitrat wegen der geringeren Löslichkeit des Silberjodids zunächst alle Jodionen gefällt werden. Der Endpunkt der Jodtitration wird uns durch einen Potentialsprung bzw. durch ein Maximum für $\frac{\varDelta a}{\varDelta c}$ kenntlich werden. Wird nun weiter titriert, so ändern sich die Potentiale nur sehr langsam, bis der Punkt für die Chlorionenäquivalenz heranrückt. Sind alle Chlorionen als Silber-

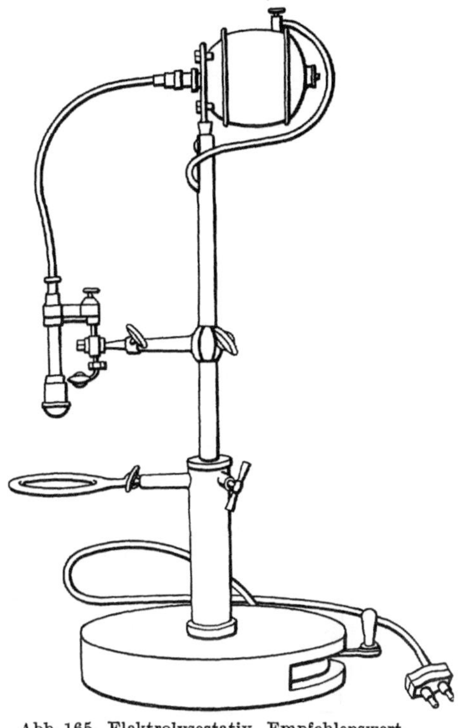

Abb. 165. Elektrolysestativ. Empfehlenswert als Rührwerk für Elektrotitrationen.

chlorid ausgefällt, so erfolgt ein *zweiter Potentialsprung.* Die bis zu dem ersten Punkt verbrauchte Silberionenmenge ist der *Jodidmenge* äquivalent, die vom ersten bis zum zweiten Punkt verbrauchte Silberionenmenge ist der *Chloridmenge* äquivalent. Wir finden hier ähnliche Verhältnisse wieder wie bei der Titration einer starken Säure neben einer schwachen Säure (s. S. 268). Ein Beispiel hierfür ist folgende Tabelle[2]) auf Seite 280.

Die Titrationskurve zeigt *zwei* Potentialsprünge an. Das Aussehen einer solchen Kurve ist aus der beistehenden Abb. 166 zu erkennen[3]). Sollen Jodionen neben Bromionen und neben Chlorionen titriert werden, so weist die Titrationskurve *drei* Knicke auf. Die zwischen dem ersten und zweiten Knick verbrauchte Silberionenmenge entspricht dann der *Bromionen*äquivalenz.

---

[1]) Maschinenfabrik Roderthal A.G. Schönborn, Post Langebrück bei Dresden; zit. nach E. MÜLLER, S. 65.

[2]) MÜLLER, E.: l. c. S. 63.   [3]) MÜLLER, E.: l. c. S. 60.

| ccm $^{m}/_{10}$-AgNO$_3$ | Komp. Ohm | $\dfrac{\varDelta b}{\varDelta a}$ | ccm $^{m}/_{10}$-AgNO$_3$ | Komp. Ohm | $\dfrac{\varDelta b}{\varDelta a}$ |
a	b		a	b	
0	− 120		14,0	67	
4	− 114		19,0	90	
8	98		19,5	99	
9	89		19,6	101	20
9,5	80		19,7	106	50
9,6	76	40	19,8	112	60
9,7	71	50	19,9	119	70
9,8	63	80	20,0	129	100
9,9	41	220	20,1	147	180
10,0	− 7	340	20,2	155	80
10,1	+ 58	650	20,3	161	60
10,2	61	30	21,0	177	
10,5	62				

Außer bei den *Halogenen* läßt sich noch bei vielen anderen Substanzen die eine oder andere Fällungsreaktion potentiometrisch verfolgen, von denen nur noch *Rhodanide, Cyanide, Zink, Kupfer, Nickel,*

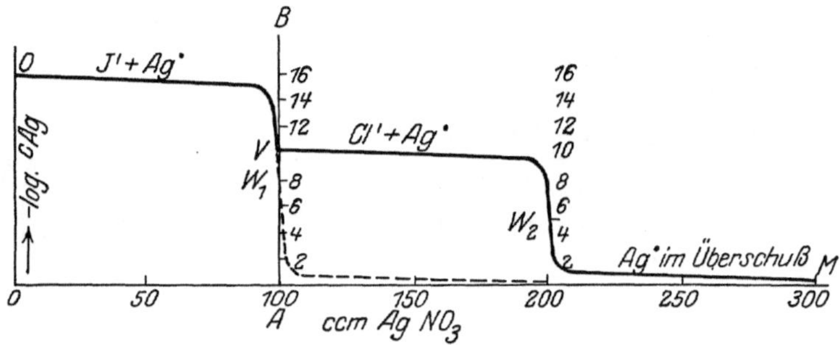

Abb. 166. Kurve einer Elektrotitration eines Gemischs von Jodid und Chlorid mit Silbernitrat. („Der punktiert gehaltene Teil kommt bei Gegenwart von Chlorid nicht zur Beobachtung.")

Kobalt und *Kadmium* genannt seien. Viele dieser Stoffe lassen sich ebenso in Gemischen titrieren, wie wir es vorher bei dem Chlorid, Bromid und Jodid gesehen haben.

3. Die potentiometrischen Oxydationsreduktionsanalysen. Bei den Oxydationsreduktionsvorgängen kann der Ladungsaustausch durch eine indifferente Metallelektrode kenntlich gemacht werden. Wir wissen aus dem theoretischen Teil, daß das Elektrodenpotential ganz allgemein durch folgende Gleichung ausgedrückt wird.

$$E = \pi_0 + 0{,}058 \log \frac{c \text{ Oxydationsstufe}}{c \text{ Reduktionsstufe}}$$

$$\text{(bei 20°).}$$

Wird durch ein Oxydationsmittel die Konzentration der Reduktionsstufe verringert und die der Oxydationsstufe vergrößert, so ändert sich entsprechend der Gleichung auch das Elektrodenpotential. Das gleiche gilt für die Verringerung der Oxydationsstufe und Vermehrung der Reduktionsstufe durch ein Reduktionsmittel.

In dem Moment, wo die eine der beiden Stufen durch Oxydation oder Reduktion ganz aus der Lösung verschwindet, kommt es zu einer sehr starken Potentialänderung, zu einem Potentialsprung. Titrieren wir daher mit einem Oxydations- oder mit einem Reduktionsmittel, so können wir als Indikator für vollständige Oxydation bzw. Reduktion den Potentialsprung benutzen. In einer Lösung von *zwei*- und *drei*-wertigem *Eisen* lautet die obige Gleichung:

$$E = \pi_0 + 0{,}058 \log \frac{[\mathrm{Fe}^{\cdots}]}{[\mathrm{Fe}^{\cdot\cdot}]}.$$

Dieses Potential läßt sich mit einer blanken Platinelektrode ableiten.

Ist die Menge des Ferroeisens in einem Gemisch unbekannt, so läßt sie sich auf einfache Weise dadurch bestimmen, daß zu dem Gemisch so lange ein Oxydationsmittel zugefügt wird, bis der Potentialsprung auftritt. Ebenso läßt sich die Menge des Ferrieisens durch ein Reduktionsmittel titrieren.

Folgende Tabellen zeigen den Vorgang bei der Titration von zwei-wertigem Eisen mit Bromat.

Tabelle 2[1]).　A. Titrationen von Fe^{··} mit BrO′₃.
Titration von 2 ccm n/100-Ferro mit n/100-Bromat.

Bromat ccm	Brücken- zahlen in Ohm	$\frac{\varDelta a}{\varDelta c}$ Wachstum in Ohm oder Millivolt (a) bezogen auf 0,1 ccm Bromat	Bromat ccm	Brücken- zahlen in Ohm	$\frac{\varDelta a}{\varDelta c}$ Wachstum in Ohm oder Millivolt (a) bezogen auf 0,1 ccm Bromat
0	156	—	1,6	239	5
0,2	181	—	1,8	250	5,5
0,4	192	—	1,9	260	10
0,6	202	—	2,0	277	17
0,8	209	—	2,1	438	161 Maximum
1,0	216	—	2,2	453	15
1,2	222	3	2,3	457	4
1,4	229	3,5			

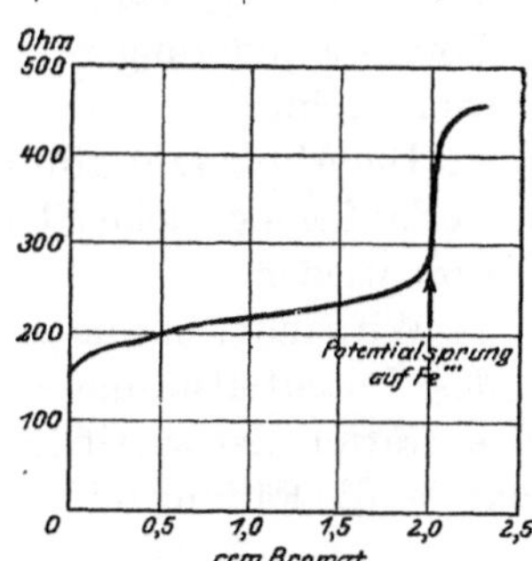

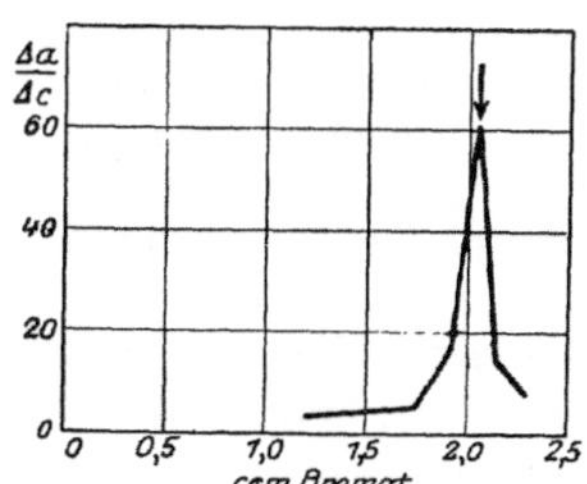

<table>
<tr><td>Abb. 167. Titration von Ferroeisen mit Bromat.</td><td>Abb. 168. Zu Abb. 167. Kurve der Werte für $\frac{\varDelta a}{\varDelta c}$.</td></tr>
</table>

---

[1]) Mislowitzer, E. u. Werner Schäfer: Biochem. Zeitschr. Bd. 168, S. 205.

Tabelle 3[1]). Titration von 0,94 ccm $^n/_{100}$-Ferro mit $^n/_{400}$-Bromat.

Bromat ccm	Millivolt	$\frac{\Delta a}{\Delta c}$	Bromat ccm	Millivolt	$\frac{\Delta a}{\Delta c}$
0	315	—	3,3	495	7
1,5	428	—	3,4	510	15
2,0	475	—	3,5	530	20
2,2	445	—	3,6	555	25
2,4	450	—	3,65	[Sprung auf 700	
2,6	457	—		sofort zu-	
2,8	465	—		rück auf 560]	
3,0	475	—	3,70	730	175
31,	480	—	3,74	830	250 Maximum
3,2	488	—	3,78	850	50

Titrationsergebnis 3,74 ccm. Theoretischer Wert 3,76 ccm.

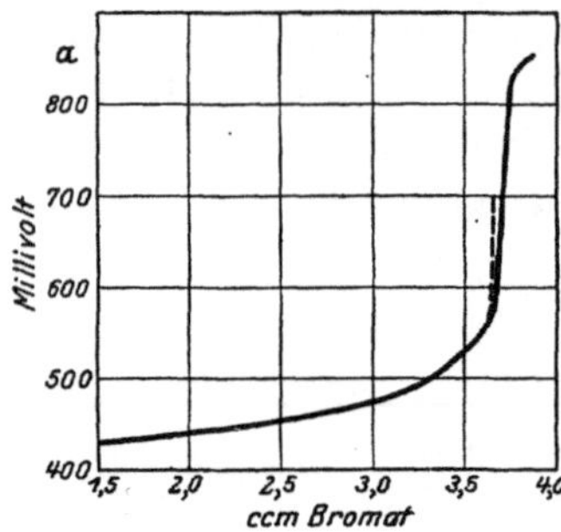

Abb. 169. Titration von Ferroeisen mit Bromat.

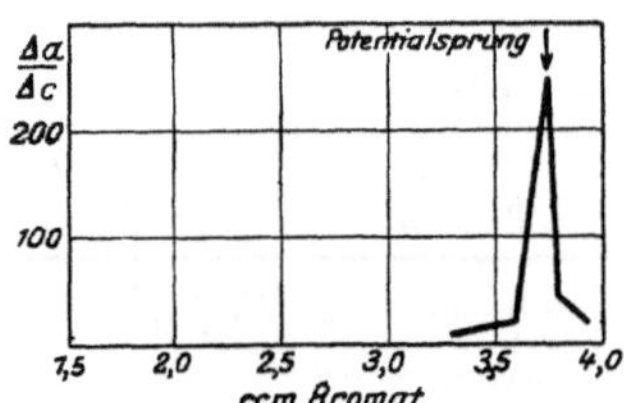

Abb. 170. Zu Abb. 169. Kurve der Werte für $\frac{\Delta a}{\Delta c}$.

Eine dritte Tabelle[2]) zeigt die Potentialwerte bei der Titration von normaler Ferrolösung mit einem anderen Oxydationsmittel, mit $^n/_1$-Permanganat.

Verwendet Ferrosalz ccm	Zugesetzt Permanganat ccm	$\varepsilon = 0,75 + 0,058 \log \dfrac{Fe^{\cdots}}{Fe^{\cdot\cdot}}$ Volt
20	10	0,75
20	15	0,767
20	19	0,824
20	19,9	0,88
20	19,99	0,94
		← Sprung
20	20,01	1,482

Bei weiterem Zusatz von Permanganat sind die Potentialänderungen nur sehr gering.

Die Abb. 171[3]) gibt den Verlauf einer solchen Titration wieder.

Wir sahen, daß die Größe des Potentialsprunges bei den *Fällungsreaktionen* von der Anfangskonzentration der zu titrierenden Ionenart und von dem Löslichkeitsprodukt der die Fällung bildenden Ionen abhängt.

---

[1]) MISLOWITZER, E. u. SCHÄFER: Biochem. Zeitschr. Bd. 168, S. 206.
[2]) Zusammengestellt aus 2 Tabellen aus dem Buche von E. MÜLLER: l. c. S. 38.
[3]) MÜLLER, E.: l. c. S. 39.

Bei den *Oxydationsreduktionsvorgängen* entsteht kein Niederschlag eines festen Körpers, so daß von einem „Löslichkeitsprodukt" nicht· gesprochen werden kann. An Stelle des Löslichkeitsproduktes ist bei diesen Reaktionen die Gleichgewichtskonstante für den Umfang des Potentialsprunges maßgebend[1]).

Die Oxydationsgleichung des Eisens durch Permanganat lautet:

$$MnO_4' + 8\,H^{\cdot} + 5\,Fe^{\cdot\cdot} \rightleftarrows Mn^{\cdot\cdot} + 4\,H_2O + 5\,Fe^{\cdot\cdot\cdot}\,.$$

Es ist dann

$$k = \frac{[MnO_4'] \cdot [H^{\cdot}]^8 \cdot [Fe^{\cdot\cdot}]^5}{[Mn^{\cdot\cdot}] \cdot [Fe^{\cdot\cdot\cdot}]^5}\,.$$

Ist k sehr klein, so liegt das Gleichgewicht sehr weit rechts, d. h. die nicht oxydierte Substanzmenge ist im Verhältnis zur oxydierten

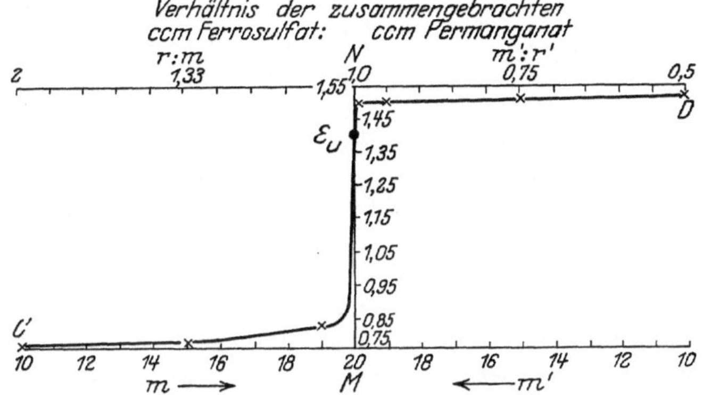

Abb. 171. Kurve einer Elektrotitration von Ferroeisen mit Permanganat.

Menge sehr gering, die Oxydation verläuft sehr weitgehend. Je kleiner dieses k bei Oxydationsreduktionsreaktionen ist, um so größer ist der Potentialsprung am Endpunkt der Reaktion.

Während aber bei den *Fällungsreaktionen* die Konzentration der zu titrierenden Lösung einen Einfluß auf die Größe des Potentialsprunges hat, fällt bei den *Oxydationsreduktionsreaktionen* dieser Einfluß fort.

Der Sprung ist also ebenso groß bei der Titration von Normallösungen wie bei der Titration von $^1/_{1000}$*-Normallösungen.*

Daher eignen sich diese Reaktionen besonders gut zur Bestimmung kleiner Ionenmengen, wie sie für biologische Untersuchungen in Frage kommen. Die quantitative Bestimmung des Eisens im Blut z. B. läßt sich noch potentiometrisch mit 0,2 ccm Blut ausführen. Einzelheiten sind in der Originalarbeit nachzulesen [s. MISLOWITZER und SCHAEFER[2])].

---

[1]) Siehe E. MÜLLER: l. c. S. 54.
[2]) Biochem, Zeitschr. Bd. 168, S. 216, 1926,

Außer Eisen sind noch viele andere Metalle durch die Untersuchungen der letzten 10 Jahre der potentiometrischen Titration zugänglich gemacht worden. Vor allem sind hier das *Mangan, Uran, Titan, Vanadium, Wismut, Kupfer, Antimon* und *Zinn* zu nennen. Als Oxydationsmittel wurden neben *Bromat* und *Permanganat* hauptsächlich *Bichromat* und *Jodat* benutzt, als Reduktionsmittel *Jodid* und *Titanochlorid*.

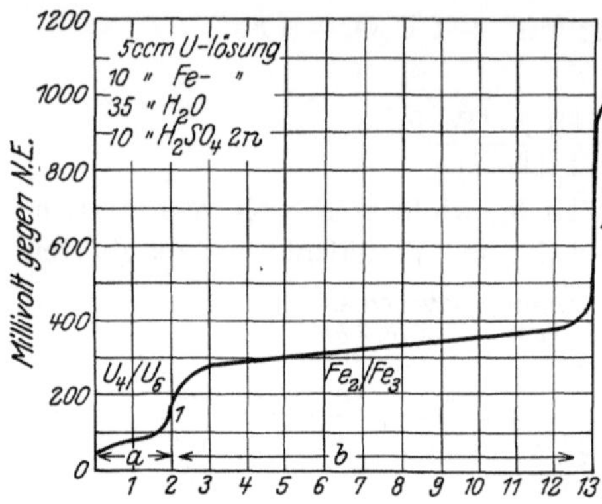

Abb. 172. Titration eines Gemischs von Eisen und Uran mit Permanganat. (Das Uran wird vor der Titration im Reduktor mit eisenfreiem Zink reduziert.)

Besonderer Wert wurde bei den Untersuchungen darauf gelegt, auch mit den Oxydationsreduktionsanalysen *Metallgemische ohne vorherige Trennung* in die einzelnen Bestandteile bestimmen zu können. Für eine große Anzahl von in der Technik vorkommenden Metallgemischen ist das gelungen.

In der Mehrzahl der Fälle wird man wegen der Größe der Potentialsprünge bei den Oxydationsreduktionsanalysen „auf Sprung" titrieren können und es nicht nötig haben, die einzelnen Potentialänderungen nach dem jedesmaligen Zufügen von Titrationsflüssigkeit aufzusuchen. Bei der Titration von Metall*gemischen* werden ebenso wie bei den Fällungsanalysen *zwei* oder *mehr* Sprünge die Beendigung der Einzelreaktionen anzeigen.

Als Beispiel sei hier nur die gleichzeitige Bestimmung von Eisen und Uran genannt. Der Potentialverlauf ist aus obenstehender Abb. 172 zu erkennen[1]).

---

[1]) MÜLLER, E.: l. c. S. 158.

C. Die kolorimetrische Bestimmung der Wasserstoff-
zahlen.

I. Allgemeines.

Die chemische Natur der einzelnen Indikatoren ist sehr verschieden. Sie gehören zu den Klassen der Nitroverbindungen, Phthaleine, Azoverbindungen, Triphenylmethanverbindungen usw. Für die einzelnen Gruppen werden Beispiele beigebracht. Die Indikatortheorien von OSTWALD *und* HANTZSCH *werden ausführlich erörtert und die zur Zeit geltenden Vorstellungen über die Theorien wiedergegeben.*

Nicht alle Indikatoren sind für H-Ionenmessungen geeignet; manche geben ungenügende Werte, z. B. auf Grund von Salz oder Eiweißfehlern. Eine Auswahl der geeigneten Indikatoren stammt von Sörensen, eine zweite von Clark und Lubs, eine dritte von Michaelis. Diese drei Indikatorreihen werden angegeben.

Die zu den Messungen nötigen Puffergemische werden ausführlich aufgeführt. Ihre Herstellung wird genau beschrieben und ihre p_H's werden in Tabellen mitgeteilt. Es sind vor allen Dingen die Puffer von Sörensen und von Clark und Lubs. Ferner wird die eigentliche Technik der Messung angegeben. Die Vorproben werden an Beispielen erläutert, die ,,Methode mit Puffer'' beschrieben und mit Beispielen belegt. Dann werden die ,,Methoden ohne Puffer'' beschrieben und von ihnen die Methode von Michaelis und Gyemant sehr ausführlich. Verschiedene Beispiele werden durchgerechnet. Die Indikatordauerreihen von Michaelis werden erwähnt. Dann wird die Gillespie-Methode beschrieben und ferner das Walpolesche Prinzip zum Messen gefärbter oder getrübter Lösungen. Auch die Sörensensche Methode zum Messen derartiger Lösungen wird angegeben.

Dann wird auf allgemeine Schwierigkeiten der kolorimetrischen Bestimmungen hingewiesen. Schließlich werden die Schwierigkeiten bei der Messung von Plasma und Serum erwähnt und zwei käufliche Apparate für kolorimetrische Bestimmungen abgebildet und beschrieben.

In dem theoretischen Teil haben wir bereits gehört, daß die *Farbe* eines *Indikators* von der *Wasserstoffzahl* der Indikatorlösung abhängt.

Daher kann der *Farbton* einer Untersuchungslösung, der nach dem Zusatz eines Indikators auftritt, eine Messung der Wasserstoffzahl dieser Lösung ermöglichen.

Diese *kolorimetrischen Wasserstoffzahlbestimmungen* geschehen nach zwei grundsätzlich verschiedenen Verfahren.

Bei dem einen werden außer den Indikatoren noch *Pufferlösungen* gebraucht, deren p_H's durch geeignete Mischungen der Pufferbestandteile reguliert werden können. Diese Puffergemische bilden dann im Versuch eine Serie von Lösungen, deren Wasserstoffzahlen aus der Zusammensetzung der Gemische bekannt sind.

Zur eigentlichen Messung wird bei der *ersten* Methode zu der *Untersuchungslösung und* zu der in Frage kommenden *Pufferreihe* derselbe Indikator hinzugegeben. Aus der *Pufferreihe* wird dann *dasjenige Gemisch* ausgewählt, dessen Farbton der Farbe der *Untersuchungslösung* am ähnlichsten ist. Da die H-Ionenzahl eines jeden Puffergemisches, wie schon erwähnt, bekannt ist und die farbgleichen Lösungen dieselben Wasserstoffzahlen haben, so ist nach dem Farbvergleich und der Feststellung des farbgleichen Puffergemischs auch die Wasserstoffzahl der Untersuchungslösung bekannt.

Bei dem *zweiten* Verfahren sind die Pufferlösungen überflüssig. Der Farbvergleich geschieht mit einer Reihe von Indikatorlösungen, in denen bei Anwendung *einfarbiger* Indikatoren die Indikator*menge* und somit die Farb*intensität*, bei Anwendung *zweifarbiger* Indikatoren ein Gemisch aus der „sauren" und „alkalischen" Indikatorfarbe, also der Farb*ton*, variiert ist.

Die Wasserstoffzahl der Untersuchungslösung wird nach Feststellung der farbähnlichen Indikatorlösung mit Hilfe von Formeln errechnet oder aus Tabellen abgelesen.

Die Einzelheiten dieser beiden Methoden werden weiter unten besprochen.

1. Die Indikatoren und die Theorie der Indikatoren. Zur kolorimetrischen Wasserstoffzahlbestimmung werden viele Indikatoren benutzt, die auch bei den gewöhnlichen Säure- und Laugetitrationen Verwendung finden, so z. B. Methylrot, Methylorange, Phenolphthalein usw.

Darüber hinaus existiert aber noch eine große Anzahl von Indikatoren, die dem speziellen Zweck der kolorimetrischen p_H-Messung dienen.

Die chemische Natur aller dieser Indikatoren ist recht verschieden. Der Name Indikator bezieht sich daher nicht auf einen Stoff von einer bestimmten Zusammensetzung, sondern er bezeichnet nur eine Substanz, deren Farbe in einer Lösung in Abhängigkeit von der Wasserstoffzahl der Lösung steht.

Die wichtigsten Indikatoren gehören zu den Klassen der *Nitroverbindungen, Phthaleine* und *Sulfophthaleine, Monazo-* und *Diazoverbindungen* und den *Triphenylmethanverbindungen*.

Zur Erläuterung der chemischen Verschiedenheit dieser Stoffe seien einige Beispiele angeführt.

Als Beispiel aus der Klasse der Nitroverbindungen sind *Nitrophenol* und *Dinitrophenol* zu nennen.

1. Meta-Nitrophenol

2. α-Dinitrophenol

Para-Nitrophenol

Beispiele aus der Klasse der Phthaleine: Phenolphthalein, Phenolsulfophthalein, (Phenolrot) und *α-Naphtholphthalein.*

1. Phenolphthalein. Der Sauerstoff einer Karbonylgruppe des Phthalsäureanhydrides ist durch zwei Phenolreste substituiert.

Phthalsäureanhydrid

Phenolphthalein

2. Phenolsulfophthalein:

$$C_6H_4 - C(C_6H_4OH)_2$$
$$SO_2 - - - O$$

3. α-Naphtholphthalein

Beispiele aus der Klasse der Azofarbstoffe: Dimethylaminoazobenzol, Dimethylaminoazobenzolkarbonsäure *(Methylrot),* Methylorange.

1. Dimethylaminoazobenzol.

Aus dem gemischten fett-aromatischen tertiären Amin *Dimethylanilin* und dem *Diazoniumchlorid.*

Dimethylanilin   +   Diazoniumchlorid

$$= C_6H_4N(CH_3)_2 \cdot N = N - C_6H_5[+ HCl]$$
Dimethylaminoazobenzol

2. Dimethylaminoazobenzolkarbonsäure

$$C_6H_4N(CH_3)_2 \cdot N_2C_6H_4 \cdot COOH$$
Methylrot

3. Aus *Benzoldiazoniumsulfosäure* und *Dimethylanilin* entsteht *Helianthin*

$$HO_3S \cdot C_6H_4 \cdot N_2 \cdot OH + C_6H_5 \cdot N \cdot (CH_3)_2 =$$
$$HO_3S \cdot C_6H_4 \cdot N = N \cdot C_6H_4 \cdot N(CH_3)_2 (+H_2O).$$

Helianthin

Das Natriumsalz des Helianthins ist Methylorange.

Diese Vertreter der verschiedenen chemischen Körperklassen, zu denen noch *eine große Anzahl* anderer hinzukommt, haben, wie schon eingangs erwähnt, alle das eine gemeinsam, daß sich ihre Farbe mit der Wasserstoffzahl ändert. Es war zunächst schwierig, sich eine Vorstellung von dem eigentlichen Zusammenhang zwischen der Farbänderung und der Änderung der Wasserstoffionenkonzentration zu bilden. Erst WILHELM OSTWALD war in der Lage, eine Theorie aufzustellen, die dem Vorgange gerecht zu werden schien. Nach OSTWALD sind alle Indikatoren schwache Säuren oder Basen, deren *undissoziierte* Bestandteile anders gefärbt sind als die *dissoziierten*, also als die Indikator*ionen*. Es ist uns schon geläufig, daß unter dieser Voraussetzung die Farbe in gesetzmäßiger Abhängigkeit von dem Säuregrad der Indikatorlösung stehen muß. Wir erinnern uns an die Überlegungen auf S. 32 ff. des theoretischen Teiles, nach denen die Dissoziation einer jeden schwachen Säure oder Base von der Wasserstoffzahl der Lösung abhängt.

Die Dissoziationsgleichung der Säure SH lautet:

$$\frac{[SA'] \cdot [H^{\cdot}]}{[SH]} = k.$$

Jede Veränderung der $[H^{\cdot}]$ verändert auch die Konzentration an Säureanionen, also an $[SA']$, und somit den Umfang der Dissoziation der schwachen Säure.

Wird die Gesamtsäurekonzentration gleich $[A]$ gesetzt, so bezeichnet der Bruch

$$\frac{[SA']}{[A]} \qquad bzw. \qquad \frac{[S']}{[A]}$$

den sog. Dissoziationsgrad α.

Die Wasserstoffionenkonzentration bestimmt den Dissoziationsgrad α, wie aus folgenden Gleichungen hervorgeht:

$$[H^{\cdot}] = k \frac{1 - \alpha}{\alpha}$$

(s. S. 33) und

$$\alpha = \frac{k}{k + [H^{\cdot}]}.$$

Liegt ein Indikator vor, dessen *Ionen* gefärbt und dessen *Moleküle* ungefärbt sind, so wird die *Farbe* der Indikatorlösung mit *zunehmender*

Dissoziation immer *stärker* werden und bei vollständiger Dissoziation ihren maximalen Wert erreicht haben.

Ist eine andere Indikatorsäure im ionisierten Zustand gelb, im nicht-ionisierten rot, so wird die Farbe je nach dem Grade der Dissoziation *rot* oder *gelb* sein oder einen *Zwischenton* aufweisen. Da der Dissoziationsgrad dieser schwachen Indikatorsäure von der Wasserstoffzahl der Lösung abhängt, so wird die *Wasserstoffzahl der Lösung* darüber bestimmen, ob die Farbe rot oder gelb ist oder ob ein Übergangston herrscht.

Auf S. 34 haben wir den Dissoziationsgrad α einer Säure mit der Dissoziationskonstante $k = 10^{-5}$ für verschiedene Wasserstoffzahlen berechnet. Die Hauptänderungen von α liegen, wie wir gesehen haben, innerhalb von 2 p_H-Einheiten. Bei 10^{-4} ist die Dissoziation erst 10 proz., bei 10^{-6} ist sie schon 90 proz. Die Dissoziationskonstante $k = 10^{-5}$ gibt die H-Ionenzahl der Mitte dieser Zone der größten Dissoziationsänderung an; in der Mitte dieser Zone ist α gerade gleich $\frac{1}{2}$, d. h. die Dissoziation ist 50 proz.

Wendet man diese Berechnungen auf eine *Indikatorsäure* mit der Dissoziationskonstante 10^{-5} an und nimmt man an, daß die Indikatorsäure einfarbig ist, d. h., daß das undissoziierte Molekül farblos und die Ionen gefärbt sind, so weiß man nunmehr, daß in diesem Falle bei einer [H·] von 10^{-4} 10% der maximalen Farbtiefe erreicht sind, bei 10^{-5} 50% und bei 10^{-6} 90%. Bei einer [H·] von 10^{-3} ist der Indikator so gut wie farblos, bei 10^{-7} ist er maximal gefärbt. Wir lernen hier also den äußerst einfachen Zusammenhang zwischen der Indikatorkonstante k und den Grenzen seiner Umschlagszone und somit seines Anwendungsgebietes kennen.

Bei einer zweifarbigen Indikatorsäure mit der Dissoziationskonstante $k = 10^{-5}$ liegen die Verhältnisse ganz analog. Dieser Indikator hat also bei einer [H·] von 10^{-3} seine „saure" Farbe, bei 10^{-7} seine „alkalische" Farbe, bei 10^{-4} 90% der sauren und 10% der alkalischen, bei 10^{-6} 90% der alkalischen und 10% der sauren und bei 10^{-5} je 50% der sauren und der alkalischen Farbe. Auch hier liegt also das Umschlagsgebiet zwischen $p_H = 3$ und 7, die maximalen Änderungen zwischen $p_H = 4$ und 6 und bei $p_H = 5$, entsprechend dem negativen Logarithmus der Indikatorkonstante, gerade der Punkt, bei dem der Indikator seinen „Halbwert" hat. Der negative Logarithmus der Indikatorkonstante k wird mit p_k bezeichnet.

Wenn wir die Wasserstoffzahl kennen, bei der ein zweifarbiger Indikator gerade seinen „Halbwert" hat, so kennen wir nach dem Gesagten also auch die Dissoziationskonstante des Indikators.

Eine recht einfache Methode zur angenäherten Bestimmung der Dissoziationskonstanten von zweifarbigen Indikatoren beruht auf kolorimetrischen Wasserstoffzahlmessungen der Indikatorlösungen, die gerade diese Halbwerte aufweisen. Einzelheiten über diese Methode werden wir noch weiter unten kennenlernen.

Die Theorie von OSTWALD war so lange unwidersprochen, bis gezeigt wurde, daß sie nicht alle Erscheinungen der Indikatorfarbänderungen erklärt. Viele Beobachtungen sprachen dagegen, die Farbänderung *nur* auf einen elektrochemischen Vorgang, nur auf eine Ladungsänderung zu beziehen, und ließen vermuten, daß sich bei den Farbumschlägen wirkliche chemische, mit den Methoden der Konstitutionsforschung faßbare Prozesse abspielen. Die Annahme von chemisch auffindbaren intramolekularen Umbildungen gewann nach den Untersuchungen von HANTZSCH sehr an Boden; für zahlreiche Farbstoffe wurde sie zur Gewißheit. Schon lange vor HANTZSCH hatten die organischen Chemiker die Färbung eines Stoffes mit bestimmten, im Molekül vorhandenen Atomgruppen in Verbindung gebracht; erinnert sei nur z. B. an die sog. chinoide[1]) Gruppe :C_6H_4:. Jetzt nahmen die Vertreter der sog. „chromophoren“ Theorie der Indikatoren an, daß die Farberscheinungen ausschließlich von intramolekularen Neuordnungen der Atome verursacht werden, bei denen z. B. chinoide Gruppen neu entstanden sind.

Der Säuregrad, also die Wasserstoffzahl, bestimmt nur die Einstellung des Gleichgewichtes zwischen den beiden färberisch und konstitutionell verschiedenen Indikatorformen.

Es kommt also für das Auftreten einer Färbung nicht darauf an, ob ein Indikator dissoziiert ist oder nicht, sondern nur darauf, wie seine Atomgruppierung im Molekül ist.

So schien die *Lehre von der Tautomerie* zunächst die OSTWALDsche Theorie in den Hintergrund zu drängen, bis es aber offenbar wurde, daß die Annahme einer einfachen Strukturänderung *allein* auch nicht ausreicht, um die Erscheinungen der Farbänderung und ihre Abhängigkeit von der Wasserstoffzahl zu erklären.

Zwischen den beiden Theorien, die sich zunächst diametral gegenüberstanden, konnte dann aber eine Brücke geschlagen werden. Nach STIEGLITZ hängt die *Stabilität der beiden tautomeren Formen* oder der einen von beiden davon ab, ob sie ionisiert sind oder nicht. Da nun die Ionisation ihrerseits von der [H·] abhängt, so besteht zwischen der Konstitution — und somit Farbänderung — und der Wasserstoffzahl eine nahe Beziehung.

Die von OSTWALD angenommene Abhängigkeit der Farbe von der Dissoziation bleibt in einer etwas erweiterten Fassung bestehen, andererseits herrscht bei dieser Auffassung kein Gegensatz mehr zu der Annahme von HANTZSCH über die Bedeutung der tautomeren Umwandlung.

---

[1]) Das Kohlenstoffskelett, welches sich im Chinon vorfindet, also =⟨◯⟩=.

Nach der OSTWALDschen Theorie hat jeder Farbstoff eine Dissoziationskonstante, die zur [H˙] und zu α in die oben wiedergegebene Beziehung zu setzen ist.

Nach der STIEGLITZschen Auffassung hat jede der beiden tautomeren Formen eine Dissoziationskonstante.

Die ursprünglich angenommenen und durch Berechnungen gefundenen Dissoziationskonstanten sind demnach nur „scheinbare" Dissoziationskonstanten. Sie sind *komplexe Zahlen,* in denen mindestens die beiden Dissoziationskonstanten der tautomeren Formen, wahrscheinlich aber auch die Gleichgewichtskonstante der Reaktion zwischen den beiden tautomeren Formen enthalten sind.

Die Beziehung zwischen den scheinbaren Indikatorkonstanten K_{IA}, die unserer Messung zugänglich sind, und den Dissoziationskonstanten der beiden einzelnen tautomeren Formen K_I' und K_I'' und ihrer Gleichgewichtskonstante K_T sind nach ACREE und nach NOYES aus folgenden Gleichungen zu erkennen[1]).

1. $\quad \dfrac{[\mathrm{H^+}]\,[\mathrm{In'^-}]}{[\mathrm{H\,In'}]} = K_I'$ $\qquad$ (Dissoziation der tautomeren Form 1).

2. $\quad \dfrac{[\mathrm{H^+}]\,[\mathrm{In''^-}]}{[\mathrm{H\,In''}]} = K_I''$ $\qquad$ (Dissoziation der tautomeren Form 2).

3. $\quad \dfrac{[\mathrm{H\,In''}]}{[\mathrm{H\,In'}]} = K_T$ $\qquad \left\{ \begin{array}{l} (K_T = \text{Gleichgewichtskonstante der Um-} \\ \text{wandlung zwischen den beiden tauto-} \\ \text{meren Formen).} \end{array} \right.$

Durch Umrechnung findet man:

$$K_{IA} = \frac{[\mathrm{H^+}] \cdot [[\mathrm{In'^-}] + [\mathrm{In''^-}]]}{[\mathrm{H\,In'}] + [\mathrm{H\,In''}]} = \frac{K_I' + K_I''\,K_T}{1 + K_T}.$$

Ersetzt man nun

$$[(\mathrm{In'^-}) + (\mathrm{In''^-})] \qquad \text{durch} \qquad (\mathrm{In^-})$$

und ferner

$$[(\mathrm{H\,In'}) + (\mathrm{H\,In''})] \qquad \text{durch} \qquad (\mathrm{H\,In}),$$

so ist

$$K_{IA} = \frac{[\mathrm{H^+}] \cdot [\mathrm{In^-}]}{[\mathrm{H\,In}]}$$

und

$$\alpha = \frac{K_{IA}}{K_{IA} + [\mathrm{H^+}]}.$$

Die ursprüngliche Konstante K in der Gleichung

$$\alpha = \frac{K}{K + [\mathrm{H˙}]}$$

ist also durch eine andere Konstante K_{IA} ersetzt, um zum Ausdruck zu geben, daß in dieser Konstante andere Konstanten enthalten sind.

---

[1]) Zit. nach CLARK, The Determinat. of Hydrogen Ions S. 59.

Die ersten Gleichungen von OSTWALD sind also voll in Geltung geblieben, wenn auch in den Rechnungen, die mit ihrer Hilfe ausgeführt werden, mit einer *scheinbaren* Dissoziationskonstante und nicht mit einer wirklichen operiert wird. Die Untersuchungen von HANTZSCH andererseits lassen eine nahe Beziehung zwischen Farbe und Konstitution vermuten, doch ist es wahrscheinlich, daß die Betrachtung der Farbänderung von der reinen Strukturchemie her auch nur *eine Seite* dieses komplizierten Vorganges beleuchtet.

Einige Daten sollen noch die vorstehenden Ausführungen ergänzen. Die Anschauungen über den Indikator Phenolphthalein lassen sich folgendermaßen zusammenfassen.

Der Indikator Phenolphthalein ist im farblosen Zustand ein *Lakton*; das Auftreten der gefärbten Form ist von einer *chinoiden* Umwandlung begleitet.

$$\text{I.} \qquad \underset{\overset{|}{\underset{\text{CO}\!-\!\!-\!\text{O}}{}}}{C_6H_4} \cdot C \overset{C_6H_4OH}{\underset{C_6H_4OH}{<}}$$

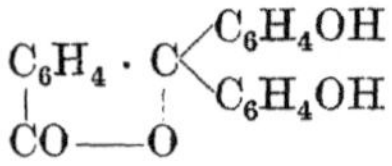

Lakton

$$\text{II.} \qquad \underset{\overset{|}{\text{COOM}}}{C_6H_4} \cdot C \overset{C_6H_4OH}{\underset{C_6H_4 = O}{<}}$$

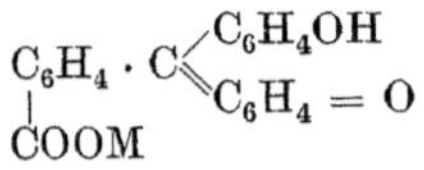

Chinoide Form (gefärbtes Metallsalz)

Also

I. 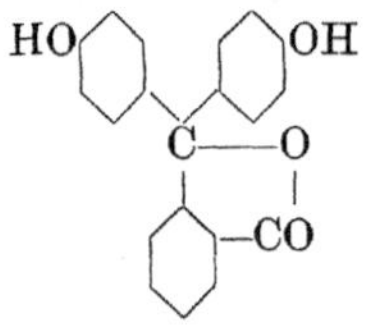 (Strukturformel Lakton)   II. 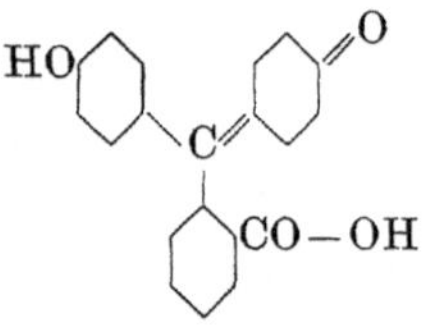 (Strukturformel chinoide Form)

Die Form II ist wegen der Karboxylgruppe *stark* sauer; da sie aber immer nur in äußerst geringem Umfange existenzfähig ist und die Form I allein stabil ist, hat es den Anschein, als ob die Form I eine *sehr schwache* Säure ist und sehr wenig Ionen liefert.

Durch Laugenzusatz wird das Gleichgewicht der tautomeren Umwandlung

$$\text{I} \rightleftarrows \text{II}$$

immer mehr und mehr nach rechts verschoben. Schließlich liegt der ganze Indikator als stark gefärbtes Salz der Form II vor. Durch Säurezusatz wird dann umgekehrt wieder aus dem Metallsalz der Form II die Säure der Form II freigemacht. Diese ist, wie wir hörten, nicht existenzfähig und wandelt sich in die tautomere Form um. Aus der Form I kann also durch tautomere Umwandlung sehr leicht eine Säure entstehen; man nennt eine solche Substanz „Pseudosäure".

An vielen Stoffen konnte HANTZSCH zeigen, daß sie in einer *azi*-Form und in einer *pseudo*-Form vorkommen. Solche Substanzen sind als Metallverbindungen in der *Azi*-Form vorhanden. Nach dem Zusatz von Säure und der dadurch erfolgten Zerlegung der Metallverbindung geht die Azi-Form mehr oder weniger schnell in die „normale" oder Pseudo-Form über.

Nach ACREE[1]) hängt das Auftreten der Farbe bei dem Phenolphthalein mit der Chinongruppe *und* der Ionisation einer Phenolgruppe zusammen.

Die Farbentstehung bei den Sulfophthaleinen denken sich LUBS und ACREE[1]) ungefähr folgendermaßen.

$$\text{I.}\quad \underset{\mathrm{SO_2\!-\!O}}{\overset{\mathrm{C_6H_4\!-\!C}}{|}}\!\!<\!\!\begin{matrix}\mathrm{C_6H_4OH}\\ \mathrm{C_6H_4OH}\end{matrix}\qquad \text{Laktoide Form, ungefärbt.}$$

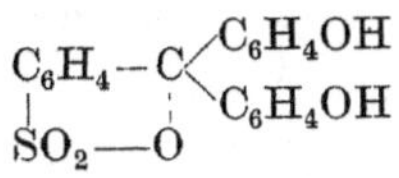

$$\text{II.}\quad \underset{\mathrm{SO_2\!-\!OH}}{\overset{\mathrm{C_6H_4\!-\!\!-\!\!-\!C}}{|}}\!\!<\!\!\begin{matrix}\mathrm{C_6H_4OH}\\ \mathrm{C_6H_4 = O}\end{matrix}\qquad \text{Chinoide Form, leicht gefärbt.}$$

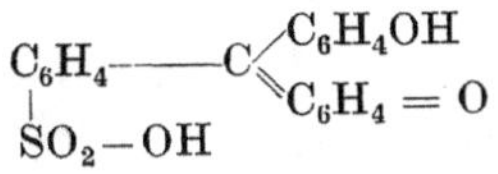

$$\text{III.}\quad \underset{\mathrm{SO_2\bar{O} + K^+}}{\overset{\mathrm{C_6H_4\!-\!\!-\!\!-\!C}}{|}}\!\!<\!\!\begin{matrix}\mathrm{C_6H_4O \cdot K^+}\\ \mathrm{C_6H_4 = O}\end{matrix}\qquad \begin{matrix}\text{Chinoide Form, Ionisation der}\\ \text{Phenolgruppe, stark gefärbt.}\end{matrix}$$

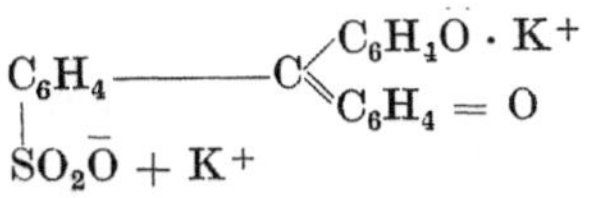

Diese Ausführungen lassen erkennen, daß Ionisation *und* tautomere Umwandlung in gleicher Weise bei der Farbänderung der Indikatoren in Betracht zu ziehen sind.

Nach allem wird man also vorläufig sagen dürfen, daß *Indikatoren Substanzen sind, deren Farbe von der Ionisation abhängt, daß aber das auftretende Ion meistens auch eine etwas veränderte Konstitution gegenüber der undissoziierten Form aufweist.*

So bestehen also zwischen der OSTWALDschen Theorie und den HANTZSCHschen Befunden keine Gegensätze; vielmehr sind die HANTZSCHschen Untersuchungen nur glückliche und außerordentlich bedeutsame Ergänzungen zu den ersten Annahmen.

Als wesentlich wird nochmals hervorgehoben, daß die Konstanten der Indikatoren nicht mehr als die Dissoziationskonstanten *einer* Indikatorsäure oder *einer* Indikatorbase aufgefaßt werden dürfen, sondern als scheinbare Dissoziationskonstanten zu gelten haben, in diesem Falle als „resultierende" Werte aus Summe und Produkt wirklicher Konstanten. Für die Berechnungen ist aber diese neuere Auffassung belanglos und die Zahlen für die scheinbaren Dissoziationskonstanten behalten ihren ungeschmälerten praktischen Wert. Ihre negativen Logarithmen, p_K's, entsprechen den p_H's, bei denen $\alpha = \tfrac{1}{2}$ ist; sie lassen daher sofort die Lage des Umschlagsgebietes und somit das Anwendungs-

---

[1]) Zit. nach CLARK, The Determ. of Hydrogen Ions s. a. O.

gebiet eines jeden Indikators erkennen. Wird der Dissoziationsgrad α einer Indikatorsäure in Abhängigkeit von dem p_H bestimmt und werden die erhaltenen Werte kurvenmäßig dargestellt, so erhält man ein Dissoziationskurve, die uns schon vom theoretischen Teil her bekannt ist.

Die experimentelle Bestimmung der jeweiligen Werte für α gelingt besonders leicht bei einfarbigen Indikatoren, deren Ionen gefärbt und deren undissoziierte Moleküle ungefärbt sind.

Ist der Indikator *maximal ionisiert,* so hat er seine *maximale Farbtiefe.* Die maximale Farbtiefe läßt sich durch Zufügen der Indikatorlösung zu etwas *Lauge* erreichen. Wird nun dieselbe Indikatormenge zu immer stärker *sauren* Pufferlösungen zugefügt, so wird die Farbtiefe mehr und mehr abnehmen, und von einem bestimmten p_H an wird der Indikator farblos sein. Vergleicht man nun die einzelnen Färbungen *untereinander* und ferner mit der maximalen Farbtiefe in einem Kolorimeter, so läßt sich jeder einzelne Farbton als bestimmter Bruchteil des maximalen Farbtons angeben. Auch $\frac{1}{2}\alpha$ läßt sich auf diese Weise unschwer finden

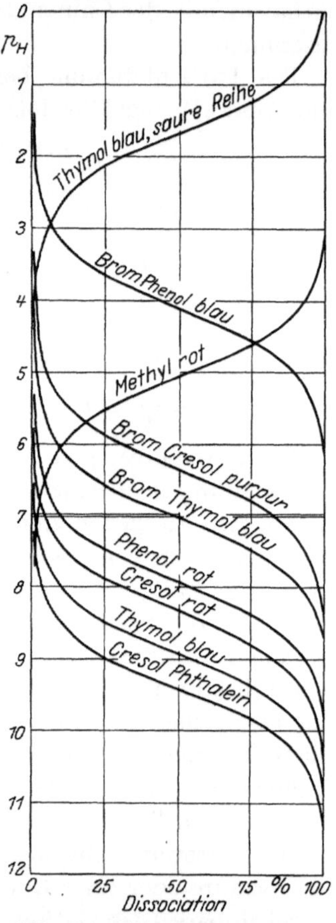

Abb. 174. Dissoziationskurven verschiedener Indikatoren von CLARK und LUBS.

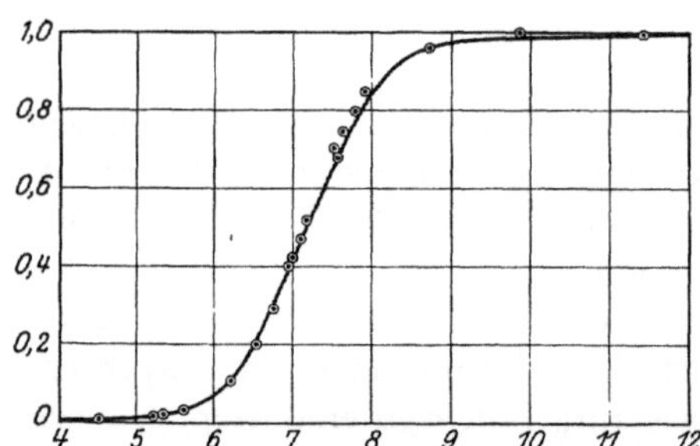

Abb. 173. Abszisse: p_H. Ordinate: die relative Farbtiefe von p-Nitrophenol. Die ausgezogene Kurve ist eine theoretisch berechnete Dissoziations-(α-)Kurve, die eingezeichneten Kreise entsprechen den Beobachtungen des Versuchs.

und ebenso p_K, da ja p_K, wie wir schon wissen, gleich dem p_H ist, bei dem $\alpha = \frac{1}{2}$ ist.

Trägt man dann die relativen Farbtiefen auf der Ordinate und die p_H's auf der Abszisse ab, so erhält man eine typische Dissoziationskurve,

Der Dissoziationsgrad stellt dann den *Farbgrad* dar, der mit F bezeichnet wird.

L. MICHAELIS[1]) hat eine solche Kurve für p-Nitrophenol mitgeteilt (Abb. 173).

Die ausgezogene Kurve ist eine theoretische, berechnete Dissoziationskurve (α-Kurve), die eingezeichneten Kreise entsprechen den Beobachtungen des Versuches.

Bei zweifarbigen Indikatoren lassen sich diese experimentellen Dissoziationskurven ebenfalls mit Hilfe eines Kolorimeters auffinden. Solche Bestimmungen liegen den in dem Buch von CLARK[2]) abgebildeten Kurven zugrunde.

Eine Anzahl dieser Kurven sei hier wiedergegeben (Abb. 174):

2. Auswahl der zur Wasserstoffzahlmessung geeigneten Indikatoren. Eiweiß- und Salzfehler. Nicht alle Indikatoren eignen sich für kolorimetrische H-Ionenbestimmungen, besonders dann nicht, wenn Eiweiß, Eiweißspaltprodukte oder größere Salzmengen in der Untersuchungslösung anwesend sind. Der Vergleich der kolorimetrischen Daten mit den elektrometrischen, den SÖRENSEN als erster angestellt hat, ließ ihn zahlreiche Indikatoren als unbrauchbar erkennen. Für die großen Unterschiede mögen folgende von SÖRENSEN ausgeführte Messungen als Beispiel dienen:

	Saure Peptonlösung	Saure Hühner-Eiweißlösung
p_H elektrometrisch	2,59	2,49
p_H kolorimetrisch mit Benzolazoanilin .	2,61	2,80
Benzolsulfosäureazobenzylanilin	2,83	3,68
Kongorot	3,99	5,30

Über die Abweichungen bei Gegenwart von Salzen liegen genaue Untersuchungen von MICHAELIS und RONA, von SÖRENSEN und PALITZSCH und von KOLTHOFF vor.

Aus der Tabelle von SÖRENSEN und PALITZSCH lassen sich die Abweichungen erkennen, die bei der Untersuchung von Meerwasser von Bedeutung sind.

Indikator	p_H-Unterschied bei 35 ⁰/₀₀ Salz	p_H-Unterschied bei 20 ⁰/₀₀ Salz
p-Nitrophenol	− 0,12	− 0,08
Neutralrot	+ 0,10	+ 0,05
α-Naphtholphthalein .	− 0,16	− 0,11
Phenolphthalein . . .	− 0,21	− 0,16

---

[1]) MICHAELIS, L.: Die Wasserstoffionenkonzentration. 2. Aufl., S. 82. Abb. 11.
[2]) CLARK: The Determ. of Hydrogen Ions s. a. O.

Ferner sei noch ein Auszug aus der Tabelle von KOLTHOFF[1]) mitgeteilt, aus der die Salzfehler[2]) deutlich hervorgehen.

Indikator	Salz	Konzentration	Korrektur in p_H
Tropäolin 00	KCl	0,1 n	− 0,05
	KCl	0,25 n	− 0,01
	KCl	0,50 n	+ 0,06
	KCl	1,00 n	+ 0,23
Methylorange	KCl	0,1 n	− 0,08
	KCl	0,25 n	− 0,08
	KCl	0,50 n	+ 0,02
	KCl	1,00 n	+ 0,23
Bromphenolblau . . .	KCl	0,1 n	− 0,05
	KCl	0,25 n	− 0,15
	KCl	0,50 n	− 0,35
	KCl	1,00 n	− 0,35
Bromkresolpurpur . .	NaCl	0,50 n	− 0,25
Thymolblau	NaCl	0,50 n	− 0,17
Phenolphthalein . . .	NaCl	0,50 n	− 0,17

3. Die drei geeigneten Indikatorenreihen. Alle diese Untersuchungen führten dazu, eine Reihe von Indikatoren zusammenzustellen, die die geringsten Eiweiß- und Salzfehler haben. Gleichzeitig wurden bei diesen Indikatoren ·die Umschlagsgebiete bzw. die Dissoziationskonstanten sorgfältig bestimmt, ohne daß aber die verschiedenen Untersucher stets zu übereinstimmenden Werten gekommen sind. Wir sind jetzt im Besitze einer Indikatorenreihe von SÖRENSEN, einer solchen von CLARK und LUBS und einer Reihe von L. MICHAELIS.

A. Indikatorenreihe nach Sörensen.

Indikator	Umschlagsgebiet p_H	Konzentration der Indikatorlösung in Wasser
1. Methylviolett „6 B extra" .	0,1 — 3,2	0,5 — 0,1 ⁰/₀₀
2. Mauvein (GRÜBLER)	0,1 — 2,9	0,5 — 0,1 ⁰/₀₀
3. Diphenylaminoazobenzol . .	1,2 — 2,1	
4. Diphenylaminoazo - p - benzol-sulfosäure Tropäolin 00 . . .	1,4 — 2,6	0,1 ⁰/₀₀
5. Diphenylaminoazo-m-benzol-sulfosäure (Metanilgelb extra)	1,2 — 2,3	0,1 ⁰/₀₀
6. Benzylanilinazobenzol . . .	2,3 — 3,3	
7. Benzylanilinazo-p-benzol-sulfosäure	1,9 — 3,3	
8. Methylorange	3,1 — 4,4	0,1 ⁰/₀₀

---

[1]) Zit. nach CLARK: l. c.

[2]) Zu „Salzfehler" siehe auch noch Seite 324.

Indikator	Umschlagsgebiet p_H	Konzentration der Indikatorlösung in Wasser
9. Methylrot	4,2— 6,3	0,1 g in 300 Alkohol + 200 aq.
10. Paranitrophenol (Merck) . .	4,0— 6,4	0,1 g in 15 Alkohol + 235 aq.
11. Neutralrot	6,8— 8,0	0,1 g in 500 Alkohol + 500 aq.
12. Rosolsäure	6,9— 8,0	0,4 g in 400 Alkohol + 600 aq.
13. Orange I, Tropäolin 000 . .	7,6— 8,9	0,1 $^0/_{00}$
14. α-Naphtholphthalein	7,3— 8,7	0,1 g in 150 Alkohol + 100 aq.
15. Phenolphthalein	8,3—10,0	0,1 g in 100 Alkohol + 100 aq.
16. Thymolphthalein	9,3—10,5	0,1 g in 125 Alkohol + 125 aq.
17. P-Nitrobenzolazosalizylsäure (Alizaringelb R, Grübler) . .	10,1—12,1	0,1 $^0/_{00}$
18. Resorcinazo-p-benzolsulfosäure (Tropäolin 0, Grübler)	11,1—12,7	0,1 $^0/_{00}$

Auf 10 ccm Untersuchungslösung kommen 4—20 Tropfen der Indikatorlösung.

B. Liste der Indikatoren von Clark und Lubs.

Chemischer Name	Gewöhnlicher Name	Konzentration %	Farbwechsel	p_H-Gebiet
Thymolsulfonphthalein (saures Geb.)	Thymolblau	0,04	rot—gelb	1,2—2,8
Tetrabromphenolsulfophthalein	Bromphenolblau	0,04	gelb—blau	3,0—4,6
O-Carboxylbenzolazodimethylanilin	Methylrot	0,02	rot—gelb	4,4—6,0
Dibromorthokresolsulfophthalein	Bromkresolpurpur	0,04	gelb—purpur	5,2—6,8
Dibromthymolsulfophthalein	Bromthymolblau	0,04	gelb—blau	6,0—7,6
Phenolsulfophthalein	Phenolrot	0,02	gelb—rot	6,8—8,4
O-Kresolsulfophthalein	Kresolrot	0,02	gelb—rot	7,2—8,8
Thymolsulfophthalein	Thymolblau	0,04	gelb—blau	8,0—9,6
O-Kresolphthalein	Kresolphthalein	0,02	farblos—rot	8,2—9,8

0,1 g des Farbstoffpulvers werden mit *folgenden* Mengen von $^n/_{20}$ NaOH in einem Achatmörser verrieben. Wenn Lösung erfolgt ist, wird mit Wasser auf 25 ccm aufgefüllt:

	NaOH ccm $^n/_{20}$		NaOH ccm $^n/_{20}$
Phenolrot	5,7	Thymolblau	4,3
Bromphenolblau	3,0	Bromthymolblau	3,2
Kresolrot	5,3	Methylrot	7,4
Bromkresolpurpur	3,7		

Das gibt 0,4 proz. Lösungen, die als Vorratslösungen aufbewahrt werden. Von ihnen werden die Verdünnungen hergestellt.

C. Die Liste der einfarbigen Indikatoren von L. MICHAELIS.

Gewöhnliche Be-zeichnung	Chemische Be-zeichnung	Farbe	p_K für 18°	Anwendungs-bereich p_H	Stammlösung
β-Dinitrophenol	1-Oxy-2,6-dinitro-benzol	gelb	3,69	2,2— 4,0	0,1 g : 300 Wasser
α-Dinitrophenol	1-Oxy-2,4-dinitro-benzol	gelb	4,06	2,8— 4,5	0,1 g : 200 Wasser
γ-Dinitrophenol	1-Oxy-2,5-dinitro-benzol	gelb	5,15	4,0— 5,5	0,1 g : 200 Wasser
p-Nitrophenol	p-Nitrophenol	gelb	7,18	5,2— 7,0	0,1 g : 100 Wasser
m-Nitrophenol	m-Nitrophenol	gelb	8,33	6,7— 8,4	0,3 g : 100 Wasser
Phenolphthalein	Phenolphthalein	rot	9,73	8,5—10,5	0,04 g in 30 Alk. + 70 aq.
Alizaringelb G. G. Salizyl-gelb	m-Nitrobenzol-azosalizylsäure	gelb	11,16	10,0—12,0	0,05 g in 50 Alk. + 50 aq.

Sämtliche Indikatoren der Reihe A, B und C sind von der Firma Kahlbaum, Adlershof b. Berlin, käuflich zu beziehen.

4. Die Puffergemische. Mit den in den drei Tabellen angegebenen Indikatoren können die kolorimetrischen Wasserstoffzahlbestimmungen ausgeführt werden. Die Reihe A und die Reihe B werden gewöhnlich für die *„Methoden mit Puffer"* nach SÖRENSEN und nach CLARK gebraucht, die Reihe B für die *„Methode ohne Puffer"* nach GILLESPIE und die Reihe C für die *„Methode ohne Puffer"* nach L. MICHAELIS. Was wir unter Pufferlösungen verstehen, haben wir im theoretischen Teil eingehend behandelt. Wir haben auch schon auf den Unterschied der Pufferkonzentration hingewiesen, je nachdem, ob der Puffer wirklich puffern, also Säuren oder Basen abfangen soll, oder ob er in dest. Wasser nur einen bestimmten p_H zum Zwecke des kolorimetrischen Vergleichs herstellen soll. Bei der zweiten Aufgabe kann die Pufferkonzentration sehr niedrig sein; es genügt stets eine $^n/_{15}$- bis $^n/_{30}$-Lösung. Ferner ist auch, wie ebenfalls aus dem theoretischen Teil auf S. 27 ff. hervorgeht, die mit *einer* Pufferart zu umgreifende p_H-Zone bei der zweiten Aufgabe größer als bei der ersten, die eine wirkliche Pufferwirkung verlangt.

Die Genauigkeit der kolorimetrischen Wasserstoffzahlbestimmung mit Puffer hängt weitgehend von der Genauigkeit der Herstellung der Pufferlösungen ab.

Eine große Anzahl von Autoren haben Methoden angegeben, um die Salze, Laugen und Säuren, die für die Pufferlösungen verwendet werden, so rein wie möglich zu gewinnen.

Nur unter sorgfältigster Beachtung aller Angaben gelingt es, die Pufferlösungen so zu präparieren, daß die Tabellenwerte mit den elektrometrisch gemessenen gut übereinstimmen.

Diejenigen Untersucher, die im Besitze einer elektrischen Apparatur sind, tun gut daran, ihre Pufferlösungen gelegentlich elektrometrisch zu kontrollieren. Wer keine elektrische Apparatur besitzt und ausschließlich auf die kolorimetrische Methode angewiesen ist, wird mit peinlichster Genauigkeit alle Lösungen herzustellen haben, um zu guten Resultaten zu kommen.

Die Autoren, die sich der Mühe unterzogen haben, Pufferlösungen für kolorimetrische H-Ionenbestimmungen zu präparieren und elektrometrisch zu eichen, sind vor allem SÖRENSEN, CLARK und LUBS, ferner WALPOLE, PALITZSCH und KOLTHOFF und schließlich W. ILVAINE und RINGER. Die von SÖRENSEN angegebenen Pufferlösungen umfassen fast das ganze Gebiet der für den Biologen bedeutsamen p_H-Skala. Die Puffer von CLARK und LUBS reichen von $p_H = 1,2$ bis 10,0, während die Puffer der anderen Autoren für kleinere Bezirke gelten.

a) Puffer von Sörensen.

1. Glykokoll + NaOH,
2. Glykokoll + HCl,
3. Borat + NaOH,
4. Borat + HCl,
5. Citrat + NaOH,
6. Citrat + HCl,
7. Phosphat.

Zur Herstellung der Puffergemische nach SÖRENSEN werden 7 Vorratslösungen gebraucht.

Diese 7 Lösungen sind folgende:

1. Eine genau austitrierte $^n/_{10}$-Salzsäurelösung.

2. Eine kohlensäurefreie, genau austitrierte $^n/_{10}$-Natronlauge (s. S. 306).

3. Eine $^n/_{10}$-Glykokoll- und Kochsalzlösung. Diese Lösung enthält 7,505 g Glykokoll und 5,85 Natriumchlorid auf 1 Liter aq.

4. Eine $^m/_{15}$-Lösung von primärem Kaliumphosphat, die 9,078 g KH_2PO_4 im Liter enthält.

5. Eine $^m/_{15}$-Lösung von sekundärem Natriumphosphat, die 11,876 g $Na_2HPO_4 \cdot 2\,H_2O$ im Liter enthält.

6. Eine $^m/_{10}$-Lösung von sekundärem Natriumzitrat, hergestellt aus 21,008 g kristallinischer Zitronensäure und 200 ccm kohlensäurefreier $^n/_1$-Natronlauge, aufgefüllt auf 1 Liter.

7. Eine alkalische Borsäurelösung, hergestellt aus 12,404 g Borsäure, in 100 ccm kohlensäurefreier $^n/_1$-Natronlauge gelöst, aufgefüllt auf 1 Liter.

Die *Präparation dieser Lösungen und Salze* ist bei SÖRENSEN folgendermaßen beschrieben:

Das zur Herstellung der Lösungen benutzte *dest. Wasser* soll möglichst frei von Kohlensäure sein. Das gewöhnliche dest. Wasser wird zu diesem Zwecke in verzinnten Kupfergefäßen ausgekocht. Das Abkühlen geschieht in einem Gefäß, durch dessen Stopfen ein Natronkalkrohr hindurchführt. Das Wasser wird am besten in einer WOULFFschen Flasche aufbewahrt, von der aus es mit Hilfe einer Bürette entnommen werden kann (Abb. 175). Die WOULFFsche Flasche wird mittels einer Luftpumpe oder eines Gebläses so weit unter Druck gesetzt, daß die Bürette angefüllt wird. Die Luft wird, bevor sie in die WOULFFsche Flasche eintritt, durch einen Natronkalkturm kohlensäurefrei gemacht.

MICHAELIS empfiehlt zum Nachweis der CO_2-Freiheit des Wassers folgende Probe:

Man koche etwa 1 ccm Lackmuslösung nach KUBEL-TIEMANN (Kahlbaum) in einem Reagenzglas aus und gieße den Inhalt bis auf einen kleinen, den Wänden anhaftenden Rest in noch heißem Zustand aus. Dann fülle man etwa 10 ccm

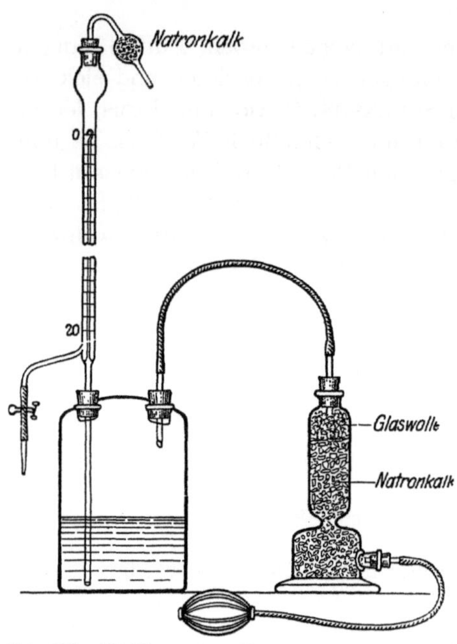

Abb. 175. Abbildung eines Vorratsgefäßes mit Bürette, Natronkalkturm und Gebläse. (L. MICHAELIS, Praktikum, 3. Aufl., Abb. 1.)

des zu prüfenden Wassers ein. Die Färbung muß, wenn das Wasser Zimmertemperatur hat, blauviolett und nicht rotviolett oder gar rot sein.

Salzsäure und *Natronlauge* siehe unter den Pufferlösungen von CLARK.

Glykokoll[1]).

2 g Glykokoll sollen sich in 20 ccm Wasser klar lösen. Die Lösung soll frei von Chlorid oder Sulfat sein. 5 g sollen weniger als 2 mg Asche übrig lassen. 5 g sollen bei der Destillation in 300 ccm 5%Natronlauge weniger als 1 mg Ammoniakstickstoff geben.

Der N-Gehalt nach der Methode von KJELDAHL soll $18,67 \pm 0,1\%$ betragen.

---

[1]) Zit. nach CLARK: The Determ. usw.

Primäres Phosphat[1])[2]),

$$KH_2PO_4.$$

Das Salz muß sich klar in Wasser lösen und darf kein Chlorid oder Sulfat enthalten. Wenn es unter 20 oder 30 mm Druck einen Tag lang bei 100° C getrocknet wird, muß sein Gewichtsverlust geringer als 0,1% sein. Beim Glühen soll die Gewichtsabnahme 13,23 $\pm$ 0,1% betragen.

Sekundäres Phosphat[1])[2]),

$$Na_2HPO_4 \cdot 2\,H_2O.$$

Das Salz mit 2 Molekülen Kristallwasser wird erhalten, indem die gut zerriebenen Kristalle mit 6 bzw. 12 Mol Wasser der gewöhnlichen Atmosphäre ca. 2 Wochen lang ausgesetzt werden. MICHAELIS empfiehlt das Salz noch für 1—2 Tage in den Brutschrank bei 36°—38° C zu stellen. Das Salz soll sich klar in Wasser lösen und keine Spuren von Chlorid oder Sulfat enthalten. Beim Verglühen soll das Salz 25,28 $\pm$ 0,1% Gewichtsverlust erleiden.

Zitronensäure[2]),

$$C_6H_8O_7 \cdot H_2O\,.$$

Die Säure soll sich klar in Wasser lösen, kein Chlorid und Sulfat enthalten und praktisch aschefrei sein. Beim Trocknen bei 70° C unter 20 bis 30 mm Druck soll die Säure farblos bleiben und 8,58 $\pm$ 0,1% an Gewicht verlieren. Der Säuregrad der Zitronensäure wird durch Titration mit 0,2n-Barytlauge mit Phenolphthalein als Indikator bestimmt. Es wird bis auf ein deutliches Rot titriert.

Borsäure[2]),

$$H_3BO_3\,.$$

20 g Borsäure sollen sich auf kochendem Wasserbad in 100 ccm Wasser vollständig lösen. Die Lösung wird in Eis gekühlt, wobei sich die Borsäure kristallinisch abscheidet. Das Filtrat soll frei von Chlorid und Sulfat sein und mit Methylorange sich orange färben. 1 Tropfen von $^n/_{10}$-HCl zu 5 ccm des Filtrates hinzugegeben, soll das Filtrat gegen Methylorange rot werden lassen.

Die Beziehungen zwischen den SÖRENSENschen Puffergemischen und den p_Hs sind aus folgenden Tabellen[2]) zu erkennen. In den Tabellen sind die Untersuchungen von WALBUM verwertet, der die kolorimetrischen Messungen bei den verschiedensten Temperaturen durchgeführt hat.

---

[1]) Diese beiden Salze sind von Kahlbaum zu beziehen: „Primäres Kalium-, sekundäres Na-Phosphat nach Sörensen".

[2]) Aus CLARK: The Determ. S. 109 und 110.

Tabelle 4. SÖRENSENsche Glykokoll (Glyzin) — NaOH-Gemische (nach WALBUM).

Temperatur	10°	12°	14°	16°	18°	20°	22°	24°	26°	28°	30°	32°	34°	37°	40°
9,5 Glyzin + 0,5 NaOH	8,75	8,70	8,66	8,62	8,85	8,53	8,49	8,45	8,40	8,37	8,32	8,28	8,24	8,18	8,12
9,0 Glyzin + 1,0 NaOH	9,10	9,06	9,02	8,97	8,93	8,88	8,84	8,79	8,75	8,71	8,67	8,02	8,58	8,52	8,45
8,0 Glyzin + 2,0 NaOH	9,54	9,50	9,45	9,40	9,36	9,31	9,26	9,22	9,17	9,13	9,08	9,04	9,00	8,92	8,85
7,0 Glyzin + 3,0 NaOH	9,90	9,85	9,80	9,75	9,71	9,66	9,61	9,56	9,51	9,46	9,42	9,37	9,32	9,25	9,18
6,0 Glyzin + 4,0 NaOH	10,34	10,29	10,24	10,18	10,14	10,09	10,03	9,98	9,93	9,88	9,83	9,78	9,73	9,66	9,58
5,5 Glyzin + 4,5 NaOH	10,68	10,63	10,58	10,53	10,48	10,42	10,37	10,32	10,27	10,22	10,17	10,12	10,07	9,99	9,91
5,1 Glyzin + 4,9 NaOH	11,29	11,24	11,18	11,12	11,07	11,01	10,96	10,90	10,85	10,79	10,74	10,68	10,62	10,54	10,46
5,0 Glyzin + 5,0 NaOH	11,53	11,48	11,42	11,36	11,31	11,25	11,20	11,14	11,09	11,03	10,97	10,92	10,86	10,78	10,70
4,9 Glyzin + 5,1 NaOH	11,80	11,74	11,68	11,62	11,57	11,51	11,45	11,39	11,33	11,27	11,22	11,16	11,10	11,02	10,93
4,5 Glyzin + 5,5 NaOH	12,34	12,28	12,22	12,16	12,10	12,04	11,98	11,92	11,86	11,80	11,74	11,68	11,62	11,53	11,44
4,0 Glyzin + 6,0 NaOH	12,65	12,59	12,52	12,46	12,40	12,33	12,27	12,21	12,15	12,09	12,03	11,96	11,90	11,81	11,72
3,0 Glyzin + 7,0 NaOH	12,92	12,86	12,80	12,73	12,67	12,60	12,54	12,48	12,42	12,35	12,29	12,23	12,17	12,07	11,98
2,0 Glyzin + 8,0 NaOH	13,12	13,06	12,99	12,92	12,86	12,79	12,73	12,66	12,60	12,53	12,47	12,41	12,34	12,25	12,15
1,0 Glyzin + 9,0 NaOH	13,23	13,16	13,09	13,03	12,97	12,90	12,83	12,77	12,70	12,64	12,57	12,51	12,45	12,35	12,25

Temperatur	42°	44°	46°	48°	50°	52°	54°	56°	58°	60°	62°	64°	66°	68°	70°
9,5 Glyzin + 0,5 NaOH	8,07	8,03	7,99	7,91	7,91	7,86	7,82	7,78	7,74	7,69	7,65	7,61	7,56	7,52	7,48
9,0 Glyzin + 1,0 NaOH	8,41	8,37	8,32	8,28	8,24	8,19	8,14	8,10	8,06	8,02	7,97	7,93	7,88	7,84	7,79
8,0 Glyzin + 2,0 NaOH	8,81	8,76	8,72	8,67	8,63	8,58	8,53	8,49	8,44	8,40	8,35	8,30	8,26	8,21	8,16
7,0 Glyzin + 3,0 NaOH	9,13	9,08	9,03	8,99	8,94	8,89	8,84	8,79	8,74	8,70	8,65	8,60	8,55	8,50	8,45
6,0 Glyzin + 4,0 NaOH	9,53	9,48	9,43	9,38	9,33	9,28	9,23	9,18	9,13	9,08	9,03	8,98	8,93	8,88	8,82
5,5 Glyzin + 4,5 NaOH	9,86	9,81	9,76	9,71	9,66	9,61	9,56	9,51	9,46	9,41	9,35	9,30	9,25	9,20	9,15
5,1 Glyzin + 4,9 NaOH	10,40	10,35	10,29	10,24	10,18	10,13	10,07	10,02	9,96	9,90	9,85	9,79	9,74	9,68	9,62
5,0 Glyzin + 5,0 NaOH	10,64	10,59	10,54	10,48	10,43	10,37	10,32	10,26	10,20	10,14	10,09	10,04	9,98	9,93	9,87
4,9 Glyzin + 5,1 NaOH	10,87	10,81	10,75	10,69	10,64	10,58	10,52	10,46	10,40	10,35	10,29	10,23	10,17	10,11	10,05
4,5 Glyzin + 5,5 NaOH	11,38	11,32	11,26	11,20	11,14	11,08	11,02	10,96	10,90	10,84	10,78	10,72	10,66	10,60	10,54
4,0 Glyzin + 6,0 NaOH	11,65	11,59	11,53	11,47	11,41	11,34	11,28	11,22	11,16	11,10	11,03	10,97	10,91	10,84	10,78
3,0 Glyzin + 7,0 NaOH	11,91	11,85	11,79	11,73	11,66	11,60	11,54	11,47	11,41	11,35	11,28	11,22	11,16	11,09	11,03
2,0 Glyzin + 8,0 NaOH	12,08	12,02	11,96	11,89	11,83	11,77	11,70	11,64	11,57	11,51	11,44	11,38	11,31	11,25	11,18
1,0 Glyzin + 9,0 NaOH	12,19	12,13	12,06	12,00	11,94	11,87	11,80	11,74	11,67	11,61	11,54	11,48	11,41	11,35	11,28

Tabelle 5. Sörensensche Borat-NaOH-Gemische (nach Walbum).

Temperatur	10°	12°	14°	16°	18°	20°	22°	24°	26°	28°	30°	32°	34°	37°	40°
10 Borat	9,30		9,27		9,24		9,21		9,18		9,15		9,13	9,11	9,08
9 Borat + 1 NaOH . .	9,42		9,39		9,36		9,33		9,29		9,26		9,23	9,20	9,18
8 Borat + 2 NaOH . .	9,57		9,54		9,50		9,46		9,43		9,39		9,35	9,32	9,30
7 Borat + 3 NaOH . .	9,76		9,72		9,68		9,63		9,59		9,55		9,50	9,47	9,44
6 Borat + 4 NaOH . .	10,06	10,04	10,02	9,99	9,97	9,94	9,91	9,88	9,86	9,83	9,80	9,78	9,75	9,71	9,67
5 Borat + 5 NaOH . .	11,24	11,20	11,16	11,12	11,08	11,04	10,99	10,95	10,91	10,86	10,82	10,78	10,74	10,68	10,61
4 Borat + 6 NaOH . .	12,64	12,58	12,51	12,45	12,38	12,32	12,25	12,19	12,13	12,06	12,00	11,93	11,87	11,77	11,68

Temperatur	42°	44°	46°	48°	50°	52°	54°	56°	58°	60°	62°	64°	66°	68°	70°
10 Borat		9,05		9,02		9,00		8,97		8,93		8,90			8,86
9 Borat + 1 NaOH . .		9,15		9,11		9,08		9,05		9,01		8,98			8,94
8 Borat + 2 NaOH . .		9,26		9,22		9,18		9,15		9,11		9,08			9,02
7 Borat + 3 NaOH . .		9,40		9,35		9,31		9,27		9,22		9,18			9,12
6 Borat + 4 NaOH . .	9,64	9,62	9,59	9,56	9,54	9,51	9,48	9,46	9,43	9,40	9,38	9,35	9,33	9,30	9,28
5 Borat + 5 NaOH . .	10,57	10,53	10,49	10,44	10,40	10,36	10,32	10,27	10,23	10,19	10,13	10,10	10,06	10,02	9,98
4 Borat + 6 NaOH . .	11,61	11,55	11,48	11,42	11,36	11,29	11,23	11,17	11,10	11,04	10,98	10,91	10,85	10,78	10,72

Tabelle 6. Sörensensches Borat-HCl-Gemisch (nach Walbum).

Temperatur	10°	20°	30°	40°	50°	60°	70°
10,0 Borat	9,30	9,23	9,15	9,08	9,00	8,93	8,86
9,5 Borat + 0,5 HCl	9,22	9,15	9,08	9,01	8,94	8,87	8,80
9,0 Botat + 1,0 HCl	9,14	9,07	9,01	8,94	8,87	8,80	8,74
8,5 Borat + 1,5 HCl	9,06	8,99	8,92	8,86	8,80	8,73	8,67
8,0 Borat + 2,0 HCl	8,96	8,89	8,83	8,77	8,71	8,65	8,59
7,5 Borat + 2,5 HCl	8,84	8,79	8,72	8,67	8,61	8,55	8,50
7,0 Borat + 3,0 HCl	8,72	8,67	8,61	8,56	8,50	8,45	8,40
6,5 Borat + 3,5 HCl	8,54	8,49	8,44	8,40	8,35	8,30	8,26
6,0 Borat + 4,0 HCl	8,32	8,27	8,23	8,19	8,15	8,11	8,08
5,75 Borat + 4,25 HCl	8,17	8,13	8,09	8,06	8,02	7,98	7,95
5,5 Borat + 4,5 HCl	7,96	7,93	7,89	7,86	7,82	7,79	7,76
5,25 Borat + 4,75 HCl	7,64	7,61	7,58	7,55	7,52	7,49	7,47

Tabelle 7. Sörensensche Citrat-NaOH-Gemische (nach Walbum).

Temperatur	10°	20°	30°	40°	50°	60°	70°
10,0 Citrat	4,93	4,96	5,00	5,04	5,07	5,10	5,14
9,5 Citrat + 0,5 NaOH	4,99	5,02	5,06	5,10	5,13	5,16	5,20
9,0 Citrat + 1,0 NaOH	5,08	5,11	5,15	5,19	5,22	5,25	5,29
8,0 Citrat + 2,0 NaOH	5,27	5,31	5,35	5,39	5,42	5,45	5,49
7,0 Citrat + 3,0 NaOH	5,53	5,57	5,60	5,64	5,67	5,71	5,75
6,0 Citrat + 4,0 NaOH	5,94	5,98	6,01	6,04	6,08	6,12	6,15
5,5 Citrat + 4,5 NaOH	6,30	6,34	6,37	6,41	6,44	6,47	6,51
5,25 Citrat + 4,75 NaOH	6,65	6,69	6,72	6,76	6,79	6,83	6,96

Tabelle 8. Sörensensche Glykokoll-HCl-Gemische.

Glykokoll ccm	HCl ccm	p_H	Glykokoll ccm	HCl ccm	p_H
0,0	10,0	1,038	6,0	4,0	2,279
1,0	9,0	1,146	7,0	3,0	2,607
2,0	8,0	1,251	8,0	2,0	2,922
3,0	7,0	1,419	9,0	1,0	3,341
4,0	6,0	1,645	9,5	0,5	3,679
5,0	5,0	1,932			

Tabelle 9. Sörensensche Phosphat-Gemische.

Sekundäres ccm	Primäres ccm	p_H	Sekundäres ccm	Primäres ccm	p_H
0,25	9,75	5,288	5,0	5,0	6,813
0,5	9,5	5,589	6,0	4,0	6,979
1,0	9,0	5,906	7,0	3,0	7,168
2,0	8,0	6,239	8,0	2,0	7,381
3,0	7,0	6,468	9,0	1,0	7,731
4,0	6,0	6,643	9,5	0,5	8,043

Tabelle 10. SÖRENSENsche Citrat-HCl-Gemische.

Citrat ccm	HCl ccm	p_H	Citrat ccm	HCl ccm	p_H
0,0	10,0	1,038	5,0	5,0	3,692
1,0	9,0	1,173	5,5	4,5	3,948
2,0	8,0	1,418	6,0	4,0	4,158
3,0	7,0	1,925	7,0	3,0	4,447
3,33	6,67	2,274	8,0	2,0	4,652
4,0	6,0	2,972	9,0	1,0	4,830
4,5	5,5	3,364	9,5	0,5	4,887
4,75	5,25	3,529	10,0	0,0	4,958

b) Puffer von Clark und Lubs. Folgende Gemische sind von CLARK und LUBS angegeben worden:

1. Kaliumchlorid + HCl,
2. Kaliumbiphthalat + HCl,
3. Kaliumbiphthalat + NaOH,
4. Monokaliumphosphat + NaOH,
5. Borsäure, Kaliumchlorid + NaOH.

Die verschiedenen Mischungen werden von folgenden Stammlösungen bereitet:

$^m/_5$ KCl,

$^m/_5$ KH_2PO_4, Monokaliumphosphat,

$^m/_5$ Kaliumbiphthalat $(KHC_8H_4O_4)$, .

$^m/_5$ Borsäure (H_3BO_3) mit $^m/_5$ KCl,

$^m/_5$ NaOH,

$^m/_5$ HCl.

Das *Wasser*, welches zur Herstellung der Lösungen gebraucht wird, soll redestilliert sein.

$$^m/_5 \; KCl \, .$$

Das Salz soll 3—4 mal umkristallisiert werden und dann 2 Tage lang bei 120° C getrocknet werden. Es werden 14,912 g im Liter gelöst.

$$^m/_5 \; Kaliumbiphthalat.$$

Es werden 60 g reinstes Kaliumhydroxyd in ungefähr 400 ccm Wasser gelöst. Dazu werden 50 g des resublimierten Anhydrids von Orthophthalsäure gegeben. Nun wird etwas Kalilauge oder etwas Orthophthalsäureanhydrid hinzugefügt, bis eine abgekühlte und verdünnte Probe der Lösung gerade schwach rosa gegen Phenolphthalein reagiert. Ist das der Fall, so müssen ebenso viel Gramm Orthophthalsäureanhydrid zu der Lösung gegeben werden als bereits in der Lösung sind. Durch Erhitzen bringt man diese neue Portion in Lösung. Die Lösung wird heiß filtriert und zur Kristallisation gebracht. Nach zweimaligem Umkristallisieren aus dest. Wasser wird das Salz bei 110 bis 115° C getrocknet.

Eine $^m/_5$ Lösung enthält 40,836 g im Liter.

$^m/_5$ *Monokaliumphosphat.*

Ein reines Präparat wird 3 mal aus dest. Wasser umkristallisiert und bis zur Gewichtskonstanz bei 110—115° C getrocknet. Eine $^m/_5$-Lösung enthält 27,232 g im Liter.

Die Lösung soll deutlich rot gegen Methylrot und deutlich blau gegen Bromphenolblau reagieren.

$^m/_5$ *Borsäure,* $^m/_5$ *Kaliumchlorid.*

Borsäure soll einige Male aus dest. Wasser umkristallisiert werden. Sie soll in dünner Schicht zwischen Filtrierpapier lufttrocken gemacht werden. Die Gewichtskonstanz wird in einem Exsikkator mit $CaCl_2$ erreicht. Die Säure muß in dem Exsikkator in dünner Schicht liegen.

Dann wird eine Lösung von 12,4048 g Borsäure und 14,912 g Kaliumchlorid in einem Liter Wasser hergestellt.

(KCl wird hinzugegeben, damit die Salzkonzentration der des Phosphatgemisches entspricht und dieselben p_H's dieser Gemische nach Zusatz eines Indikators auch genau dieselbe Farbe aufweisen.)

$^m/_5$ *Natronlauge.*

Diese Lösung ist am schwierigsten herzustellen, da sie so wenig wie möglich Karbonat enthalten soll. Löse 100 g reinstes NaOH in 100 ccm dest. Wasser in einem Erlenmeyerkolben aus Jenaer Glas und lasse den mit Stanniol bedeckten Kolben über Nacht stehen, bis sich das Karbonat abgesetzt hat. Dann filtriere die Lauge vorsichtig durch einen Büchnertrichter mit einem besonders präparierten gehärteten Filterpapier, das gut anliegen muß. Zum Zwecke der Präparation wird das Papier zunächst mit warmer konzentrierter Natronlauge (1 : 1) behandelt. Nach wenigen Minuten wird die Lauge abgegossen und das Papier erst mit absolutem Alkohol, dann mit verdünntem Alkohol und schließlich mit dest. Wasser gewaschen. Dann wird durch Saugen auf dem Büchnertrichter der größte Teil des Wassers entfernt; das Papier darf aber nicht ganz trocken werden. Durch das Filter wird nun die Lauge zum Entfernen des Natriumkarbonats filtriert. Das klare Laugenfiltrat wird dann nach roher Schätzung schnell zu einer ungefähr $^m/_1$-Konzentration verdünnt. Eine Probe dieser Verdünnung wird mit $^n/_1$-HCl titriert und aus den erhaltenen Werten die Verdünnung zu $^m/_5$ oder $^m/_{10}$ ausgeführt. Dabei soll die Lösung so wenig wie möglich der Luft ausgesetzt sein. Die endgültige Lösung wird in eine *paraffinierte*

Flasche gefüllt, die eine mit einem Natronkalkrohr abgeschlossene 50-ccm-Bürette enthält. Durch Überdruck wird die Lauge in die Bürette getrieben, die Anordnung ist aus der Abb. 1 zu erkennen.

Ohne Filtration erreicht man mit der Methode von SÖRENSEN ebenfalls eine *karbonatfreie Lauge.*

250 g ,,Natriumhydroxyd aus Natrium" (KAHLBAUM) werden mit 300 ccm Wasser in einem engen, mit Glasstöpsel versehenen Zylinder gelöst. In dieser konzentrierten Lauge ist Na_2CO_3 völlig unlöslich; es setzt sich in einigen Tagen am Boden ab. Nach dieser Zeit wird von der Lauge etwas abpipettiert, in eine WOULFFsche Flasche gebracht und mit CO_2-freiem Wasser verdünnt. Stimmt der Titer nicht ganz genau, so rechne man lieber mit einem Faktor, als daß man wiederholt Lauge oder Wasser zufügt.

$$^{m}/_5 \ Salzsäure.$$

Eine äußerst reine HCl wird bis zu einer 20proz. Lösung verdünnt und abdestilliert. Das Destillat wird bis zu ungefähr $^{m}/_5$ verdünnt und mit NaOH eingestellt.

In den *Tabellen* sind die Puffergemische stets auf 200 ccm gebracht. Selbstverständlich ist jede andere Menge auch geeignet. CLARK wählte aber 200 ccm, um gleich für eine Anzahl von Messungen genügend Lösungsmenge bereit zu haben. Die Werte gelten für 20°.

Tabelle 11. Zusammensetzungen von Mischungen, die die
p_H-Werte bei 20° in Zwischenräumen von 0,2 geben.
KCl—HCl-Gemische[1]).

p_H			
1,2	50 ccm $^{m}/_5$ KCl	64,5 ccm $^{m}/_5$ HCl	auf 200 ccm aufgefüllt
1,4	50 ,, ,, KCl	41,5 ,, ,, HCl	,, 200 ,, ,,
1,6	50 ,, ,, KCl	26,3 ,, ,, HCl	,, 200 ,, ,,
1,8	50 ,, ,, KCl	16,6 ,, ,, HCl	,, 200 ,, ,,
2,0	50 ,, ,, KCl	10,6 ,, ,, HCl	,, 200 ,, ,,
2,2	50 ,, ,, KCl	6,7 ,, ,, HCl	,, 200 ,, ,,

Phthalat-HCl-Gemische.

2,2	50 ccm $^{m}/_5$ KH-Phthalat	46,70 ccm $^{m}/_5$ HCl	auf 200 ccm aufgefüllt
2,4	50 ,, ,, KH-Phthalat	39,60 ,, ,, HCl	,, 200 ,, ,,
2,6	50 ,, ,, KH-Phthalat	32,95 ,, ,, HCl	,, 200 ,, ,,
2,8	50 ,, ,, KH-Phthalat	26,42 ,, ,, HCl	,, 200 ,, ,,
3,0	50 ,, ,, KH-Phthalat	20,32 ,, ,, HCl	,, 200 ,, ,,
3,2	50 ,, ,, KH-Phthalat	14,70 ,, ,, HCl	,, 200 ,, ,,
3,4	50 ,, ,, KH-Phthalat	9,90 ,, ,, HCl	,, 200 ,, ,,
3,6	50 ,, ,, KH-Phthalat	5,97 ,, ,, HCl	,, 200 ,, ,,
3,8	50 ,, ,, KH-Phthalat	2,63 ,, ,, HCl	,, 200 ,, ,,

[1]) Die p_H-Werte dieser Mischungen sind von CLARK und LUBS (1916) angegeben als vorläufige Messungen.

20*

Tabelle 12. Phthalat-NaOH-Gemische (Fortsetzung).

p_H			
4,0	50 ccm $^m/_5$ KH-Phthalat	0,40 ccm $^m/_5$ NaOH	auf 200 ccm aufgefüllt
4,2	50 ,, ,, KH-Phthalat	3,70 ,, ,, NaOH	,, 200 ,, ,,
4,4	50 ,, ,, KH-Phthalat	7,50 ,, ,, NaOH	,, 200 ,, ,,
4,6	50 ,, ,, KH-Phthalat	12,15 ,, ,, NaOH	,, 200 ,, .
4,8	50 ,, ,, KH-Phthalat	17,70 ,, ,, NaOH	,, 200 ,, .,
5,0	50 ,, ., KH-Phthalat	23,85 ,, ,, NaOH	,, 200 ,. ,,
5,2	50 ,, ,, KH-Phthalat	29,95 ,, ,, NaOH	,, 200 ,, ,,
5,4	50 ,, ,, KH-Phthalat	35,45 ,, ,, NaOH	,, 200 ,, ,,
5,6	50 ,, ,, KH-Phthalat	39,85 ,, ,, NaOH	,, 200 ,, ,,
5,8	50 ,, ,, KH-Phthalat	43,00 ,, ,, NaOH	,, 200 ,, ,,
6,0	50 ,, ., KH-Phthalat	45,45 ,, ,, NaOH	,, 200 ., ,,
6,2	50 ,, ,, KH-Phthalat	47,00 ,, ,, NaOH	,, 200 ,, ,,

KH_2PO_4—NaOH-Gemische.

p_H			
5,8	50 ccm $^m/_5$ KH_2PO_4	3,72 ccm $^m/_5$ NaOH	auf 200 ccm aufgefüllt
6,0	50 ,, ,, KH_2PO_4	5,70 ,, ,, NaOH	,, 200 ,, ,,
6,2	50 ,, ,, KH_2PO_4	8,60 ,, ,, NaOH	,, 200 ,, ,,
6,4	50 ,, ,, KH_2PO_4	12,60 ,, ,, NaOH	,, 200 ,, ,,
6,6	50 ,, ,, KH_2PO_4	17,80 ,, ,, NaOH	,, 200 ,, ,,
6,8	50 ,, ,, KH_2PO_4	23,65 ,, ,, NaOH	,, 200 ,, ,,
7,0	50 ,, ,, KH_2PO_4	29,63 ,, ,, NaOH	,, 200 ,, ,,
7,2	50 ,, ,, KH_2PO_4	35,00 ,, ,, NaOH	,, 200 ,, ,,
7,4	50 ,, ,, KH_2PO_4	39,50 ,, ,, NaOH	,, 200 ,, ,,
7,6	50 ,, ,, KH_2PO_4	42,80 ,, ,, NaOH	,, 200 ., ,,
7,8	50 ,, ,, KH_2PO_4	45,20 ,, ,, NaOH	,, 200 ,, ,,
8,0	50 ,, ,, KH_2PO_4	46,80 ., ,, NaOH	,, 200 ,, ,,

Borsäure, KCL—NaOH-Gemische.

p_H			
7,8	50 ccm $^m/_5$ H_3BO_3, $^m/_5$ KCl	2,61 ccm $^m/_5$ NaOH	auf 200 ccm aufgef.
8,0	50 ,, ,, H_3BO_3, ,, KCl	3,97 ,, ,, NaOH	,, 200 ,, ,,
8,2	50 ,, ,, H_3BO_3, ,, KCl	5,90 ,, ,, NaOH	,, 200 ,, ,,
8,4	50 ,, ,, H_3BO_3, ,, KCl	8,50 ,, ,, NaOH	,, 200 ,, ,,
8,6	50 ,, ,, H_3BO_3, ,, KCl	12,00 ,, ,, NaOH	,, 200 ,, ,,
8,8	50 ,, ,, H_3BO_3, ,, KCl	16,30 ,, ,, NaOH	,, 200 ,, ,,
9,0	50 ,, ,, H_3BO_3, ,, KCl	21,30 ,, ,, NaOH	,, 200 ,, ,,
9,2	50 ,, ,, H_3BO_3, ,, KCl	26,70 ,, ,, NaOH	,, 200 ,, ,,
9,4	50 ,, ,, H_3BO_3, ,, KCl	32,00 ,, ,, NaOH	,, 200 ,, ,,
9,6	50 ,, ,, H_3BO_3, ,, KCl	36,85 ,, ., NaOH	,, 200 ,, ,,
9,8	50 ,, ,, H_3BO_3, ,, KCl	40,80 ,, ,, NaOH	,, 200 ,, ,,
10,0	50 ,, ,, H_3BO_3, ,, KCl	43,90 ,, ,, NaOH	,, 200 ,, ,,

Es ist notwendig, die Übereinstimmung der verschiedenen Puffergemische zu kontrollieren. Z. B. müssen die Phthalatgemische mit den p_H's = 5,8 und 6,2 mit den Phosphatmischungen 5,8 und 6,2 bei Anwendung von Bromkresolpurpur übereinstimmen, ebenso 7,8 und 8,0 der Phosphatgemische mit den entsprechenden Boratgemischen bei Anwendung von Kresolrot.

c) *Puffer von Walpole, von McIlvaine und von Ringer.*

Tabelle 13. Puffer von WALPOLE[1]), Gemische aus $^m/_5$-Essigsäure und $^m/_5$-Natriumazetat.

p_H	Konzentration (Molarität)		p_H	Konzentration (Molarität)	
	Essigsäure	Natriumazetat		Essigsäure	Natriumazetat
3,6	0,185	0,015	4,8	0,080	0,120
3,8	0,176	0,024	5,0	0,059	0,141
4,0	0,164	0,036	5,2	0,042	0,158
4,2	0,147	0,053	5,4	0,029	0,171
4,4	0,126	0,074	5,6	0,019	0,181
4,5	0,102	0,098			

Mc ILVAINE[2]) stellt aus 0,2 m Na_2HPO_4 und 0,1 m Zitronensäure eine Pufferreihe her, die von $p_H = 2,2$ bis 8,0 reicht.

Tabelle 14. Mc ILVAINE's Gemische.

p_H	0,2 m Na_2HPO_4 ccm	0,1 m Zitronensäure ccm	p_H	0,2 m Na_2HPO_4 ccm	0,1 m Zitronensäure ccm
2,2	0,40	19,60	5,2	10,72	9,28
2,4	1,24	18,76	5,4	11,15	8,85
2,6	2,18	17,82	5,6	11,60	8,40
2,8	3,17	16,83	5,8	12,09	7,91
3,0	4,11	15,89	6,0	12,63	7,37
3,2	4,94	15,06	6,2	13,22	6,78
3,4	5,70	14,30	6,4	13,85	6,15
3,6	6,44	13,56	6,6	14,55	5,45
3,8	7,10	12,90	6,8	15,45	4,55
4,0	7,71	12,29	7,0	16,47	3,53
4,2	8,28	11,72	7,2	17,39	2,61
4,4	8,82	11,18	7,4	18,17	1,83
4,6	9,35	10,65	7,6	18,73	1,27
4,8	9,86	10,14	7,8	19,15	0,85
5,0	10,30	9,70	8,0	19,45	0,55

RINGER[1]) gibt ein Gemisch für stärker alkalische Gebiete an, und zwar aus 0,15 m Na_2HPO_4 und 0,1 m NaOH.

Tabelle 15. Ringer's Puffergemische von 0,15 m Na_2HPO_4 und 0,1 m NaOH.

Gemisch	p_H
50 ccm Na_2HPO_4 + 15 ccm NaOH	10,97
50 ccm Na_2HPO_4 + 25 ccm NaOH	11,29
50 ccm Na_2HPO_4 + 50 ccm NaOH	11,77
50 ccm Na_2HPO_4 + 75 ccm NaOH	12,06

[1]) Zitiert nach CLARK, The Determin. usw.
[2]) Journ. of biol. chem. Bd. 49, S. 183. 1921; zit. nach RONA: Praktikum der Physiolog. Chemie, I. Teil, S. 58. Berlin: Julius Springer 1926.

II. Die spezielle Technik der kolorimetrischen Wasserstoffzahlbestimmung.

1. Die Vorproben. Wenn der Untersucher keinerlei Anhaltspunkte für die ungefähre Größe des gesuchten p_H hat, so muß er zunächst einige Vorproben anstellen, nach deren Beendigung er erst zur eigentlichen Messung übergehen kann. Wir wissen schon, daß jeder Indikator nur eine ganz bestimmte Umschlagszone hat, und daß *er nur innerhalb dieser Zone zu kolorimetrischen Bestimmungen benutzt werden kann.* Die Vorproben haben nun den Zweck, den Untersucher erkennen zu lassen, *welcher von den zahlreichen Indikatoren für die vorliegende Lösung der richtige ist.*

Auch die Pufferlösungen, die bei der Methode „mit Puffer" gebraucht werden, haben ein begrenztes Anwendungsgebiet, das ungefähr 2—3 p_H-Einheiten entspricht (s. jedoch das Gemisch von Mc ILVAINE). Wir brauchen also zur Auswahl der geeigneten Pufferlösungen ebenfalls die Kenntnis von der ungefähren Größe des p_H.

Wie können wir uns am schnellsten darüber unterrichten? Bei den *Vorproben* benutzen wir ebenfalls eine *Serie von Indikatorlösungen* oder auch von *Indikatorpapieren.* Wir versuchen mit ihrer Hilfe ganz grob und unter Verzicht auf jede Genauigkeit die Lage des p_H der Untersuchungslösung aufzufinden. Einige Beispiele für ein zweckmäßiges Vorgehen seien hier mitgeteilt, in denen selbstverständlich die Reihenfolge der einzelnen Proben beliebig verändert werden kann. Der erfahrene Untersucher wird bisweilen noch schneller zum Ziele kommen, wenn er die Vorproben dem zu vermutenden p_H irgendwie anpaßt. Der Anfänger halte sich aber an ein bestimmtes Schema, z. B. an die folgenden Angaben, um nicht zu Fehlschlüssen zu kommen.

Beispiel I [1]). Man tauche in die Untersuchungslösung *rotes und blaues Lackmuspapier* und beobachte die Farbänderung. Das *rote* Lackmuspapier wird *blau*. Man gieße dann von der Untersuchungslösung eine Probe in ein Reagenzglas und gebe etwas *Phenolphthalein* hinzu. Die Lösung bleibt farblos; der p_H liegt also zwischen 6,5 und 8,5. Mit *Neutralrot* und α-*Naphtolphthalein* läßt sich nun in zwei weiteren Proben sofort erkennen, ob der p_H der Lösung zwischen 6,5 und 8,0 oder zwischen 7,3 und 8,7 liegt. Da eine weitere Probe der Untersuchungslösung mit Neutralrot ganz gelb wird, liegt der p_H in der Nähe von 8,0.

Beispiel II. Eine zweite Lösung färbt *rotes Lackmuspapier blau.* Die mit *Phonolphthalein* versetzte Probe wird *rot*, der p_H ist also gegen 9,0 oder größer. Eine weitere Probe wird mit *Alizaringelb R*

---

[1]) Vgl. die in den Tabellen angegebenen Umschlagsgebiete und Farben der Indikatoren,

versetzt. Da die Farbe dieser Probe fast rein gelb ist, liegt der p_H ungefähr bei 10,0.

Beispiel III. Eine dritte Lösung färbt *blaues Lackmuspapier rot.* Eine Portion wird durch *Methylrot* rein *rot* gefärbt. Der p_H ist also kleiner als 4,4. Eine weitere Probe wird mit *Methylorange* versetzt. Es entsteht eine Zwischenfarbe zwischen rot und gelb. Also liegt der p_H ungefähr bei 3,5.

So oder ähnlich lassen sich in kürzester Zeit die notwendigsten Vorproben anstellen. Als Indikatoren eignen sich hierzu z. B. folgende:

	p_H	Konzentration
Tropäolin O	11,1—12,7	0,1‰ in aq.
Alizaringelb R	10,1—12,1	0,1‰ in aq.
Phenolphthalein . . .	8,3—10,0	1% in 90% Alkohol
α-Naphtholphthalein .	7,3— 8,7	0,5‰ in 50% Alkohol
Neutralrot	6,8— 8,0	0,25‰ in 50% ,,
Methylrot	4,2— 6,3	0,5% in 90% ,,
Methylorange	3,1— 4,4	0,5% in 90% ,,
Methylviolett	1,5— 3,2	0,1‰ in aq.
,, ...	0,1— 0,5	0,5‰ in aq.

Selbstverständlich lassen sich auch andere Indikatoren zu diesen Vorproben benutzen, z. B. die von CLARK und LUBS angegebene Indikatorenreihe (Tabelle B) oder die einfarbigen Indikatoren von MICHAELIS (Tabelle C).

Zu den Vorproben können *größere Indikatormengen* verwandt werden als zu den eigentlichen Untersuchungen, da durch zuviel Indikator bedingte Abweichungen hier keine Rolle spielen (s. S. 323). Man gebe also so viel Indikator hinzu, daß die Färbung der Untersuchungslösung sehr deutlich ist und es nicht viel Zeit kostet, den Farbton zu erkennen. Weiß man nicht sicher, ob ein auftretender Farbton zu dem *Umschlagsgebiet* des angewandten Indikators gehört oder ob die in der Untersuchungslösung nach Zusatz eines Indikators entstandene Farbe die ,,rein saure'' oder ,,rein alkalische'' des Indikators ist, so gebe man von dem Indikator etwas zu $^n/_{10}$-Lauge und etwas zu $^n/_{10}$-Säure. Diese beiden Lösungen bilden dann Vergleichslösungen für die extremen Farbtöne des Indikators, für seine ,,alkalische'' und für seine ,,saure'' Farbe.

Das Ergebnis dieser Vorproben hat den Untersucher über die Lage des p_H so weit unterrichtet, daß er nunmehr an Hand der Indikatortabellen und der Puffertabellen entscheiden kann, welche Indikatoren und welche Pufferlösungen zur eigentlichen Messung benutzt werden müssen. Der Untersucher wird einen Indikator auswählen, bei dem die Mitte des Umschlagsgebietes ungefähr dem p_H entspricht, der in der Vorprobe aufgefunden wurde. Ebenso wird er für die Vergleichslösungen ein Puffergemisch auswählen, dessen p_H-Zone genügend über den durch die Vorprüfung näherungsweise festgestellten p_H nach der sauren und nach der alkalischen Seite herüberreicht.

Gewöhnlich nimmt man den Farbvergleich nicht in einem Kolorimeter, sondern in *Reagenzgläsern* vor. Diese Reagenzgläser sollen möglichst *gleich weit* und *gleich lang* sein und dieselbe Wandstärke besitzen. Man wähle von den käuflichen Reagenzgläsern daher diejenigen aus, die diesen Anforderungen genügen und hebe sie auf einem *Reagenzglasgestell* auf.

2. Die Methode mit Puffer. Das in Frage kommende Puffergemisch wird in abgestufter Zusammensetzung entsprechend den Tabellen in eine Reihe von Reagenzgläsern eingefüllt. War der in den Vorproben näherungsweise festgestellte p_H z. B. 6,5, so kann man das Puffergemisch aus *primärem und sekundärem Phosphat* auswählen und zunächst z. B. folgende p_H-Reihe herstellen.

ca. 5,9   6,2   6,6   7,0   7,4.

Wie diese Gemische aus primärem und sekundärem Phosphat zusammengesetzt sind, geht aus den Tabellen und dem SÖRENSENschen Diagramm hervor. Die Mischungen lauten in diesem Beispiel:

1. 9 ccm $^\mathrm{m}/_{15}$ primäres Phosphat nach SÖRENSEN
1 ccm $^\mathrm{m}/_{15}$ sekundäres ,, ,, ,, $\Big\}\ p_\mathrm{H} = 5,9$

2. 8,2 ccm $^\mathrm{m}/_{15}$ primäres ,, ,, ,,
1,8 ccm $^\mathrm{m}/_{15}$ sekundäres ,, ,, ,, $\Big\}\ p_\mathrm{H} = 6,2$

3. 6,6 ccm $^\mathrm{m}/_{15}$ primäres ,, ,, ,,
3,4 ccm $^\mathrm{m}/_{15}$ sekundäres ,, ,, ,, $\Big\}\ p_\mathrm{H} = 6,6$

4. 4 ccm $^\mathrm{m}/_{15}$ primäres ,, ,, ,,
6 ccm $^\mathrm{m}/_{15}$ sekundäres ,, ,, ,, $\Big\}\ p_\mathrm{H} = 7,0$

5. 1,8 ccm $^\mathrm{m}/_{15}$ primäres ,, ,, ,,
8,2 ccm $^\mathrm{m}/_{15}$ sekundäres ,, ,, ,, $\Big\}\ p_\mathrm{H} = 7,4$

Die *Summen der beiden Pufferanteile*, des primären und des sekundären Phosphats, sind stets 10 ccm. SÖRENSEN hat zur weiteren Vereinfachung noch die Bezeichnung „*Mischungszahl*" eingeführt. Er versteht darunter bei Phosphat z. B. den Anteil des *sekundären* Phosphates in Kubikzentimeter an den 10 ccm des Puffergemisches. $p_\mathrm{H} = 5,9$ hat demnach die Mischungszahl 1,0, da das Gemisch 1,0 ccm $^\mathrm{m}/_{15}$ sekundäres Phosphat enthält.

$p_\mathrm{H} = 6,2$ hat die Mischungszahl 1,8, da das Gemisch 1,8 ccm $^\mathrm{m}/_{15}$ sekundäres Phosphat enthält.

$p_\mathrm{H} = 6,6$ hat dann also die Mischungszahl 3,4, $p_\mathrm{H} = 7,0$ die Mischungszahl 6 und $p_\mathrm{H} = 7,4$ die Mischungszahl 8,2.

Abbildung 176 des Pufferdiagramms nach SÖRENSEN.

Will man zu einer bestimmten Mischungszahl aus dem Diagramm den p_H ablesen, so sucht man zunächst den Schnittpunkt einer im Abstande der Mischungszahl parallel zur X-Achse gelegten Graden mit

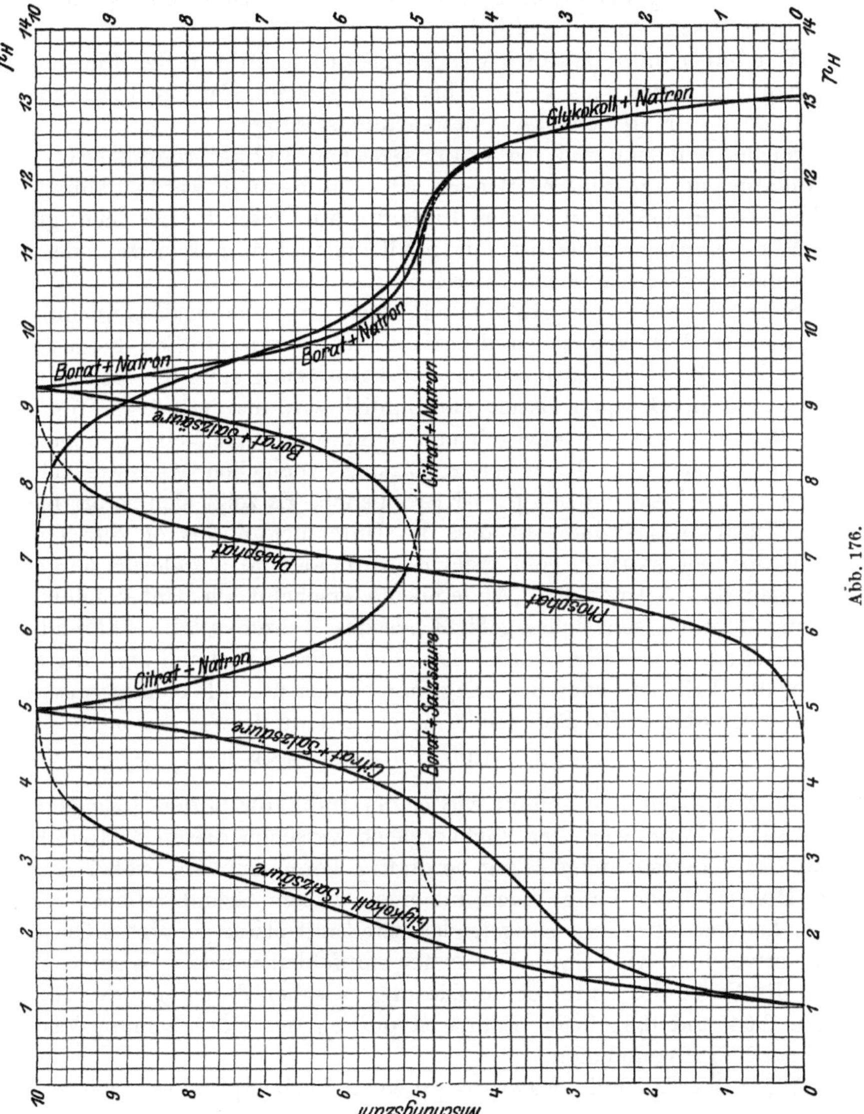

Abb. 176.

der Phosphatkurve. Suchen wir z. B. den p_H *eines Phosphatgemisches mit der Mischungszahl 5*, so gehen wir die Gerade entlang, die durch den Punkt 5 der Y-Achse parallel zur X-Achse verläuft, bis zu dem

Schnittpunkt mit der Phosphatkurve. Von diesem Schnittpunkt führt nun eine Gerade parallel zur Y-Achse abwärts, die die X-Achse bei $p_H = 6{,}8$ schneidet. Dieser p_H entspricht der Mischungszahl 5. Legt man diesen Weg *umgekehrt* zurück, so läßt sich zu jedem p_H die zugehörige Mischungszahl auffinden.

Wir haben nun also in 5 Reagenzgläsern je 10 ccm der Phosphatmischungen, deren p_H's von 5,9 bis 7,4 ansteigen. In ein 6. Reagenzglas geben wir 10 ccm der Untersuchungslösung.

Suchen wir nun auf der SÖRENSENschen Indikatorentabelle einen Indikator, der in dem p_H-Bereich 5,9—7,4 benutzt werden kann, so sehen wir, daß es einen solchen Indikator auf dieser Tabelle nicht gibt.

Wir versuchen zunächst mit p-Nitrophenol auszukommen, dessen Anwendungsgebiet nur bis 7,0 reicht.

Sehr wesentlich ist jetzt, daß in der Untersuchungslösung und in sämtlichen Puffergemischen *dieselbe Indikatorkonzentration* hergestellt wird. Man pipettiere also aus der Indikatorlösung stets dieselbe Menge in die einzelnen Reagenzgläser. Gewöhnlich wird man mit 3—8 Tropfen, also 0,2—0,3 ccm, der angegebenen Indikatorlösungen eine genügende Färbung erzielen[1]). In unserem Beispiel versuchen wir, wie schon erwähnt, die Messung mit para-Nitrophenol. Es zeigt sich sofort nach dem Zusatz des Indikators, daß die Untersuchungslösung durch das p-Nitrophenol stärker gelb gefärbt wird als die Vergleichsröhrchen mit den p_H's 5,9 und 6,2. Andererseits erscheint die Untersuchungslösung deutlich schwächer gefärbt als das Röhrchen 7,0, während es dem Röhrchen 6,6 sehr ähnlich ist. Nach dieser Feststellung wird mit Hilfe der Tabellen oder des Diagrammes aus den Phosphatgemischen eine feiner abgestufte Pufferreihe hergestellt, und zwar die p_H's

6,24   6,47   6,64   6,81.

In diese Röhrchen kommt wieder der Indikator in derselben Menge wie oben. Dann wird der Farbvergleich zwischen diesen 4 Röhrchen und der Untersuchungslösung sorgfältig vorgenommen, wobei durch die Röhrchen der Länge nach auf einen weißen Grund geblickt wird. Sehr bequem ist es, ein Reagenzglasgestell mit etwas geneigten Gläsern zu verwenden, wie es von SÖRENSEN empfohlen wurde. Es zeigt sich, daß die Farbe der Untersuchungslösung zwischen derjenigen der Röhrchen 6,64 und 6,81 liegt. Somit ist der p_H der Untersuchungslösung zu ca. 6,73 anzunehmen.

Wäre das Ergebnis des etwas gröberen Farbvergleiches insofern ein anderes gewesen, als die Farbe der Untersuchungslösung nicht dem Vergleichsröhrchen mit dem p_H 6,6, sondern dem Röhrchen mit dem $p_H = 7{,}0$ sehr geähnelt hätte, so wäre nichts übriggeblieben, als

---

[1]) Bisweilen werden aber bis zu 15 und 20 Tropfen gebraucht.

den Farbvergleich mit einem anderen Indikator zu wiederholen, da bei $p_H = 7{,}0$ die Grenze der Anwendungsmöglichkeit von p-Nitrophenol erreicht ist. In diesem Falle wäre *Neutralrot* geeignet gewesen, das wir dann zu einer zweiten Portion der Untersuchungslösung hätten zusetzen müssen. Als feiner abgestufte Pufferreihe wäre z. B. dann folgende in Betracht gekommen:

$$p_H\text{'s} \qquad 6{,}81 \qquad 6{,}98 \qquad 7{,}17 \qquad 7{,}38.$$

Bei Benutzung der Indikatorreihe von CLARK und LUBS wäre allerdings diese Schwierigkeit der doppelten Indikatorwahl nicht aufgetreten, da der aus dieser Reihe zu wählende Indikator, das Bromthymolblau (s. Tabelle B) für unser Beispiel ein günstigeres Umschlagsgebiet hat ($p_H = 6{,}0 - 7{,}6$). Es ist also recht empfehlenswert, die SÖRENSENschen *und* die CLARKschen Indikatoren zur Verfügung zu haben, um je nach den Umständen die eine Untersuchungslösung mit einem SÖRENSEN-schen, eine andere mit einem CLARKschen Indikator zu messen.

Die Hauptsache ist nur, daß *zur Pufferreihe und zur Untersuchungs-lösung derselbe Indikator gesetzt wird und daß in allen Lösungen eines Versuches dieselbe Indikatorkonzentration* hergestellt wird, daß ferner die einzelnen Puffergemische so sorgfältig wie nur möglich präpariert werden und daß der Farbvergleich bei guter Beleuchtung und in Reagenzgläsern mit gleichem Durchmesser erfolgt.

CLARK empfiehlt bei der Anwendung seiner Indikatoren ausschließ-lich künstliche Beleuchtung. Er gibt zu diesem Zweck einen Holz-kasten an, aus dem elektrisches Licht; durch eine dünne Milchglas-scheibe gedämpft, heraus scheint. Die Farbkraft der CLARKschen Indikatoren erlaubt auch die Erkennung der Farbnuancen *in dünnerer Flüssigkeitsschicht*. Da Unterschiede in der *Lichtabsorption* der ein-zelnen Lösungen um so geringer hervortreten, je geringer die Flüssig-keitsschicht ist, die das Licht zu passieren hat, ist es häufig vorteil-haft und manchmal notwendig, *nicht der Länge nach* durch die Reagenzgläser mit den Farblösungen zu blicken, sondern in *Richtung der Durchmesser*.

Sind feinste lichtbrechende Partikelchen (s. Messung getrübter Lösungen, S. 331 ff.) in der Untersuchungslösung suspendiert, so soll die Flüssigkeitsschicht, durch die hindurchgeblickt wird, so klein wie möglich sein. Die unterste Grenze ist diejenige Lösungsdicke, die bei geringem Indikatorzusatz noch gerade einen Farbton erkennen läßt.

Haben die Vorproben einen anderen Näherungswert für den p_H der Untersuchungslösung ergeben, z. B. den $p_H = 3$, so wird uns ein Blick auf die Puffer- und die Indikatortabellen darüber unterrichten, welche Puffergemische und welche Indikatoren für den p_H-Bereich von ca. 2,2 bis ca. 3,8 in Frage kommen. Es wird dann ganz genau so verfahren wie bei dem ersten Beispiel. Zunächst wird also eine etwas gröbere Reihe aus den Puffergemischen hergestellt und dann unter Berücksichtigung des Meßergebnisses dieser gröberen Reihe eine feinere Reihe.

Es soll noch besonders darauf hingewiesen werden, daß zu einer Messung selbstverständlich nicht immer 10 ccm der Untersuchungslösung und der Puffergemische genommen werden müssen. Man kommt bei gewöhnlichen Reagenzgläsern auch mit 5 ccm aus und bei Benutzung von Reagenzgläsern mit kleinerem Durchmesser auch mit noch weniger Flüssigkeit.

Gerade bei biologischen Untersuchungen ist es bisweilen nötig, die Messung mit 1—2 ccm einer Flüssigkeit auszuführen. Benutzt man dann sehr klein dimensionierte Proberöhrchen, so gelingt dies ohne besondere Schwierigkeiten. Bei diesen Messungen müssen die Indikatorlösungen noch 1:5 oder 1:10 verdünnt werden, da 0,2 ccm des unverdünnten Indikators bei den kleinen Flüssigkeitsmengen der Untersuchungslösung zu Fehlern führen könnten.

3. Die Methoden ohne Puffer. Hier unterscheiden wir die Methode von L. MICHAELIS und GYEMANT[1]), die mit *einfarbigen* Indikatoren arbeiten, von der Methode von GILLESPIE, der zweifarbige, und zwar die CLARKschen, Indikatoren anwendet.

Bei den einfarbigen Indikatoren von L. MICHAELIS wird die Annahme gemacht, daß sie als Moleküle ungefärbt und als Ionen gefärbt sind. p-Nitrophenol ist z. B. im undissoziierten Zustand farblos, als Ion gelb. Die *Farbtiefe* einer Lösung von einfarbigen Indikatoren hängt also von ihrem Gehalt an Indikator*ionen* ab. Je mehr der Indikator in Ionen zerfallen ist, je höher also die Konzentration der Indikator*ionen* ist, um so stärker ist die Lösung gefärbt. Somit hat eine bestimmte Indikator*menge* in einer Lösung dann ihr *Farbmaximum*, wenn der Indikator völlig in seine Ionen zerfallen ist.

Durch die äquivalente Alkalimenge läßt sich eine Indikatorsäure quantitativ in ihr Alkalisalz überführen. Da die Alkalisalze von schwachen Säuren in großer Verdünnung praktisch vollständig dissoziiert sind, so sind auch die Alkalisalze der Indikatorsäuren völlig in ihre Ionen zerfallen. Der Indikator bildet also *als Alkalisalz sein Maximum an gefärbten Ionen*. Ein weiterer Zusatz von Alkali über den Äquivalenzpunkt hinaus verstärkt die Färbung nicht mehr, da der Indikator bereits völlig dissoziiert ist und daher durch Alkali keine weiteren Indikatorionen mehr gebildet werden können.

Eine Verringerung der Alkalimenge unter die äquivalente Menge, z. B. durch *Zufügen einer Säure*, die stärker als die Indikatorsäure ist, *verringert* dementsprechend die Konzentration der Indikator*ionen*, da die aus dem Salz verdrängte Indikatorsäure nur sehr wenig ionisiert ist.

---

[1]) MICHAELIS u. GYEMANT: Biochem. Zeitschr. Bd. 109, S. 165. 1920.

Durch allmähliches *Zufügen von Säure* wird also die *Färbung immer schwächer*, um schließlich ganz zu verschwinden.

Die *Stärke der Indikatorfarbe* hängt also, wie wir es auch schon von früher wissen, bei einfarbigen Indikatoren von der *Wasserstoffzahl* ab. Allerdings gilt das nur innerhalb bestimmter p_{H}-Grenzen, innerhalb der sog. Umschlagszone. Zwischen den beiden Endpunkten der Umschlagszone stehen die Wasserstoffzahlen in fester rechnerischer Beziehung zur Farbintensität der Indikatorlösung, in einer Beziehung, die aus der Dissoziationsgleichung schwacher Säuren gegeben ist.

Kennen *wir in einer Lösung denjenigen Bruchteil der Gesamtindikatormenge, der in ionisierter Form vorhanden ist, kennen wir also das Verhältnis des dissoziierten Anteils des Indikators zur Gesamtmenge des Indikators*, so läßt sich bei gegebener Dissoziationskonstante des Indikators die *unbekannte Wasserstoffzahl der Lösung leicht berechnen.*

Wir erinnern uns daran, daß der Dissoziationsgrad α einer schwachen Säure mit der Dissoziationskonstante k zu der Wasserstoffzahl in folgender Beziehung steht (s. S. 133):

$$[\mathrm{H}^{\cdot}] = k\,\frac{1-\alpha}{\alpha}\,.$$

Bei *Indikator*säuren läßt sich nun der *Dissoziationsgrad* durch *kolorimetrischen Vergleich* bestimmen, da er nach dem Gesagten aus dem *Verhältnis zweier Farbtiefen* hervorgeht.

Zu diesem Zweck muß *die* Farbtiefe, die eine bestimmte Indikatormenge der Untersuchungslösung erteilt, mit der anderen Farbtiefe verglichen werden, die *dieselbe Indikatormenge in einer Alkalilösung*, also bei maximaler Ionisierung, hervorruft.

Ist das aufgefundene Verhältnis der Farbtiefen z. B. 1 : 2, so heißt das, daß in der vorliegenden Untersuchungslösung nur die Hälfte der Indikatormenge ionisiert ist.

Die Wasserstoffzahl der Untersuchungslösung ist dann:

$$[\mathrm{H}^{\cdot}] = k\,\frac{1-\frac{1}{2}}{\frac{1}{2}}\,.$$

Um nun die Beziehung zur „*Farbtiefe*" auszudrücken, wird bei den kolorimetrischen Beziehungen „α" durch „F" ersetzt, wo „F" den „*Farbgrad*" analog dem „*Dissoziationsgrad*" bedeutet. Es ist also:

$$[\mathrm{H}^{\cdot}] = k\,\frac{1-F}{F}\,.$$

Bei den praktischen Messungen wird nun *F nicht durch den kolorimetrischen Vergleich zweier Lösungen mit verschiedener Farbintensität* gemessen, sondern durch den *Vergleich zweier Lösungen mit derselben Farbintensität.*

Wie läßt sich das bewerkstelligen?

Die Aufgabe ist aus der Farbtiefe der mit einer *bestimmten Indi-*

katormenge versetzten Untersuchungslösung[1]) zu erkennen, wieviel von dem zugesetzten Indikator ionisiert ist.

Dieselbe Indikator*menge* würde in einer reinen Alkalilösung viel mehr Ionen liefern. Die Alkalilösung würde also viel stärker gefärbt sein als die Untersuchungslösung. Nun wird aber, und das ist das Wesentliche, eine *kleinere* Indikatormenge bei *völliger Dissoziation*, also in Alkalilösung, gerade ebensoviel Indikatorionen liefern können wie eine *gewisse größere Indikatormenge*, die zur Untersuchungslösung zugesetzt wurde, also nur zu *einem Teil ionisiert* ist. *Diese kleinere, völlig ionisierte, in Lauge befindliche Indikatormenge läßt sich durch Farbvergleich mit der Untersuchungslösung finden.* Die mit dem Indikator versetzte Untersuchungslösung wird zu diesem Zweck mit *einer Reihe von Alkalilösungen* verglichen, zu denen derselbe Indikator *in abgestuften Mengen* zugesetzt ist. Findet sich unter den mit Indikator versetzten Alkalilösungen *eine* Portion, die der Untersuchungslösung farbgleich ist, so können wir annehmen, daß die Indikator*ionenmenge* in beiden Lösungen gleich ist. Die Indikator*ionen*menge der Alkalilösung ist, wie wir wissen, gleich der *Gesamtindikatormenge* der Alkalilösung, die *uns aus der Herstellung dieser Lösung bekannt ist.* Somit ist uns nunmehr auch die Indikator*ionenmenge* bekannt, die in der *Untersuchungslösung* vorhanden ist. Da wir eine bestimmte Indikatormenge zur Untersuchungslösung zugegeben haben und jetzt auch der ionisierte Anteil durch Farbvergleich mit einer Alkalilösung bestimmt worden ist, so kennen wir auch das gesuchte Verhältnis des ionisierten Anteils in unserer Untersuchungslösung zur Gesamtindikatormenge. Dieses Verhältnis ist aber der obige Dissoziationsgrad bzw. Farbgrad, der nunmehr also als *Quotient zweier Indikatormengen* vorliegt.

Werden z. B. 5 ccm einer geeigneten Untersuchungslösung mit 0,5 ccm einer 0,1 proz. wässerigen Lösung von p-Nitrophenol versetzt, so tritt eine Gelbfärbung auf.

Nun werden zu je 5 ccm einer verdünnten NaOH (ungefähr $^1/_{10}$ bis $^1/_{100}$ n) genau bekannte, abgestufte Indikatormengen zugesetzt, bis man eine Portion findet, die mit der Untersuchungslösung dieselbe Farbintensität hat. War in dem farbgleichen Laugenröhrchen die Indikatormenge 0,01 ccm, so ist α bzw. $F = \frac{0,01}{0,5}$, also [H˙] aus der obenstehenden Gleichung unter Benutzung von k zu berechnen.

Die Indikatormenge in den Laugenröhrchen wird nach dem Gesagten stets *kleiner* sein müssen als die zur Untersuchungslösung zugegebene Menge. Um die für die Laugenröhrchen bestimmten kleinen Mengen genau zu pipettieren ist es meistens nötig, die zur Untersuchungslösung verwandte Indikatorlösung 1 : 5 oder 1 : 10 zu verdünnen.

---

[1]) Die Untersuchungslösung soll keine starke Lauge sein, ihr p_H muß also unter 12,0 liegen.

Diese Methode der kolorimetrischen Wasserstoffzahlmessung ohne Puffer unter Benutzung von einfarbigen Indikatoren hat sich wegen ihrer Einfachheit sehr schnell eingebürgert.

Wir lassen jetzt die Beschreibung einer Wasserstoffzahlmessung von Leitungswasser folgen, die L. Michaelis in seinem Praktikum[1]) gegeben hat. Dieses Beispiel wird die Anwendungsweise dieser Methode besonders deutlich machen.

Der geeignete Indikator ist m-Nitrophenol[2]), 0,3 g unter mäßigem Erwärmen in 100 ccm dest. Wasser gelöst.

Man füllt in ein Reagenzglas 10 ccm des zu untersuchenden Wassers und dazu 1 ccm des Indikators. In 2—3 Minuten hat der Indikator seinen definitiven Farbton angenommen. Nun füllt man in eine Reihe von ganz gleichmäßigen Reagenzgläsern zunächst je 9 ccm einer aus n NaOH *frisch hergestellten* 0,01 n-NaOH. (Es kommt gar nicht auf den genauen Titer an; man kann ebensogut 0,02 n-NaOH nehmen.) Nun stellt man eine 10 fache Verdünnung des Indikators mit dest. Wasser her und gibt in das erste der mit Lauge versetzten Gläser 0,5 ccm des verdünnten Indikators, in das zweite 1,0 ccm, in das dritte 2,0 ccm; also eine geometrische Reihe mit dem Quotienten 2. Schließlich füllt man die 3 Gläser mit 0,01 n-NaOH auf das Volumen der zu untersuchenden Lösung auf, welches einschließlich des zugesetzten Indikators 11 ccm beträgt. Vergleicht man der Reihe nach die Farben dieser Gläser, so findet man, daß das *erste zu hell,* das *dritte zu dunkel,* das *mittlere ungefähr richtig* ist. Für den Vergleich darf man immer nur die zwei zu vergleichenden Röhrchen nebeneinander halten, bei guter Beleuchtung gegen einen rein weißen Hintergrund (Schreibpapier, Porzellanteller) aus nicht allzu naher Entfernung von demselben. Man blickt am besten von oben durch die Röhrchen, jedoch ist manchmal auch die Betrachtung durch die Seitenwand vorteilhaft.

Nunmehr engt man die Beobachtung durch eine feiner abgestufte Reihe ein, am besten mit dem Quotienten 1,2 oder sogar 1,15. Wir hatten 1,0 ccm in der groben Reihe am besten gefunden; wir fügen also Versuche mit 1,2 und 1,44 sowie mit 0,83 und 0,69 ccm verdünnten Indikators hinzu. Wir finden als definitives Resultat, daß 1,0 ccm richtig ist, 1,2 schon zuviel und 0,83 zuwenig ist. In der zu untersuchenden Lösung war 1,0 ccm Indikator, in der farbgleichen Lauge 1,0 ccm des 10 fach verdünnten Indikators. Der Farbgrad ist also

$$\frac{0,1}{1,0} = 0,10\,.$$

---

[1]) Michaelis, L.: Praktikum der Physikalischen Chemie insbesondere der Kolloidchemie. Berlin: Julius Springer 1926.
[2]) Durch Vorproben (s. S. 310 ff.) festgestellt.

Um die obige Formel anwenden zu können, müssen wir noch den k-Wert für m-Nitrophenol kennen. Er beträgt (für Zimmertemperatur) $4,7 \cdot 10^{-9}$. Also ist

$$[\text{H}^\cdot] = \frac{1 - 0,10}{0,10} \cdot 4,7 \cdot 10^{-9} = 4,2 \cdot 10^{-8} \,.$$

p_H ist also

$$= 8 - \log 4,2 = 8 - 0,62 = 7,38 \,.$$

Dieses Beispiel aus dem Praktikum von L. MICHAELIS läßt die Einfachheit der MICHAELISschen Methode erkennen. Zur *weiteren Erleichterung* der Rechnung hat MICHAELIS die Gleichung

$$[\text{H}^\cdot] = k \cdot \frac{1 - F}{F}$$

logarithmiert. Also

$$\log [\text{H}^\cdot] = \log k + \log \frac{1 - F}{F} \,.$$

Dann ist also der gesuchte

$$p_\text{H} = p_\text{K} + \log \frac{F}{1 - F} \,.$$

(p_K ist der negative Logarithmus der Indikatorkonstante.)

Um dem Untersucher noch weitere Rechenoperationen zu ersparen, hat MICHAELIS für jeden Wert von F den zugehörigen Wert von $\log \frac{F}{1 - F}$ ausgerechnet. Hat man also den Farbgrad F experimentell bestimmt, so findet man in einem Diagramm sogleich den Wert von $\log \frac{F}{1 - F}$. Diesen Wert braucht man nur zu p_K, der ebenfalls aus einer Tabelle abgelesen werden kann, zu addieren, um den gesuchten p_H zu haben. p_K ist für 18° schon in der Tabelle der einfarbigen Indikatoren nach MICHAELIS auf S. 298 angegeben. Die Tabelle, aus der die p_K-Werte für die übrigen Temperaturen abgelesen werden können, folgt jetzt:

Tabelle 16. Die Indikatorkonstanten p_K bei verschiedenen Temperaturen.

Temperatur °C	β-Dinitro-phenol (1:2:6)	α-Dinitro-phenol (1:2:4)	γ-Dinitro-phenol (1:2:4)	p-Nitro-phenol	m-Nitro-phenol
0	3,79	4,16	5,24	7,39	8,47
5	3,76	4,13	5,21	7,33	8,43
10	3,74	4,11	5,18	7,27	8,39
15	3,71	4,08	5,16	7,22	8,35
18	3,69	4,06	5,15	7,18	8,33
20	3,68	4,05	5,14	7,16	8,31
25	3,65	4,02	5,11	7,10	8,27
30	3,62	3,99	5,09	7,04	8,22
35	3,59	3,96	5,07	6,98	8,18
40	3,56	3,93	5,04	6,93	8,15
45	3,54	3,91	5,02	6,87	8,11
50	3,51	3,88	4.99	6,81	8,07

Der Wert

$$\log \frac{F}{1 - F}$$

ist von MICHAELIS mit φ bezeichnet worden. Es ist dann φ eine Funktion des Farbgrades F. Die folgende Tabelle zeigt die möglichen Werte von F und die zugehörigen von φ:

Tabelle 17. Die Funktion φ des Farbgrades F.

F	φ	F	φ	F	φ	F	φ
0,001	$-3,00$	0,01	$-2,00$	0,10	$-0,95$	0,50	± 0
0,0012	$-2,91$	0,012	$-1,90$	0,12	$-0,85$	0,55	$+0,10$
0,0014	$-2,85$	0,015	$-1,81$	0,14	$-0,79$	0,60	$+0,20$
0,0016	$-2,80$	0,025	$-1,60$	0,16	$-0,71$	0,65	$+0,28$
0,0018	$-2,75$	0,03	$-1,51$	0,18	$-0,65$	0,70	$+0,38$
0,002	$-2,69$	0,04	$-1,38$	0,20	$-0,59$	0,75	$+0,49$
0,003	$-2,52$	0,05	$-1,28$	0,25	$-0,47$	0,80	$+0,60$
0,004	$-2,40$	0,06	$-1,20$	0,35	$-0,25$	(0,85	$+0,75)$
0,005	$-2,30$	0,07	$-1,12$	0,40	$-0,18$	(0,90	$+0,97)$
0,006	$-2,22$	0,08	$-1,06$	0,50	$\pm 0,0$	(0,95	$+1,25)$
0,007	$-2,15$	0,09	$-1,00$				
0,008	$-2,07$	0,10	$-0,95$				
0,010	$-2,00$						

Diese Zahlen sind von MICHAELIS zu einem Diagramm zusammengestellt worden (s. Abb. 177, Seite 322).

Für die Benutzung des Diagramms ist folgendes zu beachten. Die Kurve I ist ohne weiteres in dem angegebenen Sinne benutzbar. Bei Werten von F, die kleiner als 0,1 sind, bediene man sich der Kurve II oder der Kurve III, die einen 10fach und einen 100fach vergrößerten Ordinatenmaßstab bei unverändertem Abszissenmaßstab haben. Die Ordinatenzahlen müssen bei Benutzung der Kurve II durch 10 und bei Benutzung der Kurve III durch 100 dividiert werden. Die Zahlen für F lauten also bei Benutzung der Kurve II: 0, 0,01, 0,02 usw. bis 0,1. Bei Benutzung der Kurve III lauten die Ordinatenwerte 0, 0,001, 0,002 usw. bis 0,01.

Die Kurven II und III ermöglichen also genaue Ablesungen auch in dem horizontal verlaufenden Anfangsteil der Kurve I.

Die p_K-Werte für Phenolphthalein und Salizylgelb bei den verschiedenen Temperaturen hat MICHAELIS nicht in die gemeinsame Tabelle mit aufgenommen, „weil wir sie praktisch nicht brauchen". Er gibt für diese beiden Indikatoren empirische Tabellen an.

Tabelle 18. Phenolphthalein bei 18°.

F	p_H	F	p_H	F	p_H	F	p_H
0,01	8,45	0,090	8,90	0,34	9,40	0,60	9,90
0,014	8,50	0,120	9,00	0,40	9,50	0,65	10,0
0,030	8,60	0,16	9,10	0,45	9,60	0,70	10,1
0,047	8,70	0,21	9,20	0,50	9,70	0,75	10,2
0,069	8,80	0,27	9,30	0,55	9,80	0,80	10,3

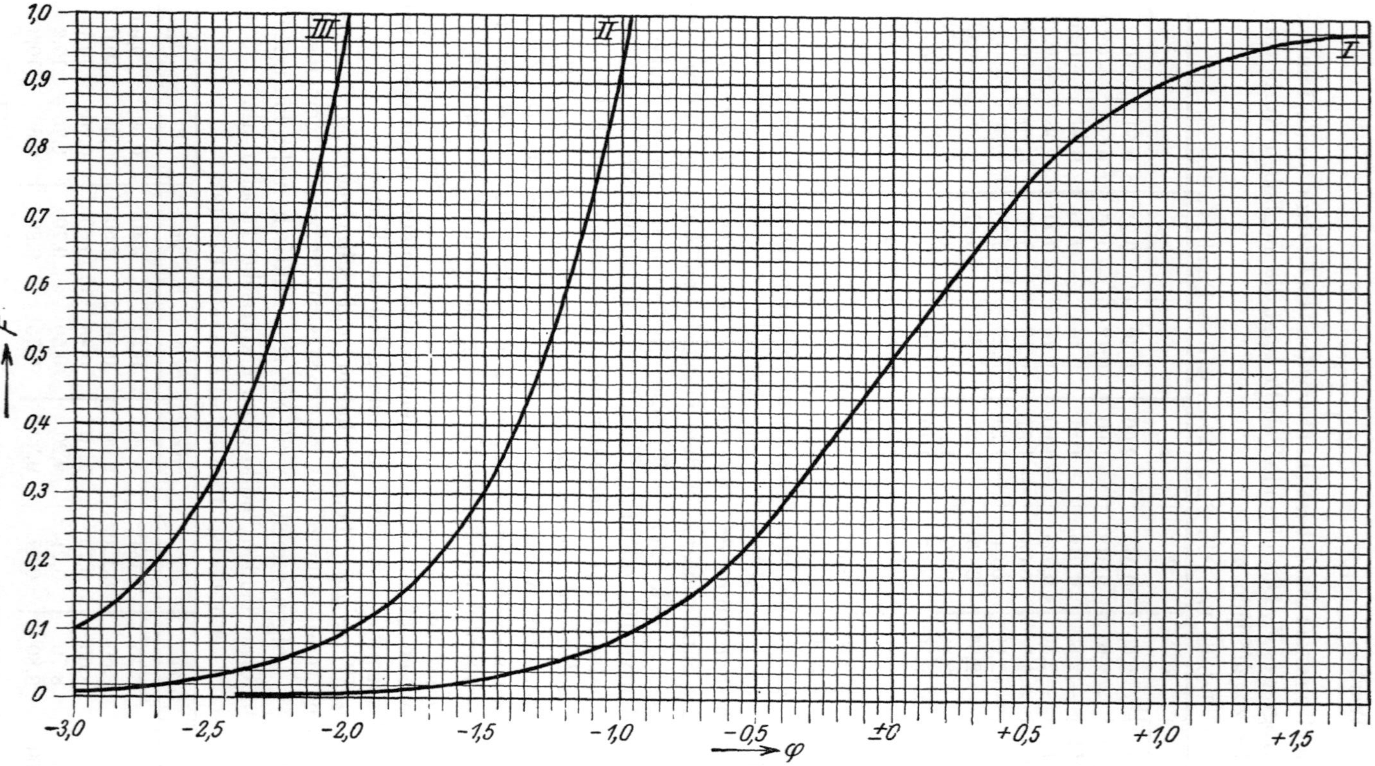

Abb. 177. Diagramm für die Indikatorenmethode ohne Puffer.

Ist die Bestimmung mit *Phenolphthalein* bei anderer Temperatur als 18° durchgeführt, so wird der p_H-Wert um folgendes Korrektionsglied vermindert:

$$0,0110 \, (T - 18).$$

Für jeden Grad Temperatur oberhalb 20° ist 0,013 von dem p_H zu subtrahieren.

Der „Säurefehler" bei der Untersuchung ungepufferter Lösungen (Leitungswasser, Meerwasser usw.). In dem

Tabelle 19. m-Nitrobenzol-Azosalizylsäure.

F	p_H	F	p_H
0,13	10,00	0,56	11,20
0,16	10,20	0,66	11,40
0,22	10,40	0,75	11,60
0,29	10,60	0,83	11,80
0,36	10,80	0,88	12,00
0,46	11,00		

Abschnitt über die Vorproben (S. 311) deuteten wir schon an, daß es fehlerhaft werden kann, wenn man der Untersuchungslösung eine zu große Indikatormenge zusetzt. Da die Indikatoren selbst schon schwache Säuren oder schwache Basen sind, so muß man daran denken, daß sie die Wasserstoffzahl der Untersuchungslösung auch beeinflussen können. Das wird aber nur dann der Fall sein, wenn die Untersuchungslösung *gar nicht* oder nur *äußerst schwach gepuffert ist*, also z. B. reines Wasser ist oder wenn sie Substanzen enthält, die nur sehr wenig H-Ionen oder OH-Ionen liefern. Während für die gewöhnlichen Bestimmungen bei der Indikatorenmethode nach MICHAELIS 0,5 bis höchstens 1,0 ccm der Indikatorstammlösung geeignet sind (ungefähr $^1/_{10}$ des Volumens der Untersuchungsflüssigkeit), soll die Indikatormenge bei der Wasseruntersuchung viel geringer sein, damit der sog. „*Säurefehler*" vermieden wird.

MICHAELIS[1]) benutzt zu Wasseruntersuchungen die 10fach verdünnte Indikatorstammlösung, z. B. bei m-Nitrophenol nicht die 0,3proz., sondern die 0,03proz. Stammlösung. Um aber mit der geringen Indikatormenge auszukommen und doch noch eine Färbung zu erkennen, *vergrößert er die Schichthöhe*, durch die der Untersucher beim Farbvergleich hindurchblickt. Es benutzt besonders lange Reagenzgläser von ungefähr 50 ccm Inhalt.

Zunächst wird, wie schon oben angegeben, eine Reihe von Vergleichsröhrchen aus frisch bereiteter $^n/_{50}$-Lauge hergestellt. In jedes Röhrchen kommen je 40 ccm Lauge und dann abgestufte Indikatormengen. Bei 6 Gliedern einer Vergleichsreihe, z. B. 0,25, 0,29, 0,33, 0,38, 0,45, 0,50 ccm des 10fach verdünnten Indikators.

In ein 7. Röhrchen kommen 40 ccm des zu untersuchenden Wassers und dann so viel Indikator, daß die Färbung innerhalb der Grenzen der gefärbten Vergleichsröhrchen liegt. Hierzu sind bei gewöhnlichem Wasser nach MICHAELIS ungefähr 2—2,5 ccm, bei Meerwasser ungefähr

---

[1]) MICHAELIS u. KRÜGER: Biochem. Zeitschr. Bd. 119, S. 307. 1921; MICHAELIS, L.: Zeitschr. f. Untersuch. d. Nahrungs- u. Genußmittel Bd. 42, S. 25. 1921.

1 ccm der 10fach verdünnten Stammlösung erforderlich. Der Indikator wird gut durchgemischt, und dann wird der Farbvergleich durch Betrachten der Röhrchen der Länge nach gegen eine Milchglasscheibe vorgenommen. Die Berechnung des p_H aus dem Farbgrad F geschieht nach dem Diagramm.

Bei Meerwasser ist der *Salzfehler*, von dem wir schon auf S. 295 gehört haben, zu berücksichtigen. Er beträgt $s = -0,16$.

Es ist also:

$$p_H = p_K + \varphi + s .$$

Tabelle 20. **Zu addierende Salzfehler** (in p_H ausgedrückt).

	0,5 m-Salzgehalt	0,15 n-Salzgehalt (physiologische Salzlösung)
β-Dinitrophenol . .	0,30	0,12
α-Dinitrophenol . .	0,20	0,10
p-Nitrophenol . . .	0,05	0
m-Nitrophenol . . .	0,05	0
Phenolphthalein . .	0,20	0,08

Die Salzfehler der übrigen Indikatoren von L. MICHAELIS sind aus nebenstehender Tabelle zu erkennen.

Bei den *Wasser-* und *Meerwasser*untersuchungen kann auch noch die Temperatur berücksichtigt werden. MICHAELIS gibt folgende Temperaturkorrektur ϑ an:

Temperatur in ° C.

5	10	15	17,5	20	25	30	35	40
$+ 0,10$	$+ 0,06$	$+ 0,02$	± 0	$- 0,02$	$- 0,06$	$- 0,11$	$- 0,15$	$- 0,18$

Dann lautet also die endgültige Formel

$$p_H = p_K + \varphi + s + \vartheta .$$

Nach dieser Methode erhält man für Wasser einwandfreie Werte. SOUNDERS[1]) hat den p_H von natürlichen Wässern mit CLARKschen Indikatoren kolorimetrisch bestimmt. Die [H˙] ist nach dem Zusatz des Indikators nicht mehr $= k_1 \dfrac{[\text{Säure}]}{[\text{Salz}]}$, sondern es ist

$$[\text{H˙}] = \frac{k_1 [\text{Säure}] + k_2 [\text{Indikator}]}{[\text{Salz}']} ,$$

wo [Salz'] die molekulare Alkalikonzentration nach dem Zufügen des Indikators ist. Die Indikatoren von CLARK und LUBS werden, wie wir schon wissen, als *Alkalisalze* benutzt, und dabei verursachen sie bei der Messung von ungepufferten Lösungen eine Abweichung nach der *alkalischen* Seite. Bei destilliertem Wasser kann diese Abweichung eine p_H-Einheit betragen. Wird zu natürlichen Wässern mit einer Bikarbonat- und einer Alkalikonzentration von 0,0001 m Bromthymolblau

---

[1]) SOUNDERS, J. T.: The hydrogen-ion concentration of natural waters. Brit. journ. of exp. biol. Bd. 4, Nr. 1, S. 46—72. 1926; Ber. üb. d. ges. Physiol. 1927.

in 0,00003 m-Konzentration hinzugesetzt, so ist der p_H vor dem Zusatz 6,824, nach dem Zusatz 6,858, bei Phenolrot 6,934, also 0,11 zu hoch.

Wegen des anderen Salzgehaltes der SÖRENSENschen Pufferlösungen sind bei dem Messen von Meerwässern ebenfalls Korrekturen nötig. Hat das farbgleiche Pufferröhrchen (0,125 n) einen p_H von 7,80, so zieht SOUNDERS beim Messen von Meerwasser (0,6 n) 0,17 ab. Bei frischen, salzarmen Wässern (Bikarbonat 0,004 n) addiert er wegen des Salzunterschiedes nach der Messung mit Kresolrot 0,21 p_H. Für die Temperaturkorrekturen gibt er eine Tabelle an, für den Salzgehalt eine Kurve.

Die Indikatordauerreihen. Bei der bisher mitgeteilten Methode muß der Untersucher für jede Meßaufgabe neue Vergleichslösungen aus der Lauge und den Indikatoren herstellen. In der Absicht, seine Methode noch weiter zu vereinfachen und dadurch das Messen zu beschleunigen, hat MICHAELIS sog. Indikatordauerreihen angegeben. Solche Indikatordauerreihen können käuflich bezogen werden, man kann sie aber auch auf sehr einfache Weise selbst herstellen.

Man bereitet zunächst folgende Stammlösungen:

m-Nitrophenol	0,300 g	auf	100 ccm	dest.	Wasser
p-Nitrophenol	0,100 g	,,	100 ccm	,,	,,
γ-Dinitrophenol	0,100 g	,,	400 ccm	,,	,,
α-Dinitrophenol	0,100 g	,,	200 ccm	,,	,,

Diese Stammlösungen werden genau auf das 10 fache verdünnt (2 ccm + 18 ccm) und diese verdünnten Lösungen zum Herstellen der Dauerreihen benutzt. Für diese Reihen kann man gewöhnliche Reagenzgläser verwenden, die man dann oben mit Paraffin abschließt. Zweckmäßiger ist es aber, sog. Einschmelzgläser mit eingezogenem Hals zu wählen. Selbstverständlich müssen alle Gläser genau denselben Durchmesser haben und von derselben Stärke sein.

In die Gläser kommen die in den folgenden Tabellen angegebenen Mengen der Indikatorlösung. Dann wird jedes Glas mit 0,1 n-Natriumkarbonatlösung auf genau 7,00 ccm aufgefüllt und zugeschmolzen bzw. durch Paraffin verschlossen. Auf jedes Röhrchen kommt ein Etikett mit dem betreffenden p_H des Röhrchens, das aus den Tabellen zu ersehen ist.

I. Dauerreihe für m-Nitrophenol.

Glas Nr.	1	2	3	4	5	6	7	8	9
ccm Indikator . .	5,2	4,2	3,0	2,3	1,5	1,0	0,66	0,43	0,27
p_H-Etikett	8,4	8,2	8,0	7,8	7,6	7,4	7,2	7,0	6,8

II. Dauerreihe für p-Nitrophenol.

Glas Nr.	1	2	3	4	5	6	7	8	9
ccm Indikator . .	4,05	3,0	2,0	1,4	0,94	0,63	0,40	0,25	0,16
p_H-Etikett	7,0	6,8	6,6	6,4	6,2	6,0	5,8	5,6	5,4

III. Dauerreihe für γ-Dinitrophenol.

Glas Nr.	1	2	3	4	5	6	7	8	
ccm Indikator . .	6,6	5,5	4,5	3,4	2,4	1,65	1,1	0,78	
p_H-Etikett	5,4	5,2	5,0	4,8	4,6	4,4	4,2	4,0	

IV. Dauerreihe für α-Dinitrophenol.

Glas Nr.	1	2	3	4	5	6	7	8	9
ccm Indikator . .	6,7	5,7	4,6	3,4	2,5	1,74	1,20	0,78	0,51
p_H-Etikett	4,4	4,2	4,0	3,8	3,6	3,4	3,2	3,0	2,8

V. Dauerreihe für β-Dinitrophenol.

Glas Nr.	1	2	3	4	5
ccm Indikator . .	2,44	1,68	1,15	0,76	0,49
p_H-Etikett	3,2	3,0	2,8	2,6	2,4

(Stammlösungen von β-Dinitrophenol 0,100 g auf 300 ccm Wasser. Zur Herstellung der Dauerreihe wird sie 10fach verdünnt.)

Bei dem Arbeiten mit diesen Dauerreihen muß man zu je 6 ccm Untersuchungslösung 1 ccm der (unverdünnten) Indikatorstammlösung geben. Die farbgleichen Röhrchen — bei *Benutzung desselben Indikators* — haben dann denselben p_H. Der p_H der Untersuchungslösung wird dann direkt von dem Etikett des farbgleichen Röhrchens abgelesen.

Die Röhrchen der einzelnen Reihen sind untereinander so ähnlich, daß man bei geschickter Anordnung nicht die 4 oder 5 kompletten Reihen braucht.

Verwendet man *eine* große Reihe für alle 4 Indikatoren, so muß selbstverständlich jedes Etikett mehrere p_H-Werte tragen. Jede Farbintensität entspricht dann zwar verschiedenen p_H's, aber bezogen auf einen bestimmten Indikator nur einem p_H. Man setzt also wie vorher den Indikator zur Untersuchungslösung, sucht das farbgleiche Röhrchen heraus und nimmt denjenigen p_H-Wert des Etiketts, der zu dem angewandten Indikator gehört.

Ein Gestell mit den fertigen Indikatordauerröhrchen, wie sie käuflich zu beziehen sind, ist hier abgebildet (Abb. 178).

Die Methode von Gillespie. Eine zweite Methode zur kolorimetrischen Wasserstoffzahlbestimmung *ohne* Puffer wurde von Gillespie angegeben. Gillespie arbeitete nicht wie Michaelis mit *einfarbigen* Indikatoren, sondern mit den zweifarbigen Indikatoren von Clark und Lubs. Er kann daher nicht die *Farbstärke* zur Messung benutzen, sondern den *Farbton*, die Zwischenfarben zwischen den rein sauren und den rein alkalischen Indikatorfarben. Jede der Übergangsfarben entspricht einer ganz bestimmten Mischung der sauren und der alkalischen Form und ferner einem ganz bestimmten p_H. Wenn nun in einer Untersuchungslösung das prozentuale Verhältnis zwischen der sauren und der alkalischen Indikatorfarbe bekannt ist, so läßt sich der p_H dieser Lösung berechnen.

GILLESPIE hat nun auf folgende Weise das prozentuale Verhältnis bestimmt.

Er trennt nach dem Vorgang von BJERRUM (s. weiter unten) den Indikator in seine saure und seine alkalische Form, indem er zu *einem* Gefäß den Indikator und etwas Säure und zu einem *zweiten* Gefäß den Indikator und etwas Lauge gibt. Wenn er nun *gleichzeitig* durch die beiden Gefäße hindurchsieht, so erblickt er eine Mischfarbe, deren Ton von dem Verhältnis der beiden Indikatormengen abhängt. Gab er zur sauren Lösung 3 Tropfen, zur alkalischen 7 Tropfen des Indikators, so hat die beim Hindurchblicken durch die beiden Lösungen erscheinende Mischfarbe denselben Ton, als wenn er zu

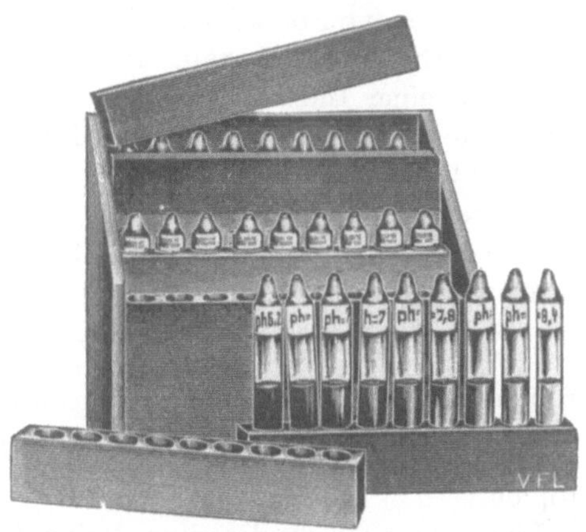

Abb. 178. Indikatordauerreihen nach L. MICHAELIS.

einer einzigen Lösung 10 Tropfen gegeben hätte, in der, entsprechend ihrem p_H, 30% der Indikatormenge in der sauren und 70% in der alkalischen Form vorliegen.

Wählt er das Tropfenverhältnis anders, z. B. 2 : 8, so ist die aus beiden Gefäßen entstehende Mischfarbe gleich der Farbe einer Lösung, in der 20% der Indikatormengen in der sauren und 80% in der alkalischen Form vorliegen. Dieser Zwischenton entspricht wiederum einem ganz bestimmten p_H. GILLESPIE vergleicht nun die Untersuchungslösung mit einer ganzen Reihe von Röhrchenpaaren, in denen das Tropfenverhältnis weitgehend variiert ist. Da jedes Röhrchenpaar und Tropfenverhältnis einem bestimmten p_H entspricht, so kennt man nach Auffindung des farbgleichen Paares den p_H der Untersuchungslösung.

Die *alkalische* Form der Indikatoren stellt GILLESPIE dadurch her, daß er zu der Indikatormenge *einen* Tropfen einer 0,2proz. NaOH hinzugibt (nur bei Thymolblau 2 Tropfen). Die saure Form erhält er dadurch, daß er zu der Indikatormenge 1 ccm $^n/_{20}$-HCl oder einen Tropfen einer 2proz. Monokaliumphosphatlösung hinzufügt.

Für die ersten 5 Indikatoren der folgenden Tabelle nimmt er die Salzsäure, für die letzten beiden die Phosphatlösung.

Den Farbvergleich nimmt er in einem sog. *Komparator* vor, den wir weiter unten genauer kennenlernen werden.

Die Anordnung in dem Komparator ist folgende: Röhrchen 1 und 2 bilden das Röhrchenpaar. Zwei hintereinander gestellte, völlig gleiche

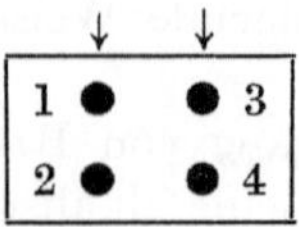

Reagenzgläser, von denen das eine die saure, das andere die alkalische Form des Indikators enthält. Röhrchen 3 enthält die Untersuchungslösung mit einer Indikatormenge, die gleich der Summe der in 1 und 2 befindlichen Indikatormenge ist. Röhrchen 4 enthält dest. Wasser. Durchgeblickt wird in Richtung der Pfeile. Die Röhrchen 1 und 2 werden so lange ausgewechselt, bis ihre gemeinsame Farbe der Farbe von 3 gleicht. Man stellt für jeden Indikator 2 Reihen von je 11 Reagenzgläsern hintereinander auf und gibt in die vordere Reihe

$$1, \quad 1{,}5, \quad 2, \quad 3, \quad 4, \quad 5, \quad 6, \quad 7, \quad 8, \quad 8{,}5, \quad 9$$

Tropfen des Indikators und in die hintere Reihe entsprechend

$$9, \quad 8{,}5, \quad 8, \quad 7, \quad 6, \quad 5, \quad 4, \quad 3, \quad 2, \quad 1{,}5, \quad 1$$

Tropfen.

Dann gibt man zu der einen Reihe die oben angegebene Säure bzw. Monokaliumphosphat, zu der anderen Alkali und füllt die sämtlichen Gläser auf ein bestimmtes Volumen (5 ccm) auf. Je zwei hintereinander stehende Reagenzgläser bilden ein Paar, das zum Farbvergleich in die Löcher 1 und 2 des Komparators hineingesetzt wird.

Die zu den Tropfenverhältnissen zugehörigen p_H's sind aus folgender Tabelle zu ersehen:

Tabelle 21. Gillespies Tafel von p_H-Werten in Beziehung zu verschiedenen Tropfen-Verhältnissen.

Tropfenverhältnis	Bromphenolblau	Methylrot	Bromkresolpurpur	Bromthymolblau	Phenolrot	Kresolrot	Thymolblau
1 : 9	3,1	4,05	5,3	6,15	6,75	7,15	7,85
1,5 : 8,5	3,3	4,25	5,5	6,35	6,95	7,35	8,05
2 : 8	3,5	4,4	5,7	6,5	7,1	7,5	8,2
3 : 7	3,7	4,6	5,9	6,7	7,3	7,7	8,4
4 : 6	3,9	4,8	6,1	6,9	7,5	7,9	8,6
5 : 5	4,1	5,0	6,3	7,1	7,7	8,1	8,8
6 : 4	4,3	5,2	6,5	7,3	7,9	8,3	9,0
7 : 3	4,5	5,4	6,7	7,5	8,1	8,5	9,2
8 : 2	4,7	5,6	6,9	7,7	8,3	8,7	9,4
8,5 : 1,5	4,8	5,75	7,0	7,85	8,45	8,85	9,55
9 : 1	5,0	5,95	7,2	8,05	8,65	9,05	9,75

Dauerreihen für zweifarbige Indikatoren. Eine besondere Vereinfachung und Beschleunigung der kolorimetrischen Messung ohne Puffer ist durch die Einführung der Dauerreihen für einfarbige Indikatoren von L. Michaelis ermöglicht worden.

Bei den *zweifarbigen Indikatoren* hat Kolthoff die Aufstellung von *Dauerreihen* versucht. Er nahm dazu Mischungen von anorganischen gefärbten Salzen, um von der etwaigen Unbeständigkeit von Indikatorlösungen ganz unabhängig zu sein. Für die Indikatoren Neutralrot, Methylorange, Tropäolin 00 und für die alkalischen Zwischenfarben von Methylrot fand Kolthoff Mischungen von Ferrichlorid und Kobaltnitrat oder Kobaltchlorid sehr gut brauchbar. Die zu verwendende Ferrichloridlösung (Fe) enthält 11,262 g Fe $Cl_3 \cdot 6 H_2O$ auf 250 ccm 1proz. HCl. Die Kobaltlösung (Co) enthält 18,2 g kristallisiertes Kobaltnitrat auf 250 ccm 1proz. HCl.

Bei der Bestimmung mit Neutralrot, Methylrot, Methylorange fügt man zu 10 ccm Untersuchungsflüssigkeit 0,2 ccm 0,05proz. Indikatorlösung, bei Verwendung von Tropäolin 00 nimmt man 0,2 ccm einer 0,1proz. Lösung.

Tabelle 22 nach Kolthoff. Ferrichlorid (Fe) — Kobaltnitrat (Co). — Mischungen, deren Farbe dem angegebenen p_H entspricht.

Verhältnis Fe:Co	p_H-Neutralrot	p_H-Methylrot	p_H-Methylorange	p_H-Tropäolin 00
0,1	6,98	—	3,22	—
0,3	7,12	5,29	3,52	2,13
0,5	7,24	5,50	3,72	2,22
0,75	7,37	5,57	3,92	2,29
1,0	7,60	5,62	4,00	2,31
1,5	7,80	5,70	4,19	2,41
2,0	7,93	5,75	4,30	2,46
3,0	—	5,81	4,50	2,52

Nach Janke und Kropacsy[1]) ist aber die Verwendung von diesen Dauerreihen nicht empfehlenswert, da die entsprechenden Absorptionsspektren sehr wesentlich von denen verschieden sind, die durch Indikatoren hervorgerufen werden. Andrerseits fanden sie Chromate und Bichromate für die Herstellung von Dauerreihen zum Vergleich mit Nitrophenolen und Dinitrophenolen gut brauchbar, da die Absorptionsspektren gut übereinstimmen. Literaturangaben über anorganische Vergleichslösungen sind nach ihrer Ansicht zum Teil ungenügend, da die Farbtiefen nicht immer übereinstimmen.

Vor kurzem wurden von Taub[2]) neue Standardlösungen aus Co-Fe-Cu-Gemischen angegeben. Die Flüssigkeiten sind aus folgenden drei

[1]) Janke u. Kropacsy: Biochem. Zeitschr. Bd. 174, H. 1/3, S. 120—130. 1926.

[2]) Taub, Abraham: Permanent standards for the determination of hydrogenion concentration. Journ. of the Americ. pharmaceut. assoc. Bd. 16, Nr. 2, S. 116 bis 122. 1927; Ber. üb. d. ges. Physiol. usw. 1927.

Lösungen zusammengesetzt: 1. eine $n/_2$-Kobaltchloridlösung, enthaltend 59,497 g $CoCl_2 \cdot 6 H_2O$ im Liter 1% HCl; 2. eine $n/_2$-Ferrichloridlösung, enthaltend 45,054 g $FeCl_3 \cdot 6 H_2O$ im Liter von 1% HCl; 3. eine $n/_2$-Kuprichloridlösung, enthaltend 42,630 g $CuCl_2 \cdot 2 H_2O$ im Liter 1% HCl. Die Dauerhaftigkeit der Farben dieser Lösungen erstreckt sich über 10 Jahre. Von den Clarkschen Indikatoren wurden Bromkresolpurpur und Bromphenolblau wegen ihres Dichroismus nicht benutzt, sondern durch Chlorphenolrot und Methylorange ersetzt. (Der Dichroismus führt zu verschiedenen Farben, je nach der Art des Lichtes.) Die Indikatoren werden in 20 proz. alkoholischer Lösung benutzt und die Lösungen genau neutralisiert. Die im Versuch angewandte Indikatormenge beträgt 0,2—0,5 ccm. Die Indikatorkonzentration in der Indikatorlösung ist stets 0,04%, also 0,1 g Farbstoff in 52 ccm neutralisierten 95 proz. Alkohol gelöst, mit den unten aufgeführten Alkalimengen versetzt und die Lösung auf 250 ccm mit destilliertem Wasser aufgefüllt.

Tabelle 23.

	ccm der $n/_{100}$-NaOH		ccm der $n/_{100}$-NaOH
Metakresolpurpur	26,5	Chlorphenolrot . . .	23,5
Thymolblau	21,5	Bromthymolblau . .	16,0
Methylorange	0,0	Phenolrot	28,5
Bromkresolgrün	14,5	Kresolrot	26,3
Methylrot	37,0		

In allen Fällen wurde der Indikator zu 10 ccm Untersuchungslösung hinzugesetzt. Farbvergleich bei 20° C.

Tabelle 24. 1. Metakresolpurpur (saure Reihe). 0,3 ccm Indikator.

p_H	Co	Fe	Cu	H_2O	p_H	Co	Fe	Cu	H_2O
1,2	9,0	—	1,0	—	2,0	4,1	1,3	—	4,6
1,4	6,5	0,1	—	3,4	2,2	2,8	2,1	—	5,1
1,6	5,5	0,2	—	4,3	2,4	2,3	2,7	—	5,0
1,8	4,4	0,5	—	5,1	2,6	1,7	3,3	—	5,0

2. Thymolsulfophthalein (saure Reihe). 0,5 ccm Indikator.

p_H	Co	Fe	Cu	H_2O	p_H	Co	Fe	Cu	H_2O
1,6	5,3	—	—	4,7	2,4	1,9	2,2	—	5,9
1,8	3,9	0,3	—	5,8	2,6	1,6	2,7	—	5,7
2,0	3,2	0,8	—	6,0	2,8	1,3	3,0	—	5,7
2,2	2,2	1,8	—	6,0					

3. Methylorange. 0,3 ccm Indikator.

p_H	Co	Fe	Cu	H_2O	p_H	Co	Fe	Cu	H_2O
3,0	8,1	0,3	—	1,6	3,8	4,8	2,9	—	2,3
3,2	7,5	0,6	—	1,9	4,0	4,0	4,0	—	2,0
3,4	6,5	1,0	—	2,5	4,2	3,4	5,0	—	1,6
3,6	5,8	1,9	—	2,3	4,4	2,8	5,8	—	1,4

4. Bromkresolgrün. 0,3 ccm Indikator.

p_H	Co	Fe	Cu	H_2O		p_H	Co	Fe	Cu	H_2O
3,8	0,3	2,2	0,5	7,0		4,6	1,1	0,5	7,0	1,4
4,0	0,6	1,8	1,8	5,8		4,8	0,9	0,3	8,8	—
4,2	0,7	1,6	3,0	4,7		5,0	0,5	0,2	9,3	—
4,4	0,9	0,8	5,1	3,2						

5. Methylrot. 0,2 ccm Indikator.

p_H	Co	Fe	Cu	H_2O		p_H	Co	Fe	Cu	H_2O
4,8	9,8	—	0,2	—		5,6	2,9	2,8	—	4,3
5,0	5,9	0,3	—	3,8		5,8	1,9	4,0	—	4,1
5,2	5,0	0,7	—	4,3		6,0	1,4	5,3	—	3,3
5,4	3,7	2,3	—	4,0						

6. Bromthymolblau. 0,3 ccm Indikator.

p_H	Co	Fe	Cu	H_2O		p_H	Co	Fe	Cu	H_2O
6,0	0,2	3,1	0,3	6,4		6,8	0,4	0,7	4,4	4,5
6,2	0,3	2,7	1,0	6,0		7,0	0,8	0,3	8,9	—
6,4	0,3	2,1	1,8	5,8		7,2	0,7	0,1	9,2	—
6,6	0,3	1,7	2,6	5,4						

7. Kresolrot. 0,2 ccm Indikator.

p_H	Co	Fe	Cu	H_2O		p_H	Co	Fe	Cu	H_2O
7,2	1.0	2,8	—	6,2		7,8	3,0	0,1	1,7	5,2
7,4	1,4	2,2	—	6,4		8,0	4,6	—	3,7	1,7
7,6	2,1	1,2	0,7	6,0		8,2	5,6	—	4,4	—

8. Thymolblau. 0,4 ccm Indikator.

p_H	Co	Fe	Cu	H_2O		p_H	Co	Fe	Cu	H_2O
8,2	0,6	1,8	1,2	6,4		8,8	1,4	0,1	7,0	1,5
8,4	0,8	1,2	2,3	5,7		9,0	1,5	—	8,5	—
8,6	1,0	0,4	4,8	3,8						

Diese Standardlösungen erlauben nach den Angaben des Verfassers mit einer Genauigkeit von 0,1 p_H, in seltenen Fällen nur von 0,2 p_H zu arbeiten. Salz- und Eiweißfehler müssen selbstverständlich in Betracht gezogen werden.

Die Messung von gefärbten und von getrübten Lösungen. Alle bisherigen Angaben galten für den Fall, daß die Untersuchungslösung farblos ist und erst durch den Indikator eine Färbung erhält.

Nun wird man aber in der Praxis häufig gezwungen sein, den p_H von mehr oder weniger gefärbten Lösungen zu bestimmen, also von Flüssigkeiten, die, wie z. B. Harn, eine *Eigenfarbe* haben.

Selbstverständlich bedeutet die kolorimetrische Bestimmung einer gefärbten Lösung eine Erschwerung gegenüber der Bestimmung einer ungefärbten, doch gelingt auch bei Flüssigkeiten mit nicht zu starker Eigenfarbe eine genügend genaue kolorimetrische Messung.

Mit den gewöhnlichen Methoden kommt man aber bei der Messung gefärbter Lösungen nicht aus, da bei ihnen die Eigenfarbe der Untersuchungslösung ausschließlich in dieser selbst und nicht in den Vergleichslösungen in Erscheinung treten würde. Es besteht also die Aufgabe, diese Eigenfarbe auch irgendwie den Vergleichslösungen zuzufügen, da sie nur auf diese Weise eliminiert werden kann.

Diese Aufgabe wurde grundsätzlich auf *zwei* Arten gelöst.

Bei der *ersten*, die von SÖRENSEN stammt, wurde zu den Vergleichslösungen außer dem eigentlichen p_H-Indikator noch ein *Farbstoff* hinzugefügt, der der Vergleichslösung die Eigenfarbe der Untersuchungslösung mitteilt.

Bei der *zweiten* Methode wurde das Prinzip des gleichzeitigen Hindurchblickens durch zwei gefärbte Lösungen benutzt, von dem wir schon bei der GILLESPIE-Methode gehört haben.

1. Methode. SÖRENSEN gab zum Nachahmen der Eigenfarbe folgende Farbstoffe an:

Bismarckbraun (0,2 prom. wässerige Lösung),
Helianthin II (0,1 g in 800 ccm 93 proz. Alkohol + 200 ccm Wasser),
Tropäolin 0 (0,2 g im Liter Wasser),
Tropäolin 00 (0,2 g im Liter Wasser),
Curcumein (0,2 g in 600 ccm 93 proz. Alkohol + 400 ccm Wasser),
Methylviolett (0,02 prom. wässerige Lösung),
Baumwollblau (0,1 proz. wässerige Lösung).

Diese Farbstoffe können dann unbedenklich gebraucht werden, wenn der p_H der betreffenden Vergleichslösung *nicht in die Umschlagszone* der Farbstoffe fällt. Man gibt sie tropfenweise so lange zu den farblosen Vergleichslösungen, bis diese eine Farbe haben, die der Untersuchungslösung ähnlich ist. Erst dann fügt man den *eigentlichen* Indikator hinzu. Wenn es irgend möglich ist, soll man die Untersuchungslösung zum Abschwächen der Eigenfarbe *verdünnen.* Selbstverständlich darf das nur mit gut gepufferten Lösungen (z. B. Harn) geschehen, da sonst der p_H durch das Verdünnen geändert wird.

2. Methode. Auch bei der zweiten Methode wird man die Lösungen stets so weit, wie es ohne p_H-Änderung möglich ist, verdünnen, um die Eigenfarbe abzuschwächen. Bei der zweiten Methode wird die Eigenfarbe der Untersuchungslösung nicht auf die Vergleichslösung durch einen Farbstoff übertragen, sondern es wird die Mischfarbe dadurch erzeugt, daß *gleichzeitig* durch eine Vergleichslösung *mit* Indikator, aber *ohne* Eigenfarbe der Untersuchungslösung und durch eine *zweite* Lösung geblickt wird, die *die Eigenfarbe* der Untersuchungslösung aufweist. Diese *zweite* Lösung ist eine *Portion der Untersuchungslösung selbst ohne* den eigentlichen Indikator. Das Prinzip dieser Methode stammt von

WALPOLE; wir sprechen daher vom *Walpoleschen Prinzip*. Wir haben dann also in Röhrchen 1 die Vergleichslösung

$$\left\{ \begin{array}{ll} \text{Pufferlösung} \quad \text{oder} & \text{Alkalilösung} \\ \text{nach SÖRENSEN} & \text{nach MICHAELIS} \end{array} \right\} + \text{Indikator}$$

und in Röhrchen 2 die Untersuchungslösung ohne Indikator:

1 ● Vergleichslösung + Indikator.
2 ● Untersuchungslösung mit Eigenfarbe ohne Indikator.

Beim Hindurchblicken in Richtung des Pfeiles sieht man eine Mischfarbe, die aus der Eigenfarbe der Untersuchungslösung und dem jeweiligen Indikatorfarbton besteht. In dieser Mischfarbe bleibt die Eigenfarbe konstant, während die Indikatorfärbung wechselt, je nachdem welches Vergleichsröhrchen aus der Reihe als Röhrchen 1 genommen wird. Derselbe Indikator, der in der Vergleichslösung ist, wird auch zu einer *zweiten* Portion der Untersuchungslösung gegeben. In der Untersuchungslösung selbst tritt jetzt ebenfalls eine Mischfarbe auf, die aus der *Eigenfarbe und der Indikatorfarbe* besteht. Wenn das Röhrchen 1 eine Vergleichslösung mit demselben p_{H} ist, wie ihn die Untersuchungslösung hat, so werden die beiden Mischfarben gleich sein.

Die Mischfarbe aus Röhrchen 1 und 2 muß also mit der Mischfarbe von Röhrchen 3 (Untersuchungslösung + Indikator) verglichen werden, und es muß Röhrchen 1 aus der Vergleichsreihe so lange ausgewechselt werden, bis die beiden Mischfarben völlig einander gleichen. Die Anordnung sieht also folgendermaßen aus:

1 ○ Vergleichslösung + Indikator.

3 ○ Untersuchungslösung mit Eigenfarbe + Indikator.

2 ○ Untersuchungslösung mit Eigenfarbe ohne Indikator.

4 ○ Röhrchen mit destilliertem Wasser.

Diese 4 Röhrchen werden zum besseren Erkennen der Farbtöne in ein schwarzes Holzkästchen gestellt, das „Komparator" genannt wird. Seine Bauart wurde von HURWITZ, MEYER und OSTENBERG angegeben. Die äußere Form des Komparators ist aus der Abb. 179[1]) zu erkennen.

Durch die Löcher *a* und *b* wird hindurchgeblickt. Neuerdings werden die Komparatoren auch mit 3 Gucklöchern, also für je 3 Reagenzglaspaare gebaut. Zur feineren Erkennung von Farbnuancen läßt sich hinten eine Matt- oder bei gelber Mischfarbe eine Blauscheibe anbringen. Die Abb. 180[1]) zeigt einen solchen Komparator.

Aus dem Gesagten geht hervor, daß man sowohl bei der Methode *mit* Puffer wie auch bei der Methode *ohne* Puffer mit dem Komparator arbeiten kann.

---

[1]) MICHAELIS, L.: Praktikum, Abb. 6 und 5.

Selbstverständlich kann man in dem Komparator auch die *Indikatordauerreihen* von L. MICHAELIS benutzen.

Eine Untersuchung von Harn nach der Methode von L. MICHAELIS würde folgendermaßen verlaufen:

Man verdünnt den Harn zunächst wegen seiner Eigenfarbe auf das Zwei- bis Dreifache. Als Verdünnungslösung wählt man entweder eine Kochsalzlösung von dem ungefähren Kochsalzgehalt des Harnes (etwa 2%) oder auch dest. Wasser.

Zu 10 ccm des verdünnten Harnes, die man in ein Reagenzglas eingefüllt hat, werden 0,5—1,0 ccm der Stammlösung von p-Nitrophenol

Abb. 179. Komparator.
(Ältere Form.)

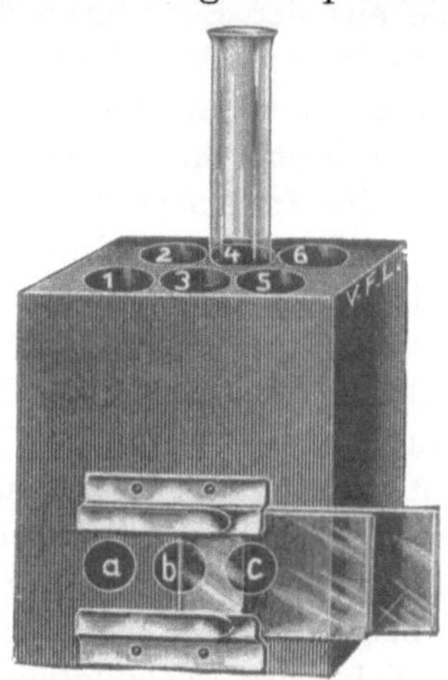

Abb. 180. Komparator.
(Neuere Form.)

hinzugegeben, vorausgesetzt daß der Indikator in der Vorprobe sich für diesen Harn als geeignet erwiesen hat. Das wird aber in der großen Mehrzahl aller Harnuntersuchungen der Fall sein. Dieses Röhrchen steckt man in das Loch 3. In ein zweites Reagenzglas kommen ebenfalls 10 ccm des verdünnten Harnes und ebensoviel dest. Wasser, als man in das 1. Röhrchen Indikator gegeben hatte. Das zweite Röhrchen kommt in das Loch 1. In das Loch 4 steckt man ein Reagenzglas mit Wasser und in das Loch 2 kommt das Vergleichsröhrchen[1]). Dieses Vergleichsröhrchen entstammt der Indikatorverdünnungsreihe in $^n/_{50}$-NaOH, wie wir es bei der MICHAELISchen Methode kennengelernt haben, in diesem Falle also einer Laugenreihe, mit abgestuften Mengen von p-Nitrophenol. Jedes Vergleichsröhrchen muß dasselbe Flüssigkeitsvolumen enthalten wie die Röhrchen in Loch 1 oder in Loch 3. Jetzt betrachtet man die Mischfarben durch die Löcher *a* und *b* und wechselt

---

[1]) Welches von den Röhrchen beim Hindurchblicken *vorne* und welches *hinten* steht, ist natürlich belanglos.

so lange mit den Vergleichsröhrchen, bis die Mischfarben einander ganz ähnlich sind. Bei normalem Harn[1]) finde man beispielsweise, wenn 0,75 ccm p-Nitrophenol zum Harn zugesetzt waren, Farbgleichheit mit demjenigen Laugenröhrchen, welches 0,3 ccm 10fach verdünnten Indikators enthält. Der Farbgrad ist dann

$$\frac{0,03}{0,75} = 0,04$$

und somit

$$p_\mathrm{H} = 7,16 - 1,38 = 5,78\,.$$

Mit Hilfe der SÖRENSENSchen Methode oder des WALPOLESchen Prinzips lassen sich schwach gefärbte Lösungen noch recht gut, stärker gefärbte noch leidlich messen. Ist aber die *Eigenfarbe zu stark* und kann sie auch durch Verdünnen nicht herabgesetzt werden, so muß man auf das kolorimetrische Verfahren verzichten.

Getrübte Lösungen. Unangenehmer als eine leichte Färbung der Untersuchungslösung ist eine *Trübung.* Auch hier kann man, wenn die Trübung nicht zu stark ist, mit Hilfe des WALPOLESchen Prinzips und eines Komparators zum Ziele kommen, also z. B. bei der Untersuchung von flüssigen Nährböden (Bouillon usw.).

SÖRENSEN hatte vorgeschlagen, die *Vergleichslösung auf denselben Trübungsgrad* zu bringen, den die Untersuchungslösung hat. Als trübendes Mittel empfahl er *Bariumsulfat,* das durch Zusatz von äquivalenten Mengen von *Bariumchlorid* und *Natriumsulfat* zur Vergleichslösung entsteht.

Man vergesse aber nie, daß die Messungen von gefärbten oder getrübten Lösungen nur Näherungswerte geben. Will man wirklich gute Werte erhalten, so muß man dann mit der elektrometrischen Methode arbeiten.

Einige Fehlermöglichkeiten. Sehen wir von allen subjektiven Schwierigkeiten und Fehlermöglichkeiten bei den kolorimetrischen Bestimmungen ab, so bleiben doch noch drei wesentliche objektive Fehlerquellen übrig. Von dem *Eiweißfehler* haben wir schon gesprochen; er spielt gerade bei allen biologischen Untersuchungen eine nicht zu unterschätzende Rolle. Der *Salzfehler,* den wir ebenfalls schon erwähnt haben, wird sich in Systemen mit qualitativ und quantitativ hinreichend bekannten Salzen leidlich durch die angegebenen Korrekturen eliminieren lassen. Werden aber Lösungen gemessen, deren Salzzusammensetzung unbekannt ist, so wird man die zu erreichende Genauigkeit nicht allzu hoch einschätzen dürfen.

Vor allem soll man nicht übersehen, daß neben der *quantitativen* Salzfrage auch noch eine sehr bedeutsame *qualitative* besteht und daß

---

[1]) Nach MICHAELIS, L.: Praktikum der physikal. Chemie usw., S. 52.

einzelne Ionenarten die Indikatorfarben stärker beeinflussen als andere.

Schon bei den Alkalien und Erdalkalien bestehen Unterschiede. Viel größer sind aber die Differenzen, wenn Metalle aus anderen Gruppen des periodischen Systems in der Untersuchungslösung sind.

Auch etwaige *Reduktions- oder Oxydationswirkungen* in Lösungen sind zu beachten. Da die Reduktionen oder Oxydationen meistens Farbänderungen der Indikatoren hervorrufen, so ist unter diesen Umständen eine Indikatorfarbe natürlich nicht mehr auf den p_H der Lösung zu beziehen.

Wir sehen also, daß mannigfaltige Schwierigkeiten auftreten können, die das Resultat der kolorimetrischen Messung teilweise oder ganz fälschen. Trotzdem haben die kolorimetrischen Methoden ihren großen

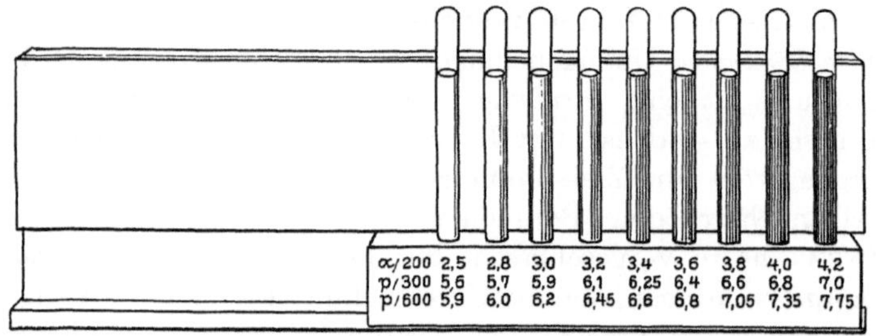

Abb. 181. Hydrionometer nach BRESSLAU.

Wert, da es ja eine ganze Anzahl von Lösungen gibt, die kolorimetrische Messungen gestatten und da ferner für viele Aufgaben ein Näherungswert genügt.

Die kolorimetrische p_H-Bestimmung von Plasma und Serum. Auch die kolorimetrische p_H-Bestimmung von Plasma und von Serum wurde versucht. Es liegen darüber Untersuchungen von CULLEN[1]), von HASTINGS und SENDROY[2]) und von AUSTIN[3]), STADIE und ROBINSON vor. CULLEN gibt eine Korrektur von 0,35 p_H für Hundeplasma an, die nötig ist, um die kolorimetrische Ablesung des p_H bei 20° zu der elektrometrischen p_H-Bestimmung bei 38° umzurechnen. Diese Korrektur hat aber nach den Untersuchungen von BENNET[4]) so große Schwankungen, daß man einen Mittelwert nicht gut annehmen kann.

HASTINGS und SENDROY geben an, daß CULLENs Korrektur verschwindet, wenn man die kolorimetrische Bestimmung statt bei 20° bei

---

[1]) CULLEN, GLENN: Journ. of biol. chem. S. 501. 1922.

[2]) HASTINGS u. SENDROY: Journ. of biol. chem. S. 695. 1924.

[3]) AUSTIN, J. HAROLD, C. STADIE u. HEWARD W. ROBINSON: Journ. of biol. chem. Bd. 66, S. 505. 1925.

[4]) BENNET, MARY A.: Proc. of the soc. f. exp. biol. a. med. Bd. 23, S. 115. 1925.

38° ausführt. Nach den Untersuchungen von BENNET und ferner von AUSTIN usw. liefert auch die Methode von HASTINGS nicht immer richtige Werte. AUSTIN, STADIE und ROBINSON finden, daß eine starre Korrektur nach Art der CULLENschen unrichtig ist und daß die einzelnen Serumproben verschiedene Korrekturen erfordern. Sie haben ein Verfahren ausgearbeitet, das aus einer kolorimetrischen p_H-Messung und einer VAN SLYKEschen CO_2-Bestimmung besteht.

Nach alledem werden wir den Nutzen kolorimetrischer p_H-Messungen von Plasma und Serum noch als nicht völlig geklärt bezeichnen müssen, da ja die überhaupt auffindbaren p_H-Schwankungen nicht allzu groß sind und uns mit einem Näherungswert, der für andere Aufgaben von Bedeutung sein kann, bei der Blutmessung nicht gedient ist.

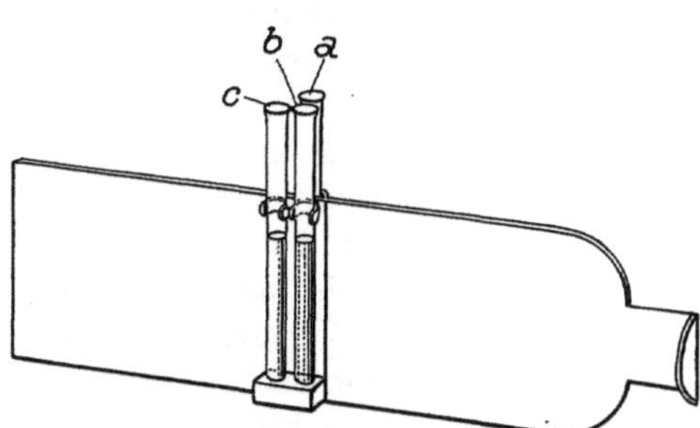

Abb. 182. Hydrionometer nach BRESSLAU.

Von den käuflichen Apparaturen, die zu kolorimetrischer p_H-Messung Verwendung finden, haben wir die Appa-

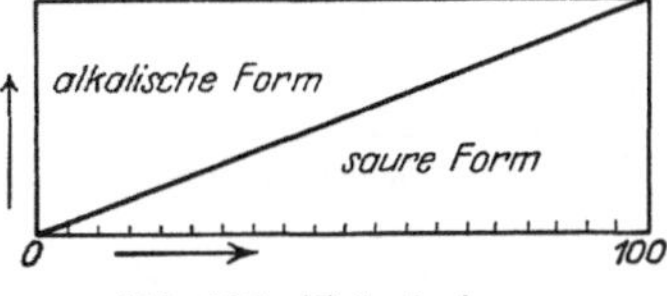

Abb. 183. Keilprinzip von
BJERRUM-ARRHENIUS.

ratur von CLARK und die Dauerreihen von L. MICHAELIS[1]) erwähnt.

Eine Apparatur, die nach dem Prinzip der MICHAELISchen Dauerreihen konstruiert ist und sich besonders für sehr kleine Flüssigkeitsmengen eignet, ist das „Hydrionometer"[2]) nach BRESSLAU. Die Anwendung dieser Apparatur ist recht einfach. Abb. 181 zeigt die Indikatordauerröhrchen auf einem Holzgestell mit Mattscheibe und Beschriftung. Abb. 182 zeigt die bei dem Farbvergleich zu verwendenden Blenden. Zur Untersuchung werden 1,0 oder 0,5 ccm Lösung gebraucht, doch läßt sich die Messung unter Umständen auch mit noch geringeren Flüssigkeitsmengen ausführen.

Eine weitere Apparatur bedient sich des *Keilprinzips von Bjerrum-Arrhenius*, das wir oben bei der GILLESPIE-Methode schon erwähnt haben. BJERRUM hatte ein rechteckiges Gefäß benutzt, das durch eine diagonale Wand in 2 Teile geteilt wurde (Abb. 183). In den einen Teil kommt die saure Form des Indikators, in den anderen die alkalische. Blickt man in der Richtung des Doppelpfeiles zunächst ganz links durch das

---

^[1]) Die Dauerreihen und der Komparator sind von den Vereinigten Fabriken für Laboratoriumsbedarf Berlin N 39, Scharnhorststr., zu beziehen.

^[2]) Zu beziehen von der Firma Altmann, Berlin NW 6, Luisenstraße.

Gefäß, so sieht man nur die alkalische Farbe des Indikators. Je weiter man nach rechts geht (in Richtung des einfachen Pfeiles), um so mehr mischt sich der alkalischen Farbe die saure bei. Ganz rechts sieht man nur noch die saure Farbe des Indikators. Jeder Stelle auf der Skala 0 bis 100 entspricht ein bestimmter Farbton, also ein bestimmter Prozentsatz der beiden Indikatorfarben und somit ein bestimmter p_H. Vor der Skala führt eine Blende vorbei, die immer nur einen kleinen Ausschnitt frei läßt. Ist der Farbton in diesem Ausschnitt gleich dem der Untersuchungslösung, so läßt sich der p_H direkt auf der Skala ablesen. Nach diesem Prinzip ist ein „Keilapparat"[1]) gebaut,

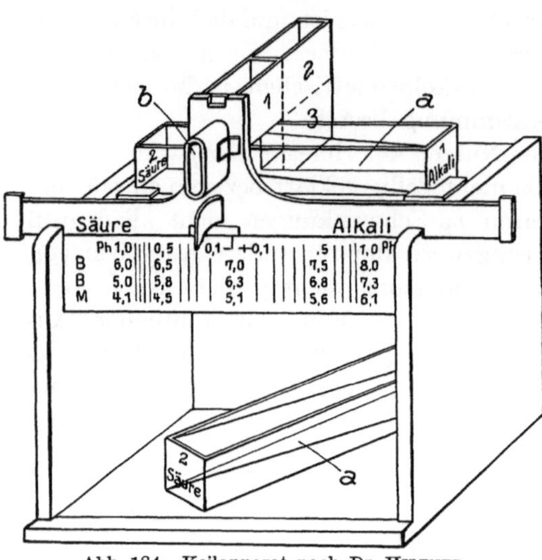

Abb. 184. Keilapparat nach Dr. HILTNER.

der für die Bestimmung der Bodensäure, ferner von Flußwasser, Abwasser usw. empfohlen wird.

Aus der Abb. 184 geht ohne weiteres seine Verwendung hervor.

Anhang.

Temperaturreihe ϑ.

für 15°	57,1	für 22°	58,5	für 29°	59,9	für 35°	61,06
16°	57,3	23°	58,7	30°	60,07	36°	61,25
17°	57,5	24°	58.9	31°	60,27	37°	61,45
18°	57,7	25°	59,1	32°	60,47	38°	61,64
19°	57,9	26°	59,3	33°	60,66	39°	61,85
20°	58,1	27°	59,5	34°	60,86	40°	62,05
21°	58,3	28°	59,7				

Logarithmentafel.

	0	0,5	1	1,5	2	2,5	3	3,5	4	4,5	5	6	7	8	9
1	000	021	041	061	079	097	114	130	146	161	176	204	230	255	279
2	301	312	322	332	342	352	362	371	380	389	398	415	431	447	462
3	477	484	491	498	505	512	519	525	531	538	544	556	568	580	591
4	602	607	613	618	623	628	633	638	643	648	653	663	672	681	690
5	699	703	708	712	716	720	724	728	732	737	740	748	756	763	771
6	778	782	785	789	792	796	799	803	806	810	813	820	826	833	839
7	845	848	851	854	857	860	863	866	869	872	875	881	886	892	898
8	903	906	908	911	914	916	919	922	924	927	929	935	940	944	949
9	954	957	959	961	964	966	968	971	973	975	978	982	987	991	996

---

[1]) Keilapparat nach Dr. HILTNER. Zu beziehen von der Firma P. Altmann, Berlin NW 6, Luisenstraße.

Literaturverzeichnis[1]).

Allgemeine Biologie, Pharmakologie, Pathologie.

ACTON u. CHAPRA: Der Einfluß der [H˙] auf die Wirksamkeit drucksteigernder Basen. (Indian journ. of med. research Bd. 12, Nr. 3, S. 443—449. 1925.) **31, 638.**

ADACHI u. CUIYAKE: Einwirkung der Düngerzusammensetzung auf die [H˙] des Saftes der Reispflanze. (Journ. of biochem. Bd. 5, Nr. 3, S. 321—326. 1923.) **38, 45.**

ADAMS u. VLIET: Die Beziehungen zwischen der [H˙] und der chemischen Konstitution in gewissen Lokalanaestheticis. (Journ. of the Americ. soc. Bd. 48, Nr. 8, S. 2158—2162. 1926.) **38, 637.**

AKIRBA u. KATO: [H˙] in unmittelbarer Nachbarschaft des Ischiadikus bei einem beriberikranken Vogel. (Journ. of biophysics Bd. 1, Nr. 2, S. 29. 1924.) **32, 76.**

D'ALISE: Untersuchungen über die chemische Reaktion des Speichels. (Arch. di scienze biol. Bd. 2, Nr. 1/2, S. 141—146. 1921.) **10, 66.**

ANDRESEN: Über die [H˙] des Speichels. (Ergebn. d. ges. Zahnheilk. Bd. 6, Erg.-Bd., S. 59—85. 1922.) **14, 229.**

ANDRUS u. DRURY: Der Einfluß der [H˙] auf die Leitung im Vorhof des durchströmten Säugetierherzens. (Heart Bd. 11, Nr. 4, S. 389—403. 1924.) **31, 269.**

ANDRUS u. DRURY: Das Leitungsvermögen des Säugetiervorhofs unter dem Einfluß wechselnder [H˙]. (Proc. of the soc. f. exp. biol. a. med. Bd. 22, Nr. 1, S. 21—23. 1924.) **34, 212.**

ARRHENIUS: Absorption der Nährsalze und Wachstum der Pflanze in Beziehung zur [H˙]. (Journ. of gen. physiol. Bd. 5, Nr. 1, S. 81—88. 1922.) **16, 209.**

ATZLER u. LEHMANN: Über den Einfluß der [H˙] auf die Gefäße. (Pflügers Arch. f. d. ges. Physiol. Bd. 190, H. 1/3, S. 118—136. 1921.) **10, 265.**

ATZLER u. LEHMANN: Untersuchungen über den Einfluß von [H˙] auf die Blutgefäße von Säugetieren. (Pflügers Arch. f. d. ges. Physiol. Bd. 197, H. 1/2, Nr. 221—234. 1922.) **17, 355.**

AUGUSTSON u. HÄGGLUND: Über die Abhängigkeit der alkoholischen Gärung von der [H˙]. (Biochem. Zeitschr. Bd. 166, H. 1/3, S. 234—241. 1925.) **35, 532.**

AUGUSTSON u. HÄGGLUND: Über die Abhängigkeit der alkoholischen Gärung von der [H˙]. Biochem. Zeitschr. Bd. 170, H. 1/3, S. 102—125. 1926.) **36, 539.**

BAILEY u. SHERWOOD: Die Änderung der H-Zahl im Brotteig. (Industr. a. engineer chem. Bd. 15, S. 624—627. 1923.) **21, 182.**

BANUS u. WIGGERS: Über die Unabhängigkeit der elektrischen und mechanischen Tätigkeit des Säugetierventrikels. Über den Einfluß von p_H-Änderungen auf die Reizleitung im Herzen. (Americ. journ. of physiol. Bd. 76, Nr. 1, S. 215 bis 216. 1926.) **37, 148.**

BERKOVIC: Die [H˙] der Ringerschen Lösung. (Žurnal eksperimental' noj biologii i mediciny Jg. 1926, Nr. 9, S. 148—154.) **38, 765.**

---

[1]) Die jeweils rechts am Rand befindlichen Zahlen bedeuten Band und Seitenzahl der *„Berichte über die gesamte Physiologie und experimentelle Pharmakologie"*, herausgegeben von *Prof. Dr. P. Rona*, Verlag Julius Springer, Berlin W 9, wo die betreffende Arbeit referiert ist. Also z. B.: **31, 638** gleich Physiol. Berichte Bd. **31**, S. 638.

BETHE: Der Einfluß der [H˙] auf die Permeabilität toter Membranen, auf die Adsorption an Eiweißsolen und auf den Stoffaustausch der Zellen und Gewebe. (Biochem. Zeitschr. Bd. 127, S. 18—33. 1922.)   **12, 326.**

BODE: Untersuchungen über die Abhängigkeit der Atmungsgröße von der [H˙] bei einigen Spirogyra-Arten. (Jahrb. f. wiss. Botanik Bd. 65, H. 2, S. 352 bis 387. 1926.)   **35, 644.**

BOGOMOLEZ u. MEDVEDEVA: Änderungen der p_H in der arbeitenden isolierten Zelle. (Mediko-biologičeskij žurnal Jg. 2, H. 3, S. 53—54.)   **38, 549.**

BOOTS u. CULLEN: Die [H˙] von Gelenkexsudaten bei akutem Gelenkrheumatismus und anderen Arthritisformen. (Journ. of exp. med. Bd. 36, Nr. 4, S. 405—414. 1922; Proc. of the soc. f. exp. biol. a. med. Bd. 19, Nr. 6, S. 287—288. 1922.)   **14, 298; 16, 275.**

BOSE u. JOACHIMOGLU: Über den Einfluß der [H˙] auf die Haltbarkeit der Digitalistinktur. (Arch. f. exp. Pathol. u. Pharmakol. Bd. 102, H. 1/2, S. 17—22. 1924.)   **27, 478.**

BRANDI u. GAZA: Beziehungen zwischen [H˙] und Schmerzempfindung. Zugleich ein Beitrag zur Deutung des ischämischen und des Entzündungsschmerzes. I. Mitt. (Klin. Wochenschr. Jg. 5, Nr. 25, S. 1123—1127. 1926.)   **37, 394.**

BRESSLAU: Die Bedeutung der [H˙] für zoologische Versuche. (Verhandl. d. dtsch. zool. Ges. Bd. 27, S. 81—82. 1924.)   **30, 23.**

BROOKS: Der Einfluß der inneren und der äußeren [H˙] auf das Eindringen von Arsen aus Arseniten und Arsenaten in die lebende Zelle. (Americ. journ. of physiol. Bd. 72, Nr. 1, S. 222. 1925.)   **32, 31.**

BROOKS: Der Einfluß der [H˙] in der Alge Valonia und der umgebenden Flüssigkeit auf das Eindringen von Arsenverbindungen. (Proc. of the soc. f. exp. biol. a. med. Bd. 22, Dez.-H., S. 148—150. 1924.)   **32, 389.**

BROUK u. GESELL: Messungen der elektrischen Leitfähigkeit, des elektrischen Potentials und der [H˙] an der Submaxillaris des Hundes, mit Methoden der kontinuierlichen Photographie registriert. (Americ. journ. of physiol. Bd. 76, Nr. 1, S. 179. 1926.)   **38, 333.**

BRYAN: Wirkung verschiedener Reaktionen aus Wachstum und Knöllchenbildung bei Sojabohnen. (Soil science Bd. 13, Nr. 4, S. 271—302. 1922.)   **18, 61.**

MacCALL u. HAAG: Die Beziehung der [H˙] von Nährlösungen zum Wachstum und zur Chlorose der Weizenpflanzen. (Soil science Bd. 12, Nr. 1, S. 63—77. 1921.)   **10, 47.**

McCARRISON: Die Funktion der Nebennieren und ihre Beziehung zur [H˙]. (Brit. med. journ. Nr. 3238, S. 101—102. 1923.)   **18, 371.**

CARTER u. DIEMAIDE: Der Einfluß der Veränderungen der [H˙] auf die Refraktärperiode des durchströmten Säugetierherzens. (Bull. of the John Hopkins hosp. Bd. 29, Nr. 2, S. 99—112. 1926.)   **38, 421.**

CAULFIELD u. FALK: Einige Beziehungen zwischen [H˙] und antigenen Eigenschaften der Proteine. (Proc. of the soc. f. exp. biol. a. med. Bd. 20, Nr. 4, S. 199—201. 1923; Journ. of immonul. Bd. 8, Nr. 4, S. 239—265. 1923.)   **19, 120; 23, 143—144.**

CHAEDLE: Insulinstudien. II. Der Einfluß der [H˙] auf die Wirksamkeit des Insulins bei höheren Temperaturen. (Austral. journ. of exp. biol. a. med. science Bd. 1, Nr. 3, S. 129—130. 1924.)   **37, 230.**

CHAMBERS: Über Wachstum, [H˙], Zuckerspaltung und Oberflächenspannung von Kulturen von Pseudomonas Aumetaciens und Pseudonomas campertris. (Journ. of cancer research. Bd. 9, Nr. 2, S. 254—278. 1925.)   **35, 731.**

CHAPRA u. ACTON: Der Einfluß der [H˙] auf die Wirksamkeit drucksteigernder Basen. (Indian journ. of med. research Bd. 12, Nr. 3, S. 443—449. 1925.) **31**, 638.

CLELLAND: Der Einfluß verschiedener Reize auf menschlichen Speichel. Darunter auch auf den p_H. (Americ. journ. of physiol. Bd. 63, Nr. 1, S. 127—141. 1922.) **18**, 483.

CLOWES u. SMITH: Der Einfluß der [H˙] auf die Befruchtung und Weiterentwicklung mariner Eier. (Americ. journ. of physiol. Bd. 64, Nr. 1, S. 144—159. 1923.) **21**, 350.

CLOWES u. SMITH: Drei Arbeiten über den Einfluß der [H˙] auf Entwicklung und Befruchtung von Seeigeleiern. (Biol. bull. of the marine biol. laborat. Bd. 47, Nr. 5, S. 304—322; Nr. 6, S. 323—332; Nr. 6, S. 333—344. 1924.) **30, 23**, 528—529.

CONNER u. SEARS: Das Verhalten des Pflanzenwachstums in Wasserkulturen zu Aluminiumsalzen und Säuren bei wechselnder [H˙]. (Soil science Bd. 13, Nr. 1, S. 23—41. 1922.) **18**, 63.

CRANE: Einfluß von [H˙] auf die Giftigkeit von Alkaloiden für Paramaecium. (Journ. of pharmacol. a. exp. therapeut. Bd. 18, Nr. 5, S. 319—339. 1921.) **20**, 229.

CULLEN u. LEVY: Wirksamkeitsabnahme von kristallisiertem Strophanthin in wässeriger Lösung. Ihre Beziehung zur [H˙] und eine Methode zu ihrer Verhütung. (Journ. of exp. med. Bd. 31, Nr. 3, S. 267—273. 1920.) **1**, 158.

CULLEN u. BOOTS: Die [H˙] von Gelenkexsudaten bei akutem Gelenkrheumatismus und anderen Arthritisformen. (Proc. of the soc. f. exp. biol. a. med. Bd. 19, Nr. 6, S. 287—288. 1922; Journ. of exp. med. Bd. 36, Nr. 4, S. 405—414. 1922.) **14**, 298; **16**, 275.

McCUTCHEON u. LUCKE: Der Einfluß der [H˙] auf die Quellung von Zellen. (Journ. of gen. physiol. Bd. 9, Nr. 5, S. 709—714 u. 697—707. 1926.) **37**, 523 u. 524.

DAMBOVICEANI u. RAPHUNE: Über den interzellulären p_H gewisser Elemente der Cölamflüssigkeit bei Sipumculus nudus. (Cpt. rend. des séances de la soc. de biol. Bd. 93, Nr. 35, S. 1346—1348. 1925.) **35**, 411.

DELORE: Untersuchungen über die [H˙] des Lungengewebes. (Bull. d'histol. Bd. 2, Nr. 7/8, S. 273—278. 1925.) **33**, 563.

DIENAIDE u. CARTER siehe CARTER.

DRURY u. ANDREAS siehe ANDREAS.

DRURY u. ANDRUS siehe ANDRUS.

EGE: Die Bedeutung der [H˙] für das Blutkörperchenvolumen. (Biochem. Zeitschr. Bd. 130, H. 1/3, S. 136—141. 1922.) **15**, 416.

EGE u. HENRIQUES: Untersuchungen über die [H˙] nach reichlicher Zufuhr von Säuren oder Basen, sowie während tetanischer Krämpfe im Anschluß an die Exstirpation der Epithelkörperchen. (Cpt. rend. des séances der la soc. de biol. Bd. 85, Nr. 26, S. 389—391. 1921.) **10**, 254.

EGGERTH: Die Wirkung des p_H auf die keimtötende Kraft von Seifen. (Journ. of gen. physiol. Bd. 10, Nr. 1, S. 147—160. 1926.) **38**, 887.

ELLINGER u. LANDSBERGER: Die Abhängigkeit der Zellatmung von der [H˙]. (Hoppe-Seylers Zeitschr. f. physiol. Chem. Bd. 123, H. 4/6, S. 264—279. 1922.) **16**, 437.

ESSEN-MÖLLER: Studien über die Einwirkung der [H˙] auf die Oxydationsprozesse der Muskulatur. (Skandinav. Arch. f. Physiol. Bd. 47, H. 3/5, S. 164—173. 1926.) **36**, 43.

Evans, Lovatt u. Underhill: Die Wirkung einer [H˙]-Veränderung auf den Tonus der glatten Muskulatur. (Journ. of physiol. Bd. 58, Nr. 1, S. 1—14. 1923.) **24,** 63.

Fales u. Morrell: Die Inversionsgeschwindigkeit von Rohrzucker als eine Funktion der thermodynamischen Konzentration der [H˙]. (Journ. of the Americ. chem. soc. Bd. 44, S. 2071—2091. 1922.) **18,** 4.

Falk u. Caulfield siehe Caulfield.

Falk, Sugiura u. Noyes: Der Einfluß der [H˙] und verschiedener Salze in verschiedener Konzentration auf die Übertragbarkeit des Flexner-Jabling-Rattenkarzinoms. (Journ. of cancer research Bd. 6, Nr. 4, S. 285—303. 1922.) **17,** 137.

Fischer u. Fodor: Das Bindungsvermögen des Serums und der Ödemflüssigkeit für Salzsäure bei Ödematösen. Beitrag zur Theorie des Ödems. (Zeitschr. f. d. ges. exp. Med. Bd. 29, S. 509—542. 1922.) **17,** 162.

Fischer: Wachstum von Fibroblasten und [H˙] des Mediums. (Journ. of exp. med. Bd. 34, Nr. 5, S. 447—454. 1921.) **12,** 164.

Fleisch: Periphere Blutgefäßregulation. Die [H˙] als peripher regulatorisches Agens der Blutversorgung. (Zeitschr. f. allg. Physiol. Bd. 19, H. 3/4, S. 269 bis 334. 1921.) **9,** 547.

Fleisch: Eine ausgeglichene sterilisierbare Nährlösung von physiologischer [H˙]. (Arch. f. exp. Pathol. u. Pharmakol. Bd. 94, H. 1/2, S. 22—27. 1922.) **17,** 270.

Fodor u. Fischer siehe Fischer.

Fredericq: Einfluß des p_H auf die Chronaxie des isolierten Schildkrötenherzens. (Cpt. rend. des séances de la soc. de biol. Bd. 93, Nr. 25, S. 438—440. 1925.) **34,** 211.

Gaschott: [H˙] und Forellenspermabewegung. (Arch. f. Hydrobiol., Suppl.-Bd. 4, Liefg. 3, S. 441—478. 1925.) **35,** 761.

Gauthier-Lièvre: Einige Beobachtungen über die Algenflora im Zusammenhang mit der [H˙]. (Cpt. rend. hebdom. des séances de l'acad. des sciences Bd. 181, Nr. 23, S. 927—929. 1925.) **35,** 58.

Gaza u. Brandi: Beziehung zwischen [H˙] und Schmerzempfindung. Zugleich ein Beitrag zur Deutung des ischämischen und des Entzündungsschmerzes. I. Mitt. (Klin. Wochenschr. Jg. 5, Nr. 25, S. 1123—1127. 1926.) **37,** 394.

Gesell u. Brouk siehe Brouk.

Gottschalk u. Pohle: Untersuchungen über den Mechanismus der Adrenalin-hyperglykämie. 2. Mitt. Besteht ein genetischer Zusammenhang zwischen der Änderung der [H˙] im Leberstromgebiete und der Hyperglykämie. (Arch. f. exp. Pathol. u. Pharmakol. Bd. 95, S. 75—92. 1922.) **16,** 494.

Gräff: Ein Verfahren zur Bestimmung der [H˙] im Gewebe und seine Anwendung. (Transact. of the Japan. pathol. soc. Bd. 14, S. 93—99. 1924; Beitr. z. pathol. Anat. u. z. allg. Pathol. Bd. 72, S. 603—620. 1924.) **37,** 523; **28,** 182.

Gräff, Siegfried: Die Abhängigkeit der Leukozytenbewegung von der [H˙]. (Münch. med. Wochenschr. Jg. 69, Nr. 50, S. 1721—1726. 1922.) **18,** 492.

Grassheim u. Rona: Beiträge zur Atmung der Hefezellen. (Biochem. Zeitschr. Bd. 134, H. 1/4, S. 146—162. 1922.) **18,** 144.

Gremels u. Starling: Über den Einfluß der [H˙] und der Anoxämie auf das Herzvolumen. (Journ. of physiol. Bd. 61, Nr. 2, S. 297—304. 1926.) **36,** 658.

Groer u. Matula: Über die Änderung der Adrenalinwirkung unter dem Einfluß verschiedener [H˙] usw. (Biochem. Zeitschr. Bd. 102, S. 13—38. 1920.) **1,** 284.

Gurary u. Lukomsky: Über den Einfluß vagotroper Substanzen auf die Konzentration der H- und OH-Ionen im Speichel des Menschen. (Zeitschr. f. d. ges. exp. Med. Bd. 47, H. 3/4, S. 285—293. 1925.) **34,** 514.

HAAG u. McCALL siehe McCALL.

HAFFNER u. JODLBAUER: Hämolyse und Flockung durch Wärme bei verschiedener [H·]. (Pflügers Arch. f. d. ges. Physiol. Bd. 179, H. 1/3, S. 121—133. 1920.) **1**, 168.

HÄGGLUND, SÖDERBLOM u. TROBERG: Über die Abhängigkeit der alkoholischen Gärung von der [H·]. (Biochem. Zeitschr. Bd. 169, H. 1/3, S. 200—207. 1926.) **36**, 213—214.

HÄGGLUND u. ROSENQVIST: Über die Abhängigkeit der alkoholischen Gärung von der [H·]. (Biochem. Zeitschr. Bd. 175, H. 4/6, S. 293—296. 1926.) **38**, 883.

HÄGGLUND u. AUGUSTON siehe AUGUSTON.

HAILER: Die chemischen Grundlagen der Desinfektionswirkung. (Zentralbl. f. Bakteriol., Parasitenk. u. Infektionskrankh., Abt. I, Orig. Bd. 89, H. 1/3, S. 2—15 u. S. 65—87. 1922.) **18**, 415.

HALSTEAD u. MEIER: Die Verhältnisse der [H·] in einer Dreisalzlösung. (Soil science Bd. 11, Nr. 5, S. 325—350. 1921.) **8**, 410.

HARVEY: Schwankungen in der [H·] bei der Mosaikkrankheit der Tabakpflanzen und ihre Beziehungen zur Katalase. (Journ. of biol. chem. Bd. 42, Nr. 3, S. 397—400. 1920.) **3**, 425.

HAYWOOD: Die Bedeutung des CO_2-Gehaltes im Vergleich zu der der p_H für das Aufhören des Zilienschlages in angesäuertem Seewasser. Journ. of gen. physiol. Bd. 7, Nr. 6, S. 693—697. 1925.) **36**, 272.

HENNING: Experimentelle Untersuchungen über Änderungen von [H·] im lebenden Organismus. (Zeitschr. f. d. ges. exp. Med. Bd. 46, H. 3/4, S. 459—465. 1925.) **33**, 486.

HENRIQUES u. EGE siehe EGE.

HERCIK: Über Wachstumsreaktion durch Veränderung der [H·] bei Wurzelkeinem von Pharbitis hispida Chaisy. (Spisy vydávené prirodovedeckon fak. Masarykovy univ. Jg. 1925, H. 49, S. 120.) **32**, 516.

HERTEL: [H·] im Kammerwasser. (v. Graefes Arch. f. Ophth. Bd. 105, S. 421 bis 427. 1921.) **10**, 426.

HOFF: Über die [H·] des Sputums. (Klin. Wochenschr. Jg. 4, Nr. 22, S. 1059 bis 1061; 1925.) **32**, 562.

HOPKINS: Der Einfluß der [H·] auf die Bewegung und andere Lebensvorgänge der Amoeba proteus. (Proc. of the nat. acad. of sciences (U. S. A.) Bd. 12, Nr. 5, S. 311—315; 1926.) **37**, 789.

HUMMEL: Weitere Untersuchungen über die Bedeutung der [H·] bei der Guanidinvergiftung. (Arch. f. exp. Pathol. u. Pharmakol. Bd. 102, H. 3/4, S. 196—204. 1924.) **27**, 469.

IWAI: Untersuchungen über den Einfluß der [H·] auf die Coronargefäße und die Herztätigkeit. (Pflügers Arch. f. d. ges. Physiol. Bd. 202, S. 356—364. 1924.) **25**, 471.

JARISCH, ADOLF: Über das Verhalten von Seifenlösungen bei verschiedener [H·]. (Biochem. Zeitschr. Bd. 134, S. 163—176. 1922.) **18**, 425.

JEWELL: Die Einwirkung der [H·] und des Sauerstoffgehaltes des Wassers auf Regeneration und Stoffwechsel bei Kaulquappen. (Journ. of exp. zool. Bd. 30, Nr. 4, S. 461—507. 1920.) **3**, 170.

JOACHIMOGLU u. BOSE siehe BOSE.

JOACHIMOGLU: Über den Einfluß der [H·] auf die antiseptische Wirkung des Sublimats. (Biochem. Zeitschr. Bd. 134, S. 489—492. 1923.) **18**, 416.

JOHNSTON u. SALANT: Die Reaktion des isolierten Froschherzens auf die Änderungen der [H·] und Adrenalin. (Journ. of pharmacol. a. exp. therapeut. Bd. 23, Nr. 5, S. 373—383. 1924.) **29**, 610.

Jones u. Shive: Einfluß von Weizenkeimlingen auf die [H·] von Nährlösungen. (Botan. Gaz. Bd. 73, Nr. 5, S. 391—400. 1922.)					**14**, 332.

Jung: Über den Einfluß der [H·] auf die Löslichkeit der Harnsäure. (Helvetia chim. acta Bd. 5, H. 5, S. 688—702. 1922; Bd. 6, H. 4, S. 562—593. 1923.)					**16**, 183; **22**, 173.

Karrer u. Webb: Titrationskurven für einige Nährlösungen. (Ann. of the Missouri Botan. Garden Bd. 7, H. 4, S. 299—305. 1920.)					**10**, 46.

Kato u. Akiba siehe Akiba.

Katz, Kerridge u. Lang: Milchsäure im Säugetierherzen. III. Tl. Veränderungen der [H·]. (Proc. of the roy. soc., Ser. B, Bd. 99, Nr. B 694, S. 26—27. 1925.)					**38**, 214.

Kerridge, Katz u. Long siehe Katz.

Keysser u. Ornstein: Das Optimum der [H·] als wichtigster desinfektorischer Faktor bei örtlichen und allgemeinen Infektionen und seine Bedeutung für die Behandlung eiteriger Bauchfellentzündungen. (Klin. Wochenschr. Jg. 5, Nr. 10, S. 404—406. 1926.)					**36**, 430.

Koehler u. Reitzel: Der Einfluß des p_H auf den Sauerstoffverbrauch von Geweben. (Journ. of biol. chem. Bd. 64, Nr. 3, S. 739—751. 1925.)					**33**, 828.

Koehler, Alfred, u. Leake: Die Blutreaktion unter dem Einfluß von Morphingaben. (Arch. internat. de pharmacodyn. et de thérapie Bd. 27, H. 3/4, S. 221—229. 1922.)					**18**, 288.

Koffman: Über die Bedeutung der [H·] für die Enzystierung bei einigen Ziliatenarten. (Arch. f. mikroskop. Anat. u. Entwicklungsmech. Bd. 103, H. 1/2, S. 168—181. 1924.)					**30**, 24.

Korkisch: Die [H·] im Pferdeschweiße. (Pflügers Arch. f. d. ges. Physiol. Bd. 213, H. 5/6, S. 539—543. 1926.)					**38**, 176.

Kuroda: Über den Einfluß der [H·] auf die antiseptische Wirkung einiger Phenole und aromatischer Säuren. (Biochem. Zeitschr. Bd. 169, H. 4/6, S. 281—291. 1926.)					**36**, 330.

Kurz, Hermann: [H·] in Beziehung zu ökologischen Faktoren. (Botan. Gaz Bd. 76, Nr. 1, S. 1—29. 1923.)					**23**, 78.

Labbé: Die Verteilung der Tiere der Salzteiche in Beziehung zur [H·]. (Cpt. rend. hebdom. des séances de l'acad. des sciences Bd. 175, Nr. 20, S. 913—915. 1922.)					**20**, 259.

Labbé: Einfluß von steigendem p_H des Meerwassers auf die Teilungsgeschwindigkeit der Eier von Halosydna und Sabellaria (Ringelwürmer). (Cpt. rend. hebdom. des séances de l'acad. des sciences Bd. 176, Nr. 20, S. 1423—1426. 1923.)					**20**, 259.

von Laer u. Lombaers: Untersuchungen über den Einfluß der Azidität bei der Keimung der Gerste. (Cpt. rend. des séances de la soc. de biol. Bd. 85, Nr. 36, S. 1115—1116. 1921.)					**11**, 481.

Landsberger u. Ellinger siehe Ellinger.

Lapicque u. Larrier: Änderungen der Imbibition und Chronaxie des quergestreiften Muskels bei verschiedener [H·]. (Cpt. rend. des séances de la soc. de biol. Bd. 95, Nr. 25, S. 450—452. 1926.)					**38**, 671.

Leake u. Alfred E. Koehler siehe Koehler.

Lehmann u. Atzler siehe Atzler.

Lehmann u. Atzler siehe Atzler.

Lehn u. Fink: Studie über den Einfluß der p_H-Konzentration auf die Stabilität von Digitalis-Infus und Kaliumzitratmischung. (Plant. research. labor. Bloomfield N. Y.) (Americ. journ. of pharmacy Bd. 97, Nr. 7, S. 456—463. 1925.)					**35**, 190.

Levy u. Cullen siehe Cullen.

Lillie u. Shepard: Der Einfluß von Kombinationen anorganischer Salze und von Veränderungen der [H˙] auf die heliotaktischen Reaktionen von Arenicolalarven. (Americ. journ. of physiol. Bd. 65, Nr. 3, S. 450—461. 1923.) **23**, 185.

Liot: Veränderungen des p_H sterilisierter Lösungen von Kokainhydrochlorid. (Bull des sciences pharmacol. Bd. 32, Nr. 2, S. 83—85. 1925 u. Journ. de pharmacie et de chim. Jg. 117, Nr. 10, S. 474—478. 1925.) **32**, 396.

Long, Katz u. Kerridge siehe Katz.

Lovatt, Evans u. Underhill siehe Evans.

Lucke u. McCutcheou siehe McCutcheou.

Lukomsky u. Gurary siehe Gurary.

Lüscher: Über die [H˙] in der menschlichen Mundflüssigkeit. (Beitr. z. Anat., Physiol., Pathol. u. Therapie d. Ohren, d. Nase u. d. Halses Bd. 22, S. 9—24. 1925.) **32**, 89.

Matula u. Groer siehe Groer.

Medvedeva u. Bogomolez siehe Bogomolez.

Meier u. Halstead siehe Halstead.

Menten: Die Beziehung zwischen der [H˙] und der durch Pepton, Hirudin und Kopragift hervorgerufenen Ungerinnbarkeit des Blutes. (Journ. of biol. chem. Bd. 43, Nr. 2, S. 383—400. 1920.) **5**, 256.

Miyake u. Adachi siehe Adachi.

Morrell u. Fales siehe Fales.

Muschatt: Die Wirkung verschiedener [H˙] auf die Beweglichkeit menschlicher Spermatozoen. (Surg. gynecol. a. obstr. Bd. 42, Nr. 6, S. 778—781. 1926.) **38**, 27.

Murray: Entwicklungsphysiologie: A. Hühnerembryonen. (Journ. of gen. physiol. Bd. 9, Nr. 5, S. 603—619, 621—624; Nr. 6, S. 781—788, 789—803. 1926.) **38**, 788—789.

Muschat: Die chemische Reaktion des Prostatasekrets und des Samens. Eine H-Ionen-Untersuchung. (Journ. of urol. Bd. 15, Nr. 6, S. 593—599. 1926.) **38**, 298.

Naylor: [H˙] und Färbung von Schnitten aus pflanzlichen Geweben. (Americ. journ. of botany Bd. 13, Nr. 5, S. 265—275. 1926.) **37**, 551.

Needham: Die [H˙] und das Potential der Oxydation-Reduktion im Zellinnern. (Journ. of physiol. Bd. 59, Nr. 6, S. 77. 1925.) **33**, 826.

Needham: Die Wirkung der Befruchtung auf die [H˙] und das Oxydations-Reduktionspotential in den marinen Eiern, untersucht mit der Methode der Mikroinjektion. (Cpt. rend. des séances de la soc. de biol. Bd. 93, Nr. 26, S. 503 bis 506. 1925.) **34**, 28.

Needham: [H˙] im Zellinnern. (Proc. of the roy. soc. of London, Ser. B, Bd. 98, Nr. B 689, S. 259—286; Bd. 99, Nr. B 638, S. 383—397; Cpt. rend. des séances de la soc. de biol. Bd. 94, Nr. 12, S. 833—835. 1926.) **38**, 660, 661 u. 662.

Nemex: Über die [H˙] in dem Gewebe der Samen. (Cpt. rend. hebdom. des séances de l'acad. des sciences Bd. 180, Nr. 23, S. 1776—1778. 1925.) **33**, 347.

Noyes, Falk u. Sigiura siehe Falk.

Oehlkers: Die Sporenbildung von Saccharomyzeten. (Jahrb. f. wiss. Botanik Bd. 63, H. 1, S. 142—158. 1924.) **26**, 48.

Ornstein u. Keysser siehe Keysser.

Pereira: Über den Einfluß der [H˙] auf den Sauerstoffverbrauch von Seewasserfischen. (Biochem. journ. Bd. 18, Nr. 6, S. 1294—1296. 1924.) **32**, 231.

Pohle: [H˙] und Aufnahme und Ausscheidung saurer und basischer organischer Farbstoffe im Warmblüterorganismus. (Verhandl. d. dtsch. Ges. f. inn. Med. 1921, S. 387—390.) **12**, 165.

POHLE u. GOTTSCHALK siehe GOTTSCHALK.

PORT: Über die Wirkung der Neutralsalze auf das Durchdringen der H·- und OH'-Ionen durch das Pflanzenplasma. (Biochem. Zeitschr. Bd. 166, H. 1/3, S. 105 bis 115. 1925.) **35**, 639.

POWERS: Die Physiologie der Atmung bei Fischen im Verhältnis zur [H·] des Mediums. (Journ. of gen. physiol. Bd. 4, Nr. 3, S. 305—317. 1922.) **16**, 202.

RAABE: Die Bedeutung der [H·] usw. für die Entwicklung des Flagellaten Prowazekia. (Cpt. rend. des séances de la soc. de biol. Bd. 89, Nr. 37, S. 1351—1353. 1923.) **25**, 377.

RAPKUNE u. DAMBOVICEANU siehe DAMBOVICEANU.

RÉGNIER: Einfluß der [H·] von Sol. cocain. mur. auf die Unempfindlichkeit der Hornhaut. (Bull. des sciences pharmacol. Bd. 31, Nr. 10, S. 513—519. 1924.) **32**, 396.

RÉGNIER: Veränderungen der anästhesierenden Fähigkeit des Kokainchlorhydrats in Abhängigkeit von der Anzahl der H-Ionen. (Cpt. rend. hebdom. des séances de l'acad. des sciences Bd. 179, Nr. 5, S. 354—356. 1924.) **29**, 313.

REISS: Einige Angaben über das p_H des Protoplasmas und des Kernes. (Arch. de physique biol. Bd. 4, Nr. 1, S. 35—42. 1924.) **38**, 505.

REISS, VEÉS u. VELLINGER: Potentiometrische Untersuchungen über das p_H im Innern des Seeigeleies. (Arch. de physique biol. Bd. 4, Nr. 1, S. 21—34. 1924.) **38**, 504.

REISS u. VELLINGER: Potentiometrische Untersuchungen über den interzellulären p_H des Muskels. (Cpt. rend. des séances de la soc. de biol. Bd. 94, Nr. 19, S. 1368—1371. 1926.) **38**, 214.

REITZEL u. KOEHLER siehe KOEHLER.

RONA u. GRASSHEIM siehe GRASSHEIM.

RONS: [H·] in Säugetiergeweben. (Journ. of exp. med. Bd. 41, Nr. 6, S. 739—758. 1925.) **32**, 464.

ROSE: Die Wirkung der [H·] des Außenmediums auf die Phototaxis pelagischer Meerkopepoden. (Arch. de physique biol. Bd. 3, Nr. 2, S. 33—41. 1924.) **30**, 375.

ROSENQVIST u. HÄGGLUND siehe HÄGGLUND.

RUDOLFS: Quellung von Pflanzensamen und Einfluß auf die [H·] der Salzlösung. (Botan. Gaz. Bd. 74, Nr. 2, S. 215—220. 1922.) **16**, 339.

RYLI: Über den Einfluß der [H·] auf das Desinfektionsvermögen der Silberpräparate. (Acta societatis modicorum Fennicea „Duodecim" Bd. 7, H. 2, S. 1—20. 1926.) **37**, 739.

RYLI: Über den Einfluß der [H·] auf die Desinfektionskraft einiger Silberpräparate. (Duodecim Jg. 41, Nr. 5, S. 313—320. 1925.) **32**, 832.

SALANT: Der Einfluß der [H·] auf den Nikotineffekt. (Americ. journ. of physiol. Bd. 75, Nr. 1, S. 17—26. 1925.) **35**, 749.

SALANT u. JOHNSTON siehe JOHNSTON.

SCHMIDTMAN: Über eine Methode zur Bestimmung der [H·] im Gewebe und in einzelnen Zellen. Biochem. Zeitschr. Bd. 150, H. 3/4, S. 253—255. 1924.) **29**, 2.

SCHMIDTMAN: Über die intrazelluläre [H·] unter physiologischen und einigen pathologischen Bedingungen. (Zeitschr. f. d. ges. exp. Med. Bd. 45, H. 5/6, S. 714—742. 1925.) **32**, 200.

SCHWARZ: Die [H·] im Speichel einiger Haustiere. (Pflügers Arch. f. d. ges. Physiol. Bd. 202, H. 5/6, S. 475—477. 1924.) **26**, 196.

SCOTT: Der Einfluß verschiedener [H·] auf die Mitrochondrien der Leberzelle. (Americ. journ. of anat. Bd. 36, Nr. 2, S. 385—397. 1925.) **35**, 234

Sears u. Conner siehe Conner.

Shepard u. Lillie: Der Einfluß von Kombinationen anorganischer Salze und von Veränderungen der [H˙] auf die heliataktischen Reaktionen von Avenicolalarven. (Americ. journ. of physiol. Bd. 65, Nr. 3, S. 450—461. 1923.) **23**, 185.

Sherwood u. Bailey siehe Bailey.

Shive u. Jones siehe Jones.

Smith u. Clowes siehe Clowes.

Smith u. Clowes siehe Clowes.

Söderblom, Troberg u. Hägglund siehe Hägglund.

Sollmann: Über den Einfluß der [H˙] auf die Eiweißfällung durch Tannin. (Journ. of pharmacol. a. exp. therapeut. Bd. 16, Nr. 1, S. 49—59. 1920.) **5**, !42.

Starcke: Über die Bestimmung der [H˙] im Harn zur Prüfung der Nierenfunktion. (Zentralbl. f. inn. Med. Jg. 45, Nr. 20, S. 386—393. 1924.) **27**, 381.

Starling u. Gremels siehe Gremels.

Starr: Die [H˙] der Mundflüssigkeit als ein Indikator der Ermüdung und Gemütserregung und angewandt auf das Studium der Ätiologie des Stotterns. (Americ. journ. of psychol. Bd. 33, Nr. 3, S. 394—418. 1922.) **15**, 75.

Stieglitz: Histologische H-Ionen-Studien an der Niere. (Arch. of intern. med. Bd. 33, Nr. 4, S. 483—496. 1924.) **27**, 376.

Sugiura, Noyes u. Falk siehe Falk.

Talbert: Weitere Studien über die [H˙] des menschlichen Schweißes. (Americ. journ. of physiol. Bd. 61, Nr. 3, S. 493—500. 1922.) **16**, 473.

Troberg, Söderblom u. Hägglund siehe Hägglund.

Trümpener: Über die Bedeutung der [H˙] für die Verbreitung von Flechten. (Beih. z. botan. Zentralbl. Bd. 42, 1. Abt. H. 3, S. 321—354. 1926.) **36**, 613.

Ucko u. Zondeck: Hormonwirkung und [H˙]. (Klin. Wochenschr. Jg. 4, Nr. 44, S. 2009. 1924.) **30**, 117.

Underhill, Lovatt u. Evans siehe Evans.

Vellinger, Vlès u. Reiss: Potentiometrische Untersuchungen über das p_H im Innern des Seeigeleies. (Arch. de physique biol. Bd. 4, Nr. 1, S. 21—34. 1924.) **38**, 504.

Vellinger: Potentiometrische Untersuchungen über den intrazellulären p_H des Seeigeleies. (Cpt. rend. des séances de la soc. der biol. Bd. 94, Nr. 19, S. 1371 bis 1373. 1926.) **39**, 199.

Vellinger u. Reiss: Potentiometrische Untersuchungen über den interzellulären p_H des Muskels. (Cpt. rend. des séances de la soc. de biol. Bd. 94, Nr. 19, S. 1368—1371. 1926.) **38**, 214.

Vlès: Untersuchungen über den interzellulären p_H. (Arch. de physique biol. Bd. 4, Nr. 1, S. 1—20. 1924.) **35**, 372—373.

Vlès: Bemerkungen über den interzellulären p_H des Seeigeleies. (Cpt. rend. des séances de la soc. de biol. Bd. 94, Nr. 7, S. 463—471. 1926.) **36**, 601.

Vliet u. Adams: Die Beziehungen zwischen der [H˙] und der chemischen Konstitution in gewissen Lokalanaestheticis. (Journ. of the Americ. chem. soc. Bd. 48, Nr. 8, S. 2158—2162. 1926.) **38**, 637.

Walton, George: Spezifische Azidität des Wasserextraktes und Oxalatgehalt der Blätter von afrikanischem Sauerampfer. (Botan. Gaz. Bd. 74, S. 158 bis 173. 1922.) **16**, 338.

Webb u. Karrer siehe Karrer.

Wiggers u. Banus siehe Banus.

Zoller: Einfluß der [H˙] auf die Flüchtigkeit des Indols aus wässerigen Lösungen. (Journ. of biol. chem. Bd. 41, Nr. 1, S. 37—44. 1920.) **1**, 95.

Zondeck u. Ucko siehe Ucko.

Blut, Plasma, Serum, Liquor, Urin, Kammerwasser.

AUSTIN u. CULLEN: Die [H·] des normalen und des krankhaft veränderten Blutes. (Med. Bd. 4, Nr. 3, S. 275—343. 1925.) **35, 682.**

AUSTIN, STADIE u. ROBINSON: Die Beziehung zwischen kalorimetrischer Ablesung und wirklichem p_H von Serum oder Plasma. (Journ. of biol. chem. Bd. 66, Nr. 2, S. 505—519. 1925.) **38, 552.**

BARCROFT, DRYERRE, MEAKINS u. PARSONS: Über die [H·] und einigen anderen Eigentümlichkeiten des Blutes in zwei Fällen von autotoxischer, enterogener Zyanose. (Quart. journ. of med. Bd. 19, Nr. 75, S. 257—272. 1926.) **36, 833.**

BARCROFT u. PARSONS: Reaktionsänderungen des Blutes bei Muskelarbeit. (Journ. of physiol. Bd. 53, Nr. 6, S. 110—111. 1920.) **8, 429.**

BARCROFT, BOCK, HILL, PARSONS u. SHOJI: Über die [H·] und einigen dazu in Beziehung stehenden Eigenschaften des normalen menschlichen Blutes. (Journ. of physiol. Bd. 56, S. 157—175. 1922.) **14, 366.**

LA BARRE: Über die Schwankungen des p_H des Plasma beim Histaminschock und seine Beziehung zur Verminderung der Oberflächenspannung. (Cpt. rend. des séances de la soc. de biol. Bd. 95, Nr. 22, S. 237—238. 1926.) **37, 435.**

BAYLISS, KERRIDGE u. VERNEY: Die Bestimmung der [H·] des Blutes. (Journ. of physiol. Bd. 61, Nr. 3, S. 448—454. 1926.) **37, 836.**

BAYLISS: Azidose. (West London med. journ. Bd. 25, Nr. 2, S. 76—78. 1920.) **5, 51.**

BAYLISS, CONVAY-VERNEY: Vergleich der kolorimetrischen und elektrometrischen [H·]-Bestimmung im Blut. (Journ. of physiol. Bd. 58, Nr. 1, S. 101—107. 1923.) **24, 227—228.**

BENNETT: Cullens kolorimetrische Methode für die Bestimmung des p_H im Blutplasma. (Proc. of the soc. f. exp. biol. a. med. Bd. 23, Nr. 2, S. 115 u. 116. (Vergleich des p_H von Serum und Plasma.) **35, 682.**

BIGWOOD: Die Grenzen der [H·] des normalen Blutes. (Bull. de la soc. de chim. biol. Bd. 7, Nr. 7, S. 868—883 u. S. 884—892. 1925.) **38, 9.**

BIILMANN u. CULLEN: Die Anwendung der Chinhydronelektrode zur Bestimmung der [H·] im Serum. (Journ. of biol. chem. Bd. 64, S. 727—738. 1925.) **34, 5.**

BOCK, BARCROFT, HILL, PARSONS u. SHOJI siehe BARCROFT.

BODINE: Die [H·] einiger Orthopheren (Heuschrecken). (Biol. bull. of the marine biol. laborat. Bd. 48, S. 79—82. 1925.) **31, 45.**

BOOHER, SCHMITZ u. MYERS: Eine mikrokolorimetrische Methode zur Schätzung der [H·] im Blut. (Proc. of the soc. f. exp. biol. a. med. Bd. 20, Nr. 7, S. 362 bis 365. 1923.) **21, 80.**

BOOHER u. MYERS: Die Verwendung des Bikolorimeters zur Bestimmung des [H·] des Urins. (Proc. of the soc. f. exp. biol. a. med. Bd. 22, Mai-Heft, S. 511 bis 512. 1925.) **33, 5.**

BOURGEAUDIN, VERAIN u. ETIENNE: Beitrag zur Bestimmung des p_H im Blut. Eine neue H-Elektrode. (Cpt. rend. des séances de la soc. de biol. Bd. 93, Nr. 28, S. 765—766. 1925; Rev. méd. de l'est. Bd. 53, Nr. 21, S. 779—785. 1925.) **35, 373—374.**

BROCK: [H·], CO_2 und Ca/K im kindlichen Liquor. (Biochem. Zeitschr. Bd. 140, S. 591—599. 1923.) **24, 468.**

BURGER: Über den Chloraustausch zwischen den roten Blutkörperchen und der umgebenden Lösung. III. Mitt. Der Einfluß der [H·] auf den Austausch. (Arch. f. exp. Pathol. u. Pharmakol. Bd. 106, H. 1/2, S. 102—107. 1925.) **33, 125.**

CHAMBERS: Die [H·] des Blutes beim Karzinom. (Journ. of biol. chem. Bd. 55, Nr. 2, S. 229—255. 1923.) **19, 197.**

Mc. Clendon: Die Bestimmung der [H·] des Harns mit 4-Nitro-6-amino guajakol. (Proc. of the soc. f. exp. biol. a. med. Bd. 21, Nr. 6, S. 348. 1924.) **28, 276.**

Mc. Clendon u. Ulrich: Einige p_H-Messungen im Blut Gesunder mit der Wasserstoffelektrode. (Proc. of the soc. f. exp. biol. a. med. Bd. 23, Nr. 3, S. 236 bis 237. 1925.) **35, 857.**

Cobet: Über die Wasserstoffzahl des Blutes bei Herzkranken. (Dtsch. Arch. f. klin. Med. Bd. 144, H. 3, S. 126—143. 1924.) **34, 65.**

Conway u. Thomas: Das Gleichbleiben des Verhältnisses cH [H·] zu $p \cdot CO_2$ (mm CO_2-Druck) dividiert durch $v \cdot CO_2$ (Vol.-% gebundene CO_2) im Blut bei wechselndem Hämoglobingehalt. (Journ. of physiol. Bd. 57, S. 9—10. 1922.) **17, 494.**

Conway-Verney u. Bayliss siehe Bayliss.

Conway u. Stephen: Die Blutreaktion. (Journ. of physiol. Bd. 56, S. 25—27. 1922.) **14, 521.**

Corran u. Lewis: Die [H·] im Gesamtblut gesunder Männer und Krebskranker, gemessen mit Hilfe der Chinhydrionelektrode. (Biochem. journ. Bd. 18, Nr. 6, S. 1358—1363. 1924.) **30, 743.**

Cristol: Die p_H-Bestimmung mittels der Indikatorenmethode in blutigem Urin. (Bull. de la soc. des sciences méd. et biol. de Montpellier et du Languedoc méditerranée Jg. 6, H. 3, S. 107—109. 1925.) **34, 216.**

Cullen: Die kolorimetrische Bestimmung des p_H des Blutplasmas. (Journ. of biol. chem. Bd. 50, Nr. 2, S. 17—18. 1922.) **14, 521.**

Cullen u. Austin siehe Austin.

Cullen u. Biilmann siehe Biilmann.

Cullen u. Drucer: Eine einfache Methode zur Gewinnung von Kapillarblut von Kindern und Erwachsenen zur kolorimetrischen p_H-Messung. (Journ. of biol. chem. Bd. 64, Nr. 1, S. 221—227. 1925.) **33, 716.**

Cullen u. Hastings: Ein Vergleich der kolorimetrischen und elektromotorischen Bestimmung der Wasserstoffzahl in kohlensäurehaltigen Lösungen. (Journ. of biol. chem. Bd. 52, S. 517—520. 1922.) **16, 3.**

Cullen u. Jonas: Der Einfluß der Insulinbehandlung auf die [H·] und die Alkalireserve des Blutes bei der diabetischen Azidose. (Journ. of biol. chem. Bd. 57, Nr. 2, S. 540—553. 1923.) **23, 392.**

Cullen, Keeler u. Robinson: Das p_K der Henderson-Hasselbalchschen Gleichung für die [H·] des Serums. (Journ. of biol. chem. Bd. 66, Nr. 1, S. 301 bis 322. 1925.) **36, 70.**

Cullen u. Robinson: Die normale Variation der [H·] im Plasma. (Journ. of biol. chem. Bd. 57, S. 533—540. 1923.) **26, 285.**

Dale u. Evans: Kolorimetrische Bestimmung der Blutreaktion durch Dialyse. (Journ. of physiol. Bd. 54, Nr. 3, S. 167—177. 1920.) **5, 502.**

Dautrebande: Die Übereinstimmung der nach der Hasselbalchschen Formel und der Cullenschen kolorimetrischen Methode erhaltenen p_H-Werte. (Cpt. rend. des séances de la soc. de biol. Bd. 94, Nr. 2, S. 131—132. 1926.) **35, 568.**

Dominiei: Die [H·] des Blutplasmas bei Tieren in Avitaminose. (Ann. de clin. med. et di med. sperim. Jg. 16, H. 2, S. 120—129. 1926.) **38, 844.**

Drucker u. Cullen siehe Cullen.

Duval: Die [H·] des Blutes einiger wirbelloser Tiere. (Cpt. rend. hebdom. des séances de l'acad. des sciences Bd. 179, Nr. 26, S. 1629—1631. 1924.) **30, 743.**

Dryerre, Barcroft, Meakins u. Parsons siehe Barcroft.

Ege: Die Bedeutung der [H·] für das Blutkörperchenvolumen. (Biochem. Zeitschr. Bd. 130, H. 1/3, S. 136—141. 1922.) **15, 416.**

EGE, RICH u. V. HENRIQUES: Untersuchungen über die Wasserstoffionenkonzentration nach reichlicher Zufuhr von Säuren oder Basen, sowie während tetanischer Krämpfe im Anschluß an die Exstirpation der Epithelkörperchen. (Cpt. rend. des séances de la soc. de biol. Bd. 85, Nr. 26, S. 389—391. 1921.) **10**, 254.

ETIENNE, BOURGEAUD u. VERAIN siehe BOURGEAUD.

EVANS u. DAKE siehe DALE.

FLEISCH, ALFRED: Die [H·] als Regulator der Atemgröße. (Pflügers Arch. f. d. ges. Physiol. Bd. 190, S. 270—279. 1921.) **10**, 245.

FRITZ: Beiträge zur Physiologie des Höhenklimas. I. Mitt. Wirkung des verminderten Luftdrucks auf p_H und CO_2-Bindungsvermögen des Blutes. (Biochem. Zeitschr. Bd. 170, H. 1/3, S. 236—243. 1926.) **37**, 131—132.

GEDRICH u. YENDRASSIK: Die Abhängigkeit der Oberflächenspannung des Blutes von der [H·]. (Magyar orvosi arch. Bd. 27, Nr. 1, S. 84—86. 1926; Biochem. Zeitschr. Bd. 174, H. 1/3, S. 99—105. 1926.) **36**, 342; **38**, 248.

GESELL u. HERTZMANN: Fortlaufend registrierte Veränderungen der [H·] des strömenden Blutes: die Beziehung zur Atmung. (Proc. of the soc. f. exp. biol. a. med. Bd. 22, Februar-Heft, S. 298—300. 1925.) **31**, 915.

GESELL u. HERTZMANN: Eine Methode zur fortlaufenden Untersuchung der [H·] des Urins während der Absonderung. (Proc. of the soc. f. exp. biol. a. med. Bd. 23, Nr. 5, S. 360. 1926.) **36**, 661.

GIGON: Die Schwankungen der [H·] im Blute unter verschiedenen Bedingungen. (Zeitschr. f. d. ges. exp. Med. Bd. 44, S. 95—106. 1924.) **30**, 744.

GIGON, ALFRED: Das Basen-Säuregleichgewicht des Blutes unter verschiedenen physiologischen und pathologischen Bedingungen. (Schweiz. med. Wochenschrift 1925, H. 55, S. 651—654. 1925.) **33**, 571.

GLASER: [H·] im Insektenblut. (Journ. of gen. physiol. Bd. 7, S. 599—602. 1925.) **32**, 463.

GUILLAUMINE: Über die Beziehung zwischen [H·] des Urins und der Natur seines unorganischen Sediments. (Bull. de la soc. de chim. biol. Bd. 5, Nr. 6, S. 455 bis 463. 1923.) **23**, 441.

GUILLAUMIN: Über eine Darstellungsart von den Schwankungen der [H·] in organischen Milieus, insbesondere im Blut. (Bull. de la soc. de chim. biol. Bd. 8, Nr. 2, S. 160—164. 1926.) **38**, 9.

GYÖRGY, KAPPES u. KRUSE: Das Säure-Basengleichgewicht im Blute, mit besonderer Berücksichtigung des Kindesalters. I. [H·] und CO_2-Gehalt. (Zeitschr. f. Kinderheilk. Bd. 41, H. 5/6, S. 700—725. 1926.) **38**, 409—410.

HENRIQUES u. EGE siehe EGE.

HERTZMANN u. GESELL siehe GESELL.

HERTZMANN u. GESELL siehe GESELL.

HAFFNER u. JODLBAUER: Hämolyse und Flockung durch Wärme bei verschiedener [H·]. (Pflügers Arch. f. d. ges. Physiol. Bd. 179, H. 1/3, S. 122—133. 1920.) **1**, 168.

HASTINGS u. CULLEN siehe CULLEN.

HASTINGS u. SENDROY: Kolorimetrische Bestimmung der p_H im Blute bei Körpertemperatur. (Journ. of biol. chem. Bd. 61, S. 695—710. 1924.) **30**, 592.

HASTINGS, SENDROY u. ROBINSON: Untersuchungen über Azidose. 21. Die kolorimetrische Bestimmung von p_H im Harn. (Journ. of biol. chem. Bd. 65, Nr. 2, S. 381—392. 1925.) **38**, 426.

HAWKINS, JAMES: Eine Mikromethode zur [H·]-Bestimmung im gesamten Blut. (Journ. of biol. chem. Bd. 57, S. 493—495. 1923.) **24**, 227.

Hill, A. V.: Der Einfluß der Änderung der [H·], hervorgerufen durch Sauerstoffsättigung des Blutes auf die Dissoziationskurve. (Journ. of physiol. Bd. 56, S. 176—177. 1922.) **14**, 521.

Hills, Thomas: Azidosis: Ihre Bestimmung mit Hilfe der [H·]. (Journ. of the Michigan state med. soc. Bd. 19, Nr. 4, S. 169—170. 1920.) **2**, 39.

Hill, Barcroft, Bock, Parsons u. Shoji siehe Barcroft.

Hirsch: Veränderungen der [H·] des Blutes bei der Gerinnung. (Journ. of biol. chem. Bd. 61, Nr. 3, S. 795—805. 1924.) **30**, 589—590.

Hollo u. Weiss: Über den Einfluß des Sauerstoffgehaltes auf die Wasserstoffzahl des Blutes. (Biochem. Zeitschr. Bd. 145, S. 10—13. 1924.) **26**, 84.

Hollo u. Weiss: Einfache Methode zur direkten Bestimmung der H-Zahl des Blutes mittels Indikatoren. (Biochem. Zeitschr. Bd. 144, S. 87—103. 1924.) **25**, 342; **33**, 571.

Hou: Studien über das H-Ionengleichgewicht im Blut. (Journ. of biophysics Bd. 1, Nr. 4, S. 163—171 u. 172—176. 1925.) **34**, 692.

Jendrassik u. Geldrich siehe Geldrich.

Jonas u. Cullen siehe Cullen.

Kappes, Kruse u. György siehe György.

Keeler, Cullen u. Robinson siehe Cullen.

Kerridge, Bayliss u. Verney siehe Bayliss.

Kochler u. Leake: Die Blutreaktion unter dem Einfluß von Morphiumgaben. (Arch. internal de pharmacodyn. et de thérapie Bd. 27, H. 3/4, S. 221—229. 1922.) **18**, 288.

Laclan u. Rabinovich: Die [H·] im Blut von tumortragenden Ratten. (Cpt. rend. des séances de la soc. de biol. Bd. 93, Nr. 38, S. 1635. 1925.) **35**, 857.

Lepper u. Martin: Eine Mikromethode für die kolorimetrische Bestimmung der [H·] von Kapillarblut. (Biochem. journ. Bd. 20, Nr. 1, S. 37—44. 1926.) **38**, 89.

Lepper u. Zilva: Der Bikarbonatgehalt des Plasmas und die [H·] des Blutes skorbutöser Meerschweinchen. (Biochem. journ. Bd. 19, Nr. 4, S. 581—588. 1925.) **33**, 880.

Lewis u. Corran siehe Corran.

Lewy, Rowntree u. Mariott: Beschreibung einer kolorimetrischen p_H-Bestimmung unter Benutzung des Dialysierverfahrens. (Arch. of intern. med. Bd. 16, S. 309. 1915.)

Lindhard: Kolorimetrische Bestimmung von [H·] in sehr kleinen Blutmengen durch Dialyse. (Meddel. fra Carlsberg laborat. Bd. 14, Nr. 13, S. 1—13. 1921.) **10**, 453.

Mariott u. Rowntree, Lewy siehe Lewy.

Marrack u. Smith: Kolorimetrische Bestimmung des p_H in pathologischem Plasma nach Cullens Methode. (Brit. journ. of exp. pathol. Bd. 5, Nr. 1, S. 13—16. 1924.) **25**, 217.

Marshall: Der Einfluß des Kohlensäureverlustes auf die [H·] im Harn. (Journ. of biol. chem. Bd. 51, Nr. 1, S. 3—10. 1922.) **13**, 473.

Martin u. Lepper siehe Lepper.

Meakins, Dryerre, Barcroft u. Parsons siehe Barcroft.

Meeker u. Oser: Titrimetrisches Doppelelektrodensystem für H-Ionenbestimmungen mit Wasserstoff oder Chinhydron. Anwendung für Harn und Blut. (Journ. of biol. chem. Bd. 67, Nr. 1, S. 307—317. 1926.) **37**, 726.

Meesmann: Über die Abhängigkeit des intraokularen Druckes von der [H·] des Kammerwassers. (Arch. f. Augenheilk. Bd. 94, H. 3/4, S. 115—142. 1924.) **28**, 135.

MEIER, KLOTHILDE: Über die aktuelle Reaktion des Liquor cerebrospinalis. (Biochem. Zeitschr. Bd. 124, H. 1/6, S. 137—147. 1921.) **11**, 226.

MENDELEEF: Schwankungen der [H·] des Serums (mit Antigen) behandelter Tiere und ihre Beziehung zum anaphylaktischen Zustand. (Cpt. rend. des séances de la soc. de biol. Bd. 87, Nr. 24, S. 391—392. 1922.) **14**, 554.

MENTEN: Die Beziehung zwischen der [H·] und der durch Pepton, Hirudin und Kopragift hervorgerufenen Ungerinnbarkeit des Blutes. (Journ. of biol. chem. Bd. 43, Nr. 2, S. 383—400. 1920.) **5**, 256.

MISLOWITZER: Wasserstoffionenmessung von Blut. (Biochem. Zeitschr. Bd. 159, H. 1/2, S. 77—79. 1925.) **32**, 405.

MOMMSEN: Über den Einfluß der [H·] auf die Färbung von Blutbildern. (Klin. Wochenschr. Jg. 5, Nr. 19, S. 844—845. 1926.) **38**, 406.

MUNTWYLER, MEYERS u. NORRIS: Die kolorimetrische Bestimmung der [H·] im Urin. (Proc. of the soc. f. exp. biol. a. med. Bd. 23, Nr. 8, S. 826. 1926.) **37**, 846.

MYERS, SCHMITZ u. BOOHER siehe BOOHER.

NORRIS, MUNTWYLER u. MYERS siehe MUNTWYLER.

OSER u. MEEKER siehe MEEKER.

PARSONS: Die Reaktion und CO_2-Transportfähigkeit des Blutes — eine mathematische Abhandlung. (Journ. of physiol. Bd. 53, S. 340—360. 1920.) **1**, 462.

PARSONS u. BARCROFT siehe BARCROFT.

PARSONS, MEAKINS, DRYERRE u. BARCROFT siehe BARCROFT.

PARSONS u. POULTON: Die [H·] des Blutes unter bestimmten pathologischen Bedingungen, gemessen mit der Wasserstoffelektrode und den indirekten Methoden von BARCROFT und HASSELBALCH. (Biochem. journ. Bd. 17, S. 341 bis 360. 1923.) **20**, 450.

PARSONS, SHOJI, BARCROFT u. BOCK, HILL siehe BARCROFT.

PARSONS u. PARSONS: [H·]-Messung im Blut in der Nachbarschaft des isoelektrischen Punktes des Hämoglobins. (Journ. of physiol. Bd. 53, S. 100—102. 1920.) **3**, 467.

POULTON u. PARSONS siehe PARSONS.

MC. QUARRIE u. SHOHL: Kolorimetrische Bestimmung der p_H im Liquor. (Journ. of biol. chem. Bd. 66, Nr. 2, S. 367—374. 1925.) **36**, 299.

RABINOVICH u. LACLAN siehe LACLAN.

RANNENBERG: Die Schwankungen der [H·] des Harnes im Verlaufe eines Tages. (Pflügers Arch. f. d. ges. Physiol. Bd. 212, H. 3/4, S. 601—641. 1926.) **37**, 383.

ROBINSON, AUSTIN u. SHADIE siehe AUSTIN.

ROBINSON u. CULLEN siehe CULLEN.

ROBINSON, CULLEN u. KEELER siehe CULLEN.

ROBINSON, HASTINGS u. SENDROY: Untersuchungen über Azidose. 21. Die kolorimetrische Bestimmung von p_H im Harn. (Journ. of biol. chem. Bd. 65, Nr. 2, S. 381—392. 1925.) **38**, 426.

ROCHE u. VELLINGER: Bemerkungen über die Messung des p_H von Vollblut und von Plasma mit Hilfe von Chinhydron. (Bull. de la soc. chim. de biol. Bd. 7, Nr. 8, S. 1004—1008. 1925.) **34**, 692.

ROHMER u. WORINGER: Untersuchungen über den Blut-p_H spasmophiler Säuglinge. (Rev. franç. de pédiatrie Bd. 2, Nr. 3, S. 319—321. 1926.) **38**, 699.

ROWNTREE, LEWY u. MARIOTT siehe LEWY.

SANNIÉ u. VINCENT: Die Technik der elektrometrischen p_H-Bestimmung im Blut und in kohlensäurehaltigen biologischen Flüssigkeiten. (Bull de la soc. de chim.-biol. Bd. 6, Nr. 5, S. 488—495. 1924.) **30**, 178.

SCHMITZ, BOOHER u. MYERS siehe BOOHER.

Sendroy u. Hastings siehe Hastings.

Sendroy, Hastings u. Robinson siehe Hastings.

Shoji, Parsons, Hill, Bock u. Barcroft siehe Barcroft.

Shohl u. Mc. Quarrie siehe Quarrie.

Simpson: Der Einfluß des Schlafes auf Chloride und p_H des Urins. (Journ of biol. chem. Bd. 67, Nr. 2, S. 505—516. 1926.) **36**, 509.

Smith u. Marrack siehe Marrack.

Stadie, Austin u. Robinson siehe Austin.

Starcke: Über die Bestimmung des [H·] im Harn zur Prüfung der Nierenfunktion (Zentralbl. f. inn. Med. Jg. 45, Nr. 20, S. 386—393. 1924.) **27**, 381.

Stephen u. Conway siehe Conway.

Thomas u. Conway siehe Conway.

Ulrich u. Mc. Clendon siehe Clenson.

Vellinger u. Roche siehe Roche.

Verain, Etienne u. Bourgeaud siehe Bourgeaud.

Verney-Conway u. Bayliss siehe Bayliss.

Verney, Kerridge u. Bayliss siehe Bayliss.

Vincent u. Sannié siehe Sannié.

Waltner: Über den p_H des kindlichen Liqours. (Biochem. Zeitschr. Bd. 149, H. 1/2, S. 145—149. 1924.) **28**, 423.

Weiss u. Hollo siehe Hollo.

Willinger: p_H im Pflanzenfresserharn. (Pflügers Arch. f. d. ges. Physiol. Bd. 202, H. 5/6, S. 468—474. 1924.) **26**, 209.

Woringer u. Rohmer siehe Rohmer.

Zilva u. Lepper siehe Lepper.

Bakteriologie, Serologie, Protozoenkunde.

Abt u. Loisean: Über die Ursachen der p_H-Änderungen in Diphtheriebazillenkulturen. (Ann. de l'inst. Pasteur Jg. 39, Nr. 2, S. 114—143. 1925.) **32**, 138.

Acklin, Oskar: Über die Bestimmung der p_H-Werte in der bakteriologischen Technik. (Zentralbl. f. Bakteriol., Parasitenk. u. Infektionskrankh., Abt. 1, Orig. Bd. 91, H. 7/8, S. 538—552. 1924.) **26**, 395.

Adam: Über Darmbakterien: III. Über den Einfluß der [H·] des Nährbodens auf die Entwicklung des Bacillus bifidus. IV. Über das H-Ionenoptimum der Knöpfchenbakterien des Mekonium. (Zeitschr. f. Kinderheilk. Bd. 30, H. 3/4, S. 265—272. 1921.) **10**, 128.

Adam: Über die Bedeutung der Eigenwasserstoffzahl (des H-Ionenoptimum) der Bakterien. (Zentralbl. f. Bakteriol., Parasitenk. u. Infektionsktankh., Abt. 1, Orig. Bd. 87, H. 7/8, S. 481—486. 1922.) **12**, 413.

Alexander u. Dernby: Studien über den Einfluß der [H·] auf das Wachstum und die Toxinbildung der Tetanusbazillen. (Biochem. Zeitschr. Bd. 123, H. 5/6, S. 245—271. 1921.) **10**, 541.

Archipov u. Belosovic: Über Änderungen der [H·] bei der Bildung von Diphtherieanatoxinen. (Journ. de microbiol. Bd. 2, Nr. 1, S. 1—10.) **38**, 747.

Arboing u. Charvanne: Einfluß von Elektrolyten und p_H auf den Bakteriophagen. (Cpt. rend. des séances de la soc. de biol. Bd. 93, Nr. 26, S. 531 bis 532. 1925.) **33**, 466.

Bach: Veränderung der [H·] im Verlaufe der Assimilation von Ammoniaksalzen starker Säuren durch Aspergillus repens. von Barry. (Cpt. rend. des hebdom. séances de l'acad. des sciences Bd. 178, Nr. 26, S. 2134—2195. 1924.) **27**, 450.

Balint: Ein Beweis für die Konstanz der [H·] der lebenden Bakterienzelle. (Biochem. Zeitschr. Bd. 152. 1924.)

BELOSOVIC u. ARCHIPOV siehe ARCHIPOV.

BODINE: [H˙] von Protozoenkulturen. (Biol. bull. Bd. 41, Nr. 2, S. 73—77. 1921.

BRODY: Variationen in der Grenzwasserstoffionenkonzentration bei Streptokokken. (Journ. of bacteriol. Bd. 8, Nr. 4, S. 307—314. 1923.   **22, 459.**

BROOKS: Der Einfluß der [H˙] auf die Bildung von CO_2 durch den Tuberkelbazillus. (Americ. review of tubercul. Bd. 6, Nr. 5, S. 369—376. 1922.)   **18, 144.**

BROWN, HOWARD: H-Ionentitration und Pufferindex in bakteriologischen Nährmedien. (Proc. of the soc. f. exp. biol. a. med. Bd. 18, Nr. 8, S. 285—286. 1921.)   **11, 542.**

CANNON u. NEASE: Der Einfluß der [H˙] auf die Bakterientypen. Faktoren, die die Darmflora regulieren. (Journ. of infect. dis. Bd. 32, Nr. 3, S. 175—180. 1923.)   **20, 145.**

CHAMBERS: Studien zur Physiologie der Pilze. Hemmung des Bakterienwachstums durch Stoffwechselprodukte. (Ann. of the Missouri Botan. Garden Bd. 7, H. 4, S. 249—289. 1920.)   **11, 132.**

CHAMBERS: Über Wachstum [H˙], Zuckerspaltung und Oberflächenspannung von Kulturen von Pseudomonas tumefaciens und Pseudomonas campestris. (Journ. of cancer research Bd. 9, Nr. 2, S. 254—278. 1925.)   **35, 731.**

CHAVANNE u. ARLOING siehe ARLOING.

CAULFIELD u. FALK: Einige Beziehungen zwischen der [H˙] und antigenen Eigenschaften der Proteine. (Proc. of the soc. f. exp. biol. a. med. Bd. 20, Nr. 4. 1923; Journ. of immunol. Bd. 8, Nr. 4. 1923.)   **19, 120; 23, 143—144.**

CAULFIELD, FALK u. WINSLOW: Elektrophorese von Bakterien in ihrer Abhängigkeit von der [H˙] und der Gegenwart von Natrium und Kalziumsalzen. (Journ. of gen. physiol. Bd. 6, Nr. 2, S. 177—200. 1923.)   **24, 294.**

COULTER: Das Gleichgewicht zwischen dem hämolytischen Ambozeptor und roten Blutkörperchen im Verhältnis zur [H˙]. (Journ. of gen. physiol. Bd. 3, Nr. 4, S. 513—521. 1921.)   **7, 537.**

CRANE: Einfluß von [H˙] auf die Giftigkeit von Alkaloiden für Paramaecium. (Journ. of pharmacol. a. exp. therapeut. Bd. 18, Nr. 5, S. 319—339. 1921.)   **20, 229.**

CULYER: Die Einstellung der [H˙] in Nährböden und die Herstellung der Standartlösung. (Journ. of laborat. a. clin. med. Bd. 11, Nr. 10, S. 994—996. 1926.)   **38, 460.**

DAMBOVICEANU u. JOSIF: Der Einfluß der [H˙] auf die Entwicklung des Diphtheriebazillus. (Cpt. rend. des séances de la soc. de biol. Bd. 88, Nr. 18, S. 1343 bis 1347. 1923.)   **21, 141.**

DERNBY: Die für das Wachstum bestimmter Bakterien optimale [H˙]. (Ann. de l'inst. Pasteur Jg. 35, S. 277—290. 1921.)   **9, 129.**

DERNBY u. ALLANDER siehe ALLANDER.

DERNBY u. NÄSLUND: Biochemische Studien über Tuberkelbazillen. (Biochem. Zeitschr. Bd. 132, S. 393—411. 1922.)   **16, 529.**

DERNBY u. SIWE: Die Anpassung der Diphtheriebazillen an H- und OH-Ionen. (Biochem. Zeitschr. Bd. 132, S. 412—419. 1922.)   **16, 529.**

DOMINICI: Über die Energie der Reduktion und die Konzentration von H-Ionen in Kulturen im Verhältnis zur Virulenz und zur Bakterienentwicklung. (Biochem. et terap. sperim. Jg. 12, H. 8, S. 339—349. 1925.)   **34, 420.**

DOZIER: Optimale und Grenzwerte der [H˙] für Bacillus botulinus und quantitative Bewertung des Wachstums. (Journ. of infect. dis. Bd. 35, Nr. 2, S. 105.)   **30, 163.**

FALK u. CAULFIELD siehe CAULFIELD.

FALK, CAULFIELD u. WINSLOW siehe CAULFIELD.

Fawcett u. Quirk: [H˙] und titrierbare Azidität in Kulturmedien. (Journ. of infect. dis. Bd. 33, S. 1—59. 1923.) **22**, 291.

Foster u. Randall: Eine Untersuchung über die Schwankung der [H˙] in Bouillonnährböden. (Journ. of bacteriol. Bd. 6, Nr. 2, S. 143—160. 1921.) **10**, 123.

Foster: Beziehung zwischen [H˙] des Nährmediums und der Lebensfähigkeit und der fermentativen Tätigkeit des Streptococcus haemolyticus. (Journ. of bacteriol. Bd. 6, Nr. 2, S. 161—209. 1921.) **10**, 304.

Freudenberg u. Heller: Was leistet die Messung der [H˙] des Säuglingsstuhles für die Beurteilung der Darmgärung? (Jahrb. f. Kinderheilk. Bd. 93, 4. Folge, Bd. 44, H. 4/5, S. 251—257. 1921.) **10**, 242.

Grace u. Highberger: Säurebildung des Streptococcus viridans in Nährböden mit verschiedener [H˙]. (Journ. of infect. dis. Bd. 26, S. 451—456. 1920. **2**, 255.

Grace u. Highberger: Wechsel der [H˙] im ungeimpften Nährboden. (Journ. of infect. dis. Bd. 26, Nr. 5, S. 457—462. 1920.) **2**, 334.

Gröer: Diphtherietoxinstudien. 1. Über den Einfluß der [H˙] auf das Diphtherietoxin. (Biochem. Zeitschr. Bd. 138. 1923.)

Hall: Die titrimetrische Einstellung der [H˙] bakteriologischer Nährböden. (Journ. of bacteriol. Bd. 8, Nr. 4, S. 387—392. 1923.) **23**, 475.

Hecht u. Johansen: Über die Abhängigkeit des Bakterienwachstums von der Reaktion des Nährbodens. (Hospitalstitende Jg. 63, Nr. 49, S. 777—785. 1920.) **7**, 94.

Henriques: Die Bestimmung der Wasserstoffzahl in Agarnährböden. (Cpt. rend. des séances de la soc. de biol. Bd. 87, S. 1220—1222. 1922.) **17**, 408.

Highberger u. Grace siehe Grace.

Hirsch: Wasserstoffionenstudien. Änderung der [H˙] bei der Präzipitation von Menschenserum durch Immunserum. (Journ. of infect. dis. Bd. 30, Nr. 6, S. 651—669. 1922; Bd. 32, Nr. 6, S. 439—443. 1923; Bd. 33, Nr. 5, S. 470 bis 476. 1923.) **15**, 144—145; **16**, 141; **24**, 495.

Holm u. Sherman: Wirkung von Salzen auf das Bakterienwachstum. Das Wachstum von Bact. coli und seine Beziehung zur [H˙]. (Journ. of bacteriol. Bd. 7, Nr. 5, S. 465—470. 1922.) **18**, 278.

Hopkins: Der Einfluß der [H˙] auf die Bewegung und andere Lebensvorgänge der Amoeba proteus. (Proc. of the nat. acad. of science [U. S. A.] Bd. 12, Nr. 5, S. 311—315. 1926.) **37**, 789.

Hylkema: Die [H˙] etwaiger Nährböden. (Tijdschr. v. vergelijkende geneesk. Jg. 9, H. 1/2, S. 45—67. 1923.) **26**, 142.

Ishimori: Über den Einfluß der [H˙] des Nährbodens auf das Wachstum der säurefesten Bakterien. (Zeitschr. f. Hyg. u. Infektionskrankh. Bd. 102, S. 329 bis 338. 1924.) **28**, 143.

Itano u. Yamagata: Physiologische Studien an Azotobakterien. (Journ. of bacteriol. Bd. 8, Nr. 6, S. 521—531. 1923.) **24**, 397.

Jewett: [H˙] als ein Faktor bei der Wassermann- und Kahnschen Reaktion. (Journ. of laborat. a. clin. med. Bd. 11, Nr. 3, S. 261—264. 1925.) **35**, 544.

Johansen u. Hecht siehe Hecht.

Jones: Über einige Faktoren, welche die terminale [H˙] in Kulturen von Bakterien, speziell von Streptokokken beeinflussen. (Journ. of infect. of dis. Bd. 26, Nr. 2, S. 160—164. 1920.) **2**, 145.

Jonesco-Mihaesti u. Popesco: Einfluß der [H˙] auf die Entwicklung und die Toxinproduktion von Shigabazillen. (Cpt. rend. des séances de la soc. de biol. Bd. 86, Nr. 15, S. 893—895. 1922.) **14**, 277.

Josif u. Damboviceanu siehe Damboviceanu.

KOJIMA: Beiträge zur Kenntnis über die Beziehung der [H˙] mit den Bakterien in zuckerhaltigen Nährböden. (Scient. reports from the government inst. f. infect. dis. Bd. 2, S. 305—328. 1923.)   **30**, 625.

KOLTHOFF: Die Bedeutung des p_H für die Bakteriologie. (Tijdschr. v. vergelijkende geneesk. Jg. 11, Nr. 3/4, S. 268—277. 1925.)   **36**, 214.

KONDO u. NODAKE: Über die Bedeutung der [H˙] für die Entwicklung der sog. Leprabazillen auf künstlichen Nährböden. (Zeitschr. f. Hyg. u. Infektionskrankh. Bd. 105, H. 1, S. 67—73. 1925.)   **33**, 902.

DE KRUIF u. NORTHROP: Die Stabilität von Bakteriensuspensionen. Journ. of gen. physiol. Bd. 4, Nr. 6, S. 639—654. 1922; Bd. 5, Nr. 2, S. 127—138. 1922; Bd. 4, Nr. 6, S. 629—633. 1922.)   **17**, 92 u. 418.

LEOD u. REED: Der Einfluß der [H'] auf die Beweglichkeit der Bakterien. (Journ. of bacteriol. Bd. 9, Nr. 2, S. 119—122. 1924.)   **27**, 206.

LOISEAU u. ABT siehe ABT.

LORD u. NYE: Studien über die Pneumokokken. (Journ. of exp. med. Bd. 35, Nr. 5, S. 685—687 u. 689—698. 1922.)   **16**, 277—278.

MENDELEEF: Schwankungen der [H˙] des Serums (mit Antigen) behandelter Tiere und ihre Beziehung zum anaphylaktischen Zustand. (Cpt. rend. des séances de la soc. de biol. Bd. 87, Nr. 24, S. 391—392. 1922.)   **14**, 554.

MEYER u. SCHOENHOLZ: Die optimale [H˙] für das Wachstum von B. typhosus. (Journ. of infect. dis. Bd. 28, Nr. 5, S. 384—393. 1921.)   **9**, 130.

MILEJKOWSKA u. SIERAKOWSKI: Über die bakterizide Wirkung der [H˙] auf verschiedene Bakterienarten. (Cpt. rend. des séances de la soc. de biol. Bd. 91, Nr. 27, S. 714—715. 1924.)   **30**, 625.

NÄSLUND u. DERNBY siehe DERNBY.

NEASE u. CANNON siehe CANNON.

NODAKE u. KONDO siehe KONDO.

NORTHROP: Die Stabilität von Bakteriensuspensionen. (Journ. of gen. physiol. Bd. 4, Nr. 6, S. 629—633 u. 639—654. 1922; Bd. 5, Nr. 2, S. 127—138. 1922.)   **16**, 168.

NORTHROP u. DE KRUIF siehe DE KRUIF.

NYE u. LORD siehe LORD.

POPESCO u. JONESCO-MIHAESTI siehe JONESCO.

QUIRK u. FAWCETT siehe FAWCETT.

RAABE: Die Bedeutung der [H˙] usw. für die Entwicklung der Flagellaten. (Cpt. rend. des séances de la soc. de biol. Bd. 89, Nr. 37, S. 1351—1353. 1923.)   **25**, 377.

RADSIMOWSKA: Eine Ansatzelektrode zur p_H-Bestimmung in festen Nährböden. (Biochem. Zeitschr. Bd. 154, S. 49—51. 1924.)   **30**, 625.

RANDALL u. FOSTER siehe FOSTER.

REED u. LEOD siehe LEOD.

REED: Einfluß der [H˙] auf die Struktur. (Journ. of bacteriol. Bd. 8, Nr. 2, S. 103 bis 114. 1923.)   **20**, 345.

SCHEER, KURT: Über die Beziehungen der Darmbakterien zur [H˙]. (Zeitschr. f. Immunitätsforsch. u. exp. Therapie, 1. Tl., Orig. Bd. 33, S. 36—42. 1921.)   **10**, 541.

SCHEER, KURT: Die Wasserstoffionenkonzentration und das Bacterium coli. (Biochem. Zeitschr. Bd. 130, H. 4/6, S. 535—544. 1922.)   **15**, 309—310.

SCHEIDEGGER, EDWIN: Der Einfluß der [H˙] auf das lytische Agens und den Ablauf der übertragbaren Bakeriolyse. (Zeitschr. f. Hyg. u. Infektionskrankh. Bd. 99, H. 4, S. 401—436. 1923.)   **20**, 349.

SCHMIDT, FRANZ: Die Verwendbarkeit der Chinhydronelektrode zur Bestimmung der [H˙] in den Nährböden. (Zentralbl. f. Bakteriol., Parasitenk. u. Infektionskrankh., 1. Abt., Orig. Bd. 96, H. 3/4, S. 262—263. 1925.) **36**, 325.

SCHOENHOLZ u. MEYER siehe MEYER.

SHERMAN u. HOLM siehe HOLM.

SIERAKOWSKI: Über die Bedeutung der [H˙] und die Methoden zu ihrer Bestimmung. (Przeglad. epidemjol. Bd. 1, H. 6, S. 557. 1921.) **12**, 297.

SIERAKOWSKI: Über Veränderungen der [H˙] in den Bakterienkulturen und ihr Entstehungsmechanismus. (Biochem. Zeitschr. Bd. 151, S. 15—26. 1924.) **29**, 648.

SIERAKOWSKI u. MILEJKOWSKA siehe MILEJKOWSKA.

SIWE u. DERNBY siehe DERNBY.

SMITH: Die biochemische Differenzierung von Bakterien. (Americ. journ. of hyg. Bd. 2, S. 607—655. 1922.)

SUPNIEWSKI: Komplement und H-Ionen. (Przeglad epidemjol. Bd. 2, H. 1, S. 55 bis 76. 1922. [Original polnisch.] **16**, 141.

WALBUM: Studien über die Bildung der bakteriellen Toxine. (Biochem. Zeitschr. Bd. 129, H. 3/4, S. 367—443. 1922.)

WINSLOW, FALK u. CAULFIELD siehe CAULFIELD.

WITHWORTH: Der Einfluß der [H˙] auf die Biologie der Milzbrandkeime. (Zürich: H. Roth 1924. 130 S.) **26**, 305.

YAMAGATA u. ITANO siehe ITANO.

YURI, ETZNO: End-[H˙] in der Paratyphus-Enteritisgruppe. (Journ. of infect. dis. Bd. 32, Nr. 6, S. 479—480. 1923.) **21**, 292.

Indikatoren, Kolorimetrie.

AIRILA: Über die Bestimmung der [H˙] im Gebiete p_H 8,45—10,5 vermittels einer Farblösungsreihe. (Acta soc. med. fennic. „Duodecim" Bd. 3, H. 1/2, S. 1—4 1921.) **12**, 163.

AIRILA, LEIKOLA, REINO u. HÄMÄLÄINEN: Eine vereinfachte Methode zur Messung der [H˙] mit Indikatoren im Gebiete von p_H 2,8—8,0. (Skandinav. Arch. f. Physiol. Bd. 43, S. 244—249. 1923.) **19**, 1.

BARNETT: Kalorimetrische Bestimmung der [H˙] mittels Komparators mit Doppelkeil. (Proc. of the soc. f. exp. biol. a. med. Bd. 18, Nr. 4, S. 127—131. 1921.) **13**, 2.

BJERRUM: Theorie der alkalischen und azidimetrischen Titration. Stuttgart 1914, S. 31.

BOOHER, SCHMITZ u. MEYERS: Eine mikrokalorimetrische Methode zur Schätzung der [H˙] des Blutes. (Proc. of the soc. f. exp. biol. a. med. Bd. 20, Nr. 7, S. 362—365. 1923; Journ. of biol. chem. Bd. 57, Nr. 1, S. 209—216. 1923.) **21**, 80; **23**, 429.

BOOHER u. MEYRS: Die Verwendung des Bikolorimeters zur Bestimmung der [H˙] des Urins. (Proc. of the soc. f. exp. biol. a. med. Bd. 22, Mai-Heft, S. 511 bis 512. 1925.) **33**, 5.

BRESSLAU: Ein einfacher, insbesondere für kleine Flüssigkeitsmengen geeigneter Apparat zur Bestimmung der [H˙] mit den Indikatoren von MICHAELIS. (Dtsch. med. Wochenschr. Jg. 50, Nr. 6, S. 164—166. 1924; Arch. f. Hydrobiol. Bd. 15, S. 585—605. 1925.) **25**, 402; **31**, 885.

BUCKMASTER: Eine Häutchenmethode zur Bestimmung der Reaktion von Körperflüssigkeiten mittels Indikatoren. (Bristol med.-chir. journ. Bd. 40, Nr. 150, S. 175—181. 1923.) **24**, 290.

Carnot, Glénard u. Gruzewska: Die Vitalfärbungen mit Neutralrot als Index der [H˙] der lebenden Organe. (Cpt. rend. des séances de la soc. de biol. Bd. 92, Nr. 11, S. 865—868. 1925. **32, 727.**

Mc. Clendon: Die Bestimmung der H-Zahl des Harnes mit 4-Nitro-6-amino-guajakol. (Proc. of the soc. f. exp. biol. a. med. Bd. 21, S. 348. 1924.) **28, 276.**

Clendon: Kurventafel zur Umrechnung der kolorimetrischen Ablesung der H-Zahl. (Journ. of biol. chem. Bd. 54, S. 647—653. 1922.) **17, 3.**

Cohen: Der Gebrauch von Indikatorgemischen. (Journ. of the Americ. chem. soc. Bd. 44, Nr. 9, S. 1851—1857. 1922.) **16, 3.**

Cristol: Die p_H-Bestimmung mittels der Indikatorenmethode in blutigem Urin. (Bull. de la soc. des sciences med. et biol. de Montpellier et du Longuedoc méditerranéen Jg. 6, H. 3, S. 107—109. 1925.) **34, 216.**

Demolon: Bestimmung der [H˙] mit der kolorimetrischen Methode. Anwendung auf das Studium der Reaktion des Bodens. (Ann. de la science agronom. franc. et étrang. Jg. 39, Nr. 1, S. 20—38. 1922.) **14, 443.**

Felton: Bestimmung in einem Tropfen Flüssigkeit mit den üblichen Indikatoren. (Journ. of biol. chem. Bd. 46, S. 299.)

Gillespie: Kolorimetrische Bestimmung von Titrationskurven ohne Puffer-mischungen. (Journ. of the Americ. chem. soc. Bd. 42, Nr. 4, S. 742—748. 1920.) **3, 122.**

Gillespie: Standardfarben für die kolorimetrische Messung der [H˙]. (Journ. of bacteriol. Bd. 6, Nr. 4, S. 399—405. 1921.) **10, 165.**

Glaser: [H˙] im Insektenblut. (Journ. of gen. physiol. Bd. 7, S. 599—602. 1925.)

Guillaumine: Ein Kolorimeter zur Bestimmung der [H˙] mit Indikatoren. (Journ. de pharm. et de chim. Bd. 26, S. 452—454. 1922.) **17, 427.**

Guillaumine: Ein Komparator zur H˙-Messung mittels Indikatoren. (Bull. de la soc. de chim.-biol. Bd. 5, Nr. 2, S. 153—154. 1923.) **23, 291.**

Hämäläinen, Reino, Leikola u. Airila siehe Airila.

Hastings u. Sendroy: Kolorimetrische Bestimmung von p_H im Blute bei Körper-temperatur. (Journ. of biol. chem. Bd. 61, S. 695—710. 1924.) **30, 592.**

Hatfield: Eine Abänderung der Gillespieschen Methode zur Bestimmung der H-Zahl. (Journ. of the Americ. chem. soc. Bd. 45, S. 940—943. 1923.) **26, 5.**

Holló u. Weiss: Einfache Methode zur direkten kolorimetrischen Bestimmung der Wasserstoffzahl im Blut. (Magyar orvosi arch. Bd. 25, H. 4, S. 288—300. 1924.) **33, 571.**

Janke u. Kropacsy: Zur kolorimetrischen Bestimmung der [H˙]. (Biochem. Zeitschr. Bd. 174, H. 1/3, S. 120—130. 1926.) **38. 8.**

Jaumin: Eiweißfehler des Bromothymolblaus bei der [H˙]. (Cpt. rend. des séances de la soc. de biol. Bd. 93, Nr. 28, S. 860—862. 1925.) **34, 434.**

Jones u. Shaxby: Über die kolorimetrische Bestimmung der H-Ionen. (Journ. of physiol. Bd. 61, Nr. 3, S. 26—27. 1926.) **37, 249.**

Kolthoff: Die Abschätzung des H˙-Exponents mit Hilfe von Farbindikator-papieren. (Pharmac. Weekbl. Nr. 28, S. 961—970. 1921.) **9, 170.**

Kolthoff: Die kolorimetrische Bestimmung der [H˙] ohne Puffer. (Pharmac. Weekbl. Nr. 59, S. 104—118. 1921.) **13, 3.**

Kolthoff: Der Einfluß von Alkohol auf die Empfindlichkeit der Farbindikatoren. (Recueil des travaux chim. des Pays-Bas Bd. 42, Nr. 3, S. 251—275. 1923.) **19, 357.**

Kolthoff: Die kolorimetrische Bestimmung der [H˙] nach der Methode von Michaelis mit einfarbigen Indikatoren bei Verwendung anorganischer Kon-trollösung. (Pharmac. Weekbl. Jg. 60, Nr. 36, S. 949—966. 1923.) **24, 162.**

KOLTHOFF: Der Gebrauch von Farbindikatoren. Ihre Anwendung in der Neutralisationsanalyse und der kolorimetrischen Bestimmung der [H·]. Berlin: Julius Springer 1921. IV, S. 144. **14**, 292.

KOLTHOFF: Die Methylorange-Fehler bei der kolorimetrischen p_H-Bestimmung durch Vergleich mit den CLARKschen Puffermischungen. (Recueils des travaux chim. des Pays-Bas Bd. 45, Nr. 5, S. 433—435. 1926.) **37**, 249.

KOLTHOFF: Die kolorimetrische Bestimmung der [H·] nach der Keilmethode und die Dissoziationskonstante verschiedener Indikatoren. (Recueil des travaux chim. des Pays-Bas Bd. 43, Nr. 2, S. 144—152. 1926.) **38**, 332.

KROPACSY u. JANKE siehe JANKE.

KRÜGER u. MICHAELIS: Weitere Ausarbeitung der Indikatorenmethode ohne Puffer. (Biochem. Zeitschr. Bd. 119, S. 307—327. 1921.) **9**, 169.

LEIKOLA, HÄMÄLÄINEN, REINI u. AIRILA siehe AIRILA.

LEPPER u. MARTIN: Die Unterschiede zwischen den elektrometrischen und kolorimetrischen (Phenolrot-) Bestimmungen von C_H in Beziehung zu dem Salzgehalt der Lösung. (Biochem. journ. Bd. 20, Nr. 1, S. 45—58. 1926.) **38**, 9.

LLOYD: Kolorimetrische Methode zur Bestimmung der [H·] in geringen Flüssigkeitsmengen. (Journ. of biol. chem. Bd. 46, Nr. 2, S. 299—305. 1921.) **8**, 98.

MARTIN u. LEPPER siehe LEPPER.

MEDALIA: Weitere Beobachtungen über Dauerreihen für kolorimetrische [H·]-Bestimmungen. (Journ. of bacteriol. Bd. 7, Nr. 6, S. 589—597. 1922.) **18**, 162.

MICHAELIS u. MIZULANI: Die p_H-Messung mit einfarbigen Indikatoren in alkoholischen Lösungen. (Biochem. Zeitschr. Bd. 147, S. 7—21. 1924.) **26**, 450.

MICHAELIS u. KRÜGER: Weitere Ausarbeitung der Indikatorenmethode ohne Puffer. (Biochem. Zeitschr. Bd. 119, S. 307—327. 1921.) **9**, 169.

MICHAELIS: Eine einfache Methode zur Bestimmung der [H·] durch Indikatoren. (Sitzungsber. d. dtsch. physiol. Ges., Mai 1920, Hamburg.) **2**, 187.

MYERS: Ein modifizierter Hellige-Kolorimeter zum Vergleichen von zweifarbigen Lösungen. (Proc. of the soc. f. exp. biol. a. med. Bd. 19, Nr. 2, S. 78—79. 1921.) **14**, 443.

MYERS: Ein Kolorimeter für zweifarbige Indikatoren. (Journ. of biol. chem. Bd. 54, S. 675—682. 1922.) **17**, 427.

MYERS, SCHMITZ u. BOOHER siehe BOOHER.

MYERS: Zur kolorimetrischen H-Bestimmung. (Proc. of the New York pathol. soc. Bd. 22, Nr. 1/5, S. 70—72. 1923.) **18**, 162.

MYERS u. BOOHER: Die Verwendung des Bikolorimeters zur Bestimmung der [H·] des Urins. (Proc. of the soc. f. exp. biol. a. med. Bd. 22, Mai-Heft, S. 511 bis 512. 1925.) **33**, 5.

PFEIFFER: Eine Methode zur kolorimetrischen Bestimmung der [H·] in pflanzlichen Gewebsschnitten ohne Anwendung von Moderatoren. (Zeitschr. f. wiss. Mikroskopie Bd. 42, H. 4, S. 396—414. 1925.) **36**, 277.

REINO, HÄMÄLÄINEN, LEIKULA u. AIRILA siehe AIRILA.

REISS: Die Reduktion der Indikatoren als Fehlerquelle bei kolorimetrischen p_H-Bestimmungen. (Cpt. rend. des séances de la soc. de biol. Bd. 94, Nr. 4, S. 289—290. 1926.) **36**, 342.

SAUNDERS: Bestimmung der Salzfehler von Indikatoren und die genaue Schätzung der Wasserstoffzahl mittels der kolorimetrischen Methode. (Proc. of the Cambridge philos. soc. Bd. 1, Nr. 1, S. 30—42. 1923.) **23**, 291.

SCHMITZ, MYERS u. BOOHER siehe BOOHER.

SCHAXBY u. JONES siehe JONES.

SENDROY u. HASTINGS siehe HASTINGS.

TAUTIN, ATKINS u. GELSTON siehe ATKINS.

Tayler: Die Genauigkeit der Bestimmungsmethode der [H˙] nach Dale und
Evans. (Biochem. journ. Bd. 17, Nr. 3, S. 406—409. 1923.) **22**, 418.
Thiel: Zusammenstellung der wichtigsten Gesichtspunkte der Indikatorenkunde.
(Zeitschr. f. anorg. Chem. Bd. 132, S. 159. 1924.) **32**, 262.
Vles: Mikrokalorimeter zur mikroskopischen Messung der p_H der r_H. (Cpt. rend.
des séances de la soc. de biol. Bd. 94, Nr. 12, S. 879—881. 1926.) **37**, 249.
Weiss u. Holló siehe Holló.
Wu: Eine Abänderung der Dubosq-Kolorimeters zur Bestimmung der [H˙] ohne
Pufferlösung. (Proc. of the soc. f. exp. biol. a. med. Bd. 21, S. 111—114.
1923.) **25**, 418.

Magen, Darm, Pankreas.

Abrahamson u. Müller jr.: Die [H˙] im Magendarmkanal der Albinoratte.
(Proc. of the soc. f. exp. biol. a. med. Bd. 22, Mai-Heft, S. 438—439. 1925.)
33, 108.
Arnold u. Brody: Bakterienflora und [H˙] des Zwölffingerdarmes. (Journ. of
infect. dis. Bd. 38, Nr. 3, S. 249—255. 1926.) **37**, 831.
Babbott, Johnston, Haskins u. Shohl: [H˙] des Mageninhalts von Säuglingen.
(Americ. journ. od fis. of childr. Bd. 26, Nr. 5, S. 475—485. 1923.) **24**, 93.
Bissel: Mc. Clendon, Lowe u. Meyer: [H˙] im Inhalt des Dünndarms. (Journ.
of the Americ. med. assoc. Bd. 75, Nr. 24, S. 1638—1641. 1920.) **6**, 392.
Brody u. Arnold siehe Arnold.
Mc. Clendon: Bestimmung der [H˙] im Mageninhalt. (Journ. of biol. chem.
Bd. 59, S. 437—442. 1924.) **27**, 119.
Mc. Clendon: [H'] im Dünndarm. (Proc. of the nat. acad. of sciences Bd. 6,
Nr. 12, S. 690—691. 1920.) **9**, 399.
Mc. Clendon u. Myers: Notiz über die [H'] des menschlichen Duodenums.
(Journ. of biol. chem. Bd. 41, Nr. 2, S. 187—190. 1920.) **4**, 71.
Mc. Clendon, Bissell, Lowe u. Meyer siehe Bissell.
Crozier: [H˙] im Verdauungskanal von Insekten. (Journ. of gen. physiol. Bd. 6,
Nr. 3, S. 289—293. 1924.) **25**, 429.
Denis, Hume, Silverman u. Irwin: Die [H˙] im menschlichen Duodenum.
(Journ. of biol. chem. Bd. 60, Nr. 3, S. 633—645. 1924.) **28**, 253.
Dubois u. Polonovski: Über die [H˙] im Pankreassaft. (Cpt. rend. des séances
de la soc. de biol. Bd. 93, Nr. 27, S. 632—633. 1925.) **33**, 708.
Freudenberg u. Heller: Was leistet die Messung der [H˙] des Säuglingsstuhles
für die Beurteilung der Darmgärung? (Jahrb. f. Kinderheilk. Bd. 94, 3. Folge
Bd. 44, H. 4/5, S. 251—257. 1921.) **10**, 242.
Hainiss: [H˙] im Säuglingsmagen bei akuten Ernährungsstörungen. (Monatsschr.
f. Kinderheilk. Bd. 21, H. 2, S. 134—145. 1921.) **9**, 397.
Hammett: Bedeutung der Änderung von p_H bei der motorischen Tätigkeit des
Dünndarms. (Americ. journ. of physiol. Bd. 60, Nr. 1, S. 52—58. 1922.) **14**, 66.
Haskins, Shohl, Johnston u. Babbott siehe Babbott.
Haurowitz u. Petron: Über das p_H-Optimum der Magen-Lipase verschiedener
Tiere. (Hoppe-Seylers Zeitschr. f. physiol. Chem. Bd. 144, H. 1/2, S. 68—75.
1925.) **32**, 134.
Heller u. Freudenberg siehe Freudenberg.
Helzer: Untersuchungen über die Regulierung der [H˙] im Organismus durch
die Darmwand. (Biochem. Zeitschr. Bd. 166, H. 1/3, S. 116—135. 1925.)
35, 673.
Hume, Denis, Silverman u. Irwin siehe Denis.
Irwin, Silverman, Hume u. Denis siehe Denis.

ITAKURA: Klinische Untersuchungen über den menschlichen Magensaft. IV. Über die Elimination des Diffusionspotentials bei der elektrometrischen Messung der [H·] im Magensaft. (Mitt. a. d. med. Fakult. d. kais. Univ. Tokio Bd. 29, S. 205—219. 1922.) **16**, 475.

ITAKURA: Über den Temperaturkoeffizient des Magensaftes in bezug auf die [H·]. (Mitt. a. d. med. Fakult. d. kais. Univ. Tokio Bd. 29, H. 2, S. 379—387. 1922.) **27**, 347.

JOHNSTON, BABBOTT, HASKINS u. SHOHL siehe BABBOTT.

KALK u. KUGELMANN: Titration, Bestimmung der [H·] und „Titration des Indikators" im Magensaft. (Klin. Wochenschr. Jg. 4, Nr. 38, S. 1806—1810. 1925.) **34**, 676.

KAUFTHEIL u. PORGES: Über die Bestimmung der [H·] des Mageninhalts nach Probefrühstück und über ihre Verwendbarkeit für die Diagnose des Ulcus duodeni. (Arch. f. Verdauungskrankh. Bd. 35, H. 3/4, S. 115—142. 1925.) **33**, 108.

KUGELMANN u. KALK siehe KALK.

LÖFFLER: Die Darmwand als Mitregulator der [H·] des Organismus. (Klin. Wochenschr. Jg. 5, Nr. 5, S. 179—181. 1926.) **35**, 841.

LOWE, MEYER, BISSEL u. MC. CLENDON siehe BISSEL.

MEYER, LOWE, BISSEL u. MC. CLENDON siehe BISSEL.

MICHAELIS u. MÜLLER: Eine Indikatorenmethode zur Aziditätsmessung im Magen- und Darmsaft beim Erwachsenen und beim Säugling. (Zeitschr. f. d. ges. exp. Med. Bd. 26, H. 3/6, S. 149—163. 1922.) **14**, 443.

MÜLLER JR. u. ABRAHAMSON siehe ABRAHAMSON.

MÜLLER u. MICHAELIS siehe MICHAELIS.

MYERS u. MC. CLENDON siehe MC. CLENDON.

NORGAARD: Über die [H·] im Mageninhalt. (Cpt. rend. des séances de la soc. de biol. Bd. 90, Nr. 12, S. 884—886. 1924.) **27**, 119.

NORTON u. SHOHL: Die [H·] der Fäzes neugeborener Kinder. (Americ. journ. of dis. of childr. Bd. 32, Nr. 2, S. 183—191. 1926.) **38**, 77.

OKADA: Die [H·] des Darminhalts. (Journ. of biol. chem. Bd. 51, Nr. 1, S. 135 bis 139. 1922.) **13**, 318.

PETRON u. HAUROWITZ siehe HAUROWITZ.

POLONOVSKI u. DUBOIS siehe DUBOIS.

PORGES u. KAUFTHEIL siehe KAUFTHEIL.

RAMOND: Der p_H des Magensaftes. (Progr. méd. Jg. 53, Nr. 39, S. 1415—1421. 1925.) **35**, 90.

SCHAMDT: Die [H·] der menschlichen Fäzes. (Biochem. Zeitschr. Bd. 166, H. 1/3, S. 136—154. 1925.) **35**, 673.

SCHWARZ, CARL: Die [H·] des aus dem Magen austretenden Mageninhalts, zugleich ein Beitrag zur Kenntnis der Magenentleerung. (Pflügers Arch. f. d. ges. Physiol. Bd. 202, H. 5/6, S. 478—487. 1924.) **26**, 197.

SHOHL, HASKINS, JOHNSTON u. BABBOTT siehe BABBOTT.

SHOHL u. NORTON siehe NORTON.

SILVERMAN, IRWIN, HUME u. DENIS siehe DENIS.

Elektroden.

ATEN u. VAN GINNEKEN: Eine Wasserstoffelektrode für strömende Flüssigkeiten. (Recueil des travaus chim. des Pays-Bas Bd. 44, Nr. 11, S. 1012—1038. 1925.) **35**, 6.

BAILEY: Eine einfache Wasserstoffelektrode. (Journ. of the Americ. chem. soc. Bd. 42, Nr. 1, S. 45—48. 1920.) **6**, 163.

Baumberger: Drei Anweisungen bezüglich Wasserstoffelektroden. (Journ. of laborat. a. clin. med. Bd. 9, S. 720—722. 1924.)　**28**, 322.

Beans u. Hammett: Experimentelle Studien über die Wasserstoffelektroden. (Journ. of the Americ. chem. soc. Bd. 47, Nr. 5, S. 1215—1226. 1925.)　**33**, 4.

Beatti: Der Aktivitätskoeffizient der normalen KCl-Lösung und das Potential der normalen Kalomelelektrode. (Journ. of the Americ. chem. soc. Bd. 42, Nr. 6, S. 1128—1131. 1920.)　**3**, 3.

Bjlmann u. Krarup: Der Temperaturkoeffizient der Chinhydronelektrode. (Journ. of the chem. soc. [London] Bd. 125, S. 1954—1956. 1924.)　**29**, 668.

Bodine: Ein einfaches Elektrodengefäß zur Messung von [H·] in kleinen Flüssigkeitsmengen. (Journ. of gen. physiol. Bd. 7, S. 735—740. 1925.)　**33**, 486.

Bunker: Beschreibung einer Wasserstoffelektrode. (Journ. of biol. chem. Bd. 41, Nr. 1, S. 11—14. 1920.)　**1**, 164.

Cullen: Eine Abänderung der Clarkschen Wasserstoffelektrode für genaue Berücksichtigung der Temperatur. (Journ. of biol. chem. Bd. 52, S. 521—524. 1922.)　**16**, 3.

Dickmann u. Tammann: Die Abhängigkeit des Potentials der Wasserstoffelektrode vom Druck. (Zeitschr. f. anorg. u. allg. Chem. Bd. 150, H. 2/3, S. 129—146. 1926.)　**35**, 568.

Furnau: Einige Anwendungen der Sauerstoffelektrode, der Luftelektrode und Oxydations-Potentialmessungen zur Azidimetrie und Alkalimetrie. (Journ. of the Americ. chem. soc. Bd. 44, Nr. 12, S. 2685—2697. 1922.)　**18**, 3.

van Ginneken u. Aten siehe Aten.

Halpert, Neukirch u. Schade: Über lokale Azidosen des Gewebes und die Methodik ihrer intravitalen Messung, zugleich ein Beitrag zur Lehre der Entzündung. (Zeitschr. f. d. ges. exp. Med. Bd. 24, H. 1/4, S. 11—56. 1921.) (Subkutanelektrode.)　**10**, 165.

Hammett: Die Geschwindigkeit der Ionisation des H_2 an Platinelektroden. (Journ. of the Americ. chem. soc. Bd. 46, S. 7—13. 1924.)　**25**, 138.

Hammett u. Beans siehe Beans.

Hartong u. Kolthoff: Die Antimonelektrode als ein Indikator für H-Ionen und ihre Anwendung bei der potentiometrischen Titration von Säuren und Basen. (Recueil des travaux chim. de Pays-Bas Bd. 44, S. Nr. 1, 113—120. 1925.)　**34**, 434.

Hetterschy u. Hudig: Die Wasserstoffelektrode. (Landwirtsch. Jahrb. Bd. 59, S. 687—691. 1924.)　**27**, 7.

Hildebrand: Einige Anwendungen der Wasserstoffelektrode in der Analyse und im Unterricht. (Researchand Teaching Bd. 35, S. 847. 1913.)

Horowitz: Die Wasserstoffelektrodenfunktion des Platins. (Sitzungsber. d. Akad. d. Wiss., math.-naturw. Kl., Abt. IIa Bd. 132, H. 9/1, S. 367—373. 1924.)　**30**, 177.

Hudig u. Hetterschy siehe Hetterschy.

Itakura: Über die Potentialdifferenz der ges. Kalomelelektrode. (Mitt. d. med. Fak. d. kais. Univ. zu Tokio Bd. 42, S. 129—148. 1920.)　**23**, 163.

Katsu: Der Einfluß der Temperatur auf das elektrische Potential der $^n/_{10}$ Kalomelelektrode. (Journ. of biophysics Bd. 1, Nr. 3, S. XLIV. 1924.)　**33**, 803.

Kern u. Wilson: Wasserstoffelektrode für gerbende Flüssigkeiten. (Industr. a. engineer. chem. Bd. 17, Nr. 1, S. 74. 1925.)　**31**, 805.

Klopsteg: Einige Anwendungen der Wasserstoffelektrodenmessungen. (Journ. of industr. a. engineer. chem. Bd. 14, Nr. 5, S. 399—406. 1922.)　**14**, 232.

Koehler: Neue 0,1 n-Kalomelelektrode. (Journ. of biol. chem. Bd. 41, Nr. 4, S. 619—620. 1920.)　**3**, 120.

Kolthoff: Die Verwendung der Chinhydron- statt der Wasserstoffelektrode bei potentionmetrische Aziditätsbestimmungen. (Recueil des travaux chim. des Pays-Bas Bd. 42, Nr. 2, S. 186—198. 1923.) **18**, 422.

Kolthoff: Die Zuverlässigkeit der Chinhydronelektrode für die Messung der [H˙] in verschiedenen Lösungen. (Hoppe-Seylers Zeitschr. f. physiol. Chem. Bd. 144, H. 3/6, S. 259—271. 1925.) **32**, 164.

Kolthoff u. Hartong siehe Hartong.

Krarup u. Biilmann siehe Biilmann.

la Mer, Victor u. Parsons: Die Verwendung der Chinhydronelektrode bei der elektrometrischen Titration in Gegenwart von Luft und die nachteiligen Faktoren in alkalischen Lösungen. (Journ. of biol. chem. Bd. 57, S. 613—631. 1923.) **23**, 291.

la Mer, Victor u. Parsons: Einfluß der H-Zahl auf die Selbstoxydation des Hydrochinon. (Journ. of the Americ. chem. soc. Bd. 46, Nr. 1, S. 223—231. 1924.) **25**, 138.

la Mer u. Parsons: Elektrometrische Titration von Säuren und Basen mit der Chinhydronelektrode. (Proc. of the soc. f. exp. med. a. biol. Bd. 20, Nr. 5, S. 239—243. 1923.) **20**, 81.

Lehmann, Gunther: Ein einfaches Modell einer Mikroelektrode zur p_H-Bestimmung. (Biochem. Zeitschr. Bd. 139, S. 213—215. 1923.) **21**, 2.

Neukirch, Halpert u. Schade siehe Halpert.

Nye, Robert: Eine vereinfachte Wasserstoffelektrode. (Journ. of immunol. Bd. 9, S. 207—212. 1924.) **29**, 508.

Parsons, Victor u. la Mer siehe la Mer.

Parsons, Victor u. la Mer siehe la Mer.

Parsons u. la Mer siehe la Mer.

Parker: Potentiometrische H-Ionenmessung mit Nichtgaselektroden. (Industr. a. engineer. chem. Bd. 17, Nr. 7, S. 737—740. 1925.) **33**, 243.

Radsimowska: Eine Ansatzelektrode zur p_H-Bestimmung in festen Nährböden. (Biochem. Zeitschr. Bd. 154, H. 1/2, S. 49—51. 1924.) **30**, 625.

Sannié: Beschreibung einer Wasserstoffelektrode für kleine Flüssigkeitsmengen. (Cpt. rend. des séances de la soc. de biol. Bd. 90, Nr. 2, S. 84—85. 1924.) **27**, 7; **30**, 178.

Schade, Neukirch u. Halpert siehe Halpert.

Schaefer u. Schmidt: Die Chinhydronelektrode bei klinischen p_H-Messungen. (Biochem. Zeitschr. Bd. 156, S. 63—79. 1925.) **31**, 325.

Simm, Henry: Eine wasserumspülte Wasserstoffelektrode. (Journ. of the Americ. chem. soc. Bd. 45, S. 2503—2507. 1924.) **33**, 646.

Smolik: Eine neue Elektrode zur H-Ionenbestimmung mit Chinhydron. (Biochem. Zeitschr. Bd. 172, H. 1/3, S. 171—172. 1926.) **37**, 248—249.

Solowiew: Eine Multimikroelektrode zu gleichzeitiger p_H-Bestimmung in vielen und verschiedenen Objekten. (Biochem. Zeitschr. Bd. 167, H. 1/3, S. 54—57. 1926.) **37**, 248.

Tammann u. Diekmann siehe Diekmann.

Veibel: Die Chinhydronelektrode als Bezugselektrode. (Journ. of the chem. soc. Bd. 123/24, S. 2203—2207. 1923.) **23**, 291.

Victor, la Mer u. Parsons siehe la Mer.

Victor, la Mer u. Parsons siehe la Mer.

Vlès: Einrichtung zur Messung des p_H in Serien mit der Chinhydronelektrode. (Arch. de physique biol. Bd. 5, Nr. 1, S. 83—84. 1926.) **38**, 176.

Wilson u. Kern siehe Kern.

Wöhlisch: Zur Technik der Reihenmessungen mit der Gaskette. (Biochem. Zeitschr. Bd. 153, S. 129—130. 1924.) **30**, 177.

Boden.

ALLORGE: Variationen des p_H in einigen Hochmooren von Zentral- und Ostfrankreich. (Cpt. rend. hebdom. des séances de l'acad. des sciences Bd. 181, Nr. 26, S. 1154—1156. 1925.)　　　　　**35**, 446.

ARRHENIUS: Bodenreaktion und Pflanzenleben mit spezieller Berücksichtigung des Kalkbedarfs für die Pflanzenproduktion. Leipzig: Akad. Verlagsges. 1922, S. 19. (Biedermanns Zentralbl., Ref., Organ f. Agrikulturchem. Jg. 53, H. 7, S. 209—211. 1924.)　　　　　**29**, 574.

ATKINS: Beziehung von [H·] zu Boden und Pflanzenverteilung. (Biedermanns Zentralbl. Jg. 51, H. 7, S. 183. 1922.)　　　　　**15**, 51.

BARNETTE, HISSINK u. VAN DER SPEK: Einige Bemerkungen über die Bestimmung der [H·] des Bodens. (Recueil des traveaux chim. des Pays-Bas Bd. 43, Nr. 5, S. 434—446. 1924.)　　　　　**34**, 812.

BAVER: Die Anwendung der Chinhydronelektrode zum Messen der [H·] von Böden. (Soil science Bd. 21, Nr. 3, S. 167—179. 1926.)　　　　　**37**, 14.

BIILMANN: Die Messung der Wasserstoffzahl im Boden mit der Chinhydronelektrode. (Journ. of agricult. science Bd. 14, S. 232—239. 1924.)　**26**, 450.

BLAIR: Das Kalkbedürfnis des Bodens, bestimmt nach der Methode von VEITCH, im Vergleich zu der [H·] des Bodenextraktes. (Soil science Bd. 9, S. 253—259. 1920. Nach Abstr. Chem. Bd. 14, Br. 14, S. 2232. 1920.)　　　　　**5**, 218.

BLAIR u. PRINCE: Schwankungen des Nitratstickstoffgehaltes und der p_H-Werte der Böden in Versuchen mit aufnehmbarem Stickstoff. (Soil science Bd. 14, Nr. 1, S. 9—19. 1922.)　　　　　**22**, 229.

BLAIR, PRINCE u. LIPMAN: Der Einfluß verschiedener Schwefelmengen im Boden auf den Ernteertrag, die [H·], Kalkbedürfnis und Nitratbildung. (Soil science Bd. 12, Nr. 3, S. 197—207. 1921.)　　　　　**10**, 381.

BRIOUX u. PIEN: Die Anwendung der Chinhydronelektrode zur Bestimmung der Bodenazidität. (Cpt. rend. hebdom. des séances de l'acad. des sciences Bd. 181, Nr. 3, S. 141—143. 1925.)　　　　　**33**, 244.

CARLETON: Ein Vergleich der Kalziumazetatmethode zur Feststellung des Kalkbedürfnisses nach Ionen mit der [H·] einiger Böden. (Soil science Bd. 16, S. 79—90. 1923.)

CROWTHER: Die Bestimmung von [H·] von Bodensuspensionen mittels der Wasserstoffelektrode. (Journ. of agricult. science Bd. 15, S. 201—221. 1925.) **32**, 768.

DEMOLON: Bestimmung der [H·] mit der kolorimetrischen Methode. Anwendung auf das Studium der Reaktion des Bodens. (Ann. de la science agronom. franç. et étrang. Jg. 39, Nr. 1. S. 20—38. 1922.)　　　　　**14**, 443.

FISCHER: Die kolorimetrische Bestimmung der [H·] in Böden und wässerigen Bodenextrakten. (Journ. of agricult. science Bd. 11, Nr. 1, S. 45—65. 1921.)　　　　　**7**, 416.

HEALY: Die Clark-Wasserstoffelektrode und Bodenuntersuchungen. (Soil science Bd. 13, Nr. 5, S. 223—228. 1922.)　　　　　**17**, 106.

HISSINK, BARNETTE u. VAN DER SPEK siehe BARNETTE.

HOCK u. NIKLAS: Die elektrometrische Titration unter Verwendung von Chinhydron. Anwendung und Bedeutung der elektrometrischen Titration bei der Reaktionsbestimmung unserer Böden. (Zeitschr. f. angew. Chem. Jg. 38, Nr. 19, S. 407—409; Nr. 10, S. 195—199. 1925.)　　　**31**, 886 u. 545.

HOCK u. NIKLAS: Vergleichung der Methode zur Bestimmung der [H·] von Böden. (Landwirtschaftl. Versuchs-Stat. Bd. 104, H. 1/2, S. 87—91. 1925.) **34**, 813.

HUDIG u. HETTERSCHY: Ein Verfahren zur Bestimmung des Kalkzustandes in Humus-Sandböden. (Bestimmung der [H·] in Bodenaufschwemmungen.) (Landwirtschaftl. Jahrb. Bd. 63, H. 2, S. 207—215. 1926.)　　　**36**, 47—48.

JOFFE: [H·]-Messungen von Böden, verglichen mit ihrem „Kalkbedürfnis". (Soil science Bd. 9, S. 261—266. 1920. Nach Chem. abstr. Bd. 14, Nr. 14, S. 2232. 1920.) **5,** 219.

JOHNSON: Die Beziehung der [H·] in Böden zu deren „Kalkbedürfnis". (Soil science Bd. 13, S. 7—22. 1922.) **18,** 67.

KNIGHT: Untersuchungen der sauren Böden mittels der Wasserstoffelektrode. (Journ. of industr. a. engineer. chem. Bd. 12, Nr. 5, S. 457—464; Bd. 6, S. 559—562. 1920.) **5,** 41, 42.

LIPMAN, PRINCE u. BLAIR siehe BLAIR.

LUNDEGARDH: Über die Interferenzwirkung von H· in Neutralsalzionen auf Keimung und Wachstum des Weizens. (Biochem. Zeitschr. Bd. 149, S. 207—215. 1924.) **28,** 63.

NIKLAS u. HOCK siehe HOCK.

PIERRE: Die [H·] der Böden unter dem Einfluß der CO_2 und des Verhältnisses Boden zu Wasser, und die Natur der Bodenazidität, wie sie sich nach diesen Studien darstellt. (Soil science Bd. 20, Nr. 4, S. 285—305. 1925.) **36,** 47.

PRIEN u. BRIOUX siehe BRIOUX.

PRINCE u. BLAIR siehe BLAIR.

PRINCE, BLAIR u. LIPMANN siehe BLAIR.

VAN DER SPEK, HISSINK u. BARNETTE siehe BARNETTE.

Trinkwasser, Seewasser, Meerwasser.

ATKINS: [H·]-Gehalt natürlicher Wässer in seiner Beziehung zu Krankheiten. (Journ. of state med. Bd. 31, Nr. 5, S. 223—226. 1923.) **22,** 150.

BAKER u. GREENFIELD: Die Beziehungen der [H·] natürlicher Wässer zum Kohlenoxydgehalt. (Journ. of industr. a. engineer. chem. Bd. 12, Nr. 10, S. 989—991. 1920.) **6,** 482.

BEANS u. OAKES: Bestimmung der [H·] in reinem Wasser mittels einer Methode zur Messung der elektromotorischen Kraft von Konzentrationsketten mit hohem inneren Widerstand. (Journ. of the Americ. chem. soc. Bd. 42, Nr. 11, S. 2116—2131. 1920.) **6,** 3.

BOHN u. DRZEWINA: Über die Regulation des p_H des Seewassers. (Cpt. rend. des séances de la soc. de biol. Bd. 93, Nr. 29, S. 917—919. 1925.) **34,** 624.

BRUCE: Eine p_H-Methode zur Bestimmung des CO_2-Austausches von Meeres-, Brack- und Süßwasserorganismen. (Brit. journ. of exp. biol. Bd. 2, Nr. 1. S. 57—64. 1924.) **30,** 698.

DAWSON: Messung der Wasserstoffzahl im destillierten Wasser und ungepufferten Lösungen, die mit der Luftkohlensäure nicht im Gleichgewicht sind. (Journ. of physiol. chem. Bd. 29, Nr. 5, S. 551—556. 1925.) **33,** 5.

DRZEWINA u. BOHN siehe BOHN.

GREENFIELD u. BAKER siehe BAKER.

HATFIELD: Die Bedeutung der [H·] in Wasserreinigungsanlagen. (Journ. of industr. a. engineer. chem. Bd. 14, Nr. 11, S. 1038—1040. 1922.) **17,** 106.

HEYMANN u. MASSINEK: Die Bedeutung der [H·] für das Trinkwasser, insbesondere für den Wasserleitungsbetrieb. (Chem. Weekbl. Bd. 17, S. 314—315; Pharmaceut. Weekbl. Bd. 57, S. 735—739. 1920.) **5,** 547.

IMBEAUX: Der Säuregrad des Wassers; seine Messung durch die Angabe des p_H seine korrodierende Wirkung und seine Beseitigung. (Rev. d'hyg. Bd. 46, Nr. 11, S. 964—975. 1924.) **31,** 627.

KOLTHOFF: Agressives CO_2 in Trinkwasser. (Chem. Weekbl. Bd. 17, S. 390—396, 1920.) **5,** 547.

KOLTHOFF: Berechnung und Bestimmung des Gehaltes an agressiver Kohlensäure
im Trinkwasser. (Zeitschr. f. d. Untersuch. d. Nahrungs- u. Genußmittel.
Bd. 41, H. 5/6, S. 97—112. 1921 (S. 112—122.)   9, 170.
KREPS: Über das gegenseitige Verhältnis von CO_2 und p_H im Meerwasser bei
verschiedenem Salzgehalt. (Internat. Rev. d. ges. Hydrobiol. u. Hydrogr:
Bd. 15, H. 3/4, S. 240—257. 1926.)   38, 766.
LABBÉ: Die Verteilung der Tiere der Salzteiche in ihren Beziehungen zu der [H˙].
(Cpt. rend. hebdom. des séances de l'acad. des sciences Bd. 175, Nr. 20, S. 913
bis 915. 1922.)   20, 261.
LABBÉ: Einfluß von steigendem p_H des Meerwassers auf die Teilungsgeschwindig-
keit der Eier von Halosydna und Sabellaria. (Cpt. rend. hebdom. des séances
de l'acad. des sciences Bd. 176, Nr. 20, S. 1423—1426. 1923.) 20, 259—260.
LEGENDRE: Tägliche Variationen in der [H˙] des Meerwassers. (Cpt. rend. hebdom.
des séances de l'acad. des sciences Bd. 175, Nr. 18, S. 773—776. 1922.) 16, 397.
MASSINEK u. HEYMANN siehe HEYMANN.
OAKES u. BEANS siehe BEANS.
SCHOPFER: Untersuchungen über die [H˙] des Wassers vom Genfer See. (Cpt.
rend. des séances de la soc. de physique et d'histoire natur. de Geneve Bd.43,
Nr. 1, S. 22—25. 1926.)   37, 249.
SOUNDERS: Bemerkung über die [H˙] einiger natürlicher Wässer. (Proc. of the
Cambridge philos. soc. Bd. 20, Nr. 3, S. 350—351. 1921.)   9, 168.
SOUNDERS: Die Wasserstoffionenkonzentration von natürlichen Wässern. I. Die
Beziehung des p_H zu der CO_2-Spannung. (Brit. journ. of exp. biol. Bd. 4,
Nr. 1, S. 46—72. 1926.)   41, 637.
STERN: Kolorimetrische p_H-Bestimmung in Wasser und ungepufferten Lösungen.
(Journ. of biol. chem. Bd. 65, Nr. 3, S. 677—681. 1925.)   35, 197.
TILLMANNS: Über die agressive Kohlensäure und die Wasserstoffionenkonzentra-
tion bei der Wasseruntersuchung. (Zeitschr. f. Untersuch. d. Nahrungs- u.
Genußmittel Bd. 42, H. 3/4, S. 98—104. 1921.)

Milch.

BEAVER, MARX u. EDWIN SCHULTZ: Die Beziehung zwischen der [H˙] und dem
Bakteriengehalt der Handelsmilch. (Journ. of dairy science Bd. 4, Nr. 1,
S. 1—6. 1921.)   9, 348.
BEAVER, MARX u. SCHULTZ: Die Beziehung zwischen der [H˙] und dem Bakteriengehalt der Handelsmilch. (Journ. of dairy science Bd. 5, Nr. 4, S. 383—387.
1922.)   19, 10.
CHANDLER u. SCHULTZ: Die Azidität von Ziegenmilch in Hinsicht auf die [H˙]
und ihr Vergleich mit derjenigen von Kuhmilch und Frauenmilch. (Journ.
of biol. chem. Bd. 46, Nr. 1, S. 129—131. 1921.)   7, 398.
COOLEDGE u. WYANT: Kolorimetrische Bestimmung der [H˙] der Milch als Grundlage für ihre hygienische Beurteilung. (Cream. a. milk plant monthly Bd. 9,
Nr. 3, S. 38. 1920. Nach Chem. abstr. Bd. 14, Nr. 10, S. 1585. 1920.) 3, 150.
COSMOVICI: Die Einwirkung der H-Ionen auf die Milchgerinnung. (Bull. de la
soc. de chim. biol. Bd. 7, Nr. 2, S. 124—152. 1925.)   32, 135.
DUNCOMBE: Einfluß verschiedener Faktoren auf die [H˙] der Kuhmilch. (Journ.
of dairy science Bd. 7, Nr. 1, S. 86—93. 1924.)   30, 202.
LESTER, VERA: Messungen der [H˙] in einigen Molkereierzeugnissen mittels der
BILMANNschen Chinhydronelektrode. (Journ. of agricult. science Bd. 14.
Nr. 4, S. 634—641. 1924.)   30, 367,
MARX, BEAVER u. EDWIN SCHULTZ siehe BEAVER.
MARX, BEAVER u. SCHULTZ siehe BEAVER.

OBERMEIER u. TILLMANNS: Über die [H·] der Milch. (Zeitschr. f. Untersuch. d. Nahrungs- u. Genußmittel Bd. 40, H. 1/2, S. 23—34. 1920.) **4, 20.**

OKUDA u. ZOLLER: Die Beziehungen der [H·] zu der Hitzekoagulation der Eiweißkörper in der Molke von Schweizerkäse. (Journ. of industr. a. engineer. chem. Bd. 13, Nr. 6, S. 515—519. 1921.) **11, 24.**

SCHULTZ, MARX u. BEAVES siehe BEAVES.

SCHULTZ, EDWIN, MARX u. BEAVES siehe BEAVES.

SCHULTZ u. CHANDLER siehe CHANDLER.

TILLMANNS u. OBERMEIER siehe OBERMEIER.

WYANT u. COOLEDGE siehe COOLEDGE.

ZOLLER u. OKUDA siehe OKUDA.

Pufferlösungen.

ATKINS, TANTIN u. GELSTON: Ein Puffergemisch für alkalische Gebiete zur Bestimmung der [H·]. (Biochem. journ. Bd. 20, Nr. 1, S. 102—104. 1926.) **37, 12—13.**

DRAVES u. TARLAR: Die Unbeständigkeit von Phthalatlösungen gegen die H-Elektrode. (Journ. of the Americ. chem. soc. Bd. 47, S. 1226—1230. 1925.) **33, 244.**

GELSTON, TANTIN u. ATKINS siehe ATKINS.

McILVAINE: Eine Pufferlösung für kolorimetrische Messungen. (Journ. of biol. chem. Bd. 43, Nr. 1, S. 183—186. 1921.) **12, 163.**

KOLTHOFF: Eine neue Reihe von Puffern ohne Standardsäure und -Base. (Journ. of biol. chem. Bd. 63, Nr. 1, S. 135—141. 1925.) **31, 482.**

MARTIN: Herstellung der SÖRENSENschen Phosphatlösungen, wenn reine Salze nicht verfügbar. (Biochem. journ. Bd. 14, Nr. 2, S. 98. 1920.) **3, 123.**

MURDICK u. WOOD: Die Beständigkeit von Phthalatlösungen als Standard bei Bestimmungen der [H·]. (Journ. of the Americ. chem. soc. Bd. 44, Nr. 9, S. 2008—2009. 1922.) **16, 3.**

OAKES u. SALISBURY: Die Verwendung von Phthalatlösungen für die H-Elektrode. (Journ. of the Americ. chem. soc. Bd. 44, Nr. 5, S. 948—951. 1922.) **14, 444.**

TARLAR u. DRAVES siehe DRAVES.

TANTIN, ATKINS u. GELSTON siehe ATKINS.

WALBUM: Einfluß der Temperatur auf die [H·] der Standardlösungen. (Cpt. rend. des séances de la soc. de biol. Bd. 83, Nr. 16, S. 707—709. 1920.) **2, 490.**

WOOD u. MURDICK siehe MURDICK.

Verschiedenes.

ARKADJEW: Eine elektrometrische Untersuchung der Einwirkung der Neutralsalze auf das Potential der Wasserstoffelektrode. (Zeitschr. f. physikal. Chem. Bd. 104, S. 192—202. 1923.) **19, 357.**

BÁLINT: [H·] und „Elektrapie". (Biochem. Zeitschr. Bd. 165, H. 4/6, S. 465—472. 1925.) **35, 6.**

BIDZINSKI, CHRZASZCZ u. KRAUSE: Über den Einfluß der [H·] auf die Dextrinierung der Stärke auf gereinigte Malzamylase. (Biochem. Zeitschr. Bd. 160, H. 1/3, S. 155—171. 1925.) **33, 202.**

BOGME u. CONNELL: Der Einfluß der [H·] auf die optische Aktivität der Gelatine. (Journ. of the Americ. chem. soc. Bd. 47, Nr. 6, S. 1694—1697. 1925.) **32, 417.**

BÖHME, KUHN u. OSTWALD: Die Bedeutung der [H·] für die Quellung der Gelatine. (Kolloidchem. Beitr. Bd. 20, H. 9/12, S. 412—433. 1925.) **34, 124.**

BRATFIELD: Der Einfluß der Konzentration von kolloidem Ton auf die [H·] seiner Lösungen. (Journ. of physical. chem. Bd. 28, Nr. 2, S. 170—175. 1924.) **33, 491.**

Brode: Die spektrophotometrische Bestimmung der H-Zahl. (Journ. of the
Americ. chem. soc. Bd. 46, Nr. 3, S. 581—586. 1924.)   **26**, 321.

Broemser: Über die zweckmäßige Konstruktion von Kapillarelektrometern.
(Zeitschr. f. Biol. Bd. 75, S. 309—314. 1922.)   **14**, 442.

Büchi: Zur Bestimmung von Diffusionspotentialen. (Zeitschr. f. Elektrochem.
u. angew. physikal. Chem. Bd. 30, Nr. 9, S. 443—449. 1924.)   **30**, 499.

de Caro: Oberflächenspannung von Gelatinelösungen bei verschiedener [H·].
(Atti de reale accad. naz. dei Lincei rendiconti Bd. 1, H. 12, S. 729—733.
1925.)   **35**, 7.

Carpenter: Der Einfluß der [H·] und der Temperatur auf die hydrolytische
Spaltung des Kaseins. (Journ. of biol. chem. Bd. 67, Nr. 3, S. 647—658.
1926.)   **37**, 49—50.

Cathcarth u. Esty: Die Änderungen der [H·] von verschiedenen Medien während
der Erhitzung in weichen und Pyrex-Glasgefäßen. (Journ. of infect. dis.
Bd. 29, Nr. 1, S. 29—39. 1921.)   **10**, 124.

Christensen u. Fulmer: Die Bindung von atmosphärischem Stickstoff durch
Hefe als eine Funktion der [H·]. (Journ. of physical. chem. Bd. 29, Nr. 11,
S. 1415—1418. 1925.)   **34**, 566.

Chrzaszcz, Bidzinsky u. Krause siehe Bidzinski.

Connell u. Bogme siehe Bogme.

Dhar u. Ghosh: Einfluß des H-Ions auf die Beständigkeit von Solen. (Journ.
of physical. chem. Bd. 30, Nr. 6, S. 830—844. 1926.)   **38**, 337.

Edgar u. Shiver: Das Gleichgewicht zwischen Kreatin und Kreatinin in wässeriger Lösung. Der Einfluß der H-Ionen. (Journ. of the Americ. chem. soc.
Bd. 47, Nr. 4, S. 1179—1188. 1925.)   **34**, 763.

Esty u. Cathcarth siehe Cathcarth.

Freundlich u. Neukircher: Über den Einfluß der [H·] auf die Viskosität und
Elastizität von Gelatinelösungen. (Kolloid-Zeitschr. Bd. 38, H. 2, S. 180—181.
1926.)   **35**, 768.

Fujita u. Michaelis: Über die Vernichtung des Diffusionspotentials an Flüssig-
keitsgrenzen. (Biochem. Zeitschr. Bd. 142, S. 398—406. 1923.)   **24**, 163.

Fulmer u. Christensen siehe Christensen.

Gese u. Vlès: Die ultraviolette Absorption von einigen organischen Säuren als
Funktion der p_H. (Cpt. rend. hebdom. des séances de l'acad. des sciences
Bd. 180, Nr. 18, S. 1342—1345. 1925.)   **33**, 6.

Ghosh u. Dhar siehe Dhar.

Halvarson: Beobachtungen über die Messung des p_H von Seifenlösungen.
(Proc. of the soc. f. exp. biol. a. med. Bd. 22, März-Heft, S. 358—361. 1925.)
                33, 486.

Healy u. Peter: Die [H·] und die Basizität des Eidotters und des Eiklars. (Americ.
journ. of physiol. Bd. 74, Nr. 2, S. 363—368. 1925.)   **34**, 764.

Holmes: Die spektrophotometrischen Bestimmungen der H-Zahl. (Journ. of the
Americ. chem. soc. Bd. 46, Nr. 3, S. 627—631. 1924.)   **26**, 321.

Holmes u. Snyder: Spektrophotometrische Bestimmung der [H·] und die Dissoziationskonstante von Indikatoren. (Journ. of the Americ. chem. soc.
Bd. 47, Nr. 8, S. 2232—2236. 1925.)   **35**, 755.

Holmes u. Snyder: Spektrophotometrische Bestimmung der [H·]. (Journ. of
the Americ. chem. soc. Bd. 47, Nr. 1, S. 221—226. 1925.)   **31**, 4.

Keeler: Wasserstoffzahl- und sonstige elektrische Messungen in ihrer Anwendung
in chemischen Betrieben. (Journ. of industr. a. engineer. chem. Bd. 14,
S. 1010—1012. 1922.)   **17**, 3.

KEELER: Die Anwendung von Ionen-Konzentrationsmessungen zur Kontrolle von Fabrikationsprozessen. (Journ. of industr. a. engineer. chem. Bd. 14, Nr. 5, S. 395—398. 1922.) **14**, 292.

KOLTHOFF: Über die Verwendung der Wasserstoffelektrode. (Chem. Weekbl. Bd. 18, Nr. 17, S. 248—249. 1921.) **9**, 323.

KOLTHOFF u. TEKELENBURG: Die potentiometrische Bestimmung der [H·] bei höheren Temperaturen. (Verslag. d. afdeel. natuurkunde, koninkl. akad. v. wetensch., Amsterdam Bd. 35, Nr. 1, S. 190—199. 1926.) **38**, 765.

KNUDSEN: Über die Messung der [H·] des Käses mittels der Chinhydronelektrode. (Zeitschr. f. Untersuch. d. Nahrungs- u. Genußmittel Bd. 50, H. 4, S. 300 bis 306. 1925.) **35**, 593.

KRAUSE, BIDZINSKI u. CHRZASZCZ siehe BIDZINSKI.

KRÜGER u. MENZEL: Notizen zur Methodik elektrometrischer p_H-Bestimmungen. (Zeitschr. f. Elektrochem. Bd. 32, Nr. 2, S. 93—97. 1926.) **36**, 115.

KRUYT u. TENDELOO: Die beschränkte Bedeutung der [H'] für den Zustand lyophiler Sole. (Verslag. d. afdeel. natuurkunde, koninkl. akad. v. wetensch., Amsterdam Bd. 34, Nr. 4, S. 408—416. 1925; Journ. of physical. chem. Bd. 29, S. 1301—1311. 1925.) **33**, 9.

KUHN, OSTWALD u. BÖHME siehe BÖHME.

LINDERSTROM-LANG u. SOERENSEN: Über die Bestimmung und den Wert von π_0 bei der elektrometrischen p_H-Messung. (Cpt. rend. des travaux du laborat. Carlsberg Bd. 15, Nr. 6, S. 40. 1924.) **31**, 324.

LIQUIER: Über die Änderungen des Drehungsvermögens von Asparaginlösungen in Abhängigkeit von ihrer [H']. (Cpt. rend. hebdom. des séances de l'acad. des sciences Bd. 180, Nr. 25, S. 1917—1919. 1925.) **38**, 762.

LORAH u. TARTAR: Der Einfluß der [H·] auf die Schutzwirkung von Gelatine gegenüber ZSIGMONDYs Goldhydrosole. (Journ. of physical. chem. Bd. 29, Nr. 7, S. 792—798. 1925.) **33**, 649.

MENZEL u. KRÜGER siehe KRÜGER.

MICHAELIS u. FUJITA siehe FUJITA.

MICHAELIS u. MIZULANI: Der Einfluß der Neutralsalze auf das Potential einer HCl-Lösung gegen die Wasserstoffelektrode. (Zeitschr. f. physikal. Chem. Bd. 112, S. 68—82. 1924.) **29**, 325.

NEUKIRCHER u. FREUNDLICH siehe FREUNDLICH.

OSTWALD, KUHN u. BÖHME siehe BÖHME.

PETER u. HEALY siehe HEALY.

RISSE: Über die Durchlässigkeit von Kollodium und Eiweißmembranen für einige Ampholyte. I. Mitt. Der Einfluß der H- und OH-Ionenkonzentration. (Pflügers Arch. f. d. ges. Physiol. Bd. 212, H. 3/4, S. 375—402. 1926.) **37**, 731.

ROY: Studien über die [H'] einiger injizierbarer Flüssigkeiten. Einfluß der Sterilisation. (Journ. de pharmacie et du chim. Bd. 1, Nr. 11, S. 525—532 1925.) **32**, 910.

SHARP: Eine einfache Methode der elektrometrischen Titration in der Azidimetrie und Alkalimetrie. (Journ. of the Americ. chem. soc. Bd. 44, S. 1193—1196. 1922.) **15**, 2.

SHIVER u. EDGAR siehe EDGAR.

SNYDER u. HOLMES siehe HOLMES.

SOERENSEN u. LINDERSTROM-LANG siehe LINDERSTROM-LANG.

TAGUE: Studie zur Bestimmung von Aminosäuren mit Hilfe der Wasserstoffelektrode. (Journ. of the Americ. chem. soc. Bd. 42, Nr. 2, S. 173—184. 1920.) **2**, 194.

TARTAR u. LORAH siehe LORAH.

Tekelenburg u. Kolthoff siehe Kolthoff.

Tendeloo u. Kruyt siehe Kruyt.

Vellinger: Das Drehungsvermögen organischer Körper in der Abhängigkeit von der [H˙]. B. Pilokarpin. C. Asparaginsäure. (Arch. de physique biol. Bd. 5, Nr. 1, S. 37—47. 1926.)   37, 748.

Vellinger: Das Drehungsvermögen organischer Körper als Funktion des p_H; das Glukosamin. (Cpt. rend. hebdom. des séances de l'acad. des sciences Bd. 182, Nr. 26, S. 1625—1627. 1925.)   38, 763.

Vlès: Untersuchungen über die physikalisch-chemischen Eigenschaften organischer Körper in Abhängigkeit vom p_H. (Arch. de physique biol. Bd. 5, Nr. 1, S. 1—4. 1926.)   38, 331.

Vlès: Über spektrophotometrische Bestimmung der [H˙]. (Arch. de physique biol. Bd. 4, Nr. 4, S. 285—321. 1926.)   38, 9.

Vlès u. Gese: Die ultraviolette Absorption von einigen organischen Säuren als Funktion der p_H. (Cpt. rend. hebdom. des séances de l'acad. des sciences Bd. 180, Nr. 18, S. 1342—1345. 1925.)   33, 6.

Vlès u. Vellinger: Das Drehungsvermögen organischer Körper in Abhängigkeit von der [H˙]. A. Weinsäure. (Arch. de physique biol. Bd. 5, Nr. 1, S. 31 bis 36. 1926.)   37, 747.

Weir: Die Koagulation von kolloiden Lösungen durch H-Ionen. (Journ. of the chem. soc. [London] Bd. 127, Okt.-Heft, S. 2245—2248. 1925.)   34, 441.

Namenverzeichnis.

ACREE 293.
ARRHENIUS 2, 337.
AVOGADRO 53.
AUSTIN 336 f.

BAYLEY 203.
BEANS 132, 190 f., 261.
BAYLIS 230.
BEIN 11.
BENNET 336.
BEST s. PENNYCUICK 178.
BIENFAIT 157.
BIILMANN 83, 214, 218.
BJERRUM 12, 73, 171, 327.
BODINE 209.
DU BOIS 128.
BOSCH, W. s. KOLTHOFF 215, 263.
BOSE 76.
BOURGEAND 208.
BOYLE 51.
BROEMSER 120.
BROUSTED 171.
BRÜNNICH 232.
BUYTENDIK 37.

CATHVARTH 193.
CLARK 45, 81, 166, 170, 205, 258, 291, 293, 295, 299, 300, 301, 305 bis 308, 315, 324, 325.
CLENDON, M. 185, 207.
CREMER 232.
CULLEN, GL. 336, 206.

DOLEZALEK 119.

ELLIS 178.
ETIENNE 208.
ETTISCH 227.

FALES 168.
FINK s. BODINE 209.

FUJITA 200 s. MICHAELIS.
FUNK s. MYLIUS 96.
FURMAN 266.

GAY-LUSSAC 52.
GILLESPIE 327.
GOODE 156.
GRAETZ 112 f., 117, 130, 141, 150 f.
GYEMANT 316 s. MICHAELIS.

HABER 83, 214, 232.
HAMMET s. BEANS 190 ff., 261.
HANTZSCH 290.
HARNED 171.
HAROLD, J. 336 f.
HARTONG 231 s. KOLTHOFF.
HASSELBALCH 260.
HASTINGS 336 f.
HILDEBRAND 195 ff.
HIRSCH, P. 269.
HÖPFNER 156.
HULETT 180.
HORAGE 156.
HURWITZ 333.

ILVAINE 299, 309.
INNES, MC. s. NOYES 12.

JANKE 329.
JÄGER, H. 93 f., 97, 119, 127—130, 132, 150 f., 156.

KATAGIRI 218 s. BIILMANN.
KEELER 230.
KERN 195.
KERRIDGE 234.

KESTRANEK s. UHL 231.
KLEMENSIEWICZ s. HABER 232.
KOEHN 227.
KOEHLER 172 f.
KOHLRAUSCH 144.
KOLTHOFF 215, 217, 223, 231, 263, 266, 295, 299, 329.
KOPASZEWSKI 227.
KROPACSY 329.
KRÜGER 40, 251 s. MICHAELIS 323.

LEEDS 273 f.
LEHMANN 210.
LEWIS s. BJERRUM.
LINDECK 151.
LINDERSTRÖM s. SÖRENSEN 167 f., 170, 216.
LIPPMANN 120.
LUTHER 98, 121, 186 s. OSTWALD.
LUBS s. CLARK 293, 297, 299, 305—308.

MAGOON 207 s. CLENDON.
MARIOTTE s. BOYLE 51.
MEULEN 232.
MEYER 333.
MEYERHOF 39.
MICHAELIS, L. 6, 8, 10, 24, 29, 34, 39—41, 44, 125, 170 f., 173, 176, 188, 195 f., 196 ff., 251, 253 ff., 267, 295, 298, 300, 316, 319 ff., 323, 325, 333, 337.
MÜHLBRETT 156.
MISLOWITZER, E. 37, 152, 217, 218, 224, 228, 261, 278, 281 ff.

Mudge s. Fales 168.
Müller, E. 126, 269, 279, 280ff.
Mylius 96.

Nernst 51.
Northrup s. Leeds 273.
Noyes 12.

Oakes s. Beans 132.
Ohm 91.
Ostenberg 333.
Ostwald 98f., 121, 142f., 186, 288ff.

Palitzsch 295, 299.
Parker 230.
Pennycuick 178.

Radsimowska 212.
Ringer 299, 309.
Robinson 336.
Rona, P. 196, 269, 295, 309.

Rothe s. Lindeck 151.
Rubens s. du Bois 128.
Russ 83 s. Haber 214.

Salinger 156.
Sendroy 336.
Simms 206, 257.
Smolik, L. 227.
Sounders, J. T. 324.
Sörensen 13, 15, 166ff., 170, 171, 216f., 295, 296, 298f., 302—305, 307, 312ff., 325, 332.
Sörensen s. Linderström.
Schade 212.
Schäfer, Werner 281f.
Schau-Kuany-Liu 218.
Schmid 196.
Schmid, Alf. 184.
Schmitt 203.
Stadie, C. 336f.

Stieglitz 291.
Suranyi 39 s. Meyerhof.

Thompson 230.
Taub, Abrah. 329.

Uhl 231.

Valeur, A. 215.
Veibel 219.
Vellinger 170.
Verain s. Etienne 208.
Vogt, M. 278.

Walbum 301.
Walpole 299, 309, 332ff.
Wichers 191.
Wilcoxon s. Menlen.
Wilson 195ff.
Winterstein 210ff.
Weber, H. H. 177.

Yllpö 237.

Sachverzeichnis.

Absorption 183.
Achsengelagertes Instrument 130.
Agarheber 176.
Akkumulator 235.
—, Eichung des 240.
—, Laden des 235, 236.
Aktivitätsfaktor 12, 23, 171.
Aktive Masse 12.
Aktivitätstheorie 171.
Aktivitätskoeffizient 12, 23, 171.
Alizaringelb 297, 298.
Amalgamierungsflüssigkeit 181.
Amalgamierung des Platindrahtes 181.
Ampere 89.
Amperesche Schwimmerregel 90.
Ampholyte 35.
Anodenstrom 156.
Antimonelektrode 231.
Äquivalent, elektrochemisches 54.
Arbeit, elektrische 63.
—, maximale 51, 63.
—, osmotische 63.
Arretiervorrichtung an Meßinstrumenten 117.
Astatische Magnetsysteme 127.
Aufbrennflüssigkeiten 186.

Base 10.
Basen, elektrometrische Titration von 266.
—, schwache 10, 13.

Basen,, schwache, Berechnung der Wasserstoffzahlen (in reinen Lösungen) 20.
—, schwache, Dissoziation von 19.
—, schwache, Dissoziationsgrad 32.
—, starke 10, 13.
Baumwollblau 332.
Benzylanilinazobenzol 296.
Benzylanilinazo-p-benzolsulfosäure 296.
Bezugselektrode 71, 219.
Bimetall-Elektrodensystem 232.
Binant 119.
Binantenschaltung 119.
Birnenelektrode s. Wasserstoffelektrode.
Bismarkbraun 332.
Blutelektroden s. Wasserstoffelektroden.
Blut, Pufferung im 36.
Blutplasma, p_H-Bestimmung im, s. Wasserstoffelektrode und Kolorimetrie.
Blutserum, p_H-Bestimmung, s. Wasserstoffelektrode u. Kolometrie.
Borsäure 301.
Bromkresolpurpur 296, 297.
Bromthymolblau 297.
Bromphenolblau 296, 297.
C, Berechnung der Konstante C 69, 75.

Chinhydron, Becherglaselektrode nach MISLOWITZER 224.
—, Elektrode nach BIILMANN 227.
—, Herstellung von 214.
—, Mikroelektrode nach ETTISCH 227 ff.
—, — nach SCHAEFER und SCHMIDT 228.
—, Spritzenelektrode nach MISLOWITZER 228.
Chinhydronbezugselektroden 219.
Chinhydronelektrode 83, 214.
Chinhydronmessung 262.
—, Beispiel einer schwierigen 264.
—, Besonderheiten der 216.
— ungepufferter Lösungen 263.
Chinhydronmethode, Vorzüge der 262.
Coulomb 87.
Curcumein 332.

Dämpfung der Schwingung von Meßinstrumenten 131.
Dekadenrheostaten 142.
Diagramm nach MICHAELIS s. Kolorimetrie.
Dichroismus 330.
Dielektrizitätskonstante 4, 20.
Differential-Kapillar-Quecksilber-Elektrometer 126.

Differentialrechnung 55.
Differentialquotient 59.
Diffusionspotential 71.
—, Vernichtung des 71 ff.
Dimethylaminoazobenzol 287.
— -Karbonsäure s. Methylrot.
α-Dinitrophenol 287, 298, 325.
β-Dinitrophenol 298.
γ-Dinitrophenol 298, 325.
Diphenylaminoazobenzol 296.
Diphenylaminoazo-m-benzolsulfosäure 296.
— -p-benzolsulfosäure Tropäolin 00 296.
Dissoziation schwacher Basen 19.
— starker Basen 11.
— von Salzen 23.
—, stufenweise mehrbasischer Säuren 37.
— schwacher Säuren 19.
— starker Säuren 11.
— des Wassers 5.
Dissoziationsgrad 33.
— schwacher Basen 32.
— — Säuren 32.
Dissoziationskonstante 20.
— des Wassers 6.
Dissoziationskurven verschiedener Indikatoren 294.
— einer schwachen Säure 34.
— des Wassers 8.
Doppelchinhydronkette 220.
Doppelchinhydronelektrode nach MISLOWITZER 224.
Drehgestell für Wasserstoffelektroden 200.
Drehrheostat 112.
Drehspulgalvanometer 130.

Einstellgeschwindigkeit der Wasserstoffelektroden 185.

Einzelpotential, Messung des absoluten Wertes 68.
Eisentitration, potentiometrische 281.
Eiweißkörper als Puffer 36.
Elektrischer Strom, die drei Wirkungen des 90.
Elektrische Arbeit 63.
Elektrochemisches Äquivalent 54.
Elektroden, Anordnung bei der Messung.
Elektrodengefäße 194.
— für die Chinhydronmessung nach KOLTHOFF u. MICHAELIS 223.
— für Kalomelelektroden 176.
Elektrolyse 90.
Elektrolysestativ 278.
Elektrolyte, amphotere 35.
Elektrolytische Lösungstension 65.
Elektrolytischer Stromschlüssel 174.
Elektromagnete 131.
Elektrometerstativ 124 ff.
Elektrometrische Titration von Säuren und Laugen 266.
— Titration von Bodensuspensionen 272.
Elektronenröhre 156.
Elektrostatische Einheiten 86.
— Meßinstrumente 117.
Element, innerer Widerstand 101.
—, Parallelschaltung von 101.
—, Serienschaltung von 102.

Fadengalvanometer 116, 130.
Fällungsanalysen, potentiometrische 275.
Farad 88.

Farbgrad 295, 317, 321.
Farbtiefe s. Farbgrad.
Festwiderstand 110.

Galvanometer, ballistische 132.
Gasgesetze 51.
Gasometer für H_2-CO_2-Gemisch 258 f.
Gitterelektrode 157.
Gitterpotential 156.
Glaselektrode nach HABER 232 f.
— nach KERRIDGE 234.
Glühlampenrheostat 236.
Glykokoll 300.

Halbwert 289.
Harn, p_H-Messung von 331, 334.
Helianthin II 332.
Heizbatterie 157.
Hydrionometer nach BRESSLAU 336, 337.
Hydrochinhydronelektrode 218.
Hydrolysegrad 25.

Indikatordauerreihen für einfarbige Indikatoren 326, 327.
— für zweifarbige Indikatoren 329.
Indikatoren, Auswahl der geeigneten 295.
—, chemische Natur der 286.
—, chromophore Theorie der 290.
—, Dissoziationskurven verschiedener 294.
—, einfarbige nach MICHAELIS 298.
—, Eiweißfehler 295, 335.
Indikatorkonstante 289.
Indikatoren, Salzfehler 295, 324, 335.
—, Säurefehler der 323.
—, Tautomerie der 290.
—, Theorie der 286.
Indikatorkonstanten einfarbiger Indikatoren nach MICHAELIS 320.

Indikatorenreihe nach CLARK und LUBS 297.
— nach SÖRENSEN 296 f.
Indikatorsäure und Wasserstoffzahl 289.
Indikatorpapiere 310.
Indikatoren, Umschlagsgebiete 45 ff.
Integralrechnung 60.
Integrationskonstante 61.
Ionisation s. Dissoziation.
Isoelektrischer Punkt 35 ff.
— — des Hämoglobins 36.
— — des Serumalbumins 36.

Kadmium 96.
Kadmiumnormalelement, Herstellung des 96.
Kadmiumsulfat 96.
Kaliumbiphtalat 306.
Kaliumchlorid 179, 305 306.
Kalomel 178.
Kalomelelektroden 71, 160.
—, einmalige Eichung 253.
—, tägliche Eichung 255.
—, Einzelpotential der 165.
—, Beziehung zu der Normalwasserstoffelektrode 161.
—, Gefäße für die 176.
—, Herstellung der 173, 177.
—, gesättigte 165.
— $^{n}/_{1}$ 165.
— $^{n}/_{10}$ 165.
—, Füllung 177.
— nach KOEHLER 172.
—, Prinzip der 164.
—, Reinigung 177.
—, Temperaturkoeffizienten der 167.
—, Vorteile der gesättigten und nicht gesättigten 171.
Kapazität, Einheit der 88.
Kapillarblut, Entnahme des 212.

Kapillarblut, p_H-Messung mit Chinhydronmethode 228.
Kapillarelektrometer 120, 235, 241.
—, Montage und Bedienung des 238 ff.
Keilapparat nach FR. HILTNER 338.
KIPPscher Apparat zur Wasserstoffentwicklung 192.
Kohlensäure 37.
—, Reaktion der Alkalisalze 40.
Kohlensäureabwesenheit im Wasser, Nachweis der 300.
Kolorimetrie 385 ff.
—, Diagramm nach SÖRENSEN 313.
—, Fehlermöglichkeiten 335.
—, Indikatoren für Vorproben 310.
—, kleine Flüssigkeitsmengen 316.
—, Methode mit Puffern 312 ff.
—, Methoden ohne Puffer 312, 316.
—, Methode ohne Puffer Diagramm nach MICHAELIS 322.
—, Methode ohne Puffer nach GILLESPIE 326.
—, Methode nach GILLESPIE, Tafel verschiedener Puffer 328.
—, Methode ohne Puffer nach MICHAELIS 316 ff.
—, Methode ohne Puffer Wasseruntersuchung 323.
—, Mischungszahl 311 ff.
—, p_H-Messung von Abwasser 338.
—, p_H-Messung von Bodensäure 338.
—, p_H-Messung gefärbter und getrübter Lösungen 331, 334, 335.

Kolorimetrie, p_H-Messung von Flußwasser 338.
—, p_H-Messung von Serum und Plasma 336 ff.
—, Vorbemerkungen 48.
—, Vorproben 310.
Komparator 328, 333.
Kompensationsapparate 149.
Kompensationsschaltung 136.
— mit Kurbelrheostaten 149.
— mit einem Rheostatenkasten 145.
— mit zwei Rheostatenkästen 146.
— — — — und Vorschaltwiderstand 148.
— mit Vorschaltwiderstand 139.
Kongorot 295.
Konzentrationsketten 73, 159.
Korrekturen für Luft- und Dampfdruck 257.
— für Wasserstoffpartialdruck 259.
Kresolphthalein 297.
Kresolrot 297.
Kugelpanzergalvanometer 128.
Kupfervoltameter 93.
Kurbelwiderstand 112.
Kurzschließer 124.
Kurzschluß 236.

Lamelle 237.
Leitfähigkeitsfaktor 23.
Logarithmus, natürlicher 54.
—, —, Beziehung zu dem BRIGGschen 55.
LOSCHMIDTsche Zahl 82.
Lösungstension, elektrolytische 65, 70.

Magnetsysteme, astatische 127.
Manganin 94, 113.
Massenwirkungsgesetz 5.
Meerwasser, p_H-Messung des 295, 323, 324.

Meniskus, Herstellen eines neuen 123 ff.
Merkurosulfat 96.
Meßdraht, Kalibrierung eines 143.
Meßdrahtanordnung (nach POGGENDORF) 136.
Meßdrahtapparatur 235.
Meßinstrumente, aperiodische 132.
—, Dämpfung der Schwingung von 131.
—, elektromagnetische 127.
—, elektrostatische 117.
Manganelektrode 230.
Maximale Arbeit 51, 63.
Meßinstrumente für verschiedene Meßbereiche 107.
Metanilgelb extra 296.
Methylorange 46, 288, 296.
Methylrot 46 ff, 287, 297.
Methylviolett 296, 332.
Mikrochinhydronelektrode nach BILMANN 228.
— nach ETTISCH 228.
Mikrocoulomb 87.
Mikroelektroden 209.
— nach BODINE u. FINK 209.
— nach LEHMANN 210.
— nach WINTERSTEIN 210.
Mikrofarad 88.
Mischungszahl s. Kolorimetrie.
Monokaliumphosphat 306.

Nadelgalvanometer 127.
Nadelschaltung 118.
Natronlauge 301.
—, kohlensäurefreie 301.
α-Naphtholphthalein 287, 297.
NERNSTsche Gleichung 51, 66, 221.
Neutralrot 297.
Nichtgaselektroden 229 ff.
p-Nitrobenzolazosalizylsäure 297.

m-Nitrophenol 287, 298, 325.
p-Nitrophenol 287, 297, 298, 314, 325.
—, Dissoziationskurve des 294.
Normalelement 94, 235.
—, Polarisation des 98.
—, Spannung des 98.
—, transportables 99.
Normalien, empirische 93.
— der elektrischen Größen 89.
Normalpotential 70, 79.
Normalwasserstoffelektrode 69, 74, 159.
Nullelektrode 68.
Nullinstrument 116, 131.
Nullpunkt, absoluter 53.

Occlusion 183.
Ohm 94.
OHMsches Gesetz 91, 101.
— —, Rechenbeispiele zum 100.
Orange I 297.
Osmotische Arbeit 63.
Oxydations-Reduktionssysteme 80.
— -Reduktionsanalysen, potentiometrische 280.
— -Reduktionsvorgang an der Wasserstoffelektrode 78.

Parallelschaltung von Elementen 101.
— von Widerständen 105.
p_H 13.
p_H-Änderung bei Titration schwacher Säuren 42.
— — —, starker Säuren 42.
— — —, Säuren und Laugen 41.
—, Berechnung aus der Wasserstoffzahl 17.
p_H der Puffergemische nach CLARK und LUBS 307, 308.
— — — nach ILVAINE 309.
— — — nach RINGER 309.

p_H's der Puffergemische nach SÖRENSEN 302 bis 305, 312.
— — — nach WALPOLE 309.
—-Grenzen der Regulatoren 26.
—-Sprung 268.
— bei Titration von Säuren und Laugen 30, 32, 46.
Phenolphthalein 46, 287, 292, 296, 297, 321.
—, p_K's des bei verschiedenen Temperaturen 321.
Phenolsulfophthalein 287.
Phenolrot 297.
Phosphat, primäres 301.
—, sekundäres 301.
Phosphorsäure 39.
—, Reaktion der Alkalisalze 40 ff.
p_K 289.
—'s einfarbiger Indikatoren nach MICHAELIS 320.
— des Phenolphthalein bei verschiedenen Temperaturen 321.
Platinierung 187.
—, Störungen bei 189.
Platinierungsflüssigkeit 190.
Platinierungsgefäße 188.
Platinniederschläge, helle 190.
POGGENDORF 136.
Polarisation des Kapillarelektrometers 123.
— des Normalelementes 98.
Polschuhe 130.
Potential, an der Grenze von Metall und Lösung 66.
Potentiometer 149 ff.
— nach MISLOWITZER 246.
— — —, Genauigkeitsberechnung 156.
— — —, Bedienung des 247 ff.

Potentialsprung 276.
Potentiometer nach LEEDS und NORTHRUP 273 ff.
Potentiometrische Fällungsanalysen 275.
— Oxydationsreduktionsanalysen 280.
Pseudosäure 292.
Puffer s. Regulatoren.
—, Eiweißkörper als 36.
Puffergemisch 28.
—, Kapazität des 28.
—, Karbonatsystem als 38.
—, Nachgiebigkeit des 29.
—, Phosphatsystem als 40.
— nach CLARK und LUBS 305.
— — — — —, p_H's der 307, 308.
— nach ILVAINE, p_H's des 309.
— nach RINGER, p_H's des 309.
— nach SÖRENSEN 298.
— — —, p_H's der 302 bis 305, 312.
— nach WALPOLE, p_H's des 309.
Pufferung 26, 29.
— des Blutes 36.

Quadrantenelektrometer 117.
Quadrantenschaltung 118.
Quecksilber 96.
— -Kalomelelektroden 160.
—, Reinigung des 179.
Quecksilbertropfelektrode 68, 158.

Reduzierventil 193.
Reaktion, neutrale 7.
—, alkalische 8.
—, saure 8.
Regulatoren, Berechnung des p_H von 24.
—, Eigenschaften 25 ff.
—, p_H-Grenzen der 26.
Regulierwiderstand 110.

Reinigung des Quecksilbers 179.
Reinigungsgemisch, Bichromatschwefelsäure als 178.
Resorcinazo-p-benzolsulfosäure 297.
Rheostatenapparatur, Aufbau der 242.
Rheostatenkästen 141.
Röhrenvoltmeter 156.
Rosolsäure 297.

Salizylgelb 321.
Salze, Dissoziation der 23.
Salzsäure 307.
Säure 9.
— -Salzgemische 22.
Säuren, elektrometrische Titration von 266.
—, mehrbasische Dissoziation der 37.
—, schwache 10, 13.
—, —, Berechnung der Wasserstoffzahlen (in reinen Lösungen) 20.
—, —, Dissoziation von 19.
—, —, Dissoziationsgrad 32.
—, —, p_H-Änderung bei Titration von 43.
—, starke 10, 13.
—, —, p_H-Änderung bei Titration von 42.
Schiebewiderstand 112.
Schutzwiderstand 108.
Serienschaltung von Elementen 102.
— von Widerständen 103.
Shunt 108.
Sicherung 237.
Silbervoltameter 93.
Sorption 183.
Spannungen, Abzweigung und Abgreifung von 110.
Spannungsabfall, unterteilter 104.
Spannungsgröße, Einheit der 88.

Spezifische Widerstände von verschiedenen Drahtsorten 113.
Spiegelgalvanometer 116.
—, objektive Ablesevorrichtung für 129.
—, subjektive Ablesung 129.
Standardazetat 24, 173.
Stativ 235.
Steckkontakt 237.
Stromschlüssel 235.
—, elektrolytischer 174.
Schwimmerregel, Amperesche 90.

Temperaturkoeffizienten der Kalomelelektrode 167.
— der Ketten 171.
— der Wasserstoffelektrode 167.
Thymolphthalein 297.
Thymolblau 296, 297.
Titrationsazidität 31.
Titration, elektrometrische 30 ff.
— von Säuren und Laugen, p_H-Änderung bei 41 ff.
Tropäolin 0 297, 332.
— 00 296, 332.
— 000 297.

U-Elektrode s. Wasserstoffelektrode.
Ungepufferte Lösungen 260.
Universalkonstante 53.

Volt 88, 94.
Voltaelement 89.
Voltmeter 133.
Vorschaltwiderstand 104, 139.

Walzenbrücke 144.
Waschflasche 192.
Wasser, p_H-Bestimmung des 323.
—, destilliertes, p_H-Bestimmung des 132, 261.

378 Sachverzeichnis.

Wasser, Dielektrizitäts-
konstante des 4.
—, Dissoziationskon-
stante des 4.
—, Ionisation des 5.
Wässer, natürliche p_H-Be-
stimmung des 324.
Wasserstoffatom, Bau des
3.
Wasserstoffbombe 193.
— mit Reduzierventil
194.
Wasserstoffdruck bei Oxy-
dations-Reduktions-
systemen 81.
Wasserstoffgas 191.
Wasserstoffgasentwick-
lung durch Hydrolyse
193.
— durch Kippschen Ap-
parat 192.
Wasserstoffion 2.
—, Sonderstellung des 3.
Wasserstoffelektrode 69,
183.
—, Ansatzelektrode nach
Radsimowska 212.
—, Anwendbarkeit der
251.
—, Aufbrennen von 186.
— nach Bailey 203.
—, Birnenelektrode nach
Michaelis 198.
—, Blutelektrode nach
Clendon 207.

Wasserstoffelektrode,
—, Blutelektrode nach
Etienne 208.
—, Diffusionselektrode
nach Schmid 197.
—, Einstellgeschwindig-
keit der 185.
—, Messung einer Eiweiß-
lösung in 256.
—, Glockenform nach
Michaelis 195.
— —, nach Hildebrand
196f.
— —, nach Wilson-
Kern 197.
— nach Hasselbalch
204.
—, Messung von CO_2-
haltigen Flüssigkeiten
mit 201.
—, Metalle für 183.
—, Mikroelektroden 209,
s. unter Mikroelektro-
den.
—, normale 69, 74, 159.
—, Oxydations-Reduk-
tionsvorgang an der 78.
—, Schüttelelektrode
nach Clark 205.
—, U-Elektrode nach
Michaelis 201.
— nach Schmitt 203.
—, Vergiftung der 252.
—, für strömenden
Wasserstoff 195.

Wasserstoffelektrode mit
stehender Wasserstoff-
blase 195.
—, Subkutanelektrode
nach Schade 212.
—, Temperaturkoeffizient
der 167.
— und Wasserstoffdruck
75.
Wasserstoffexponent 13.
Wasserstoffzahlen, Be-
rechnung aus dem p_H
18.
—, — — Normalitäten
16.
—, schwache Basen (reine
Lösungen) 20.
—, — Säuren (reine Lö-
sungen) 20.
Westonelement 95, 273.
Wheatstonesche Brük-
kenschaltung 143.
Widerstand, Einheit des
92, 94.
—, Parallelschaltung von
105.
—, Serienschaltung von
103.
—, spezifischer verschie-
dener Drahtsorten 113.
Woulffsche Flasche 300.

Zitronensäure 301.